“十二五”国家重点图书出版规划项目

中国叠合盆地油气成藏研究丛书

A Series of Study on Hydrocarbon Accumulation in Chinese Superimposed Basins

丛书主编 / 庞雄奇

克拉通碳酸盐岩构造与油气

——以塔里木盆地为例

The Structural Characteristics of Carbonate Rocks and Their Effects on Hydrocarbon Exploration in Craton Basin: A Case Study of the Tarim Basin

邬光辉 庞雄奇 李启明 杨海军 著

科学出版社

北京

内 容 简 介

本书以塔里木多旋回叠合克拉通盆地为例，探讨构造对碳酸盐岩形成演化及其结构特征的控制作用，解析海相碳酸盐岩古隆起、断裂、不整合三大地质构造特征及其演化过程的叠加与改造特征，论述构造控储、控藏作用，以及油气成藏改造和油气分布的构造因素，最后提出叠合盆地碳酸盐岩定量评价方法并评价潜在的勘探领域。

本书可供油气勘探科研、生产技术人员和高校师生参考。

图书在版编目(CIP)数据

克拉通碳酸盐岩构造与油气：以塔里木盆地为例＝The Structural Characteristics of Carbonate Rocks and Their Effects on Hydrocarbon Exploration in Craton Basin：A Case Study of the Tarim Basin/邬光辉等著．—北京：科学出版社，2015

（中国叠合盆地油气成藏研究丛书）

“十二五”国家重点图书出版规划项目

ISBN 978-7-03-046944-1

Ⅰ．①克… Ⅱ．①邬… Ⅲ．①塔里木盆地-克拉通-碳酸盐岩油气藏-构造油气藏-研究 Ⅳ．①P618．130．2

中国版本图书馆 CIP 数据核字（2015）第 312375 号

责任编辑：吴凡洁 刘翠娜/责任校对：桂伟利

责任印制：张 倩/封面设计：王 浩

科学出版社 出版

北京东黄城根北街 16 号

邮政编码：100717

http://www.sciencep.com

中国科学院印刷厂 印刷

科学出版社发行 各地新华书店经销

*

2016 年 3 月第 一 版 开本：787×1092 1/16

2016 年 3 月第一次印刷 印张：22 3/4

字数：509 000

定价：256.00 元

（如有印装质量问题，我社负责调换）

《中国叠合盆地油气成藏研究丛书》学术指导委员会

《中国叠合盆地油气成藏研究丛书》编委会

丛书序一

油气藏是油气地质研究的对象，也是油气勘探寻找的最终目标。开展油气成藏研究对于认识油气分布规律和提高油气探明率，揭示油气富集机制和提高油气采收率，都具有十分重要的理论意义和现实价值。《中国叠合盆地油气成藏研究丛书》是“九五”以来在国家 973 项目、中国三大石油公司研究项目及其相关油田研究项目等的联合资助下，经过近 20 年的努力取得的重大科技成果。

《中国叠合盆地油气成藏研究丛书》阐述我国叠合盆地油气成藏研究相关领域的重要进展，其中包括：叠合盆地构造特征及其形成演化、地层分布发育与储层形成演化、古隆起变迁与隐蔽圈闭分布研究、油气生成及其演化、油气藏形成演化与分布预测、油气藏调整改造与剩余资源潜力、油气藏地球物理检测与含油气性评价、油气藏分布规律与勘探实践等。这些成果既涉及叠合盆地中浅部油气成藏，也涉及深部油气成藏，既涉及常规油气藏形成演化，也涉及非常规油气藏分布预测，它是由教育系统、科研院所、油田公司等相关单位近百位中青年学者和研究生联合完成的。研究过程得到了相关领导的大力支持和老一代专家学者的悉心指导，体现了产、学、研结合和老、中、青三代人的联合奋斗。

《中国叠合盆地油气成藏研究丛书》中一个具有代表性的成果是建立了油气门限控藏理论模型，突出了勘探关键问题，抓住了成藏主要矛盾，实现了油气分布定量预测。油气门限控藏研究，提出用运聚门限判别有效资源领域和测算资源量，避免了人为主观因素对资源量评价结果的影响，使半个多世纪以来国内外学者（如苏联学者维索茨基等）追求的用物质平衡原理评价资源量的科学思想得以实现；提出用分布门限定量评价有利成藏区带，用多要素控藏组合模拟油气成藏替代单要素分析油气成藏，用定量方法确定成藏“边界＋范围＋概率”替代用传统定性方法“分析成藏条件、研究成藏可能性、讨论成藏范围”；提出依富集门限定量评价有利目标含油气性，实现有利目标钻前地质评价，定量回答圈闭中有无油气以及油气多少等方面的问题，降低了决策风险，提高了成果质量，填补了国内外空白。

“十五”以来，中国三大石油公司应用油气门限控藏理论模型在国内外 20 多个盆地和地区应用，为这一期间我国油气储量快速增长提供了理论和技术支撑。仅在渤海海域盆地、辽河西部凹陷、济阳拗陷、柴达木盆地、南堡凹陷五个重点测试区系统应用，即预测出 26 个潜在资源领域、300 多个成藏区带、500 多个有利目标，指导油田公司共计部署探井 776 口，发现三级储量 46.8 亿 t 油当量，取得了巨大的经济效益。教育部相关机构在 2010 年 8 月 28 日，组织了相关领域的院士和知名专家对相关理论成果进行了评审鉴定。大家一致认为，油气门限控藏研究创造性地从油气成藏临界地质条件控油气作用出发，揭示和阐明了油气藏形成和富集规律，为复杂地质条件下的油气勘探提供了新的理论、方法和技术。

作为“中国叠合盆地油气成藏研究”的倡导者、见证者和某种意义上的参与者，我十分高兴地看到以庞雄奇教授为首席科学家的团队在近 20 多年来的快速成长和取得的一项又一项的创新成果。我们有充分的理由相信，随着 973 项目的研究深入和该套丛书的相继出版，“中国叠合盆地油气成藏研究”系列成果将为我国，乃至世界油气勘探事业的发展做出更大贡献。

中国科学院院士

2013 年 8 月 18 日

丛书序二

《中国叠合盆地油气成藏研究丛书》集中展示了中国学者近20年来在国家三轮973项目连续资助下取得的创新成果，这些成果完善和发展了中国叠合盆地油气地质与勘探理论，为复杂地质条件下的油气勘探提供了新的理论指导和方法技术支撑。相信出版这些成果将有力地推动我国叠合盆地的油气勘探。

“油气门限控藏”是“中国叠合盆地油气成藏研究”系列创新成果中的核心内容，它从油气运聚、分布和富集的临界地质条件出发，揭示和阐明了油气藏分布规律。在这一学术思想引导下，获得了一系列相关的创新成果，突出表现在以下四个方面。

一是提出了油气运聚门限联合控藏模式，建立了油气生排聚散平衡模型，研发了资源评价与预测新方法和新技术。基于大量的样品测试和物理模拟、数值模拟实验研究，发现油气在成藏过程中存在排运、聚集和工业规模三个临界地质条件，研究揭示了每一个油气门限及其联合控油气作用机制与损耗烃量变化特征；提出了三个油气门限的判别标准和四类损耗烃量计算模型，创建了新的油气生排聚散平衡模型和油气运聚地质门限控藏模式，已在全国新一轮油气资源评价中发挥了重要作用。

二是提出了油气分布门限组合控藏模式，研发了有利成藏区预测与评价新方法和新技术。基于两千多个油气藏剖析和上万个油气藏资料统计，研究发现油气分布的边界、范围和概率受六个既能客观描述又能定量表征的功能要素控制；揭示了每一功能要素的控藏临界条件与变化特征；阐明了源、储、盖、势四大类控藏临界条件的时空组合决定着油气藏分布的边界、范围和概率；建立了不同类型油气藏要素组合控藏模式并研发了应用技术，实现了成藏过程研究与评价的模式化和定量化，提高了成藏目标预测的科学性和可靠性。

三是提出了油气富集临界条件复合控藏模式，研发了有利目标含油气性评价技术。基于上万个油气藏含油气性资料的统计分析和近千次物理模拟和数值模拟实验研究，发现近源-优相-低势复合区控制着圈闭内储层的含油气性。圈闭内外界面能势差越大，圈闭内储层的含油气性越好。研究成果揭示了储层内外界面势差控油气富集的临界条件与变化特征；阐明了圈闭内部储层含油气性随内外界面势差增大而增加的基本规律；建立了相-势-源复合指数（FPSI）与储层含油气性定量关系模式并研发了应用技术，实现了钻前目标含油气性地质预测与定量评价，降低了勘探风险。

四是提出了构造过程叠加与油气藏调整改造模式，研发了多期构造变动下油气藏破坏烃量评价方法和技术。研究成果阐明了构造变动对油气藏形成和分布的破坏作用；揭示了构造变动破坏和改造油气藏的机制，其中包括位置迁移、规模改造、组分分异、相态转换、生物降解和高温裂解；建立了构造变动破坏烃量与构造变动强度、次数、顺序及盖层封油气性等四大主控因素之间的定量关系模型，应用相关技术能够评价叠合盆地每一次构造变动的相对破坏烃量和绝对破坏烃量，为有利成藏区域内当今最有利勘探区带的预测与资源潜力评价提供了科学的地质依据。

油气门限控藏理论成果已通过产、学、研相结合等多种形式与油田公司合作在辽河西部凹陷、渤海海域盆地、济阳拗陷、南堡凹陷、柴达木盆地五个测试区进行了全面系统的应用。“十五”以来，中国三大石油公司将新成果推广应用于20个盆地和地区，为大量工业性油气发现提供了理论和技术支撑。

作为中国油气工业战线的一位老兵和油气地质与勘探领域的科技工作者，我有幸担任了“中国叠合盆地油气成藏研究”的973项目专家组组长的工作，见证了年轻一代科技工作者好学求进、不畏艰难、勇攀高峰的科学精神，看到一代又一代的年轻学者在我们共同的事业中快速成长起来，心中感受到的不仅是欣慰，更有自豪和光荣。鉴于“中国叠合盆地油气成藏研究”取得的重要进展和在油气勘探过程中取得的重大效益，我十分高兴向同行学者推荐这方面成果并期盼这套丛书中的成果能在我国乃至世界叠合盆地的油气勘探中发挥出越来越大的作用。

中国工程院院士

2013年2月28日

丛书序三

中国含油气盆地的最大特征是在不同地区叠加和复合了不同时期形成的不同类型的含油气盆地，它们被称为叠合盆地。叠合盆地内部出现多个不整合面、存在多套生储盖组合、发生多旋回成藏作用、经历多期调整改造。四多的地质特征决定了中国叠合盆地油气成藏与分布的复杂性。目前，在中国叠合盆地，尤其是西部复杂叠合盆地发现的油气藏普遍表现出位置迁移、组分变异、规模改造、相态转换、生物降解和高温裂解等现象，油气勘探十分困难。应用国内外已有的成藏理论指导油气勘探遇到了前所未有的挑战，其中包括：烃源灶内有时找不到大量的油气聚集，构造高部位有时出现更多的失利井，预测的最有利目标有时发现有大量干沥青，斜坡带输导层内有时能够富集大量油气……所有这些说明，开展“中国叠合盆地油气成藏研究”对于解决油气勘探问题并提高勘探成效具有十分重要的理论意义和现实价值。

经过近二十年的努力探索，尤其是在国家几轮973项目的连续资助下，中国学者在叠合盆地油气成藏研究领域取得了重要进展。为了解决中国叠合盆地油气勘探困难，科技部自一开始就在资源和能源两个领域设立了973项目，《中国叠合盆地油气成藏研究丛书》就是这方面多个973项目创新成果的集中展示。在这一系列成果中，不仅有对叠合盆地形成机制和演化历史的剖析，也有对叠合盆地油气成藏条件的分析和评价，还有对叠合盆地油气成藏特征、成藏机制和成藏规律的揭示和总结，更有对叠合盆地油气分布预测方法和技术的研发以及应用成效的介绍。《油气运聚门限与资源潜力评价》《油气分布门限与成藏区带预测》《油气富集门限与勘探目标优选》和《油气藏调整改造与构造破坏烃量模拟》都是丛书中的代表性专著。出版这些创新成果对于推动我国，乃至世界叠合盆地的油气勘探都具有十分重要的理论意义和现实意义。

“中国叠合盆地油气成藏研究”系列成果的出版标志着我国因“文化大革命”造成的人才断层的完全弥合。这项成果主要是我国招生制度改革后培养出来的年轻一代学者负责承担项目并努力奋斗取得的，它们的出版标志着“文化大革命”后新一代科学家已全面成长起来并在我国科技战线中发挥着关键作用，也从另一侧面反映了我国招生制度改革的成功和油气地质与勘探事业后继有人，是较之科研成果自身更让我们感到欣慰和振奋的成果。

“中国叠合盆地油气成藏研究”系列成果的出版标志着叠合盆地油气成藏理论研究取得重要进展。这项成果是针对国内外已有理论在指导我国叠合盆地油气勘探过程中遇到挑战后展开探索研究取得的，它们既有对经典理论的完善和发展，也有对复杂地质条件下油气成藏理论的新探索和油气勘探技术的新研发。“油气门限控藏”理论模式的提出以及“油气藏调整改造与构造变动破坏烃量评价技术”的研发都是这方面的代表性成果，它们有力地推动了叠合盆地油气勘探事业的向前发展。

“中国叠合盆地油气成藏研究”系列成果的出版标志着我国叠合盆地油气勘探事业取得重大成效。它是针对我国叠合盆地油气勘探遇到的生产实际问题展开研究所取得的创新成果，对于指导我国叠合盆地，尤其是西部复杂叠合盆地的油气深化勘探具有重大的现实意义。近十年来中国西部叠合盆地油气勘探的不断突破和储产量快速增长，真实地反映了相关理论和技术在油气勘探实践中的指导作用。

“中国叠合盆地油气成藏研究”系列成果的出版标志着能源领域国家重点基础研究（973）项目的成功实践。这项成果是在获得国家连续三届 973 项目资助下取得的，其中包括“中国典型叠合盆地油气形成富集与分布预测（G1999043300）”“中国西部典型叠合盆地油气成藏机制与分布规律（2006CB202300）”“中国西部叠合盆地深部油气复合成藏机制与富集规律（2011CB201100）”。这些项目与成果集中体现了科学研究的国家目标和技术目标的统一，反映了 973 项目的成功实践和取得的丰硕成果。

“中国叠合盆地油气成藏研究”系列成果的出版将进一步凝聚力量并持续推动中国叠合盆地油气勘探事业向前发展。这一系列成果是在我国油气地质与勘探领域老一代科学家的关怀和指导下，中国年轻一代的科学家带领硕士生、博士生、博士后和年轻科技工作者努力奋斗取得的，它凝聚了老、中、青三代人的心血和智慧。《中国叠合盆地油气成藏研究丛书》的出版既集中展示了中国叠合盆地油气成藏研究的最新成果，也反映了老、中、青三代科研人的团结奋斗和共同期待，必将引导和鼓励越来越多年轻学者加入到叠合盆地油气成藏深化研究和油气勘探持续发展的事业中来。

中国叠合盆地剩余资源潜力十分巨大，近十年来中国西部叠合盆地油气储量和产量的快速增长证明了这一点。随着油气勘探的深入和大规模非常规油气资源的发现，叠合盆地深部油气成藏研究和非常规油气藏研究正在吸引着越来越多学者的关注。我们期盼，《中国叠合盆地油气成藏研究丛书》的出版不仅能够引导中国叠合盆地常规油气资源的勘探和开发，也能为推动中国，乃至世界叠合盆地深部油气资源和非常规油气资源的勘探和开发做出积极贡献。

中国科学院院士

2013 年 2 月 28 日

丛书前言

中国油气地质的显著特点是广泛发育叠合盆地。叠合盆地发生过多期构造变动，发育了多套生储盖组合，出现过多旋回的油气成藏和多期次的调整改造，目前显现出“位置迁移、组分变异、多源混合、规模改造、相态转换”等复杂地质特征，已有勘探理论和技术在实用中遇到了前所未有的挑战。中国含油气盆地具有从东到西，由单型盆地向简单叠合盆地再向复杂叠合盆地过渡的特点，相比之下西部复杂叠合盆地的油气勘探难度更大。揭示中国叠合盆地油气成藏机制和分布规律，是20世纪末中国油气勘探实施稳定东部、发展西部战略过程中面临的最为迫切的科研任务。

《中国叠合盆地油气成藏研究丛书》汇集了我国油气地质与勘探工作者在油气成藏研究的相关领域取得的创新成果，它们主要涉及“中国西部典型叠合盆地油气成藏机制与分布规律（2006CB202300）”和“中国西部叠合盆地深部油气复合成藏机制与富集规律（2011CB201100）”两个国家重点基础研究发展计划（973）项目。在这之前，金之钧教授和王清晨研究员已带领我们及相关的研究团队完成了中国叠合盆地第一个973项目“中国典型叠合盆地油气形成富集与分布预测（G1999043300）”。这一期间积累的资料、获得的成果和发现的问题，为后期两个973项目的展开奠定了基础、确立了方向、开辟了道路，后两个973项目可以说是前期973项目研究工作的持续和深化。

“中国叠合盆地油气成藏研究”能够持续展开，得益于科学技术部重点基础研究计划项目的资助，更得力于老一代科学家的悉心指导和大力帮助。许多前辈导师作为科学技术部跟踪专家和项目组聘请专家长期参与和指导了项目工作，为中国叠合盆地油气成藏研究奉献了智慧、热情和心血。中国石油大学张一伟教授，就是众多导师中持续关心我们、指导我们、帮助我们和鼓励我们的一位突出代表。他既将973项目看作年轻专家学者攀登科学高峰的战场，也将它当做培养高层次研究人才的平台，还将它视为发展新型交叉学科的沃土。他不仅指导我们凝练科学问题，还亲自带领我们研发物理模拟实验装置，甚至亲自开展科学实验。在他最后即将离开人世的时候还在念念不忘我们承担的项目和正在培养的研究生。老一代科学家的关心指导、各领域专家的大力帮助以及社会的殷切期盼是我们团队努力做好项目的强大动力。

“中国叠合盆地油气成藏研究”能够顺利进行，得力于相关部门，尤其是依托单位的强力组织和研究基地的大力帮助。中国石油天然气集团公司，既组织我们申报立项、答辩验收，还协助我们组织课题和给予配套经费支持；中石油塔里木油田公司和中石油新疆油田公司组织专门的队伍参与项目研究，协助各课题研究人员到现场收集资料，每年派专家向全体研究人员报告生产进展和问题，轮流主持学术成果交流会，积极组织力量将创新成果用于油气勘探实践。依托单位的帮助和研究基地人员的参与，一方面保障了项目研究的顺利进行、加快了项目研究进程，另一方面缩短了创新成果用于勘探生产实践的测试时间，促进了科技成果向生产力转化。在相关部门的支持和帮助下，本项目成果已通过多种方法和途径被推广应用到国内外二十多个盆地和地区，并取得重大勘探成效。

“中国叠合盆地油气成藏研究”能够获得创新成果，得益于产、学、研结合和老、中、青三代人的联合奋斗。近二十年来，我们以973项目为纽带，汇聚了中国石油大学、中国地质大学、中国科学院地质与地球物理研究所、中国科学院广州地球化学研究所、中石油勘探开发研究院、中石油塔里木油田公司、中石油新疆油田公司等单位的相关力量，做到了产学研强强联合和优势互补，加速了科学问题的解决；每一期973项目研究，除了有科技部指派的跟踪专家、项目组聘请的指导专家和承担各课题的科学家外，还有一批研究助手、研究生以及油田公司配套的研究人员和年轻科技人员参加。这种产、学、研结合和老、中、青联合的科研形式，既保障了科研工作的质量、科学问题的快速解决以及创新成果的及时应用，又为油气勘探事业的不断发展创造了条件，增加了新的动力。

《中国叠合盆地油气成藏研究丛书》的创新成果，已通过油田公司的配套项目、项目组或课题组与油田公司联合承担项目等形式，广泛应用于油气勘探生产，该丛书的出版必将更有力地推动相关创新成果的广泛应用并为更加复杂问题的解决提供技术思路和工作参考。《中国叠合盆地油气成藏研究丛书》凝聚了以各种形式参与这一研究工作的全体同仁的心血、汗水和智慧，它的出版获得了973项目承担单位和主管部门的大力支持，也得到了依托部门的资助和科学出版社的帮助，在此我们深表谢意。

庞雄奇

2014年3月18日

序

中国扬子、华北与塔里木等古老克拉通广泛发育新元古代—早古生代海相碳酸盐岩，具有基本的油气成藏条件与丰富的油气资源。随着我国石油工业从东部裂谷盆地向中西部克拉通盆地发展，塔里木盆地、四川盆地、鄂尔多斯盆地海相碳酸盐岩油气勘探成效显著，发现苏里格、塔河、塔中、普光等大型油气田，油气储量不断攀升，已成为我国油气勘探的重点接替领域。不同于东部陆相碎屑岩与世界典型的碳酸盐岩，我国海相碳酸盐岩地层古老、埋深大，经历多旋回构造运动，形成多种非均质储层、多期油气成藏与调整改造、多类非构造油气藏差异分布、多形式复杂油气产出，油气分布极为复杂、油气开采难度大，现有勘探开发技术尚难以满足需求，堪称世界性难题。

中国叠合盆地古老海相碳酸盐岩油气最大的特性是储层的非均质性与油气成藏的改造性，从而造成油气形成机理与成藏保存过程、油气资源分布与勘探思路等与常规油气藏不同，不能照搬国外经典海相碳酸盐岩油气地质理论与模式，需要根据实际地质条件针对性研究。近年来，我国海相碳酸盐岩原型盆地与构造演化、岩相古地理、储层机理与分布、烃源岩有机质下限与油气成藏研究等方面取得很多新进展，在油气勘探开发中发挥了积极作用。该书作者长期从事塔里木盆地海相碳酸盐岩研究，具有产学研一体结合的优势，抓住叠合盆地构造改造作用这一关键科学问题，以构造为主线、以塔里木盆地为例，探讨伸展-挤压转换构造背景作用下碳酸盐岩台地的形成演化与分布模式，叠合盆地碳酸盐岩古隆起、断裂与不整合等典型构造的差异性与多样性，构造对碳酸盐岩储层的改造作用与分布，以及构造对海相碳酸盐岩成烃与成藏、油气调整与改造、油气分布与富集的控制作用等，具有翔实的资料基础与系统的深化分析，提出了有创见性的观点，展现了对实际问题的独特思考。

构造改造作用是叠合盆地的典型特征，是海相碳酸盐岩油气形成与分布的重要控制因素，造成油气的最终聚集已迥异于“源控论”形成的简单油气系统，如何从盆地构造动态演化的角度精细恢复油气形成与演化的动态过程，有效评价油气资源的空间分布是值得进一步探讨的课题。本书基于勘探实际与发展需求，涉及内容丰富，实践性强，体现了勤于思考、开拓创新的科研精神，颇具学术价值与实用性，对海相碳酸盐岩的油气勘探与研究具有指导与借鉴意义。

罗平

中国石油勘探开发研究院

2015 年 10 月

前 言

中国海相碳酸盐岩地层古老、多经历多旋回构造运动与变迁，成藏改造作用强烈，具有与世界典型海相碳酸盐岩不同的成藏特征与复杂分布，尤其是塔里木盆地深层寒武系—奥陶系海相碳酸盐岩。自20世纪80年代沙参2、轮南1与塔中1等井获得发现后，碳酸盐岩成为塔里木盆地油气勘探的重要领域。随后尽管在塔北、塔中及巴楚等地区寒武系—奥陶系碳酸盐岩也获得一系列发现，但油气分布极为复杂，造成有发现没规模、有储量没产量的困境。2000年以来，通过重新认识与技术攻关，在塔北、塔中地区不断取得重大突破，寒武系—奥陶系碳酸盐岩成为塔里木盆地油气增储上产的重点领域。但由于塔里木盆地海相碳酸盐岩经历多期沉积-构造变迁，造成多期构造调整改造，油气分布复杂多样，油气产出变化大，勘探开发一直面临诸多世界级难题。

针对叠合盆地改造型海相碳酸盐岩油气主控因素与潜力的科学问题，通过塔里木盆地海相碳酸盐岩油气产、学、研一体化研究团队的联合攻关，以整体研究、动态研究的思路，开展以构造为主线的海相碳酸盐岩构造控相、控储、控藏、控分布等方面工作，试图系统剖析海相碳酸盐岩形成与发育期的构造影响作用，阐述海相碳酸盐岩古隆起、断裂、不整合三大基本构造特征及其复合改造作用，探讨构造对海相碳酸盐岩储层的建设性作用，以及油气生成运聚、油气藏和油气分布的构造控制作用，在此基础上开展改造型海相碳酸盐岩油气的定量评价方法与技术研究，分析下一步勘探战略接替领域。

全书共八章。第一章为绪论，概述海相碳酸盐岩油气特性与主要研究进展。第二章论述塔里木盆地海相碳酸盐岩发育的前寒武纪构造背景，分析碳酸盐岩台地形成、演化与消亡过程的构造作用。第三至五章分别论述古隆起、断裂与不整合三大构造特征，在分类基础上论述构造的共性，总结构造样式的多样性、结构的区段性、演化的多期性、发育的继承性，剖析海相碳酸盐岩的构造改造作用的共性与差异性。第六章以不整合、裂缝、断裂为主深入剖析论述构造对储层的建设性作用。第七章论述构造对烃源岩、油气运聚成藏的控制作用及改造作用。第八章论述油气分布的构造控制作用，探讨改造型碳酸盐岩区带与目标评价的定量方法，并分析有利的勘探接替领域。

本书前言、第一章、第八章由庞雄奇、邬光辉编写，第二章、第六章、第七章由邬光辉、杨海军、庞雄奇编写，第三章、第四章、第五章由邬光辉、李启明编写，全书由庞雄奇和邬光辉审定。

本项研究工作得到了中国石油塔里木油田公司的大力支持，研究工作得到王招明、潘文庆、肖中尧等相关领导与专家的指导帮助，参加工作人员还有：李洪辉、庞宏、王成林、曹颖辉、李本亮、李浩武、周波、唐子军、李浩武、张立平、何曙、于炳松、马德波、何金有、彭燕、刘丽、屈泰来等，在此特致衷心感谢！

古老碳酸盐岩油气成藏的构造研究难点多、专业面广、研究工作量大，很多问题有待深入，不足之处在所难免，敬请读者批评指正！

作　者

2015 年 5 月

目　录

第一章 绪　论

中国克拉通盆地古老碳酸盐岩油气成藏地质条件与油气分布不同于世界上典型的碳酸盐岩，具有明显的特殊性与复杂性。

第一节　古老碳酸盐岩油气特性

一、碳酸盐岩油气分布

（一）世界碳酸盐岩大油气田分布

碳酸盐岩是油气富集与勘探开发的重要领域，在世界油气资源中占有重要地位（Halbouty，2003；江怀友等，2008；谷志东等，2012）。截至2009年年底全球共发现碳酸盐岩油气田5879个，石油探明可采储量为0.15×10^{12}t油当量，天然气探明可采储量为0.12×10^{12}t油当量（谷志东等，2012）。其中大型油气田（探明可采储量油超过5×10^{8}bbl①、气大于$3\times10^{12}ft^{3}$②）有320个，占碳酸盐岩总储量的89%，占大油气田总储量的56%。碳酸盐岩以大型、特大型油气田为主（白国平，2006），世界最大的Ghawar油田与North气田均来自碳酸盐岩，碳酸盐岩大油气田的储量与产量都占有主导地位。碳酸盐岩油气的时空分布极不均衡，中东波斯湾盆地、扎格罗斯盆地占有超过3/4的石油储量，天然气主要分布在俄罗斯和中亚、中东和北美；层系上石油主要集中在侏罗系、白垩系和新生界，二叠系、三叠系天然气比重较大（图1.1）。下古生界碳酸盐岩大油气田极少，主要分布在古老的克拉通盆地，包括中国的塔里木、鄂尔多斯盆地和四川盆地，俄罗斯东西伯利亚盆地和美国的威利斯顿盆地、密歇根盆地、二叠盆地等。90%以上的碳酸盐岩油气藏埋深小于4000m，深层多是以白云岩为主的天然气/凝析气藏。

近年碳酸盐岩勘探领域仍不断有重大发现（邹才能等，2010），分布在中东、滨里海、中国等国家和地区，主要为台地边缘和台地内部礁滩相，以盐下地层、构造和构造-岩性圈闭为主，油气规模远小于早期的大油气田，而且地层-岩性油气藏增多，油气地质特征渐趋复杂。

---

① $1bbl=0.159m^{3}$。

② $1ft=0.3048m$。

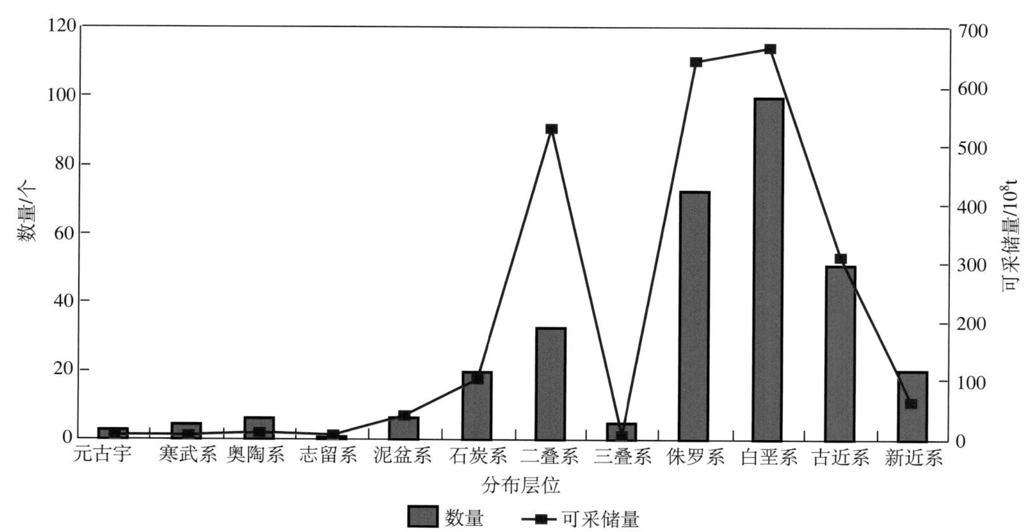

图 1.1 世界碳酸盐岩大型油气田统计直方图（谷志东等，2012）

（二）中国碳酸盐岩油气勘探与分布

中国碳酸盐岩油气成藏演化复杂，保存条件苛刻，经历艰辛的探索（李国玉，2005）。直至 2000 年以来，随着认识的深化与技术的进步，发现一系列大中型油气田（马永生和蔡勋育，2006；康玉柱，2007；Zhou et al.，2010），碳酸盐岩的油气勘探开发进入快速发展期。中国碳酸盐岩油气资源丰富，仅古生界石油地质资源量达 135×10^8t，天然气地质资源量约为 22.4×10^{12} m^3，分别占全国油气总资源量的 13%、47.6%，其中塔里木盆地、鄂尔多斯盆地、四川盆地三大克拉通盆地中与古生界海相相关的资源量占盆地全部资源量的 40%以上（金之钧，2005）。目前，在塔里木盆地、四川盆地、鄂尔多斯盆地和渤海湾盆地等盆地碳酸盐岩已累计探明石油地质储量 24.35×10^8t，天然气地质储量 1.7×10^{12} m^3（赵文智等，2012），探明率约 12%。2000 年以前，对碳酸盐岩的勘探程度与认识程度总体偏低，尤其是油气藏复杂、开发难度大，造成对碳酸盐岩油气资源潜力估计不足，近期油气勘探与研究预示碳酸盐岩具有远大于前期估算的资源潜力。2005 年中国石油产量的 10%、天然气产量的 50%来自碳酸盐岩（焦伟伟等，2009），而且在不断扩大，碳酸盐岩成为油气二次创业的重要领域。

中国早期油气普查与勘探以海相层系为重点，但陆相油气勘探不断取得重大发现后，海相油气勘探一直举步维艰。四川盆地是最早开展碳酸盐岩油气勘探的地区（金之钧，2005），1957 年，发现了中国第一个大气田——卧龙河气田，直至 2003 年才发现四川盆地最大的气田——普光三叠系飞仙关组气田，2006 年发现龙岗气田等，以非构造型气藏为主的碳酸盐岩勘探开始进入发现高峰期。塔里木盆地 1984 年在塔北隆起沙参 2 井获得重大突破，1988 年在轮南 1 井奥陶系灰岩获得新发现，1989 年沙漠腹地塔中 1 井获得新突破，碳酸盐岩成为油气勘探的重要领域。虽然随后的勘探也有新发现，但油气勘探与评价屡屡受挫。直至2000年以来，随着地质认识与技术的进步，在轮南-塔河、塔中北斜坡、哈拉哈塘地区持续获得重要进展，塔里木盆地进入碳酸盐岩油气藏勘探大发现阶段（图1.2）。1985年鄂尔多斯盆地麒参1井首次在奥陶系风化壳获得气流，1988年陕参1井在奥陶系风化壳首获工业气流，1989年在盆地中部发现了靖边大气田（李国玉，2005），是中国首次在陆上碳酸盐岩地层中发现与探明的大型岩溶风化壳气田，2004年探明天然气地质储量达4085.7×10^8 m^3。中国东部断陷盆地碳酸盐岩也有发现，如任丘震旦系油田、大港千米桥奥陶系油气田等，但为新生古储，或是新生界碳酸盐岩自生自储油气田。南方地区碳酸盐岩广泛分布，见大量油苗与沥青，但油气藏破坏严重，尚未实现突破。由勘探历程可见，中国碳酸盐岩油气发现往往经过长期的探索与评价，揭示碳酸盐岩油气勘探的艰巨性与复杂性。

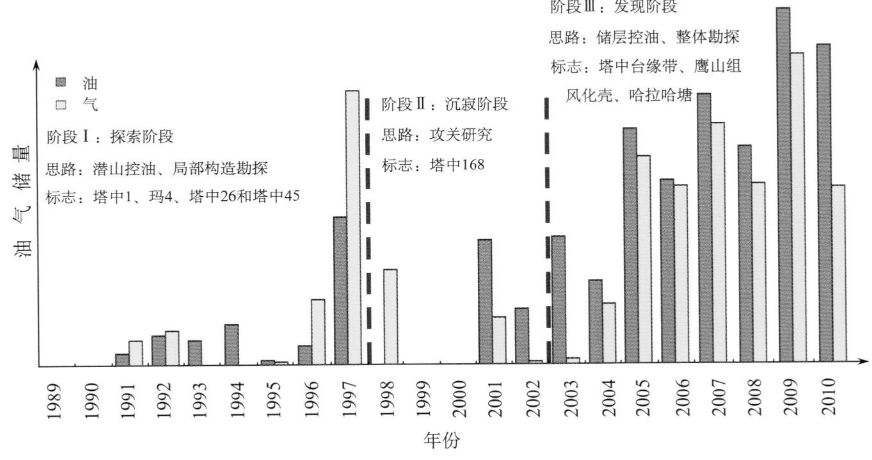

图1.2 塔里木油田碳酸盐岩历年三级储量与勘探阶段

中国碳酸盐岩分布面积达300×10^4 km^2，油气主要集中在中西部塔里木盆地、四川盆地和鄂尔多斯盆地三大克拉通盆地，层位主要位于震旦系—奥陶系、石炭系—二叠系、三叠系，古生界碳酸盐岩油气藏在三大盆地都有发现。中国碳酸盐岩油气藏大多为非构造油气藏，地层古老，主要分布在盆地的古隆起斜坡与台地边缘，油气连片规模巨大。塔里木盆地碳酸盐岩油气主要分布于塔北隆起南缘与塔中隆起北斜坡（图1.3），含油气面积超过10000km^2，三级油气地质储量近50亿t油当量。

二、古老碳酸盐岩油气地质特性

中国塔里木盆地、四川盆地、鄂尔多斯盆地以及南方古生界古老碳酸盐岩经历多旋回构造作用、漫长的成岩演化过程、多期油气充注与调整改造，油气表现出明显的特殊性与复杂性，其中，塔里木盆地最为典型（周新源等，2006；康玉柱，2007；焦方正和翟晓先，2008；邬光辉等，2010；杜金虎，2010）（表1.1）。

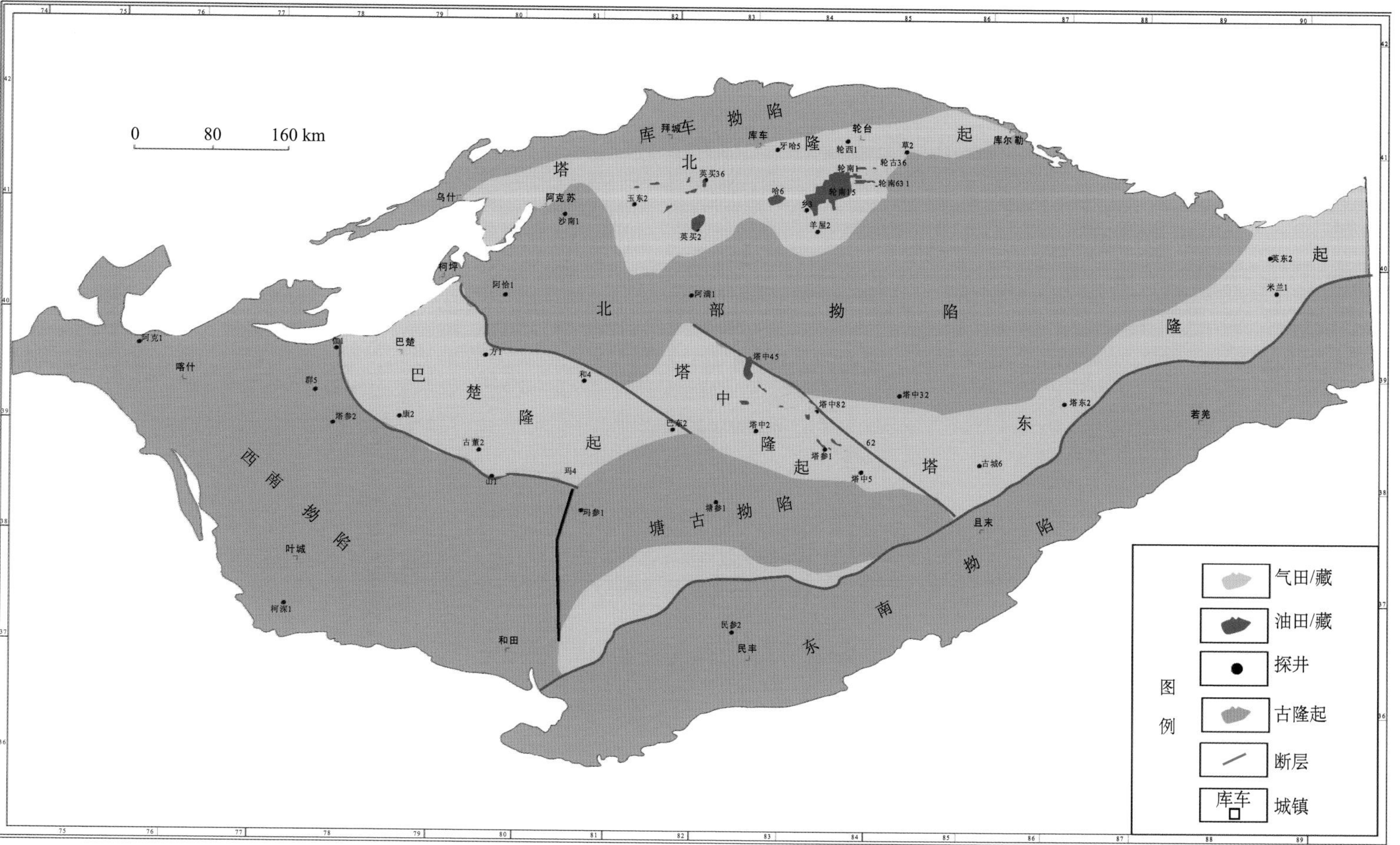

图 1.3 塔里木盆地构造区划与碳酸盐岩油气分布

表 1.1 塔里木盆地与世界碳酸盐岩大油气田特征对比

地质条件		塔里木盆地	世界典型大油气田
构造背景	盆地类型	克拉通内盆地	被动边缘、裂谷盆地、前陆盆地
	盆地规模	小	大
	地质结构	复杂	简单
	构造运动	多旋回	单旋回为主
	构造改造	强烈	弱
储层	主要层位	寒武系—奥陶系	侏罗系—新近系
	埋深	4000～7000m	大于90%的油气田小于4000m
	沉积相	台地内部、台地边缘	台地内部、陆棚边缘、生物建隆
	岩性	灰岩为主、少量白云岩	灰岩与白云岩，前白垩纪以白云岩为主
	储集空间	次生孔、洞、缝	原生孔隙
	孔隙类型	溶洞、溶孔、裂缝	粒间或晶间孔、溶洞、铸模孔、裂缝
	孔隙建设性作用	岩溶作用、埋藏溶蚀作用、裂缝作用	埋藏溶蚀作用、白云岩化作用、裂缝作用
	储层类型	风化壳、台缘礁滩	台内滩、建隆、深海白垩、风化壳
	孔隙度	一般为2%～5%，局部大型洞穴大于10%	5%～26%
	渗透率	基质小于$1\times10^{-3}\mu m^2$	$10\times10^{-3}\sim100\times10^{-3}\mu m^2$
	均质性	非均质性强	均质性好
	分布	变化大、不稳定	连续稳定
烃源岩	沉积环境	台间盆地、台内洼地	陆棚盆地、陆棚斜坡
	层位/岩性	寒武系、奥陶系/泥岩、泥灰岩	中新生界、泥盆系/页岩、泥岩
	干酪根类型	Ⅰ、Ⅱ、Ⅲ型	Ⅱ型及Ⅰ型
	有机碳（TOC）范围/均值	0.2%～5%/小于1%	0.3%～12%/大于3%
	成熟度	高-过成熟、成熟	成熟-高成熟
圈闭	圈闭类型	非构造圈闭为主、很少构造圈闭	构造圈闭为主
	圈闭规模/形态	小/不规则、隐蔽	大/规则、简单
	圈闭描述	描述难	易于描述
保存	盖层岩性	泥岩、致密灰岩	页岩、蒸发岩、泥岩
	盖层厚度/连续性	大/不好	大/好
	改造作用	大	小
油气藏	油藏类型	地层岩性-非常规类为主	构造类为主
	成藏期次	多期成藏	单期次为主
	流体连通性	差、复杂	好
	流体性质	复杂	单一
	油气产出	井间变化大、产量不稳定、递减快	井间差异小、产量稳定、递减慢
	原油采收率	10%～20%	20%～45%

（一）经历多旋回构造运动、构造改造强烈

碳酸盐岩油气藏分布于多种类型构造-沉积背景，特提斯构造域是碳酸盐岩油气最集中的地区（许效松和汪正江，2003；白国平，2006）。世界典型海相碳酸岩油气盆地构造简单，以中新生代被动大陆边缘盆地、裂谷盆地和陆-陆碰撞边缘盆地为主（白国平，2006）。伸展构造背景有利于生储盖的有效配置，探明可采储量占总储量的76.1%（谷志东等，2012）。由于形成晚，没有经历多期次构造运动对盆地的叠加和改造，具有较为稳定的构造背景，形成的油气分布相对简单。

由于中国海相碳酸岩板块小、地层古老，受多期构造运动作用强烈，大多经历了加里东期、海西期、印支—燕山期和喜马拉雅期等多旋回构造运动的叠加复合过程（许效松和汪正江，2003；刘和甫等，2006；牟书令，2008）（图1.4）。四川盆地自震旦纪以来经历了10余次构造运动（雍自权等，2009），构造运动表现为沉降—隆起—剥蚀—沉降的多旋回振荡运动（图1.4）。鄂尔多斯盆地是在早元古代结晶基底的基础上发育起来的大型叠合盆地，其演化过程主要经历了中晚元古代拗拉谷盆地发育期、古生代稳定克拉通盆地发育期、中生代类前陆盆地发育期及新生代周边断陷盆地发育期，盆地构造演化具有多阶段性（杨华和张文正，2005）。

塔里木盆地受控于南北板块边缘的伸展-聚敛作用，经历多期的构造演化（贾承造等，1995；何登发和李德生，1996；汤良杰，1997），大致经历南华纪—奥陶纪克拉通边缘拗陷阶段、志留纪—泥盆纪周缘前陆盆地阶段、石炭纪—二叠纪克拉通边缘拗陷和裂谷盆地阶段、三叠纪前陆盆地阶段、侏罗纪—古近纪断陷盆地阶段、新近纪—第四纪前陆盆地阶段6个演化阶段（贾承造，1997），识别出10余期构造运动。塔里木盆地构造演化的长期性、多旋回性造成了盆地不同地区，甚至同一地区在不同地质时期具有不同的演化历史、原型盆地性质及相应的构造分区性。多旋回强烈的构造改造，造成盆地内部纵向上发育多套不同特征的构造层，平面上分区分带，形成差异性地质结构（图1.5）。

中国古生代碳酸盐岩原型盆地遭受了强烈的改造，残余形态复杂多样，不同地区、不同时期的构造改造状况差异大，造成构造的差异性与成藏的复杂性。

（二）烃源岩古老、热演化成熟度高、以气为主

世界碳酸盐岩油气田主要烃源岩岩性是页岩，其次是含泥质的碳酸盐岩。烃源岩以陆架内盆地环境为主，其次为陆棚斜坡。烃源岩的层位主要为中新生界，早古生代烃源岩贡献很少，局限在北美、西伯利亚和中国中西部的克拉通内。世界碳酸盐岩大油气田所在的烃源岩多有较高的有机质丰度，有机碳（TOC）范围为0.3%～12%，平均约为3%。Ⅱ型干酪根最常见，其次是Ⅰ型干酪根，多处于成熟-高成熟阶段，既有石油、也有天然气富集。

中国海相克拉通盆地发育多套、多种类型烃源岩，以古生界烃源岩发育为特征（朱光有等，2010）（表1.2）。中国克拉通小、岩相岩性变化大，不同地区发育不同时代和

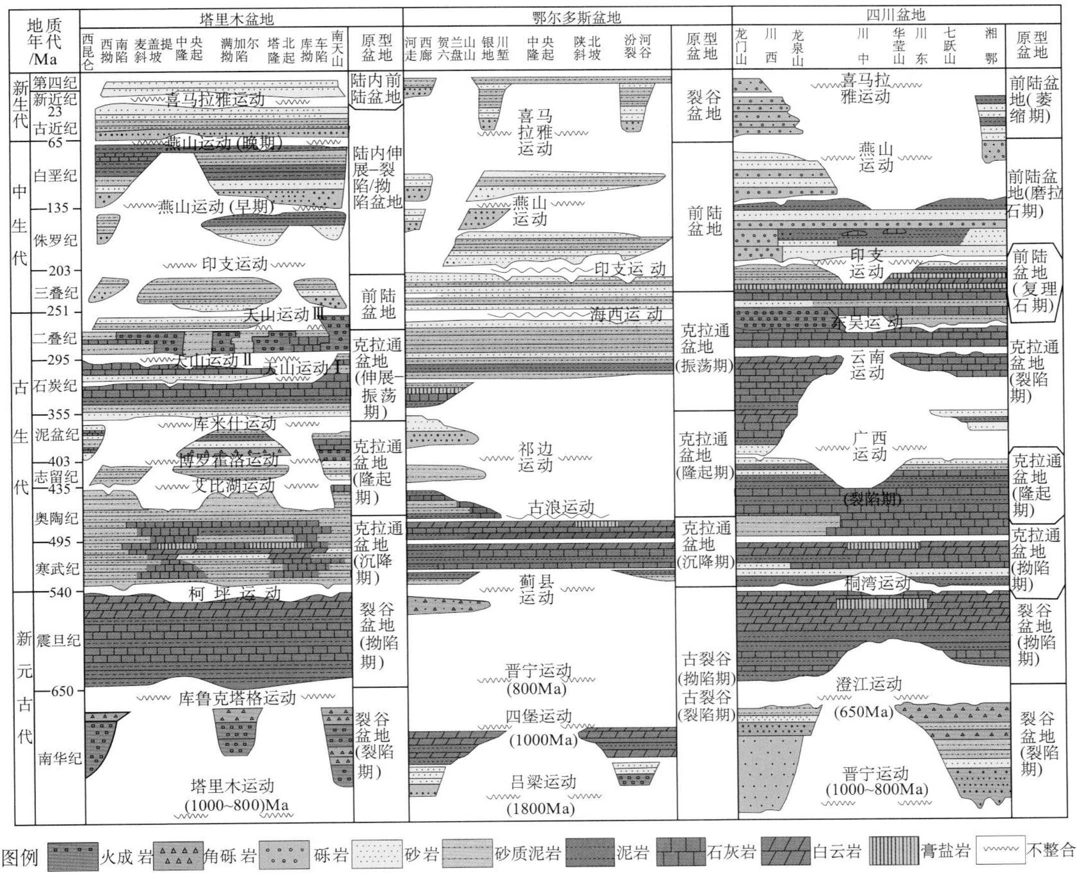

地质年代/Ma

新生代：第四纪、新近纪、23、古近纪、65

中生代：白垩纪、135、侏罗纪、203、三叠纪、251

古生代：二叠纪、295、石炭纪、355、泥盆纪、403、志留纪、435、奥陶纪、495、寒武纪、540

新元古代：震旦纪、650、南华纪

塔里木盆地：西昆仑、西南拗陷、麦盖提斜坡、中央隆起、满加尔拗陷、塔北隆起、库车拗陷、南天山

喜马拉雅运动、燕山运动(晚期)、燕山运动(早期)、印支运动、天山运动Ⅲ、天山运动Ⅱ、天山运动Ⅰ、库米什运动、博罗霍洛运动、艾比湖运动、柯坪运动、库鲁克塔格运动、塔里木运动(1000~800)Ma

原型盆地：陆内前陆盆地、陆内伸展-裂陷/拗陷盆地、前陆盆地、克拉通盆地(伸展-振荡期)、克拉通盆地(隆起期)、克拉通盆地(沉降期)、裂谷盆地(拗陷期)、裂谷盆地(裂陷期)

鄂尔多斯盆地：河西走廊、贺兰山六盘山、银川地堑、中央隆起、陕北斜坡、汾河裂谷

喜马拉雅运动、燕山运动、印支运动、海西运动、祁边运动、古浪运动、蓟县运动、晋宁运动(800Ma)、四堡运动(1000Ma)、吕梁运动(1800Ma)

原型盆地：裂谷盆地、前陆盆地、克拉通盆地(振荡期)、克拉通盆地(隆起期)、克拉通盆地(沉降期)、古裂谷(拗陷期)、古裂谷(裂陷期)

四川盆地：龙门山、川西、龙泉山、川中、华蓥山、川东、七跃山、湘鄂

喜马拉雅运动、燕山运动、印支运动、东吴运动、云南运动、广西运动、(裂陷期)、桐湾运动、澄江运动(650Ma)、晋宁运动(1000~800Ma)

原型盆地：前陆盆地(萎缩期)、前陆盆地(磨拉石期)、前陆盆地(复理石期)、克拉通盆地(裂陷期)、克拉通盆地(隆起期)、克拉通盆地(拗陷期)、裂谷盆地(拗陷期)、裂谷盆地(裂陷期)

图例：火成岩、角砾岩、砾岩、砂岩、砂质泥岩、泥岩、石灰岩、白云岩、膏盐岩、不整合

图 1.4 塔里木盆地、鄂尔多斯盆地、四川盆地地层格架及盆地演化（谷志东等，2012）

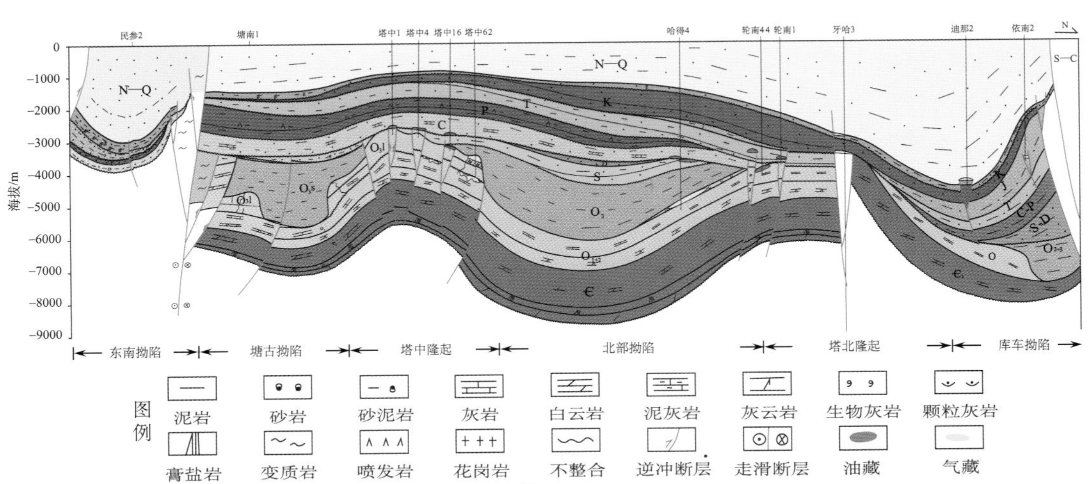

图 1.5 塔里木盆地南北向地质结构剖面图

不同岩性的烃源岩，古生界烃源岩类型主要有海相泥页岩、泥质碳酸盐岩和煤系泥岩、炭质泥岩、煤等。塔里木盆地主要发育寒武系—下奥陶统与中上奥陶统泥岩、泥灰岩烃源岩；南方地区发育4套区域性烃源岩：下寒武统黑色泥岩及含碳质页岩、上奥陶统—下志留统页岩、下二叠统泥质碳酸盐岩和上二叠统煤系烃源岩；鄂尔多斯盆地发育上古生界石炭系—二叠系的煤、泥岩和碳酸盐岩烃源岩以及下古生界奥陶系泥灰岩烃源岩。寒武系—奥陶系烃源岩在全球分布极少，在中国西部克拉通盆地却是重要烃源岩。

表1.2　中国中西部海相盆地主力烃源岩地球化学特征与生烃评价（朱光有等，2010）

盆地	发育层位	岩性特征	TOC/%	有机质类型	R_o/%	有效厚度/m	生烃过程	分布范围
四川盆地	$€_1$	泥页岩	大于2.0	Ⅰ	大于3.5	60～140	P_2生油，J_1干气	川南、川东
	S_1	泥页岩	大于2.0	Ⅰ、Ⅱ	2～4.0	40～130	T_{2+3}生油，J_{2+3}干气	川东地区
	P_2	碳质泥岩、泥岩	3.5	Ⅱ、Ⅲ	0.89～3.4	130～250	J_{2+3}生油，J_3干气	全盆地
鄂尔多斯盆地	O	碳酸盐岩	0.15～1.2	Ⅱ	大于2	10～35	T末生油，J生气	中东部
	C—P	煤、泥岩	泥岩：2～3	Ⅲ、Ⅱ	1.6～2.8	140～300	J_3生气	全盆地
塔里木盆地	$€_1$—O_1	泥岩、泥灰岩	1.6	Ⅰ	2～4	150～250	O生油，N生气	分布广泛
	O_{2+3}	泥岩、泥灰岩	1.5	Ⅰ～Ⅱ	0.8～1.3	30～200	P_2生油	分布广泛

中国烃源岩主要以泥岩、泥灰岩和煤系为主，碳酸盐岩烃源岩质量一般（朱光有等，2010）。其中以泥质烃源岩为主，发育在盆地、台内洼地与台缘斜坡三种环境，海陆过渡相烃源岩（主要是煤系烃源岩）是四川盆地和鄂尔多斯盆地的重要烃源岩。Ⅰ型、Ⅱ型、Ⅲ型干酪根都有发育，下古生界烃源岩有机质丰度较高，但整体低于世界平均水平。烃源岩成熟度普遍很高，大多处于高-过成熟阶段。

受烃源岩有机质类型与成熟度控制，四川盆地、鄂尔多斯盆地碳酸盐岩以富气为基本特征，目前发现的靖边、普光等气田都是以干气为主。塔里木盆地台盆区早期以石油勘探为主，随着勘探的深入，发现越来越多的天然气，天然气资源比重在不断增加。

（三）灰岩较多的古老次生改造型储层、基质物性差、非均质性极强

中新生界碳酸盐岩大油气田多具有良好的原生孔隙，主要受沉积相带控制，台地内部礁滩相碳酸盐岩、陆棚斜坡碳酸盐岩、台地边缘碳酸盐岩与深海白垩都能成为有利储集体。大多油气田的孔隙度一般在15%～25%，储层物性与碎屑岩相当，储层连通性好、均质性强。而古生代碳酸盐岩成岩作用强烈，储层一般比较差。前志留系油气藏的数量在全球分布极少，数量所占比例不足2%，储量低于1%。而且基本以白云岩储层

为主，可能由于白云岩的抗压实能力更强、胶结作用更弱，保留的基质孔隙相对较高。中国下古生界海相酸盐岩经历多期漫长的成岩演化，成岩期改造作用明显，非均质性强，不同于国内外上古生界—新生界孔隙型碳酸盐岩储层（罗平等，2008），其最主要的特性是以次生孔隙为主、基质孔渗低、具有强烈的非均质性。

塔里木盆地寒武系—奥陶系碳酸盐岩储层岩石类型多样，目前发现的油气藏主要以灰岩为主（焦方正和翟晓先，2008；杜金虎，2010）。寒武系—奥陶系碳酸盐岩储集空间以次生孔、洞与裂缝为主，原始孔隙基本消失殆尽，钻井也钻遇大型洞穴。岩心物性统计分析表明，塔里木盆地碳酸盐岩基质孔渗很低（图 1.6），孔渗相关性差。测井解释储层段孔隙度变化范围一般为 1.2%～6%，局部钻遇大型缝洞体层段孔隙度高达 10%～50%。测井解释整体高于岩心物性统计数据，但也远低于世界典型碳酸盐岩油气储层，以低孔低渗储层为主。

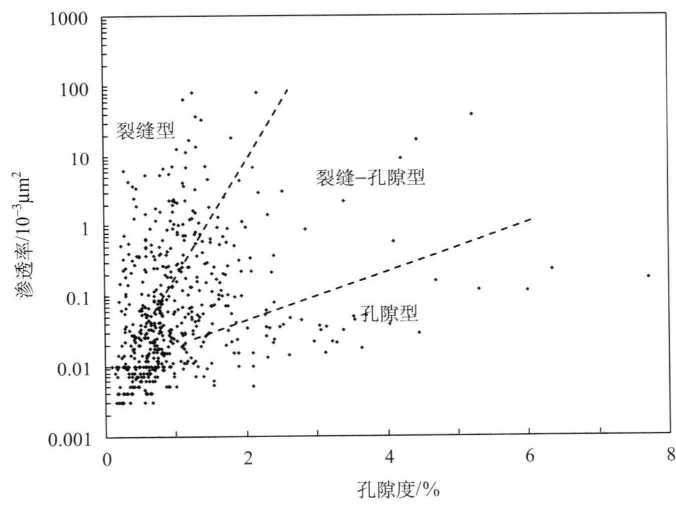

图 1.6 塔里木盆地奥陶系碳酸盐岩岩心孔渗相关图

四川盆地长兴组—飞仙关组白云岩化的礁滩体储层较发育（赵文智等，2012），飞仙关组鲕粒滩储层单层厚度达 10～30m，孔隙度为 4.0%～18.7%，平均为 12.5%；渗透率为 0.01×10^{-3}～$151\times10^{-3}\mu m^2$，平均为 $18.5\times10^{-3}\mu m^2$。与塔里木盆地早古生代碳酸盐岩储层相比，四川晚古生代—中生代碳酸盐岩储层基质孔隙发育，储层物性明显占优。鄂尔多斯盆地奥陶系马家沟组风化壳碳酸盐岩储层与塔里木盆地相似，顶部的马五段储集层主要形成于表生期岩溶作用，岩石以角砾泥晶-粉晶白云岩为主，发育溶洞、溶孔、孔隙及裂缝，储集层主要分布于中央古隆起以东的古岩溶斜坡区。储层孔隙物性略高于塔里木盆地奥陶系，也多属于特低孔-特低渗储层。奥陶系灰岩风化壳同时也发育大型缝洞系统，白云岩风化壳则以小型的孔洞为主，物性较好，储层也具有强烈的非均质性。东西伯利亚中、上元古界的里菲系和文德系古老碳酸盐岩储层非均质性也很强，但埋深浅，为白云岩储层，一般在 1500～3000m，孔隙度一般为 5%～14%，横向变化也大。

总体而言，下古生界古老碳酸盐岩属低孔-特低孔、低渗-特低渗储层，以次生缝洞系统组成的改造型储层为主，非均质性强烈。

（四）埋深大、储盖组合较差

1. 埋深大

世界碳酸盐岩油气藏以晚古生界—新生界为主（贾小乐等，2011），埋深小于3000m的大油气田占总数的70%以上（图1.7）。油气藏分布深度主要取决于烃源岩的生烃窗深度，一般在2000～5000m，从而控制了油气分布的深度。而中国华北、扬子、塔里木板块下古生界海相碳酸盐岩都有广泛发育，以寒武系—奥陶系碳酸盐岩为主，埋深多位于3000～7000m。这一特点带来三方面问题（金之钧，2005）：一是成烃有机质的来源、发育条件及成烃机制不清楚；二是沉积物经历的地质历史长、构造变动次数多，油气的散失和保存非常复杂；三是勘探目的层埋藏深，钻井工艺和井筒技术复杂，增加了勘探难度。

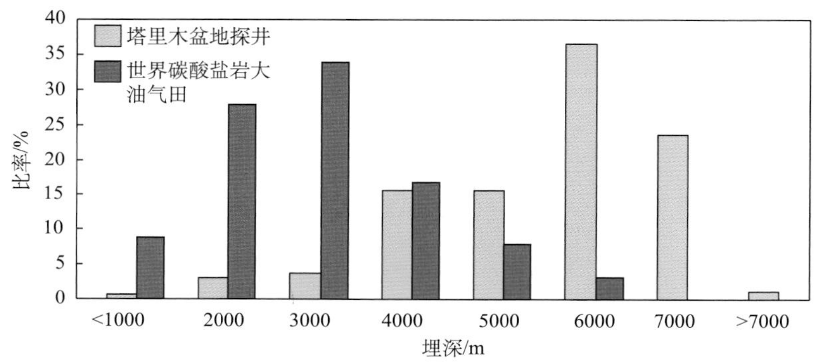

图1.7 世界碳酸盐岩油气田埋深与塔里木盆地探井奥陶系碳酸盐岩顶面埋深直方图

2. 储盖组合多、盖层品质较差

优质储盖组合是碳酸盐岩大油气田形成的重要因素。世界碳酸盐岩盖层主要是陆棚-盆地环境的泥页岩，以及蒸发环境的蒸发岩与泥岩类，蒸发岩是中东、滨里海、北海、西伯利亚、墨西哥湾等地区大型油气田的重要盖层（白国平，2006）。巨型油气田主要发育蒸发岩与生物礁、颗粒滩、白云岩形成的三大优质储盖组合。

中国碳酸盐岩区域盖层以陆棚-盆地相泥岩为主，塔里木盆地、四川盆地、鄂尔多斯盆地都是以克拉通内拗陷泥岩为盖层，蒸发岩盖层分布局限，仅塔里木盆地中下寒武统、四川盆地三叠系有区域蒸发岩盖层分布。同时还有致密碳酸盐岩盖层，如塔里木盆地奥陶系碳酸盐岩内幕、四川盆地二叠系内部发育致密泥灰岩盖层（窦立荣和王一刚，2003；杜金虎，2010）。叠合盆地碳酸盐岩多旋回地质结构形成了多套、多类型的储盖组合，塔里木盆地寒武系—奥陶系主要有下寒武统、上寒武统、奥陶系蓬莱坝组、鹰山组、一间房组与良里塔格组六套主要目的层，上覆盖层主要为致密碳酸盐岩、泥岩，形成六套区域储盖组合（图 1.8）。

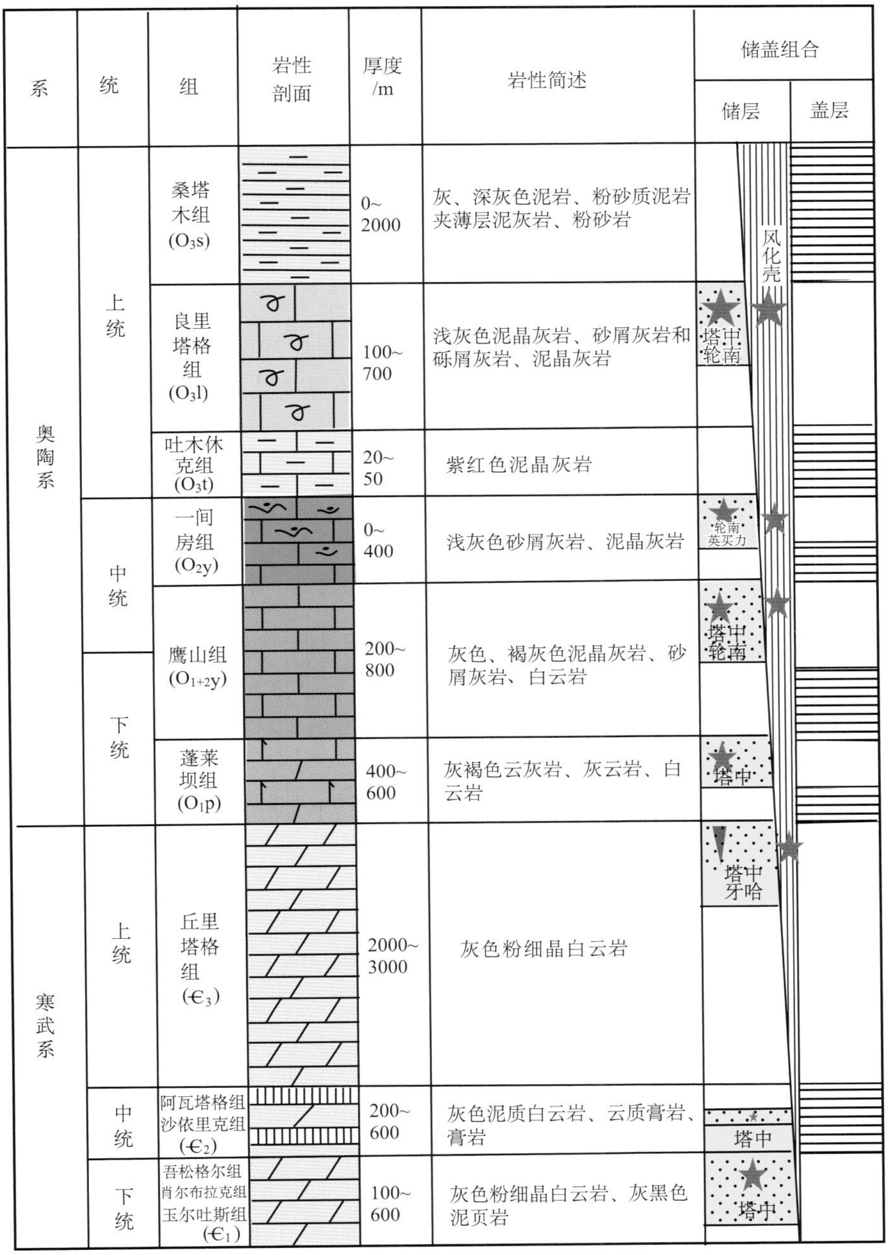

系	统	组	岩性剖面	厚度/m	岩性简述	储盖组合	
						储层	盖层
奥陶系	上统	桑塔木组(O_3s)		0~2000	灰、深灰色泥岩、粉砂质泥岩夹薄层泥灰岩、粉砂岩	风化壳	
		良里塔格组(O_3l)		100~700	浅灰色泥晶灰岩、砂屑灰岩和砾屑灰岩、泥晶灰岩	塔中 轮南	
		吐木休克组(O_3t)		20~50	紫红色泥晶灰岩		
	中统	一间房组(O_2y)		0~400	浅灰色砂屑灰岩、泥晶灰岩	轮南 英买力	
	中统、下统	鹰山组($O_{1+2}y$)		200~800	灰色、褐灰色泥晶灰岩、砂屑灰岩、白云岩	塔中 轮南	
	下统	蓬莱坝组(O_1p)		400~600	灰褐色云灰岩、灰云岩、白云岩	塔中	
寒武系	上统	丘里塔格组(ϵ_3)		2000~3000	灰色粉细晶白云岩	塔中 牙哈	
	中统	阿瓦塔格组 沙依里克组(ϵ_2)		200~600	灰色泥质白云岩、云质膏岩、膏岩	塔中	
	下统	吾松格尔组 肖尔布拉克组 玉尔吐斯组(ϵ_1)		100~600	灰色粉细晶白云岩、灰黑色泥页岩	塔中	

图 1.8　塔里木盆地下古生界碳酸盐岩储盖组合柱状图

碳酸盐岩受构造作用发育不整合面，形成风化壳岩溶储层，与上覆不同时代的盖层可以形成良好区域储盖组合。塔里木盆地主要区域盖层有志留系泥岩、石炭系泥岩、中生界砂泥岩，以及上奥陶统良里塔格组灰岩，分别与下伏寒武系—奥陶系碳酸盐岩风化壳形成大面积储盖组合分布。

中国克拉通盆地碳酸盐岩多沉积旋回变迁大，形成储盖组合多，盐膏层优质盖层相对较少，而且横向分布变化较大，总体差于世界典型碳酸盐岩油气盆地。

（五）非构造油气藏为主

1. 非构造圈闭发育

圈闭对碳酸盐岩大油气田的形成有明显的控制作用，世界上发现的碳酸盐岩大油气田，尤其是特大和巨型油气田一般以大型构造圈闭为主（白国平，2006）。在 188 个碳酸盐岩大油田中，构造类油田有 166 个，占总个数的 88.3%，占石油总储量的 95%，表明构造类油田不但个数多，而且储量更大。在 95 个碳酸盐岩大气田中，构造气田有 80 个，储量占天然气总储量的 84.21%。随着勘探的深入，构造类大油气田发现越来越少，非构造大油气田逐渐增多。1971 年之前发现的大油气田中，非构造大油气田仅占 9%；而至 2001 年之前这一比例提高到了 22%（白国平，2006），而且呈现出不断增长的趋势。

中国碳酸盐岩油气主要分布在克拉通内部宽缓斜坡区，储层具有强烈的非均质性，以非构造圈闭为主。尤其是下古生界碳酸盐岩，原生孔隙几近消亡，圈闭受控次生孔、洞、缝的不规则空间分布。由于克拉通盆地长期稳定发育，构造变形的主要特点之一是发育大型隆起。古隆起高部位断裂带发育局部构造圈闭，古隆起斜坡部位是岩性-地层圈闭广泛发育的有利部位。塔里木盆地寒武系—奥陶系碳酸盐岩以风化壳缝洞体储层、礁滩体储层、白云岩储层形成的非构造圈闭为主，主要发育于隆起斜坡部位，仅局部白云岩风化壳发育小型构造圈闭。鄂尔多斯盆地奥陶系也是以受储层控制的地层岩性圈闭为主，而四川盆地上古生界—中生界具有构造圈闭，也有非构造圈闭。

2. 受储层控制的非构造油气藏为主

中国深埋古老碳酸盐岩多以次生改造型储层为主，多形成非构造圈闭，油气藏以地层-岩性、构造-岩性类为主，局部有少量构造油气藏。塔里木盆地 90%以上的碳酸盐岩油气藏为非构造油气藏，鄂尔多斯靖边气田也是地层岩性气藏。四川盆地古生界除少量构造油气藏外，也以岩性型或复合型气藏为主，非构造油气藏是勘探的主攻对象。

塔里木盆地碳酸盐岩油气藏主要受储层控制，形成以缝洞体储层为主体的非构造类油气藏（图 1.9）。与受局部构造圈闭控制的油气藏特征截然不同，非构造碳酸盐岩油气藏的流体分布特征及油气产出具有明显差异（邬光辉等，2010），极为复杂。在储层发育的局部构造部位，也有小型的构造油气藏，储层发育、横向连通性好。

（六）多期油气调整改造作用强、流体性质复杂多样

世界典型的碳酸盐岩大油气田，如中东、滨里海、墨西哥湾等地区，大多是晚期成藏，油气藏简单，流体单一。而叠合盆地下构造层埋藏早、成藏早，经历多期构造调整改造，具有多期成藏与改造的特点，造成油气藏复杂多样，流体性质多变。

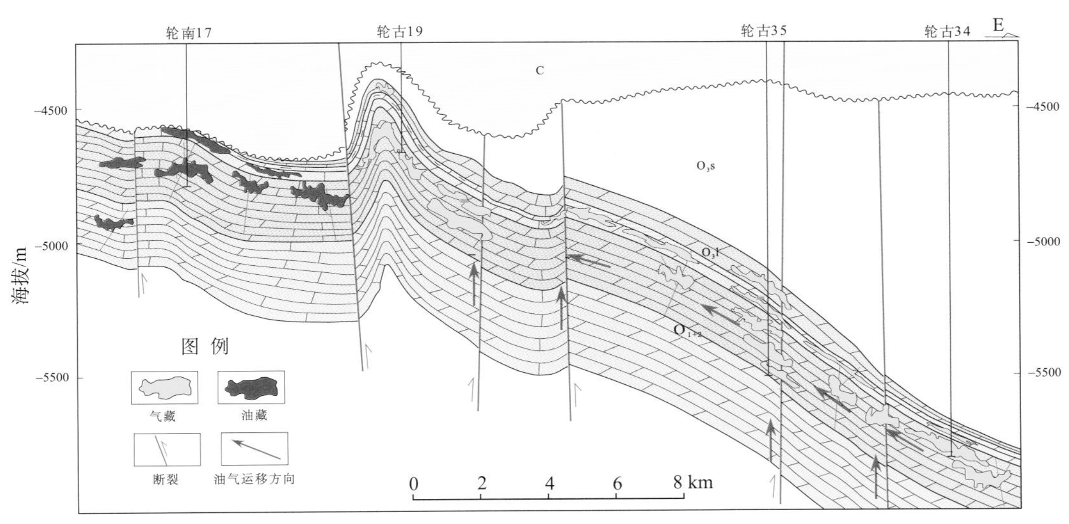

图 1.9 塔里木盆地轮南奥陶系碳酸盐岩东西向油藏模式图

中国西部三大克拉通盆地下古生界碳酸盐岩沉积后都经历多期构造运动（图 1.4），构造改造造成油气藏的多期改造破坏是叠合盆地的典型特征，油气藏的特征与分布更为复杂。中国含油气盆地中盐岩层系厚度小，分布局限，油气藏的盖层条件具有多样性。由于碳酸盐岩层系经历了更多、更长的构造变动，因此油气成藏对保存条件要求更高。塔里木盆地、四川盆地碳酸盐岩之上都有巨厚的上覆盖层，后期构造对克拉通内碳酸盐岩的改造作用相对较弱。而中国南方碳酸盐岩上覆中新生界地层薄，构造破坏作用更为强烈，迄今未发现大油气田的主要原因就是构造改造强烈，油气藏多遭受破坏。

塔里木盆地是典型的多构造运动调整改造的叠合盆地（贾承造，1997），并造成烃源岩层位差异、不同地区埋深变化大，形成多期成烃与成藏史。综合生烃史、构造演化史、油气成藏期次的分析，塔里木盆地下古生界碳酸盐岩主要有晚加里东期、晚海西期和喜马拉雅期三期油气充注与加里东末期—早海西期、印支期—燕山期二期油气破坏调整的复杂成藏史（Li et al.，2010）（图 1.10），多期复杂油气成藏与调整造成油气的复杂分布。

塔里木盆地碳酸盐岩油气赋存状态上，既有重质油、正常油、凝析油，也有湿气、干气，岩心普遍见沥青，荧光薄片见碳质沥青充填早期孔洞、油质沥青充填后期缝洞，是油气多期成藏与改造作用的结果，并造成油气流体相态复杂多样。轮南地区奥陶系经历早海西期、晚海西期两期强烈的构造改造作用，发生大量的油气散失与破坏，在轮南断垒带以北奥陶系油气几乎全破坏。南部向内幕区破坏程度逐渐降低，潜山高部位以重质油藏为主，围斜带受多期的调整改造，既有正常油藏，也有挥发油藏和凝析气藏，不同区块奥陶系原油、天然气性质变化大（图 1.11）。塔中地区也有类似的特征，中央主垒带受加里东期—早海西期构造作用强烈，油气大量破坏，沥青发育，局部奥陶系残存重质油。上奥陶统桑塔木组泥岩覆盖的斜坡区油气保存条件好，正常原油与凝析气分布较多。

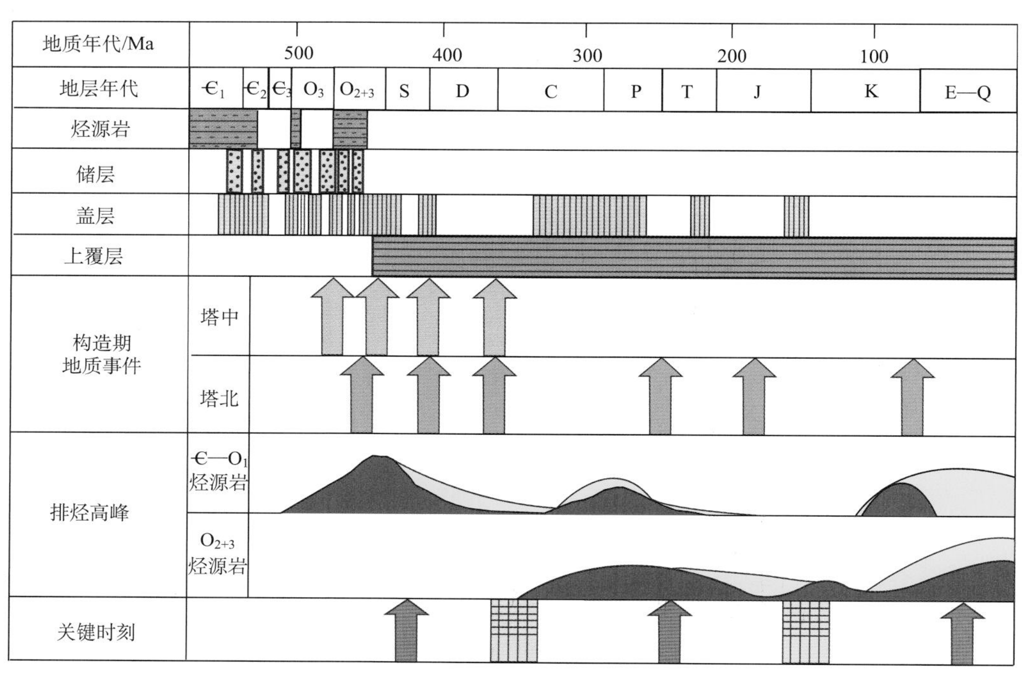

图 1.10　塔里木盆地台盆区碳酸盐岩油气成藏事件图

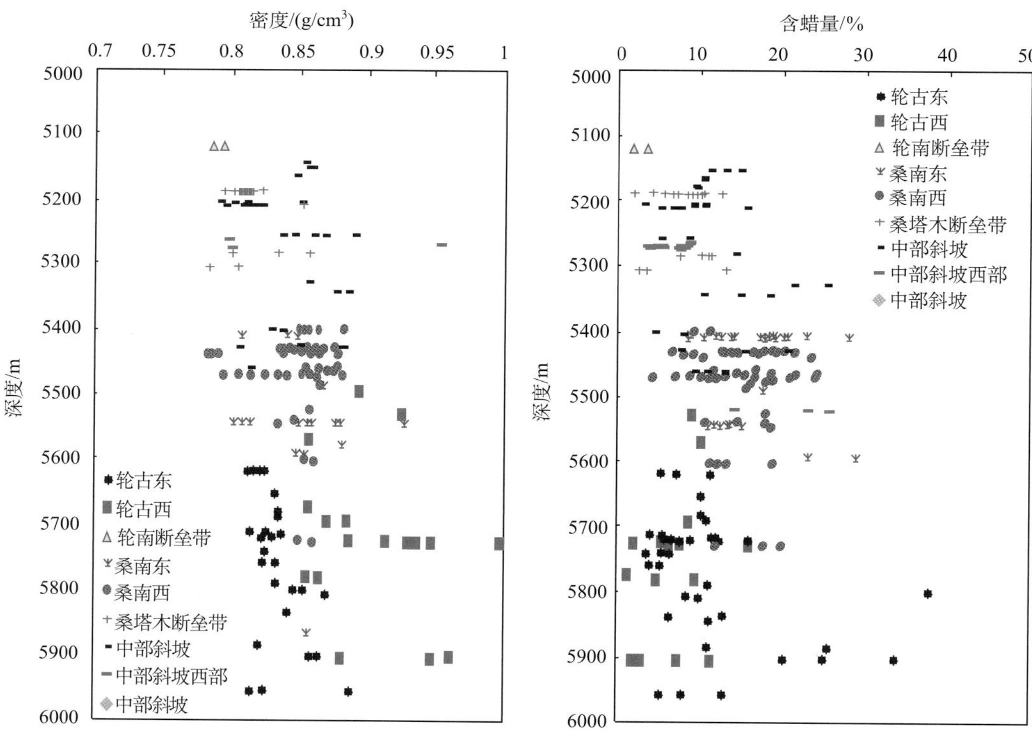

图 1.11　轮南奥陶系碳酸盐岩原油密度与含蜡量分区统计图

四川、鄂尔多斯等古老克拉通盆地下古生界碳酸盐岩也经历多期油气构造改造作用，由于上覆盖层较薄、构造活动更强烈（图 1.4），早期的油气大多遭受破坏。

（七）大面积、中低丰度的小型油气藏叠置连片，沿克拉通内古隆起斜坡分布

世界碳酸盐岩大油气田多沿大型构造带、地层岩性带局部富集，油气分布比较集中，克拉通盆地内油气分布在古隆起的高部位，并以大型构造油气藏为主，储层物性好、油气层厚度大，储量丰度高。不同于典型碳酸盐岩大油气田，中国古老碳酸盐岩储层物性整体较差，寒武系—奥陶系碳酸盐岩油气藏孔隙度一般为 2%～5%。虽然局部可能有较大的油气柱高度，但大多数油气藏以中低丰度为主（图 1.12），单个油气藏通常规模较小。四川、鄂尔多斯盆地晚古生代—中生代碳酸盐岩储层基质孔隙度较高，可能形成中高丰度的油气藏，但相对世界大型油气田而言丰度整体偏低。

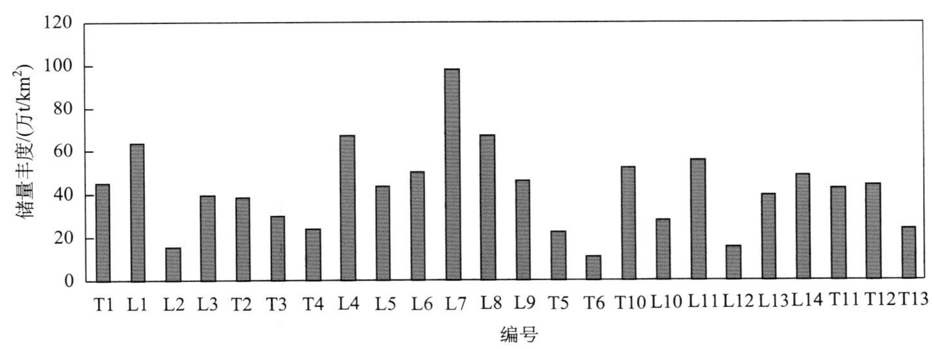

图 1.12 塔里木盆地奥陶系碳酸盐岩油气藏储量丰度统计图

中国碳酸盐岩油气主要分布在古隆起斜坡区。塔里木盆地塔北古隆起南斜坡、塔中古隆起北斜坡是碳酸盐岩油气的主要分布区（图 1.3）。随着滚动勘探开发的深入，轮南、塔河奥陶系大油田的规模不断扩大，并向周缘低部位不断拓展（图 1.9）。目前发现含油气深度超过 7000m，高差超过 2000m，但尚未发现碳酸盐岩含油气的深度边界，一系列中小型油气藏沿古隆起斜坡大面积连片分布，面积超过 $8000km^2$。塔中北斜坡上奥陶统礁滩体、鹰山组风化壳具有叠置连片含油气的特征，钻探已证实塔中Ⅰ号台缘带上奥陶统良里塔格组整体含油气，塔中北斜坡鹰山组风化壳广泛含油气，含油气范围达 $5000km^2$。塔里木盆地大面积、中低丰度碳酸盐岩油气藏叠置连片分布，不同于世界常规碳酸盐岩油气分布。

（八）生产特征复杂、油气产量递减快、少量大型缝洞体支撑主要产量

世界典型的碳酸盐岩大油气田均以高产稳产著称，日产千吨井比比皆是。世界碳酸盐岩的油气储量不及总量的 50%，但油气产量占世界总产量的 60%以上（谷志东等，2012），碳酸盐岩的油气生产效果优于碎屑岩。不同于碳酸盐岩孔隙型储层，塔里木盆地碳酸盐岩油气水产出变化大，同一部位、同一口井都可能出现不同的生产特征（焦方

正和翟晓先，2008；杜金虎，2010）。

塔里木盆地古老碳酸盐岩油气有多种产出类型（图 1.13）。不同类型的流体产出代表了不同特征的缝洞体储层，同一缝洞体储层内以一种产出方式为主，多是先出油后出水。由于不同缝洞体油水界面不一致，生产过程中缝洞连通后造成油气产出的变化。因此，油气产量有比较稳定的、缓慢下降的，也有周期性变化的、忽高忽低的。油压变化也大，有快速下降的，也有后期增长上升的。塔里木盆地奥陶系碳酸盐岩同一油气藏内，既有高产稳产井，也有中低产井、出水井。

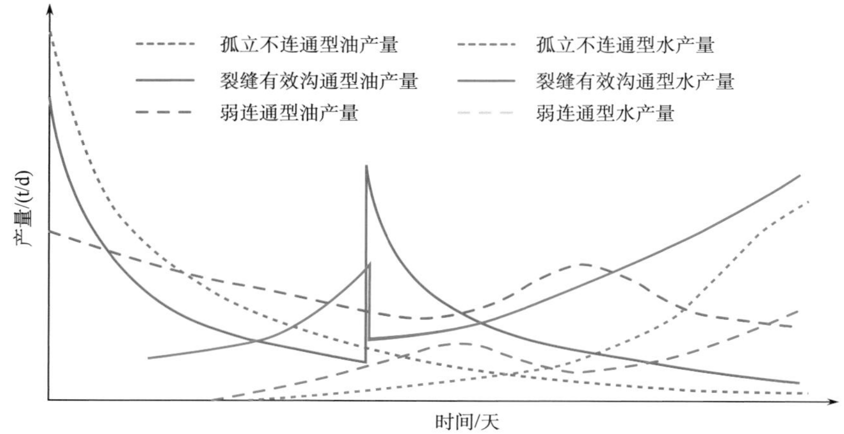

图 1.13　塔里木盆地奥陶系典型试采曲线图示

轮南奥陶系普遍出现油水同出、气水同出的现象，出水井点的分布不受构造位置高低控制，出水产量变化大。塔中奥陶系礁滩体油气藏出水井的比率与出水量相对轮南地区少，但出水特征同样复杂（图 1.14）。奥陶系碳酸盐岩油气藏见水状况主要有三种特征：一是暴性水淹，在试油或开采过程中，出现突发性含水率快速上升，油气很少或无产出；二是缓慢上升，含水率呈台阶状缓慢上升，产液量相对稳定；三是周期振荡，含水率变化较大，出现含水上升快下降也快，或是间断出水后又无水现象等。

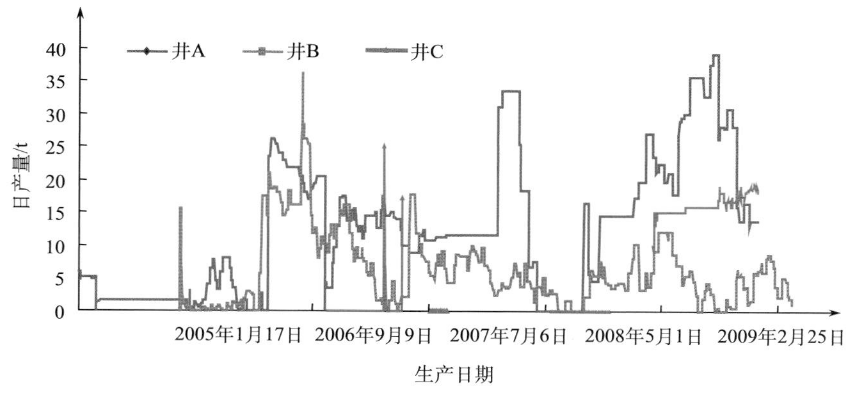

图 1.14　塔里木盆地塔中 62 井区奥陶系综合试采含水曲线

由于塔里木盆地古老奥陶系碳酸盐岩风化壳原生孔隙极低，以次生的非均质孔、洞、缝为储集空间，储集层之间的连通性差，碳酸盐岩缝洞体定容特征明显，孤立的缝洞体泻油范围有限，在生产过程中油气的初始产量高，但多数井产量递减快、稳产难。轮南地区的递减率达22%～32%，塔河油田也是如此（焦方正和翟晓先，2008），产量递减率高是塔里木盆地碳酸盐岩油气藏的典型特征。相对轮南潜山，塔中礁滩体油气藏试采开发稳产效果较好、产量递减较慢、含水率较低，但油气产量变化也很大。

轮古油田投入开发以来（图1.15），在不同的井区都同时有高效井与低效井（杜金虎，2010），同时也有空井与少量产出后的未投产井，除轮古东以外，受大型缝洞体控制的高效井比率一般为20%～30%，但对油气产量的贡献高达70%以上，少量高效井构成碳酸盐岩的主要产能。

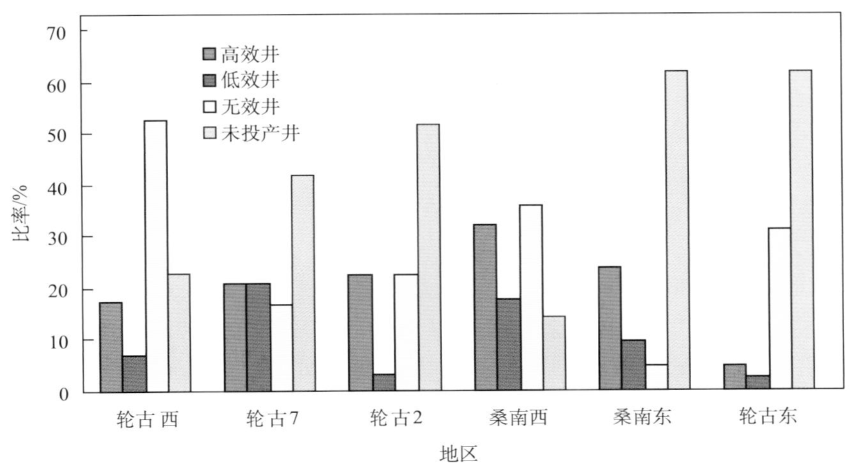

图1.15 轮古油田开发井分类统计图（杜金虎，2010）

（九）勘探开发难度大、技术要求高

小克拉通、多构造运动与古老碳酸盐岩强烈非均质性的地质背景决定了中国碳酸盐岩油气藏的复杂性，不但油气成藏规律更加难以认识和把握，而且勘探开发技术要求更高。

塔里木盆地是复杂碳酸盐岩油气勘探的典型。寒武系—奥陶系海相碳酸盐岩分布十分广泛，面积达$30\times10^4km^2$，厚度大于2000m。碳酸盐岩油气勘探始于19世纪80年代，尽管随后在塔北、塔中及巴楚等地区获得一系列发现，但由于古老碳酸盐岩储层非均质性强、油气分布复杂，勘探开发收效甚微。

近10年来针对碳酸盐岩缝洞体与礁滩体油气藏不规则、非均质性强、埋深大的特点，通过勘探技术的不断攻关与实践，形成了一系列新的适合塔里木盆地超深层、非均质碳酸盐岩油气勘探的关键技术（杜金虎，2010）。集成了成熟的沙漠区潜水面下激发的高精度三维地震采集技术，初步形成了叠前时间-深度偏移成像技术为主的叠前处理技术，以及缝洞雕刻与烃类检测为主的碳酸盐岩储层与油气预测技术系列。通过钻井技术攻关，初步形成了配套的水平井精细控压钻井技术、超深井侧钻井技术为主的超深层碳酸盐岩钻井技术。通过以成像新技术为主导的测井新技术的研发与应用，形成了碳酸盐岩测井储层评价技术、碳酸盐岩流体性质识别技术。针对碳酸盐岩埋深大、储层非均质性强的特点，形成了温控变黏酸深度酸压技术、地面交联酸深度酸压技术、碳酸盐岩加砂压裂技术、大位移水平井分段改造技术等超深层碳酸盐岩储层改造技术等。通过储层与油藏的深化认识、高精度三维地震勘探技术与大型酸化压裂技术的进步，油气勘探不断取得新发现，碳酸盐岩成为盆地油气增储上产的重点领域，但仍然存在有油气高产井而难以稳产、有储量而难于开发等世界级难题。

尽管目前中国碳酸盐岩存在大量的油气地质资源，已进入勘探开发的快速增长期，但类似塔里木盆地复杂的碳酸盐岩，储量品位不高，勘探开发难度仍然很大，70%以上的钻井不能稳产，效益不高，需要长期持续技术攻关，创新勘探开发一体化的组织模式，稳步推进增储上产。

第二节　碳酸盐岩构造研究问题与研究进展

一、碳酸盐岩油气的构造问题

中国自1980年以来，油气勘探从东部大陆裂谷盆地开始转向西部克拉通盆地，从陆相进入海相，从晚中生代和新生代进入古生代，从几乎未被破坏的盆地到破坏相当严重的盆地（张抗，2004）。多旋回构造运动是造成西部叠合盆地油气资源分布、保存与改造破坏的重要因素，古老碳酸盐岩油气的调整改造作用是影响中国古生界海相油气勘探并且需要加强研究的重要科学问题（钱凯等，2002；金之钧，2005；邹才能等，2010；赵文智等，2012）。

（一）叠合盆地原型与构造改造

由于叠合盆地具有多世代、多原型、多级别并列叠加与多期强烈改造的特征，造成盆地原型构造面貌、动力演化过程等恢复困难（刘光鼎，1997；贾承造，2004；庞雄奇等，2012）。从沉积分析判断盆地构造背景有广泛的研究，层序研究、盆地模拟等也有助于构造背景的研究。盆山耦合是近年来中国学者提出的新观点（刘和甫，2001；张原庆等，2001；李继亮等，2003；吴根耀和马力，2004；李凤杰等，2008），可能指导盆地原型恢复，进而精细分析构造控盆、控藏作用。塔里木前寒武纪古老克拉通形成的动力机制尚不清楚，前南华纪统一变质结晶基底的形成与克拉通沉降的动力机理也制约寒武纪碳酸盐岩广泛发育的背景研究。

古老克拉通都经历多期强烈的隆升与不同程度的剥蚀作用，地层剥蚀厚度及原始厚度的恢复是进行原型盆地恢复的重要内容。目前地层剥蚀量的计算方法很多（王敏芳等，2005；李伟等，2005），在多期次构造运动作用下形成的叠合盆地，其地层的剥蚀也是分阶段、多期次形成的，恢复盆地不同时期的剥蚀量面临很多挑战（王毅和金之钧，1999；刘景彦等，2000；张小兵等，2011）。

构造改造作用是叠合盆地的典型特征（贾承造，1997；刘池洋和孙海山，1999），构造改造型盆地需要开展多方面综合研究（孔凡军和崔海清，2010）。不同尺度、不同级别的构造改造作用是叠合盆地研究的重要内容，古隆起、断裂、不整合是碳酸盐岩沉积后构造改造的主要形式，分类研究与动态研究构造改造作用，对再现盆地构造的差异性与成藏改造的多样性具有重要意义。

（二）构造作用对碳酸盐岩储层的建设性作用

在漫长成岩过程中，早古生代古老碳酸盐岩大多原生孔隙胶结消失，绝大多数储集体以次生孔隙为主，后期构造作用具有重要的建设性作用。

构造控相作用是碳酸盐岩储层研究的基础，构造作用通过控制相带的发育而影响储层的特征与分布。构造作用贯穿于碳酸盐岩台地形成、分布与演化的全过程（Tucker and Wright，1990；顾家裕等，2009），由于构造背景与沉积不是一一对应关系，构造背景的具体作用方式与机制仍需深入研究。

碳酸盐岩储层的形成受控于多种联合地质作用（朱如凯等，2007；罗平等，2008，赵文智等，2012），在实际应用过程中很难精细区分。例如，早期多认为塔中上奥陶统良里塔格组台缘带礁滩体储层受控于沉积微相，近期多有强调准同生期溶蚀作用的重要性（刘忠宝等，2004；沈安江等，2006），或是沉积相、准同生期及埋藏期溶蚀等多种作用叠加的结果（王招明等，2007），构造作用也是不可忽视的重要因素（邬光辉等，2010），构造作用方式、作用机理及其与不同控制因素的关系需要研究。岩溶作用是古老碳酸盐岩储层发育的重要因素，不同级别、规模的构造抬升则是控制岩溶发育的关键要素（张宝民和刘静江，2009；杜金虎，2010）。宽缓岩溶地貌与断块山岩溶地貌下储层发育差异大，通过高精度三维地震与地质模式进行岩溶储层分布的预测仍存在技术瓶颈。构造作用形成的褶皱、断裂与裂缝等构造直接影响储层发育，但即使是同一断裂带都会有储层发育的巨大差异，预测与建立精细的适用储层模型是碳酸盐岩油气藏有效勘探开发的重要环节。

断裂带内部构造的发育特征对渗透性有重要作用（Faulkner et al.，2010），实验定量分析断面的特征对渗透性有不同的影响作用，变形带、断层泥等内部构造对流体流动具有重要的影响（Fredman et al.，2007；Peter et al.，2009），但断裂带水力学特征尚难以预测。断裂的应力与流体运移的相互作用是重要研究方向。

裂缝作用是碳酸盐岩储层研究的重要内容，裂缝不仅对储层的渗透性具有显著的控制作用，而且对溶蚀孔洞的发育、油气的运聚影响明显（van Golf-Racht，1989；苏培东等，2005；Christopher et al.，2009；倪新锋等，2010）。另外，由于裂缝造成储层强烈的非均质性，钻井工程、油藏工程也面临巨大挑战。裂缝的有效识别与预测仍然是油气盆地中面临的重要问题，储层裂缝孔隙度、渗透性及裂缝有效性方面的预测研究仍是储层裂缝预测的发展方向。

近年来，热液作用受到广泛关注（Graham et al.，2006；潘文庆等，2009；李忠等，2010；焦存礼等，2011）。热液作用与断裂密切相关，构造-热液作用对白云岩储层的发育与改造具有重要作用，通常沿断裂带线状分布。热液白云岩储层通常不规则分布，热液也有“双刃剑”的作用，断裂与裂缝的渗流作用有待深入。

（三）油气的构造改造作用

叠合盆地经历多期的构造改造与调整，形成多种类型的生储盖组合，经历多期油气运聚成藏和破坏调整的过程，造成油气聚集、分布规律极其复杂（贾承造，1997；张抗，2000；庞雄奇，2010），碳酸盐岩的成盆、成烃与成藏演变与构造作用密切相关。

叠合盆地碳酸盐岩多位于底层，缺乏实际钻探资料，海相烃源岩的丰度、厚度、分布等参数评价存在很多不确定性。二次生烃的数量、演化路径以及生烃始点等关键问题仍存在分歧（倪春华，2009）。塔里木盆地近期油气勘探发现大量的原油裂解气，除古油藏裂解气外，分散液态烃可能是裂解气的重要来源（赵文智等，2011），如何区分与评价这两种天然气资源是深层油气勘探的现实问题。

断裂裂缝是重要的流体输导体，近年的研究进展很多。图解法等分析断裂的封闭性具有很高的实用性，断层的性质与断裂带内部结构对封闭作用也很重要，地震泵作用、泵吸作用和断层阀作用揭示了大规模的流体运移主要沿主断裂活动期幕式发生（杜春国等，2007）。由于碳酸盐岩强烈的非均质性形成复杂的输导网络，多类型流体形成复杂的流-岩作用，预测流体运移路径与聚集方向是碳酸盐岩油气评价面临的重大课题。

前新生代原生油气藏一般很难保存（Miller，1992；Macgregor，1996），古老碳酸盐岩早成藏后的多期调整改造是制约油气资源规模与勘探选区的重要因素。中国西部叠合盆地经历了后期构造变动的调整、改造和破坏（贾承造，1997；庞雄奇等，2012），盖层与圈闭遭受破坏、水洗氧化-生物降解及热裂解等很多因素都能造成油气藏破坏（屈泰来等，2012）。目前对碳酸盐岩构造调整改造作用方式与机理的研究薄弱，其评价方法、预测技术手段是今后的重要研究方向。

中国海相克拉通经历多期多类型的构造变动，古老碳酸盐岩经历多期复杂、油气成藏与调整，常规资源评价难以获得准确的聚集系数，直接影响有效定量评价残余资源。由于烃源岩古老，烃源岩分布与品质缺少资料标定，油气运移、保存过程中烃类的散失量难以估算。目前常用的数值模拟法、物质平衡法、类比分析法都有诸多不确定的参数与不完善的算法，尚难以有效定量评价。

二、主要研究进展

通过近年来塔里木盆地碳酸盐岩构造的综合研究，主要取得以下进展。

（一）碳酸盐岩台地形成与演化的构造影响作用

（1）发现塔里木盆地内部前寒武纪存在与“泛非运动”相关的大型区域不整合，南华纪—震旦纪发育完整的伸展-挤压构造旋回，不同于显生宙。

（2）塔里木盆地寒武纪—晚奥陶世碳酸盐岩经历弱伸展-强挤压构造演化，中奥陶世早期是构造转换的关键时期。寒武纪—早奥陶世塔里木板块内为弱伸展构造背景，不存在拗拉槽，发育稳定的“两台一盆”构造古地理。中晚奥陶世强挤压作用下导致碳酸盐岩台地从“东西分块”快速演变为“南北分带”，直至消亡。

（3）构造作用制约塔里木盆地寒武纪—奥陶纪的“台-盆-隆”分布与演变，以及碳酸盐岩层序与台缘带的发育，造成碳酸盐岩沉积的多样性与区段性。

（二）碳酸盐岩古隆起、断裂与不整合形成演化的构造变形作用

（1）提出古隆起5大类、12种类型的成因分类，塔里木盆地三大碳酸盐岩古隆起都是加里东期形成的挤压作用型古隆起，经历3阶段、8期构造演化，古隆起具有构造的差异性与发育的继承性。

（2）塔里木盆地下古生界碳酸盐岩挤压断裂与走滑断裂发育，经历6阶段、15期断裂差异发育的演化史。碳酸盐岩断裂样式具有多样性、断裂演化具有多期性、断裂发育具有继承性、断裂特征具有差异性、断裂展布呈现有区段性。

（3）塔里木盆地碳酸盐岩不整合划分为3级、4类与10种类型，明确了主要不整合的分布差异及其发育的叠加继承性与迁移性。塔里木小克拉通构造活动频繁，发育3阶段13期构造运动，底部碳酸盐岩较上覆碎屑岩发育稳定、改造较弱。

（三）碳酸盐岩储层的构造建设性作用

（1）塔里木盆地的构造作用形成了4期岩溶、2类古地貌与4种岩溶模式，控制了风化壳岩溶储层的分布与礁滩体优质储层的发育。

（2）碳酸盐岩断裂相具有多样性，次生孔隙主要沿断层破碎带发育。塔里木盆地碳酸盐岩具有5种断裂相关溶蚀作用，有利于发育大型缝洞，一般距断裂带1km内。

（3）塔里木盆地碳酸盐岩发育多期多类型裂缝，以高角度微小缝为主，主要沿断裂带分布。裂缝可以提高渗透率1～3个数量级，裂缝连通性对油气产出具有重要作用。

（4）塔里木盆地碳酸盐岩以次生改造型储层为主，类型多样、非均质性极强，主要沿不整合面、局部断裂带发育，呈大面积、多层段差异分布。

（四）塔里木盆地碳酸盐岩油气运聚成藏的构造控制与改造作用

（1）塔里木盆地构造的差异性形成5种不同烃源岩发育模式，造成了生烃演化的多样性与油气分布的差异性。碳酸盐岩断裂封闭性存在5种模式，油气运聚有6种类型。

（2）构造对油气藏的改造作用可以分为隆升作用、断裂作用、热作用3大类，进一步分为8种类型。塔里木盆地主要形成改造残余型、改造-补给型和调整迁移型3种改造型成藏体系。

（3）塔里木盆地碳酸盐岩构造改造型油气藏类型多样，经历5期调整改造与多种成因机理作用，造成油藏稠化、气侵相变、流体性质多样、流体产出变化大4种变化。碳酸盐岩既有受构造控制的底水发育的构造油气藏与受储层控制的地层岩性油气藏，同时也存在非常规不受浮力作用控制的非构造油气藏。

（五）塔里木叠合盆地碳酸盐岩油气定量评价方法与勘探方向

（1）塔里木盆地构造控制了碳酸盐岩纵向多层段叠置、平面满盆含油气的差异聚集的格局，油气主要沿前石炭纪古隆起斜坡广泛分布、沿断裂带局部富集，运聚体系内油气分布呈现有序性。

（2）烃源灶、古隆起、有利相和区域盖层 4 个功能要素及其组合控制油气藏的形成和分布，提出了功能要素进行勘探领域定量评价的方法。

（3）建立了构造变动破坏烃量和剩余资源潜力定量关系模式，通过构造过程叠加方法可以进行区带定量评价。

（4）依据相-势-源复合控油模式提出定量预测和评价有利勘探靶区的方法。

（5）在综合评价的基础上，指出麦盖提斜坡及其周缘、满西低梁、古隆起深层白云岩是塔里木盆地碳酸盐岩值得探索的有利接替领域。

总之，塔里木盆地是叠合盆地古老碳酸盐岩研究的范例，构造作用是油气的主控因素之一，并造成油气特殊性。构造不仅是叠合盆地碳酸盐岩油气成藏理论的重要研究内容，还对碳酸盐岩油气勘探开发具有重要的现实作用。

第二章 塔里木盆地碳酸盐岩台地形成演化的构造作用

塔里木盆地寒武纪—奥陶纪海相碳酸盐岩经历弱伸展-强挤压的构造旋回，构造演变对碳酸盐岩台地的形成、演化与结构具有重要的控制作用。

第一节 碳酸盐岩沉积前构造背景

塔里木板块是具有前南华纪结晶基底的古老克拉通（贾承造，1997），一般认为南华纪—寒武纪是继承性的伸展构造背景，结合新资料研究发现前寒武纪的构造格局与显生宙迥然不同。

一、前寒武纪的构造背景

（一）碳酸盐岩发育的构造背景

海相碳酸盐岩一般认为是生物成因，形成于浅海环境（Tucker and Wright，1990），以陆棚环境的各类碳酸盐岩台地为主。受温度、盐度、水深与陆源碎屑供给等因素的影响，海相碳酸盐岩发育多种类型沉积模式（Wilson，1975；Tucker and Wright，1990；顾家裕等，2009），并受控于碳酸盐岩沉积前的古构造与古地貌。碳酸盐岩台地可以发育在离散型与聚敛型等多种板块构造背景（Read，1985；池秋鄂和龚福华，2001），不同构造背景控制了台地发育的结构与模式（图 2.1）。

离散型板块边缘发育初始阶段的大陆裂谷期就可能开始发育碳酸盐岩台地，在以碎屑岩沉积为主的裂陷中晚期，随着海平面的上升，缺乏陆源供给的相对抬升的断块上可能形成孤立台地。由于构造不稳定与陆源碎屑影响，碳酸盐岩台地规模相对较小，容易为陆源淹没而消失。被动大陆边缘最有利于碳酸盐岩发育，初始阶段容易发育缓坡台地，形成广泛的碳酸盐岩沉积体系。缓坡台地的进一步演化形成镶边陆架，可能形成多种类型的镶边台地边缘。在断裂活动强烈的离散大陆边缘，往往发育孤立台地，多为裂谷期的台地演化而来。由于碎屑物源的大量供给或是环境的变化，可能形成碎屑岩淹没的陆架或是相对海平面上升形成的淹没台地。位于聚敛背景下的碳酸盐岩台地则可能位于洋壳上增生体或海底高原，以及陆壳或过渡型地壳的前陆边缘（池秋鄂和龚福华，2001）。前陆盆地地质结构、构造演化复杂，构造活动是控制碳酸盐岩层序形成与分布的主要因素。前陆格架受控于俯冲板块产生的造山隆起及其形成的前渊结构，碳酸盐岩在冲断带与前渊斜坡分布。

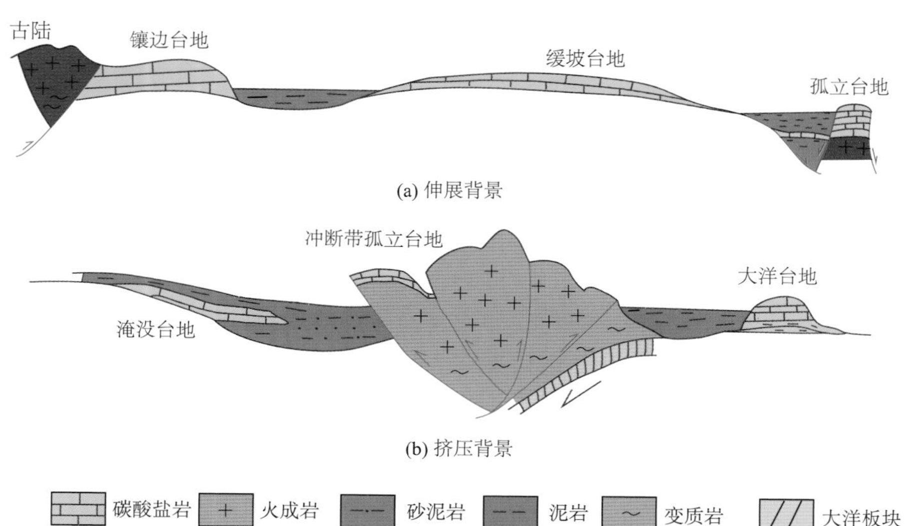

图 2.1 伸展与挤压构造背景下碳酸盐岩台地模式（Read，1985，修改）

构造背景是控制碳酸盐岩发育与分布的重要因素，构造背景不仅控制海平面的变化，还控制碳酸盐岩发育的结构形态与演化。构造背景控制碳酸盐岩沉积主要表现在四方面：一是古构造与古地貌不同，造成碳酸盐岩台地结构与发育模式的差异；二是控制构造沉降影响台地的分布与演化；三是构造作用影响海平面的相对变化，从而控制碳酸盐岩发育；四是构造隆升控制陆源碎屑的供给，影响碳酸盐岩台地发育。

（二）Rodinia 超大陆裂解期的强伸展作用

1. 板块周边裂陷作用

塔里木板块周边的库鲁克塔格、柯坪、塔西南地区均发育南华纪裂谷，库鲁克塔格地区出露地层齐全（姜常义等，2001）（图 2.2）。底部贝义西组为大陆裂谷相的冰碛岩、基性-中基性熔岩和火山碎屑岩、海相碎屑岩组成，与下伏青白口系不整合接触。照壁山组为滨浅海砂砾岩与砂泥岩组合，阿勒通沟组为浅海碎屑岩夹冰碛岩、火山熔岩，特瑞爱肯组为半深海泥岩与砂泥岩、局部冰碛岩与火山凝灰岩发育。这套沉积组合代表大陆裂谷强伸展构造作用的产物（贾承造，1997）。

扬子板块、柴北缘与北祁连等地区都发现与 Rodinia 超大陆裂解有关的岩浆活动（陆松年等，2003；Zhang et al.，2009），西昆仑的研究认为可能存在 815Ma 左右的大陆裂解事件（张传林等，2004；王超等，2009），库鲁克塔格地区南华系发育 850～630Ma 期间的多期火成岩（张英利等，2011），表明塔里木周边广泛发育与 Rodinia 超大陆相关的裂解事件，新疆古大陆该期裂陷活动具有普遍性。

2. 盆地内部地震资料揭示大型断陷发育

南华纪伸展构造在塔里木盆地周边库鲁克塔格、塔西南等地区都有发现。由于地震资料差，盆地内部南华系构造格局与构造特征缺少资料。2006 年以来新的三维地震资

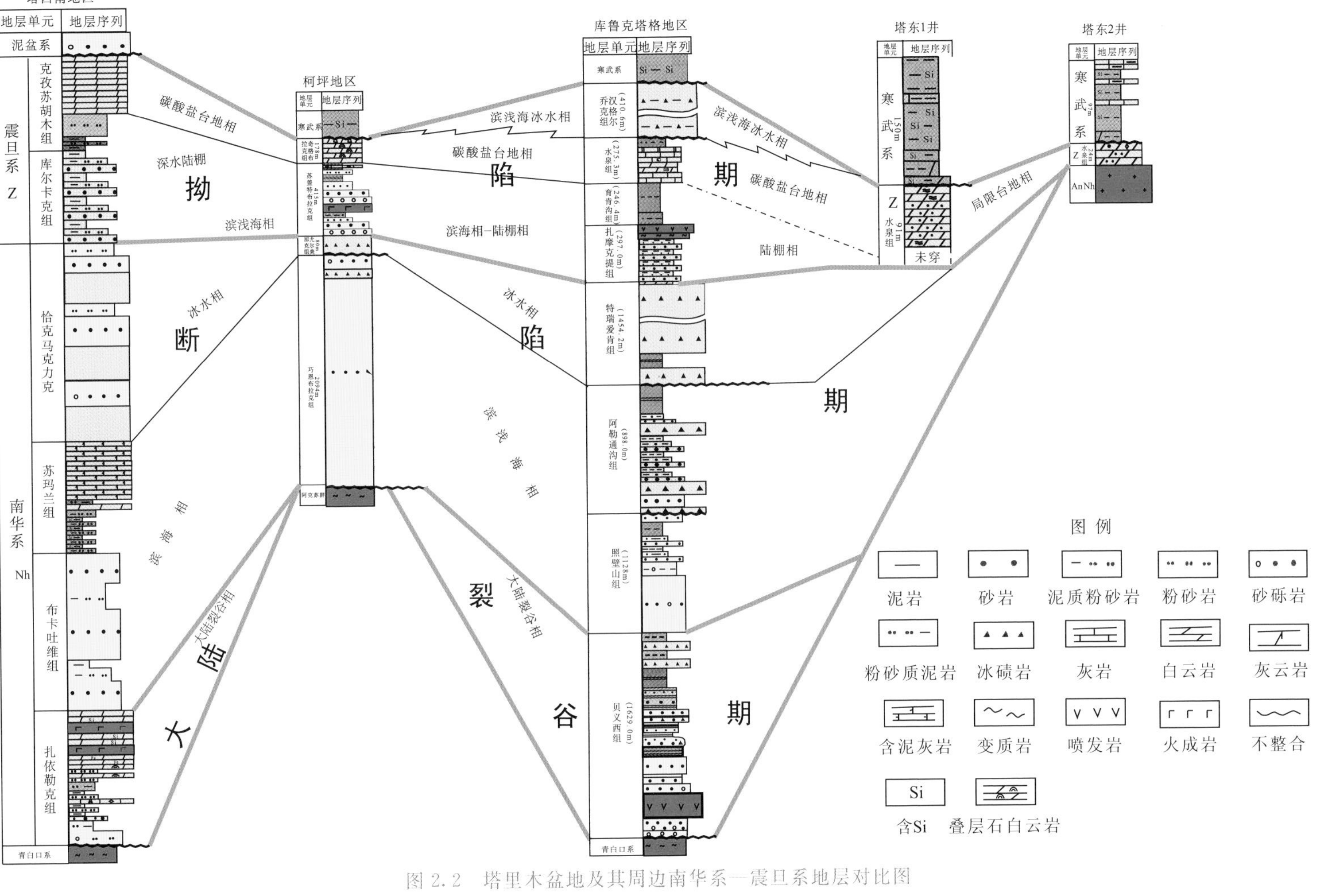

图 2.2 塔里木盆地及其周边南华系—震旦系地层对比图

料揭示在塔中Ⅰ号构造带中部南华系发育大型断陷，从满西向塔中北斜坡超覆现象清楚，出现北断南超的箕状断陷，北部厚度高达4000m，向南部快速减薄直至尖灭。通过大量地震资料分析，塔东-满西地区发育南华纪断陷（图2.3），厚度超过1000m，呈近东西向分布，震旦系拗陷叠置其上，呈现明显的牛头状箕状断陷。

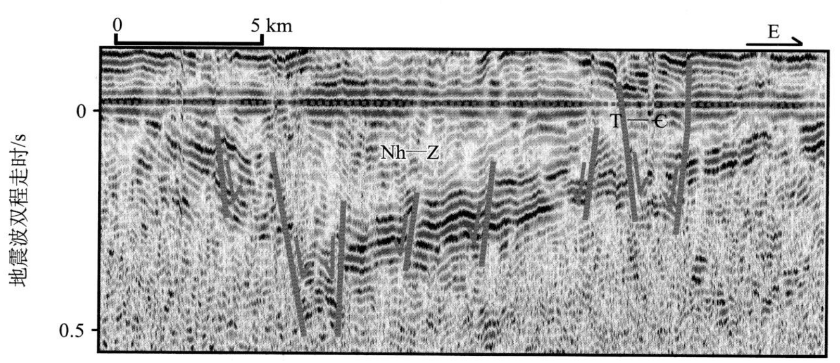

图2.3 塔东地区剖面示前寒武系断陷（拉平剖面寒武系底界）

3. 盆地内部锆石年代学证据

塔参1井底部寒武系之下钻揭花岗闪长岩和闪长岩，前人进行了多次同位素年龄分析（李曰俊等，2003；Guo et al.，2005），受测试方法的限制，结果差异很大。为此，再次进行了锆石SHRIMP测年分析，15个测点的年龄值非常集中，$^{206}Pb/^{238}U$表面年龄为783～720Ma，平均值为755.2Ma。在$^{207}Pb/^{235}U$-$^{206}Pb/^{238}U$图解中，15个测点均位于谐和线上（图2.4），获得锆石的谐和年龄为757.4Ma±6.2Ma（MSWD=1.5），这一年龄值应代表了花岗闪长岩的结晶年龄。

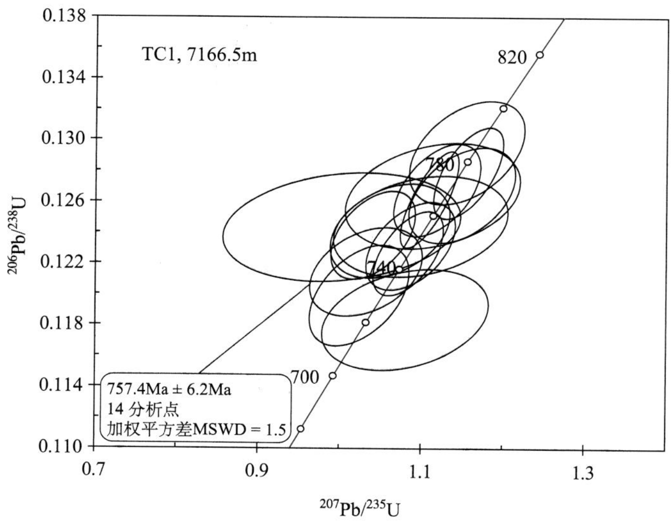

图2.4 塔参1井前寒武系锆石SHRIMP测年U-Pb谐和图

本次锆石 SHRIMP 测年分析样品代表性强，与 Guo 等（2005）Ar-Ar 测定闪长岩的数据值相当，因此基本可以确认塔参 1 井花岗岩体的形成时代为新元古代南华纪早期。在塔东地区英东 2 井前寒武纪基底也获得 744Ma 的南华纪锆石年龄，表明盆地内部存在与周缘南华纪同期的火成岩活动。

结合区域背景资料，通过地震对比追踪，南华纪塔里木板块周边发生强烈裂解作用，发育一系列小型断陷。受基底断隆分隔，断陷没有完全连通，具有南北分带的特点，其间分布塔中、塔北等一系列基底隆起区，不同于显生宙克拉通内拗陷。

（三）发育前寒武纪大型不整合

早期一般认为塔里木盆地寒武系与震旦系是连续沉积，新的资料表明，寒武系与前寒武系广泛发育不整合（图 2.5 和图 2.6）。

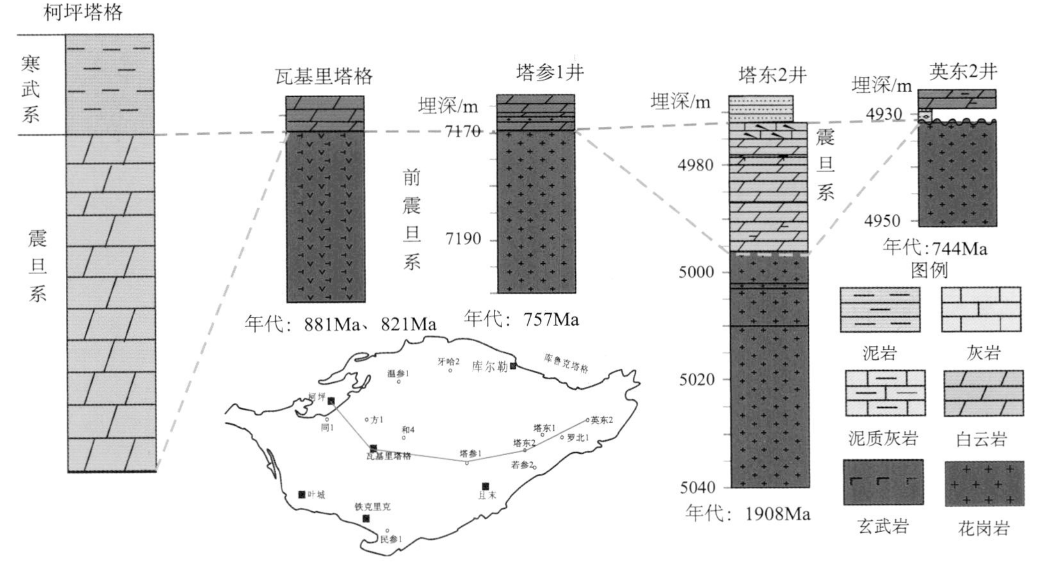

图 2.5 塔里木盆地前寒武纪基底地层对比

柯坪地区震旦系和寒武系之间为平行不整合接触，震旦系顶部奇格布拉克组为厚层白云岩，白云岩顶部溶蚀孔洞发育，多被方解石或石英充填。不整合面上发育黄色、红褐色土壤层，其上被寒武系泥岩及含磷硅质岩等覆盖，存在明显的沉积转换面。

库鲁克塔格地区震旦系与寒武系之间一般为平行不整合接触，不整合面上发育有薄层的红色土壤层。不整合面之下为震旦系汉格尔乔克组黑灰色冰碛砾岩，厚度在该区由西北向东南方向逐渐减薄，在兴地塔格一带厚约 467m，向东南至雅尔当山地区仅厚 34m，在东库鲁克塔格地区的尉犁县元宝庄一带缺失汉格尔乔克组。阳平里北山—西水泉一带，往往缺失水泉组，寒武系西大山组与震旦系育肯沟组呈不整合接触（孙晓猛等，2007）。

通过柯坪地区碳同位素测定，可见不整合面之下震旦系奇格布拉克组白云岩 $\delta^{13}C$

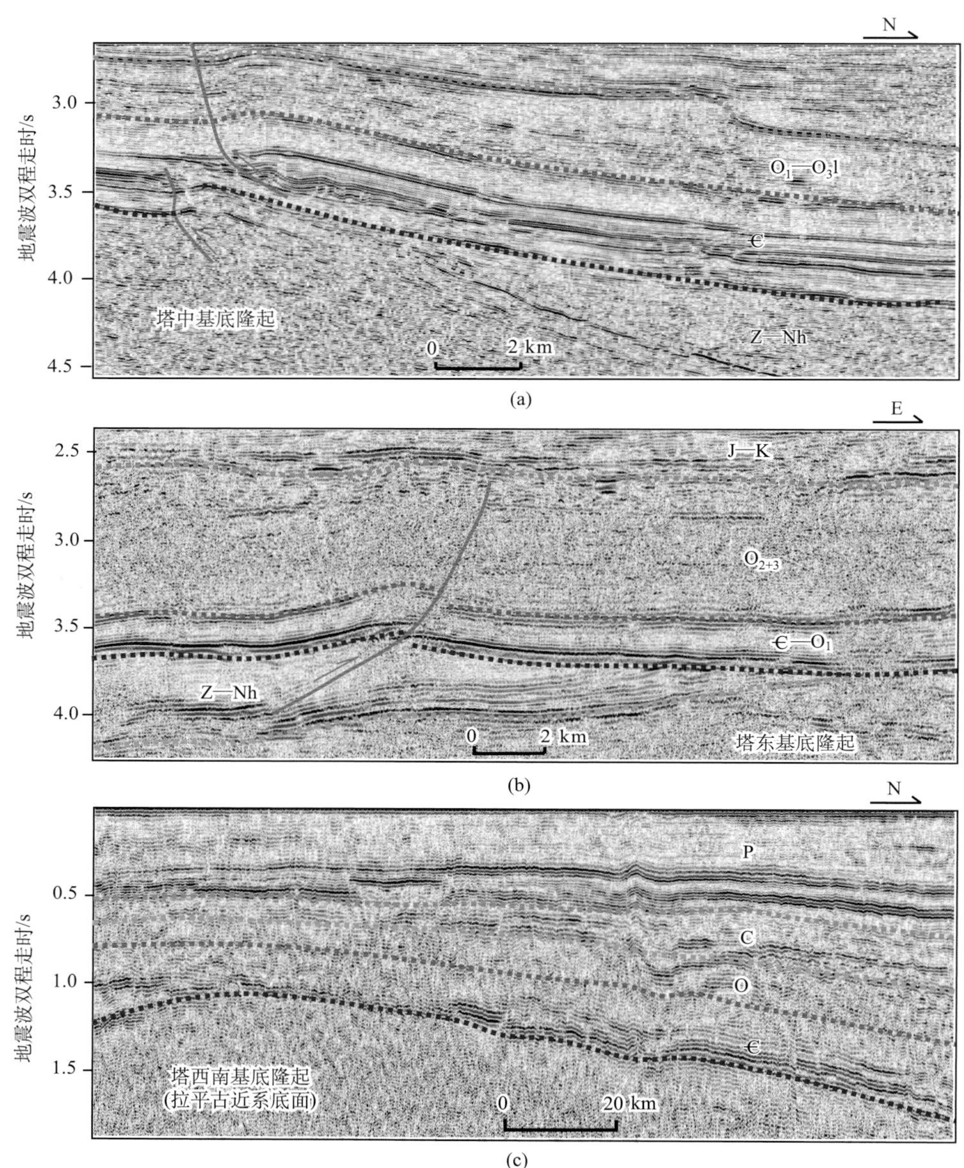

图 2.6 塔里木盆地过基底隆起典型地震剖面

值一般为 0.8‰～2.8‰，但顶部距不整合面 0.1m 处出现明显的负漂移，$\delta^{13}C$ 值达 −9.2‰，同时不整合面之上寒武系底部碳酸盐岩中 $\delta^{13}C$ 值均为负值，为 −1.0‰～−0.3‰。震旦系与寒武系之间这一明显的碳同位素负漂移可在全球范围内对比，可能代表了一次较大规模的沉积间断。

盆地内部塔东 2、塔参 1、和 4、温参 1 等井钻穿寒武系，均缺失震旦系，揭示前寒武系有一期大型的不整合发育（图 2.5）。地震剖面追踪，在塔中、塔东、塔西南地区都存在前寒武纪的基底隆起区（图 2.6），寒武系削蚀下伏地层明显，分布广泛。

（四）南华纪—震旦纪经历完整强伸展-挤压构造旋回

结合区域地质资料分析，新元古代中晚期塔里木板块在结晶基底基础上开始接受广泛沉积，经历南华纪超大陆裂解作用相关的强伸展与震旦纪末大面积挤压隆升的构造旋回。

南华纪初期，Rodinia 超大陆开始裂解，塔里木板块周缘也随之裂陷，发育巨厚大陆裂谷沉积（图 2.2）。库鲁克塔格沉积了一套大陆裂谷相碎屑岩和双峰式火山岩，其中发育多套巨厚的冰碛岩（何金有等，2007），南华纪沉积多局限在裂陷内。南华纪晚期库鲁克塔格裂谷范围向东西两侧扩展，西北部裂陷作用较弱。板块内部发育该期火成岩，但缺少连通的深大裂谷系发育，以局部断陷为主。

震旦纪初期，构造格局逐渐由大陆边缘裂陷向大陆内拗陷发展，海侵范围扩大。盆地沉积逐渐向西扩展，阿克苏-柯坪地区由断陷演化为碟状拗陷，沉积分布稳定而广泛，扩展到阿克苏-温宿凸起以及南部巴楚隆起。震旦纪晚期，塔里木盆地整体沉降，出现连为一体的浅水拗陷，广泛发育滨浅海碎屑岩与碳酸盐岩沉积。

震旦纪末期，受“柯坪运动”及全球海平面下降的影响，塔里木板块隆升，盆地南部广大地区与塔北隆起震旦系遭受剥蚀，寒武系地层覆盖在几近夷平的前寒武纪基底之上，形成明显的角度不整合接触，具有超过千米的抬升剥蚀。

由此可见，新元古代经历大陆裂谷期—断陷期—拗陷期—挤压抬升期 4 期构造演变，发育完整的伸展-挤压构造旋回。

二、构造背景对碳酸盐岩发育的影响作用

塔里木盆地寒武纪与新元古代南北分带构造格局不同，具有东西分异的新的构造体制，但前寒武纪基底的构造背景对寒武纪碳酸盐岩的发育与分布也有明显的影响作用。

（一）形成夷平背景上的陆表浅海环境

震旦纪末，塔里木板块内部具有强烈的构造隆升，在温宿、塔中、塔东与阿尔金等地区出露前南华纪基底，具有巨大的剥蚀厚度差异。而在寒武系沉积前，盆地大部分地区均已被夷平，形成非常平缓的古地形。在古城地区新三维地震剖面上，前寒武纪基底变形复杂，具有明显的块断活动与构造隆升，寒武系以平行整一的稳定沉积覆盖其上，表明基底经历强烈的构造变形后又被剥蚀，形成平缓的地形地貌。满东盆地相区也可见前寒武系有超过 1000m 的剥蚀厚度［图 2.6(b)］，而寒武系厚度稳定，没有古潜山超覆减薄的特征，其夷平作用超出显生宙以来的构造运动。在塔中东部、麦盖提斜坡等地区基底隆起发育区，虽然寒武系呈超覆减薄状态，但下寒武统沉积几乎覆盖整个盆地，仅局部山头可能出现沉积缺失，表明当时具有统一的平缓地形地貌，随早寒武世海侵形成广泛的陆表浅海环境。

寒武纪时，塔里木板块在统一的陆表浅海环境下，具有区域统一的地层格架，碳酸

盐岩沉积稳定，形成整体沉降。

（二）前寒武纪基底隆起影响碳酸盐岩的分区

塔里木盆地寒武纪“东盆西台”的东西分区总体特征明显，但在西部基底结构具有南北分区的特点，中下寒武统从翼部向塔西南、塔中、塔北基底古隆起超覆减薄明显（图 2.6），造成寒武纪早期西部台地内部沉积有南北分异。

塔中寒武系存在明显的自西向东超覆的现象，西部下寒武统厚度超过 600m，向东在塔中 5 井区下寒武统很快减薄，缺失玉尔吐斯组等地层，厚度不足 100m，表明东部基底古隆起对寒武系沉积具有控制作用。塔西南地区寒武系向基底古隆起超覆减薄现象更明显［图 2.6(c)］，玉尔吐斯组优质烃源岩发育层段缺失，烃源岩不发育。虽然基底古隆起区发育中下寒武统，但地层连续、缺少局部盐膏层的塑性变形，可能以膏盐岩欠发育的碳酸盐岩沉积为主。

基底隆起往往是后期沉积时的水下高部位，而且通常控制沉积的差异负载，有利于形成局部浅滩，是高能储集相带发育的有利部位。

（三）宽缓古地貌有利于缓坡型台地的发育

塔里木盆地寒武系—奥陶系碳酸盐岩以陡坡型台地发育为特征（王招明等，2007；赵宗举等，2007；杜金虎，2010），但由于缺乏资料，其中早寒武世早期的台地类型不清楚。结合盆地内部轮南-古城地区下寒武统地震资料的解释，推测在寒武纪海侵时，宽缓的地貌背景下有利于形成缓坡型台地沉积。

虽然下寒武统厚度比较薄，但根据地震剖面追踪，在轮南-古城地区下寒武统没有出现中上寒武统那样明显的镶边台地特征，地层厚度是逐渐向东减薄，缺乏明显的加厚区，不是狭长的台地边缘。结合构造背景分析推断早寒武世早期塔里木盆地在夷平的背景上，以缓坡型台地为主。这类台地简单缓倾（顾家裕等，2009），滨岸浪基面影响范围大，在潮下高能带水动力强度较高，主要沉积粒级较粗的粒屑滩，沉积迁移大，形成范围很宽的高能中缓坡，估计轮南-古城地区宽度达 50km 以上。向外则逐渐过渡到风暴浪底以下外缓坡的低能泥晶灰岩和泥质灰岩，沉积物逐渐变细。内缓坡向海一侧潮间也可能发育丘滩体、砂屑滩，但规模相对较小［图 2.7(a)］。

随着台地的发育，可能形成缓坡封闭型弱镶边台地［图 2.7(b)］，此类台地地势平坦且相对开阔（顾家裕等，2009）。虽然台地边缘没有明显的镶边，但在台地边缘发育水体较浅的丘滩。由于寒武纪缺乏大规模的生物礁，台地边缘没有形成异常厚度高。高能台缘带宽度较窄，以细-中晶颗粒白云岩形成的浅滩为主。台地边缘对水体交换有一定的阻隔性，台地上主要以开阔台地潮坪沉积和蒸发台地潟湖沉积为主。

（四）前寒武纪古岩溶作用

震旦纪晚期的构造宁静期，塔里木克拉通内拗陷发育碳酸盐岩台地。寒武纪沉积前，塔里木盆地整体抬升暴露，发育盆地内规模最大的一期不整合，遭受大规模的剥蚀与淋滤作用，具有大规模风化壳岩溶发育的基本条件。除柯坪地区震旦系顶面奇格布拉

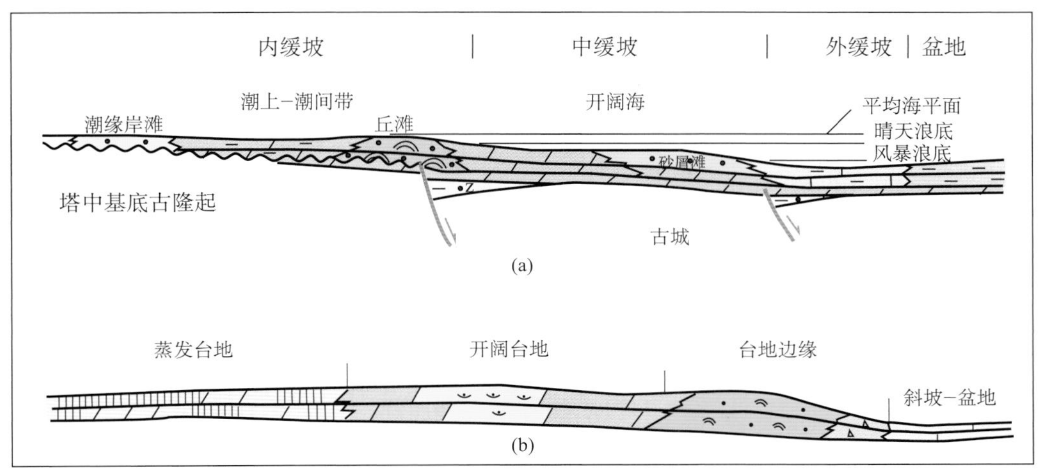

图 2.7 古城地区早寒武世早期（a）与早寒武世晚期（b）沉积相模式图

克组白云岩具有明显的风化壳之外，东部水泉组白云岩也有广泛分布。白云岩碳氧同位素数据分析及古环境的恢复表明，塔东地区震旦系白云岩经历淡水淋滤作用，发育前寒武纪风化壳。

塔东 1 井和塔东 2 井震旦系风化壳以粉-细晶白云岩为主，岩心普遍比较破碎，充填后期浅灰色细晶白云岩或灰白色方解石。岩心见溶蚀孔洞，多与裂缝相连，被方解石和泥质充填，局部见半充填溶蚀孔洞。洞顶和洞底均发育高角度裂缝，网状分布。塔东 1 井白云岩孔隙度为 0.59%～2.25%，渗透率小于 $0.5\times10^{-3}\mu m^2$，物性较差，但明显优于上覆斜坡-盆地相的寒武系灰岩储层。库鲁克塔格地区出露水泉组藻团块白云岩，面孔率可达 2%～15%，基质孔隙度为 2%～4%（梁生正等，2005）。柯坪地区出露的奇格布拉克组砂屑白云岩孔隙度高达 7.7%，渗透率达 $15\times10^{-3}\mu m^2$。由此可见，震旦系白云岩溶蚀孔洞及裂缝发育匹配，可形成良好的储集空间。

塔东 1 井和塔东 2 井邻近震旦系白云岩尖灭线，位于古地貌高部位，岩溶作用较差，岩心所见到的裂缝和溶蚀孔洞基本被充填，预测在古岩溶斜坡颗粒白云岩发育区可能发育较好的溶蚀孔洞型储层。

第二节 寒武纪—奥陶纪构造古地理演化

寒武纪—奥陶纪塔里木板块经历弱伸展-强挤压的构造旋回，构造格局的变迁控制了碳酸盐岩的古地理及其演化。

一、碳酸盐岩分布与地震描述

（一）碳酸盐岩沉积体系划分

1980 年以来，通过佛罗里达、巴哈马等地碳酸盐岩沉积的深入研究，总结出了多种类型的碳酸盐岩沉积模式，国内学者结合实际对碳酸盐岩台地进行了分类（梅冥相，1993；陈景山等，1999；顾家裕等，2009）。对于碳酸盐岩沉积相带一般采用 Wilson（1975）、Tucker 和 Wright（1990）的沉积模式，划分为陡坡型与缓坡型台地（表 2.1）。陡坡型台地由浅至深划分出局限台地、开阔台地、台地边缘、斜坡、盆地共 5 个二级沉积相带。碳酸盐缓坡沉积体系由浅至深可划分为内缓坡、中缓坡、外缓坡及盆地 4 个沉积相带。局限台地、开阔台地与内缓坡相对应，为宽相带，能量中等；台地边缘与中缓坡相对应，为高能相带；斜坡-盆地为低能沉积环境。

表 2.1　塔里木盆地碳酸盐台地术语体系

<table>
<tr><td>台地类型</td><td colspan="7">沉积相</td></tr>
<tr><td rowspan="2">陡坡型</td><td rowspan="2">盆地</td><td colspan="2">斜坡</td><td rowspan="2">台地边缘</td><td colspan="2">开阔台地</td><td rowspan="2">局限台地</td></tr>
<tr><td>下斜坡</td><td>上斜坡</td><td>滩间海</td><td>台内滩</td></tr>
<tr><td rowspan="2">缓坡型</td><td rowspan="2">盆地</td><td colspan="2">外缓坡</td><td colspan="2">中缓坡</td><td colspan="2">内缓坡</td></tr>
<tr><td>陆棚</td><td>斜坡</td><td>礁、丘滩体</td><td>浅滩</td><td colspan="2"></td></tr>
</table>

由于台地内部的凹、凸结构是构造古地理研究的重要内容，结合地球物理资料对有基底隆起控制的水下低隆起进行区分，不仅有助于台地内部构造古地理区分，而且水下低隆往往是高能台内滩发育的有利部位，有利于勘探的靶区预测。

（二）塔里木盆地碳酸盐岩分布

塔里木盆地海相碳酸盐岩主要分布在寒武系—上奥陶统（图 2.8），各层段在盆地内部具有较好的对比关系。

除满东与东南拗陷外，寒武系碳酸盐岩广泛分布，在西部与罗西台地相区分布稳定。盆地西部下寒武统自下而上划分为玉尔吐斯组、肖尔布拉克组和吾松格尔组。柯坪地区出露齐全，玉尔吐斯组底部为深灰色含磷硅质岩与泥岩互层，中部为黑色碳质页岩夹白云岩，上部为灰色中薄层灰岩及白云岩夹页岩，厚 8～35m。肖尔布拉克组下部为深灰色含硅质白云岩，中上部为灰色中厚层状白云岩，厚 142～214m。吾松格尔组岩性主要为白云质灰岩、瘤状灰岩夹白云岩及泥岩，厚 90～287m。井下在满西地区下寒武统较厚，厚度一般为 300～400m；在麦盖提斜坡、塔北地区，下寒武统较薄，一般小于 200m；轮台断隆、东南拗陷等区域出现缺失。在塔东下寒武统雅尔当山组以黑色硅质泥岩为主，厚 40～90m，属于盆地相区。中寒武统在西部包括沙依里克组和阿瓦塔格组，沙依里克组为灰、深灰色泥-细晶灰岩、藻灰岩夹白云岩，厚 40～50m。阿瓦塔格组岩性为灰色、红色含燧石条带白云岩、膏盐岩、泥岩，厚达 200m。方 1、和 4 井为大套膏盐岩夹白云岩、灰岩，厚达 600m。塔东中寒武统莫合尔山组为约 90m 的黑色钙质泥岩、泥灰岩，米兰 1 井出现厚层灰岩夹泥灰岩、泥岩，至罗布泊为厚超过 200m 的台地相白云岩夹灰岩。西部露头上寒武统丘里塔格组以灰白至深灰色厚层微-细晶白云岩为主，厚 317～403m。盆地内巴楚-塔中地区为大套浅灰色、褐灰色白云岩，含灰质白云岩、燧石结核白云岩，厚度超过 1000m。塔东地区上寒武统相当于突尔沙

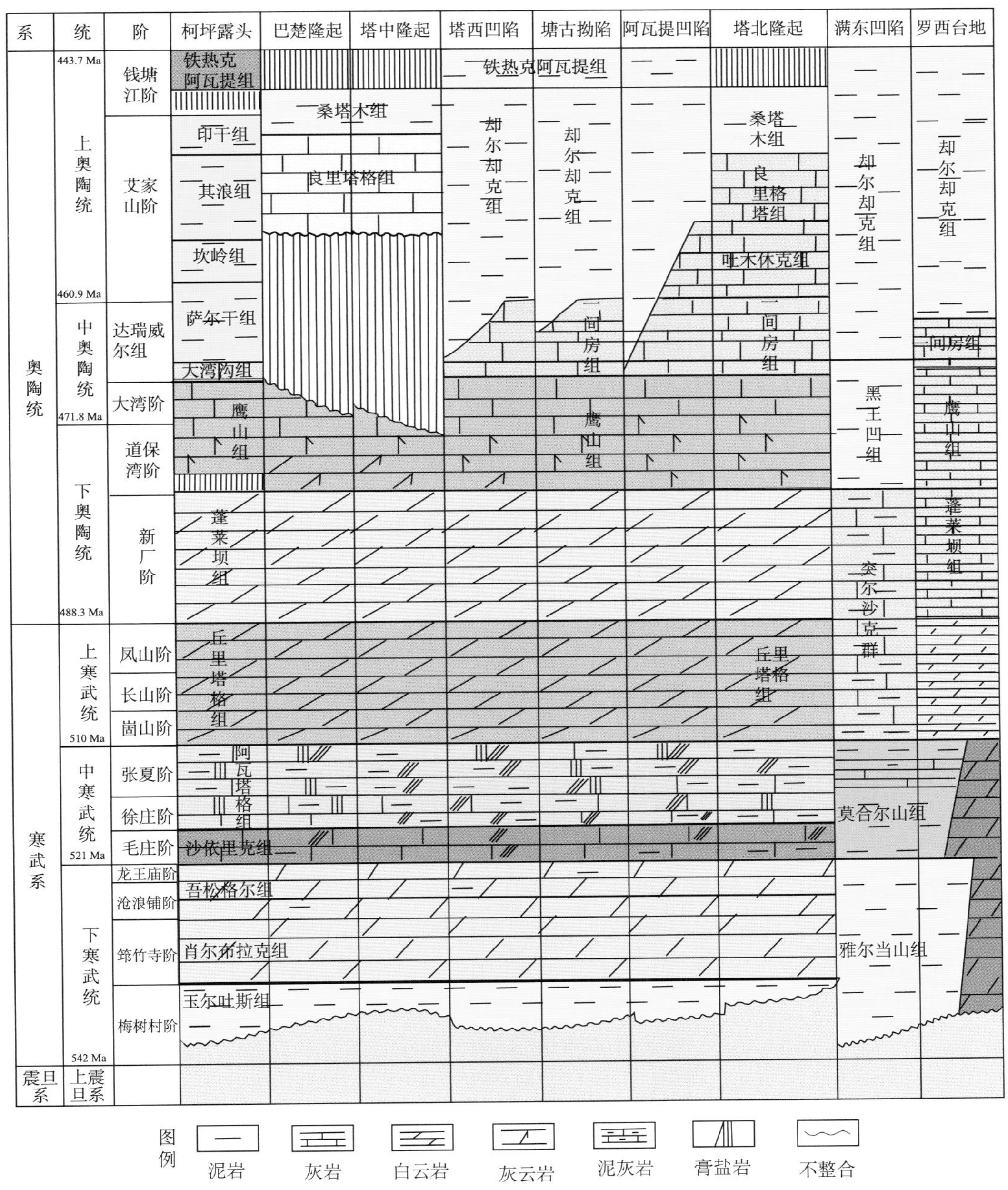

图 2.8 塔里木盆地寒武系—奥陶系地层分区对比图

克群下部，为深灰色、灰黑色灰岩、泥灰岩，罗西台地区米兰 1 井钻遇 344m 的台地相白云岩夹灰岩。

奥陶系在盆地西部台地相自下而上划分为下奥陶统蓬莱坝组、中下奥陶统鹰山组、中奥陶统一间房组、上奥陶统吐木休克组和良里塔格组。盆地西部下奥陶统蓬莱坝组下部以灰、深灰色粉-细晶藻白云岩为主，上部以灰色、褐灰色粉-细晶藻白云岩为主，局部见含燧石云岩及砂屑云岩，井下厚度超过500m。盆地东部下奥陶统相当突尔沙克群中上部，为灰色泥粉晶灰岩、瘤状泥晶-粉晶灰岩夹灰黑色钙质泥岩，厚60～140m。盆地西部中-下奥陶统鹰山组中下部为灰褐色泥-粉晶云岩、云灰岩、灰云岩互层，上部为厚层块状褐灰色泥-粉晶灰岩夹灰云岩，白云岩含量从上至下逐渐增加。柯坪地区厚138～198m，盆地内部厚达700m。塔东地区地层相当于黑土凹组，为盆地相泥岩，厚50～60m。中奥陶统一间房组分布局限，主要分布在塔北南缘、巴楚西北部、塘古拗陷等地区，以灰色、深灰色厚层亮晶砂屑灰岩、泥晶生屑灰岩、托盘类礁灰岩等为特征，厚30～80m。上奥陶统吐木休克组主要分布在塔北隆起南缘、巴楚西北部，下部为深灰色砂屑灰岩，上部以红色瘤状灰岩为主，厚50～70m。上奥陶统良里塔格组分布在塔北南缘、塔中与塘南地区，以泥晶灰岩、含泥灰岩、颗粒灰岩、礁灰岩和黏结岩发育为特征，厚200～600m。

除塔东南变质区与其他局部剥蚀区外，寒武系—奥陶系碳酸盐岩在盆地中西部、东部罗西地区广泛分布，在满东地区也有斜坡-盆地相碳酸盐岩。西部不同的地层小区寒武系—下奥陶统碳酸盐岩岩性、岩相相近，横向连续；中上奥陶统地层出现小区分异，上奥陶统良里塔格组沉积期碳酸盐岩分布收缩在塔北、塔中、塘南3个台地，其他地区为碎屑岩。台地区寒武系—奥陶系碳酸盐岩一般厚2000～4000m，满东斜坡-盆地相区碳酸盐岩厚度在300m以内。塔北隆起轮台断垒带及其周缘受后期剥蚀作用，碳酸盐岩厚度很快减薄直至缺失。塔西南基底隆起区也呈现减薄趋势，厚度减薄至1500m。

（三）地震相与沉积相

随着地震采集、处理与可视化技术的进步，碳酸盐岩地质结构与储层描述精度大大提高，地震相与地震属性得到广泛应用（Chen and Sidney，1997；张林科等，2010），沉积环境的演化、古地貌的刻画，以及岩石物理与储层的定量分析有很多进展（黄锋等，2003；蒋韧等，2008；杜金虎，2010）。地震相与地震属性等技术可以精细刻画碳酸盐岩台地的特征与储层参数、预测沉积微相的三维空间分布与地质模型。上超、下超、顶超、削截等地震反射终止样式是地震层序解释的基础，地震相的几何参数（反射结构、外形、反射连续型）可以用来解释地层结构与连续性、沉积过程与侵蚀作用等，物理参数（层速度、振幅、频率、相位、极性、波形）可以用来分析地层岩性、厚度、平面分布等特征（池秋鄂和龚福华，2001）。

虽然有些地震相的差异来源于地震资料品质的差异，但地震相为低勘探程度的地区提供了沉积相参考的有效资料。通过地震相追踪，可以进行平面地震相划分。塔里木盆地下寒武统可分为7套地震相（图2.9），满东盆地相区与东西台地相区分界明显，东西分区的相带格局可以用地震相划定比较准确的边界。台地边缘的外部丘状形态、内部杂乱反射特征都有较好的响应。台地内部也出现多种地震相，中下寒武统在塔西南、塔北水下低隆起的地震相也明显不同。

根据井-震标定，结合地震相的地质模型，可以研究碳酸盐岩地震相与沉积相的对应关系（表2.2）。利用地震相研究分析结合钻井资料，可以进行沉积相带的平面追踪，研究沉积相的分布与发育特征。

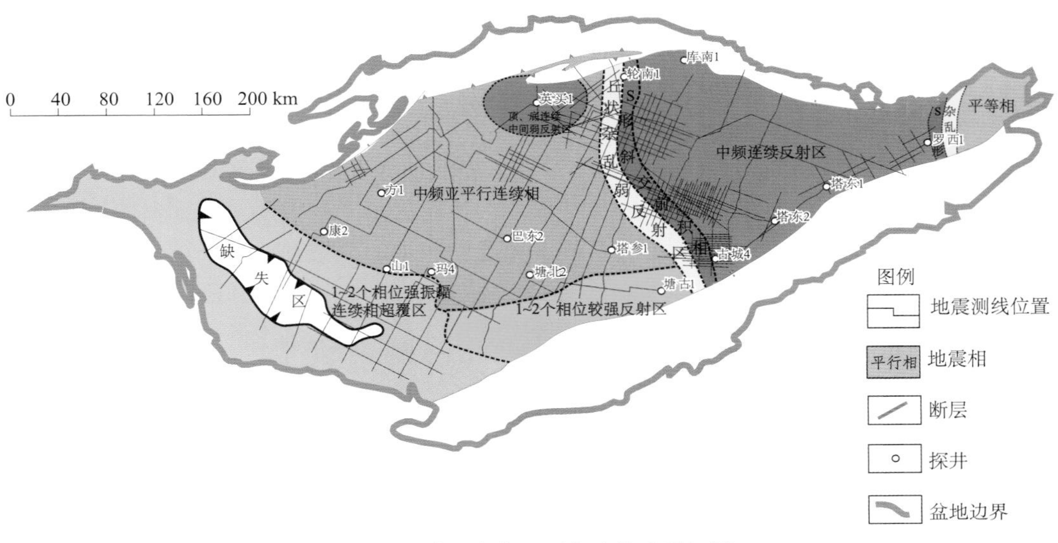

图 2.9 塔里木盆地下寒武统地震相图

表 2.2 塔里木盆地下古生界地震相与沉积相对应关系

沉积相	地震相
盆地相	中弱振幅，波组连续、较连续，平行、席状反射
陆棚相	中强振幅，波组较连续，席状、平行反射
前缘斜坡相	中强振幅，波组较连续，斜交、前积反射
台地边缘相	弱-强振幅，波组不连续，丘状杂乱反射
开阔台地相	低频、中强振幅，波组较连续，亚平行-平行、席状反射
局限台地相	中弱振幅，波组较连续，席状、亚平行-平行反射
浊积扇相	中强振幅，波组不连续，丘状、杂乱反射
塌积扇相	中强振幅，波组不连续，丘状、杂乱反射

塔里木盆地内部寒武系—奥陶系钻井少，通过地震地层学与地震属性，结合区域构造背景分析，有利于推断台缘带与台内沉积相的展布与结构。在盆地内部，地震相是碳酸盐岩研究的重要方法，但地震相也存在明显的多解性，同时地震资料品质的差异也可能造成很多陷阱，需要在有效结合露头、钻井资料与细致分析地震资料品质的基础上开展研究。

（四）台缘礁滩体的识别与刻画

高能礁滩体，尤其是台缘礁滩体是海相碳酸盐岩研究的重点内容，也是勘探关注的主要部位，可以利用古地貌、礁滩体的外部形态、内部反射结构等特征刻画。

1. 古地貌分析

大型礁滩体生长过程中一般与周缘沉积出现一定高差，上覆碎屑岩超覆其上，形成沿碳酸盐岩顶面“填平补齐”的作用。邻近灰岩顶面的具有稳定的地震反射界面的泥岩层相当等时海泛面，将其作为地震反射辅助层拉平，计算参考层顶界至礁滩体顶界的地层厚度，大致能反映礁滩体沉积后的古地貌。

古地貌恢复表明（图 2.10），塔中Ⅰ号带东部良里塔格组台缘礁滩体窄而厚，形成高陡的礁滩体，向西变为薄且宽的滩体特征。古地貌恢复不仅揭示了塔中奥陶系台地边缘沉积相的平面分布特征，同时反映了礁滩体优势相带的分布。

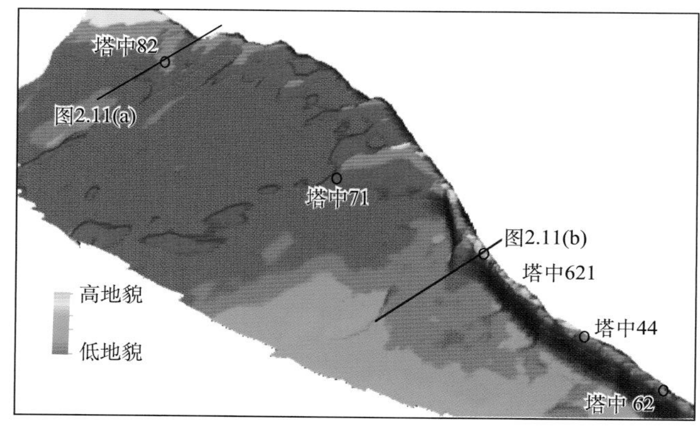

图 2.10　塔中 62—塔中 82 井区上奥陶统礁滩体沉积后古地貌

2. 外部形态

在高精度的三维地震剖面上，礁滩体表现出明显的上凸外形，呈现丘状、透镜状、塔状、峰状等多种结构特征（图 2.11），这类上凸外形均位于礁核部位，造礁生物的发

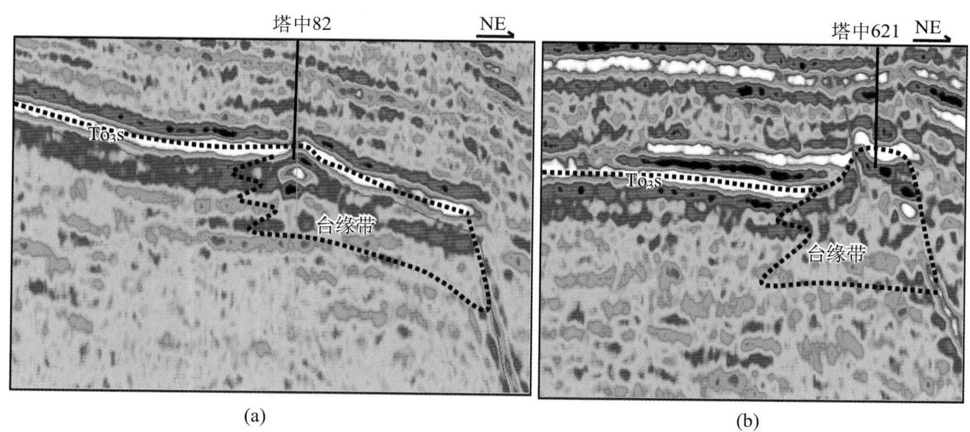

图 2.11　过塔中Ⅰ号构造带奥陶系礁滩体地震剖面

育造成碳酸盐岩顶面明显高于周缘平缓区。大多丘状礁滩体具有接近对称的结构，在台缘外侧也有不对称结构。

从大量地震剖面分析可知，礁体顶面多具有圆滑尖顶，少数为平顶，与周缘围岩高差一般在30～80m，塔中62井区高差达100m以上（图2.11）。台缘礁滩体顶面呈弱反射、杂乱反射。有的礁体由于有侧向加积生物碎屑、砂砾屑，可以在礁体翼部出现近平行的斜交反射特征。台缘大型礁滩体底面多呈不连续、短轴状或杂乱反射。

礁滩体沉积末期，由于快速的海侵造成碳酸盐岩发育的夭折，礁滩体之上为巨厚的上奥陶统桑塔木组泥岩所覆盖，向礁体顶面超覆减薄现象明显，反映礁滩体建隆被淹没后的清晰轮廓。礁滩体建隆通常向翼部相变为泥灰岩，周缘可能出现超覆、绕射等地震响应特征。

3. 内部反射结构

由于礁滩体岩石类型多、发育旋回多，各类生物灰岩与颗粒灰岩的近距离堆积，缺少明显的沉积层理，具有丰富的造礁生物及附礁生物形成的块状构造，在地震剖面上礁滩体内部多表现为杂乱反射，异常的强弱振幅变化频繁［图2.11(b)］，也可能出现空白反射。由于台地边缘发育多期礁滩体，具有一定的呈层性，上下礁滩体之间可能出现层状地震反射结构，可能指示礁滩体的旋回性。

在台内小型点礁发育区，礁滩体内部可出现弱反射、空白反射（图2.11）。受地震分辨率的影响，台内点礁内部反射特征变化大，礁体核部多出现波形变窄、变弱的特征，与围岩均一的反射特征不一致。

4. 地层厚度

通过礁滩体顶、底面的构造成图，可以求取礁滩体层序段的地层厚度，地层加厚的地区多是礁滩体发育区，局部快速加厚的异常穹形高点大多有礁核发育。因此，结合礁滩体的地震响应特征分析，可以通过礁滩体层序厚度的变化在平面上判识礁滩体的分布。塔中62井区礁滩体厚度异常大，呈条带状展布，与古地貌吻合。而南部台内礁滩体层序厚度变化小，局部加厚可能是小规模点礁发育区。

5. 地震属性

由于礁滩体的岩性、物性，以及地层结构与台内层状碳酸盐岩有明显差异，可能在地震相与地震属性上出现差异，因此可以用来判识与预测礁滩体分布。基于波形分类的地震相方法可以反映沉积相的平面展布（杜金虎，2010），对比发现地震相平面展布与沉积相展布具有良好的对应关系，结合其他地震属性可以研究沉积微相的平面分布。

6. 台缘礁滩体的沉积微相分布

在礁滩体层序等厚图、礁滩体沉积时古地貌图编制的基础上，结合多种地震属性信息，可以圈定台缘礁滩体的发育位置与界限，判识与预测礁滩体的分布（图2.12），结合钻井与地震资料综合编制的沉积相图与实钻吻合程度高。

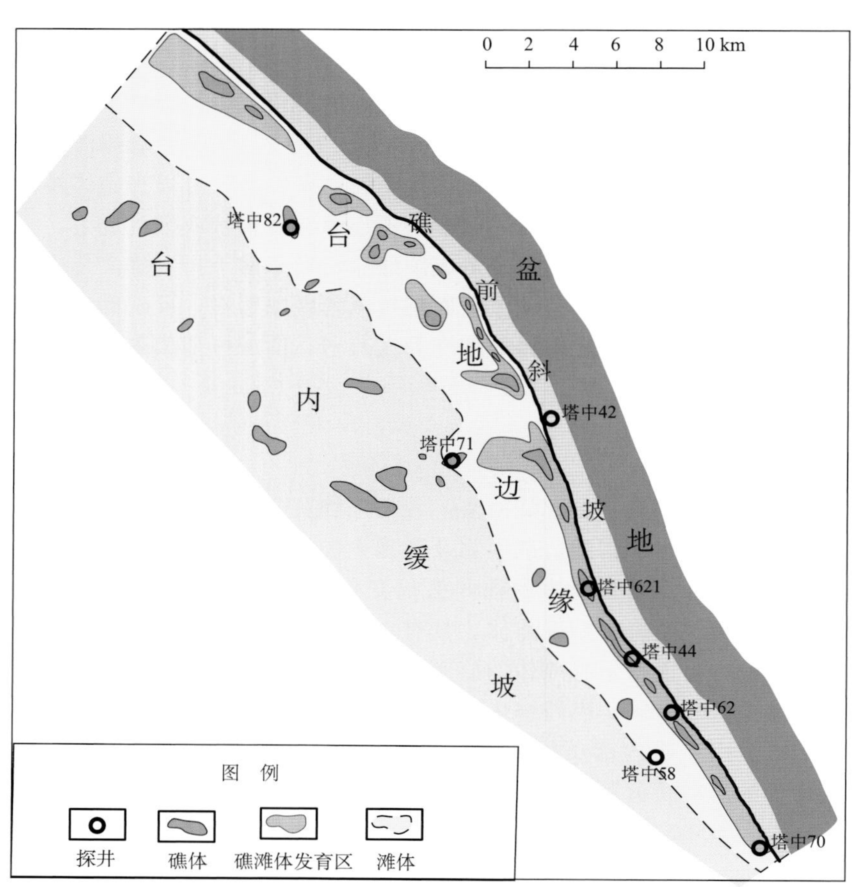

图 2.12 塔中 62-82 井区上奥陶统礁滩体分布图

综合多方法研究表明，纵向上塔中上奥陶统发育有多旋回的礁滩体，复合厚度可达 300～500m（图 2.11）。台地边缘礁滩体地震反射特征清楚，具有多种丘状形态，内部呈杂乱反射、弱反射，具有垂向加积、叠置加厚的特点。向南台内礁滩体厚度减薄，规模较小，礁滩体顶面出现强反射，内幕出现断续波组，呈透镜状产出，礁体与丘、滩间互出现。平面上，上奥陶统良里塔格组礁滩体主要沿台地边缘发育（图 2.12），多期礁体的垂向叠加、横向迁移，造成礁体叠置连片，形成大型条带状展布的台缘礁滩体。

二、弱伸展-强挤压构造转换背景

（一）寒武纪—早奥陶世板内没有拗拉槽发育的强伸展背景

一般认为寒武纪—奥陶纪塔东地区是强伸展的拗拉槽，结合新的资料综合分析，塔东地区寒武纪—奥陶纪是克拉通内弱伸展拗陷，缺少板内强伸展作用。

（1）沉积相带上，早中寒武世塔东地区沉积厚度普遍在 100～200m（图 2.13），宽度达400km，东西两端为缓坡型的台缘带，地形高差不大，整体为平底宽缓的碟状浅水盆地，并不是狭长地堑，缺乏巨厚箕状断陷沉积。当时塔西台地与满东盆地的沉积充填厚度差别在200m以内，以缓坡形式过渡，其间并没有大型的断裂坡折。满东克拉通内拗陷沉积厚度薄并非是深海补偿面以下，而是由于板块整体进入水下，缺少陆源供给形成的台间凹陷。

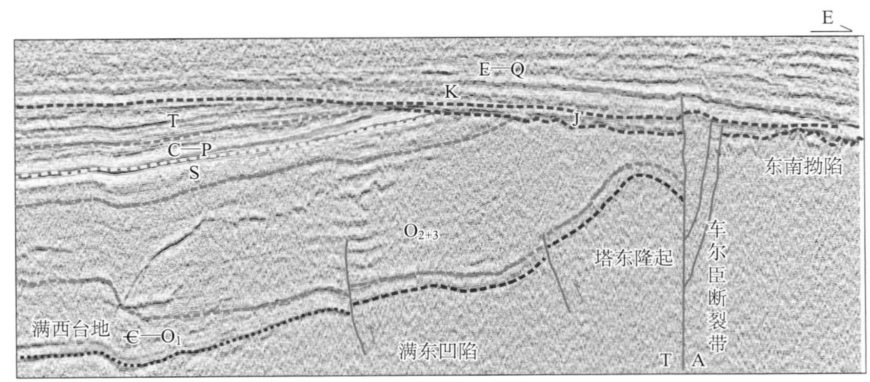

图2.13 过塔东地区东西向地震大剖面（TLM-L300）

（2）重磁资料分析认为盆地基底地壳中的强磁性地质体可能是震旦纪—奥陶纪拗拉槽中由于上地幔岩浆冷却并停留在地壳中造成的。结合新资料分析，中央航磁异常并非显生宙的产物，塔东2井前震旦花岗岩测年分析为早元古代中期的产物（见第三章）。即便有地壳的破裂减薄，也是前寒武纪的构造-热事件。

（3）库鲁克塔格地区北部断裂研究一般认为可能有早期强烈的断裂作用，是拗拉槽的重要证据。首先，没有明确证据表明南、北边界的库鲁克塔格的兴地断裂和阿尔金的巴什考供断裂在寒武纪—奥陶纪有强伸展活动。而且库鲁克塔格地区发生板块边缘伸展裂陷，并未延伸至盆地内部，其南区、北区地层的差异便是明证。至于盆地内部，寒武纪—奥陶纪没有大型的正断层，钻探也没有发现寒武纪的断陷。

（4）近期研究表明，有裂陷活动的火山岩的证据主要来自新元古代，而且裂解作用集中在板块边缘，盆地内部缺少寒武纪—早奥陶世的火山岩活动。地震剖面显示，塔东地区奥陶系内部发育侵入岩，是奥陶纪晚期的火成岩活动（图2.13）。

总之，寒武纪—早奥陶世塔里木板块内部是稳定的克拉通，没有大型裂谷作用，在周边大洋发展与扩张作用下，形成板内弱伸展的稳定构造背景，发育宽缓的板内拗陷，形成平底的碟状台盆。

（二）塔西克拉通内隆拗格局

碳酸盐岩沉积前的古地貌对沉积微相的发育具有明显的控制作用，分析碳酸盐岩沉积前及其发育期的隆拗分布是构造古地理恢复的重要内容。通过区域地震地层解释成图，盆地内地层厚度差异较大（图2.14），除塔东有盆地相厚度薄区外，在西南地区的塘古—喀什一线存在一大型厚度减薄区，呈向南弧形凸出的近东西走向。寒武纪—早奥

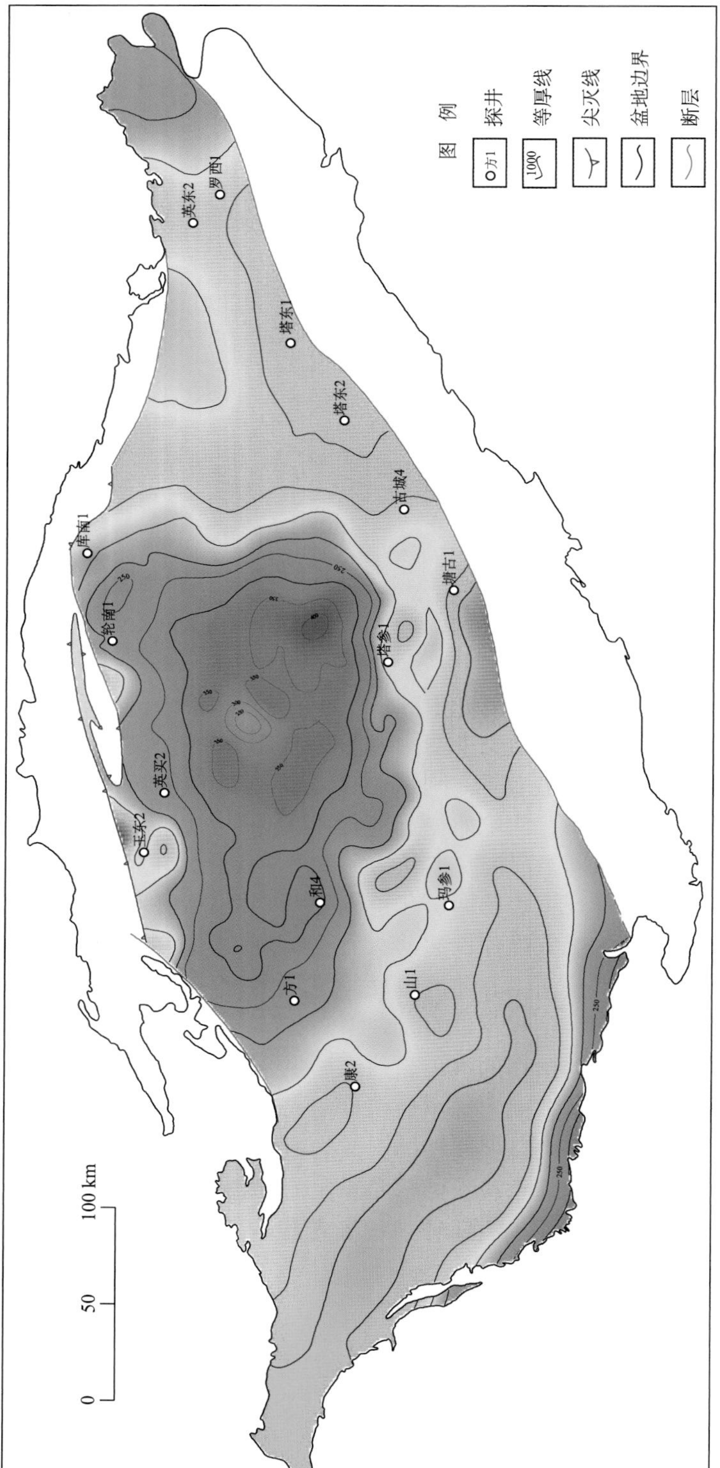

图 2.14 塔里木盆地下寒武统残余厚度图

陶世是盆地相区还是古隆起区有歧义，笔者分析是大型基底隆起区，证据有以下六个方面。

(1) 塔参1井位于塔中基底隆起上，下寒武统钻遇仅81m白云岩，为台地相区。塔参1井玉尔吐斯组缺失，肖尔布拉克组也明显减薄，证实下寒武统向基底隆起超覆减薄的存在。

(2) 位于巴楚隆起南部的同1井，钻探表明下寒武统明显减薄，但没有出现向盆地相过渡的迹象，相反主要以台地相白云岩为主，玉尔吐斯组泥岩含量减少，不同于柯坪露头，表明向南部出现古地貌高。

(3) 地震追踪下寒武统向塔中东部隆起区超覆减薄明显，从400m很快减薄至100m以下。塔西南地区的地震剖面也显示从南北两翼向古隆起区超覆[图2.6(c)]，减薄区位于盆地内部，不是向西南开口海槽形态。

(4) 地震区域追踪与成图表明，塘古拗陷与塔中—巴楚在寒武纪是连为一体的台地，没有台地边缘与台槽的地震反射特征。地震追踪厚度减薄区与麦盖提斜坡区基底隆起北西走向一致，呈狭长条带状展布，不同于满东地区宽缓的台间拗陷，而且地震反射特征也不同。

(5) 塔西南地区—塘古地区上寒武统—下奥陶统碳酸盐岩地层可连续追踪，向南在麦盖提斜坡厚度稳定延伸，地层减薄主要是顶部鹰山组因剥蚀所致[图2.6(c)]，其下伏中下寒武统为盆地相难以解释。

(6) 盆地基底发育塔西南、塔北古隆起，在塔北轮台断隆没有钻遇震旦系沉积岩，温宿凸起温参1井缺失下寒武统，寒武系也出现从阿瓦提向隆起减薄的特征。现今的盆地处于古板块的内部，属克拉通板块内部台、盆分异，距南、北板块边缘海盆尚有距离，麦盖提斜坡并非位于被动大陆边缘斜坡-盆地区域。

综合分析，塔里木盆地南部地区中下寒武统厚度的减薄不是沉积减薄，而是基底隆起造成的差异沉降减薄。盆地内部基底古隆起的厘定，揭示盆地碳酸盐岩岩相古地理研究不仅要刻画台、盆的分布，还要考虑基底对古地理的影响作用，台、盆、隆三者要兼顾。

(三) 伸展-挤压构造转换期

叠合盆地海相碳酸盐岩的形成与演化通常经历多种构造体制的转换，并控制了沉积的变迁。塔里木盆地寒武系—奥陶系碳酸盐岩的发育经历了伸展-挤压的构造旋回，构造转换期是构造-古地理研究的重要内容。

1. 板块南缘在早奥陶世已进入挤压聚敛阶段

近年来，关于西昆仑的研究取得了很多进展，发现库地、奥依塔格等蛇绿岩带是多期洋壳的叠置（张传林等，2004），在库地超镁铁岩体中获得侵入于橄榄岩中的伟晶辉长岩锆石SHRIMP年龄为525Ma±2.9Ma，在库地一些克沟获得块状玄武岩锆石SHRIMP年龄为428Ma±19Ma，奥伊塔格蛇绿岩发现有多期成因（Jiang et al.，2008），表明西昆仑构造演化的复杂性。据年代学资料研究（Ye et al.，2008），塔里木盆地揭示西昆仑早古生代具有四期演化：500～460Ma 古昆仑洋已发生俯冲消减作用，460～450Ma 进入碰撞阶段，450～430Ma 发生地壳增生，430～400Ma 进入碰撞后垮塌阶段。阿尔金地区的研究成果表明，奥陶纪晚期塔里木板块与中阿尔金微陆块（古岛弧）焊接在一起的统一古陆与柴达木地块发生碰撞，导致了南阿尔金洋盆最终闭合，推断其洋盆的俯冲削减在早中奥陶世（Xiao et al.，2009）。

因此可见，早奥陶世塔里木板块内部虽然尚未发生大规模的构造运动，但周边板块已进入挤压聚敛阶段，由于板内构造响应一般滞后，早奥陶世是塔里木板块内部进入挤压背景的上限。

2. 地层出现重大分异

塔里木盆地寒武系—下奥陶统分布稳定，至中奥陶统一间房组沉积时，开始出现地层分区的重大转变（图 2.8），中奥陶统在不同地区的地层岩性出现较大差异，岩石地层单元变化大。西部一间房组从巴楚地区台地边缘礁滩体向柯坪逐步转变为萨尔干组泥岩，直接覆盖在大湾沟组台地相碳酸盐岩之上。

东部塔东盆地黑土凹组出现相当凝缩层段的暗色泥岩，而西部仍是大面积台地碳酸盐岩，没有发现对应的凝缩层段，表明存在东西层序地层的差异与分化。寒武系—蓬莱坝组在盆地内部分布相对稳定，具有继承性的特征，而鹰山组地层在盆地内部厚度变化大，虽然塔中等地区有剥蚀的影响，但轮南地区出现厚度异常。由此可见，鹰山组沉积期盆地内部的地层开始出现差异。至一间房组沉积期地层小区出现明显分异，地层岩性变化复杂，与下伏地层迥异，表明中奥陶统一间房组沉积前已进入新的构造-沉积体制。

3. 沉积发生重大转变

寒武纪—早奥陶世塔里木盆地东西分区特征明显，中奥陶世则出现沉积相带的分异，塔北南缘一间房组高能相带呈东西展布（图 2.15），台缘带并没有沿轮南—古城下奥陶统南北向台缘带展布，表明一间房组沉积期已发生沉积转换。塔中-麦盖提斜坡大面积缺失一间房组，巴楚北部一间房组台地边缘礁滩体直接覆盖在台地内部鹰山组碳酸盐岩之上，满西地区一间房组也相变为泥岩，其沉积相带与鹰山组明显不同。

早奥陶世末期，塔里木板块与全球同步发生大型的沉积基准面变化，中奥陶世塔里木盆地内部已发生明显的地层沉积分异，中奥陶世一间房组沉积前应当是构造体制转换的下限。

4. 古隆起开始形成

早奥陶世末期，塔里木盆地塔中、塔北隆起已开始出现雏形。塔中地区上奥陶统良里塔格组与下奥陶统鹰山组之间形成大型的不整合，值得关注的是位于剥蚀区的塔中Ⅰ号带鹰山组地层明显比下盘厚，其厚度差异达 300m，不论是沉积加厚还是构造作用形成增厚，表明塔中古隆起已出现雏形，并产生南北分带的格局。一间房组围绕塔北古隆起南缘分布（图 2.15），以及近期研究发现哈拉哈塘地区一间房组顶面发育大型南北向河道，表明在一间房组沉积前塔北已形成东西向古隆起雏形，前期发生构造的南北分异

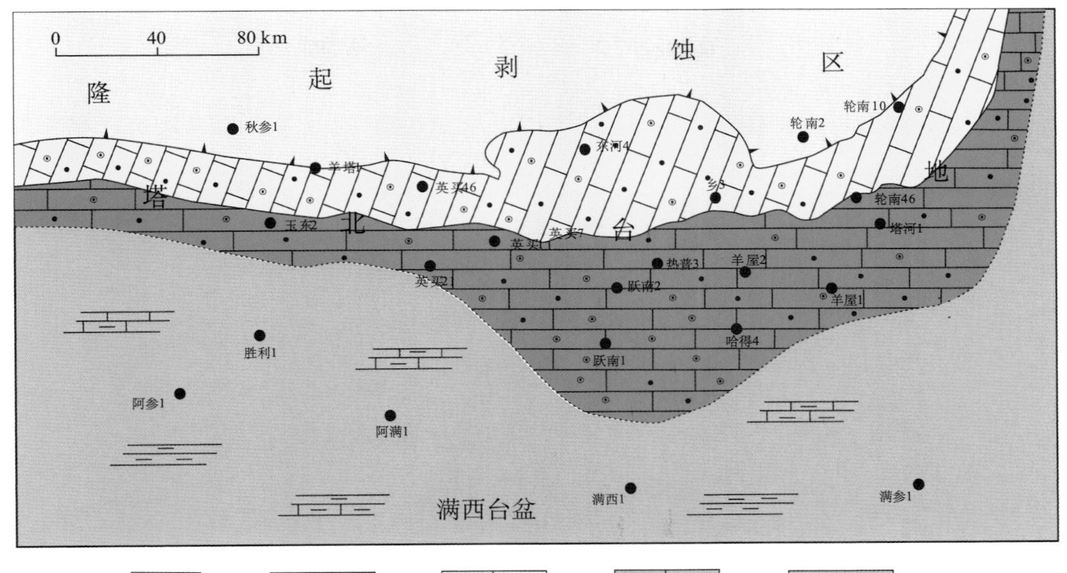

图 2.15 塔里木盆地塔北南缘奥陶系一间房组沉积相图

是一间房组沉积发生重大变迁的基础。

综合分析，早奥陶世末期，塔里木板块与全球同步形成伸展转向挤压的构造背景，中奥陶世塔里木盆地内部已发生明显的构造、沉积分异，中奥陶世应是当时构造体制转换的下限，也就是最晚在中奥陶世一间房组沉积前塔里木盆地已进入挤压环境。

三、寒武纪—早奥陶世弱伸展背景构造古地理

寒武纪塔里木克拉通在弱伸展构造背景下出现广泛海侵，形成东西分异的稳定发育的“两台一盆”古地理格局。

（一）早寒武世构造古地理

早寒武世，塔里木板块南部古昆仑洋扩张、北部裂陷不断加强。南天山地区发育裂谷盆地，中天山地体与塔里木克拉通已分隔（贾承造，1997）。库鲁克塔格地区具有裂陷盆地的特征，出现深水沉积，仍有火成岩活动。塔里木板块南缘存在晚元古代—早古生代库地蛇绿岩（贾承造，1997），可能在震旦纪早期北昆仑带已裂解成洋，库车地区属于深海-次深海区（姜春发等，1992）。综合分析，寒武纪塔里木南部的古昆仑洋已打开，而北部仍处于裂陷伸展背景（图 2.16）。阿尔金地区大部分地区缺失中下寒武统，仅发育上寒武统，可能呈现陆缘隆起的状态。

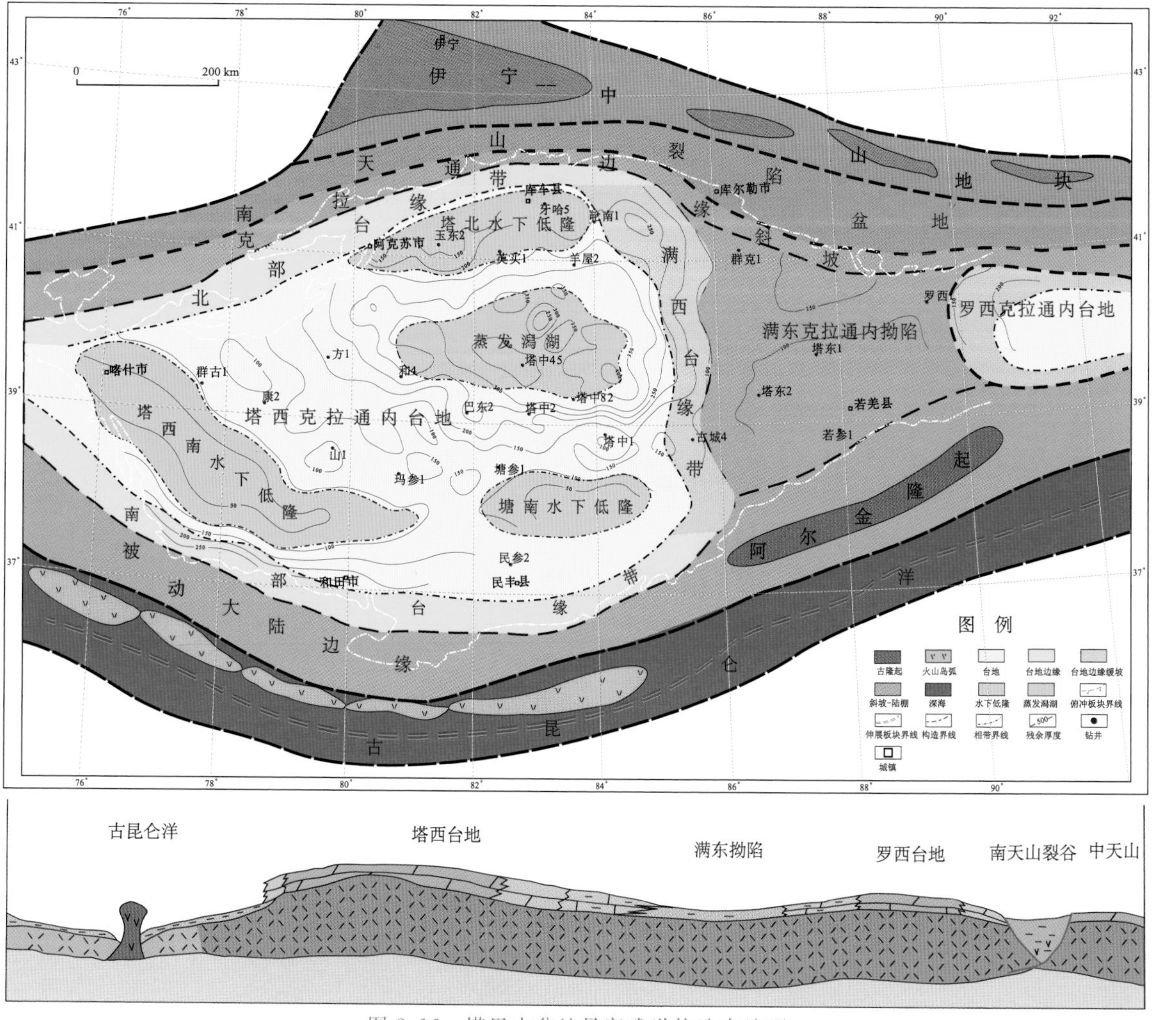

图 2.16 塔里木盆地早寒武世构造古地理

西昆仑山前柯克亚至民参1井一带，中生代地层与前石炭纪变质岩呈不整合接触，根据地震追踪可能有早寒武世的沉积区，推测为后期的变质剥蚀区。南天山裂陷作用东强西弱，东部为海水较深的槽盆，火山活动发育，西部则为浅海陆架沉积。在库鲁克塔格地区下寒武统出露广泛，主要为硅质泥岩、泥灰岩和薄层灰岩，厚度较薄，一般小于200m，为克拉通边缘斜坡区。塔东下寒武统厚度低于60m，属于盆地相区。盆地内部在巴楚、塔中、塔东地区有和4、方1、塔参1、塔东1、塔东2等井钻遇下寒武统（图2.14），在满西地区下寒武统较厚，厚度一般为300～400m。在塔西南、塔北基底隆起区，下寒武统较薄，一般小于200m，温宿凸起温参1井出现沉积缺失。

早寒武世塔里木板块内部进入稳定的弱伸展环境，发生广泛的海侵，下寒武统玉尔吐斯组向塔北与塔西南基底隆起区超覆沉积。在板块内部宽缓的地形基础上，受近东西向的弱伸展作用，海平面逐渐上升，除阿尔金、温宿凸起等局部古地貌高外，形成宽广陆表浅海，随着板块内基底隆起的淹没，开始发育克拉通内稳定的碳酸盐岩台地。板块边缘形成由浅海大陆架向深海洋盆延伸的构造—古地理，板内东西分异开始形成（图2.16）。塔里木板块西部为塔西克拉通内台地，中部为满东克拉通内拗陷，东部罗布泊地区发育罗西台地，形成“两台一盆”的古地理格局。受东西向伸展作用，沉积体系逐渐出现明显的东西分异。

早寒武世塔里木板块内部两台夹一盆的克拉通内台盆沉积体系稳定发育，西部塔西克拉通内台地在肖尔布拉克组沉积期发育巨厚碳酸盐岩，遍布西部地区，塔西台地基本形成，与满东拗陷分界清楚。塔西台地呈向西收敛的梨形，面积逾$40\times10^4km^2$。台地向板块边缘尚未发现大型的台地边缘相带，推测存在宽缓的斜坡向洋盆过渡，为弱镶边台地边缘或无镶边的缓坡型台地边缘。塔西台地内部发育塔北、塘南、塔西南3个水下低隆起，下寒武统向上超覆沉积，局部沉积缺失，厚度较薄，一般低于200m。

以前的工作多将寒武系盐膏层的底部置于中寒武统，最近完钻的和6井钻遇巨厚的膏盐层，其间65m的灰岩段属于沙依里克组，与柯坪地区可以区域对比。由此分析，和6井沙依里克组下部巨厚的膏盐层段包含下寒武统。虽然露头没有下寒武统盐膏层的发育，但和4井下寒武统中上部夹含盐白云岩、膏质白云岩。塔中地区新三维地震剖面上，在下寒武统内部也有塑性盐膏层发育的响应特征。因此推断在阿瓦提-塔中地区下寒武统局限台内洼地，发育有一定范围的蒸发岩相。在塔北及麦盖提地区，发育开阔台地相，呈环带分布，地层厚度变化不大，主要为白云岩、含泥灰岩的清水台地。

近年来，地震勘探与钻探发现在罗布泊地区发育罗西台地（图2.16）。地震剖面上寒武系具有明显的加厚（图2.17），台地边缘宽缓，逐渐向满东盆地相过渡；而下奥陶统出现明显的镶边台地。米兰1井、罗西1井钻遇巨厚的寒武系—下奥陶统，英东2井钻遇下寒武统下斜坡95.5m泥岩、泥灰岩，至罗布泊地区下寒武统中下部为厚层白云岩，上部为泥岩夹薄层灰岩，逐渐过渡为台地相，根据地震剖面追踪推断可能为缓坡型台地。目前对台地的展布不清楚，可能与库鲁克塔格地区出露的碳酸盐岩是连为一体的台地，南部与阿尔金隆起之间可能逐渐缓倾连接成为靠陆的环岛。

中部为满东克拉通内拗陷泥岩、泥灰岩相区，地形平缓，沉积灰色、深灰色泥岩夹薄层灰岩，厚度在50～100m，塔东1井揭示厚60m的硅质泥岩，具有北厚南薄的特

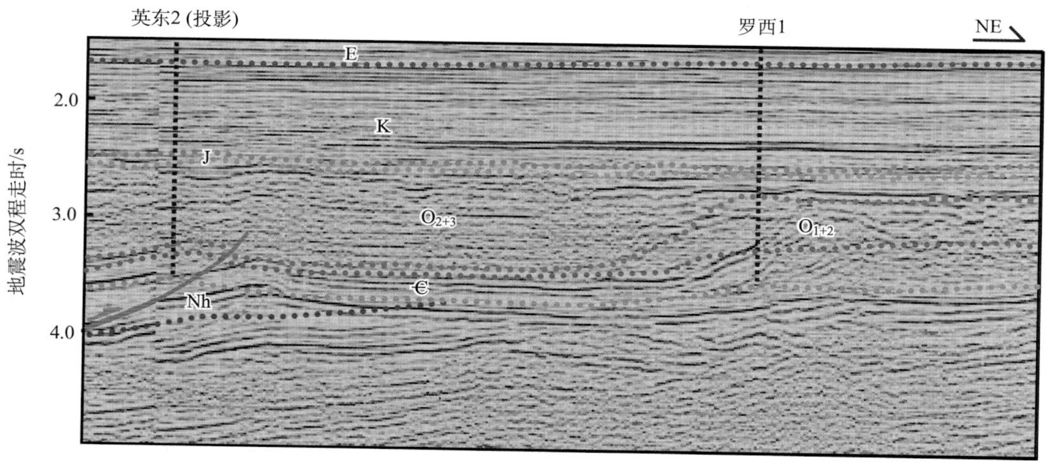

图 2.17　罗西地区 ML05-250 地震偏移剖面

点，呈宽缓平底欠补偿盆地。盆地水体较浅，沉降幅度不大。早寒武世满东拗陷与塔西、罗西台地之间为宽缓的斜坡过渡，与塔西台地之间沿轮南—古城一线形成宽缓条带状分布的台地边缘，东部与罗西台地之间的罗西 1 井—英东 2 井区呈缓坡台缘带。台地边缘斜坡相为宽缓的厚度梯度变化带，厚度从 300m 逐步变化到不足 100m。

（二）中寒武世构造古地理

中寒武世继承了早寒武世的构造-古地理格局，开阔台地相区比早寒武世明显减小（图 2.18），台地边缘相发育，并出现大面积蒸发潟湖相，总体反映了海退的趋势，但沉积基本沿袭了早寒武世“两台一盆”的面貌。

中寒武世塔西蒸发潟湖扩张，发育大套膏盐（泥）岩夹白云岩、灰岩和云质泥岩，为局限台地内膏盐湖、膏泥坪相沉积，形成的台内洼地主要分布在塔西克拉通内台地中部。根据地震追踪，潟湖相膏盐岩分布面积达 $14\times10^4km^2$，在英买力南部-阿满地区—塔中西部地区地层厚度较大，与下寒武统分布相近，最大厚度超过 800m，局部地区形成盐构造异常加厚区。其外侧逐渐过渡到膏云坪与云坪，由云膏岩、膏云岩、含膏云岩相变为含泥白云岩、纯白云岩。

塔西台地边缘相仅有塔深 1 井钻遇，为浅灰色细-粉晶白云岩、藻黏结白云岩、亮晶砂屑白云岩不等厚互层，反映台缘高能带的沉积（钱一雄等，2008）。通过地震解释与追踪，轮南-古城台缘带中寒武统已形成弱镶边台地边缘，台缘斜坡出现较大的坡度，塔西台地演变为陡坡型台地。

库南 1 井和塔东 1 井位于盆地相区，塔东 1 井莫合尔山组岩性为巨厚层灰黑色泥灰岩夹厚层状泥岩，钻厚 90m。库鲁克塔格地区发育盆地相硅质泥岩、页岩和薄层灰岩。东部米兰 1 井钻遇 143m 厚的灰岩夹泥岩，碳酸盐岩含量明显增多，罗西台地向西扩展，与满东拗陷已有一定的高差，出现过渡的缓坡台地边缘。

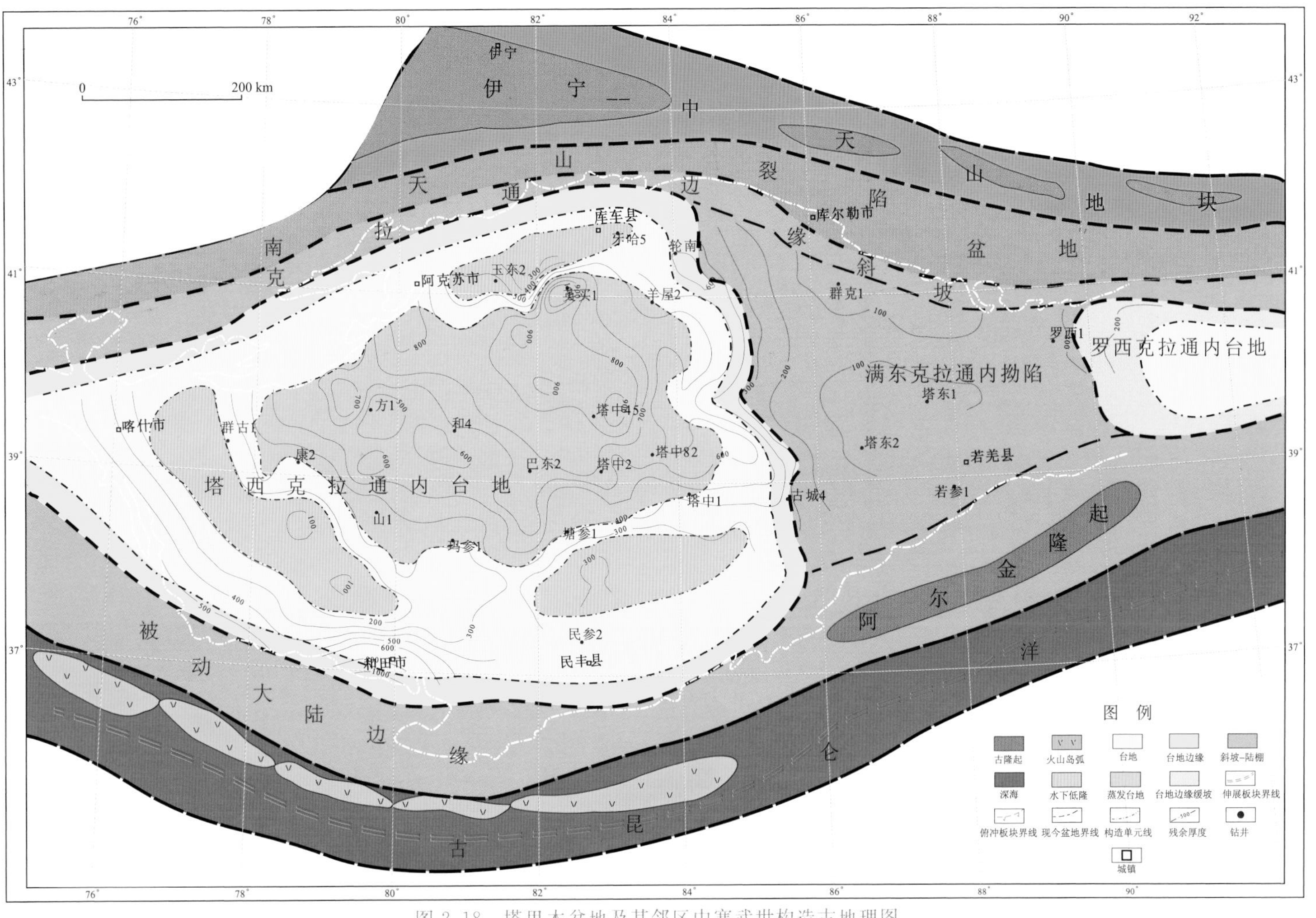

图 2.18 塔里木盆地及其邻区中寒武世构造古地理图

（三）晚寒武世构造古地理

晚寒武世，塔西台地进一步扩大，轮南-古城台缘带前积发育（图 2.19），碳酸盐岩极为发育。台地内为和 4、方 1、康 2、塔中 1 及塔参 1 等井钻遇，岩性相似，均为大套白云岩，近期钻探的中深 1 井厚度达 796m。塔中地区上寒武统为开阔台地相，主要为浅灰色白云岩夹含灰质白云岩、燧石结核白云岩。塔中东部上寒武统厚度比较稳定，与满西地区连续沉积，已不再保持早中寒武世的古构造高。局限台地相在西部柯坪露头区出露 260～600m，主要岩性为厚层块状白云岩，见有砂屑、燧石条带。

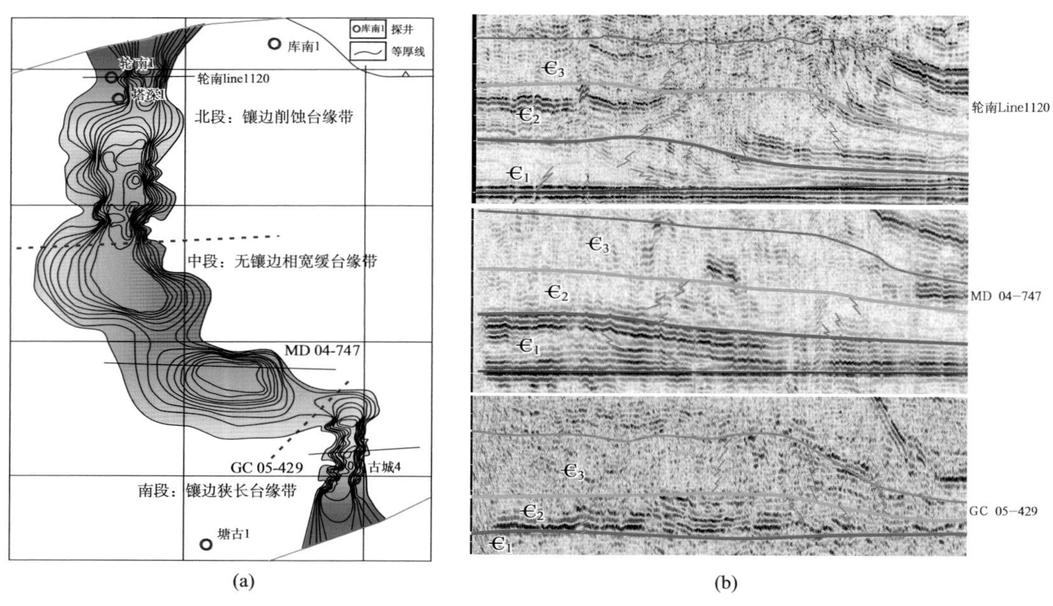

图 2.19 轮南-古城上寒武统台缘带厚度等 T_0 图与地震剖面

晚寒武世罗西台地发生明显的向西前积迁移扩张，英东 2 井在中寒武统盆地相泥岩的基础上，发育厚 243m 的白云岩。英东 2 井岩心观察发现，上寒武统的突尔沙克群底部岩性较粗，以中-粗晶云岩为主，藻纹层和交错层理发育，槽沟构造常见，表明早期沉积环境为潮间带中上部，水动力较强。通过英东 2 井、罗西 1 井、米兰 1 井的薄片分析，发现有很多高能的砂屑、鲕粒发育，具有一系列浅水的特征，是位于风暴浪基面以上的台地相带。

结合该区的地震剖面解释模型（图 2.17），笔者倾向于用缓坡模式解释该区的沉积环境，该区早中寒武世为宽缓的大斜坡，英东 2 井区中下寒武统为盆地相泥岩夹灰岩沉积。晚寒武世相对海平面下降，罗西台地向西前积发育，形成宽缓的缓坡型台地。

满东克拉通内拗陷塔东 1 井、塔东 2 井钻遇上寒武统，上部为灰色泥晶-粉晶灰岩夹灰黑色钙质泥岩，下部为深灰色、灰黑色重结晶灰岩，属台间凹陷。此外，库南 1 井钻遇斜坡相，主要岩性为灰岩和泥灰岩。上寒武统碳酸盐岩含量明显增加，可能与台地的扩张及碳酸盐岩沉积进入繁盛生长有关，塔西与罗西呈连为一体的大台地，其间以满东低能洼地碳酸盐岩连接。

晚寒武世塔里木盆地构造古地理继承性发展，北昆仑洋进一步扩张，南天山洋已打开。海水再次入侵，水体缓慢加深。与早、中寒武世相比，主要差别在于塔西台地以开阔台地相为主，缺失蒸发潟湖相。再者碳酸盐岩台地前积扩大，满东盆地相范围缩小，并以碳酸盐岩为主。其次出现大型、明显的镶边台地边缘，发育丘滩高能相带。

（四）早奥陶世构造古地理

早奥陶世塔里木板块南缘从被动大陆边缘转向活动大陆边缘，中昆仑岛弧向北俯冲，喀喇昆仑自西向东由陆架演变为半深海-深海沉积环境。南天山洋已裂开，在卡瓦布拉克一带发育了厚度不大的硅质岩、页岩和长石砂岩，在库尔干道班见重力流沉积（贾承造，1997）。北山地区则为灰岩、砂岩夹硅质岩组合，厚度小，为稳定浅海相沉积（张致民，2000）。

早奥陶世塔里木板块内部继承了晚寒武世的古地理格局，保持“两台一盆”的东西分区。罗西台地从晚寒武世的缓坡型台地演化为高陡的镶边台地，罗西台缘带出现退积，达到了台地发育的极盛时期。罗西1井岩心观察显示，蓬莱坝组为典型高能滩相沉积，主要为一套亮晶砂砾屑灰岩。地震剖面上具有明显的丘状反射特征（图2.17），发育加积作用形成的陡坡型台地边缘。罗西1井鹰山组岩心以藻黏结颗粒灰岩为主，为开阔台地台缘灰泥丘沉积。轮南-古城台缘带前积发育，以弱镶边为主。古城4井下奥陶统蓬莱坝组为灰泥丘夹藻云岩砾屑滩，属于上斜坡相沉积；鹰山组为一大套深灰色泥晶灰岩，厚达900m，为开阔台地潮下藻席沉积的藻黏结泥晶灰岩。西部广大台地相区继承性发育，为稳定的碳酸盐台地环境。

早奥陶世塔东地区突尔沙克群为灰色泥晶-粉晶灰岩、灰黑色瘤状泥晶-粉晶灰岩，为斜坡相碳酸盐岩沉积。此期在巴楚-塔中地区沉积厚达1000m碳酸盐岩，早奥陶世早期蓬莱坝组发育局限-半局限台地相，以白云岩、灰质白云岩为主。塔北地区塔深1井钻揭岩性主要为细晶白云岩，西部露头区则以细-中晶云岩为主，自塔中—轮南一线以西广大地区为半局限-局限台地沉积。鹰山组厚度一般在300～600m，在塔北隆起、塔中隆起、东南隆起等古隆起的高部位因构造抬升剥蚀而出现局部缺失。

早奥陶世在继承晚寒武世的构造-古地理格局的基础上，开始出现一些新的变化。早奥陶世轮南台缘带发生向盆地方向的大范围前积迁移（图2.20）。上寒武统台缘带位于轮南地区，发育陡坡型台缘带。下奥陶统蓬莱坝组沉积前，该区台缘带出现局部的暴露剥蚀，可能存在沉积间断面。蓬莱坝组沉积时，台缘带快速向东迁移超过50km，进入草湖凹陷内部，在上寒武统斜坡-盆地相的背景上发育镶边台缘带，厚度增大特征明显，并呈加积生长，可能发育高能台缘礁滩体。

四、中晚奥陶世强挤压背景构造古地理

中奥陶世是塔里木板块从伸展转向挤压的构造转换期，构造体制的差异造成沉积与古地理的变迁与分异，奥陶纪的沉积演化明显受控于该时期板块南缘聚敛的演化进程。

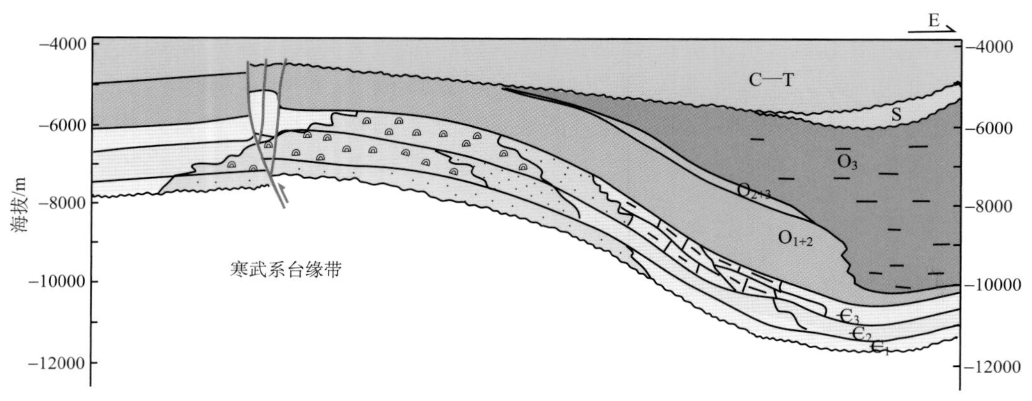

图 2.20　过轮南寒武系—奥陶系台缘带东西向地震解释结构剖面

（一）中奥陶世早期

中奥陶世，受南部中昆仑岛弧的碰撞俯冲，塔里木板块内部已从伸展构造体制转变为挤压构造背景，随着海平面的上升，塔里木盆地的古地理面貌发生很大的改观。塔东地区为盆地相区，海水深度加大，深海相沉积特征更加明显，海水浸漫到阿尔金一带。板块内部中奥陶世早期的鹰山组继承早期的构造古地理面貌（图 2.21）。

鹰山组沉积晚期，在区域挤压过程中，塔中—巴楚开始隆升，造成台地内部隆升与地貌起伏，碳酸盐岩台地开始出现分异。轮南-古城台缘带挠曲下沉，造成台地边缘水体深，高能带不发育，缺少障壁遮挡，形成中低能台缘带。而台内微地貌出现起伏，在台地内部塔中、轮南、巴楚等台地内部地区钻遇高能台内滩，主要为砂屑滩，鲕粒砂屑滩等，岩性主要由中-厚层泥-亮晶砂屑灰岩，以及砂砾屑灰岩、鲕粒灰岩组成，其间夹薄层泥晶灰岩、藻黏结岩（图 2.22）。

（二）中奥陶世晚期

中奥陶世一间房组沉积期，塔里木盆地内部构造已转为南北分带的格局（图 2.15），塔中-塔西南、塔北古隆起已初见雏形，岩相古地理主要受控两大东西向展布的古隆起。一间房组沉积期砂屑滩在盆地内部广泛分布，古地形并未发生强烈的起伏变化，表明塔中-塔西南地区隆升不大，可能也有广泛的一间房组浅水沉积。塘古拗陷区塘参 1 井主要为灰色厚层亮晶砂屑灰岩、生物砂砾屑灰岩，为中高能的砂屑滩，可能是与古城连为一体的宽缓台地。该期沉积开始围绕古隆起分布，不同于鹰山组沉积面貌，岩性岩相变化大。而罗西台地也持续发育，一间房组沉积较薄的砂屑灰岩与泥晶灰岩。

在巴楚一间房地区发育有缓坡型的礁滩体，向西北方向渐变为斜坡静水沉积的泥灰岩、瘤状灰岩夹钙屑碎屑流和泥岩沉积。结合野外研究结果表明（沈安江等，2008），一间房组缓坡型高能浅滩-点礁复合体发育，靠海一侧以托盘类点礁发育为特征，礁间-礁翼、礁基-礁盖为生屑滩、砂屑滩以及少量鲕粒滩；内带逐渐演变为生屑滩、砂屑滩

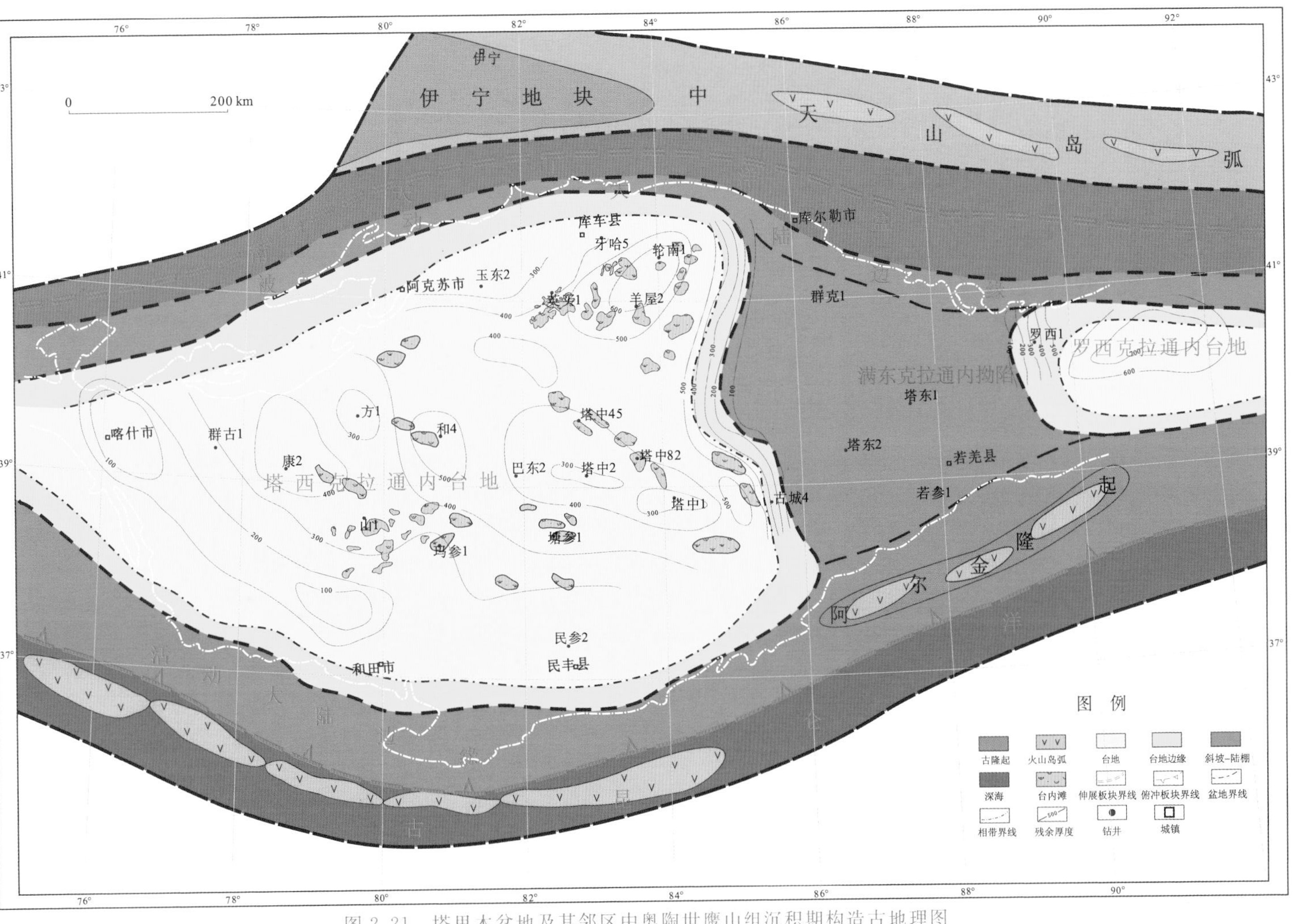

图 2.21 塔里木盆地及其邻区中奥陶世鹰山组沉积期构造古地理图

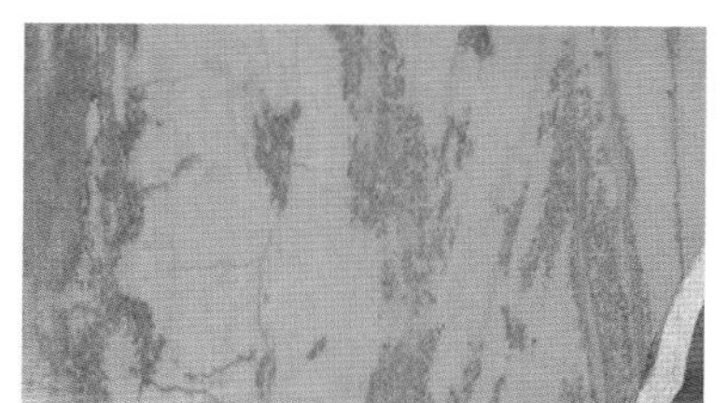

(a) 轮古392，第8筒岩心17块中的第1块，砂屑灰岩,双向交错层理

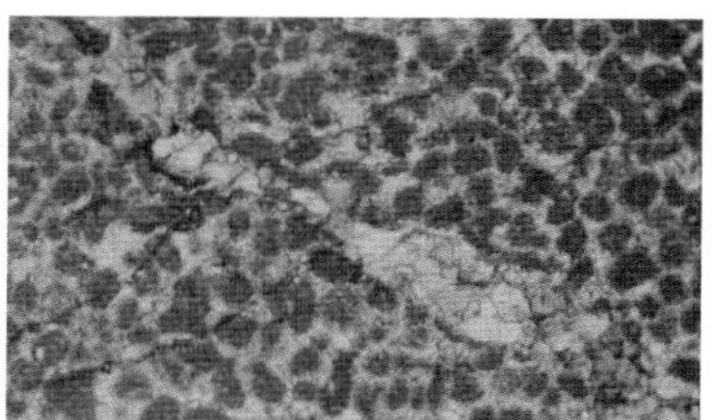

(b) 轮南631，5918.79m，亮晶砂屑灰岩，单偏光

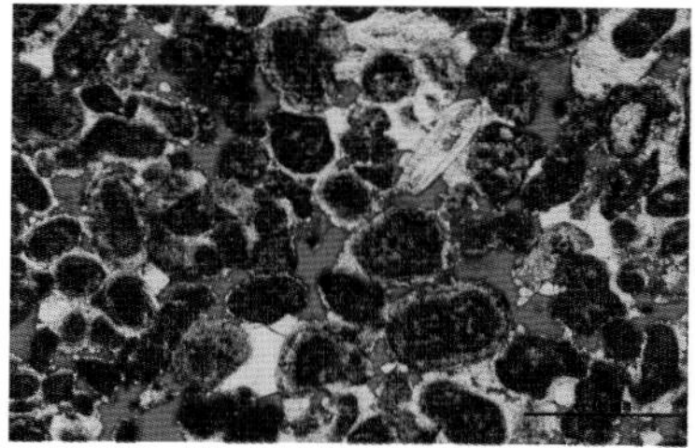

(c) 中古203，6571.81m，亮晶含鲕粒砂屑灰岩，铸体

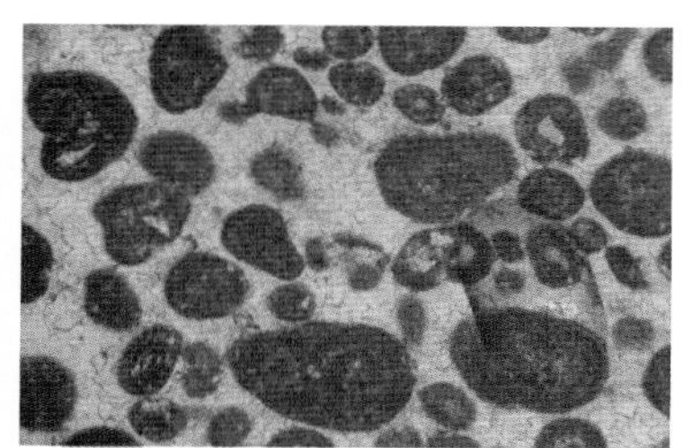

(d) 玛4井，2037.42m，亮晶藻鲕砂屑灰岩，铸体

图 2.22 奥陶系鹰山组台内滩岩心、薄片

为主的浅滩沉积，浅滩相带分布宽度达 20～30km。在巴楚一间房组发现托盘类生物礁的统计数据表明，礁体的厚度一般在 2～10m、最大不超过 20m，延伸长度一般为 3～40m、最大不超过 200m。

塔北古隆起一间房组剥蚀严重，地层分布难以准确恢复，但通过南缘一间房组广泛分布的礁滩体分析（图 2.15），塔北古隆起以宽缓褶皱隆升为主，南部形成宽广的大型缓坡，一间房组沉积稳定，厚度一般在 30～80m，主要为亮晶砂屑灰岩、生屑灰岩夹鲕粒灰岩组成的生屑-砂屑滩夹点礁沉积。

根据地震剖面追踪，羊屋-跃南地区向南从缓坡浅滩渐变为很薄的盆地相。虽然没有钻井，根据柯坪地区相变为闭塞盆地相的暗色泥岩分析，塔北与塔中隆起之间的满西地区相变为泥岩、泥灰岩为主的台盆沉积，向西与阿瓦提-柯坪地区连为一体，成为塔中与塔北隆起的过渡分隔相带，造成盆地中部南北分带（图 2.15），不同于鹰山组沉积期的统一塔西台地。

（三）晚奥陶世良里塔格组沉积期

晚奥陶世，塔里木板块南缘已成为强烈的活动大陆边缘，阿尔金地区剧烈隆升。伴随着构造活动的增强和海平面的快速上升，塔里木板块内部的古地理格局完全受控于古隆起的分布，原塔西台地分解形成塔西南-塔中、塔北、塘南 3 个台地（图 2.23）。塔东地区、塘古地区形成了与强烈沉降相对应的补偿-超补偿性沉积，堆积了巨厚的陆源碎屑浊积岩和陆棚-浅海相泥页岩。却尔却克组在塔东地区广泛分布，主要由灰绿色与灰色泥岩、粉砂岩、页岩及薄层泥灰岩形成的韵律层，为复理石建造或典型浊积岩沉积。罗西台地已消亡，成为满东拗陷的一部分。

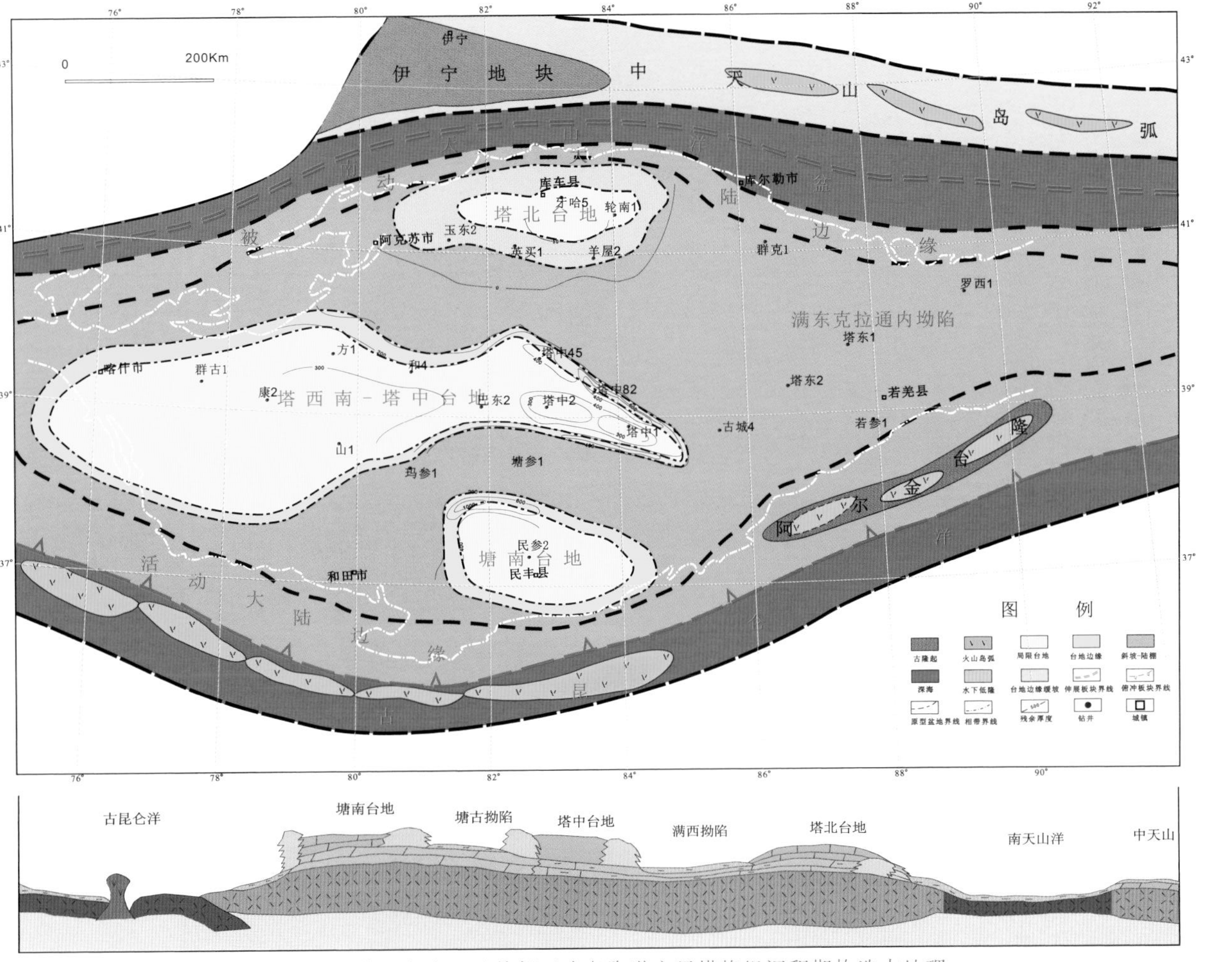

图 2.23 塔里木盆地及其邻区晚奥陶世良里塔格组沉积期构造古地理

塔中地区上奥陶统良里塔格组大型镶边台地已进行了详细的沉积研究（王招明等，2007）。值得关注的是，由于取心少，礁体的规模尚难以界定。岩心发现塔中奥陶系生物礁个体小、种类多，单个礁体规模小，一般厚度在数十厘米至几米，易为波浪打碎破坏，缺少完善的礁基、礁核、礁翼、礁坪、礁盖等礁体微相。一间房剖面也出露良里塔格组生物礁，目前没有实测资料，大致发育 6 期礁体叠置旋回，以藻类格架发育为主，见海绵、珊瑚等生物。目估厚度超过 100m，横向不连续。国内外研究也表明奥陶系生物礁的规模较小，塔中也有相似的成礁环境，预计礁滩规模与露头相当。钻井资料表明，塔中礁、滩发育旋回多，礁体规模小、横向变化大，以点礁为主，台缘滩是主体，具有“大滩小礁”的复合结构特征。多期礁滩组合规模大，厚度达 200～500m。礁滩复合体横向叠置规模大，沿台地边缘成带状分布（图 2.12），并严格受古地貌控制，为向上水体变浅的多旋回垂向加积的台地边缘沉积体系。

新的钻探与地震追踪表明，塔北南缘上奥陶统良里塔格组也发育台缘带礁滩体。岩性主要有黏结岩、障积岩、泥晶生屑灰岩、泥晶灰岩等，为一套反映水体能量总体偏弱

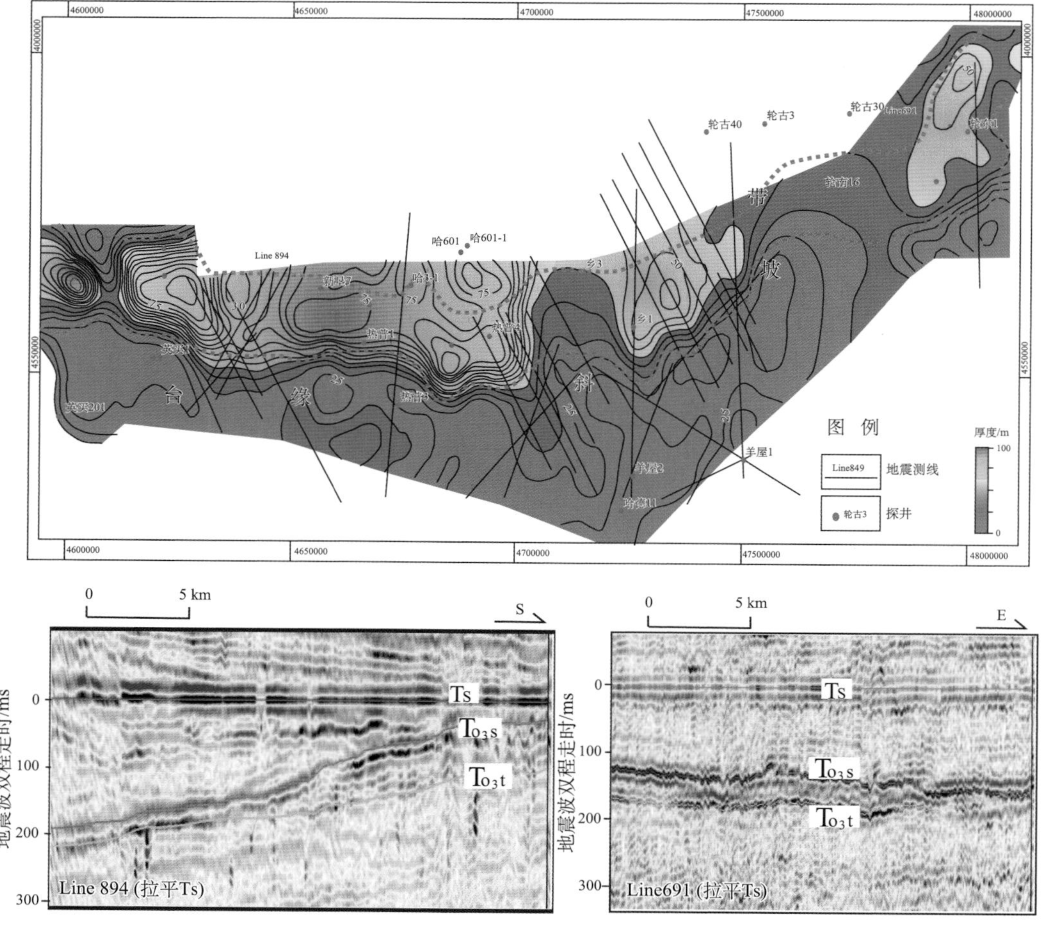

图 2.24　塔北南缘良里塔格组地层厚度与地震剖面

的岩石类型组合。轮古东、哈拉哈塘钻井发现藻丘，造礁/丘生物主要为粗枝藻、管孔藻、葛万藻等钙质藻类及海绵、苔藓虫、层孔虫、珊瑚等。由多期障积岩和黏结岩旋回叠置而成，其单旋回厚度为1.2～4.8m，叠置厚度可达70m。岩石黏结和障积组构发育，格架组构欠发育，起障积作用的生物主要为绿藻类，能量较塔中低。羊屋地区钻遇泥灰岩夹生屑灰岩组合，见生屑碎屑流沉积，为台缘斜坡。结合地震厚度追踪与地震相分析，塔北南缘良里塔格组台缘带残余长度约240km，宽5～10km，面积达1800km^2（图2.24）。台缘带横向特征差异较大，中西部厚度较大，为弱镶边型台地边缘；东部比较平缓，为缓坡型台地边缘。台缘带发育一系列加厚的礁滩体发育区，形成局部丘状古地貌高，呈短轴背斜状沿台缘带走向分布，展布长10～25km。西部台缘礁滩体发育，地层厚度加厚明显，礁滩体核部厚度达220m，在台缘斜坡具有较大的坡度，斜坡区地层厚度很快减少到80m以下。东部良里塔格组厚度一般在120～150m，相对较薄，局部加厚的礁滩体较少，生物礁欠发育，以中低能浅滩为主，向南地层逐渐减薄向斜坡过渡。

研究与钻探在塘古拗陷南部发现良里塔格组台地。新的地震剖面显示（图2.25），良里塔格组出现显著加厚，台缘带非常清晰，呈现内部杂乱反射、外部丘状形态的典型台缘礁滩体地震反射特征，台缘带内部有多套礁滩体的叠置。台缘带与拗陷区界面出现突变，具有斜交反射、超覆特征，高陡台缘斜坡受到后期断裂的改造，与台内连续平行反射特征分界明显。

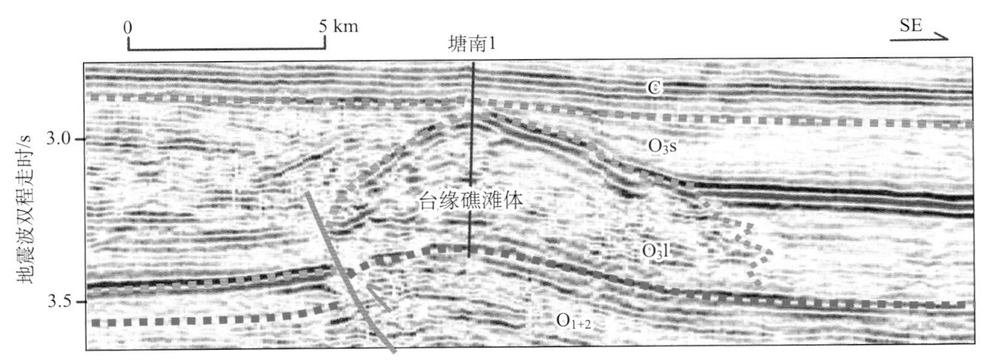

图2.25 塘南台缘带上奥陶统良里塔格组台缘带地震剖面

第三节 碳酸盐岩台地发育的构造作用

一、构造作用与碳酸盐岩层序

（一）层序发育的构造机制

碳酸盐岩层序在不同程度上受控于海平面变化、构造沉降和物源供给三者的综合作用，构造对海平面的作用有很多研究与争论（Williams and Dobb，1993），但海平面变化与全球构造演变相关，三级层序级别以上的超层序主要受控于构造作用，构造作用控制物源供给的认识得到普遍接受。

超层序形成的一级旋回也称全球超大陆旋回，与海底扩张及超大陆的拼接有关，旋回周期在 200～500Ma（Vail et al.，1977）。显生宙可能存在两个大的超大陆周期（Nance et al.，1988），具有张裂期、离散期、拼合期与停滞期 4 个构造阶段旋回。张裂期为大陆裂谷作用和离散作用期，有利于碳酸盐岩台地的形成。离散期被动大陆边缘为宽广的古大洋，碳酸盐岩台地广泛发育。拼合期发生聚敛，构造活动强烈，碳酸盐岩沉积变化大。停滞期形成超大陆发生隆升，碳酸盐岩沉积减少（池秋鄂和龚福华，2001）。二级旋回受控于大陆规模的地幔热作用和板块运动产生的旋回，持续时限在 10～100Ma。该级别的层序与全球构造运动有关，在全球范围内可以对比。塔里木盆地从 8 亿年前南华纪裂陷开始，至泥盆纪末也大约经历 4.4 亿年，代表了一个完整的超大陆周期旋回，碳酸盐岩多发育于离散期至拼合早期，处于构造相对稳定期。

构造沉降是直接控制碳酸盐岩三级层序沉积的主要因素，地壳变薄、热冷凝和负载作用引起的构造沉降与海平面升降共同控制沉积可容空间。构造作用不仅是影响海平面变化的重要因素，由于层序的形成受控于跨时代的板块构造作用和地幔效应，构造成因的层序在不同地区是不等时的。大多观点认为全球海平面升降事件均是构造机制引起的，可能影响整个大陆或是全球同步，但其机制是在一个板块或两个板块之间相互作用驱动的，很难是全球统一机制。塔里木盆地也有多期翘倾运动，对不同地区海平面的相对变化可能产生较大差异，造成同期相对海平面变化事件的规模不等。

在克拉通盆地、前陆盆地、裂谷盆地等不同的构造背景下，碳酸盐岩的结构与分布会有很大的差异。由于裂陷期沉积供给的匮乏，许多裂谷盆地和被动大陆边缘保存很薄的同裂谷期的超层序，全球海平面变化并非主导因素。同样，挤压与走滑盆地受控于构造作用引起的构造沉降，地层结构受构造作用控制明显。局部构造也能控制伸展、挤压、走滑盆地同构造期的三维充填结构，盆地充填也受控前期的盆地结构。

（二）构造对碳酸盐岩层序发育的控制作用

塔里木盆地海相碳酸盐岩经历早寒武世—早奥陶世的弱伸展至中晚奥陶世强挤压的构造转换过程，碳酸盐岩层序发育与分布具有明显的差异（于炳松等，2005；赵宗举等，2009），形成分别受海平面变化、构造作用的两类层序，构造背景的局部改变也能造成层序结构的差异。

塔里木盆地下古生界海相碳酸盐岩层序在寒武世—早奥陶世弱伸展期构造活动较弱，处于克拉通内稳定、缓慢沉降阶段，地层层序稳定发育，主要受控于海平面变化（于炳松等，2005；赵宗举等，2009）。而中晚奥陶世则受构造作用控制明显，碳酸盐岩层序变化大。全岩碳氧同位素值反映了晚奥陶世良里塔格组沉积时期存在四级全球海平面的波动（赵宗举等，2009），但总体表现为碳同位素向上变重、氧同位素向上变轻，即反映全球海平面在晚奥陶世早中期总体呈逐渐上升趋势，与全球的碳同位素变化趋势一致。

而区域构造研究表明，晚奥陶世塔里木盆地已进入区域挤压抬升期，周边隆升形成大量的碎屑物源。塔中-巴楚地区良里塔格组沉积相及沉积旋回分析表明，其相对沉积水深变化呈向上变浅趋势，并在良里塔格组上部形成了多次台地暴露事件（赵宗举等，2009）。而且良里塔格组沉积晚期出现明显的构造隆升，桑塔木组碎屑岩超覆沉积在碳酸盐岩之上，相对沉积古水深变化与全球海平面相对变化趋势不符。因此可以推断，塔中-巴楚台地良里塔格组三级层序主要受控于该地区的差异构造运动。上奥陶统良里塔格组沉积期，塔中、塔北地区相对隆升，满西、塘古地区发生构造沉降，在隆、拗相对高差加大过程中，即使海平面不变，隆起区也出现向上变浅的沉积特征，而拗陷区呈现向上变深的特点，造成不同地区相对海平面的变化与差异。

（三）构造对层序发育模式的作用

综合分析，塔里木盆地海相碳酸盐岩构造作用对层序结构具有明显影响，主要表现在构造隆升与构造沉降对层序发育的控制作用，呈现6种基本模式（图2.26）。

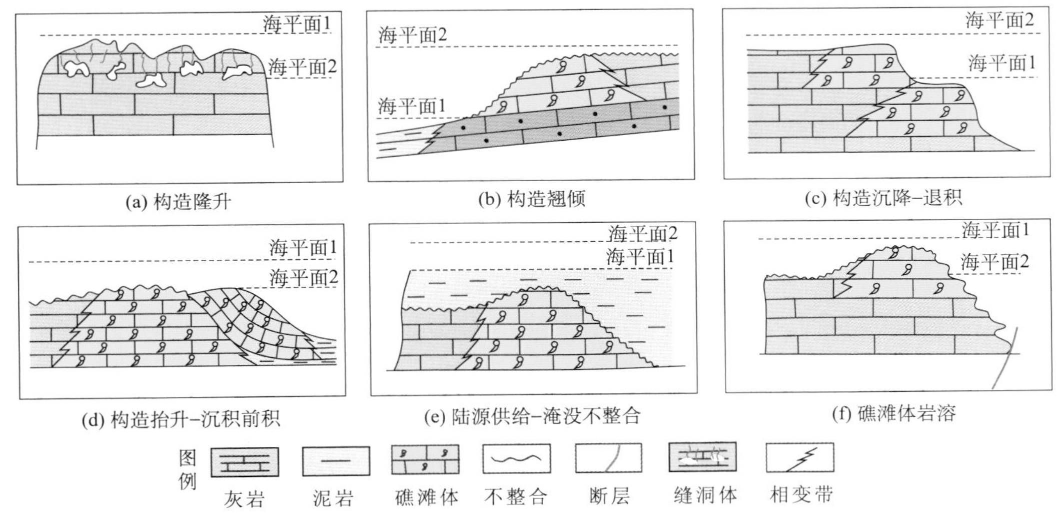

图2.26 塔里木盆地台盆区构造对碳酸盐岩层序发育控制模式（海平面1早于海平面2）

在构造抬升期，海平面上升速度低于构造抬升速度时，相对海平面下降容易造成碳酸盐岩的暴露，发育碳酸盐岩层间不整合。由于海平面整体下降与台地出露，这类不整合的规模较大，可能形成区域性不整合面，成为Ⅰ级层序界面［图2.26(a)］。例如，塔中地区中下奥陶统鹰山组与上奥陶统良里塔格组之间缺失一间房组与吐木休克组，形成大面积层间不整合。

构造翘倾运动时［图2.26(b)］，不同部位抬升速率不一致，形成一侧隆升，向海的另一侧相对沉降，出现相对海平面上升，台缘向陆的方向后退，台地规模减小，形成退积型台地边缘。塔北隆起在一间房组沉积前已开始出现宽缓隆升，一间房组围绕古隆起斜坡形成缓坡型台地。随着进一步构造挤压与隆升，良里塔格组沉积时塔北南缘地形坡度加大，形成陡坡型台地边缘，台地发生向陆地方向的退缩（图2.24）。

构造沉降速率是影响台地迁移的重要因素，当构造沉降速率超过海平面下降速率时，可能导致相对海平面的上升，台地边缘水深加大，造成台缘带碳酸盐岩停止生长，或是沉积速率降低，从而造成台缘带的退积与台地收缩减小［图 2.26(c)］。缓坡型台地容易出现台地的迁移，构造沉降速率稍有增加，就可能造成台地的大范围退缩。罗西地区上寒武统发育缓坡型台地（图 2.17），在下奥陶统沉积时，向东退积超过 20km，与该区伸展作用加强，局部构造沉降加大有关。柯坪地区寒武系—下奥陶统台地相碳酸盐岩发育，一间房组台缘带则迁移至巴楚西部，发生明显的退积，可能与该区受区域构造挤压作用，构造沉降速率加大有关。

构造抬升，相对海平面下降，台地边缘暴露出水面，形成局部的侵蚀淋滤，即使沉积间断短暂，也能产生很强的岩溶作用。同时，碳酸盐岩台地边缘纵向停止生长，碳酸盐岩垮塌与台缘斜坡沉积向坡脚堆积推进，形成前积型台地边缘［图 2.26(d)］。轮南地区上寒武统台缘带顶面明显被下奥陶统蓬莱坝组削截，形成明显局部不整合，台缘带厚度出现减薄，顶面被夷平，没有明显古地貌高。台缘带出现大规模的前积迁移（图 2.20），地震剖面上出现多组 S 形斜交前积波组，顶面多有削截减薄，前积斜坡斜交特征清楚，形成杂乱堆积。

构造沉降速率超过海平面下降速率，形成相对海平面快速上升，碳酸盐岩停止生长，容易形成淹没不整合。构造活动造陆作用形成隆升陆地时，可能产生大量陆源碎屑的注入，也可能造成碳酸盐岩停止生长，形成陆源碎屑注入的淹没不整合［图 2.26(e)］。

在断裂活动区域，也可能造成局部的地层抬升，形成局部相对海平面的下降，造成隆升与暴露［图 2.26(f)］。塔中 62 井区良里塔格组沉积晚期，受断裂活动的影响，发生局部礁滩体抬升，形成水体变浅的局部区块，发育向上快速减薄的准层序组，其中生屑滩与点礁发育，并出露水面遭受淋滤溶蚀（图 2.11）。

二、构造作用下碳酸盐岩台地变迁与沉积差异

（一）构造作用控制了碳酸盐岩台地变迁

1. 寒武纪—早奥陶世弱伸展背景形成大型宽缓继承性台-盆沉积格局

寒武纪—早奥陶世早期，在克拉通内长期东西向弱伸展的构造背景下，塔里木板块内部形成宽缓的广阔陆表浅海，有利于碳酸盐岩生长发育，克拉通内塔西台地、满东坳陷、罗西台地组成东西展布的“两台夹一盆”古地理格局（图 2.16）。从早寒武世至早奥陶世鹰山组沉积期间，塔里木克拉通板块稳定沉降，缺少强烈的构造活动，东西分异的古地理格局长期继承性发育（图 2.16、图 2.18、图 2.21），碳酸盐岩沉积主要受控于相对海平面的升降，虽有纵向沉积的差异与旋回性，但没有大的迁移改变，具有稳定的继承性台-盆结构。

2. 中晚奥陶世挤压构造控制沉积快速变迁与南北分带

早奥陶世末塔里木盆地从伸展转向挤压后，盆地沉积主要受控于构造作用，沉积变迁大。鹰山组沉积晚期，“两台一盆”的沉积格局未变，但台地边缘已开始沉没，成为

中低能的台缘带，而台地内部出现大量的受控古地貌起伏的台内滩。一间房组沉积期的构造古地理开始发生重大分异，处于构造-沉积转换的过渡期。虽然目前的认识仍有分歧，但塔北南缘礁滩体的分布受控于古隆起，已呈现南北分带的面貌（图 2.15）。良里塔格组沉积期间，盆地的构造古地理已完全改变，塔西台地彻底解体，在南北方向出现塔北、塔西南-塔中、塘南 3 个近东西向展布的台地（图 2.23），其间满西、塘古地区沉降，从台地转化为台盆，以盆地相泥岩沉积为主。而罗西台地已为陆棚碎屑岩覆盖，成为塔东盆地的一部分。塔里木板块从东西分区转为南北分带的构造-沉积格局，碳酸盐岩台地大范围收缩减小。良里塔格组沉积末期，由于东南部强烈碰撞造山，造成塔东的强烈挠曲沉降，碎屑物源大量进入，形成过补偿快速充填，厚度超过 5000m。首先是塔北台地遭受陆源碎屑混入并停止生长，随着构造作用的加强，塔中地区也很快为桑塔木组泥岩所覆盖。

由此可见，塔里木盆地伸展至挤压转换构造背景控制了碳酸盐岩台地的发育与变迁，造成台地的差异发育（表 2.3）。在弱伸展背景下台、盆稳定继承性发育，在构造挤压作用下，发生古地理格局的快速变迁与差异性，构造作用控制了碳酸盐岩台、盆分布与演化。构造活动造成碳酸盐岩台地发育的差异体现在以下三方面：一是早奥陶世末期塔中-塔西南隆升遭受剥蚀，出现沉积间断，而满西与塘古拗陷保持正常的沉积序列；二是改变了寒武纪—早奥陶世东西台盆分异格局，造成晚奥陶世良里塔格组沉积时形成南北分带的格局，塔中、塔北形成东西展布台地，满西地区相变为盆地相泥岩；三是良里塔格组沉积时南部转变为活动大陆边缘，整体处于构造振荡抬升期，造成频繁沉积变迁与礁滩体薄层叠置，不同于寒武系—下奥陶统稳定的台地沉积序列。

表 2.3　塔里木盆地不同构造背景下碳酸盐岩台地特征对比

项目	弱伸展构造背景	挤压构造背景
时代	早寒武世—早奥陶世	中晚奥陶世
台地分布	东西分异、两台一盆格局	南北分带、三台两盆格局
台地规模	台地较大、台盆较小	台地小、台盆大
台地演化	继承性好、稳定发育、持续时间长	继承性差、变迁大、持续时间短
古地理	缺失陆架的大型陆表浅海	有陆源供给的混积陆棚
台地岩性	白云岩、灰云岩、云灰岩夹盐膏岩	灰岩夹少量泥灰岩、白云岩
台地沉积	稳定、差异小	不稳定、变迁大
台地沉降	速率较低	速率大
主控因素	海平面变化	构造作用

（二）构造作用影响台内沉积的差异

构造作用不仅控制台地的形成与演化，还对台地内部沉积有影响。

1. 镶边台地边缘与台内洼地

碳酸盐岩生长发育过程中，水下隆起区边缘受构造控制的断裂坡折带、地形坡折带等是台缘带发育的有利部位，逐渐发育成为镶边或弱镶边台地边缘，形成高能的台缘相带。在台地边缘发育的背景下，波浪与风暴作用大多集中在有障壁的台缘带，是水体能量减弱的主体部位，而进入台地内部能量很快降低，造成台内洼地低能相带发育。塔中良里塔格组台地最为典型。

塔中Ⅰ号带上奥陶统良里塔格组台缘礁滩体发育，岩性为泥-亮晶砂屑灰岩和砂砾屑灰岩、生物砂砾屑灰岩、藻黏结泥晶砂屑生屑灰岩、生物骨架礁灰岩、隐藻黏结岩、生物泥晶灰岩和含泥泥晶灰岩。多期礁滩组合厚度达200～500m，横向展布规模大，沿台地边缘成带状分布，形成大型的镶边台地边缘［图2.10、图2.11(b)］。

受台缘带障壁阻隔，波浪与风暴对台内影响作用小，台地内部能量低，除少量低能的台内丘滩外，丘滩间发育地形相对低的台内洼地，形成水体相对宁静的环境。台内洼地位于正常浪基面之下，水体较滩、丘深，海底能量通常较低。沉积物以层薄、粒细、色暗和泥质含量相对较高为特征，生物以介形虫、蓝绿藻、腕足、海绵骨针为主，可见冲刷面和薄粒序（王振宇等，2007）。另外，滩间海亚相中生物类型及含量相对丰富，而丘间海亚相中生物类型和含量相对单一和少。台内洼地多以泥灰岩、生物泥晶灰岩、藻灰岩较发育，粒度较细、泥质含量高。

2. 构造转换期鹰山组台内滩发育

塔里木盆地早奥陶世晚期进入伸展转向挤压的区域构造背景，造成台缘带挠曲下沉与台内地貌起伏，形成中低能台缘带，但有利于台内滩的发育（图2.27）。

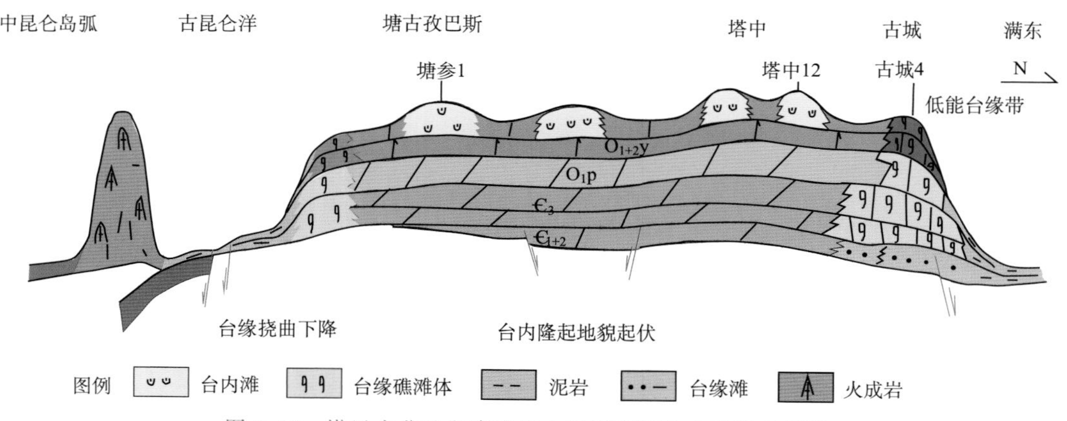

图2.27 塔里木盆地奥陶系鹰山组沉积期台内滩发育背景

中奥陶世晚期，受控于区域构造挤压，塔中、塔北隆升，轮南-古城台缘带发生沉降，不利于高能相带的发育。台缘带古城4井鹰山组下部砂屑灰岩较发育、上部以藻黏结岩为主，下部粒度粗、上部粒度细，表明台缘带鹰山组向上水体变深、能量渐弱，鹰山组台缘带礁滩体欠发育。从地震剖面分析，台缘带的古城 4 井区鹰山组地层比台内古隆 1 井薄，呈现向台地边缘逐渐减薄的缓坡。古城地区鹰山组为无障壁台缘带，台缘带水体深，沉积较薄，礁滩体欠发育，属中低能台缘带。

钻井岩心分析表明（图 2.22），鹰山组台内滩主要分布在其上部，具有多层多旋回发育的特征。台内滩发育井纵向多达 5～8 层滩体叠置，砂屑滩厚度为 10～60m。在井间变化大，台内滩不发育的邻井可能只有一些薄层的颗粒灰岩发育，横向上呈透镜状展布，尖灭快。鹰山组台内滩井间横向迁移频繁，但在主体部位纵向叠加效应明显。

通过地震相结合地震属性可以进行较大规模的台内滩判识与预测，区域地震资料搜索表明，塔里木盆地中西部地区台内滩发育，在塔北南缘中东部、塔中北斜坡、和田河气田及其周缘等地区都有大量台内滩的分布，地震资料可识别台内滩的规模一般在 100～300km^2，大的超过 1000km^2，判识台内滩分布总面积达 12000km^2。塔北南缘台内滩多呈北东向展布，与东部台缘带近于平行；塔中地区则呈北西向，可能与塔中隆升有关。

由此可见，构造稳定期的构造沉降与台缘带生长速率相当时，有利于发育镶边台缘带，台缘高能礁滩体的发育形成障壁，阻碍了台内滩的发育。而台地隆升时，台地边缘下沉，形成无障壁的台缘带，有利于台内高能滩的发育。

三、构造作用与台缘带

（一）构造作用下台缘相带的发育类型

1. 陡坡与缓坡型台地边缘的差异

弱伸展的克拉通盆地内受海平面相对变化控制较强，在宽缓的地貌条件下，塔里木盆地早中寒武世发育的满西台缘带、罗西台缘带都是在缓坡型台地基础上逐渐发展为陡坡台地；强挤压构造背景下，塔里木盆地中晚奥陶世台地边缘的分布及其结构特征主要受构造控制，以陡坡型台缘带为主。缓坡型台地与平缓地貌相关，陡坡型台地受控断裂带或构造挠曲带。塔中上奥陶统良里塔格组陡坡型台缘相带、塔北南缘中奥陶统一间房组缓坡型台缘相带是典型的受构造作用控制的台缘带（表 2.4）。

表 2.4 塔中Ⅰ号带良里塔格组陡坡型台缘带与塔北南缘一间房组台缘带对比

项目	塔中Ⅰ号带良里塔格组台缘带	塔北南缘一间房组台缘带
结构剖面	台缘带	中缓坡　外缓坡
沉积前地貌	有构造起伏，断裂或地貌坡折明显	缺乏构造起伏，地貌平缓
高能相带分布	沿台缘陡坡分布，厚度大，300～500m；宽度窄，1～5km	沿中缓坡变迁，厚度较小，40～70m；宽度大，40～80km

续表

项目	塔中Ⅰ号带良里塔格组台缘带	塔北南缘一间房组台缘带
岩性特征	砂砾屑灰岩、生屑灰岩、砂屑灰岩、礁灰岩等多类型岩性交错，颗粒含量变化大，分选中等-差	砂屑灰岩、砂砾屑灰岩、礁灰岩等岩性较纯，颗粒分选好，磨圆度较高，延伸较远
沉积特征	生屑滩、砂屑滩、礁丘错落叠置发育，纵向加积为主，横向变化大	台缘浅滩夹点礁为主，滩体横向稳定，礁体规模小
相带接触关系	与台缘斜坡-盆地相岩性岩相突变，分界清楚，与台内沉积差异明显，容易区分	与外缓坡岩性岩相渐变，迁移较大，齿状交错，区分不明显

中奥陶世鹰山组沉积后塔中Ⅰ号断裂开始活动，塔中隆升形成北西向隆起，沿塔中Ⅰ号断裂带形成高陡地貌坡折，其发育控制了上奥陶统礁滩体的沉积边界与相带展布。上奥陶统良里塔格组沉积时，受控于当时的古隆起地貌，沿古隆起边缘坡折发育礁滩相沉积体系，形成狭长的沿古隆起边缘分布的高能相带（图 2.10）。由于前缘斜坡高陡，倾角达 60°，上下落差超过 200m，斜坡之下沉积盆地相泥岩、泥灰岩，与台缘带礁滩体分界明显（图 2.11）。

中奥陶世，塔北开始隆升，海水相对向东、向南退去，在轮南南部形成宽缓的斜坡，没有强烈的断裂活动与褶皱作用，南缘与满西地区呈平缓过渡。塔北隆起围斜带宽缓的斜坡控制了一间房组高能相带的东西向展布，并形成缓坡型台地，有利于形成大面积分布的滨岸浅滩高能相带，一间房组在此稳定的背景下形成宽缓的缓坡沉积（图 2.15）。缓坡台地的中缓坡发育高能的滩相颗粒灰岩，岩性较纯，磨圆度与分选性较塔中良里塔格组好。缓坡型台缘带滩相颗粒灰岩单层厚度较小，但延伸远，不同于陡坡型台缘带厚层礁滩体。

由此可见，构造活动控制了碳酸盐岩台缘高能相带的沉积地形地貌，从而在构造活动强烈、地形起伏较大的隆起边缘形成陡坡型台缘带，在构造活动弱、地形平缓的斜坡区容易形成缓坡型台地边缘相带。

2. 台缘带叠置类型

根据台缘带叠置结构特征可以分为加积型、前积型和退积型 3 类，构造作用对台缘带的类型与结构也有明显控制作用（表 2.5）。

表 2.5　塔里木盆地台缘带叠置样式对比

项目	加积型	进积型	退积型
实例	塔中Ⅰ号带良里塔格组	轮南寒武系	罗西蓬莱坝组
沉积速率	稳定	加速	减缓
可容空间	变化微弱	减小	增大
准层序组	叠加沉积、厚度无明显变化	超覆沉积、向上增厚	退覆沉积、向上减薄
沉积粒序	变化小	向上变粗	向上变细

续表

项目	加积型	进积型	退积型
台缘带位置	稳定、变迁小	向盆地迁移、逐渐迁移	向台地迁移、变迁大
台缘带宽度	窄	宽	宽
台缘带厚度	厚、厚层块状叠加	厚、向上变粗的厚层	薄、向上变细的薄层
台缘带能量	稳定	加强	减弱
相对海平面	稳定	下降	上升
构造作用	稳定沉降	快速沉降	减速沉降

伸展背景下台地边缘一般受同生断裂控制，形成高陡的断层崖。断裂的活动会造成台缘带沉积的变化，以及斜坡垮塌沉积的发育，斜坡的沉积改造与构造活动、地形起伏有关。古城 4 井上寒武统钻遇垮塌堆积的砾屑云岩，砾屑大小不等，略具定向排列和层理构造，可能与断裂活动有关。

塔里木盆地加积型台缘带多发育在古隆起边缘，塔中南北缘上奥陶统良里塔格组台缘带、塘南上奥陶统台缘带都是加积型台缘带（图 2.11 和图 2.25），下伏地层都有古隆起背景。在古隆起斜坡边缘坡折部位，随着海平面缓慢上升，碳酸盐岩生长速率与海平面上升速率相当，形成追补型碳酸盐岩沉积，容易发育加积型镶边台地边缘。

轮南地区早寒武世—早奥陶世台缘带为典型的前积型台缘带（图 2.20），地震剖面上丘状杂乱地震相为台缘丘滩体的地震反射特征。台缘带向盆地方向前积迁移特征明显，轮南地区台缘带前积迁移距离远大于南部的古城地区（图 2.19），而且上寒武统顶面有明显的削蚀特征，可能预示该区存在构造活动。由于轮南地区的缓慢隆升，造成台缘带的掀斜变浅，向前进积发育。

罗西台缘带与轮南-古城台缘带分列满东拗陷两侧，但罗西晚寒武世—早奥陶世显示出退积的特征（图 2.17）。英东 2 井钻遇上寒武统缓坡台地白云岩，上覆下奥陶统为斜坡相灰岩-泥岩序列，而东部的罗西 1 井钻遇巨厚下奥陶统台缘带，表明台地向东发生很大范围的退积作用，距离达 40km。满东拗陷西侧的轮南-古城台缘带进积明显，而东侧罗西台缘带出现长距离的退积，拗陷两侧对称的台地上同时出现进积与退积的差异。由于两台地分别位于满东盆地的东西两侧，海平面与气候相当，显然不完全受控海平面变化。结合区域构造背景分析，推断在晚寒武世末期，盆地发生东西向翘倾运动，西部随塔北地区的隆升出现抬升，造成台缘带相对海平面下降，并有局部暴露，碳酸盐岩向上生长受到限制，发生前积迁移。而东部受东北板块边缘南天山洋的扩张，造成罗西地区在伸展作用下差异沉降较大，出现更大的构造沉降，相对海平面下降快，台地边缘沉降大，水体加深，台地边缘出现退积。

碳酸盐岩台地边缘的加积、进积与退积作用突变往往与构造活动相关，尤其是中晚奥陶世构造频繁活动造成台地边缘结构变化大。

（二）台地边缘演化的差异

小克拉通内部，碳酸盐岩台地边缘容易受构造沉降、海平面变化影响而产生频繁变迁，塔里木盆地寒武系—奥陶系碳酸盐岩台地边缘在构造作用下，呈现有规律的变迁（图 2.28）。

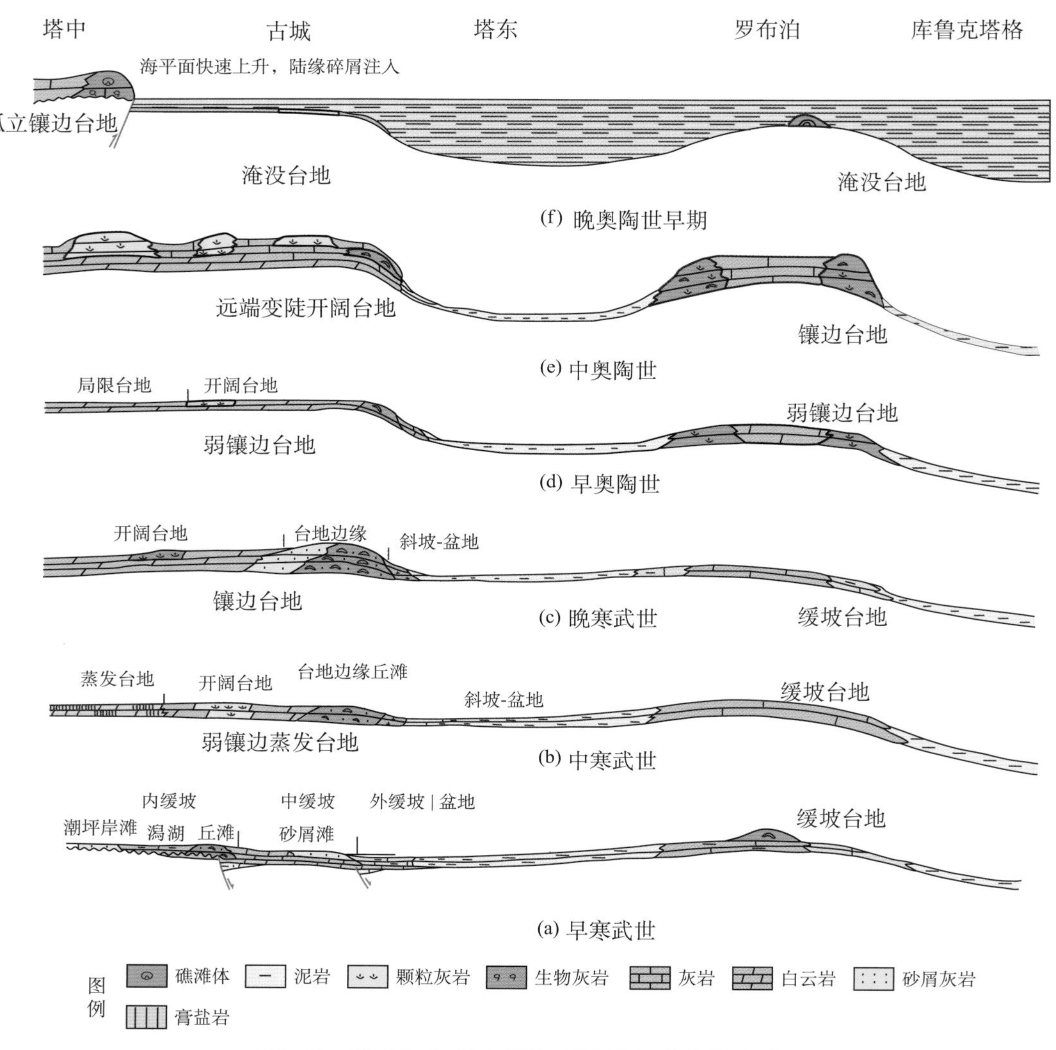

图 2.28 塔西台地-塔东凹陷-罗西台地演化模式图

塔里木板块经历震旦纪末整体夷平后，早寒武世又开始广泛的海侵，板块逐渐整体沉没成为陆表浅海，在此背景下形成“两台一盆”的古地理格局。在宽缓地貌背景下，塔西台地、罗西台地都是缓坡型台地，台地与盆地呈宽缓过渡［图 2.28(a)］，界限不明显，高能中缓坡在古城地区宽度超过 50km，横向摆动变迁比较大。

中寒武世构造活动弱，盆地稳定沉降，碳酸盐岩台地继承性发育，在缓坡碳酸盐岩台地沉积的基础上，台地纵向扩张生长，逐渐形成陡坡型台地。轮南-古城地区发育弱镶边台地边缘［图 2.28(b)］，塔西局限台地逐渐发育成为蒸发台地。而罗西随着北部伸展作用沉降，水体没有变浅，依然为缓坡型台地［图 2.28(b)］，东西台地的差异可能与构造活动差异有关。

晚寒武世盆地内构造稳定，碳酸盐岩台地持续发育。受可容空间变化的影响，轮南-古城形成镶边台缘带，台盆边界发育狭窄高陡的台缘斜坡，同时前积特征明显（图2.20），向盆地扩张发展。而罗西依然保持缓坡台地，台地生长缓慢，同时出现前积特征，碳酸盐岩向西前积迁移至英东2井区［图2.28(c)］，分布范围也有明显扩大。

早奥陶世蓬莱坝组沉积期，塔西台地持续前积向盆地扩展，形成弱镶边台地边缘。罗西镶边台地开始形成［图2.28(d)］，高陡台缘带特征逐渐显现，呈现退积迁移，从英东2井区向东退至罗西井区，在构造挠折带形成陡坡台缘，不同于轮南前积弱镶边台缘带。随着碳酸盐岩纵向快速生长，碳酸盐岩台地进入快速生长期，塔西台地与罗西台地基本定型，控制了后期的继承性发育。

中奥陶世沉积期，塔里木盆地进入挤压背景，古城台缘带水体加深，台内鹰山组台内滩发育，成为远端变陡的开阔台地。轮南台缘带继承性发育，以略有前积作用的加积生长为主，纵向生长厚度巨大。罗西台地快速发育，出现明显的镶边台地边缘［图2.28(e)］，沉积巨厚碳酸盐岩，纵向加积作用明显。该期碳酸盐岩台地范围最大，沉积速率高，以稳定的垂向加积生长为主，进入碳酸盐岩台地生长的鼎盛期。

中晚奥陶世阿尔金地区强烈隆升，板块内部开始发生构造分异，塔中、塔北隆起出现雏形。中奥陶世一间房组沉积厚度薄，台地范围开始向隆起区收缩，在轮南、古城、罗西地区形成远端变陡的台地边缘。盆地内部满西拗陷区形成，与隆起区形成缓坡过渡。晚奥陶世克拉通内构造活动进一步加强，吐木休克组泥质含量增加，沉积不稳定，台地发生明显收缩。至良里塔格组沉积时，碳酸盐岩台地退缩到塔北、塔中、塘南古隆起区，形成南北展布的台地（图2.23），台地面积不足早奥陶世的1/3。随着周缘隆升，碎屑物源开始进入盆地，形成过补偿充填，一间房组沉积后罗西台地消失，古城地区成为淹没台地，向塔中隆起区退积形成小规模台地［图2.28(f)］。良里塔格组沉积后，大量的巨厚桑塔木组泥岩发生快速与大面积的沉积充填，塔北、塔中碳酸盐岩台地先后为碎屑岩覆盖而消亡。

受控于构造演化差异作用，塔里木盆地内部地经历早寒武世—早奥陶世弱伸展阶段的缓坡台地—镶边陡坡台地的演化，而后进入中晚奥陶世挤压构造背景下退积孤立台地—淹没台地的演化过程，构造作用对台缘带的展布及其演化具有重要的控制作用。塔里木板块边缘目前资料缺乏，从柯坪地区碳酸盐岩构造-沉积特征分析，也是经历早寒武世—早奥陶世碳酸盐岩稳定发育期，中晚奥陶世振荡变迁过程中陆源碎屑增多，形成退积背景下的淹没台地。由此可见，早寒武世—早奥陶世板块边缘从裂谷盆地—被动大陆边缘演变过程中形成克拉通内碳酸盐岩台地的发育、扩张，中晚奥陶世挤压聚敛阶段由于构造隆升与陆源快速供给造成台地收缩退积与快速沉没消失。塔里木盆地早古生代碳酸盐岩台地经历早寒武世形成期、中晚寒武世扩张发展期、早奥陶世繁盛期、中晚奥陶世萎缩期、晚奥陶世消亡期等多期沉积演化与变迁，碳酸盐岩台地的差异演变与构造作用密切相关。

（三）构造的差异性造成台缘礁滩体的分段性

塔里木盆地寒武系—奥陶系台缘带沉积具有连续性、继承性，也有明显的差异性与分段性，轮南-古城寒武系台缘带、塔中Ⅰ号带上奥陶统台缘带较为典型。

塔中Ⅰ号构造带形成于中奥陶世，由于不同区段构造变形有差异，造成横向上地质结构的变化与区段性，从而使后期礁滩体发育时形成不同的地貌特征，造成礁滩体发育的差异性（图 2.29）。

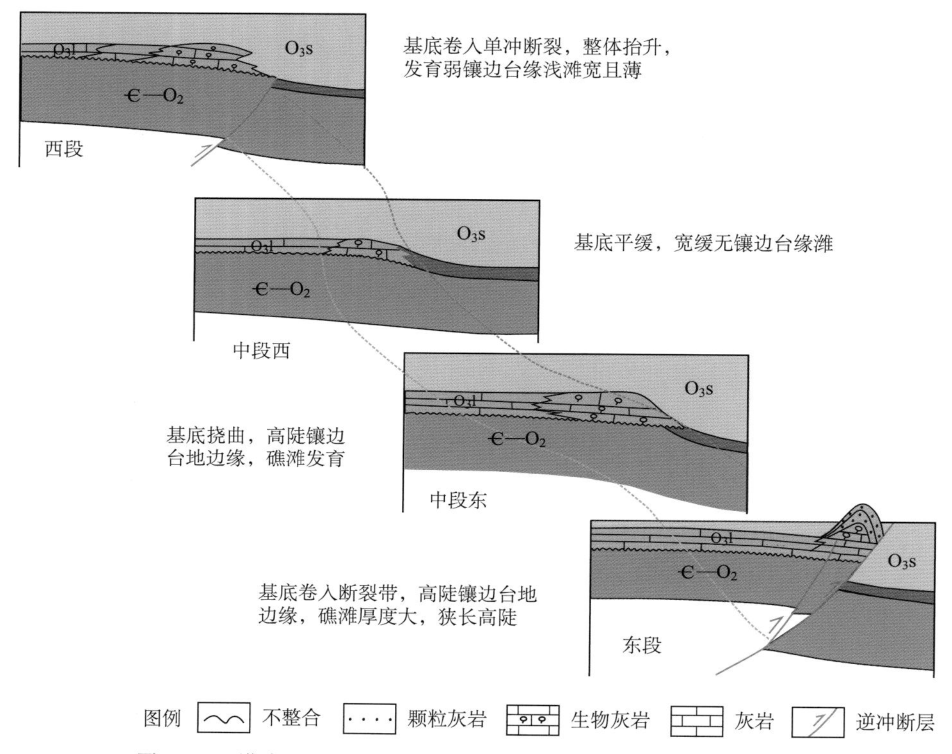

图 2.29　塔中Ⅰ号构造带上奥陶统礁滩体横向上地质结构的差异

上奥陶统良里塔格组沉积时，东部构造活动较强烈，北部边缘古地貌狭窄，礁滩体沉积时也形成高陡狭窄的条带状分布，窄处台缘带不足 1km；由于下部断裂活动强烈，构造抬升较高，造成较高的古地貌，波浪作用较强，生物礁发育，礁滩体厚度大。中部基底未卷入断裂变形，以挠曲为主，造成下奥陶统顶面宽阔平坦的古地貌，上奥陶统沉积时宽缓滩相发育，台缘宽度达 3～8km，礁滩体发育强度减弱，厚度变薄，生物礁没有东部发育。西部塔中 45 井区断裂发育，形成较高的平台区，也是比较宽缓的古地貌，礁滩体沉积宽缓且薄，岩性岩相变化频繁。

轮南-古城寒武系—下奥陶统台缘带分段性也很明显（图 2.19），通过地震追踪，轮南-古城上寒武统台缘带长达 460km、宽 20～80km、面积达 $2.3\times10^4 km^2$，沿走向上台缘带具有明显的三分性。在剖面上，不同区段差异明显（图 2.19）。北部轮南地区，上寒武统台缘带顶部具有明显的削截现象，造成台缘带厚度较薄，前翼镶边特征清楚，表明镶边台缘带沉积后经历削顶剥蚀。台缘带内部反射杂乱，前缘斜坡多套斜交前积体叠置明显。轮南地区寒武系为前积迁移型台缘带，地震剖面上具有明显的S形前积层，呈向盆地方向推进的特征。三维区内地震追踪上寒武统台缘带呈现南北向展布的特征，东西宽10～20km，厚度达300～600m。中部地区台缘带厚度变薄，镶边特征不明显，呈现从台地向台缘带方向逐渐减薄的趋势。台缘带分布的范围逐渐加宽，虽然台缘带内带的边界不清晰，但通过地震杂乱相的分布与内部结构特征，推断台缘带的宽度达50km，台缘带主体部位厚度一般在300～400m，属于弱镶边-无镶边的宽缓台缘带。南部至古城地区，上寒武统台缘带从弧形的北西向转为近南北向分布。台缘带镶边特征虽然不明显，但厚度明显增加，达500～700m，宽度降至15～20km。台缘带前积作用没有轮南地区强烈，保持在较窄的范围内，台地边缘狭长高陡，前缘斜坡清晰，属于镶边窄相带。

塘南、玛北、塔北南缘良里塔格组台缘带也有明显的分段特征，与构造特征的分段性密切相关。受控构造背景的差异，沉积微相横向的差异性与分段性具有普遍性。而且在中晚奥陶世强烈的构造挤压作用下，台缘带分段性更加明显，差异更大。

第三章 塔里木盆地碳酸盐岩古隆起

古隆起是克拉通盆地构造变形的重要方式，也是油气富集的主要部位，塔里木盆地主要发育塔北、塔中、塔西南三大海相碳酸盐岩古隆起，具有类型与特征的多样性与构造演化的继承性。

第一节　典型碳酸盐岩古隆起构造特征

古隆起是沉积盆地内部某一地质历史阶段形成的正向隆起构造（贾承造，1997；何登发等，2008），塔里木盆地发育多种类型的代表性古隆起，古隆起中上构造层碎屑岩构造特征已进行了系统研究（贾承造，1997），本书结合新的资料着重论述下构造层海相碳酸盐岩古隆起。

一、古隆起保存状态分类

叠合盆地经历多旋回构造演化与变迁，由于在不同的地质历史阶段盆地所处的地球动力学环境不断演变，隆起的展布、结构、样式等也相应改变，发育不同类型、不同特征的古隆起（何登发等，2008）。

值得注意的是，古隆起既有层位也有时代的相对性，不同层位、不同时代的隆起可能存在很大差别。结合区域构造解释成图与构造研究，塔里木盆地塔东南古隆起前石炭系为变质岩，塔东古隆起主体部位寒武系—奥陶系为盆地相泥岩区域。而巴楚隆起形成于喜马拉雅晚期，其南部麦盖提斜坡及其周缘则发育古生代大型古隆起——塔西南古隆起。综合研究发现，塔里木盆地主要发育塔北、塔中、塔西南三大碳酸盐岩古隆起（图3.1），其构造特征差异较大，形成演化与盆地周边板块的演化作用密切相关。

由于古隆起具有时间与空间的相对性，通常涉及古隆起构造演化过程，古隆起形成后的构造保存状况是古隆起研究的重点，根据塔里木盆地古隆起构造改造程度及其保存状态可以将古隆起分为继承型、改造型、迁移型和破坏型4种类型（表3.1）。

继承型古隆起：这类古隆起在形成之后，构造相对稳定，以整体升降运动为主，古隆起保持原有的地质结构特征，未遭受大规模构造改造与破坏。塔里木盆地最典型的是塔中古隆起。

改造型古隆起：古隆起在形成之后，又经历不同作用形式的构造活动，古隆起的地质结构、构造形态都有较大的变化，但仍然残存部分古隆起的形态，保留古隆起构造层与部分构造形迹。塔北古隆起属于这类经历多期构造作用、不同时期构造特征变化较大的改造型古隆起。

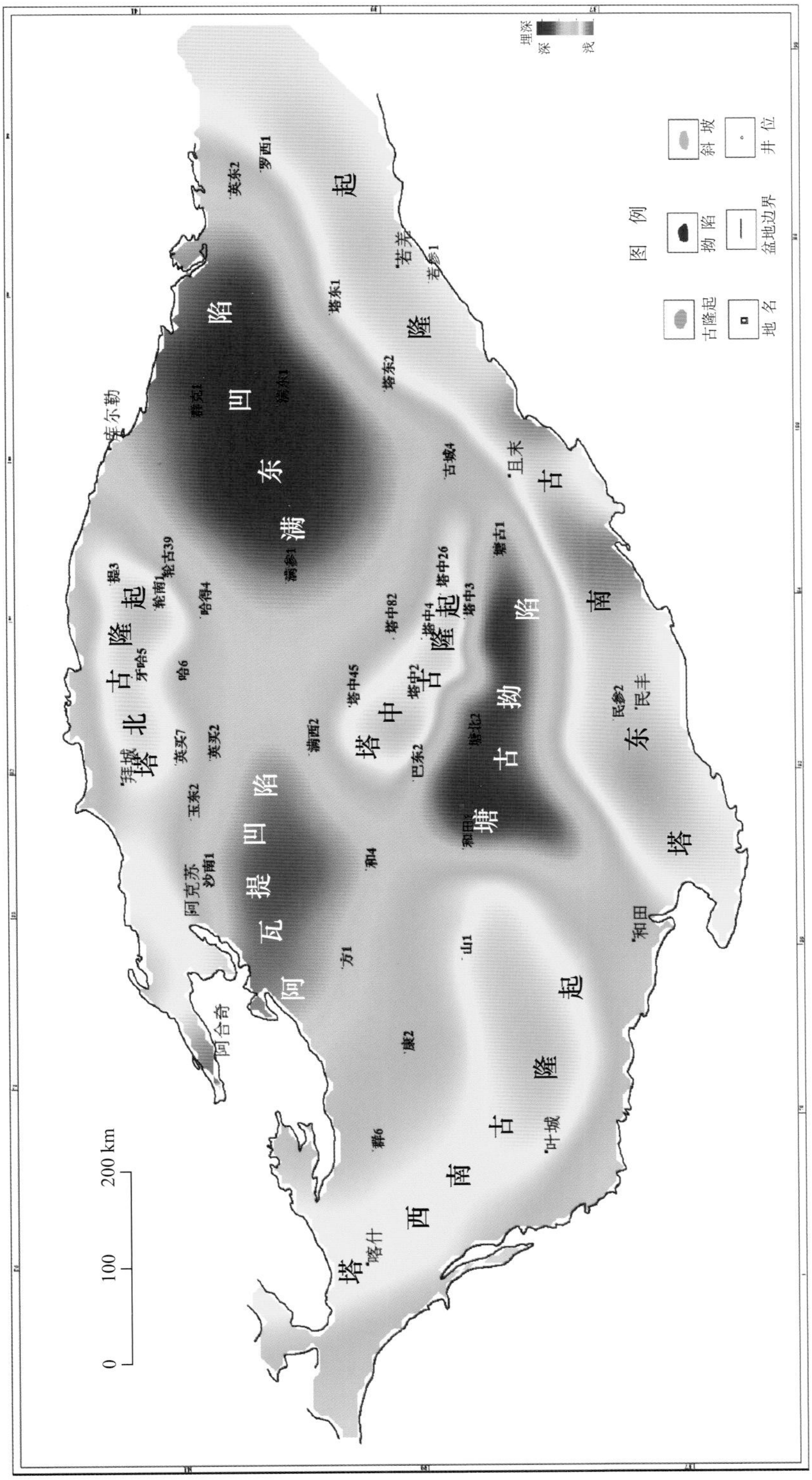

图 3.1 塔里木盆地早海西期碳酸盐古隆起分布图

表 3.1 古隆起保存状态分类对比

特 征	古隆起类型			
	继承型	改造型	迁移型	破坏型
后期改造强度	弱	强	较强	很强
古隆起形态	保持稳定	发生改变	发生迁移与改变	破坏
地质结构	变化小	变化较大	变化大	很大
断裂	活动弱、继承发育	活动强、改造强	较强	活动很强
后期不整合	少、继承性发育	发育、改造强	较发育、改造弱	发育、改造很强
实例	塔中古隆起	塔北古隆起	塔西南古隆起	塔东南古隆起

迁移型古隆起：这类古隆起在形成之后经历不同性质或不同类型的构造活动，原有的隆起发生大范围的迁移，构造形态也发生显著改变。塔里木盆地塔西南古隆起属于多期迁移型古隆起，现今已成为拗陷中的斜坡部位。

破坏型古隆起：古隆起在形成之后经历强烈的构造活动，原有的隆起构造特征已基本消失，这类碳酸盐岩古隆起构造层剥蚀殆尽或发生变质，或是被肢解为非隆起的构造单元。塔里木盆地塔东南古隆起等盆地边缘古隆起多属于破坏型古隆起，其前石炭系地层均已遭受区域变质作用与大量剥蚀。

这 4 种类型代表不同演化进程的古隆起，反映了后期的构造改造程度，便于区分古隆起的保存状态与保存程度，基本概括了叠合盆地古隆起演化变迁后的特征。

二、塔中继承型古隆起

（一）地质结构

塔中古隆起位于塔里木盆地中部（图 1.3 和图 1.5），是寒武系—奥陶系组成的大型复式台背斜，呈北西走向、西宽东窄，面积约 $2.2\times10^4 km^2$。塔中古隆起多旋回构造演化造成地质结构具有纵向分层、南北分带、东西分段的特征。

纵向上可分为四大构造层（图 1.5）：前寒武纪基底隆起构造层、寒武系—奥陶系古隆起构造层、志留系—白垩系振荡构造层、新生界稳定构造层。塔中古隆起是克拉通内长期稳定发育的断隆，与南北拗陷突变接触关系清楚，断裂发育（图 3.2）。志留系及其以上碎屑岩地层表现为明显的宽缓大斜坡，局部构造欠发育、结构相对简单，为与周边连为一体的克拉通内拗陷组成部分，已非隶属于塔中古隆起的独立构造单元。寒武系—奥陶系构造层表现为被断裂复杂化的隆起，地层呈现明显的底超顶削，厚度较稳定，在 3000～5000m。中部断垒带遭受强烈剥蚀，下奥陶统碳酸盐岩之上直接为石炭系覆盖，构成背斜古隆起，与上覆层具有明显不同的结构特征。

多旋回构造运动造成南北分带、东西分段的平面结构。受控于一系列北西向逆冲断裂，塔中隆起南北分带（图 3.2）。塔中中部断垒带呈北西向展布，是长期继承性发育的断裂带，处于构造高部位。北部斜坡西部较平缓，由西北向东南方向抬升。南斜坡构造简单，在中西部为南倾平缓斜坡，东部则高陡并受北东向断裂切割复杂化。近期在塔中北斜坡发现北东向走滑断裂体系（图 3.2），主要分布在塔中中西部，以一定间距呈带状出现，截切主体逆冲断裂，造成塔中构造东西分块。

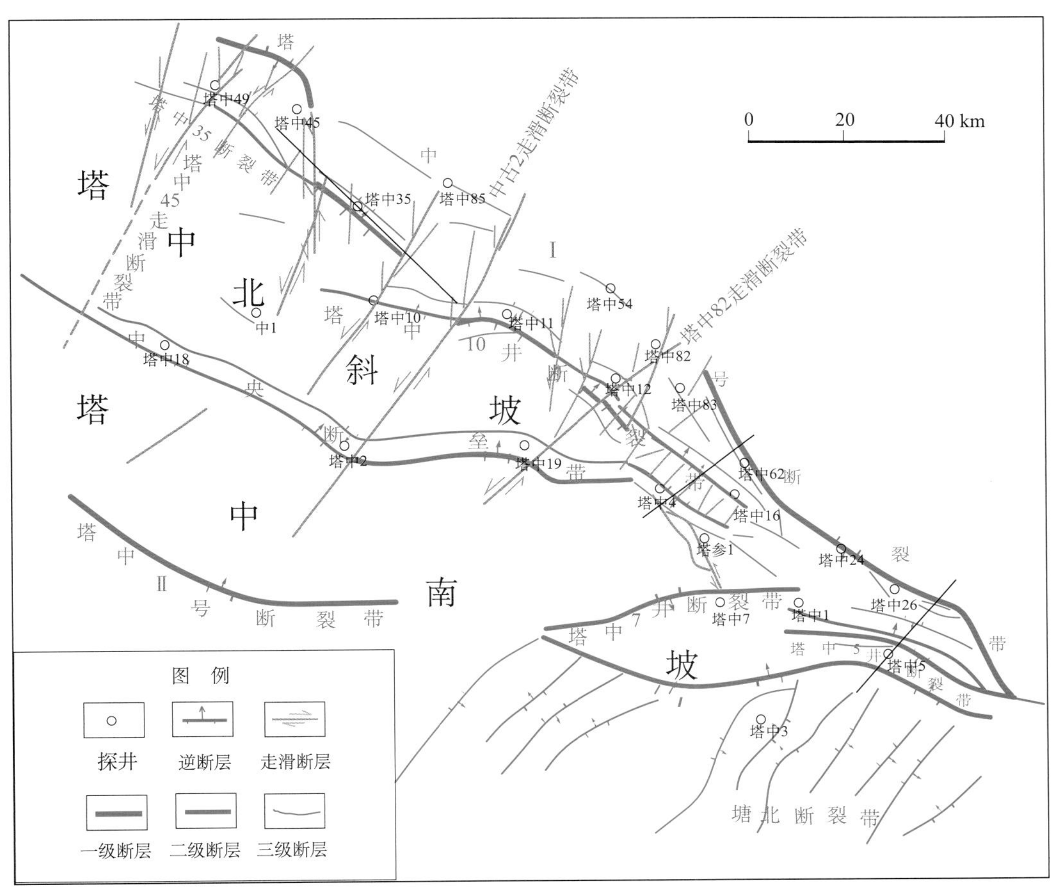

图 3.2 塔中下古生界断裂系统纲要图

（二）古隆起构造演化

通过对塔中古隆起的断裂、不整合面剖析，结合盆地古隆起构造变迁，塔中古隆起是中奥陶世形成的寒武系—奥陶系背斜古隆起，古隆起经历多期构造演化（图 3.3）。

1. 中奥陶世：古隆起形成期

早期多认为塔中古隆起形成于奥陶纪末，新的地震与钻井资料表明，塔中地区缺失中奥陶统一间房组与上奥陶统吐木休克组，在上奥陶统良里塔格组沉积期前已形成（图 3.3）。中奥陶世塔里木板块内部从东西伸展转向南北挤压，塔中地区出现挠曲变形，塔中Ⅰ号断裂带发生强烈的北东向冲断运动，控制了塔中隆起的北西向构造格局，形成北

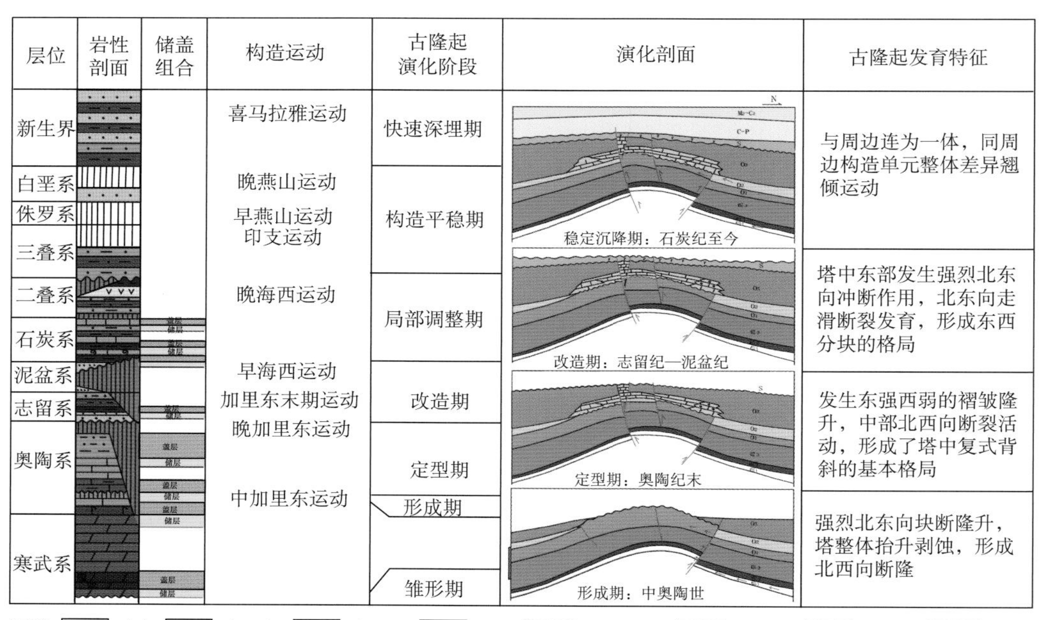

图 3.3　塔中古隆起构造演化综合图

西向巨型断隆。同时中央主垒带也开始发育，塔中隆起发生强烈的抬升剥蚀，出现广泛的沉积间断。

上奥陶统良里塔格组与中下奥陶统鹰山组之间存在明显的角度不整合，自塔中Ⅰ号断裂带向中部断垒带剥蚀作用逐渐加强。同时，塔中Ⅰ号断裂带活动奠定了良里塔格组台缘带的发育背景，形成塔中与满加尔凹陷的沉积与构造边界。

2. 奥陶纪末期：古隆起定型期

奥陶纪晚期，在塔中地区形成强烈的板内构造活动，以褶皱运动为主，与塔东地区发生整体强烈隆升，产生大量剥蚀，中央断垒带、塔中 10 井带断裂复活，形成了塔中复式背斜的基本格局［图 3.4(a)］。塔中古隆起构造作用主要集中在东部，构造活动从西向东迁移。

塔中Ⅰ号断裂带中西部活动微弱，东段仍然有强烈的断裂活动。中央断垒带断裂发育，但影响范围有限，塔中整体隆升（图 3.3），并产生广泛的剥蚀。地震剖面上上奥陶统顶部波组削截现象明显，奥陶系碎屑岩从南、北凹陷向隆起轴部很快减薄尖灭。志留系沉积前塔中古隆起基本定型，形成北西西向巨型的背斜隆起［图 3.4(a)］，其后仅发生局部的构造调整。

由此可见，加里东晚期（奥陶纪末）塔中地区继承中加里东期的构造格局，古隆起基本定型。构造作用强度自南北向中部增强，构造活动自西向东迁移，构造作用具有继承性与迁移性。

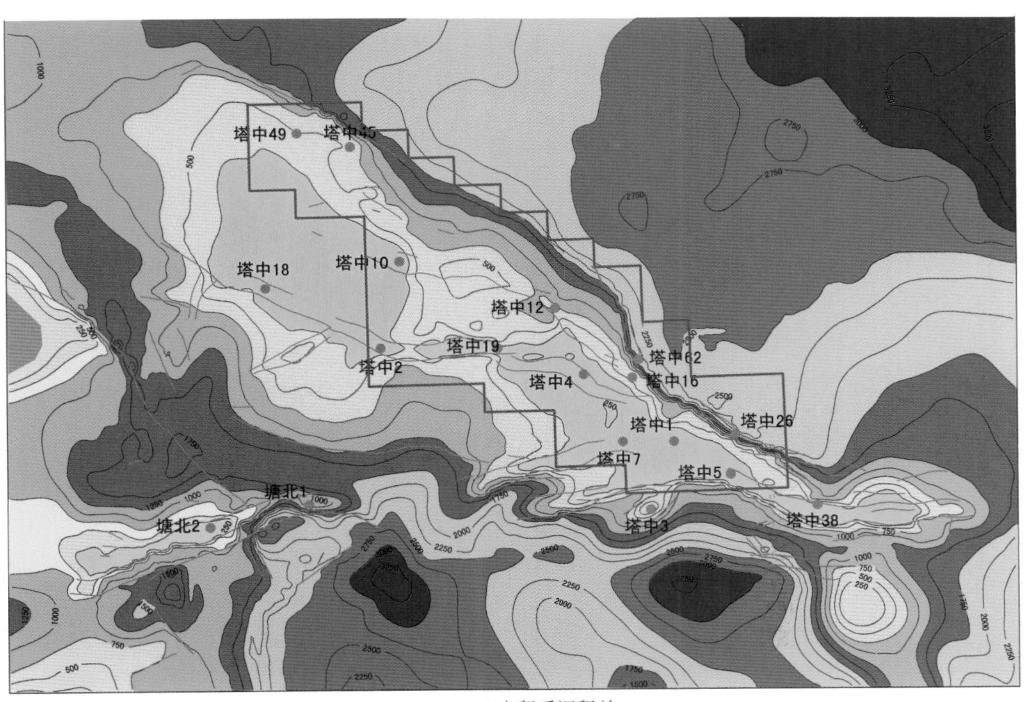

(a) 志留系沉积前

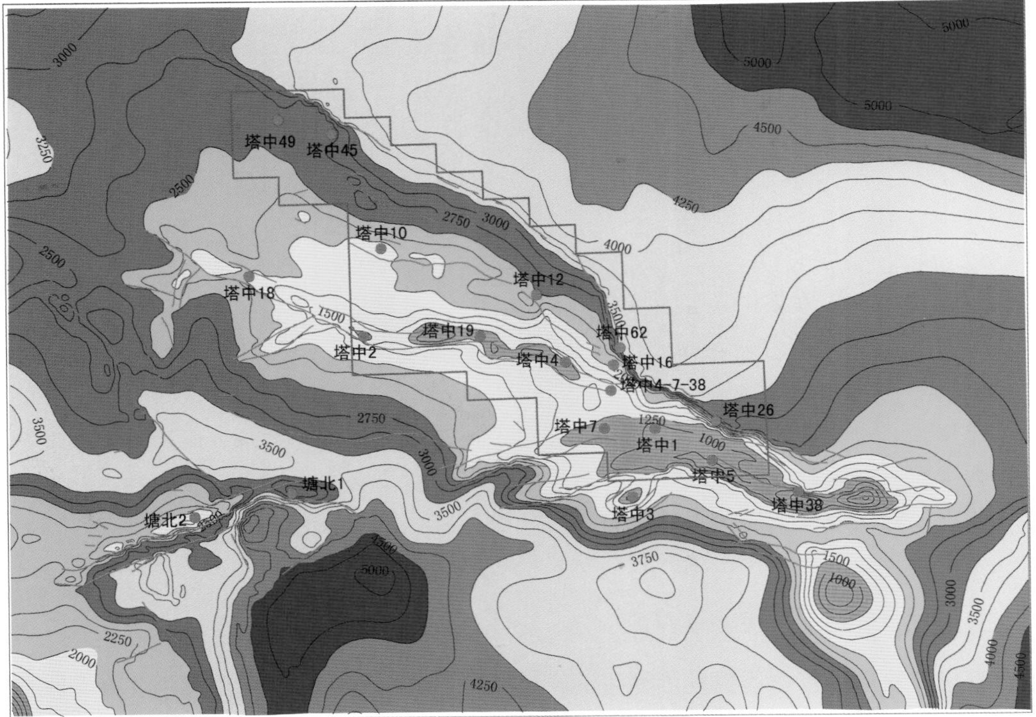

(b) 白垩系沉积前

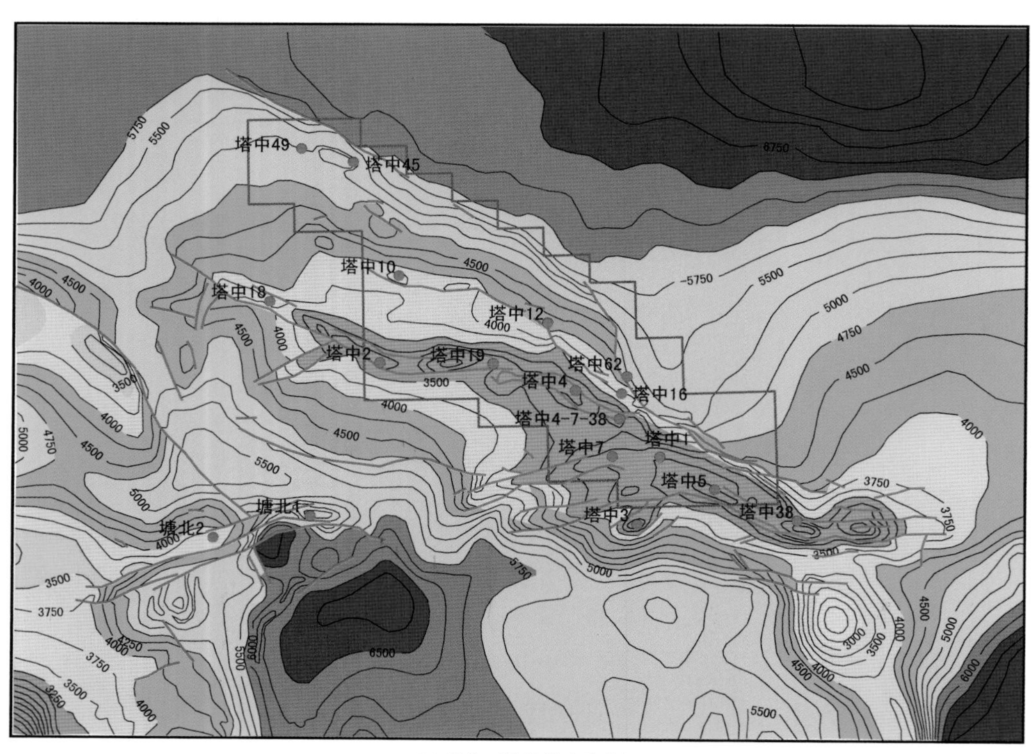

(c) 现今（等值线为海拔）

图 例 探井 埋深等值线 逆断层

图 3.4 塔中地区奥陶系碳酸盐岩顶面不同时期构造简图

3. 志留纪—泥盆纪：古隆起改造期

志留纪末塔中古隆起遭受来自东南方向的强烈构造作用，志留系顶部遭受剥蚀，砂泥岩段保存不完整，并发育系列北东向走滑断层。塔中东部抬升，剥蚀量较大，残余厚度在100～600m，向东减薄直至尖灭。此期志留系宽缓的大斜坡背景没有变化，奥陶系碳酸盐岩大背斜稳定发育（图 3.3）。

早中泥盆世塔中中西部北东向走滑断裂带持续发育，造成东西分块的格局。塔中碳酸盐岩大背斜隆升，塔中东段抬升并向东翘倾，碳酸盐岩古隆起继承性发育，以翘倾运动与走滑断裂的改造作用为主。塔中 7 井区遭受强烈改造，形成所谓的“向斜谷”，塔中 5 井断裂带与中央断垒带也有局部断裂斜向冲断改造作用。

4. 石炭纪—现今：稳定沉降期

石炭纪塔中地区与周边发生整体沉降，形成广泛而且稳定的克拉通内沉积。石炭纪末期塔中地区出现局部挤压作用，在中央主垒带、塔中 10 号带有断裂继承性活动，石炭系顶部小海子组部分地层缺失，产生低幅度构造圈闭。晚海西—燕山运动塔中地区以多期整体沉降与整体隆升为主，对碳酸盐岩古隆起构造影响微弱［图 3.4(b)］。新生代塔里木盆地克拉通区进入快速深埋期，塔中地区整体沉降，深达 2000m 以上，寒武系—奥陶系古隆起碳酸盐岩古隆起深埋，构造形态与分布基本保持不变［图 3.4(c)］，继承性发育。

总之，塔中古隆起形成早、定型早，中奥陶世已经形成，以断块运动为主；志留系沉积前基本定型，以褶皱运动为特点。塔中古隆起形成演化北早南晚、构造作用西弱东强。塔中古隆起经历多期构造作用叠加，但下古生界碳酸盐岩背斜古隆起的形态基本未变，为继承型古隆起（图 3.4）。

三、塔北改造型古隆起

（一）地质结构

塔北古隆起位于盆地北部（图 3.5），南面与北部坳陷渐变过渡，北部紧邻库车坳陷，走向近东西向，面积约 $4\times10^4km^2$。塔北古隆起研究也很多（贾承造，1997；邬光辉等，2009），下构造层海相碳酸盐岩经历海西期、印支期—燕山期等多期构造作用的改造，也称残余古隆起（贾承造，1997）。对比分析表明，塔北以古生界构造层进行划分，西部温宿凸起应属塔北古隆起的一部分，其下古生界沉积构造与塔北隆起相似，形成期也是加里东期。而东部库尔勒鼻状凸起、轮台凸起东部早古生代是满东盆地的一部分，隆起期发生在晚海西期以后，不属于塔北古隆起。哈拉哈塘是位于轮南低凸起与英买力低凸起之间的过渡带，也是隆起的斜坡部位。库车坳陷的中南部也有很大范围属于塔北古隆起的一部分，只是在喜马拉雅晚期库车前陆盆地形成过程中，由于强烈沉降北倾成为前陆坳陷的斜坡，古隆起边界大致在秋里塔格构造带北部一线。

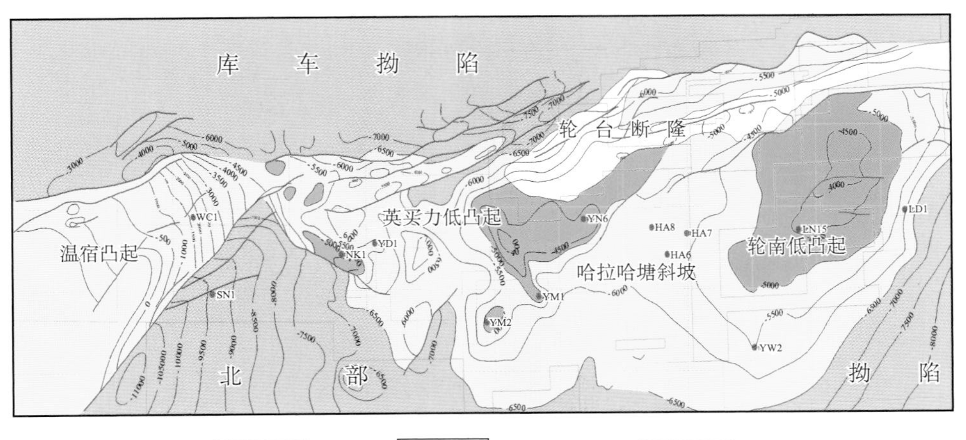

图 3.5 塔北古隆起奥陶系碳酸盐岩顶面构造简图

塔北隆起晚古生界—新生界构造复杂，但碳酸盐岩古隆起相对简单（图 1.5），可以分为四个构造层：基底构造层、下古生界褶皱构造层、上古生界—中生界振荡构造层、巨厚楔形新生界上构造层。上古生界—中生界地层发育不全，地层逐层向古隆起轴部剥蚀缺失，轮台断隆上白垩系直接覆盖在基底变质岩之上。上部中新生界为向北倾的大型单斜，而下古生界碳酸盐岩为大型的背斜隆起，南部上下构造层倾向相反，构造不协调。塔北隆起发育多种类型断裂，造成次级单元斜列分带，具有压扭特征。除西部温宿凸起以断隆形式出现，总体表现为大型的褶皱古隆起，南北都是以斜坡向坳陷渐变。

塔北古隆起不同构造单元构造差异大（贾承造，1997），但下古生界碳酸盐岩则有更多的相同之处。轮南—哈拉哈塘—英买力构成了塔北南缘斜坡，碳酸盐岩稳定分布，构造单元之间渐变过渡。通过对比研究表明，英买力与轮南存在很多相似：一是同样依附于轮台断隆，形成于加里东期、定型于喜马拉雅期的大背斜；二是海相碳酸盐岩经历多期构造改造，古潜山与断裂发育，尽管定型时间有先后，地貌特征不一，但都经历了多期断裂与岩溶发育，构造调整改造强烈。英买力与轮南也存在很大的差异：一是英买力地区构造特征更复杂，多期的构造叠加与改造形成多种方向、多种类型、多种成因的断裂系统，整体呈现块断的特点，而轮南表现为长期稳定的岩溶大斜坡，地质结构简单；二是英买力地区呈现岩溶地貌的多样性，潜山以断块山为主，出露地层复杂多变，其岩性物性变化快，而轮南岩溶地貌简单，岩溶斜坡广泛；三是潜山盖层的差异性，除轮南断垒带局部出现三叠系盖层天窗外，轮南南部潜山普遍为石炭系中泥岩段优质盖层覆盖，盖层条件优越，而英买力潜山区盖层层位与岩性复杂，除白垩系泥岩覆盖区外，还有志留系、侏罗系等不同层位与岩性覆盖的潜山。

因此可见，塔北古隆起构造改造作用强，不同区段地质结构差异大，但下构造层碳酸盐岩相对比较稳定。

（二）古隆起构造演化

塔北古隆起经历多期构造改造，其古构造形迹恢复难，但综合地震、钻井与区域资料，表明塔北古隆起不是晚海西期的古隆起，而是在基底隆起背景上加里东期就已形成的、长期稳定发育的海相碳酸盐岩古隆起（图 3.6 和图 3.7）。

1. 中奥陶世：古隆起雏形期

中奥陶世一间房组沉积前，塔北东西向宽缓褶皱隆起开始出现雏形，围绕塔北水下低隆起形成东西向展布的一间房组缓坡型台地（图 2.15），造成塔北奥陶系沉积的南北分异，前期东西分异的沉积面貌解体。近期发现塔北南缘发育良里塔格组台缘带（图 2.24），从轮南东向西经哈拉哈塘至英买力地区，也是围绕塔北古隆起分布，而且良里塔格组沉积前有沉积间断，表明中奥陶世晚期塔北古隆起已形成。塔北一间房组与良里塔格组台地宽缓，缺乏高陡的断裂带，其间没有明显地层缺失，推断该期构造作用来自南部的远程效应，塔北地区隆升没有塔中强烈，也没有大型断裂带控制隆起，以低幅度褶皱隆升为主，形成近东西向的水下低隆起，在三级层序顶界面存在短暂的暴露。

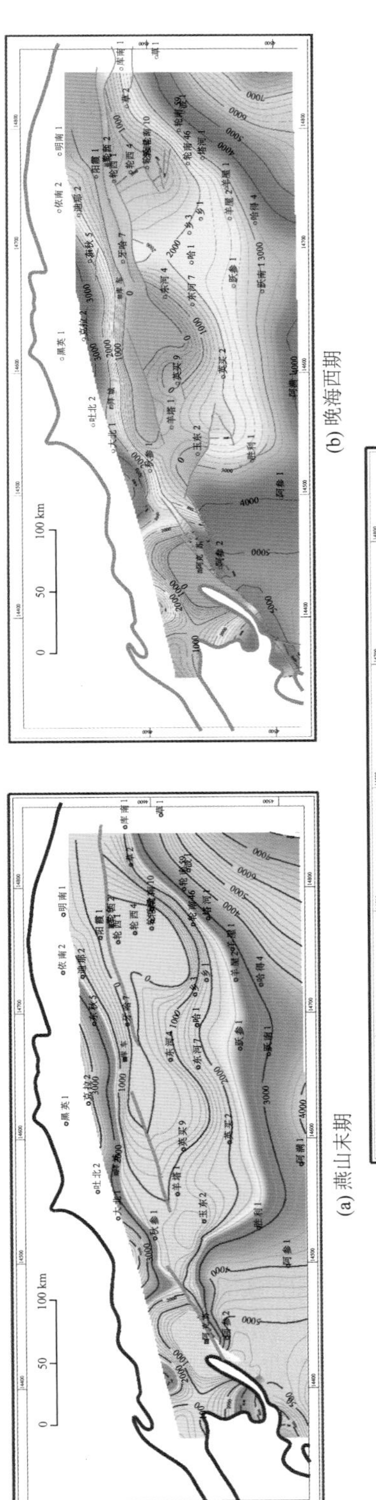

(a) 燕山末期

(b) 晚海西期

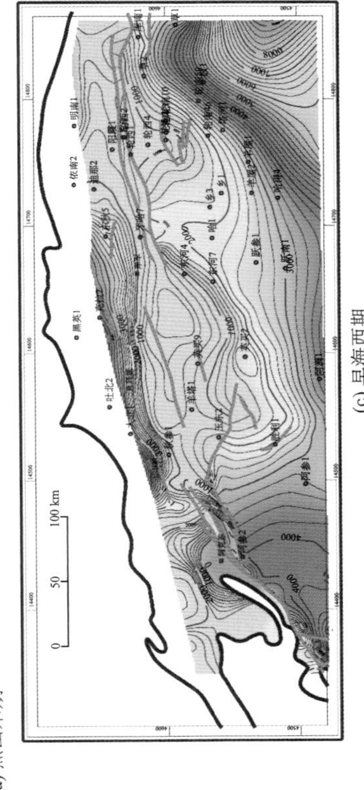

(c) 早海西期

图例 探井 埋深等值线 逆断层

图3.6 塔北古隆起碳酸盐岩顶面不同时期古构造图

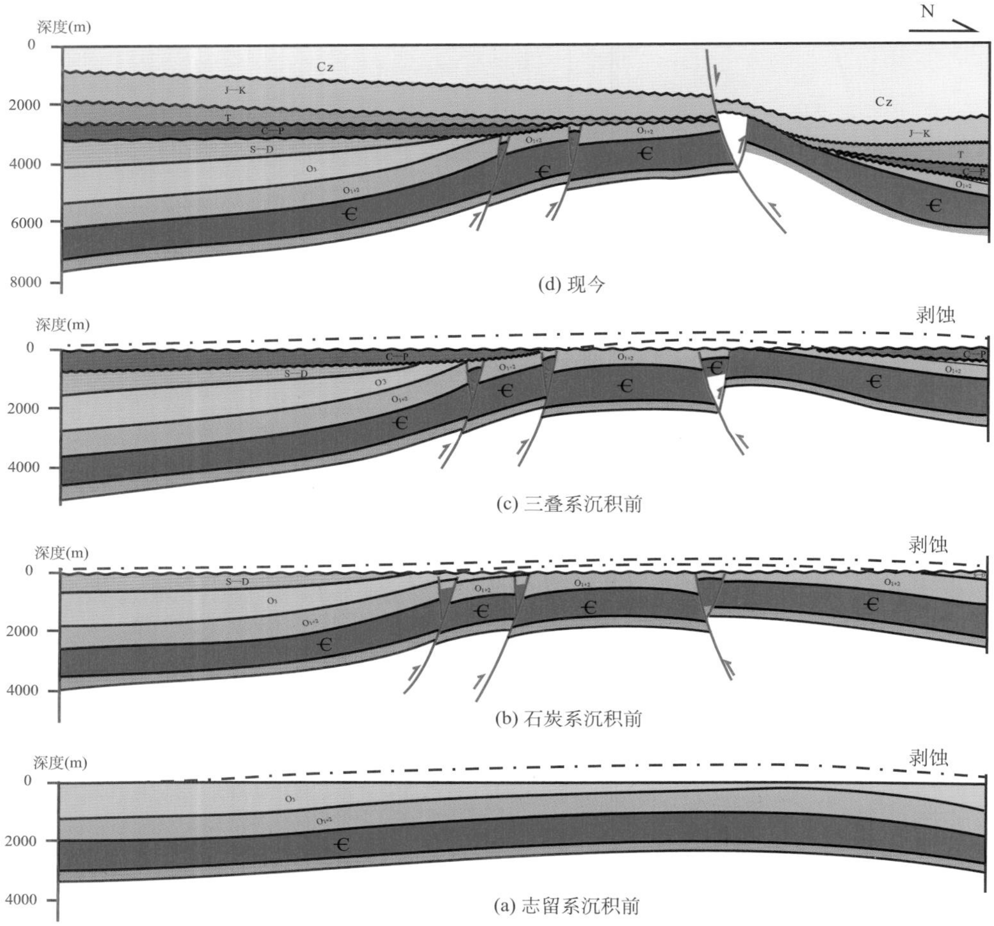

(d) 现今

(c) 三叠系沉积前

(b) 石炭系沉积前

(a) 志留系沉积前

图 3.7　塔北古隆起构造演化剖面图

2. 奥陶纪末：塔北古隆起形成期

由于塔北隆起在晚海西期—燕山期遭受强烈的构造改造作用，早期的变形特征难以恢复，构造变形时期缺失准确的证据，笔者尝试碎屑锆石定年分析早期的构造隆起。

在塔北隆起西部英买 2 井志留系选取 1 块样品进行 LA-ICP-MS 锆石 U-Pb 定年。前寒武纪有两组较集中年龄段，第一组碎屑锆石表面年龄为 850～720 Ma，在谐和图上年龄值为 752Ma±120Ma。第二组年龄分布在 2300～1900Ma，谐和年龄值为 2131Ma ±120Ma。

塔北志留系绝大多数锆石年龄值为前寒武纪，而志留系沉积期间样品点位置距库鲁克塔格之间有满加尔凹陷分隔，再者塔东地区锆石年龄数据表明库鲁克塔格地区在志留纪期间没有隆升成为邻近塔东地区的物源区（邬光辉等，2009）。根据盆地的地震资料与钻井资料分析，在塔北隆起北部发育前志留纪古隆起区，并有前寒武纪基底地层出露，成为塔北志留系的主要物源区。

奥陶纪末，在板块南缘强烈的构造挤压作用下，塔北地区开始隆升，隆起高部位发育大型断裂。塔北隆起普遍缺失桑塔木组沉积，哈拉哈塘地区可见志留系覆盖奥陶系碳酸盐岩之上（图 3.8），英买力地区可见志留系削蚀下伏奥陶系，表明塔北前志留纪奥陶系碳酸盐岩风化壳的范围比塔中地区更大，东西向塔北古隆起在该期已形成［图 3.7(a)］。

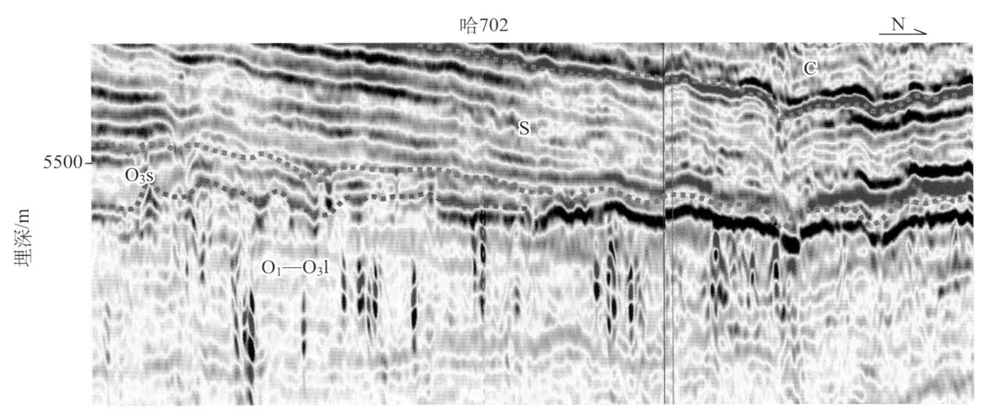

图 3.8　过哈拉哈塘地区南北向地震剖面

该期古隆起的分布范围与中晚奥陶世碳酸盐岩水下低隆相近，具有继承发育的特点，为褶皱隆升。碳酸盐岩风化壳主要沿轮台断隆分布，隆升的范围巨大，面积超过 50000km^2（图 3.7）。温宿凸起在此背景下，可能也发生隆升，并有断裂活动。哈拉哈塘地区在晚奥陶世已有大范围的走滑断裂活动，推断塔北隆起高部位该期断裂以压扭作用为主。

3. 早中泥盆世：古隆起定型期

晚泥盆世东河砂岩沉积前，塔里木盆地发生区域隆起。区域挤压作用使轮台凸起进一步隆升，轮台断裂继承性发育。围绕轮台断隆志留系遭受剥蚀，出露海相碳酸盐岩风化壳。受南东方向挤压作用，在古隆起早期东西走向的基础上，形成北东向斜列展布的轮南凸起、英买力凸起、温宿凸起［图 3.6(a)］，其间以斜坡过渡，上倾方向与轮台断隆斜交，反映古隆起对后期构造的影响，并依附轮台断隆。轮南地区构造活动强烈，在北东向鼻隆发育的过程中，形成整体、大面积的抬升剥蚀，大型鼻状构造基本定型。英买力低凸起开始发育，形成向西南倾斜的宽缓鼻隆，但构造抬升较弱，没有碳酸盐岩的大面积出露。

4. 二叠纪—白垩纪：古隆起改造期

二叠纪末南天山洋自东向西剪刀式闭合，形成塔北前缘隆起，全区压扭性构造活动强烈（贾承造，1997）。塔北隆起的构造活动自东向西扩展，构造作用西强东弱，轮台断隆强烈剥蚀，前寒武系地层出露地表。西部英买力与温宿凸起改造强烈，英买力北西向压扭背斜带形成，中上奥陶统大面积缺失，在寒武系—下奥陶统碳酸盐岩发育断块古潜山［图 3.6(b)］。

三叠纪末，轮台断隆持续隆升，东部构造活动强烈。库尔勒鼻隆抬升剥蚀，厚度超过 3000m，形成侏罗系覆盖在中上奥陶统之上的高角度不整合。库尔勒凸起断裂持续发育，发生强烈的隆升剥蚀，与轮台断隆连为一体。英买力地区北东向构造形成，并改造前期的构造格局，轮南和桑塔木等断裂有局部活动调整。

侏罗纪晚期的燕山运动造成塔北隆起的进一步隆升剥蚀，轮台凸起—温宿凸起高部位三叠系—侏罗系剥蚀殆尽，斜坡区侏罗系仅残余底部数十米煤系地层。西部温宿凸起断裂活动强烈，北部显生宙全被剥蚀，基底断至地表；南部断裂活动较弱，残余二叠系及其以下地层。至新生代沉积前，塔北下古生界碳酸盐岩古隆起持续稳定发育［图 3.6(c)］，仅中部断垒带局部发生强烈构造改造作用。

5. 新生代晚期：整体翘倾深埋

喜马拉雅晚期，随着库车陆内前陆盆地的形成与发展，库车地区沉积超过 8000m 的新生界巨厚陆相碎屑岩。塔北隆起北翼强烈沉降，向北倾伏沉没，成为库车拗陷的一部分，轮台断隆以南成为前缘斜坡。轮南奥陶系北部向北倾斜，轮南鼻状构造逐渐成为大背斜。

塔北古隆起早期与塔中具有相似的形成与演化特征，加里东期是塔北古隆起形成期，塔北南缘轮南-哈拉哈塘-英买力地区同是依附塔北古隆起的斜坡区。塔北古隆起经历晚海西期、印支期、燕山期与喜马拉雅晚期等多期的构造改造作用（图 3.6 和图 3.7），晚古生界—中生界大范围剥蚀缺失，断裂活动强烈。强烈的构造改造造成不同区段构造作用方式、关键时期与改造强度不同，并造成轮南、英买力、温宿三大凸起构造演化的差异与成油背景不同。古隆起南缘下构造层的碳酸盐岩改造作用相对较小，长期保持东西向古隆起斜坡的形态（图 3.7），构造改造作用主要集中在轴部的轮台断隆与西部的温宿凸起。

四、塔西南迁移型古隆起

（一）地质结构

近年来构造研究发现，巴楚隆起是喜马拉雅晚期形成的断隆，南部麦盖提斜坡及其周缘发育前石炭纪古隆起。

麦盖提斜坡现今构造总体为大型宽缓的南倾斜坡，纵向上可分为四大构造层（图 3.9）：前寒武纪基底构造层具有复杂的地层岩性组合；下构造层以寒武系—奥陶系巨厚碳酸盐岩构成，厚度在 1500～2500m，具有南北厚、中间薄的特征，发育古生代大型的古隆起；中构造层为志留系—二叠系碎屑岩，在麦盖提斜坡缺失奥陶系桑塔木组和中生界；上构造层由新生界构成，南部西南拗陷沉积超过 8000m，向麦盖提斜坡北部减薄至 2000m。

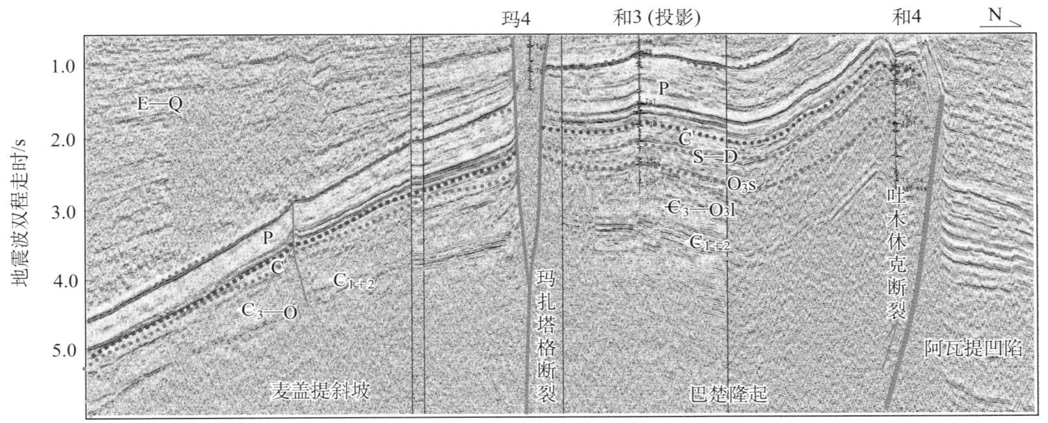

图 3.9 过巴楚隆起东部南北向地震剖面

结合地层对比，通过区域地震解释与追踪，发现麦盖提斜坡及其周缘发育大面积的奥陶系碳酸盐岩风化壳。巴楚南部地区，胜和 2 井以西、巴楚县城—古董 3 井南部钻井均缺失上奥陶统桑塔木组泥岩，至麦盖提斜坡伽 1—康 2—山 1 井南部良里塔格组也基本缺失，奥陶系顶部出露鹰山组。追踪奥陶系顶面及其上覆盖层的尖灭线，该区发育北西向的塔西南古隆起，长达 430km、宽约 210km，面积达 $9.1\times10^4 km^2$。奥陶系碳酸盐岩风化壳。以中下奥陶统鹰山组为主，向南部古隆起区减薄。地震追踪在东、西方向存在鹰山组缺失区，以蓬莱坝组出露区形成东部玛南隆起区、西部麦西隆起区。

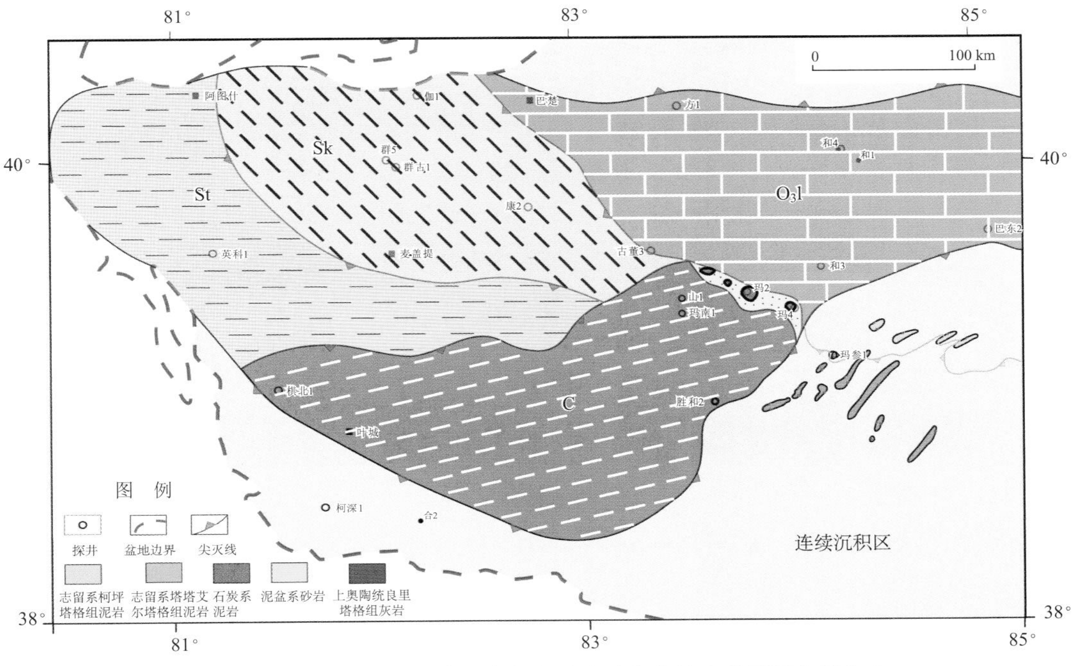

图 3.10 麦盖提斜坡及其周缘奥陶系碳酸盐岩风化壳顶面盖层分布

由于多期构造运动的变迁，不同区段奥陶系风化壳上覆盖层有差别（图 3.10）。北部巴楚-塔中地区为良里塔格组覆盖在鹰山组风化壳之上，麦盖提斜坡中西部上覆为志留系，东部主要是石炭系泥岩覆盖区。虽然地震剖面难以追踪准确的尖灭点，但井震结合可以大致确定其分布范围与尖灭趋势，并为新近的群古 1、玛南 1 等钻井所证实。

由此可见，麦盖提斜坡及其邻区存在大型的塔西南古隆起，其分布范围远大于早期识别的东部地区的和田古隆起，以及塔中、塔北古隆起。

（二）古隆起构造演化

综合分析表明，塔西南古隆起经历多期差异构造演化（图 3.11 和图 3.12）。

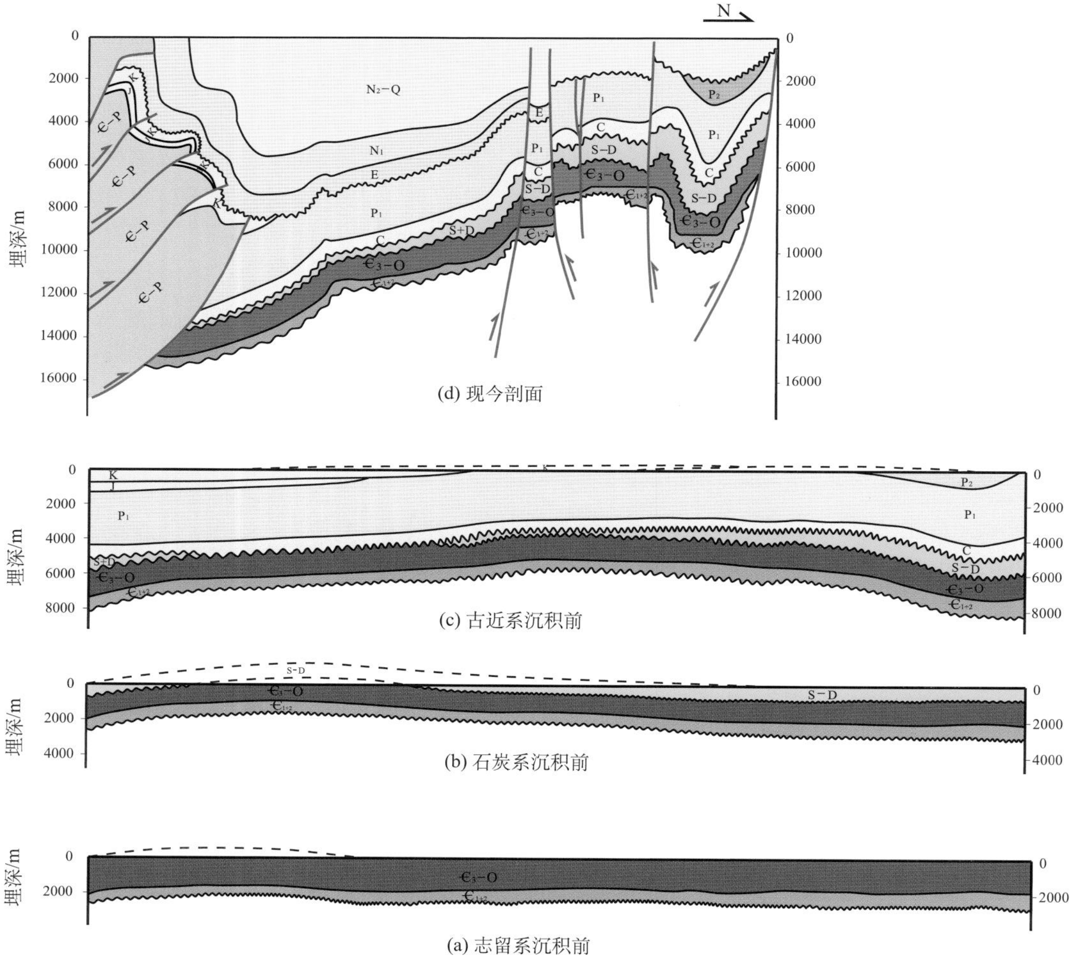

(d) 现今剖面

(c) 古近系沉积前

(b) 石炭系沉积前

(a) 志留系沉积前

图 3.11　塔西南古隆起西段构造演化剖面

1. 中奥陶世：雏形期

中奥陶世塔中—喀什一带形成塔南-塔中隆起，成为塔西南弧后前陆盆地的前缘隆

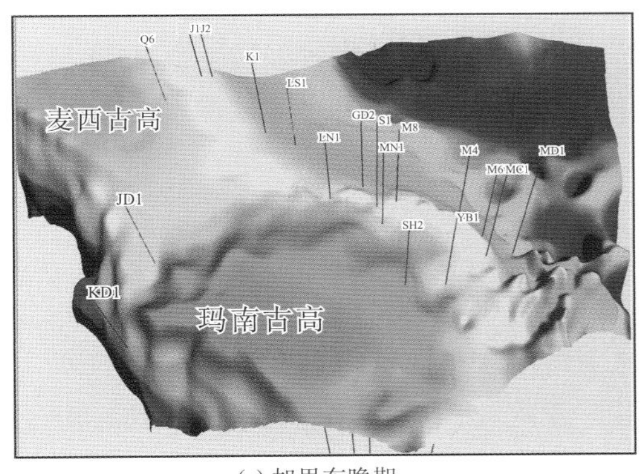

(a) 加里东晚期

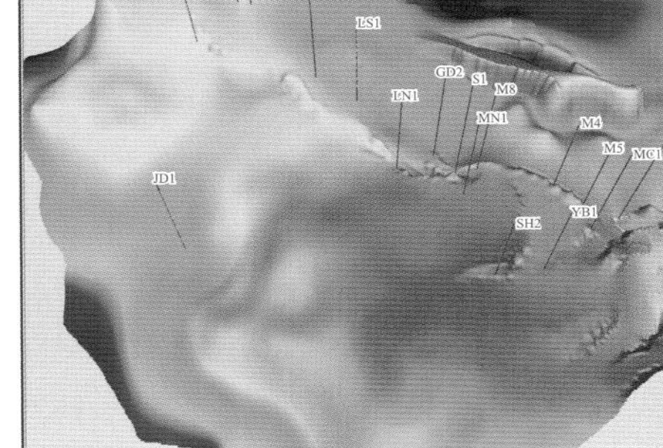

(b) 早海西期

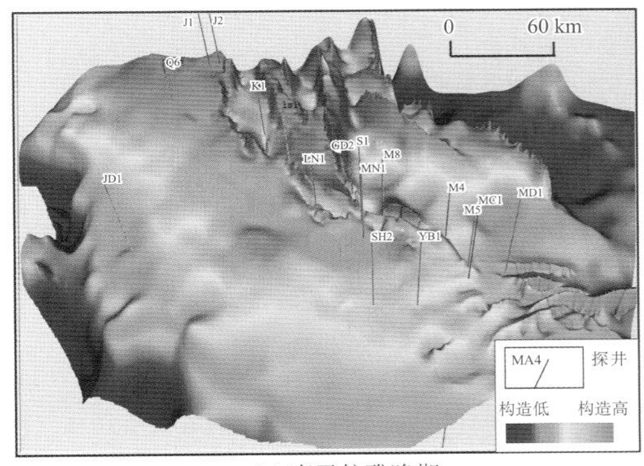

(c) 喜马拉雅晚期

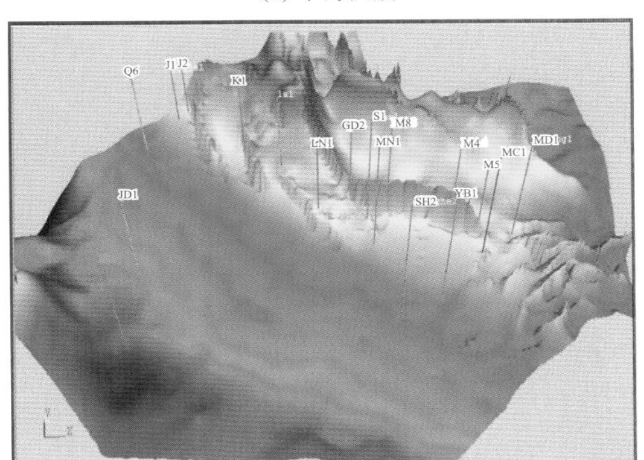

(d) 现今

图 3.12 西南古隆起不同时期奥陶系碳酸盐岩顶面构造图示

起。受基底隆起影响，塔西南地区以整体隆升为主，缺少断裂活动，形成近东西向宽缓古隆起。塔西南地区鹰山组大面积出露，缺失一间房组与吐木休克组，形成与塔中一体宽广且平缓的风化壳。

2. 奥陶纪晚期：形成期

晚奥陶世沉积时，塔里木盆地由前期东西分异转变为南北分带，原塔西台地分隔为塔北与塔南-塔中等孤立台地，塔南-塔中古隆起接受良里塔格组沉积，沿古隆起周缘发育台地边缘礁滩相（图 2.23），已为塔中Ⅰ号构造带、玛 401 井钻探所证实。

塘古拗陷是否为继承性拗陷存在分歧，分析表明，塘古地区下寒武统—下奥陶统与塔中-巴楚处于相同地层分区，地层厚度没有突变，同为克拉通内台地，只是下寒武统自西北向塘古东部-塔中东部地区减薄。直至上奥陶统良里塔格组沉积期，随着塘南、玛北台缘带的发育，塘古拗陷开始发育，拗陷内却尔却克组碎屑岩厚度超过 3000m，向周缘台缘带快速减薄（图 2.25）。塘古拗陷的形成表明塔西南地区在奥陶纪晚期发生强烈的构造活动，是挤压背景下形成的上奥陶统挠曲拗陷。

奥陶纪末，塔西南地区出现整体抬升，奥陶系普遍遭受剥蚀（图 3.10），志留系自北向南超覆在奥陶系风化壳之上。结合风化壳顶面志留系盖层的分布（图 3.10），西南古隆起呈北西走向［图 3.12(a)］。古隆起北部宽缓，南翼较陡，向南延伸已进入西昆仑山前。北部巴楚地区上奥陶统地层齐全，形成与塔中隆起的过渡斜坡区。古隆起总体比塔中、塔北更为宽缓，地层剥蚀少，向古隆起轴部碳酸盐岩厚度缓慢减薄，断裂活动微弱。该期构造演化控制了奥陶系风化壳的分布，麦盖提斜坡位于古隆起非常宽缓的北翼，形成广泛平缓的岩溶地貌。

3. 晚泥盆世沉积前：迁移期

早海西期，塔西南古隆起受东南方向的挤压作用，东部玛南地区构造作用强烈，古隆起向东迁移，逆时针旋转，形成北东向玛南古隆起［图 3.12(b)和图 3.13］。由于东部的塘古拗陷沉积巨厚的桑塔木组泥岩，尽管该区抬升大，但碳酸盐岩隆起主要集中在西南古隆起东面的玛南—和田一带，上覆石炭系厚度变化不大，断裂活动弱。西部则为志留系覆盖区（图 3.10），保持北西向的低隆起。

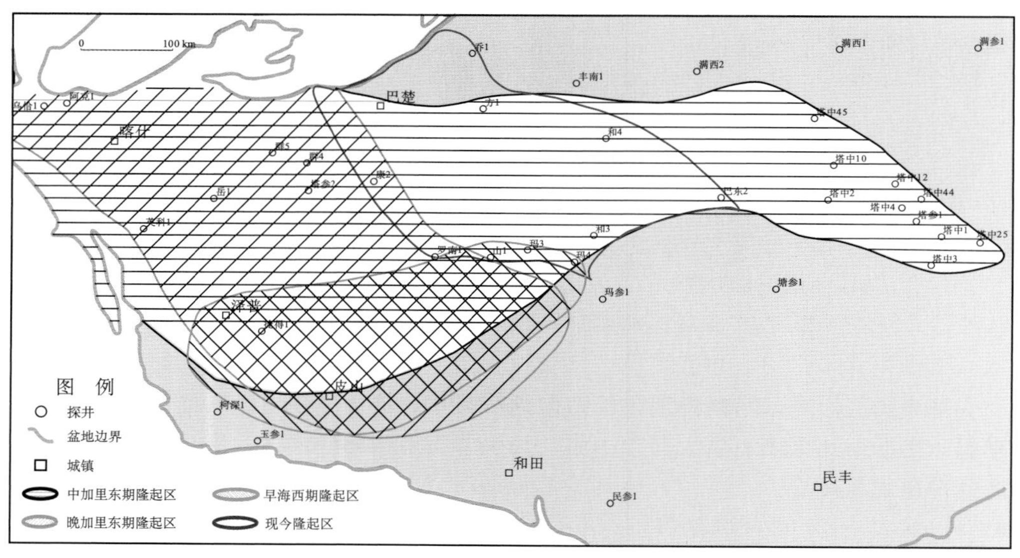

图 3.13　塔西南地区古隆起迁移叠置图

该期最大的特点是古隆起高部位向东迁，走向转向北东向，古隆起的形态也发生变化。但碳酸盐岩古隆起的分布范围没有大的改变，没有大规模断裂活动，不同于断裂活动强烈的塔中与塔北古隆起。

4. 石炭纪—白垩纪：稳定沉降期

石炭纪—二叠纪塔西南地区与周边发生整体沉降（图 3.9 和图 3.11），形成广泛而且稳定的克拉通内沉积，厚度稳定，缺少断裂活动。奥陶系碳酸盐岩整体沉降，构造面貌基本保持不变。整体缺失中生界，至西昆仑山前才开始出现白垩系，表明此期古隆起继承性发育。古近系沉积前，巴楚-塔西南地区发生构造隆升，并出现大量剥蚀，局部有断裂活动。晚古生代—中生代塔西南地区除三叠纪末期前缘隆起发育外，以整体升降为主，西南古隆起区碳酸盐岩长期处于古构造高部位，古隆起形态基本保持不变。

5. 新生代晚期：迁移消亡期

中新世塔西南前陆盆地形成，沉降剧烈，西南古隆起区发生强烈的南倾，麦盖提斜坡区反转形成南倾的斜坡区（图 3.9），隆起区向北快速迁移形成巴楚隆起，塔西南古隆起沉没消失。由于西部古隆起幅度较低、差异沉降作用大，新近纪早期就开始向北迁移至麦盖提斜坡部位。而东部的玛南地区，由于古隆起幅度大，古近系差异沉降较小，直至新近纪阿图什组沉积后才开始快速沉降迁移。

由此可见，麦盖提及其周缘发育大型的塔西南古隆起，直至新近纪以来才快速南倾沉没。由于构造演化的差异与迁移，造成麦盖提斜坡奥陶系风化壳定型期西早东晚（图 3.12）。塔西南古隆起迁移性强，主要经历四期迁移（图 3.13），中加里东期（中奥陶世）形成与塔中连为一体的大型风化壳，晚加里东期（奥陶纪末）北西向的古隆起形成，早海西期向东部迁移形成北东向的玛南古隆起，喜马拉雅晚期向北大范围迁移，形成现今的巴楚隆起。虽然西南古隆起构造演化复杂，但奥陶系碳酸盐岩顶面长期保持古隆起的形态，一直持续到新近纪早期（图 3.12）。

第二节 古隆起成因分类与特征

不同角度的古隆起分类方案很多，由于古隆起的形成主要受控于动力机制，古隆起分类可以动力成因为主。

一、古隆起成因分类

影响古隆起特征的地质因素很多（何登发等，2008），如大地构造背景、古隆起形成与演化过程中的动力学环境、沉积与构造的变迁、断裂与不整合的发育。邓涛（1996）以地质力学原理为基础，认为古隆起的形成受地球自转速度的控制。贾承造（1997）根据地层发育情况、构造的稳定性和活动性以及遭受剥蚀与改造的期次和程度等因素，将塔里木盆地古隆起划分为稳定古隆起、残余古隆起、活动古隆起。冉启贵等（1997）认为克拉通古隆起的成因有两大类：一类是与板块背离作用或区域伸展有关的隆起；另一类是与板块聚敛作用或区域挤压作用有关的古隆起。任文军等（1999）认为鄂尔多斯盆地中央古隆起形成于早古生代祁连海槽与鄂尔多斯盆地碰撞拼贴产生的近东西方向的侧向挤压应力作用。何登发等（2005）根据盆地基底性质、隆起成因、活动方式、地质结构与保存状态的差异，将准噶尔盆地的隆起划分为继承型、叠加型、掀斜型等基本的动力学类型。何登发等（2008）根据几何学与运动学特点，将塔里木盆地古生代克拉通内古隆起划分为稳定型、活动型、残余型与消亡型 4 种基本类型。汪泽成和赵文智（2006）分析四川盆地古隆起发育的板块位置，提出了克拉通内古隆起和克拉通边缘古隆起，将古隆起分为 4 个基本类型：继承型、控沉积型、晚期定型、晚期改造型。

由此可见，古隆起可以形成于不同的动力机制，具有多期演化与不同的发育特征，从不同的角度可以得出不同的古隆起分类方案，从多因素出发进行分类会出现类型众多、概念交叉、覆盖面不够的问题。由于影响古隆起最重要的因素是其成因动力机制，综合不同构造背景下古隆起形成的成因机制，可以将古隆起分为构造应力类、热力作用类、重力成因类、沉积成因类、复合成因类 5 大类，在此基础上可以进一步划分次级类型（表 3.2）。

表 3.2　古隆起成因分类

类型		成因机制	结构特征	实例
构造应力类	伸展作用型	伸展作用造成地质体水平方向的伸长变形，产生隆坳结构变化，形成隆起结构		沧县隆起 埕宁隆起
	挤压作用型	在水平挤压作用下产生隆升作用，形成构造隆起		巴楚隆起 塔北隆起
	走滑作用型	走滑作用下隆拗构造变形，埋藏后沿构造带大面积的构造高部位形成古隆起		塔南隆起
热力作用类	热隆型	由于地幔对流、地幔柱等有关的垂向深层热力作用，造成幔隆升或区域隆升形成的隆起构造或地貌		羌塘盆地 中央隆起
	热力喷发型	由于深层热作用突出地表也可能形成隆升，或火成岩活动形成大面积火山地区隆升，隆起地貌深埋后形成古隆起		英买力低凸起
	热变质型	热变质作用下发生相变，造成岩石密度与体积的变化，形成膨胀隆升		—
重力作用类	表层重力型	地球表浅层重力分布的不均一和隆拗格局变化产生重力不稳定，形成地貌的隆升		冀中饶南新近纪 拆离滑覆构造
	深层重力型	地球深部质量不均衡和重力不稳定，造成上覆地壳表层的垂向隆升		—
	外来重力型	由于外来星体的撞击作用造成地球表层的隆拗变化形成的地貌隆升		—
沉积成因类	沉积地貌型	沉积盆地由于沉积环境的变迁、沉积体系的差异，造成沉积地貌的差异，从而形成沉积地貌隆起		罗西 碳酸盐岩台地
	差异负载型	差异负载作用造成沉积的厚度差异，形成宽缓的隆起地貌，再埋藏可形成古隆起		石炭纪塔中隆起
复合成因类		上面成因中的两种或两种以上作用共同作用形成的古隆起	类型多样、结构多变	—

二、不同成因古隆起的基本特征

（一）构造应力类

构造应力是盆地古隆起形成的主要动力，根据力学性质可以进一步分为伸展作用型、挤压作用型、走滑作用型 3 种类型。

1. 伸展作用型

伸展作用造成地质体水平方向的伸长变形，产生隆拗的结构变化，经后期沉积盖层的覆盖可以形成古隆起。伸展作用型古隆起通常发生在裂陷构造背景下，在造山带应力松弛条件下也可产生局部的拉伸作用形成伸展型古隆起。在多旋回构造发育的盆地中，早期伸展作用形成正向构造，在晚期挤压过程中进一步隆升形成反转型古隆起。

在伸展作用下，根据其特征与保存状态可能进一步划分为不同次级的类型，虽然在后期可能出现在不同的构造背景、表现出不同的结构特征，但其形成的动力相同，具有相同的成因机制。松辽盆地中央拗陷区早期断陷、晚期拗陷，形成受断裂控制的中部古隆起，边缘隆起区在新的沉积覆盖后也形成古隆起。在中部古隆起上沉积地层相对较薄，白垩纪末有一定的剥蚀作用，并围绕古隆起发育。

2. 挤压作用型

在板块汇聚过程中，产生压陷-挠曲作用，形成盆山型隆拗结构，最典型的是前陆盆地。造山带在后期构造折返演化成盆时，其中的地貌高可能形成基底古隆起，很多盆地都是在褶皱基底的基础上发育起来的，由于其构造活动与剥蚀作用复杂，经历后期深埋改造，造成基底古隆起的形迹很难识别。

前陆盆地一般发育前缘隆起，在来自造山带一侧的构造挤压作用下，前隆作为地壳挠曲波的一部分产生隆升。随着挤压作用的增强，前缘隆起不断发展，盆地加深并窄化，前隆向克拉通方向迁移，形成继承性发育的古隆起。塔北隆起是塔里木盆地典型的前缘隆起（贾承造等，1995）（图 1.5），由于天山洋在晚海西期闭合消减，北部地区强烈挠曲沉陷，形成库车前陆盆地。塔北地区在强烈的挤压作用下，形成前缘隆起，断裂活动强烈，古生界遭受强烈的抬升剥蚀，在后期沉降过程中成为古隆起。

受侧向挤压作用下，在构造稳定的克拉通盆地内部也可能产生隆起。克拉通盆地隆拗升降的机理复杂，一般在克拉通周缘处于板块聚敛阶段时，由于区域板块挤压作用造成克拉通板块的波状起伏，可能出现隆拗升降，形成盆地内部古隆起。塔中古隆起、鄂尔多斯中央古隆起、泸州古隆起、东西伯利亚涅普-鲍图奥滨古隆起等均是克拉通盆地内古隆起，大多是受远程挤压构造应力作用形成的。

3. 走滑作用型

走滑作用可以产生于不同的构造部位、不同的构造尺度，转换断层作为板块边界可以切穿岩石圈或地壳，大型走滑断层可以有数千公里的走滑位移，沿走滑构造带可能形成狭长隆起，在后期埋藏过程中形成走滑作用型古隆起。

阿尔金构造带是典型的走滑断裂带，塔里木盆地东南古隆起是受阿尔金走滑作用影响的古隆起（贾承造，1997）。由于东南隆起地层缺失多、构造演化复杂，其活动时间、活动的性质存在很大的分歧，下面以邻近的英吉苏凹陷分析探讨。

英吉苏凹陷侏罗系地层在剖面上呈宽缓的“牛头”状拗陷，向塔东低凸起与塔南隆起超覆减薄（图 3.14），缺乏深断陷，顶部存在大的削蚀不整合。晚侏罗世—早白垩世北部库车、焉耆盆地未发生大规模的走滑断裂活动，英吉苏凹陷的压扭构造不受库鲁克塔格断隆控制（邬光辉等，2007）。

碎屑锆石定年研究表明，英南 2 井侏罗系碎屑锆石中存在 435Ma±34Ma、424Ma±29Ma 两组年龄，此期年龄数值多且集中（邬光辉等，2007），反映了阿尔金断裂带在晚奥陶世—早志留世初发生构造热事件的记录。侏罗系沉积时期南天山已闭合，但该

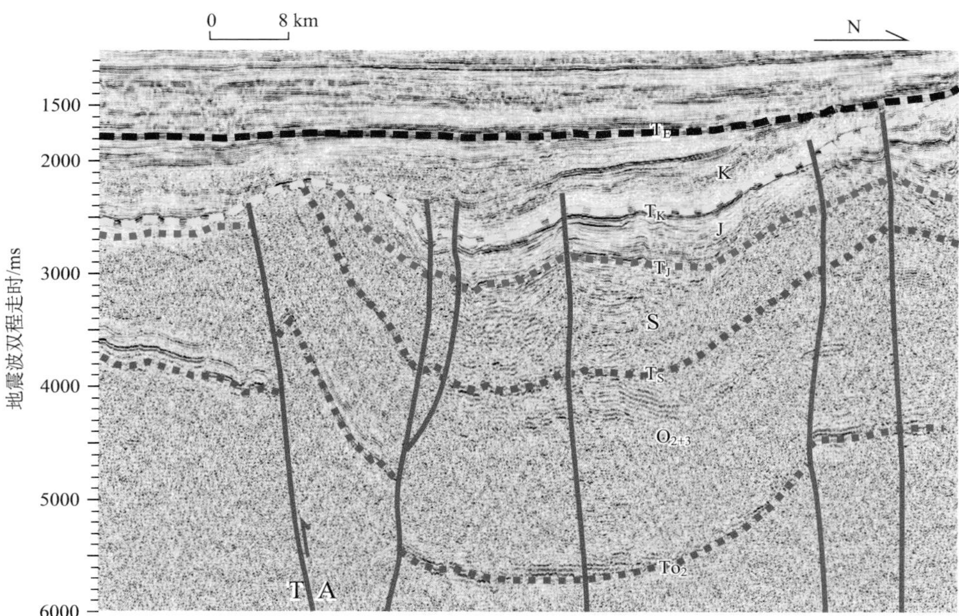

图 3.14　过英吉苏凹陷地震剖面

井侏罗系未检测到石炭纪—二叠纪火成岩的数据，表明英南 2 井区的物源区不是来自北部距英吉苏凹陷更近的库鲁克塔格地区。分析认为东南部奥陶系为侏罗系提供了主体的碎屑物源，占样品数的70%以上，表明东南隆起、阿尔金山已全面隆升，奥陶系大面积出露并遭受剥蚀。因此推断塔东南古隆起在该期有强烈的隆升活动，并控制了英吉苏凹陷压扭性构造的发育。

综合分析，塔里木盆地东南古隆起在晚侏罗世—早白垩世为大规模走滑型古隆起。

（二）热力作用类

热力作用的动力主要来源于地壳中下部和地幔，岩石圈不同层次的热力作用和塑性流变是大陆变形的重要影响因素（刘池洋，2005；杨兴科等，2005），沉积盆地中热作用不仅对油气成藏与调整具有重要作用，还对盆地的形成演化及构造发育具有重要影响。

裂陷盆地热作用对盆地的形成与隆拗结构具有重要的控制作用，主动裂陷是岩石圈底下的软流圈热物质主动上涌，并引起岩石圈水平拉张而形成，而被动裂陷作用是板块产生水平拉张引发软流圈热物质的被动上涌，都与深部的热作用有关（陆克政等，2001）。造成盆地隆拗升降的热作用机制很多，根据热力来源、作用深度可将热力作用形成的隆起划分为热隆型、热力喷发型、热变质型 3 种类型（刘池洋，2005；杨兴科等，2005）（表 3.2）。

地幔对流造成岩石圈差异热隆，发生岩石圈上拱，使克拉通板块波状起伏，从而造成盆地的差异沉降，可能在盆地中产生隆升，上覆盖层埋藏后可成为热隆型古隆起。热力喷发型为深层热作用突出地表，也可能形成火成岩活动隆升地貌，大面积隆升区被埋藏容易形成古隆起，裂陷盆地中裂陷期大面积的喷发岩体、火山岛弧容易形成大型的隆起。热变质作用下发生相变，造成岩石密度与体积的变化，形成膨胀隆升，也可能形成热变质型古隆起。

盆地内热力作用是普遍现象，热力作用对古隆起形成发育的作用机理仍有待研究（刘池阳，2005）。羌塘盆地未出露中生界地层的中央隆起将盆地分为南北两部分，尹福光（2003）分析羌塘盆地中央隆起与热力作用有关，认为在金沙江关闭时，俯冲板块向南俯冲，而在羌塘的中部一带由于软流圈的垫托作用，使地幔热隆，导致大规模重熔。地幔和重熔物向上加入中地壳，使中地壳增厚，同时使中上地壳受热弱化，导致快速变形（拆离）和构造剥蚀，产生均衡隆升，形成中央隆起。

（三）重力作用类

重力构造概念的提出在国外可追溯到18世纪（刘春成和杨克绳，2006），20世纪70年代以来，马杏垣教授曾阐述了遍及全球的重力作用（马杏垣，1989），以及由此而形成的不同层次和不同尺度的重力构造，提出由于重力势的降低所产生的构造变形总特征统称为重力构造。重力作用的动力来源为地球物质在不同层次、不同尺度上存在的纵横向上的非均衡性，根据动力来源和物质性质的不同，可划分为表壳重力负荷和重力不稳定、深部质量不均衡和重力不稳定、外来星体的撞击作用3种类型（刘池洋，2005）。重力作用在自然界中普遍存在，也可能形成大型的隆起，在后期的构造演化中可能成为盆地中的古隆起。根据重力来源与发育的部位，可以将重力作用形成的古隆起分为表层重力型、深层重力型、外来重力型3类（表3.2）。

表层重力型主要发生在地壳表层，由于重力均衡差应力产生侧向或垂向的重力失衡，由此形成的重力构造可形成多种类型的隆起构造，在后期的埋藏中形成古隆起。这种古隆起的前身在地表构造中很常见，大多重力型构造（马杏垣，1989）可形成大型的正向隆起构造，多出现在造山带中。在盆地内部，由于构造回返，造山带褶皱基底再形成盆地时，早期的重力构造可能成为盆地内部的大型基底古隆起。渤海湾盆地冀中拗陷饶南新近纪大型拆离滑覆构造，卷入变形的面积可达2000km^2（刘池洋，2005），可以称之为表层重力型隆起。

在地壳或岩石圈层内部，由于层间存在多种复杂的作用与运动形式，容易造成重力不均衡作用及重力不稳定，从而产生壳/幔隆升，并造成盆地内部浅层的构造隆升，由此形成的隆起可称为深层重力型古隆起。目前虽然对地球均衡作用的过程和其对非均衡现象（如盆地沉降、山脉隆升等）响应或调整的时序关系不清楚（刘池洋，2005），但地壳中深部的质量不均衡和重力不稳定是普遍存在的。胥颐（1996）提出天山地区因地壳抬升造成质量过剩，存在地壳下部物质亏空，上地幔物质经过重力分异上涌作为山根进行补偿，使地壳厚度增加，造成山体的隆升。

外来重力型的作用来自地球外部空间，以这种重力造成的地表隆起称为外来重力型隆起。小行星、陨石撞击地球临近地面的速度仍高达每秒几公里到几十公里，其巨大的冲击力将周围的岩石击碎（刘池洋，2005）。撞击作用作为盆地和构造形成动力的一种特殊类型，可以划归重力作用大类，这种类型的隆起在沉积盆地中是否存在有待研究。

（四）沉积成因类

差异负载作用对隆起的形成也有影响作用，盆地中存在三种差异负载作用：一是沉积差异负载，由于沉积的差异造成凹陷中部与盆地边缘沉积厚度的差异，以及上覆地层沉积的厚度差异，从而产生差异负载作用；二是差异压实所产生，由于边缘沉积的砂地比高于沉积中心，其压实程度较小，而且沉积中心上覆盖层厚，产生的压实作用强，因此产生差异压实负载；三是由于剥蚀作用造成盆地边缘构造抬升，盆地中心相对沉降，同时加速了差异沉积作用，产生相对的差异沉降，形成剥蚀差异负载作用。差异负载作用产生的隆起再埋藏形成的古隆起，可称为差异负载型古隆起，一般与其他作用相伴生，形成的规模一般较小。塔中古隆起石炭系地层具有从周边向隆起区减薄的趋势，周边地层厚度普遍大于600m，在隆起中部低于500m，主要是由于基底结构的差异造成石炭系差异沉降，形成相对隆升区。

沉积盆地沉积环境的变迁、沉积体系的差异，可以造成沉积地貌的差异，从而形成沉积地貌高，在后期的沉积构造演化变迁中可以成为沉积地貌型古隆起（表3.2）。最典型的是碳酸盐岩台地与生物礁的生长发育。塔里木盆地罗西台地位于满东拗陷内（图2.17），在寒武纪时，受控于地貌的微起伏，发育宽缓的缓坡台地碳酸盐岩。下奥陶统沉积时，碳酸盐岩快速生长，形成孤立的陡坡型台地，与周边的沉积和地貌产生更大的差异，成为水下隆起。在后期的埋藏中，罗西台地成为相对孤立的碳酸盐岩古隆起区。

（五）复合成因类

在古隆起初始形成的时候，往往存在构造作用，也同时受热作用、沉积作用等其他因素的影响，而且由于古隆起多是经历过多期的构造演化，受多种动力作用，因此可能形成热力-构造型、重力-构造型、沉积-构造型、沉积-热力型等复合成因类型。古隆起的成因需要按不同演化时期进行成因划分，通常所说的古隆起类型是指其形成期的类型。

总之，影响古隆起形成的因素很多（表3.2），古隆起的具体成因可能是由多种成因作用共同控制，或是不同时期不同成因作用的叠加结果，多是复合作用成因，需要从动态的角度进行综合分析，但一般以主导作用为主进行成因厘定与类型划分。

三、塔里木盆地古隆起成因

（一）基底隆起影响显生宙古隆起的发育与分布

结合钻井地层缺失与厚度变化、地震剥蚀与超覆尖灭线追踪与古构造图编制，塔里木盆地发育近东西向展布的塔北与塔南前寒武纪基底古隆起（图3.15）。塔北基底古隆起沿轮台—阿克苏一线分布，与奥陶系古隆起的分布范围相当（贾承造，1997；邬光辉等，2009），震旦系向隆起核部减薄直至缺失，寒武系超覆在不同层位之上。塔南基底古隆起在塔东—塔中—巴楚—喀什一线广泛分布，缺少震旦系的大面积连片沉积，寒武系削蚀下伏地层特征明显，形成大面积的隆起剥蚀区。

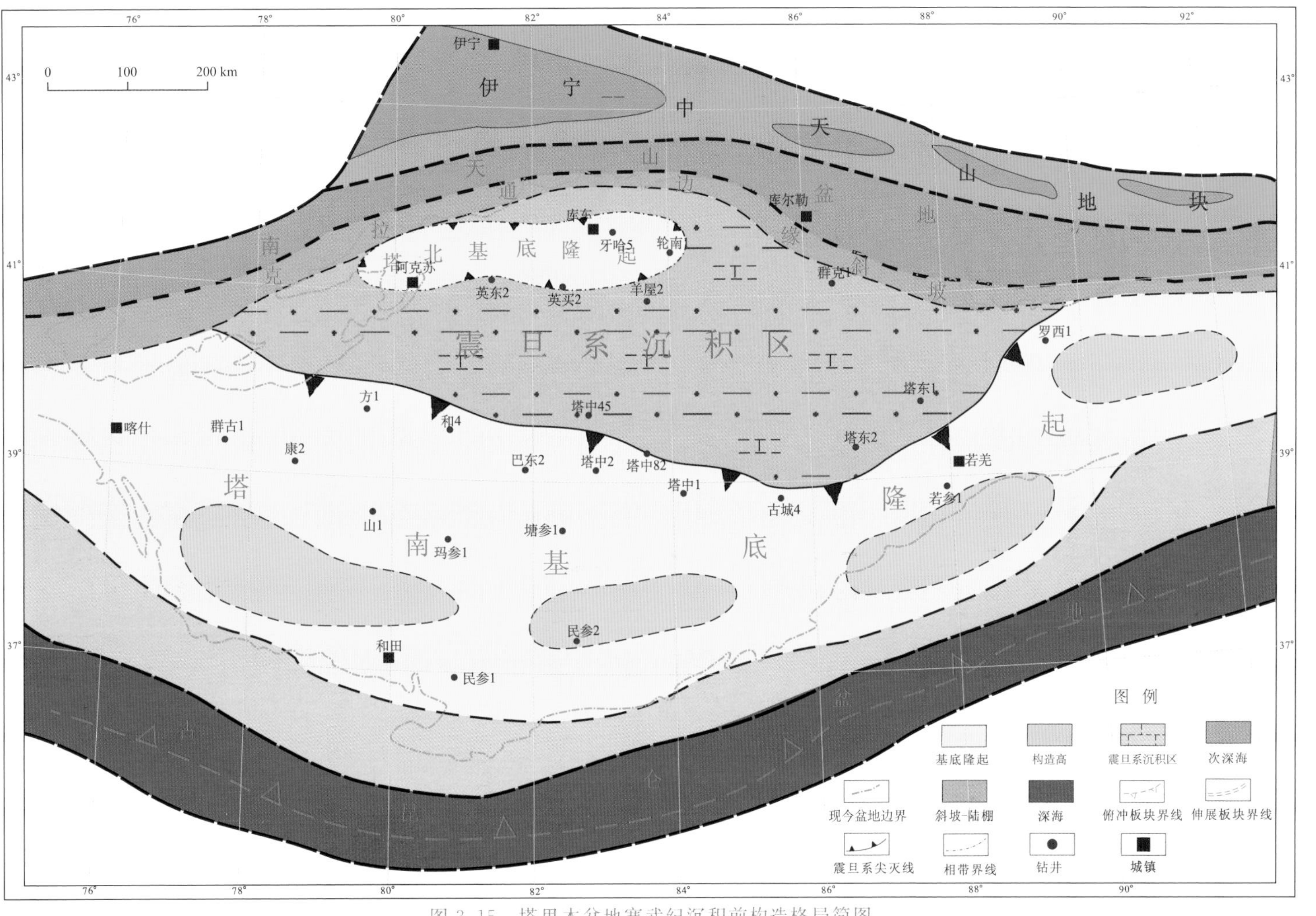

图 3.15 塔里木盆地寒武纪沉积前构造格局简图

塔里木盆地发育在太古代—早中元古代的结晶基底与变质褶皱基底之上，在显生宙沉积前基底隆起影响显生宙古隆起的发育与分布。

（1）显生宙古隆起多沿基底隆起区发育与分布。基底古隆起多是相对独立的构造单元，与周边存在岩性、岩石物性差异，或是有构造薄弱带分隔。在后期的挤压作用过程中，容易形成继承性的挠曲变形，形成复活隆升。塔南基底古隆起是后期塔中、塔西南、塔东南古隆起发育的主体部位（图 3.1 和图 3.15），只是由于应力方位与作用形式的改变，后期分解为 3 个不同的隆起单元。奥陶纪末塔西南古隆起形成时，继承了基底北西向隆起发育的轮廓，与基底隆起的方位一致。中奥陶世在南部由于强烈的挤压作用下，沿塔中Ⅰ号构造带基底薄弱部位形成塔中古隆起的北部边界，控制了古隆起的北西走向，其边界范围与基底隆起的断裂带有关。塔北古隆起虽然经历复杂的构造改造，但沿轮台断裂带周缘近东西向的基底古隆起长期位于显生宙隆起发育的中心部位，并控制了后期古隆起的形成与分布。

（2）基底隆起发育区有利于后期构造继承性活动。塔里木盆地经历多期、多种类型与多种方式的构造作用，加里东期—早海西期遭受来自南部板块边缘的碰撞聚敛，晚海西期—印支期来自南天山洋闭合的强烈作用，古隆起多经历不同程度的改造，有基底古隆起发育的隆起区，受控于与周边地质结构的差异，显生宙形成后相对比较稳定。塔北古隆起受基底影响，在加里东期受南部远程应力的作用下，开始强烈隆升。其后经历多期来自北部的构造改造作用，虽然不同区块遭受改造的程度不一，但总体保持原有的古隆起形态。而柯坪、塔东北地区在地史时期也曾有古隆起的发育，但缺乏基底隆起与构造发育的连续性，构造改变大，没有长期继承性的古隆起发育。

（3）基底古隆起影响盖层的沉积与分布。由于基底隆起的刚性与结构的差异，寒武系盖层披覆沉积在基底隆起之上，其分布受到基底古地貌的影响。虽然早中寒武世发生广泛的海侵，东西向伸展造成东西分异的沉积格局，在塔西南、塔中、塔北地区具有向基底隆起超覆的特点，下寒武统的分布具有与基底隆起展布相近的特点（图 2.14），发育一系列水下低隆起。塔中寒武系存在明显的自西向东超覆的现象，在东部基底古隆起基础上，不仅下寒武统白云岩在东部隆起区有减薄的趋势，而且中寒武统盐膏层也有减薄，造成东西沉积的差异。而中晚奥陶世转向南北挤压时，一间房组、良里塔格组围绕塔北、塔中基底隆起区沉积与分布。

由此可见，基底隆起结构对显生宙隆起的发育与分布具有重要作用。

（二）中奥陶世板块南缘聚敛作用形成的挤压型古隆起

克拉通内古隆起的形成往往由板块边缘的聚敛或离散作用向板内传播的应力所致，塔里木盆地早期伸展作用是否控制古隆起的形成与分布存在分歧。分析发现，塔里木盆地具有前南华纪结晶基底，寒武纪以来发育克拉通内大型的克拉通内台、盆沉积，处于弱伸展背景，沉积稳定。古隆起区缺乏大型的伸展构造，缺少拉张断陷形成的肩隆，古隆起的发育不是离散作用所致。新的地震资料分析表明（图 3.16），塔中Ⅰ号断裂是中奥陶世形成的大型逆冲断裂。东部断裂向上逆冲断至中下奥陶统鹰山组顶面，向下断至基底，没有正断层发育。在稳定克拉通内弱伸展构造背景下，盆地内以东西向沉积分异为主，塔中、塔北、塔西南古隆起呈东西向展布，与东西向拉伸背景不一致，伸展作用不是古隆起形成的主因。

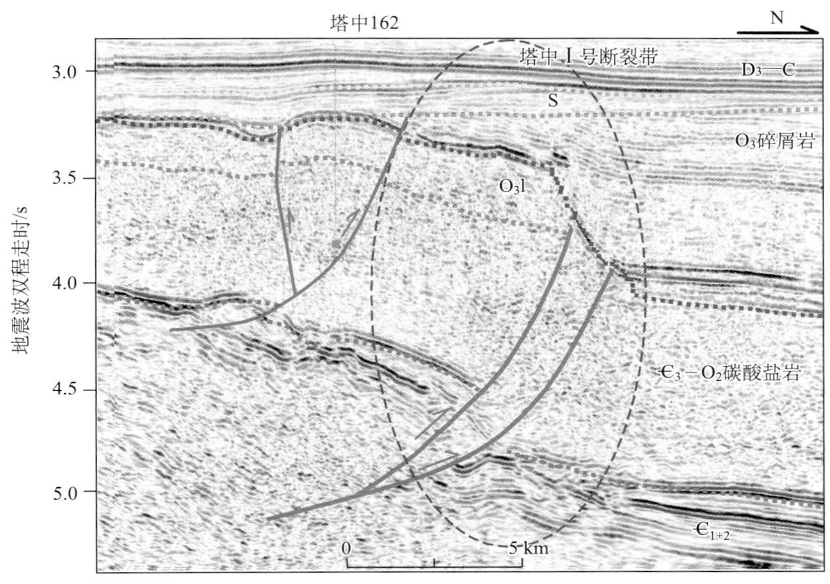

图 3.16 过塔中Ⅰ号构造带南北向地震剖面

早奥陶世末塔里木南部被动大陆边缘转向活动大陆边缘，形成台-沟-弧-盆的构造格局，塔里木板块南缘挠曲下沉出现弧后前陆盆地。在强烈的区域挤压作用下，板块内部近东西走向的基底古隆起区是区域应力集中部位，其上的沉积盖层也相对较薄，区域挤压应力和沉积载荷形成板内挠曲变形，有利于发育挤压型古隆起。来自板块南缘区域挤压作用逐渐增加的过程中，塔中、塔西南基底古隆起发育区开始隆升，形成塔西南-塔中前缘隆起（图 3.17）。塔里木盆地北部仍然处于离散状态，但受南缘碰撞作用，基底古隆起复活活动，温宿-轮台东西向隆起出现雏形。在塔北-库车板缘地区发育库车水下低隆，沉积厚度较薄，呈东西向展布，并控制了一间房组的沉积分布。

综合分析，在中奥陶世塔里木板块内部开始进入区域挤压背景，在基底古隆起的基础上，发育巴楚-塔中弧后前缘古隆起，以及塔北水下低隆起（图 3.17），下古生界碳酸盐岩古隆起出现雏形，奠定了后期塔中、塔北与塔西南三大古隆起发育的基础，为挤压型古隆起。

四、三大古隆起特征对比

塔里木盆地下古生界碳酸盐岩发育塔中、塔北、塔西南三大古生代古隆起，其地质特征具有很多相似性，也有很大的差异性（表 3.3）。

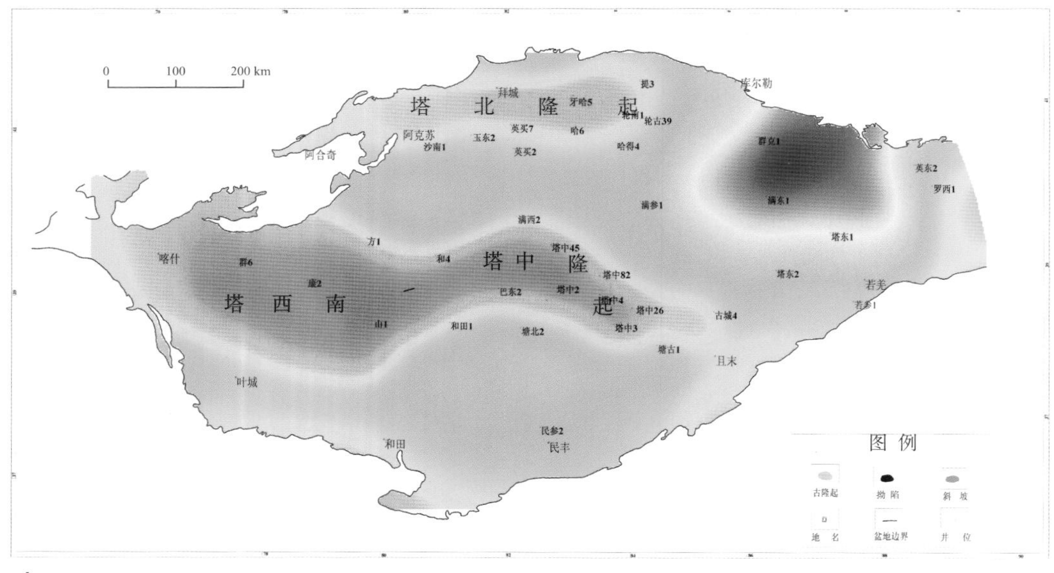

图 3.17　塔里木盆地中奥陶世下古生界碳酸盐岩古隆起分布图

表 3.3　塔西南、塔中、塔北三大古隆起特征对比

项目	塔西南古隆起	塔中古隆起	塔北古隆起
面积/埋深/走向	9.1×10^4 km^2/4000～10000m/NWW	2.2×10^4 km^2/4000～7000m/NW	4×10^4 km^2/4500～7000m/NEE
构造层	基底隆起构造层、寒武系—奥陶系古隆起构造层、志留系—二叠系披覆构造层、新生界楔形构造层	基底隆起构造层、寒武系—奥陶系古隆起构造层、志留系—白垩系振荡构造层、新生界稳定构造层	基底隆起构造层、寒武系—奥陶系古隆起构造层、上古生界—中生界振荡构造层、新生界楔形上构造层
构造分区、分带	东西分区：玛南风化壳、中部缓坡区、麦西风化壳。南北渐变	南北分带明显：北斜坡带、中央主垒带—东部潜山带、南斜坡带。走滑断裂造成东西分区	东西分区明显：温宿凸起、英买力低凸起、轮南低凸起。南北分带：北部斜坡带、轮台断裂带、南缘斜坡带
断裂	断裂欠发育，没有边界断层，局部发育小型挤压断裂，分布在下古生界	发育三级、四组断裂，以挤压断裂为主，同时发育走滑断裂，主要分布在下古生界，断裂控制了古隆起的形态	发育三类、四组断裂，以挤压断裂为主，同时发育走滑断裂、伸展断裂，分布在 Pz—Cz，断裂的分布控制了二级构造带

续表

项目	塔西南古隆起	塔中古隆起	塔北古隆起
主要不整合	O_3/O_{1+2}、S/O、C/AnC、E/P	O_3/O_{1+2}、S/O、C/AnC、E/K	S/O、C/AnC、T/AnT、J/AnJ、K/AnK、E/K
隆升特点	迁移型，褶皱隆升	继承型，断隆	改造型，褶皱隆升遭后期断裂改造
形成演化	O_2 形成东西向雏形、O_3 形成北西向古隆起、D 向东迁移调整、C—E 稳定发育、N 向北迁移消亡	O_2 北西向断隆形成、O_3 定型、S—D 继承发展与局部改造、C 以后构造稳定	O_3 形成东西向褶皱隆起、S—D 古隆起定型、P 末强烈改造、T—K 调整与改造、N 整体向北倾伏
储层层位	S—C 碎屑岩、Є—O 碳酸盐岩	S—C 碎屑岩、Є—O 碳酸盐岩	S—N 碎屑岩、Є—O 碳酸盐岩
碳酸盐岩储层	中加里东期与早海西期风化壳、中上奥陶统礁滩体、寒武系白云岩	上奥陶统礁滩体、中加里东期与早海西期风化壳、寒武系白云岩	早海西期与晚海西期—燕山期风化壳、中上奥陶统礁滩体、寒武系白云岩
风化壳储层分布	中加里东期发育，面积为 $7.8\times10^4km^2$；早海西期发育，面积为 $2.6\times10^4km^2$	中加里东期发育，面积为 $2.2\times10^4km^2$；早海西期欠发育，面积为 $0.3\times10^4km^2$	加里东期欠发育，面积为 $0.4\times10^4km^2$；早海西期发育，面积为 $1.2\times10^4km^2$；晚海西—燕山发育，面积为 $0.8\times10^4km^2$
区域盖层	C、S 泥岩	O、C 泥岩	O、C、Cz 泥岩
含油层位	O、C	O、C、S	Є、O、C、S、Mz—Cz
油气成藏	晚海西期成藏，喜马拉雅期调整、再充注	加里东期成藏调整，晚海西期再成藏，喜马拉雅期再充注	加里东期成藏破坏，晚海西期成藏，印支期—燕山期调整破坏，喜马拉雅期再充注

（一）古隆起地质结构

在相近的地质背景下，塔西南、塔中、塔北三大古隆起具有相似的地质特征，下古生界海相碳酸盐岩表现更为明显。

（1）都是以下古生界海相碳酸盐岩为主体的大型古隆起，三大古隆起寒武系—奥陶系碳酸盐岩厚度超过 2000m，整体以褶皱隆升为主，近东西向展布。

（2）具有纵向分层、平面分带的构造特征，都有基底、下古生界碳酸盐岩、志留系—中生界碎屑岩、新生界四大构造层，同一构造层具有相似的构造特征。

（3）发育多期不整合、奥陶系风化壳发育。三大古隆起均经历多期的构造作用，形成多期的不整合面，并有多期的碳酸盐岩出露地表遭受淋滤溶蚀。

三大古隆起地质结构也有很大的差异性。

（1）古隆起大小、形态有差异。塔西南古隆起面积最大，构造形态宽缓。塔北古隆起结构复杂，不同区带构造差异大。塔中古隆起背斜形态保存最完整，构造纵向分层、平面分区分带明显。

（2）构造改造特征不同。塔西南古隆起以褶皱隆升为主，断裂不发育，为渐变隆拗边界，分区分带模糊，古隆起变形集中在下古生界，迁移性大。塔北古隆起构造活动最强烈，断裂、不整合最发育，分区分带明显，卷入古隆起变形的层位直至中生界，形成的储盖组合最多，油气成藏更为复杂。塔中古隆起继承性最好，早海西期后构造改造微弱，断隆边界清楚，南北分带明显。

（二）构造演化特征

综合三大碳酸盐岩古隆起形成演化特征分析，具有以下相似性。

（1）都有基底隆起发育背景。在前寒武纪基底的演变过程中，已形成了东西向塔西南、塔北基底隆起发育区，后期的沉积与古隆起分布都是在此基础上发展，继承性强，基底古隆起对显生宙古隆起的形成与发育有一定的控制作用。

（2）都经历多期构造演化。三大古隆起都形成于加里东期，并经历多期发展演化与变迁。古隆起形成早、后期调整改造期次多是海相碳酸盐岩古隆起的典型特征。

（3）都有构造发育的继承性。虽然古隆起发育具有多期构造改造的差异性，上古生界—中生界古隆起区变迁大，但下古生界碳酸盐岩古隆起长期稳定发育，都是在加里东期古隆起的基础上继承发展。

（4）都经过构造改造。三大古隆起形成后，都经历不同程度的构造改造，造成古隆起的构造分区分带，形成不同类型的断裂系统，发生构造的差异抬升作用。

（5）都有内部构造演化的差异性。塔西南古隆起东西构造演化有差异，西部于加里东期定型，东部遭受早海西期构造改造。塔中古隆起演化自西向东发展，构造活动东强西弱。塔北东西分带明显，轮南早海西期定型，英买力晚海西期定型，温宿凸起、轮台凸起则遭受燕山期强烈改造。

（6）都是挤压作用型古隆起。三大古隆起都是加里东期受控于南部古昆仑洋的碰撞闭合作用，形成的板内挤压型古隆起，后期构造调整改造受控于古特提斯洋、南天山洋的开合产生的区域构造挤压作用。

三大古隆起的演化也有很大的差异性。

（1）保存状态不同。塔中古隆起长期继承性发展，塔北则遭受强烈改造，塔西南古隆起喜马拉雅晚期强烈南倾沉没消亡。

（2）演化过程有差异。塔中古隆起泥盆纪后缺少活动，而塔西南古隆起在喜马拉雅晚期，塔北古隆起在晚海西期—燕山期仍有强烈活动。不同古隆起形成演化的过程有差异、经历的时限不同，晚期的构造活动程度不同。

（3）形成与定型时期不同。塔中古隆起形成于中奥陶世，定型于奥陶纪末。塔西南古隆起形成于奥陶纪末，早海西期—喜马拉雅期有多期强烈改造，构造特征变化大。

（4）古隆起演化样式不同。受控于塔中Ⅰ号断裂带的强烈冲断作用，塔中古隆起为断隆，后期为继承性褶皱隆升。塔西南为巨型褶皱隆起，后期也以褶皱作用为主。塔北加里东期以褶皱隆升为主，海西期—燕山期以块断隆升作用为主。

（5）遭受改造期次不同。塔西南古隆起改造主要发生在早海西期，形成玛南隆起；喜马拉雅晚期则发生快速迁移，倾没消亡。塔中古隆起构造改造主要发生在加里东末期与早海西期，发育北东向走滑断裂与冲断构造，东部发生强烈抬升。塔北古隆起则经历晚海西期、印支期、燕山期三期改造作用，造成明显的东西分块，发育多种类型、多方向的断裂系统。

（6）构造作用强度不同。中加里东期塔西南、塔中古隆起隆升高，遭受剥蚀，塔北仍是水下低隆。加里东晚期塔西南古隆起构造抬升范围最广、构造活动强度大，塔北古隆起该期抬升较小，盆地呈现南高北低。海西晚期以后塔北隆起构造活动强烈，塔西南、塔中古隆起构造活动微弱，形成北高南低的态势。

第三节 古隆起形成与演化

叠合盆地古隆起形成演化受控板块边缘动力机制的演变，经历多期复杂的构造演化过程，并往往与基底结构密切相关。

一、基底年代学与结构

（一）基底地质背景

塔里木盆地基底存在明显的沿北纬40°东西向高磁异常带（图3.18）（贾承造，1997；邬光辉等，2012a），大致沿北纬39°40′附近展布，宽20～160km，延伸长度超过1000km。异常强度一般在200～350nT，最大可达500nT。中央高磁异常带将塔里木盆地分为南、北两块不同基底结构的地块，北部地区显示为平缓的低磁场区，南部为北东走向条带排列的正异常与负异常分布区，差异明显。

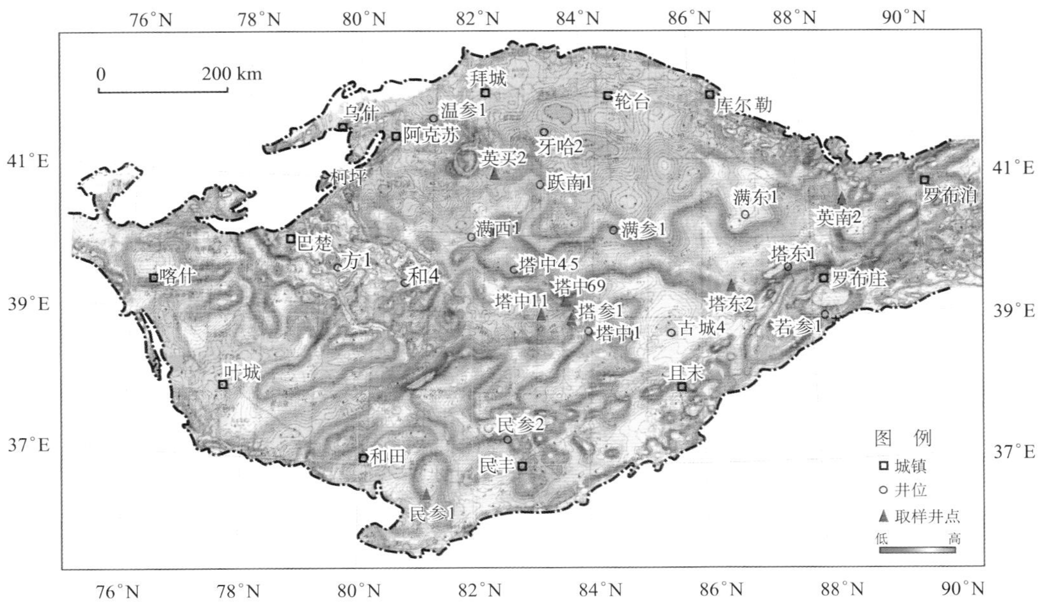

图3.18 塔里木盆地航磁 ΔT 等值线平面图及取样井点位置

塔里木盆地重力场显示巴楚-塔中出现近东西向重力高值区（贾承造，1997），可能与基底的强烈隆升有关。重力场起伏背景与深部壳层厚薄及壳层内物性变化有关，天然地震及地壳测深岩石圈剖面研究揭示（邵学钟等，1997），重力场区域背景与岩石圈底部莫霍面起伏关系较密切，在地幔上隆、岩石圈相对较薄地区重力值高，而高山区则显示为重力相对下降区。

塔里木盆地周边露头发育前南华纪变质基底，太古界主要在北部库鲁克塔格与阿尔金地区出露，以深变质的角闪岩、片麻岩、麻粒岩为主，主体年龄分布在2500～2800Ma（张建新等，2011）。下元古界在库鲁克塔格为巨厚的陆源碎屑岩和碳酸盐岩形成的低绿片岩相-低角闪岩相，阿尔金是一套碎屑岩、碳酸盐岩与火山岩组合形成的片麻岩、混合岩与角闪岩，铁克里克地区为高绿片岩相-角闪岩相（贾承造，1997）。中元古界—新元古界青白口系在塔里木盆地周边广泛分布，为浅海相陆源碎屑岩-碳酸盐岩、火山碎屑岩形成的中浅变质岩系。青白口纪末的塔里木运动形成了塔里木盆地统一的变质结晶基底，南华系碎屑岩不整合在不同时代变质基底之上。

结合钻井与地震层序分析，通过基底顶面形态区域构造成图，可以判识基底隆起区的分布（图3.19），塔里木盆地存在塔北、塔中、巴楚、塔东、东南5个基底隆起，其分布范围与形态与显生宙隆起相当（贾承造，1997；邬光辉等，2009）。

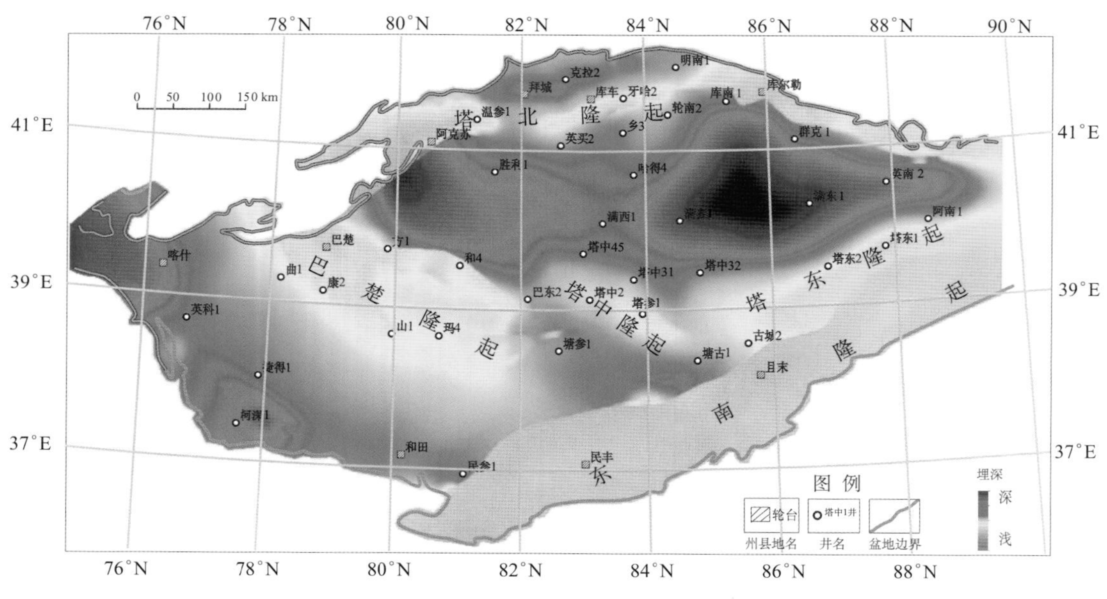

图3.19 塔里木盆地前寒武纪基底顶面埋深图

（二）年代学测定

根据塔里木盆地基底分布特征，在4口具有代表性的探井选取7个碎屑岩样品进行LA-ICP-MS测年，2口井选取2个花岗岩样品进行SHRIMP测年，东南隆起选取1口井 2 个样品进行 K-Ar 测年分析（图 3.18 和表 3.4）。

表 3.4 塔里木盆地内部钻井岩心测年数据统计

样品号	样品位置	层位/岩性	测试方法	地质年代/Ma	
塔中 69-1	塔中隆起	S/砂岩	LA-ICP-MS	713±100	2242±110
塔中 11-1	塔中隆起	S/砂岩	LA-ICP-MS	751±57	2235±67
塔中 11-2	塔中隆起	C/砂岩	LA-ICP-MS	803±180	2393±200
英南 2-1	塔东隆起	O/砂岩	LA-ICP-MS	867±190	2625±260
英南 2-3	塔东隆起	J/砂岩	LA-ICP-MS	562±110	2859±160
英南 2-4	塔东隆起	J/砂岩	LA-ICP-MS	546±110	2474±180
英买 2-1	塔北隆起	S/砂岩	LA-ICP-MS	752±120	2131±120
民参 1-1	东南隆起	基底/千枚岩	K-Ar	425.93±2.90	
民参 1-2	东南隆起	基底/片岩	K-Ar	424.91±9.55	
塔参 1-1	塔中隆起	基底/花岗岩	SHRIMP	757.4±6.2	
塔东 2-1	塔东隆起	基底/花岗岩	SHRIMP	1908.2±8.6	

注：碎屑锆石仅列出前寒武纪年龄数据。

塔东隆起中央高磁带上的塔东 2 井钻遇基底浅绿灰色蚀变角闪花岗岩，锆石 SHRIMP 测年分析表明，16 个测点的年龄值非常集中，$^{206}Pb/^{238}U$ 表面年龄为 1755.3～1942.4Ma，平均值为 1845.7Ma。在$^{207}Pb/^{235}U-^{206}Pb/^{238}U$ 图解中 16 个测点均位于谐和线上，获得锆石的谐和年龄为 1908.2Ma±8.6Ma（MSWD=1.2），这一年龄值应代表了花岗岩的结晶年龄。塔东 2 井钻探表明高磁异常可能为花岗岩体的响应，是古元古代中期构造-热事件的产物，在新元古代塔里木统一基底形成之前就已存在。

沉积岩与变质岩碎屑锆石也能反映基底构造-热事件（张建新等，2011）。东北部英南 2 井选取 3 块碎屑岩样品进行 LA-ICP-MS 锆石 U-Pb 定年，侏罗系 2 个样品获得 91 个数据，有 2 组前寒武纪碎屑锆石年龄分布。第 1 组碎屑锆石表面年龄范围在 600～500Ma，在谐和图上数据点分布比较一致，表面年龄平均值为 546Ma±110Ma、562Ma±110Ma，代表了震旦纪末期的火成岩活动。第 2 组碎屑锆石表面年龄范围在 2900～2300Ma，两样品的数据不同，谐和年龄值分别为 2474Ma±180Ma、2859Ma±160Ma，反映了古元古代早期与中太古代晚期的岩浆活动。另一个奥陶系样品也检测到两组前寒武纪年龄，分别为 867Ma±190Ma、2625Ma±260Ma。

塔参 1 井基底花岗闪长岩进行了锆石 SHRIMP U-Pb 年龄测定，获得锆石的谐和年龄值为 757.4Ma±6.2Ma（图 2.4）。塔中隆起碎屑岩 3 块样品 LA-ICP-MS 锆石 U-Pb 定年测试，有 2 组比较集中的年龄段。第 1 组碎屑锆石表面年龄范围在 825～700Ma，占全部年龄数据的 51.6%。在谐和图上数据点比较集中，表面年龄平均值分别为 713Ma±100Ma、751Ma±67Ma 和 803Ma±180Ma。第 2 组年龄分布在 2300～2000Ma，在谐和图上表面年龄平均值为 2242Ma±110Ma、2235Ma±67Ma 和 2393Ma±200Ma。

东南隆起南部民参1井石炭系之下钻探揭示为一套灰色千枚岩、片岩与变余砂岩，在5065.43m、5111.43m取两块样品进行K-Ar测年，获得425.93Ma±2.90Ma、424.91Ma±9.55Ma年龄值（表3.4）。

结合周边与盆地内部近年测年成果，综合以上测年分析与碎屑锆石年龄频谱统计（图3.20），塔里木盆地基底存在9期大规模构造-热事件。其中800～700Ma、500～400Ma 2期岩浆活动是碎屑物源的主体，分别占样品总数的22.5%、33.9%，代表了2期大规模的构造-热事件。东南隆起两个变质岩样品大约425Ma的年龄值，反映了志留纪早期的该区域变质事件影响作用。2000～1900Ma不但有碎屑锆石年代数据（约占样品总数的5%），而且中央航磁异常带花岗岩体锆石Shrimp测年也表明存在该期的构造-热事件。古元古代早期2400～2100Ma的碎屑锆石在盆地北部与南部都有发现，中元古代1600～1300Ma的碎屑锆石在盆地北部比较多，这2期岩浆活动广泛存在。另外，检测到新元古代早期950～900Ma、中太古代3100～2950Ma等2期构造-热事件的岩浆锆石。塔东隆起上2个碎屑岩样品检测到560～540Ma的谐和年龄，可能存在震旦纪晚期构造-热事件。塔里木盆地中西部二叠纪存在大规模的火成岩活动，主体时间在290～270Ma（杨树锋等，2007；张传林等，2010）。

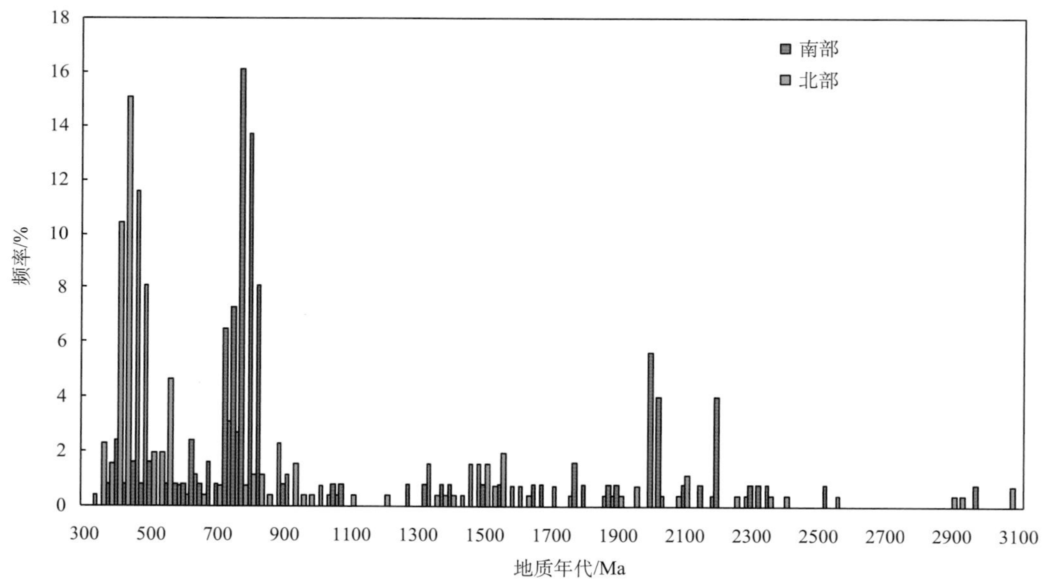

图3.20　塔里木盆地碎屑锆石$^{207}Pb/^{235}U$年龄频谱

（三）基底结构与分布特征

结合地震资料追踪，综合盆地内部年代数据分析与周边露头近年基底年代学研究成果，塔里木盆地结晶基底具有复杂的地层与岩性分布（图3.21）。

塔里木盆地北部基底为广阔平缓的负磁场区，一般认为是弱磁性变质岩系。西北部阿克苏地区出露前南华纪基底阿克苏群变质岩，在塔北基底隆起的轮台断隆、温宿凸起

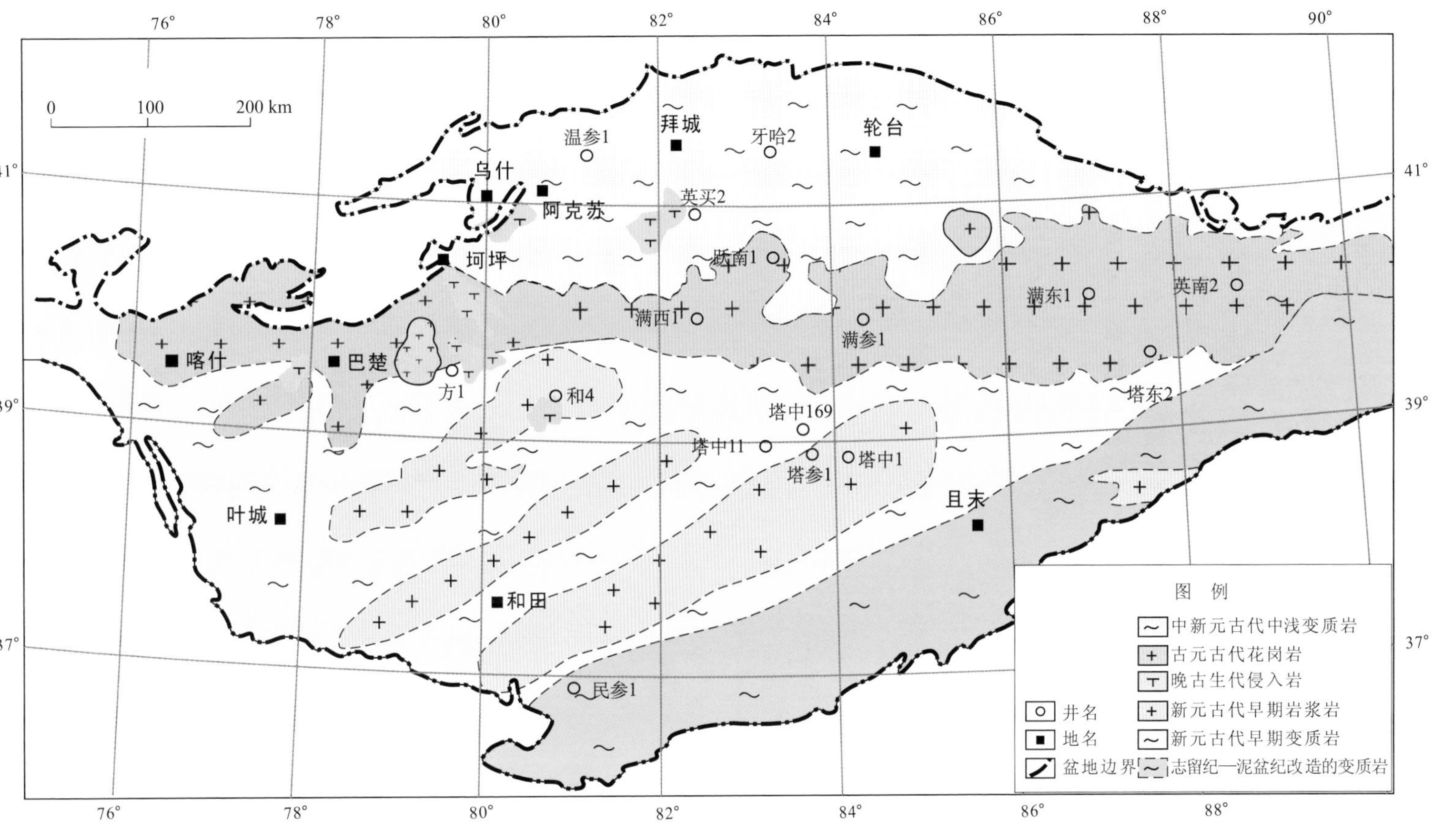

图 3.21 塔里木盆地结晶基底结构图

有钻井钻遇。研究表明阿克苏蓝片岩高压变质作用的峰期年龄应大于 862Ma（Chen et al.，2004），阿克苏群变质岩的形成时代可能为中元古代末期—新元古代早期。库鲁克塔格地区青白口系变质年代与阿克苏群相当。结合地震剖面追踪，塔北基底古隆起顶面以中元古代末期—新元古代早期的中浅变质岩系为主，中西部地区有二叠纪火成岩影响。

关于塔里木盆地中央高磁异常带地质属性与形成年代存在多种推断，塔东 2 井研究表明高磁异常为花岗岩体的响应，是古元古代中期构造-热事件的产物，表明塔里木盆地内部具有古元古代的结晶基底。中央高磁异常带向西进入巴楚地区转向杂乱，分析该区经历二叠纪强烈的火成岩活动影响，一系列火山通道与火山侵入岩对基底有强烈的改造作用。

南部地区在航磁图上表现为北东向的高磁异常与低磁异常相间（图 3.18），西部高磁异常带上巴楚瓦基里塔格地区露头基性-超基性岩体辉长岩、闪长岩分别获得约 820 Ma、880Ma 的年龄值（李曰俊等，1999；宋文杰等，2003）。东部塔参 1 井位于前寒武纪基底北东向航磁异常带，虽然地层年代测定有差异（邬光辉等，2009），但反映高磁异常为新元古代岩浆岩组成。结合深部构造研究分析，塔里木盆地南部北东向的高磁异常可能代表新元古代岩浆岩体。在巴楚西部，新元古代的岩浆岩改造了古元古代形成的中央高磁异常带，同时诸多区域又遭受了二叠纪火成岩的改造。在低磁条带区钻遇前寒武纪浅变质碎屑岩，与西昆仑造山带中元古代顶部浅变质地层接近。

塔里木盆地东南部发育埋深很浅的平行于阿尔金断隆的东南基底隆起，上覆沉积碎屑岩盖层最老为石炭系。结合测年分析，推断东南隆起前寒武纪基底在志留纪—泥盆纪发生区域低温变质作用的改造，可能形成变质程度更深的中-深变质岩结晶基底。

二、前寒武纪基底古隆起形成演化及其作用

通过区域古构造恢复结合同位素年代学分析，塔里木盆地前南华纪基底经历多期复杂演化过程。

（一）岛弧碰撞增生——新元古代早期形成热力-挤压型隆起雏形

塔里木盆地存在 TTG 岩系组成的古—中太古代陆核（胡霭琴等，2001；陆松年等，2004），盆地内北部与南部碎屑锆石都检测到中太古代岩浆活动信息。盆地碎屑锆石年龄分析发现有大量 2400～2000Ma 的年龄值，库鲁克塔格、阿尔金、西昆仑等地区都存在该期岩浆活动，推测它们是在太古宙末期与造山作用有关的大规模地壳生长以后，早元古代早期岩石圈减薄和陆内裂解的产物（胡霭琴等，2001）。

中央高磁异常带 1908.2Ma±8.6Ma 的花岗岩代表的构造-热事件可能揭示基底陆壳的格架在古元古代中期已基本形成，表明该期盆地内部也存在岩浆活动。库鲁克塔格地区、铁克里克与阿尔金地区都存在此期年代学证据，该期构造-热事件形成了以角闪岩相-高绿片岩相为主的早元古宙克拉通化基底（胡霭琴等，2001）。周边与盆地内部广泛存在的此期年代学资料，以及南北塔里木普遍出现成熟度较高的长石-石英砂岩等海

相沉积，预示塔里木南北块体已进入统一演化的进程。

中—晚元古代，塔里木下元古界结晶基底原始古陆之上广泛沉积浅海相陆源碎屑岩-碳酸盐岩。塔里木盆地碎屑锆石测年在塔东、塔北发现 1600～1400Ma 的年龄值（图 3.20），这期年龄数据在塔中也有分布，可能存在此期与 Columbia 超大陆的裂解时间一致的构造事件。

南华纪沉积前塔里木板块已具有统一的结晶基底，虽然基底结构复杂（图 3.21），但受控于塔里木运动，普遍遭受前南华纪的区域变质作用，南北分区特征明显。盆地周边测年数据与盆地内部普遍出现 900～800Ma 的碎屑锆石年龄，尤其是塔东奥陶系碎屑锆石出现 867Ma±190Ma 的谐和年龄，推断在新元古代早期塔里木板块周缘开始发生岛弧碰撞拼贴，大约在 900Ma 盆地内部微地块进入拼合的主要时期，塔里木古大陆全面聚合。

结合盆地周边与基底构造研究、盆地基底锆石测年与盆地碎屑锆石测年数据分析，南北塔里木在新元古代早期具有统一的基底与演化进程，受控于新元古代早期的岛弧碰撞与区域变质作用，塔中、塔西南、塔东地区形成基底隆起雏形，隆起地形高差大，可能为热力-挤压型古隆起。

（二）Rodinia 超大陆裂解——南华纪板内断陷作用出现伸展型隆起

盆地碎屑锆石最多的年龄值出现在 800～750Ma（图 3.20），是前寒武纪年龄值最集中的部分，塔中、塔北都具有约 760Ma 的碎屑锆石谐和年龄，具有很好的一致性，从年代学上表明塔里木盆地经历了此期强烈而广泛的构造事件，表明塔里木周边可能广泛发育与 Rodinia 超大陆相关的裂解事件。

盆地内部在南华纪也发生强烈裂陷作用，在一系列断陷边缘形成隆升，缺乏沉积充填，形成伸展型古隆起。塔中地区南华纪产生北西向伸展作用，塔中北部发育大型的北断南超的箕状断陷［图 2.6(a)］，对塔中基底具有强烈的改造作用，形成北西向伸展型古隆起，形成了基底古隆起的基本构造格局。塔东地区在基底隆起的背景上，随着新元古代断陷的发育（图 2.3），也发育断陷边缘隆起区，大体呈北东向展布，相互连接的断陷肩隆对后期的古隆起发育具有一定的影响作用。塔北古隆起上也缺少新元古代沉积，可能也是受南北断陷作用形成的伸展型隆起区，其展布可能呈东西向。

目前受资料限制，尚难追踪南华纪盆地内部的断陷与隆起分布，但塔中、塔东、塔北及塔西南都有古隆起的迹象，可能在盆地内部以发育近东西走向的断陷为主。

（三）泛非碰撞事件——震旦纪末期板内隆升形成挤压型北西向隆起

在震旦纪末期，发生全球性的“泛非运动”（Kennedy，1964），在很多地区都记录了这次构造活动。近期研究表明西藏、冈底斯、羌塘等地块均存在与“泛非运动”有关的构造变形（许志琴等，2005；李才等，2010；何世平等，2011）。西昆仑也发现新元古代—早寒武世的变质岩系以及震旦纪花岗质侵入岩体，塔里木盆地南部可能曾发生过汇聚碰撞作用。

早期受资料限制，盆地内部寒武系与震旦系接触关系一般认为是连续沉积，但钻井揭示在塔北隆起、塔中隆起、塔东隆起都有寒武系覆盖在新元古代—古元古代火成岩或变质岩之上（图 2.5），大面积缺失震旦系。地震剖面也显示大型的角度不整合（图 2.6），表明塔里木盆地内部寒武系与震旦系不是连续沉积，存在与“泛非运动”相关的大型构造运动。新的地震剖面解释与追踪表明，盆地内前寒武纪发育大范围的南华系—震旦系剥蚀隆起区。锆石测年两个碎屑岩样品检测到 546Ma±110Ma、562Ma±110Ma 的谐和年龄（表 3.4），与震旦纪末期的泛非构造运动时代相当，反映的是 550Ma 时期的构造-热事件产物，可能代表了塔里木“泛非运动”的主体时间。

塔里木盆地前寒武纪基底在柯坪运动作用下，南部形成相对较高的基底隆起，即塔南隆起。其最明显的特征是缺少震旦系的大面积连片沉积，震旦系剥蚀严重。寒武系与震旦系的削截关系在塔东地区表明非常明显，在塔西南地区寒武系自北向南超覆沉积在塔西南基底隆起上（图 3.9），虽然在局部地区可能发育南华系—震旦系的小断陷，但总体呈现巨型的基底隆起。在塔中地区继承了南华纪的古隆起格局，以北西向隆升为主，形成继承性北西向挤压型古隆起。塔北也发育基底隆起，轮台断隆上缺失震旦系地层，寒武系直接覆盖在前震旦系变质基底之上。表明在寒武系沉积前，塔里木盆地基底经历了以南北挤压作用为主的整体构造隆升作用。

综上所述，塔里木盆地基底古隆起经历了新元古代早期岛弧碰撞拼贴形成北东向热力-挤压型古隆起雏形阶段、南华纪北西向裂陷作用形成北西向伸展型古隆起形成阶段、震旦纪晚期近南北向挤压抬升作用改造作用形成继承性北西向挤压型古隆起阶段（表 3.5）。

表 3.5 塔里木盆地基底古隆起新元古代演化特征对比

特征	演化阶段		
	雏形期	形成期	改造期
时间	青白口纪	南华纪	震旦纪末
构造背景	塔里木与柴达木、中朝板块聚敛拼接	Rodinia 超大陆与新疆古克拉通裂解	泛非碰撞构造事件
构造运动	塔里木运动	南华事件	柯坪运动
成因作用	岛弧碰撞拼贴	板内裂陷	区域隆升
古隆起形态	北东向长条形	北西向块体	北西向隆起
古隆起类型	热力-挤压型	伸展型	挤压型

三、显生宙古隆起形成与演化

塔里木盆地下古生界碳酸盐岩在基底古隆起的基础上，早、中寒武世发育沉积地貌型古隆起（见第一章），中晚奥陶世以来，受板块边缘多旋回构造作用，经历多期构造演化与改造过程（表 3.6）。

表 3.6　塔里木盆地古生界碳酸盐岩古隆起演化综合表

演化阶段	演化时期	构造运动	大地构造事件	古隆起发育特征
快速深埋与迁移期	新近纪	喜马拉雅运动	印度板块与欧亚板块碰撞，产生强烈陆内造山	周缘陆内前陆盆地发育，塔中古隆速沉降，塔北隆起强烈北倾、轮南背斜隆起形成，塔西南古隆起强烈南倾沉没向北迁移形成巴楚断隆，东南隆起强烈改造，形成四隆五拗格局起快
稳定升降与调整期	中生代	印支-燕山运动	羌塘地块与塔里木碰撞，古特提斯洋闭合，拉萨地体与欧亚大陆碰撞	塔中、塔西南古隆起稳定沉降，起轴部与西部地区遭受断裂改造与剥蚀，塔东地区走滑断裂发育，构造抬升剥蚀强烈塔北隆
局部改造调整期	二叠纪末	晚海西运动	古特提斯洋扩张、俯冲消减，产生广泛火山岩；南天山洋闭合，库车前陆盆地形成	塔中、塔西南古隆起持续稳定发育，塔北古隆起构造格局形成，压扭性构造活动强烈，构造作用西强东弱
古隆起改造期	志留纪末—中泥盆世	加里东末—早海西运动	古昆仑洋闭合，塔南周缘前陆盆地形成，阿尔金岛弧与塔里木拼贴	三大古隆起持续发育，轮南、塔中东部、玛南等北东向构造发育，塔南隆起形成，塔中地区走滑断裂发育，塘古拗陷多排冲断构造形成
古隆起形成期	晚奥陶世	晚加里东运动	库地地体与塔里木南缘碰撞，阿尔金与塔里木发生弧陆碰撞，产生强烈火山活动	塔西南、塔中、塔北古隆起形成，生界碳酸盐岩出露地表，逆冲断裂发育下古
古隆起雏形期	早奥陶世末	中加里东运动	昆仑洋开始出现俯冲消减被动大陆边缘—活动大陆边缘	近东西向塔南-塔中古隆起形成，塔出现水下低隆。塔中发育大规模冲断系统北
沉积隆起继承发育期	早中寒武世	早加里东运动	南天山地区周缘裂解，古昆仑洋形成	寒武系向基底古隆起超覆沉积，碳酸盐岩沉积相对较薄。在塔西南、塔北、塔中古隆起上都有下寒武统的地层缺失
基底隆起期	震旦纪末	柯坪运动	泛非运动，区域构造抬升	塔东—塔中地区—巴楚以南一线的近东西向塔南基底隆起形成，震旦系剥蚀严重。塔北也发育东西向基底隆起，轮台断隆上缺失震旦系地层

（一）中晚奥陶世挤压型古隆起形成阶段

1. 中奥陶世：挤压型古隆起雏形期

中奥陶世，南部塔中-巴楚隆升，塔北地区一间房组沉积期已开始出现沉积的南北分异（图 2.15），盆地从早期的东西台盆分区的沉积面貌转变为南北分带的构造格局（图 2.23）。

塔中-麦盖提斜坡地区整体抬升，鹰山组岩层普遍遭受暴露剥蚀，上奥陶统沉积前的古隆起分布范围大致沿良里塔格组台地分布（图 3.17）。西北部一间房剖面一间房组台缘礁滩体与下伏鹰山组有沉积间断，为古隆起的边缘向拗陷过渡区。东南部和田河气田周缘良里塔格组直接覆盖在鹰山组之上，沿古隆起边缘坡折带发育玛北良里塔格组陡坡型台缘带（图 2.23）。

塔北也开始隆升，成为近东西向的水下低隆起。一间房组开始围绕古隆起沉积，哈拉哈塘地区一间房组有古河道发育，在上奥陶统沉积前塔北隆起可能有大面积的暴露区，并造成良里塔格组台缘带的退积迁移，其间构造-沉积格局有变化。

2. 奥陶纪末期：碳酸盐岩挤压型古隆起形成

（1）东南方向挤压背景。晚奥陶世时，塔里木板块南缘发生弧陆碰撞（何碧竹等，2011）。塔里木东南缘产生强烈的火山活动，满东-塘古欠补偿盆地转变为2000～5000m上奥陶统浅海复理石快速充填。塔里木盆地东南部构造体制的转换，产生来自东南方向的构造挤压作用，塔中东部地区连同古城鼻隆发生大面积隆升，奥陶系剥蚀量达400～1000m，奥陶系碳酸盐岩出露地表，形成东部大面积潜山区。塘古拗陷北东向的逆冲断裂也在此期开始发育，钻井发现志留系直接覆盖在奥陶系碳酸盐岩潜山之上，地震剖面上志留系向东南超覆沉积。塔东-塔中地区志留纪为三角洲相-潮坪相沉积，邻近物源滨岸，明显不同于奥陶纪末期的滨浅海陆棚沉积，也佐证奥陶纪末盆地东部发生广泛的隆升，塔东构造格局的形成期应当是奥陶纪末期—志留纪早期。

锆石测年数据表明（图3.20），塔东、塔北地区具有大量的奥陶纪火成岩形成的物源，其物源来自阿尔金地区。而塔中地区志留系2个样品中仅有1个年龄值确定是奥陶纪，仅占总数的2%，塔中志留系物源来自前震旦纪花岗岩为代表的古老陆壳基底。结合该区的构造研究，东南隆起在邻近塔中东部的地区有强烈的构造冲断作用，发生过大量的抬升与剥蚀，可能造成基底的出露并形成塔中志留系的蚀源区（图3.22），进而阻隔了阿尔金地区的火成岩物源。因此可以推断，东南古隆起的活动很可能早于志留纪—泥盆纪，在奥陶纪末已发生强烈的构造挤压作用。

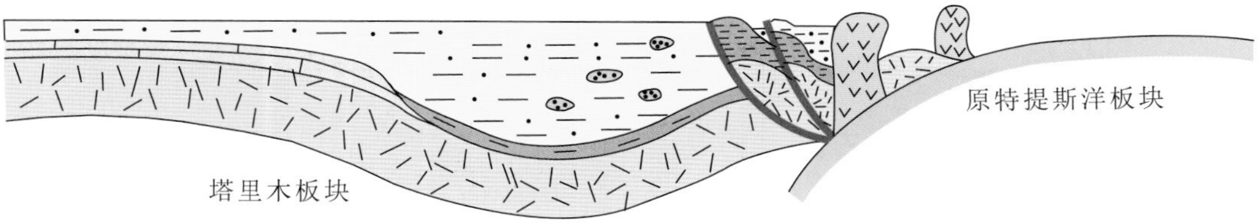

图3.22　塔中-阿尔金地区志留纪沉积时构造模式图

（2）古隆起形成。奥陶纪晚期阿尔金洋闭合消减，岛弧活动强烈，由于强烈的碰撞挤压，塔东南形成一系列冲断带。在有巨厚寒武系—奥陶系沉积的基础上，东南隆起开始形成，并强烈隆升与剥蚀，形成大量的碎屑物源，满东-塘古地区则挠曲下沉，剧烈沉降，形成前陆拗陷区，沉积超过5000m的陆源碎屑岩，构成了比较完整的前陆盆地系统（图3.22）。由于东南隆起与塔中隆起近于直交，造成塔中东部抬升与断裂活动。奥陶纪晚期，南部构造挤压作用不断加强，以及东南方向弧陆碰撞，塔里木盆地碳酸盐岩古隆起形成（图3.23）。

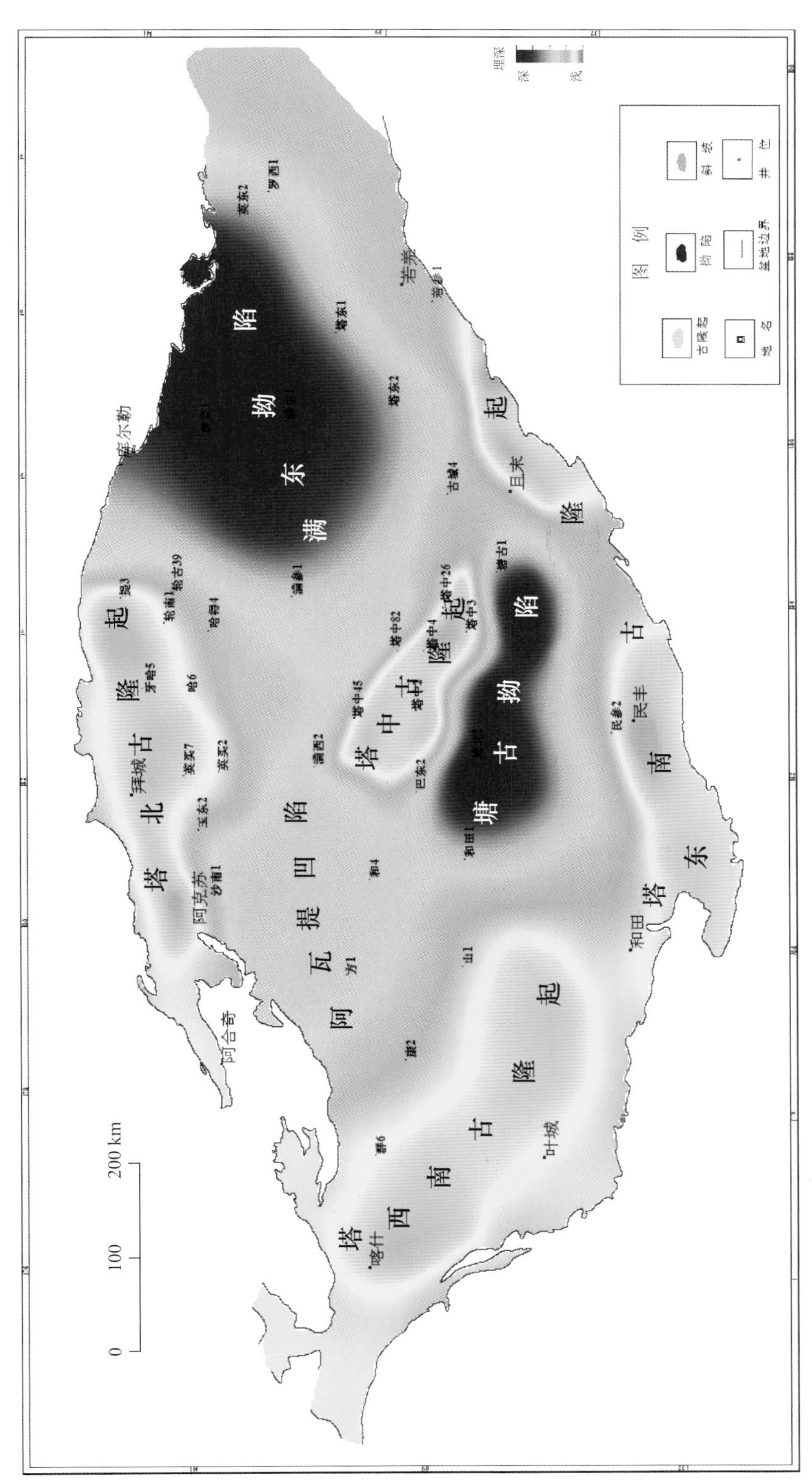

图 3.23 塔里木盆地晚奥陶世末古隆起分布图

奥陶纪晚期，塔西南古隆起与塔中古隆起分离，其间为巴楚低梁区分隔，由于邻近板块边缘，构造抬升大，北西向的塔西南古隆起奥陶系碳酸盐岩大面积出露，与基底隆起的展布接近（图 3.9 和图 3.10）。塔中地区以东西翘倾运动为主，形成东高西低的构造格局，东部发育大面积的奥陶系碳酸盐岩风化壳。在南北方向上产生褶皱作用，中部隆升强、向南北方向抬升减弱，寒武系—奥陶系碳酸盐岩北西向的古隆起形态基本保持不变。塔北也是褶皱隆升，南部与满西凹陷呈斜坡渐变，志留系超覆到奥陶系碳酸盐岩顶面。塔北也有大面积下古生界碳酸盐岩出露地表，古隆起形成并稳定发育。随着东南部周边构造挤压不断加强，塔东隆起初具雏形。

期间塔东南隆起强烈隆升，抬升大、剥蚀严重。形成大型的北东向隆起。尽管塔东南隆起经受后期的构造改造，但在奥陶纪隆起的基础上长期发育，隆起走向基本相似。

因此可见，在加里东晚期塔里木盆地塔中、塔北、塔西南、塔东南等古隆起基本定型，下古生界碳酸盐岩以褶皱隆升为主，形成挤压型古隆起。

（二）志留纪—白垩纪：碳酸盐岩古隆起继承与改造阶段

志留纪以来，塔里木盆地经历多期构造活动，发生频繁的构造沉降与构造隆升，构造改造强烈，地层剥蚀严重，而下构造层碳酸盐岩古隆起稳定发育，改造程度较弱。

1. 加里东末期—早海西期：古隆起改造与破坏

（1）东南古隆起的改造破坏。东南隆起呈北东向横切塔里木盆地东部，前石炭系为埋深很浅的浅变质岩，是受车尔臣断裂带控制的狭长断垒构造。通过钻井与地震剖面追踪分析，该区缺失寒武系—泥盆系超过 3000m 沉积，表明前石炭纪发生过大规模构造运动。民参 1 井同位素测年分析表明在早志留世约 420Ma 期间发生一次大规模构造-热事件（表 3.4），造成车尔臣断裂带普遍的区域变质作用。

铁克里克地区变质岩研究表明（马润则等，2003），原划归元古界顶部的浅变质岩为低温动力变质作用改造的古生代地层，志留纪—中泥盆世期间，发生在塔里木大陆板块南缘的弧-陆碰撞（440～377Ma）事件使寒武系—奥陶系普遍遭受区域低温动力变质作用，与北昆仑造山带在志留纪—泥盆纪期间的碰撞造山作用相关（罗金海等，2007），表明塔东南地区存在前石炭纪的区域动力变质作用，形成广泛的变质岩分布。阿尔金有 460～440Ma 麻粒岩相记录（曹玉亭等，2010；张建新等，2011），可能与南阿尔金深俯冲和碰撞作用有关（杨经绥等，2003）。地球化学分析也表明（冉启贵等，2008），临近车尔臣断裂带探井的有机质成熟度出现异常高，可能受到加里东末期构造-热事件作用的影响。

综上所述，志留纪—泥盆纪，东南隆起受到更强大的区域挤压，发生区域低温变质作用，并造成中部民参 1、民参 2 等井区早古生代碎屑岩形成中浅变质的片岩、板岩、变余砂岩，北部罗北 1 井早古生代碳酸盐岩形成大理岩，南部铁克里克北部主要为低绿片岩相（罗金海等，2007）。石炭纪沉积前，塔东南持续抬升剥蚀，成为很高的变质岩潜山区，呈北东走向分布，可能仅在局部残余下古生界沉积体，沉积岩古隆起基本破坏殆尽。

（2）碳酸盐岩古隆起的调整改造。塔里木盆地碳酸盐岩古隆起普遍经历加里东末期—早海西期构造调整改造，来自盆地东南部的持续挤压对盆地内部构造具有重要的改造作用，其中东南古隆起改造破坏作用最大。北东向构造发育是该期碳酸盐岩古隆起调整改造的一个典型特征（图 3.24），塔西南古隆起东部玛南地区发育大型北东向隆起，形成石炭系泥岩覆盖的奥陶系风化壳。北东向的轮南鼻隆形成，出现整体大面积的抬升剥蚀。英买力也出现北东向的低凸起雏形，北部依附于轮台断隆，为宽缓的鼻状构造。

该期广泛发育风化壳岩溶，轮南、塔中东部、玛南三个区块发育前石炭纪岩溶风化壳，而且断裂发育。该期岩溶作用时间长，岩溶作用发育。由于长期大范围的暴露，形成宽缓的潜山，缺失上奥陶统桑塔木组—中下泥盆统，峰丛地貌发育，比前志留纪岩溶系统更为发育。

总之，志留纪—泥盆纪塔里木盆地塔中、塔西南海相碳酸盐岩古隆起持续发育，塔北古隆起基本定型，塔东南古隆起形成并遭受破坏。古隆起普遍遭受不同程度的构造调整与改造，但碳酸盐岩古隆起基本继承早期的构造格局与分布范围，长期稳定发育。

2. 晚海西期—燕山期：古隆起调整与继承发育

（1）晚海西期：北部构造改造强烈。晚海西期构造活动迁移到北部地区，北部构造改造较为强烈。塔北前缘隆起强烈隆升，全区压扭性构造活动强烈，塔北前缘隆起的构造活动自东向西扩展，构造作用东强西弱，轮台断隆强烈剥蚀，前寒武系地层出露。西部英买力与温宿凸起持续隆升，英买力北西向压扭背斜带形成。除轮台断隆核部外，下古生界碳酸盐岩古隆起继承性发育（图 3.6），东西向展布的南、北斜坡区碳酸盐岩出露较少，保存较好。而上覆碎屑岩剥蚀严重，断裂活动强烈，构造形态与地质结构特征发生很大改观。

晚海西期，塔里木盆地碳酸盐岩古隆起继承性发育（图 3.24），局部有构造改造与调整作用。塔中古隆起、塔西南古隆起随盆地整体升降，断裂活动微弱，没有明显的褶皱作用，仅发生多期的小型翘倾运动与高点的迁移，碳酸盐岩古隆起的分布与形态变化不大。塔北、塔东南-塔东经历构造调整与改造，也以继承性发育为主。

（2）印支期—燕山期：古隆起继承发育与局部调整（图 3.25）。中生代东南隆起、塔东隆起经历构造改造作用最明显。通过塔东地区连片构造成图研究表明，该区是经历多期构造改造的加里东期大型残余构造拗陷（图 2.13），古生界与中新生界构造格局差异明显。早寒武世—早奥陶世塔东地区处于弱伸展克拉通内拗陷，东西对称发育罗西与轮南-古城台缘相带。奥陶纪晚期强烈沉降，塔东构造隆升初具规模。晚海西期—印支期东北地区强烈隆升（图 3.14），周边大断裂活动强烈，发生大量的抬升剥蚀，塔东下古生界海相碳酸盐岩古隆起定型。白垩纪以后，塔东地区与台盆区连为一体，发生整体快速沉降，内部没有大规模的断裂与褶皱作用。受库鲁克塔格地区断裂活动影响，北部山前地区断裂仍有强烈的活动，白垩系遭受不同程度的剥蚀。

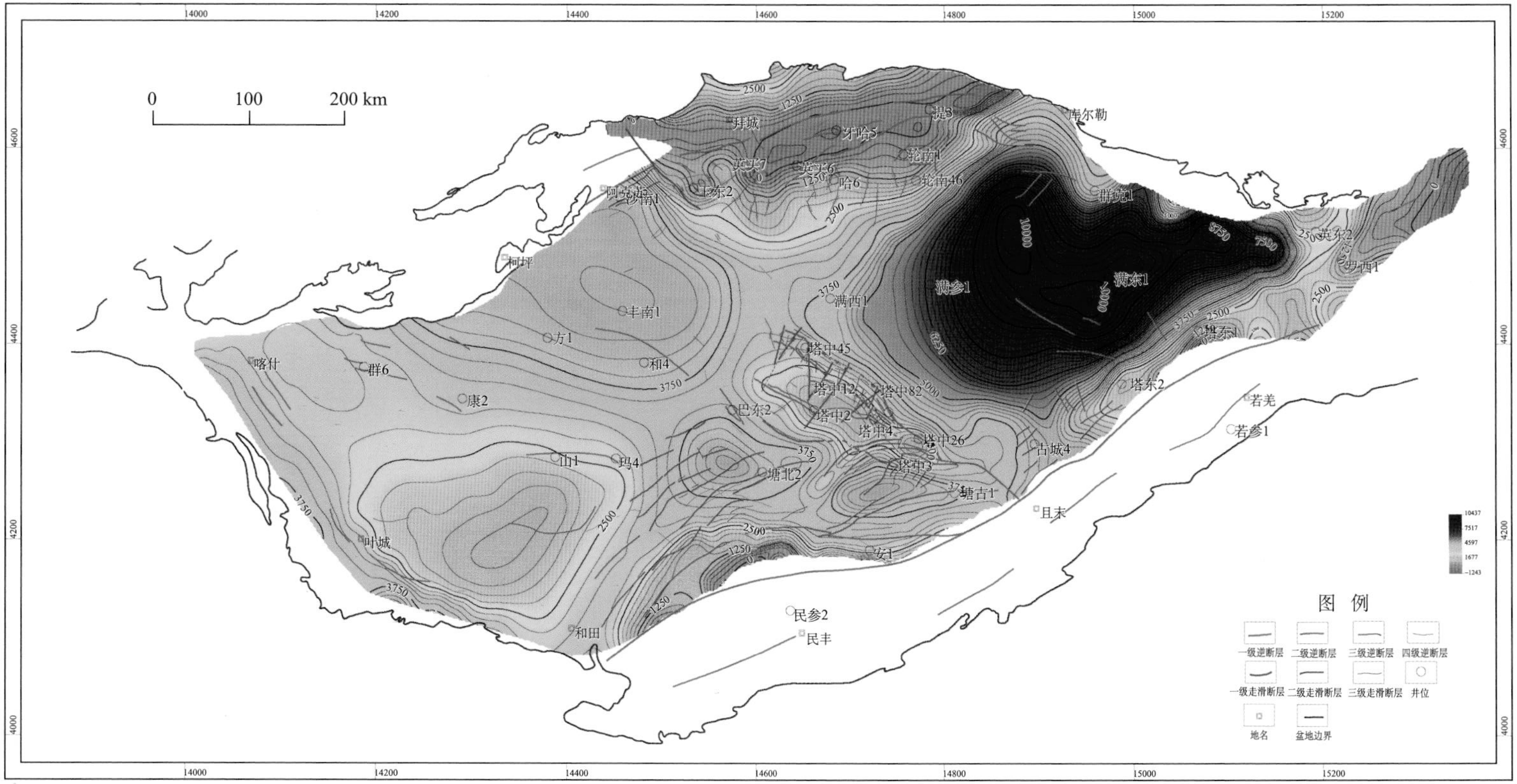

图 3.24 塔里木盆地三叠系沉积前下古生界碳酸盐岩顶面构造图

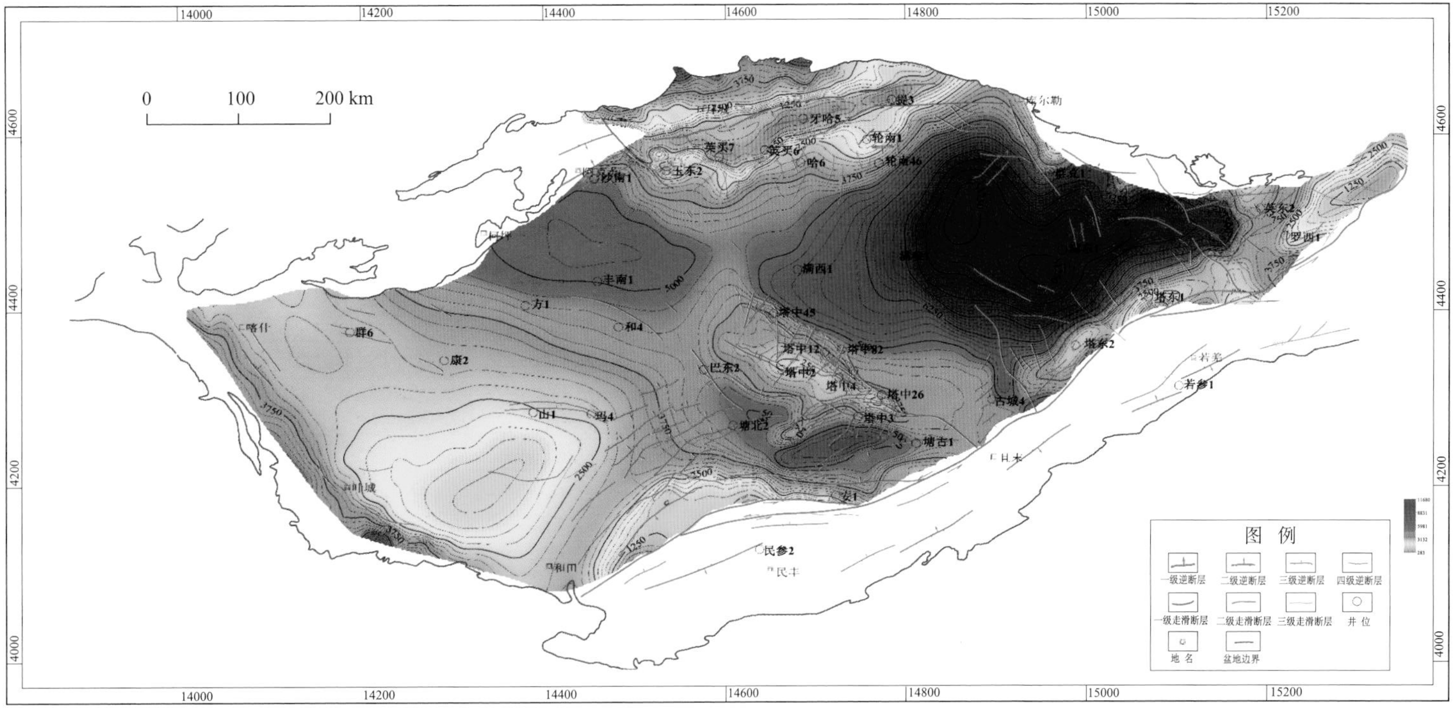

图 3.25 古近系沉积前碳酸盐顶面构造图

东南古隆起在中生代发生强烈的构造活动，由于地层剥蚀严重（图 1.5、图 2.13），早期的构造形迹难以恢复。从侏罗系削蚀石炭系—二叠系的范围，以及盆地内部三叠系分布特征分析，印支期塔东南地区构造隆升强烈，三叠系全部缺失，二叠系残余范围有限，主要分布在西部，表明东部隆升更强。车尔臣断裂带中部下盘三叠系较厚，断裂带上为断缺，表明该期断裂有较大规模的活动。侏罗系—白垩系也遭受不同程度的剥蚀，地层分布不同于塔东地区，存在一系列断陷区。

中生代塔北古隆起轴部构造继承性活动（图 3.7），断裂发育，尤其是温宿凸起冲断作用强烈，基底暴露地表。库尔勒鼻隆强烈隆升，志留系—侏罗系大量剥蚀，与塔北古隆起连为一体。塔北碳酸盐岩古隆起继承性发育（图 3.6），隆升幅度加大，在古隆起范围内不同区段有不同程度的构造改造作用。塔中古隆起与塔西南古隆起稳定升降，仅发生局部构造调整。

（三）喜马拉雅晚期：古隆起深埋与迁移阶段

直至新近纪以来，塔西南前陆沉降剧烈，巴楚隆起开始形成，西南古隆起区发生强烈的南倾，反转形成南倾的斜坡区，成为巴楚隆起的南部斜坡区（图 3.12）。其他古隆起有一定翘倾运动与调整，但形态基本稳定，从而形成了现今塔北、塔中、巴楚、塔东隆起的面貌（图 3.19）。

综上所述，在区域统一的构造作用下，塔里木盆地发育古生代三大碳酸盐岩古隆起，塔中继承型古隆起构造相对简单，后期演化继承性发育；塔北改造型古隆起经历多期差异构造作用的调整改造，构造复杂多样，差异性大；塔西南迁移型古隆起发生高点与构造活动部位的变迁，不同区段具有差异性。塔里木盆地下古生界海相碳酸盐岩古隆起经历多期、多种形式的构造演化（表 3.6），形成于中晚奥陶世，为挤压型古隆起。塔里木盆地碳酸盐岩古隆起经历基底隆起发育阶段、古隆起形成阶段、古隆起继承与改造阶段、古隆起深埋与迁移阶段四大演化阶段，进一步划分为震旦纪末基底隆起期、早中寒武世沉积隆起继承发育期、中奥陶世古隆起雏形期、奥陶纪末古隆起形成期、志留纪—中泥盆世古隆起改造期、二叠纪末局部改造调整期、中生代稳定升降与调整期、新近纪快速深埋与迁移期等 8 期构造演化。塔中、塔北、塔西南三大古隆起都是加里东期的古隆起，古隆起发育具有多期性、继承性、迁移性、改造性的特点。后期除东南隆起经历区域变质与多期构造破坏作用外，塔北、塔中、塔西南三大碳酸盐岩古隆起长期稳定发育，继承性明显，改造作用较弱，不同于其上覆的古生界—新生界。

第四章 塔里木盆地碳酸盐岩断裂系统

断裂是盆地构造研究的重要内容，塔里木盆地内部发育多类、多期断裂系统，不同于典型克拉通盆地。

第一节 断裂分类特征

断裂分类一般以 Anderson 的三种模式为基础（Fossen，2010），以力学性质将断裂分为伸展断裂、挤压断裂、走滑断裂三大类。由于断裂两盘运动方向的差异，自然界中实际存在多种过渡转换形式（图 4.1）（Fossen，2010）。克拉通盆地内部通常断裂欠发育，而塔里木小板块受多期板缘的强烈构造作用，在盆地内部发育多种类型断裂系统。综合研究表明，塔里木盆地下古生界碳酸盐岩断裂发育，以挤压断裂为主，同时走滑断裂发育，伸展断裂欠发育。

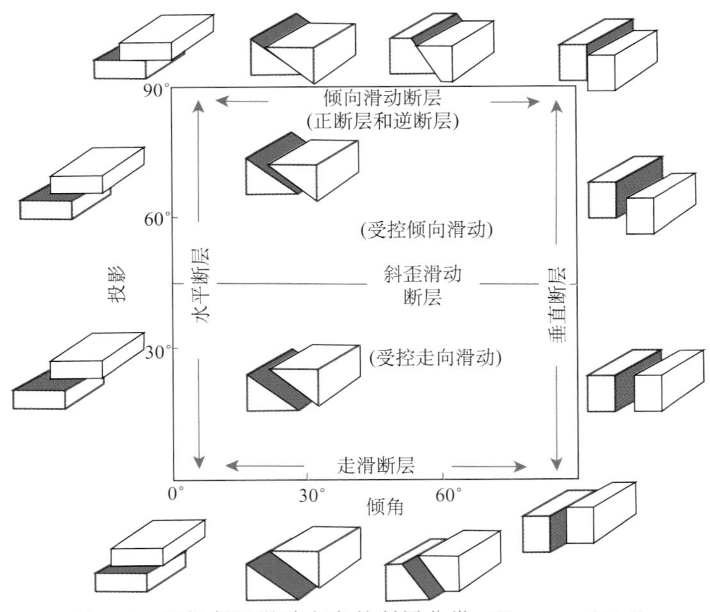

图 4.1 根据断面滑动方向的断层分类（Fossen，2010）

一、挤压断裂

根据断裂是否断至基底可将挤压断裂划分为基底卷入型与盖层滑脱型两种类型，不仅其间断裂特征有差异，而且这样划分有利于油气成藏研究与区带评价。结合新的地震剖面研究，塔里木盆地海相碳酸盐岩挤压断裂剖面的组合特征可以细分为 11 种类型（图 4.2）。

组合样式		剖面模式图	平面模式图	基本特征与成因	实例与分布
基底卷入逆冲断裂	单冲型		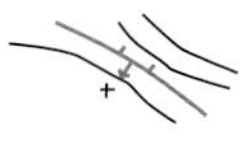	单向区域挤压，基底高角度逆冲抬升，断裂带狭长高陡，形成断层传播褶皱	吐木休克断裂带 塔中Ⅰ号断裂带45井区 沙井子断裂带
	Y字型	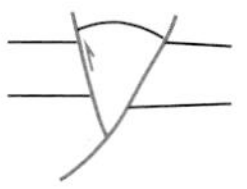	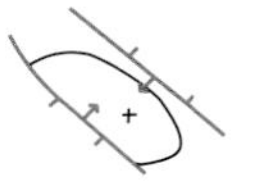	冲断作用的加强形成反向调节断层，主次断裂形成局部断垒带，至基底形成单断掀斜抬升，断裂带上宽下窄	轮南断垒带 桑塔木断垒带 轮台断裂带 玛扎塔格断裂带
	同向冲断型	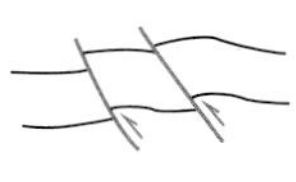	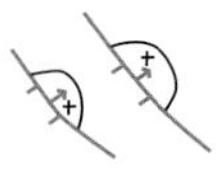	区域块断作用，掀斜抬升，同向高陡断裂并行发育，断裂带高陡狭窄或有多米诺式多条断裂发育	温宿凸起断裂带 塔中12井区断裂带 玛东断裂带
	倒人字型		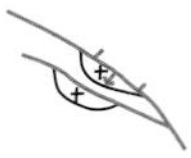	区域强烈挤压冲断，基底掀斜抬升，断裂带宽且破碎，同向次级派生断裂发育，向下与主断裂合并	塔中Ⅰ号断裂带62井区 吐木休克断裂带局部
	叠瓦冲断型		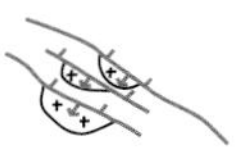	区域强烈挤压冲断，基底掀斜抬升，断裂带宽且破碎，同向次级派生断裂发育，向下与主断裂合并	塔中Ⅰ号断裂带26井区 轮台断裂带
	基底冲断型		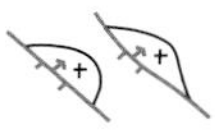	基底冲断，形成一系列断层传播褶皱，塑性盖层发生挠曲变形，没有突破盐膏层向上发育	塔中10号断裂带 塔中主垒带
盖层滑脱逆冲断裂	单冲型		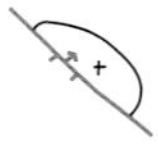	基底隆升，盖层挤压破裂，形成单向冲断的断层传播褶皱，向下在盐膏层滑脱	玛东断裂带 塔中10号断裂带
	背冲型	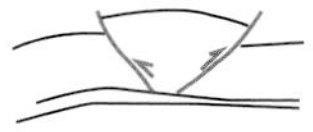	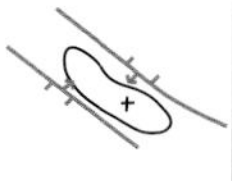	区域挤压，基底褶皱隆升，盖层挤压反向冲断，形成背冲的突发构造，向下在塑性盐膏层滑脱	塔中主垒带 塔中5井断裂带 玛东断裂带
	同向逆冲型	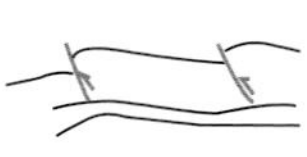	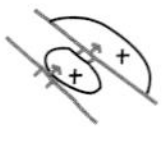	区域挤压形成基底褶曲变形，盖层块断抬升，形成同向冲断的断层传播褶皱	塔中16井区 柯坪推覆体 玛东冲断带
	对冲型		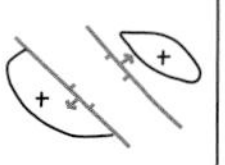	区域挤压形成盖层对冲断裂，发育反向冲断的断层传播褶皱，基底挠曲下凹，产生褶皱挠曲变形	塔中1-塔中5井断裂带
	构造三角带			区域挤压造成基底褶皱隆升，盖层对冲断裂发育,反向断层的对接形成构造三角带，中部下凹挠曲变形	塔中27井区

图 4.2 塔里木盆地下古生界碳酸盐岩逆冲断层组合样式

（一）盖层滑脱型

早期受二维地震资料品质的限制，台盆区挤压断裂一般认为是基底卷入式逆冲断裂。通过新的3D地震资料分析，在寒武系盐膏层发育的地区，断裂发育具有双层结构，寒武系盐膏层上下断裂发育不一致（图4.3）。例如，塔中北斜坡盐膏层发生强烈的塑性变形，盐上逆冲断裂多未断穿盐膏层，在盐膏层滑脱；由于盐上断裂向上冲断造成断裂消失处空间的虚脱，盐膏层发生向上的隆升增厚形变；而盐下断裂发育位置比盐上断裂根部位置靠前，不是沿盐上断裂的轨迹发生活动，在盐膏层上下断裂连接处盐膏层所受构造作用强烈，盐膏层减薄最大，出现上下分层变形的特征。盐上地层以破裂冲断变形为主，断裂发育；盐膏层以塑性变形为主，出现横向流动，产生小型微幅度的盐丘、盐断背斜等变形构造。由于大多地区寒武系盐膏层含盐较少，以石膏为主，同时夹有大量的白云岩，造成盐膏层缺少主动底辟活动，主要受挤压沿断裂处发生近距离的塑性变形。塔中地区盐下以褶皱变形为主，发生整体隆升，形成巨型褶皱背斜，局部发育小型断裂。

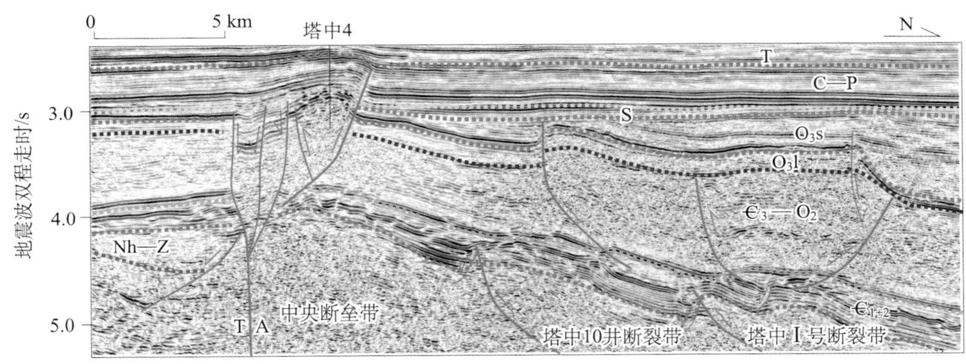

图4.3 过塔中隆起东部南北向地震剖面

除塔中Ⅰ号构造带东、西段外，中央断垒带、塔中10井构造带、塔中5-7井构造带大多数部位基底未卷入盖层变形，发育盖层滑脱型逆冲断层（图4.3）。多呈高角度逆冲断层，向上断至奥陶系，向下断至中寒武统盐膏层，断裂部位盐膏层发生强烈的塑性变形，调节盐膏层上下变形的差异。玛东冲断带、柯坪断隆中段寒武系盐膏层发育的地区也发育盖层滑脱型断裂系统。

断裂活动较弱的地区，通常发育单向冲断的单条逆冲断裂，一般断距较小，断面上陡下缓呈铲式，可能产生较平缓的断层传播褶皱，如塔中10井断裂带东部（图4.3）。在冲断作用的前展发育过程中，也可产生多条相同方向的逆冲断层，形成同向冲断系统，在塔中、玛东地区比较发育（图4.3）。

随着构造活动的加强，单冲断裂带容易产生反向的次级背冲断层，形成背冲型断裂带，背冲断块多为复杂的狭长断垒带，在塔中中央断垒带、塔中5井断裂带发育，在巴楚、英买力盐膏层发育区也多以这种类型出现。邻近的断裂带，在强烈的对冲作用下，可形成反向对冲断层，如塔中 5 井断裂带与塔中 25 井断裂带主断层形成反向对冲断层（图 4.4），在对冲断块间形成下凹向斜过渡带。随着对冲断裂的发育，可能形成三角带。

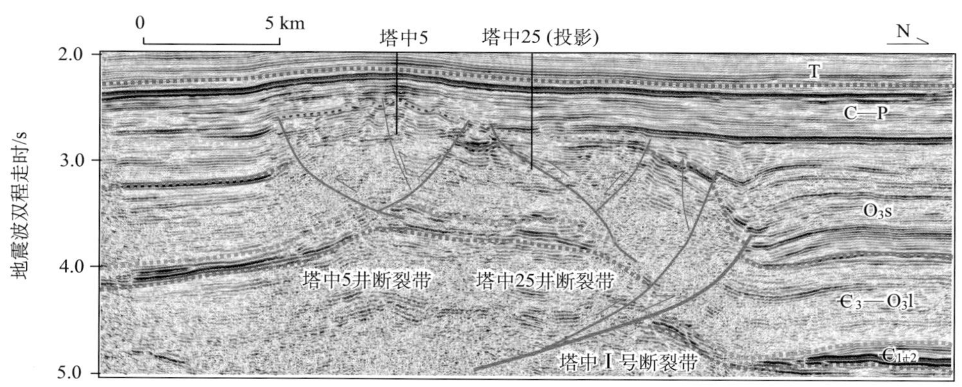

图 4.4 过塔中隆起中部南北向地震剖面

盖层滑脱型断裂一般较基底卷入型断裂规模小，但在玛东冲断带、柯坪断隆也发育断裂活动强烈的盖层滑脱型断裂，可形成多条同向冲断的叠瓦构造。玛东地区发育多排北东向冲断构造带（图 4.5），整体以自北西向南东方向前展式发育为主。发育一系列西北倾的大型逆冲断裂，局部冲断带出现东南倾的反冲断裂。逆冲断裂在中寒武统盐膏层滑脱，向上断至石炭系底面，局部断裂在喜马拉雅晚期有活动。由于强烈的冲断作用，发育一系列大型的受主逆冲断裂控制的单面山，出露奥陶系碳酸盐岩潜山。北部潜山主要为志留系覆盖，南部潜山为石炭系巴楚组泥岩覆盖。构造带狭窄，宽 3～8km，延伸长度超过 100km。在局部寒武系出露的断裂带，冲断推覆距离超过 10km。

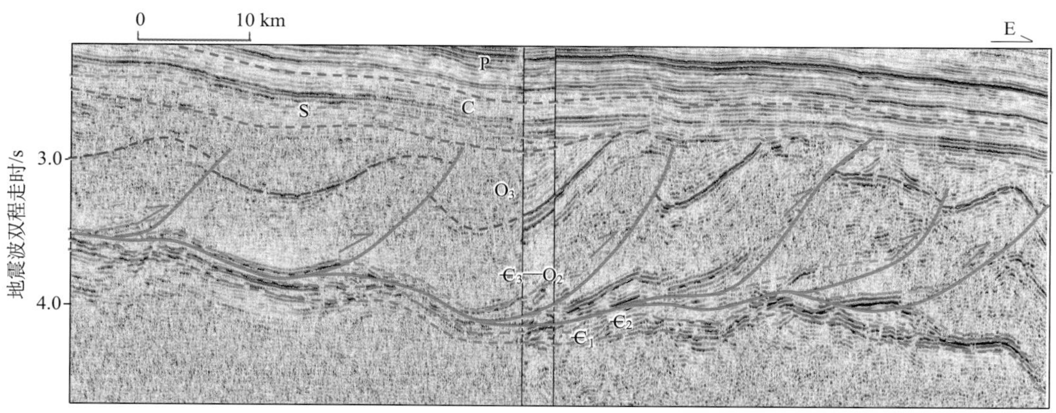

图 4.5 玛东地区东西向地震剖面

柯坪断隆地表发育多排冲断构造（何文渊等，2002；曲国胜等，2003），断层核部出露奥陶系碳酸盐岩。地震剖面显示，近地表断面高陡，形成一系列向西北倾伏的单面山，尽管顶面断裂特征差异大，但向深部断面缓倾，消失在寒武系盐膏层中，形成叠瓦推覆构造。

由此可见，塔里木克拉通盆地内部发育多种样式的盖层滑脱型挤压断裂，中寒武统盐膏层的发育是其形成的主控因素。

（二）基底卷入型逆冲断层

塔里木盆地台盆区挤压断裂多为基底卷入型，断裂高陡，形成多种组合样式（图4.2），主要分布在塔北、巴楚地区。

寒武系—奥陶系单冲型断裂较多见，通常发育单向冲断的单条逆冲断裂，断面一般上陡下缓呈铲式，断层倾角在50°～80°，可能产生较平缓的断层传播褶皱。多分布在断裂活动较弱的地区，在构造单元边界也有大型单冲型断层，如吐木休克断裂断距超过3000m（图3.9），造成巴楚地区强烈隆起。

背冲次级断层也常见，通常形成Y字形断裂带，主断层断面高陡，向下断至基底，派生断层断距较小，多在下古生界与主断层合并。在轮南断垒带、桑塔木断垒带、玛扎塔格断裂带等发育（图3.7和图3.9）。

同向冲断的断裂在塔北、塔东也有发育，邻近断裂特征相似，冲断作用强烈（图4.6）。在单冲型断裂进一步发育的过程中，可能伴有次生同向调节断裂，形成倒人字形构造。断裂活动强烈区段，也可形成多条同向冲断的叠瓦构造。塔中Ⅰ号构造带东部出现典型的基底卷入式逆冲断层（图4.4），表现为大型向北逆冲的铲式冲断裂，上陡下缓，向上断至奥陶系顶，向下断开基底，垂直断距超过1000m，断裂带宽度超过2km。上盘地层发生褶皱，形成狭窄的断层传播褶皱，随着褶皱作用的加强，出现同向调节断层。下盘地层产生牵引，地层发生挠曲，形成拖曳褶皱。

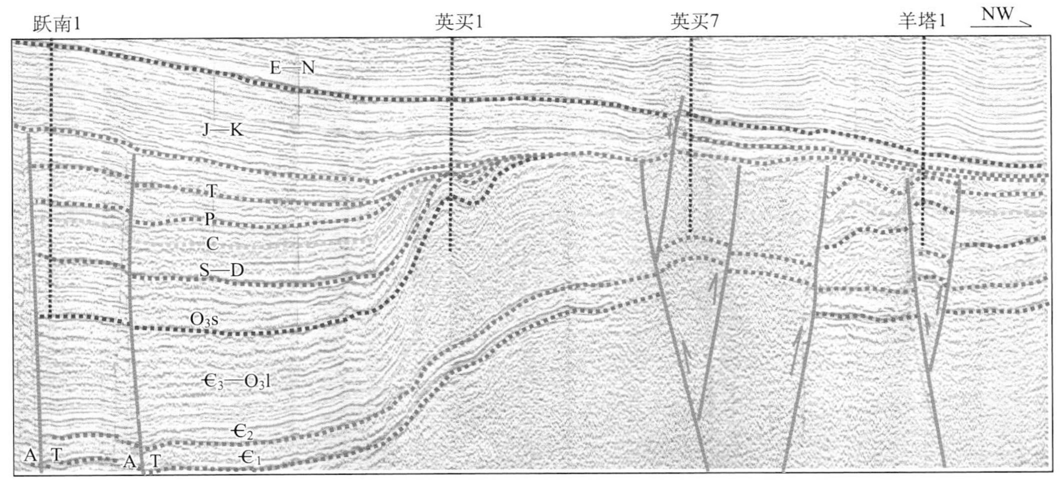

图4.6 过塔北隆起南北向地震剖面

塔里木盆地台盆区海相碳酸盐岩基底卷入断裂发育，同时在中寒武统盐膏层发育区逆冲断层在盖层滑脱具有普遍性。随着构造挤压作用的加强，挤压断裂相继出现单冲型、背冲型、同向冲断型、对冲型、叠瓦冲断型等多种更为复杂的断裂组合样式。

二、走滑断裂

新的井震资料揭示塔里木盆地台盆区也发育大量走滑断裂，表现出多种复杂类型与特征。

（一）走滑断裂的基本特征

走滑断层的基本含义是接近直立的断面及其两盘主要沿走向相对水平移动，与之相对应的是倾向滑动断层（刘和甫等，2004），其基本特征是平直的断线、陡立的断面及较窄的断层带，分左行及右行。平移断层过去沿用较多，易产生理解上的混乱，一般使用走滑断层（strike-slip faults）（Sylvester，1988）。走滑断裂可能出现在不同的构造环境（许志琴等，2004）：板块或地体边界的走滑断层、斜向俯冲或碰撞造成的板内走滑断裂、不均一的俯冲作用导致的走滑断层、板内伸展或挤压作用导致的走滑断层。

走滑断层有纯剪与单剪机制，纯剪产生缩短构造与伴生共轭走滑断层组。由于地壳大型地块聚敛时的空间关系，在单剪作用下能产生数千公里大型的走滑断层，而纯剪难以产生大型走滑断层（徐嘉炜，1995）。转换背景下，走滑断裂通常出现张扭、压扭、旋扭的混合作用，以横穿断裂带的缩短作用、伸展作用或旋转作用分量为特征，可以多种形式出现（图 4.1），形成转换走滑带。转换走滑作用可能造成断裂沿走向与倾向滑动的复杂性，可通过有限应变、增量应变或应变率模拟研究压扭或张扭带，基于应变的模型分析表现更为直观（Fossen，2010）。

由于自然界中岩石的物质组成和结构构造的不均匀性，实际的变形一般比模型更为复杂。走滑带的两盘往往具有倾向滑动分量，并造成断裂带内出现扭动构造。在“被束缚的”断面弯曲处形成压扭性应力场，在“被释放的”断面弯曲处形成张扭性应力场，形成走滑双重构造、叠瓦扇和花状构造等（Woodcock and Fischer，1986）。因此，沿大型的走滑断裂带可能同时出现断陷或断垒，形成多种类型的张扭性和压扭性盆地（图 4.7）。

走滑断裂特征复杂，不易识别。Harding（1990）总结了走滑断裂的识别七条标志：一是狭长、平直贯通的主断裂带；二是深部高陡的主断层；三是断至基底；四是沿主断层的走向相对上升盘、错动方向或断层倾向发生变化；五是主断层带出现正花状或负花状构造；六是断块上相对上升盘的方向和错动方式不同；七是出现同期的旁侧雁列构造。严俊君和王燮培（1996）总结鉴别走滑断裂的地下标志为九点：雁列构造、花状构造、辫状构造、窄变形带、窄而深的半地堑构造、窄而厚的粗相带、两盘地层岩性不匹配、断面倾向摇摆与多变、杂乱的地震响应。走滑断裂的识别往往需要综合多种资料，在地震解释过程中，出现花状、高陡断裂特征需要慎重，可能出现陷阱（Harding，1990；严俊君和王燮培，1996；刘树根和罗志立，2001）。地震剖面上需要分析主断层是否“有根”，而且要剖面与平面结合，不能仅根据局部剖面判定断裂性质，对剖面资料的解释需要认真甄别（刘树根和罗志立，2001）；平面组合也有陷阱，需要

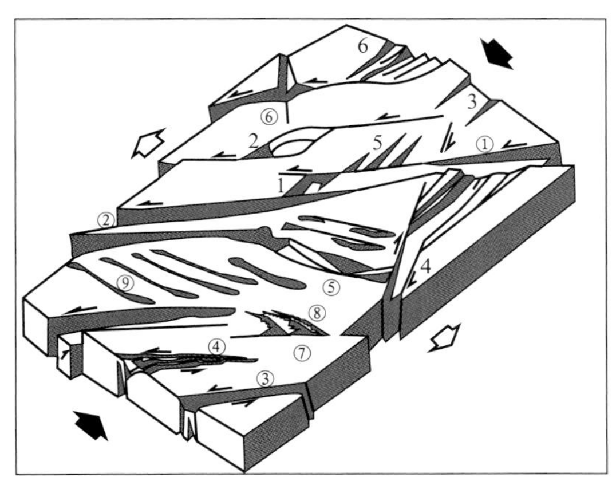

图 4.7　形成于走滑断裂带中的不同类型盆地示意图
（引自何登发等，2001）

张扭性盆地：1. 拉分盆地或菱形地堑；2. 正弦曲线状菱形地堑；3. 前缘楔地堑；4. 侧向脱逸地堑；5. 沿走滑断裂的伸展地堑；6. 在一条走滑断层端部的伸展“马尾”。压扭性盆地：①走滑断层间的“槽状向斜”；②沿单条走滑断层的“槽状向斜”；③负花状构造之上的纵长凹陷；④正花状构造两侧的沉降区；⑤走滑带中块体旋转或掀斜产生的盆地；⑥两走滑断层交汇处的沉降块体；⑦与松弛张开有关的沉降区；⑧在挤压转换带或走滑断层端部的倾斜向斜；⑨“雁行”同沉积褶皱

有相关的多种断裂模式与综合分析。

（二）剖面特征

近年来在塔中、塔北地区新三维地震资料的基础上，新发现大量走滑断裂。塔里木盆地经历多期不同方向的斜向构造挤压作用，不但发育大量走滑断裂系统，而且大多地区挤压断裂有一定的走滑分量。结合多方面的资料分析，走滑断裂出现多种平、剖面组合特征（图 4.8）。地震剖面上，通常表现为负花状、正花状、半花状、直立型 4 种样式，以及多期构造活动形成的“花上花”状样式。

“花状构造”是走滑断裂中主干断裂和分支断裂在剖面上的特殊组合形态，是走滑断裂的重要鉴别标志之一（Harding，1990），正花状构造也称“棕榈”构造（palm tree structure），负花状构造称为“郁金香”构造（tulip structure）。

塔中地区“负花状构造”发育（图 4.3 和图 4.9），主断面陡立，向下断穿寒武系至基底，向上多断至志留系—泥盆系，西部少量断至二叠系。主干断裂在奥陶系—志留系形成两条或多条分支断裂，向上撒开，形成反向下掉的断堑。断面高陡，向下收敛、合并，具有明显的“拉张、正断、向形”的负花状构造特征（图 4.10），不同层位的断距变化较大，横向上可以向逆断层转化。

沿走滑断裂带收敛处常形成“正花状构造”，主干断裂在奥陶系碳酸盐岩上部形成两个分支断裂向上撒开背冲（图 4.9），在碳酸盐岩顶部形成断垒，类似冲断系统的突发构造，但断面高陡，向下收敛、合并，平面上断裂带与区域挤压应力场斜交。正花状

样式		剖面图示	平面图示	基本特征与成因	实例与分布
剖面	直立型			断面直立高陡，断至基底，岩层水平错动	哈15断裂 塔中49西断裂
	半花状	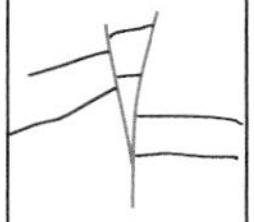	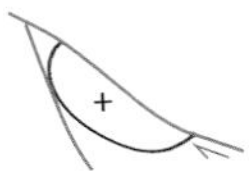	基底走滑错断，高陡狭窄，线性展布。盖层压扭斜向冲断，断裂上盘变形强，上冲呈半花状	色力布亚断裂带 鸟山断裂带
	负花状	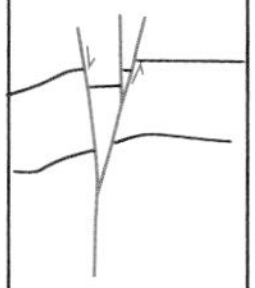		基底走滑错断，高陡切入基底，盖层斜向张扭错断，形成局部断陷下掉断块，一系列分支断裂呈发散状，向下收敛	塔中82断裂带中部 塔中45东断裂带
	正花状	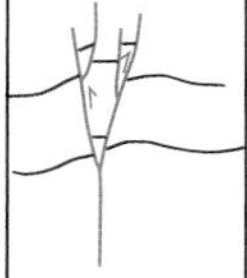	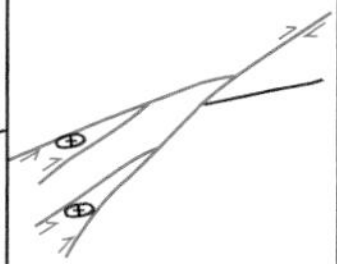	基底走滑错断，盖层斜向压扭错断，上部形成分支断裂向上撒开背冲，形成断垒，断面高陡，向下收敛，合并	哈601断裂 曲许盖断裂 塔中82断裂
平面	平行高陡断裂	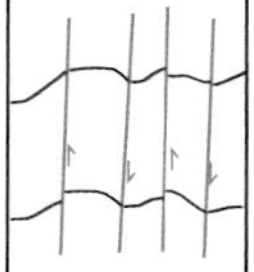	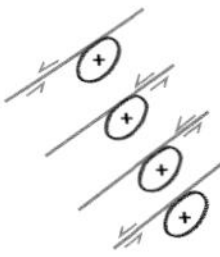	平行断裂发育，规模较小，断裂高陡、平直，断层倾向有变化，不同层位的断距变化较大，断层性质沿走向发生变化，断裂系统近于等间距排列	塔中4北走滑断裂
	雁列构造	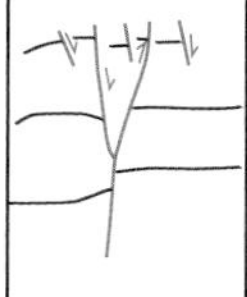		基底走滑错断，线性延展断面高陡直立；盖层形成剪切变形带，形成一系列斜向展布的雁列断层，断层高陡，向下收敛、掉向变化大，空间组合复杂	塔中45西走滑断裂
	拉分地堑	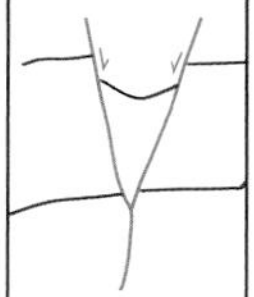	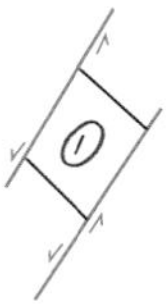	断裂张扭形成的张性正断裂组合，侧向右旋、左阶步断裂掉向变化大，形成小型左旋左阶步拉分袖珍断陷	塔中50东走滑带
	狭深地堑	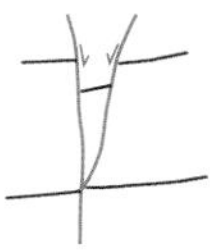	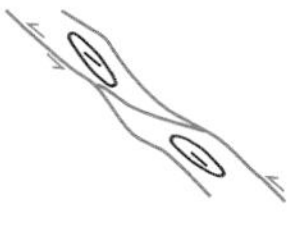	断裂高陡，横向变化大，断层性质沿走向发生变化，强烈扭压应力集中在断裂附近很窄的范围内，形成窄而深的地堑、半地堑	塔中4南走滑带

图 4.8　塔里木盆地下古生界走滑构造平、剖面特征

构造还可以向正断层转化、过渡到断堑，具有明显的“挤压、逆断、背形”的正花状构造特征。

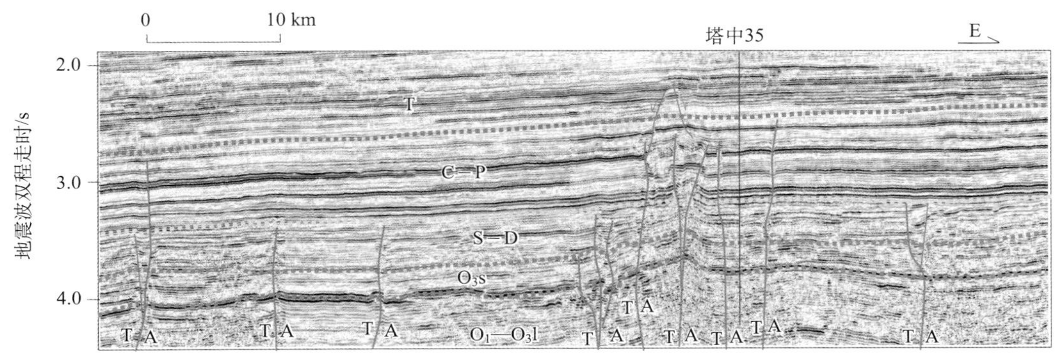

图 4.9 塔中典型走滑断裂地震剖面

塔里木盆地也发育直立型走滑断层，以单一平直高陡断裂出现（图 4.9）。断裂带狭窄直立是普遍特征，这是走滑应力场所决定的。直立型断裂在空间上可能平行分布，形成相互近于平行的高陡断裂系。在哈拉哈塘、塔中北斜坡比较发育（图 4.9 和图 4.10），其规模较小，断裂高陡、平直，倾角大于 80°，断层倾向可能出现变化，不同层位的断距变化较大。因为断面陡直，倾角稍有变化即可能造成断面倾向反转，从而导致沿走向发生断层倾向频繁变化。塔中直立型断裂系统通常平行排列，甚至接近等间距出现，剪切带仅局限于断裂附近，向下断穿寒武系直至基底，向上断至志留系。在哈拉哈塘、轮古东地区直立型走滑断层横向变化大，断裂带狭长、断距较小。这类断裂单个

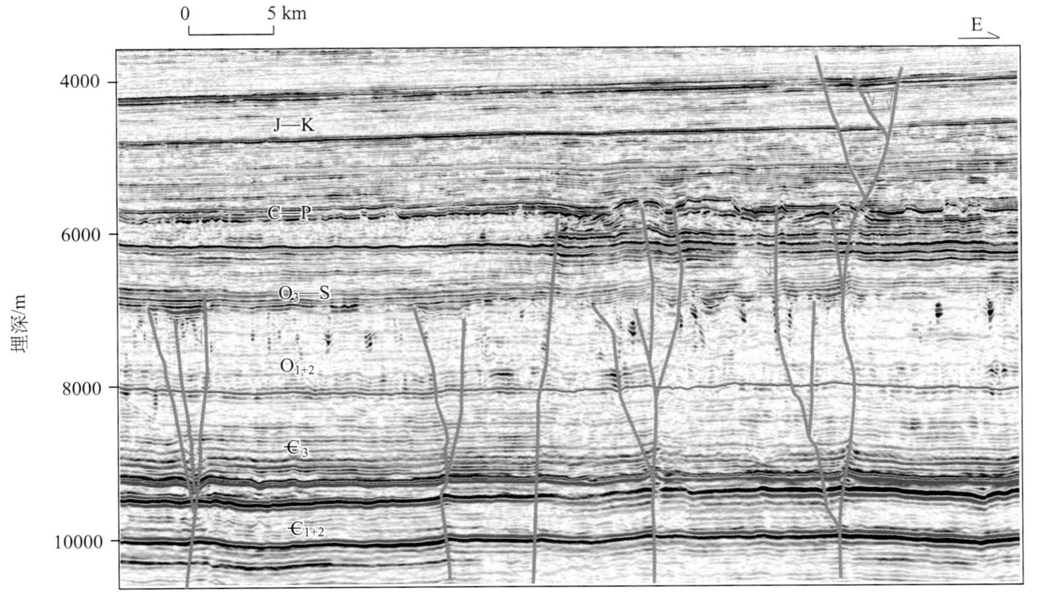

图 4.10 塔北南缘哈拉哈塘地区典型走滑断裂地震剖面

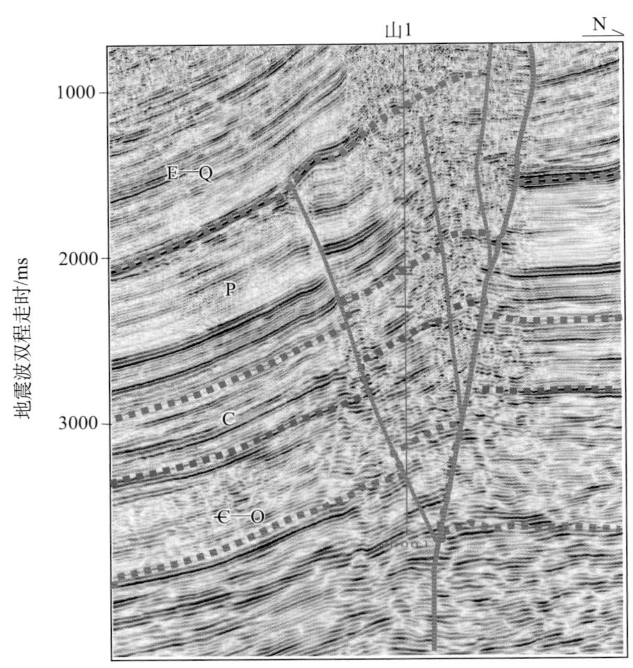

图 4.11 巴楚南部地震剖面

规模较小，平面延伸也短，但可能密集发育。

有的区段主干断裂一直向上延伸，仅在一侧发育分支断裂，形成半花状构造（图 4.9～图 4.11）。主干断裂通常高陡，向上断开层位多；派生断裂倾角上陡下缓，变化大，错动的断距较小，横向变化大。半花状构造在走滑断裂带普遍发育，通常以主干断裂发育为特征。

塔里木盆地多期的构造活动，可能造成走滑断裂的多期活动，在继承性发育的过程中，可能在多套地层形成花状构造，产生“花上花”的结构特征。哈拉哈塘地区最为典型，在晚加里东期、晚海西期、燕山期都有走滑断裂的活动，形成三层花状构造（图 4.10）。不同时期的花状构造性质、分布的位置可能不同，哈拉哈塘地区下部以正花状构造为主，上部为负花状构造；多在分支断裂上斜向生长发育；而且上下构造活动强度有差异，上部的构造活动更为强烈。

（三）平面特征

1. 雁列构造

有走滑应力存在的地区容易出现雁列构造，雁列构造是走滑断裂有效的鉴别标志。哈拉哈塘、塔中北斜坡、巴楚西部、轮古东地区走滑断裂系统出现明显的雁列展布断裂系统。

塔中 12 井区走滑断裂系统在志留系构造层断裂异常发育（图 4.12），断层性质、掉向变化大，断层追踪与空间组合困难，形成一系列雁列断层系统。局部出现压扭作用造成的雁列式挤压褶皱组合，形成走滑收敛的背斜带，并被一系列小型雁列断层所切割，形成斜列系列断鼻构造。哈拉哈塘地区走滑断裂带向上发散（图 4.10），在顶部侏罗系出现一系列雁列构造，平直断裂带消失，呈左行左阶步分布（图 4.13），剖面上呈正断下掉的小型负花状地堑。

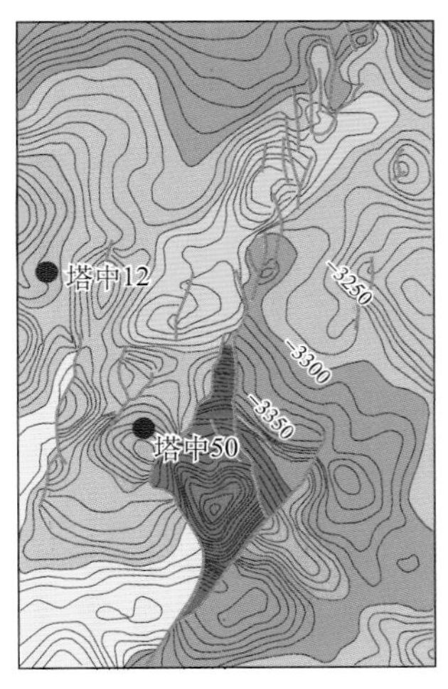

图 4.12 塔中 82 井区雁列构造与拉分地堑

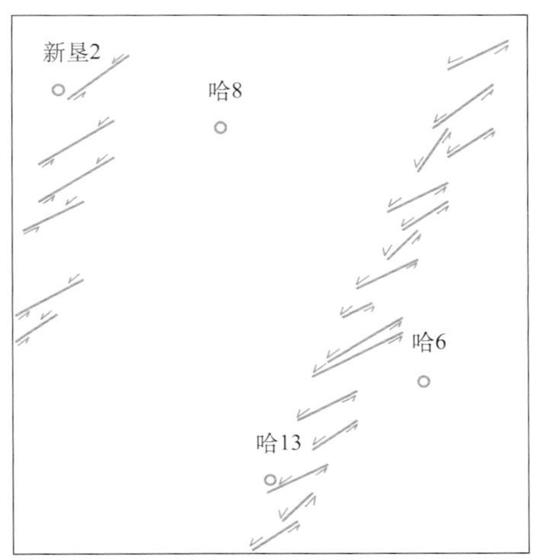

图 4.13 哈 6 井区侏罗系雁列断裂

2. 剪切断裂带

在断裂平面组合中，出现共轭的剪切变形带是走滑断裂识别的重要标志，这种特征通过构造平面成图能清晰地反映出来。哈 6 井区，两条北北东向与北北西向走滑主断层相互截切（图 4.14），呈小角度的“X”形，左旋断裂切割右旋断裂，两条断裂的规模相当，汇合部位形成较宽的破碎带，南部都发育正花状构造。在塔中 82 北东向的走滑剪切带（图 4.15），走滑断裂截切早期逆冲断裂特征明显，造成逆冲断裂分段。根据断裂截切早期断裂的关系，以及走滑断裂的组合关系分析，北东向断层截切北东东向断层，呈单剪组合关系，两条断裂都是左旋走滑特征。东南部拉分小断陷的左旋左阶步特征也表明北东向走滑断裂的左旋性质。在走滑带南部次级断裂较多，也是左旋特征。

3. 拉分断陷与狭长深地堑

受局部张扭应力作用，形成左旋左阶步或右旋右阶步的断裂组合形式时，由于断裂断面陡直，强烈的走滑断裂活动应力集中在断线附近很窄的范围内，因而造成窄而深的地堑、拉分断陷。拉分断陷通常位于两个走滑断层羽列重叠部位的拉张区，其拉伸轴基本平行于主断层，多呈菱形断陷。断陷边界可能有变换断层及正断层，其中常有张性及张剪性断层，边缘可见雁列褶皱。

在塔中 12 井区东部北东向走滑断裂南部的尾端，出现左旋左阶步的断裂分支（图

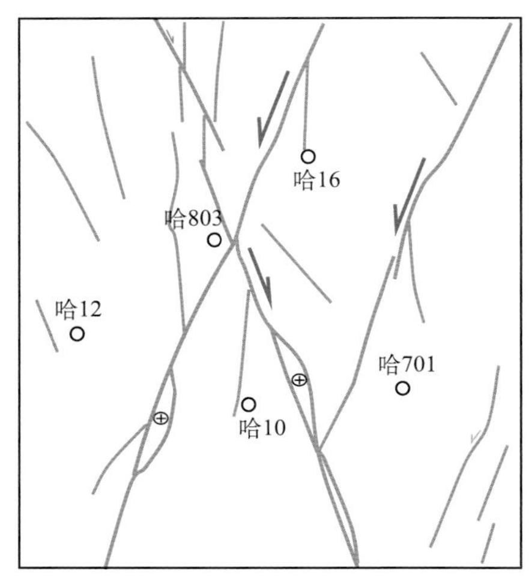

图 4.14 哈 6 井区奥陶系走滑断裂带平面图

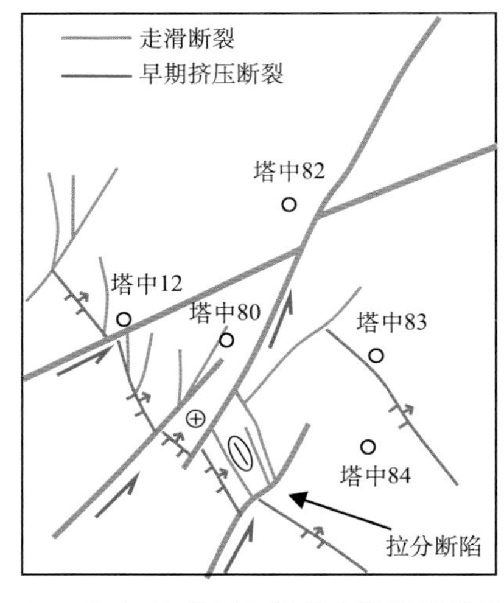

图 4.15 塔中 82 井区奥陶系走滑断裂带平面图

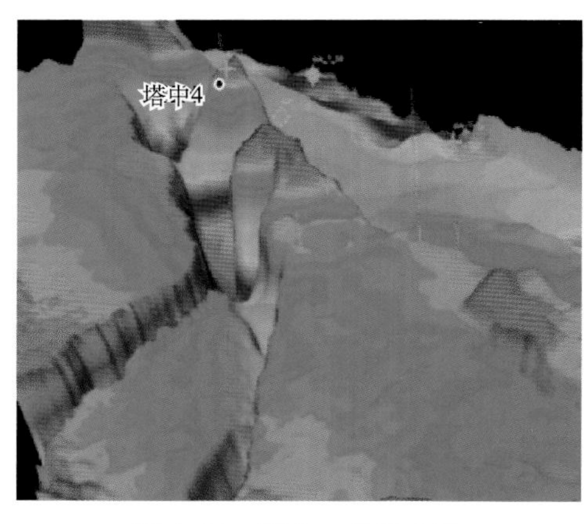

图 4.16 塔中 4 井区走滑断裂带地堑立体图示

4.12 和图 4.15），表现为张性正断裂组合，侧列形成小型拉分袖珍盆地。其中具有巨厚的志留系—泥盆系，为同沉积作用，横向变化大。内部发育小型张扭性断层，边缘发育压扭垒块。

受先期构造、岩石物理，以及应力场的变化，大型走滑断裂横向上通常出现变化，发生断裂带弯曲、局部破碎带、次级断裂等，可能形成局部拉张深地堑。一般呈菱形或豆荚形，产生在离散松弛的断层转折部位，或是分支断裂连接地段。地堑长轴平行主干断层，多有次级张扭性断层分布，并在边缘出现有雁列褶皱，剖面上呈狭窄的负花状构造（徐嘉炜，1995）。塔中 4 井区南部发育北西西向走滑断裂带，平面上弯曲不平直，出现狭长的深地堑（图 4.2 和图 4.16），东部转为两条南东向分支。横向上断裂带变化复杂，断陷内奥陶系灰岩顶面落差超过 600m，断陷宽度也频繁变化。地堑底面往往高低不平，起伏很大。地震剖面上呈现负花状，分支断裂较多，变化大。

4. 羽状构造与辫状构造

在走滑断裂主干断层的两侧，可能产生对称的小夹角次级断层，形成羽状构造，羽状构造表现为一系列斜列的断裂呈发散状排列。塔中 45、塔中 82 井区等见羽状构造（图 4.15 和图 4.17），受控剪切破裂的“R”面和“P”面，往往一侧呈压扭性质正向构造，另一侧呈张扭性质的负向构造。由于沿“P”剪切面的断裂较少，羽状对称构造少见。在断裂尖灭的根部多发育向外撒开的多条次级断裂，形成马尾构造。如塔中 86 井区断裂尾端发育多条次级马尾状断裂（图 4.17），主断裂活动减弱，断裂变形带撒开变宽。

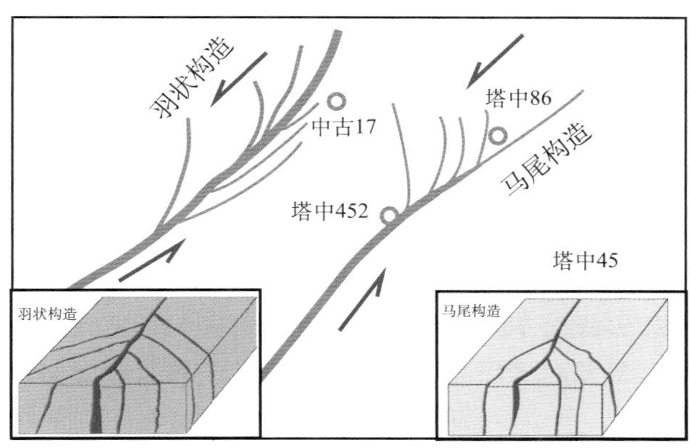

图 4.17 塔中 45 井区走滑断裂平面分布图示

辫状构造则是大型走滑断裂的特有标志，阿尔金、郯庐、三江断裂带、美国的圣安德列斯断裂带，均具有这种特征。由于强烈的挤压、平移，迫使较宽的断裂带压缩、直线化，形成辫状构造。哈拉哈塘、塔中地区大型走滑断裂带具有狭窄变形带（图 4.14），呈线型延伸，平面上与剖面上断裂两侧岩层变形带都很狭窄，由于应力方向与断裂线方位平行，应力集中于断裂带附近释放，断裂带内部变形复杂，断垒与断堑交错发育，形成辫状构造。

5. 海豚效应和丝带效应

海豚效应是指在走滑断层面倾斜方向相同的情况下，在一个横切剖面上显示为正断层，而在另一剖面上显示为逆断层，即相邻剖面的相对升降盘、滑距类型和方向不同（陆克政等，2001）。从地震剖面可见，在塔中 82 走滑断裂带沿走向切过的地震剖面断裂发育特征变化大（图 4.15），正、逆断层频繁交互出现，两侧地层起伏有明显差异，可见走滑断裂带上构造变形复杂，两侧升降变化大。

丝带效应指走滑断层近于直立，但沿其走向上倾向有变化，造成正断层和逆断层的交替出现（陆克政等，2001）。在哈 601 井区、塔中 82 井区走滑断裂带上，沿走向上走滑断裂带内部构造变形复杂，在寒武系—奥陶系以垂直狭窄断裂带为特征，但其倾向发生不同程度的变化，既有正断层形式出现，也有逆断层特征显现。可以看到系同一断裂沿走向断面倾向左右摇摆、掉向多变，造成断裂沿走向忽“正断”忽“逆断”的交替。

三、伸展断裂

塔里木克拉通具有稳定的结晶基底，板块周缘的伸展活动对克拉通内影响微弱，寒武纪—奥陶纪没有发生大规模的伸展构造活动，伸展断裂欠发育。在新的三维地震资料上，塔中Ⅰ号断裂带没有大规模的正断层（图3.16），满东地区下古生界也少有寒武纪—奥陶纪大型正断层活动。

在新三维地震资料分析的基础上，发现南华纪发育大型伸展断裂系统（图2.3和图2.6）。塔中北部南华系—震旦系向南超覆减薄明显，形成大型箕状断陷，向满西可能出现大型铲式正断层。新元古代还可能发育多米诺式断裂组合，多条同向下掉的正断层控制同向掀斜的断块，形成小型箕状半地堑，后期可为逆冲断裂改造或是形成反转构造（图4.2）。

在下古生界海相碳酸盐岩中，可能在局部见小型正断层（图4.3），主要发育在中下寒武统中，少量延伸到下奥陶统。一般断距较小、延伸长度很短，断距一般不超过100m，断面高陡平直，延伸长度一般在数公里内。

塔东地区局部见正断层，古城地区寒武系—下奥陶统发育反向下掉断裂形成的小型地堑（图4.18），断距达500m，延伸范围小。通过三维地震剖面分析，断裂上盘中下寒武统明显加厚，显示为同沉积断裂，断裂下盘为台缘带发育区，古城台缘带与断裂带具有较好的一致性。断裂活动造成上盘下掉，水体加深，发育较深水泥岩、泥灰岩，而下盘形成相对稳定的地貌高，有利于碳酸盐岩的生长发育，对台缘带的发育有一定控制作用。

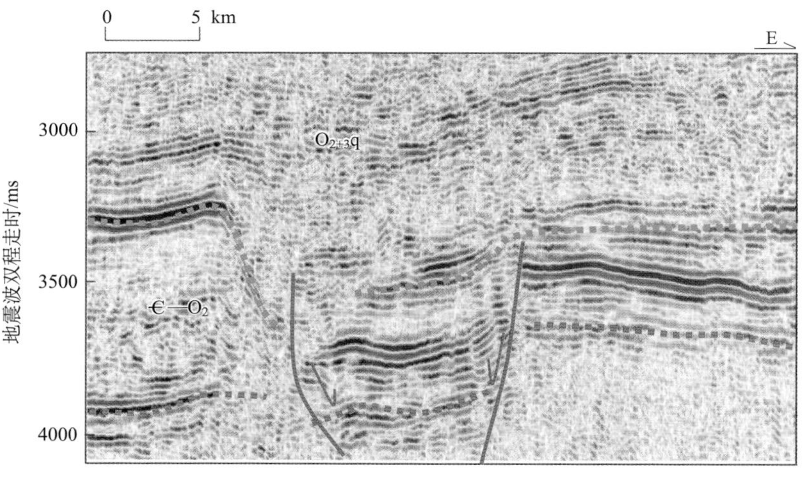

图4.18　古城地区寒武统—下奥陶统正断层地震剖面

在局部地区可见负反转断裂发育，塔北地区喜马拉雅早期轮台断裂出现反转，沿早期的逆冲断裂形成高角度正断层（图4.19），主要发生在白垩系—新近系康村组，造成下古生界的下掉。塔北的反转构造成因仍有分歧，但多倾向于受前陆挠曲作用造成塔北隆起局部引张应力所致。

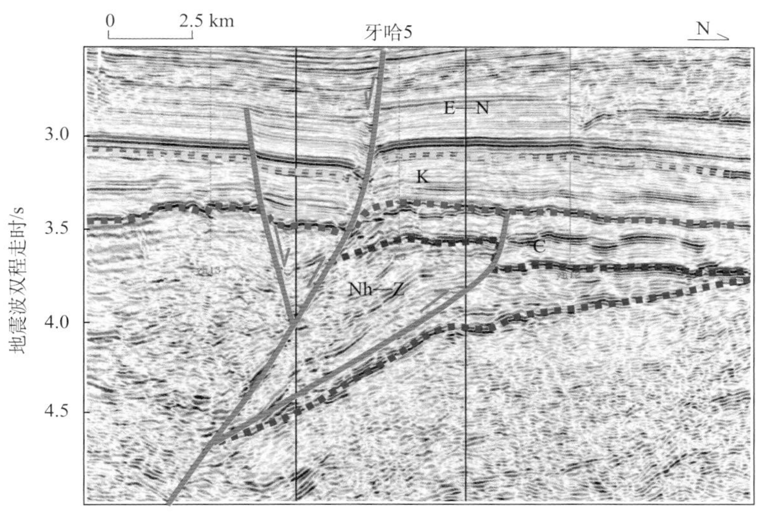

图 4.19 牙哈 5 井区轮台断裂反转构造地震剖面

第二节 断裂系统分布特征

塔里木盆地台盆区断裂发育，断裂系统表现出明显的纵向上分层，平面上分区、分带的特点，断裂带具有区段性。

一、断裂分层与分级

（一）断裂分组与分层

塔里木盆地下古生界发育多组方向断裂（图 4.20），主体呈北西向、北西西向、北东向、北东东向、近东西向五等组断裂方向。不同地区有差异，塔北隆起断裂整体呈北东向展布，挤压断裂主要呈北东向、北东东向，走滑断裂有北东东向、北北东向、北西向、北西西向。塔中断裂呈向西撒开、向东收敛的发散状分布，挤压断裂主体呈北西向、北西西向、北东向，走滑断裂主要呈北东向、北北东向。巴楚隆起断裂主要有北西向、北西西向断裂，塘古拗陷以北东向逆冲断裂为主，塔东北东向与北西向走滑-逆冲断裂发育。

在多期、不同特征的构造作用下，塔里木盆地断裂在纵向不同构造层内发育特征有差异，形成断裂的分层性。断裂系统纵向上在基底构造层、下构造层（寒武系—奥陶系）、中构造层（志留系—白垩系）、上构造层（新生界）有不同的分布特征（图 3.9、图 4.3、图 4.10 和图 4.19）。

台盆区上构造层断裂较少。塔东南、巴楚新生代断裂活动较强，上部断裂较发育。塔北隆起轴部新生界有小型伸展断裂活动（图 4.6），在牙哈-英买力地区形成反向屋脊

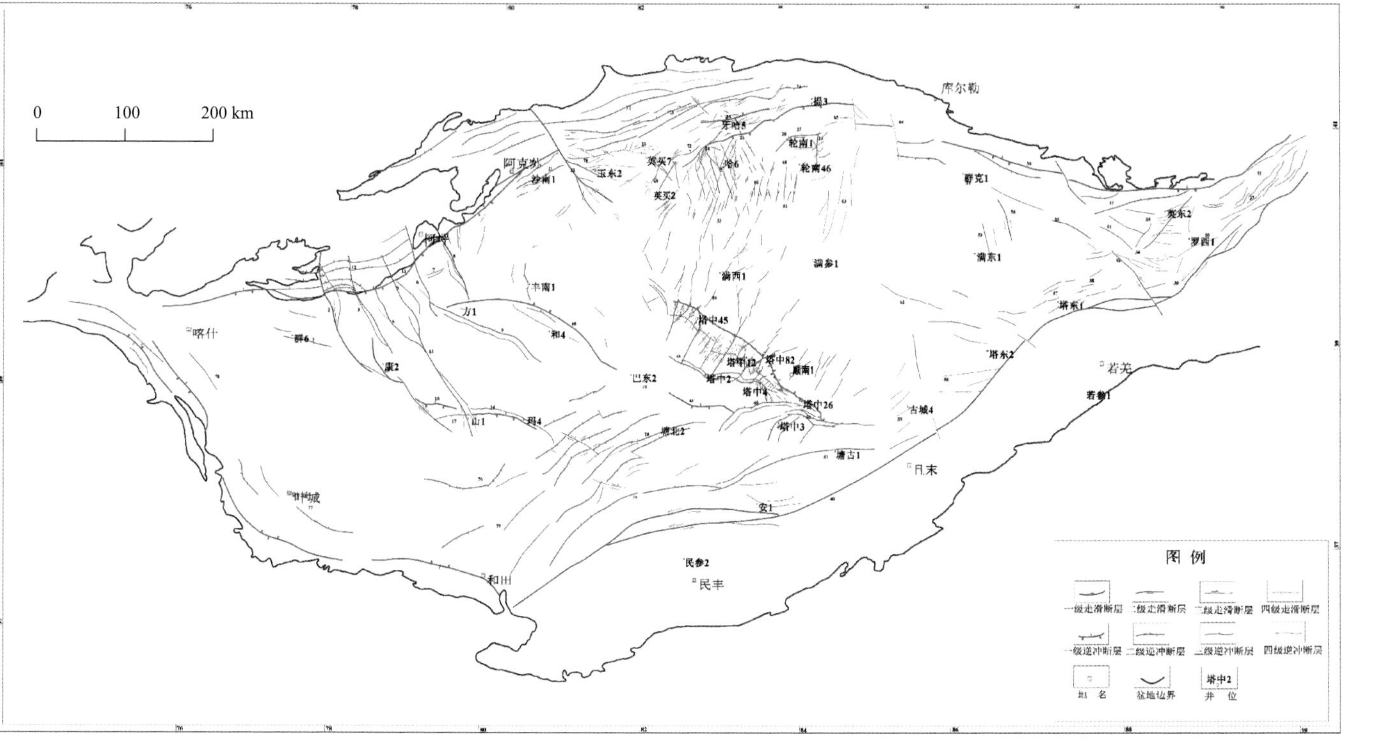

图 4.20 塔里木盆地下古生界断裂系统纲要图

1-巴什托普断裂带;2-色力布亚断裂带;3-曲许盖断裂带;4-三岔口断裂带;5-一间房断裂带;6-古董山断裂带;7-乔来买提断裂带;8-阿恰断裂带;9-卡拉沙依断裂带;10-吐木休克断裂带;11-柯坪断裂带;12-普昌断裂带;13-古董山东断裂带;14-玛扎塔格断裂带;15-康塔库木断裂带;16-海米罗斯断裂带;17-鸟山断裂带;18-玛东断裂带;19-巴东断裂带;20-沙井子断裂带;21-沙南断裂带;22-玉东断裂带;23-羊塔克断裂带;24-东河塘断裂带;25-牙哈断裂带;26-沙雅-轮台断裂带;27-轮南断裂带;28-桑塔木断裂带;29-轮东断裂带;30-孔雀河断裂带;31-群克断裂带;32-维马克断裂带;33-英南断裂带;34-米南断裂带;35-英东断裂带;36-阿拉干断裂带;37-罗南断裂带;38-阿南走滑断裂带;39-车尔臣断裂带;40-民丰断裂带;41-罗北断裂带;42-塔中1号断裂带;43-塔中2号断裂带;44-塔中3号断裂带;45-塔中45井走滑带;46-塔中82井走滑带;47-塔中10号断裂带;48-塔中7井断裂带;49-塔中3号断裂带;50-塔中5井断裂带;51-塘古断裂带;52-哈得断裂带;53-哈南断裂带;54-满南断裂带;55-古城断裂带;56-塔东2井断裂带;57-塔东1井断裂带;58-大西海断裂带;59-满东1断裂带;60-罗西断裂带;61-英北断裂带;62-满南断裂带;63-哈得东断裂带;64-库南断裂带;65-草湖北断裂带;66-羊屋断裂带;67-哈拉哈塘断裂带;68-塔河断裂带;69-英买2断裂带;70-喀拉玉尔衮断裂带;71-英买7断裂带;72-红旗断裂带;73-秋里塔格断裂带;74-提北断裂带;75-塘南断裂带;76-玛南断裂带;77-叶城断裂带;78-英莎断裂带;79-和田北断裂带

断块（图 4.19），其他广大台盆区内部缺少新生界断裂。

中构造层断裂较发育。塔北隆起中构造层发育挤压断裂与走滑断裂（图 4.6），有多期的构造活动。巴楚、塔东都有断裂继承性发育。塔中隆起志留系—泥盆系走滑断裂发育，中部有少量继承性活动，石炭系以上地层断裂欠发育。塘古拗陷冲断构造主要分布在石炭系以下（图 4.5），上部断裂不发育。塔东地区断裂活动强烈，英吉苏地区压扭断裂发育，断裂活动持续到早白垩世。东南地区构造活动强烈，有多期继承性的走滑、压扭断层活动。

塔里木盆地台盆区断裂主要分布在寒武系—奥陶系下构造层（图 4.20），发育高角度逆冲断裂带，同时发育走滑断裂系统，多期多类型断裂在寒武系—奥陶系交汇，在不同地区都有分布。海相碳酸盐岩中断裂最发育，断裂改造作用强。

基底构造层断裂较发育，构造解释相对较少，主要有两种表现形式：一是基底卷入型挤压断裂与走滑断裂延伸至基底，其断裂特征与分布与上覆构造层相当（图 3.9）；二是寒武系盐膏层发育区，仅在盐下发育的断裂（图 4.3）。除新元古代断裂外，中下寒武统的断裂较少，规模较小，以小型挤压断裂与伸展断裂为主。

（二）断裂分级

塔里木盆地断裂规模差异大，对构造与油气的影响作用也不同。在断裂系统分类的基础上，根据断裂系统规模与作用强度，可以将塔里木盆地下古生界断裂系统划分为四级（图 4.20）。

一级断裂控制一级构造单元的形成与演化，主要分布在一级构造单元的边界（图 4.20）。可能是一级构造单元的边界断裂，如塔中Ⅰ号断裂带、吐木休克断裂带、车尔臣断裂带等。或是控制一级构造单元的形成与演化，如沙雅-轮台断裂带、秋里塔格断裂带。一级断裂带对碳酸盐岩古隆起的形成与演化具有重要的控制作用，如塔中南北断裂带尽管在横向上变化大，局部地区断裂活动不明显，但沿两个断裂带塔中基底出现明显的挠曲或破裂，产生明显的隆升（图 4.4），成为塔中隆起的南北边界。随着一级断裂的发生，塔中开始隆升（中奥陶世），而随着一级断裂活动的停滞，塔中隆起基本定型（奥陶纪末）。一级断裂不仅控制了一级构造单元的形成演化与展布，同时控制了次级断裂的发育与分布，主体断裂的走向与一级断裂相近。

二级断裂控制构造带的分布与特征，或大型区带的形成与演化，造成一级构造单元的平面分区、分带。二级断裂造成一级构造单元分区分带，造成地质结构的差异，控制了不同区带构造演化，如塘古拗陷一系列北东向的大型逆冲断裂形成成排成带的逆冲构造带（图 4.5）。塔中二级逆冲断裂造成南北分带，北东向走滑断裂造成东西分块的构造格局（图 3.2）。二级断裂也影响同沉积储层与油气成藏的分带性，轮南断垒带、桑塔木断垒带造成轮南油气南北分带，塔中Ⅰ号带、塔中 10 号带是塔中北斜坡油气成排分布及富集的重要因素。

三级断裂位于二级构造单元内部，或是主断裂的调节断层，对三级区带与构造圈闭具有重要的控制作用。三级断裂有两种类型：一是主断裂伴生或派生的正向与反向调节断层（图 4.3）；二是位于主断裂之间的次级断裂。

四级断裂位于二、三级主断裂之间或内部，调节不同区段的构造变形，其规模较小，没有形成控制区带或大型圈闭的规模，但对局部构造形态、储层发育具有重要影响。塔里木盆地三、四级断裂非常发育，其数量远多于主断裂，但其性质、走向与分布特征与主断裂具有很好的相似性（图 4.20）。三、四级断裂造成不同的构造区带具有差异性与复杂性，对碳酸盐岩储层具有重要的改造作用，影响局部构造与油气的分布。

分析表明，不同级别断裂之间具有很好的自相似性，次级断裂相对较多，具有一定的透入性。但由于多期断裂发育特征不同，也具有断裂展布、规模与数量的差异性。通过三维地震断裂的精细识别发现，塔中北西向主逆冲断裂所派生的次级断裂少，而主断裂规模较小的区段派生的次级断裂较多；主断裂活动强，次级断裂则欠发育，与区域构造缩短量保持守恒相关。而走滑断裂活动越强烈的地方，其派生次级断裂较多，如塔中 82 走滑断裂南部活动规模大，派生次级断裂多（图 4.15），断裂活动集中在构造应力释放区，断裂发育的密度与规模极不均匀，具有与逆冲断裂不同的发育特征。

二、断裂分区与分带

塔里木盆地下古生界碳酸盐岩断裂系统平面上可分为五大断裂系统：塔中逆冲-走滑断裂系统、塘古冲断断裂系统、巴楚压扭断裂-逆冲断裂系统、塔北扭压断裂-走滑断裂系统，以及塔东-塔东南走滑-压扭断裂系统（图 4.20 和表 4.1）。

表 4.1　塔里木盆地台盆区断裂特征对比

项目	塔北	塔中	巴楚	塘古	塔东-塔东南
展布方向	北东东向	北西向	北西向	北东向	北东向
断裂类型	扭压、走滑、伸展	挤压、走滑	压扭、挤压	挤压	走滑、压扭
主要层位	Є—O、C—T、K—N	Є—O、S—D	Є—Q	Є—S	Є—O、J—K、Cz
活动时期	加里东晚期、晚海西期—燕山期、喜马拉雅早期	加里东中期、加里东晚期、早海西期	加里东期、印支期—燕山期、喜马拉雅晚期	加里东晚期	加里东晚期、印支期—燕山期、喜马拉雅晚期
挤压断裂特征	基底卷入型，具有斜向扭压作用；Y字形、单冲型为主；向西撒开，断裂活动中部强、南北弱	盖层滑脱型，具有斜向扭压作用；背冲型、单冲型、倒人字型；向西撒开，分带明显，断裂活动东强西弱	基底卷入型，具有斜向扭压作用；单冲型、Y字形；边界断裂活动强烈，控隆作用明显	盖层滑脱型；背冲型、单冲型、叠瓦型；分带明显，断裂活动强	基底卷入型，具有斜向压扭作用；单冲型、背冲型；分带不明显，断裂活动复杂

续表

项目	塔北	塔中	巴楚	塘古	塔东-塔东南
走滑断裂特征	剖面上直立型、正负花状；平面上剪切带、雁列与斜列构造、辫状构造发育；断裂规模、活动强度较小	剖面上正负花状、直立型；平面上雁列构造、拉分地堑、剪切带发育，断裂规模、活动强度较大	压扭断裂发育，剖面上花状、半花状；平面呈斜列状、辫状分布；断裂规模大、活动强	局部喜马拉雅期小型直立断裂	剖面上半花状、直立型；平面上斜列构造发育；塔东南断裂活动强烈，塔东断裂规模较小

（一）塔中逆冲-走滑断裂系统与塘古冲断断裂系统

塔中地区主要发育挤压断裂与走滑断裂系统，以挤压断裂为主（图 3.2）。挤压断裂呈北西向、北西西向分布，以盖层滑脱型为主，断裂纵向分层明显，主要位于石炭系以下。挤压断裂平面上分为三个带，北带包括塔中Ⅰ号断裂带、塔中 10 井断裂带等，在东部收敛合并。中带发育北西西向斜列展布的狭长中央断垒带，断裂构造活动强烈。南带东部北东向展布断裂成排出现，形成很宽的叠瓦冲断带。走滑断裂主要分布在塔中北斜坡中西部，呈北东向展布，以一定间距呈带状出现，截切主体挤压断裂，向北撒开加宽，塔中 82、塔中 45 等大型的走滑断裂带将塔中北斜坡分为东西展布的不同区段。

塘古地区发育一系列的北东向条带状冲断带（图 4.20），断裂成排出现。东部车尔臣断裂下盘以向西冲断的基底卷入断裂为主，向上断至石炭系之下。断裂作用强烈，断距超过 1000m，并出现局部浅变质岩。向西断裂作用减弱，在塘南台缘带西部断裂在奥陶系泥岩消失。在西部玛东地区以向东反冲的叠瓦冲断带为主（图 4.5）。受单冲型断裂控制，形成成排的西倾单面山或是西缓东陡的断层传播褶皱，局部反冲断裂形成断垒带。

塔中与塘古断裂的分布有一定的相似性，形成有关联，但也有较大的差异。塔中挤压断裂形成受控于中奥陶世南部中昆仑岛弧的俯冲碰撞作用，走向近北西向。塘古挤压断裂为北东向展布，主要受控探于奥陶纪末—志留纪南东方向阿尔金地区挤压隆升作用。塔中东南部也受到波及，但主体部位受先期断裂与基底影响，发育北东向走滑断裂系统，需区别对待。

（二）巴楚压扭断裂与逆冲断裂系统

巴楚隆起发育一系列北西向、北西西向断裂带（图 4.20），一般多认为巴楚断裂是新生代冲断系统，通过对该区地震资料的综合分析，西部地区断裂存在走滑分量，为压扭断裂。

区域背景上，周边板块最显著的走滑特征有：一是西南部帕米尔突刺，造成西昆仑右行压扭断裂发育；二是西部的费尔干纳走滑断裂向西南一直延伸到喀什凹陷。巴楚隆起西部与柯坪断隆近直交，受南天山新近纪以来的挤压作用强烈，形成西高东低的构造面貌，西部奥陶系出露地表，向东倾伏深埋，高差超过 3000m。西北向南东的区域挤压作用与巴楚隆起北西向断裂呈低角度斜交，可能产生走滑作用或斜向冲断。可见盆地周缘大规模的走滑作用已影响到盆地内部，巴楚地区西部具有走滑断裂发育的构造背景。

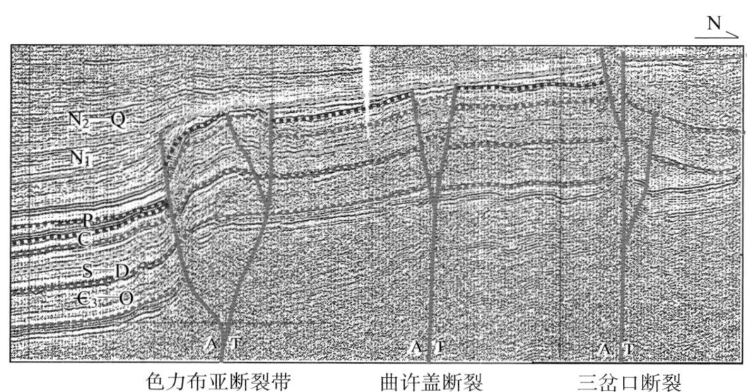

图 4.21　巴楚西部南北向地震剖面

在山 1 井区新的三维地震剖面上，玛南断裂走滑特征明显（图 4.11），断裂的发生始自深部然后向上扩展，下部断裂收敛狭窄高陡，向上发散形成半花状构造或是花状构造，不同区带剖面特征变化大。平面上，北西向的玛南断裂错断近东西走向的鸟山断裂带与玛扎塔格断裂带，向北与古董山断裂合并，具有明显的走滑特征。西部曲许盖断裂带、三岔口断裂带等断面陡立、断入基底（图 4.21），在剖面上有贯穿整个构造带的走滑主断层，有狭长直立的断片、断层。平面上出现呈斜列向西撒开的次级断裂，或是狭窄平直两条断裂直线延伸，或孤立的高陡线形变形带，如曲许盖断裂带。西部地区短轴背斜发育，斜列展布，如小海子背斜—间房背斜，或是凸凹也呈斜列出现。

巴楚隆起南部色力布亚-罗斯塔格断裂带平面上分为三段，呈斜列展布，各段断裂尾端出现分支断裂呈马尾状。沿断裂走向出现断层转向，如色力布亚断裂带西段断面北倾，东部出现断面南倾，变化明显，断裂带狭窄高陡；断裂剖面样式变化大，出现花状、半花状、直立型等走滑样式的频繁变化，具有明显的走滑特征。

综合分析，新生代在南部与西部强烈的斜向构造挤压作用下，巴楚隆起发生强烈的走滑-冲断抬升，西部发育北西向压扭断裂系统，奥陶系碳酸盐岩比阿瓦提凹陷高出 3000～5000m。巴楚断裂一般向上断至新近系，甚至断至地表，向下断至基底。由于强烈的压扭作用，造成巴楚地区隆升剧烈，而且西高东低。

（三）塔北扭压断裂与走滑断裂系统

塔北隆起发育以轮台断裂控制的晚海西期走滑-逆冲断裂系统（贾承造，1997），新的地震与地质资料研究表明，南部还有一系列走滑断裂发育（图 4.20），一直延伸到满西地区，呈向西发散状分布。北部秋里塔格断裂带、提北断裂带并未形成塔北古隆起的北部边界断层，晚古生代—中生代断裂系统向北延伸到库车拗陷内部。西部温宿凸起具有与轮台断裂带类似的构造背景，也发育北东向断裂。北西向喀拉玉尔衮断裂带是分隔东西构造单元的大型构造转换带，英买力低凸起向盆地内扩张，而温宿凸起应力释放在北部的大型断裂带，具有右旋扭动的特征。该构造变换带向北与西秋构造相连，也是拜城凹陷与乌什凹陷的分界转换带。

塔北具有多组方向、不同性质的断裂（图 4.20），主要发育北东向扭压断裂与两套走滑断裂体系。北部北东东向逆冲断裂多具有走滑-冲断的特征，西部冲断作用强烈，也具有走滑分量。南部发育加里东晚期走滑断裂系统，晚海西期—燕山期有继承性活动，大多呈北北东向与北北西向剪切组合（图 4.14）。这套走滑断裂规模一般较小，但分布范围广，并向南延伸。西部发育晚海西期走滑断裂系统，受喀拉玉尔衮主走滑断裂带控制，北东向与北西向断裂向西南方向聚敛形成三角带。该区断裂横向变化大，延伸长度较短，但断距较大，发育伴生的短轴背斜。

（四）塔东-塔东南走滑-压扭断裂系统

塔东地区断裂分布复杂（图 4.20），包括北部受控库鲁克塔格山的孔雀河断裂带、群克断裂带、罗北断裂带等，呈北西走向为主，主要形成于晚海西期，在印支期—燕山期也有活动，山前断裂带新近纪仍在活动。南部为受车尔臣断裂带控制的压扭断裂系统，北东向、北西向分布为主。英吉苏凹陷多组方向断裂分布杂乱，断裂高陡，倾角在60°～80°，断距变化大，一般在 100～800m 范围内。从该区的断裂样式、空间组合关系分析，为压扭断裂，发育在侏罗纪末—白垩纪初（图 3.14）。

车尔臣断裂带是盆地东部地区的主控断裂带，控制了东南拗陷的构造格局与中新生界沉积，并对盆地东部的构造具有重要的控制作用。车尔臣断裂呈北东走向，断面倾向东南，延伸约 600km，垂直断距达 3000m。车尔臣断裂带横向差异较大（许怀智等，2009）。西段断层高陡（图 1.5），北陡南缓，上盘断至新近系，局部有明显褶皱作用，石炭系与下伏变质岩为角度不整合接触；下盘有分支断层向塘古拗陷冲断，寒武系—奥陶系地层发育，局部地层变质。车尔臣断裂中部主断层断至新生界底面，古近系前基本停止活动。主断裂平直高陡，断距大，在塔东 2—塔东 1 井区造成下盘的挠曲牵引，形成大型的背斜褶皱；断层上盘侏罗系以下沉积地层全部缺失，有次级断层断至新近系。东段至罗布泊地区，车尔臣断裂断距减小，下盘发育一系列冲断构造，向上断至白垩系。上盘平缓，形成古生界风化壳，白垩系平缓披覆其上。从断裂带上下盘断层特征分析，次生冲断断层较发育，有成排平行发育的特征，呈现强烈的逆冲-走滑作用。

三、断裂带的分段性

塔里木盆地台盆区大型的断裂带多具有明显的分段性，一般有三种表现形式：一是不同区段上的构造样式有明显差异，如塔中中央断垒带不同区段的主冲断方向有差异，构造组合样式出现变化（图 3.2）；二是断裂带为不同特征断裂斜列合并而成，如色力布亚-海米罗斯断裂带是由多条斜列的断裂带独立发展，然后连接而成（图 4.20）；三是形成演化有差异，如车尔臣断裂带不同区段的构造演化有差异，西段形成早、定型晚，而东段形成晚、定型早。

（一）构造变换带

在断裂分段的部位，通常通过构造变换带调节两端变形的差异。构造变换带的概念首先应用在逆冲推覆构造的应变守恒研究中，是指在统一构造体系域中，为保持构造形变守恒，沿构造走向出现的横向的、并导致主体构造走向与几何形态发生变化的调整变形的构造，它可以表现为简单的变换断层（transfer fault）或复杂的变换带（transfer zone）。变换断层一般具有一定的平移运动，但它与一般走滑断层又有明显的区别，一般走滑断层两盘断块体间的相对走滑方向是确定的，走滑量也是有规律变化的，而变换断层两盘块体运动方向相同，块体间的走滑量可发生显著突变。

塔中45井区塔中Ⅰ号断裂由两边盖层滑脱型转为基底卷入式（图4.22），呈现向西北斜向逆冲的特点，碳酸盐岩顶面南北落差从500m增加到1000m以上，盖层的强烈冲断使得塔中45井区碳酸盐岩整体抬升，构造较平缓。东西两端存在两个构造变换带（邬光辉等，2006），西部为左旋扭压特点的变换断层，呈北北东向，延伸长度大约15km，断裂带紧闭，断裂高陡平直，局部有正花状构造，垂直断距一般在200m以内。东部构造变换断层呈北西向，延伸长度大于20km，呈现右旋张扭的特点。在变换带的南部由于斜向挤压，出现张扭作用形成的小型地堑，该处塌陷带深达500m，宽度不到2km，并成为后期二叠纪火成岩活动的通道。变换断层的存在不但调节塔中45井区的构造变形，而且使该区形成相对抬升的平台区，不同于两侧向北倾没的斜坡面貌。

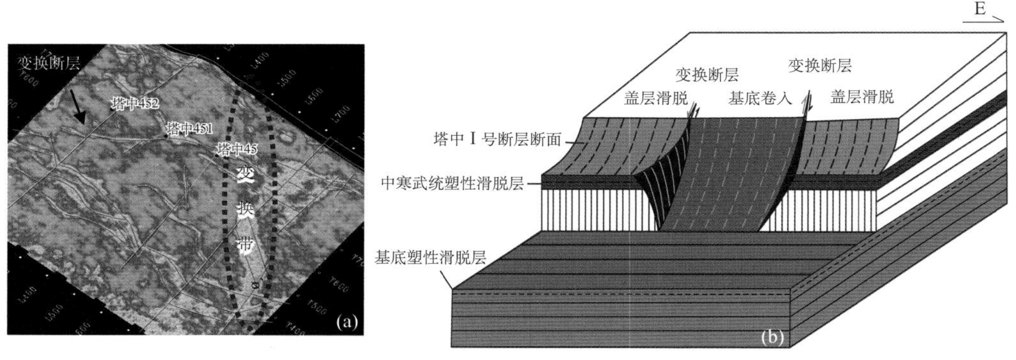

图4.22　奥陶系碳酸盐岩顶面断裂分布图（a）与变换带模式图（b）

随着主断裂的冲断发展，其间往往出现近于垂直的高角度小型变换断层，以此调节主断裂的位移差异、断面变化等，这些断层规模小，延伸短，没有主干大型走滑断裂带。变换断层的发育，造成主断裂的分段性与差异性。塔中4构造带有3条明显的变换断层（图4.23），将塔中4构造带错开为4个分割的构造高，北西向主逆冲主断裂具有斜向冲断的特点，断距沿走向上变化大。中部塔中4号构造向北逆冲，下古生界地层向北抬升，形成北冲断层传播褶皱；而西部塔中403号构造发育南北背冲断裂，主体向南抬升，南部断裂活动强烈，其间构造形变的差异通过两个构造之间的变换断层调节。

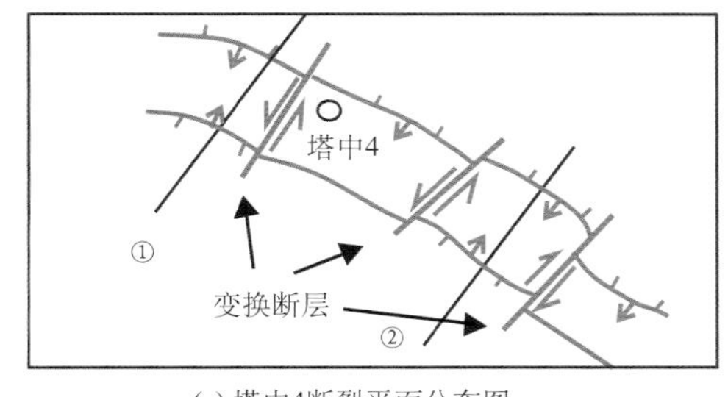

(a) 塔中4断裂平面分布图

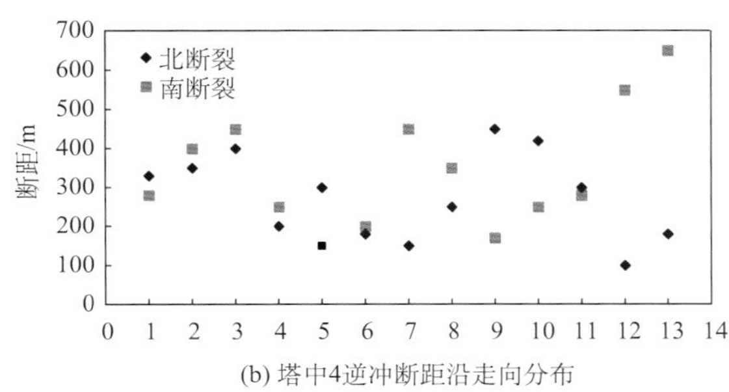

(b) 塔中4逆冲断距沿走向分布

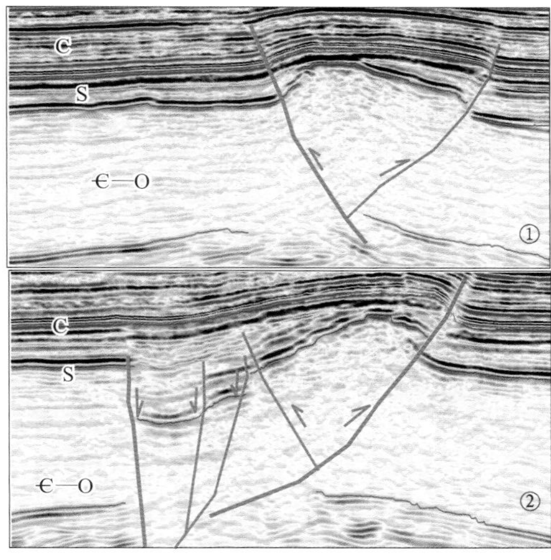

(c) 塔中4构造南北向典型地震剖面

图 4.23 塔中 4 井区变换断层平面与剖面图

（二）典型断裂带分段性特征

塔中、巴楚、塔北地区多数大型的挤压断裂具有分段性，塔中Ⅰ号断裂带较为典型（图 2.29、图 4.24）。

东段位于塔中 44 井以东，长约 90km，塔中Ⅰ号断裂带表现为多支基底卷入断层组合的破碎带（图 4.3），断裂活动强烈，断距大，发育断块潜山。其东部向上断至石炭系底部，其西部断至奥陶系顶面。断层倾角较陡，大于 60°。中部垂直断距可达 2000m，断层破碎带宽达数公里。向西端断距很快减小到 500m 以下，斜向冲断特征明显，具有压扭特征，上奥陶统碳酸盐岩断裂上盘发育镶边台地。该段发育于中奥陶世，经历加里东期—早海西期多期的构造作用，构造活动最为强烈。

中段基底断裂向西逐渐变小，直至消失（图 2.29），未断开寒武系盐膏层，呈宽缓的挠折带，局部发育盖层滑脱型断裂。断裂规模小，垂直断距一般小于 100m，断裂带的宽度也明显变窄。该段发育于中奥陶世，其后没有大的断裂活动，仅随塔中发生整体升降。该段东部基底挠曲形成高陡的增生镶边台缘；西部基底平直，没有明显的挠曲，构造活动较弱，断裂不发育，构造平缓，形成宽缓台地边缘。

西段塔中 45 井区塔中Ⅰ号断裂又断至基底，而且向西断裂活动加强，垂直断距达 1000m。该区断裂活动强烈，而且具有强烈的压扭特征，挤压与走滑断裂较发育。强烈冲断使得塔中 45 井区下古生界碳酸盐岩整体抬升，构造较平缓。该段发育于中晚奥陶世，奥陶纪末有小规模断裂继承性活动，但以褶皱为主。

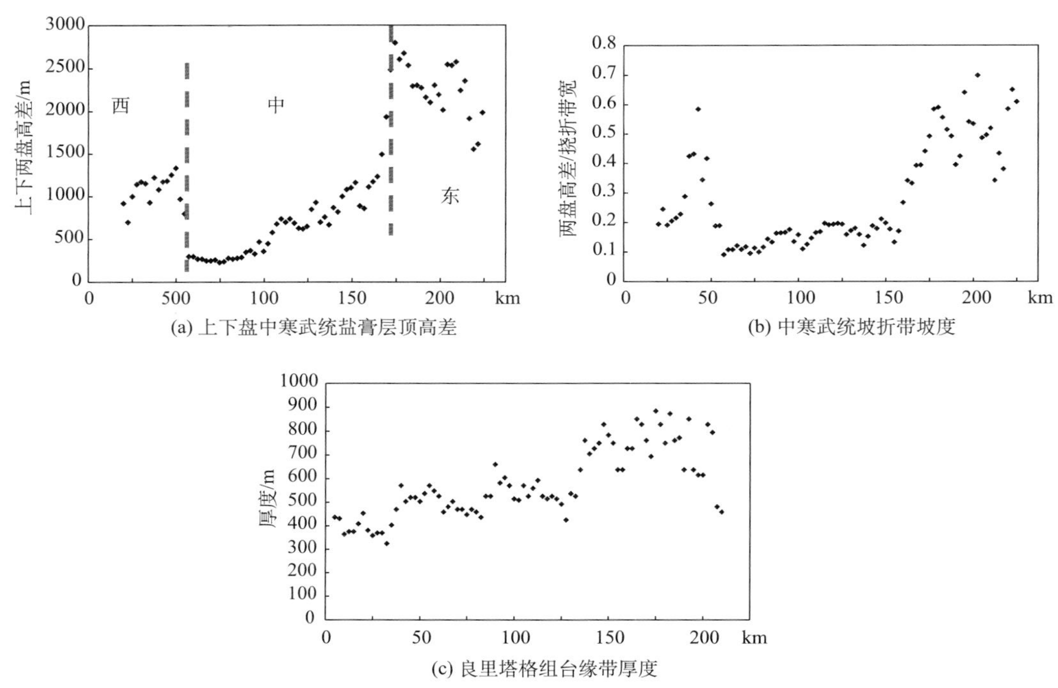

图 4.24 塔中 I 号断裂带沿走向上下盘构造要素

第三节 断裂系统演化特征

塔里木盆地下古生界经历复杂的演化与变迁，断裂形成与演化具有多期性、继承性与迁移性的特征。

一、断裂发育的阶段与期次

结合区域地质与地震资料分析，识别出 6 个阶段 15 期断裂演化过程（图 3.7、图 4.25、图 4.26）。

（一）新元古代强伸展—弱挤压断裂发育阶段

1. 南华纪区域伸展断裂发育期

塔里木盆地具有太古宙-元古代结晶基底，发生由诸多块体经历多期、多种作用的基底拼合作用过程，在新元古代早期形成统一的陆壳基底（贾承造，1997）。

南华纪早中期，塔里木板块周边进入区域裂陷时期，发育与 Rodinia 超大陆裂解同期的裂谷，尤其以东北部库鲁克塔格地区最明显。钻井发现南华纪火成岩，盆地内碎屑锆石

发育期		断裂模式	断裂特征	典型分布区
新元古代	南华纪	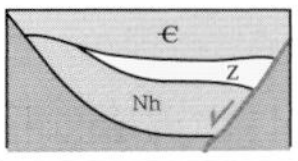	盆地周边裂陷，盆内伸展。铲式、平面状正断层发育，规模大，主要分布在满加尔凹陷及其南部	塔中85井区 满东东部
	寒武纪沉积前	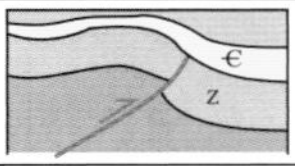	南部区域挤压抬升作用形成的断裂系统，断裂伴随基底挤压隆升，规模不大，分布较局限	塔中 塔南
寒武纪—奥陶纪	寒武纪	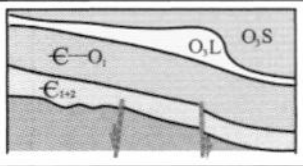	主要发育在弱伸展背景下形成的小规模正断层,断距一般不超过100m，断面高陡平直，没有形成控制沉积与构造的规模	塔中、塔北地区
	中奥陶世末	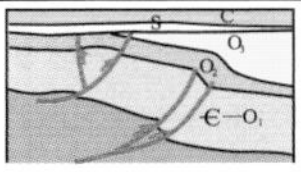	发育大规模挤压逆冲断裂系统，内幕碳酸盐岩变形较强，断裂较多，形成NWW向逆冲断层	塔中，塔北、塔西南
	桑塔木组沉积前	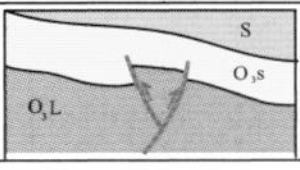	局部地区发育小型挤压断裂，沿主断层继承发育，向下消失在奥陶系内部，向上在桑塔木组底部停止活动；走滑断层开始发育	塔中Ⅰ号构造带
	奥陶纪晚期	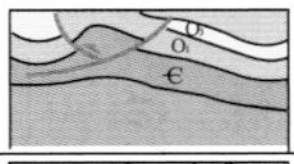	发育逆冲断层，多为继承性逆冲的铲式冲断裂，上陡下缓，向上断至奥陶统顶，向下断开基底，断裂带较宽，断层相关褶皱发育	塔中、塔北，塘古地区
志留纪—早中泥盆世	志留纪末	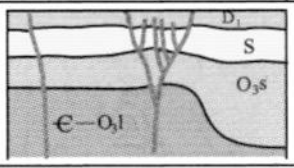	发育走滑断裂系统，主断面陡立，断入基底；塘古逆冲断裂活动强烈	塘古、塔中北斜坡
	早中泥盆世	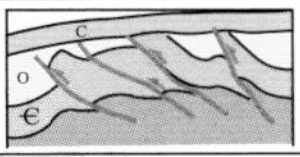	发育一系列北东向逆冲断裂体系，形成一系列成排成带的冲断构造，断裂均发生在石炭系以下地层，奥陶系碳酸盐岩出露地表，遭受大量剥蚀	塔北南缘 塘古坳陷
石炭纪—二叠纪	石炭纪末	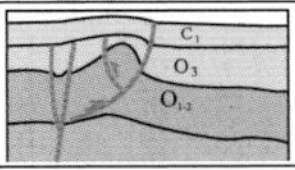	发育继承性挤压断裂，造成石炭系顶部小海子组灰岩地层发育不全，横向变化较大。但断层活动规模较小、影响范围有限，整体以受先期构造影响产生褶皱作用为主	塔中中部断垒带
	二叠纪末	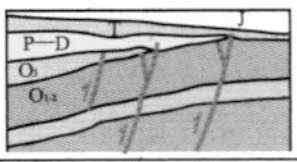	塔北与东北地区逆冲-走滑断裂发育。先期断裂再次活动，或改造前期断裂，在原有断裂的基础上继续发育	塔北 地区
三叠纪—白垩纪	三叠纪末	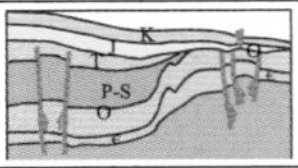	继承性断裂活动，其规模很小，表现为走滑断裂、高角度逆冲断裂，具有继承性的特点	塔东、塔地地区
	侏罗纪末	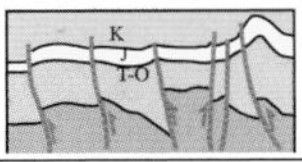	发育一系列由压扭作用形成的压扭走滑断裂，断裂呈多组方向交错	塔东南、塔东地区
	白垩纪晚期	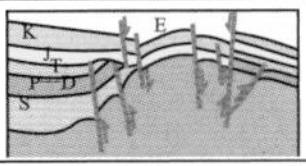	发育继承性断裂，同时有碰撞继后的局部伸展作用，形成一些断裂的反转。三叠系、侏罗系遭受剥蚀，形成白垩系与下古生界直接接触，出现断裂的继承性逆冲发育	塔北地区
新生代	喜马拉雅运动早期	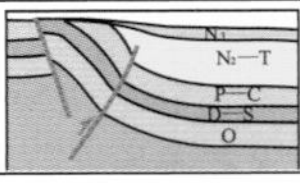	山前构造作用不断加强，冲断构造发育，同时发育走滑构造、盐构造、伸展构造等。形成山前逆冲断裂系统，巴楚走滑-挤压断裂系统，塔北弱伸展断裂系统	塔北、巴楚、塔南地区
	喜马拉雅运动晚期	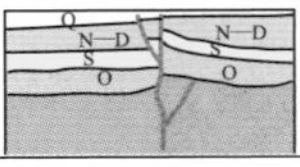	盆地周缘逆冲-走滑断裂活动强烈，柯坪推覆系统形成，盆内断裂活动集中在巴楚压扭-冲断系统	塔中地区 巴楚地区

图 4.25　塔里木盆地台盆区断裂发育期次与特征

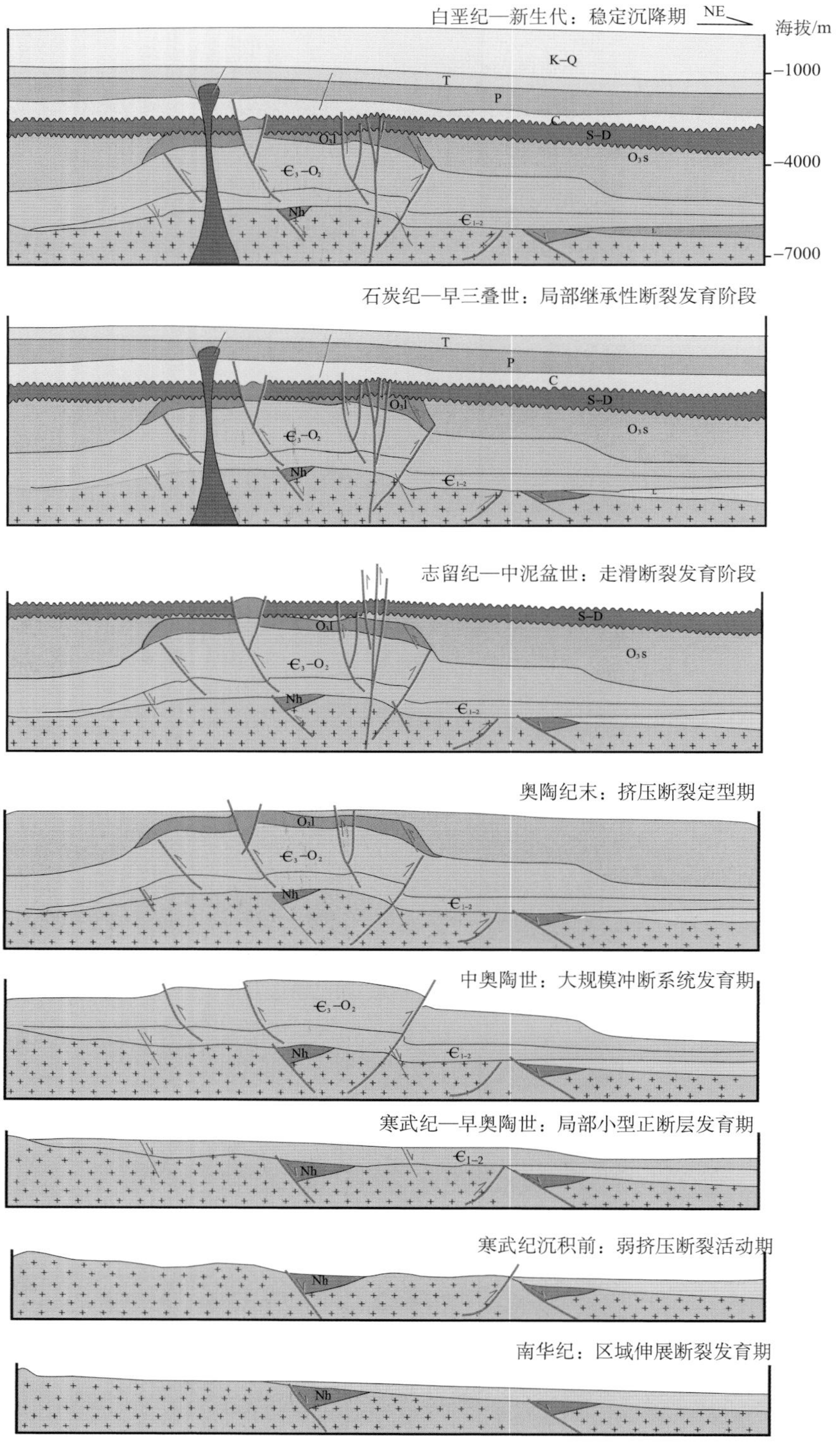

白垩纪—新生代：稳定沉降期 NE

海拔/m

K–Q

–1000

T

P

C

S–D

O_3l

O_3s

–4000

Є$_3$–O_2

Nh

Є$_{1-2}$

–7000

石炭纪—早三叠世：局部继承性断裂发育阶段

T

P

C

S–D

O_3l

O_3s

Є$_3$–O_2

Nh

Є$_{1-2}$

志留纪—中泥盆世：走滑断裂发育阶段

S–D

O_3l

O_3s

Є$_3$–O_2

Nh

Є$_{1-2}$

奥陶纪末：挤压断裂定型期

O_3l

Є$_3$–O_2

Nh

Є$_{1-2}$

中奥陶世：大规模冲断系统发育期

Є$_3$–O_2

Nh

Є$_{1-2}$

寒武纪—早奥陶世：局部小型正断层发育期

Є$_{1-2}$

Nh

寒武纪沉积前：弱挤压断裂活动期

Nh

南华纪：区域伸展断裂发育期

Nh

图 4.26　塔中隆起断裂演化模式图

测年也显示有此期构造-热事件（图 3.20），表明南华纪盆地内部具有广泛的强拉张活动。在塔东地区与塔中 4 井区新三维剖面上（图 2.3、图 4.3），发现有保存较好的南华系正断层，断距超过 500m，形成规模不等的小型断陷。塔中Ⅰ号断裂带中部南华系—震旦系具有明显的自北向南超覆减薄的趋势，形成北断南超的大规模箕状断陷［图 2.6(a)］。

受地震资料限制，少量地震剖面显示推断存在近东西向—北东向的走向分布。由于后期构造挤压强烈，早期的断裂多被卷入冲断变形，特征不清楚，但箕状断陷的残存表明曾经有大规模的伸展断裂活动，塔里木克拉通内部存在该期广泛的断陷发育。

2. 寒武纪沉积前弱挤压断裂活动期

塔里木盆地周边与内部发现寒武系与震旦系普遍有不整合存在，发育与“泛非运动”相对应的大规模构造挤压。

该期断裂识别很少，在塔中基底普遍发现有前寒武纪挤压现象，顶部被寒武系削蚀夷平，盐下寒武系厚度较薄，自北向南超覆，形成明显的角度不整合。寒武系沉积前具有复杂的古地貌特征，寒武系超覆地层在塔中东部变化大，虽然受后期构造的强烈改造作用，但残存前寒武纪挤压断裂的形迹（图 3.16、图 4.4）。寒武系沉积前断裂活动的证据有：一是寒武系盐下地层在塔中Ⅰ号断裂带附近具有明显的厚度变化，但没有正断层发育，存在基底挤压隆升，寒武系向上超覆；二是挤压断裂没有断至寒武系，在寒武纪生长地层发育期没有挤压背景，断裂仅局限在前寒武系地层中；三是寒武系沉积后发生的挤压断裂一般断至寒武系盐膏层，而没有断至寒武系的基底断裂多位于基底局部高。

塔里木盆地内前寒武纪的构造活动主要发生在盆地南缘，推测断裂主要分布在塔中-巴楚隆起及其以南古隆起地区，以近东西走向为主。寒武纪沉积前的冲断作用可能强度较小，挤压断裂规模不大，局部地区见后期继承性的活动，可能对后期的基底逆冲断裂发育有一定影响。

（二）寒武纪—奥陶纪：局部弱伸展-强挤压断裂发育阶段

1. 寒武纪—早奥陶世局部小型正断层发育期

根据塔中、塔北地区三维地震的追索分析，发现寒武系地层分布稳定、沉积稳定，缺少断陷活动。塔里木板块在寒武纪处于克拉通内浅水沉积，发育稳定的碳酸盐岩台地，塔中与塔北地区连为一体。仅在局部地区早中寒武世可能发育小型正断层（图 4.3），在塔东地区也存在一些正断层（图 4.18），规模较塔中大，但也延伸不远，分布局限。

寒武纪塔里木盆地周缘仍然有较强烈的伸展，但板块边缘已裂开，是拉张的集中区，板内整体处于克拉通内弱伸展背景。早中寒武世以局部小型的正断层为主，仅发现小型断裂在盆地内零星分布，缺少形成控制沉积与构造格局的大规模断裂。

2. 中奥陶世大规模冲断系统发育期

中奥陶世塔中地区北西向的主要挤压断裂形成（图 4.3）。新三维地震剖面显示上奥陶统良里塔格组与寒武系—中下奥陶统具有不同的地震响应特征，其间发育不整合。上奥陶统波组连续平直，断裂较少；而内幕碳酸盐岩变形较强，波组杂乱，地层横向变化大，出现较多的断裂，有少数主断裂继承性发育至上奥陶统。综合分析，塔中冲断系统的形成于中奥陶世晚期至良里塔格组沉积前。

此期断裂主要分布在塔中地区，呈北西走向，形成了塔中隆起的基本构造格局，控制了后期断裂带的继承性发育。由于地震资料品质较差，在广大台盆区难以识别该期的断裂形迹，预测在塔西南、塔北地区也有该期逆冲断裂的活动与分布。

3. 桑塔木组沉积前弱挤压断裂与走滑断裂发育期

良里塔格组碳酸盐岩沉积后转向桑塔木组碎屑岩沉积，标志盆地下古生界海相碳酸盐岩沉积的结束，这期大型的沉积转换面也有伴生断裂活动。塔中地区晚奥陶世良里塔格组沉积后出现短暂的暴露剥蚀，塔中I号构造带东部发生抬升，在局部地区发生小型的挤压断裂活动［图 2.11(b)］，以调节I号构造带构造变形。该期断裂没有继承I号断裂向上发育，而是派生次级断裂，向下消失在奥陶系内部，向上在桑塔木组下部停止活动。

此期先存断裂也有继承性活动，塔中中央断垒带北翼出现桑塔木组明显的上超，形成同沉积断裂，断裂活动的规模相对较小。塔北南缘哈拉哈塘地区三维地震剖面解释表明，走滑断裂主要分布在下伏的中上奥陶统碳酸盐岩中（图 4.10），在上奥陶统桑塔木组碎屑岩沉积前断裂已开始活动。

4. 奥陶纪末继承性挤压断裂发育期

奥陶纪末期塔里木盆地发生大规模的构造隆升，塔中、塔北的逆冲断裂系统形成，下古生界海相碳酸盐岩的构造格局基本形成。

塘古拗陷地震剖面见志留系向奥陶系断裂带上超覆，沉积研究也认为东南方向在志留纪沉积前已抬升，结合志留系碎屑锆石测年对比分析（表 3.4），奥陶纪晚期塔中隆起东南部北东向逆冲断裂与塘古拗陷冲断带已开始活动。奥陶纪末塔中隆起大规模抬升，塔中主垒带、10 井断裂带构造抬升较大，断裂活动强烈，北西向断裂多产生斜向冲断，其间发育变换断层。

新的资料表明，塔北隆起在奥陶纪末也已形成。哈拉哈塘地区北部发现志留系覆盖在奥陶系碳酸盐岩之上（图 3.8），其间巨厚的桑塔木组遭受剥蚀。英买 2 井志留系碎屑锆石测年表明有大量基底的物源，志留系沉积前已有基底隆升出露，很可能有断裂活动。斜坡区哈拉哈塘地震资料显示存在晚奥陶世的走滑断裂（图 4.10），预示塔北古隆起也有广泛的断裂活动。

由于当时构造作用东强西弱，构造挤压来自东南方向，挤压断裂多继承了早期的断裂走向，但具有一定的走滑作用，造成不同的断裂带都出现断裂的弯曲与分段，具有斜向冲断的特点。

（三）志留纪—早中泥盆世：北东向走滑-冲断断裂发育阶段

1. 志留纪中晚期走滑断裂发育期

志留纪中晚期，在来自东南方向的斜向构造挤压作用下，在塘古-塔中南部发育一系列北东向冲断叠瓦断裂（图 4.27）。塘古拗陷发育一系列北东向逆冲断裂体系（图 4.5），

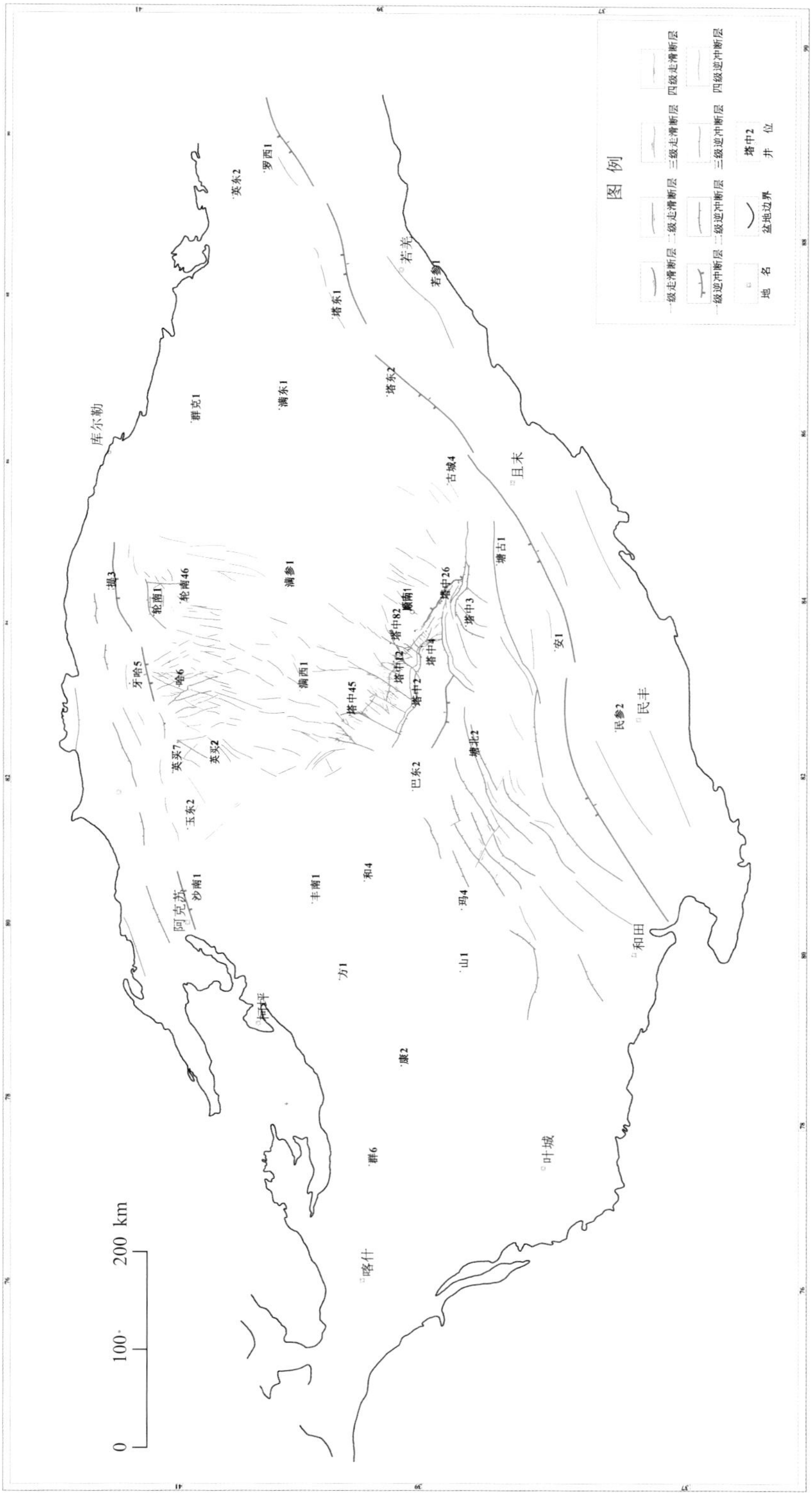

图4.27 塔里木盆地志留纪末—中泥盆世断裂分布图

东南部形成向北西方向冲断的断裂系统，玛东地区则发育向西南方向冲断的反冲断裂系统，均位于石炭系以下地层。奥陶系碳酸盐岩沿断裂带出露地表，遭受大量剥蚀，为大规模板内应力作用的效应。

在塔中北斜坡区由于受北西向先期构造影响，与来自东南方向挤压应力呈斜交，产生北东向的走滑应力，形成左旋走滑-压扭断裂系统。塔中10井断裂带、中央断垒带产生斜向冲断。受北东向基底结构的影响，以及先期的北西向逆冲带作用，塔中北斜坡产生北东向的走滑分量，发育一系列北东向走滑断裂带（图3.2）。地震剖面上寒武系—奥陶系与志留系变形特征相似、断距相当（图4.9），走滑带上奥陶系地层的变形范围较志留系窄，更为高陡狭长，地层与志留系整体升降，表明走滑活动主要发生在志留纪中晚期。

2. 早中泥盆世冲断-走滑继承性发育期

塔中东部缺失中下泥盆统，走滑断裂向上主要发育在志留系，未断至上泥盆统东河砂岩段（图4.3），由此可见塔中走滑断裂主要发生在上泥盆统东河砂岩沉积前。西部走滑断裂向上发育至下泥盆统（图4.9），中下泥盆统卷入了强烈的构造变形。由此可见塔中走滑断裂在早中泥盆世有继承性活动，并向西部推进。

早中泥盆世，随着西南方向冲断作用向盆地内部传递，盆内大型走滑断裂带又有继承性活动。塔中走滑断裂向上扩展发育至中下泥盆统，并卷入了强烈的构造变形，断裂带宽、变形复杂，雁列构造、马尾构造发育，其变形特征与志留系有差异。塔北隆起在强烈的隆升背景下，也发育一系列逆冲断裂，轮台断裂开始呈现控制南北分异的规模活动，北东向的轮南、英买力等构造带形成，轮南断裂带、桑塔木断裂带也断承性活动。塔北南缘一系列走滑断裂也断承性发育，在地震剖面上可见断裂高陡，断距较小，没有塔中地区规模大，缺少伴生构造，断裂带狭窄平直，主要发育在石炭系以下。

（四）石炭纪—二叠纪：北部压扭断裂发育阶段

1. 石炭纪—早二叠世局部断裂继承性活动

石炭系沉积后塔中地区以整体升降为主，石炭纪末期在塔中4、塔中5等中部高垒带断裂又有继承性活动（图4.3和图4.4），造成石炭系顶部小海子组发育不全，横向变化较大。但断层活动规模较小、影响范围有限。塔南隆起民丰凹陷钻探表明石炭系地层不全，为二叠系削蚀，可能存在该期的断裂活动。

塔里木盆地中西部广泛发育早二叠世火成岩，从塔中地震资料分析，火成岩多沿断至基底的走滑断裂、逆冲断裂产出，也有孤立点状突出的。断裂活动存在两种形式：一种类型是随着火成岩的发育（图4.9），在火成岩周边出现小型断裂，后期的区域构造活动中也有局部继承性活动；另一种类型是先期走滑断裂再次活动，或改造前期断裂，或在原有断裂的基础上继承性发育。巴楚地区火成岩发育，多呈局部的点状喷发，奥陶系也存在侵入岩墙，可能存在火成岩相关断裂，以及控制火成岩喷发的早期断裂的复活。

2. 二叠纪末北部压扭断裂发育

二叠纪末断裂活动迁移到北部地区（图 4.6）。塔北古隆起遭受斜向强烈冲断作用，全区压扭性构造活动强烈，形成北东东向左行压扭断裂。由于强烈的压扭作用，造成轮台断隆强烈抬升剥蚀，前寒武纪基底出露。西部英买力低凸起向南挤压隆升的过程中，在斜向冲断作用下，形成北西向喀拉玉尔衮右行走滑断裂带，调节其与温宿断隆的构造变形。哈拉哈塘走滑断裂局部出现继承性活动，以张扭断裂为主，规模较小。孔雀河斜坡大型边界断裂开始发育，并造成古生代地层向北隆升，遭受剥蚀。

（五）三叠纪—白垩纪：塔东-塔北断裂调整改造阶段

中生代以后塔里木盆地进入陆内演化阶段，主要受远程挤压应力的影响，断裂活动主要集中在塔北、塔东—塔东南构成的向东北突出的弧形带（图 4.20）。

1. 三叠纪末东部走滑断裂继承性发育期

印支期东南隆起发生强烈断裂活动。在有侏罗系覆盖的地区可见车尔臣断裂此时已形成，车尔臣断裂陡倾、错断基底，缺失三叠系，造成塔东隆起与塔南隆起具有明显不同的构造特征（图 2.13）。东南隆起上侏罗系凹陷呈斜列的分布特征，可能反映三叠纪末期已有走滑活动。塔东地区孔雀河斜坡-库鲁克塔格地区断裂活动加剧，造成地层的强烈掀斜抬升与剥蚀。与车尔臣断裂伴生的次级断裂开始活动，多与车尔臣断裂斜交（图 3.25），具有压扭特征。

塔北隆起发生强烈隆升，形成侏罗系与下伏石炭系—二叠系、奥陶系的不整合，构造特征继承了晚海西期的面貌，扭压断裂继承性活动（图 4.6），英买力地区断裂活动较强。巴楚地区受资料限制，早期的断裂形迹不清。但三叠系自塔中向巴楚方向追踪为剥蚀缺失，可见在三叠纪后发生强烈的构造隆升，吐木休克断裂等可能已开始活动。

三叠纪之后塔中基本没有新的断裂活动，仅在火成岩发育区可能有断裂活动至三叠系（图 4.9），其规模很小，倾角高陡，具有继承性的特点。

2. 侏罗纪末塔东压扭-走滑断裂发育期

晚侏罗世—早白垩世早期，东南隆起断裂活动强烈，侏罗系剥蚀严重，残留局部断陷。塔东走滑断裂发育（图 3.14），是英吉苏凹陷压扭构造的主要形成期，发育有多组方向交错的断裂，断距变化大，断层在平面上呈右行雁列式分布，剖面上呈正花状构造，反映断层压扭应力分量的存在。断裂多向上终止于侏罗系，表明在侏罗纪晚期已有大规模的走滑构造活动。白垩系底部存在底超现象，局部地区有剥蚀现象，早白垩世早期是构造定形期，该区断裂未断穿白垩系。压扭构造圈闭发育，多为短轴背斜，构造带相互交错，走滑作用明显。

盆地内部侏罗系局限，仅分布在塔北-塔东地区，剥蚀严重，塔中-巴楚地区发生隆升。塔北地区残留下侏罗统不足 100m，中上侏罗统缺失，在整体隆升的背景下，塔北的轮台断隆、温宿凸起可能有断裂的继承性活动，断裂带缺失侏罗系。

3. 白垩纪末塔东-塔北局部断裂继承性发育期

沿轮台断垒带—温宿凸起一线，三叠系、侏罗系遭受大量剥蚀，形成白垩系与下古生界直接接触（图 4.19），出现断裂的继承性逆冲发育。白垩纪末，塔北地区出现继承性断裂活动，同时有碰撞继后的局部伸展作用，形成一些断裂的反转。温宿凸起断裂活动强烈，形成巨大隆升的断隆，北部基底断至地表，与南部阿瓦提凹陷的地层高差大于 3000m。

柯坪-巴楚地区缺失白垩系，从阿瓦提白垩系向西逐层削截分析，可能是古近纪前剥蚀的结果。麦盖提斜坡的巴什托普构造带在中生代活动，新生界披覆在该断背斜之上，北西西向断裂可能还有分布，推断巴楚地区北西西向断裂开始出现雏形。东南隆起断裂发生继承性活动，车尔臣断裂西部仍有明显断裂隆升，断裂带附近二叠系—白垩系因剥蚀缺失（图 2.13）。

（六）新生代：周边与巴楚地区断裂发育阶段

喜马拉雅晚期，塔里木盆地周缘以陆内造山运动与山前冲断带发育为特征，山前断裂活动期次多（贾承造，2004），在南天山山前、西昆仑山前形成一系列向盆地推进的前展式冲断系统。新构造运动造成冲断构造发育，同时发育走滑构造、盐构造、伸展构造等，形成塔西南山前、南天山山前逆冲断裂系统，以及塔东南冲断-走滑断裂系统、巴楚走滑-挤压断裂系统。断裂主要围绕盆地边缘分布（图 4.20），盆地内部下古生界碳酸盐岩的断裂系统主要发生在巴楚地区，以高陡的走滑断裂与扭压断裂发育为主，是该区断裂活动的关键时期，均为基底卷入。塔北隆起局部拉张，产生北东向正断层。

因此可见，塔里木盆地下古生界碳酸盐岩断裂发育（图 4.28），经历 6 个阶段 15 期的多类型断裂发育，以逆冲断裂为主，同时有加里东末期—早海西期、晚海西期、燕山期与喜马拉雅晚期 4 期走滑断裂发育。

二、断裂发育的继承性、迁移性和改造性

（一）断裂发育的继承性

1. 基底断裂是显生宙断裂发育的基础

塔里木盆地发育不同层次、不同方向、不同级别的基底断裂（图 4.29）。以中央航磁异常带近东西向的深大断裂带为界，北部主要发育北西向断裂带，以及少量北东向断裂，南天山山前出现平行山系走向的弧形断裂与近东西向的断裂带。南部、东南部以北东向断裂为主，存在近东西向与北西向断裂带。

塔东南、巴楚、塔中及塔北的一级主干断裂大多断至基底，控制了一级构造单元的大致走向与基本构造格局。基底断裂薄弱带是后期断裂发育的有利部位，基底大型的断裂带控制了盖层断裂的发育。通过地震剖面分析，塔中、塔北基底都存在薄弱地带，盖层一级断裂发育处多有基底断裂，后期盖层断裂多沿这些基底断裂发育。塔中 I 号断裂

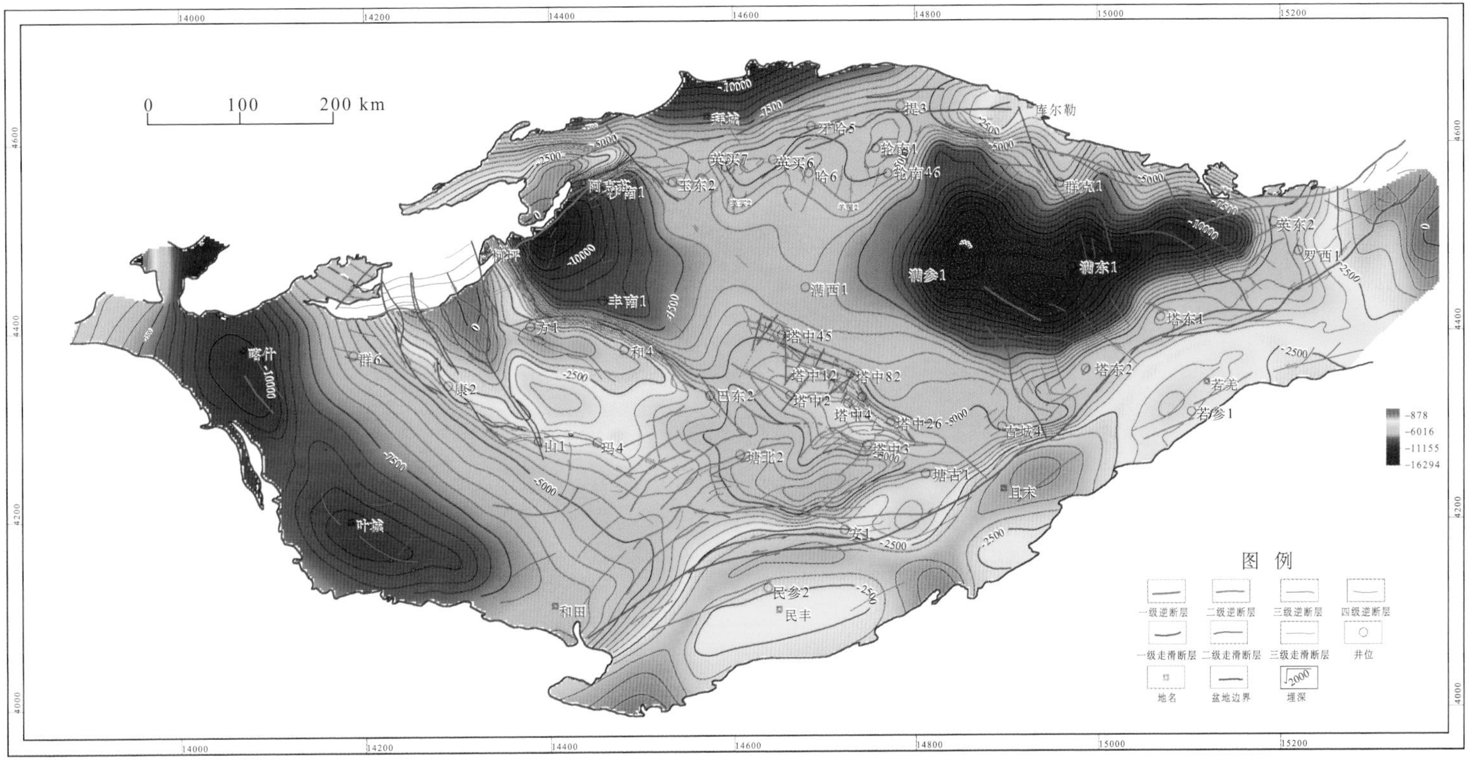

图 1.28 塔里木盆地下古生界碳酸盐岩顶面构造形态

其中塔东南为变质岩顶面形态

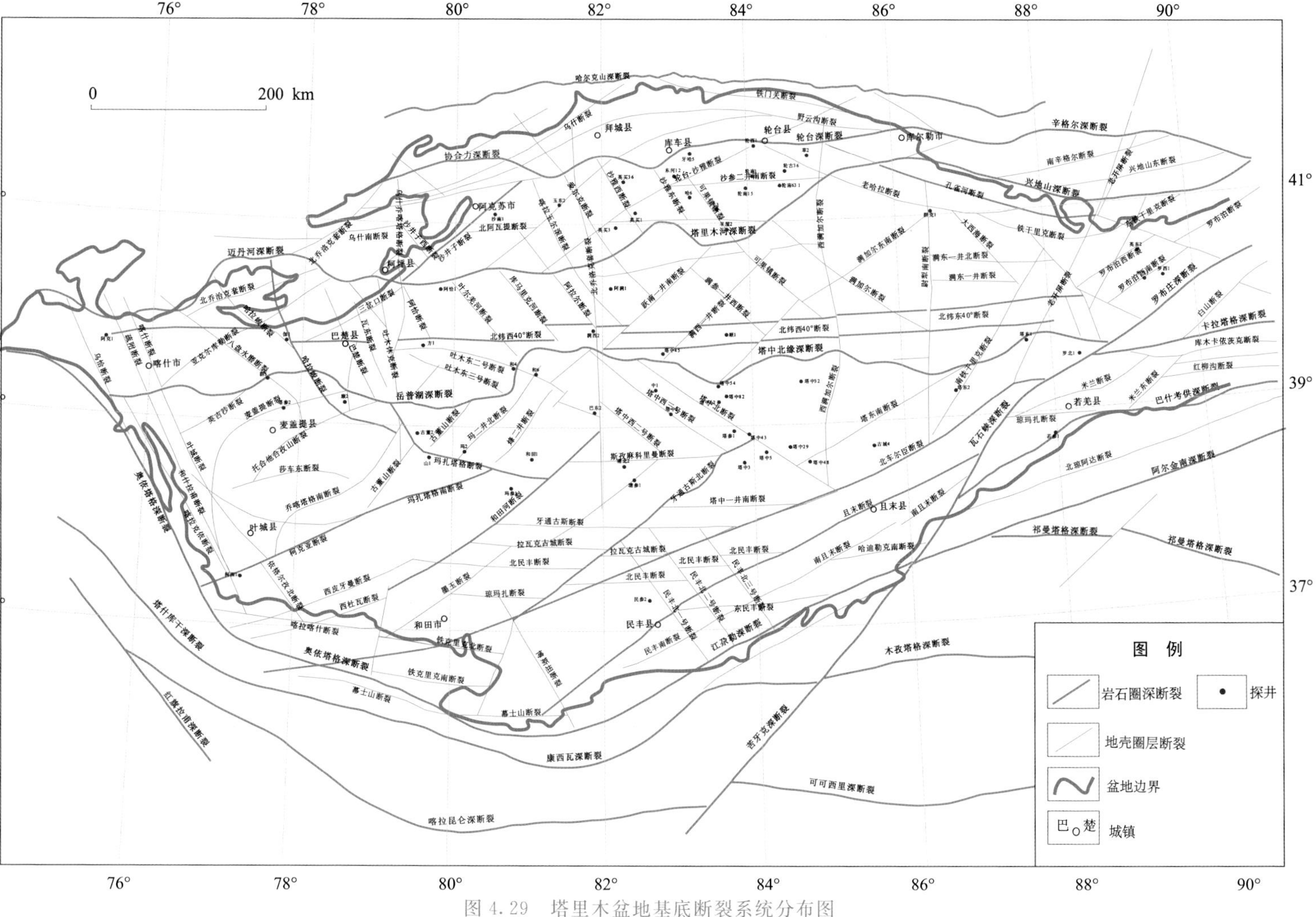

图4.29 塔里木盆地基底断裂系统分布图

带东段沿基底断裂发育，车尔臣断裂带、阿尔金断裂带发育大型北东向基底断裂，与盖层断裂基本重合，塔北轮台断裂深部有北东向断裂与盖层断裂相对应。这些现象表明，盖层断裂带的发育与基底断裂带具有较好的对应关系，部分基底大型的断裂带控制了盖层断裂的发育与展布。

2. 断裂发育的继承性

塔里木盆地经历多期不同特征的断裂活动，在后期构造作用相似的条件下，断裂活动多沿早期的断裂带发生，大型的主干断裂带多具有继承性发育的特点。断裂继承性发育有两种表现形式：一是断裂持续性活动，断裂性质、样式、作用范围基本相同，如塔中Ⅰ号断裂带；二是沿早期断裂的部位发生作用，但断裂性质、特征出现变化，如轮台断裂经历晚加里东期挤压、晚海西期走滑、印支期—燕山期斜向冲断、喜马拉雅期反转断裂发育等不同性质的断裂活动，但主体沿轮台断裂持续发育。

塔中、塔北古隆起断裂继承性发育较明显（图 4.30），塔中地区塔中Ⅰ号断裂带形成于中奥陶世，在奥陶纪末基本定型；中央断垒带、塔中 10 井断裂带中奥陶世开始形成，晚加里东期—早海西期继承性发育，局部持续至晚海西期，具有形成早、定型晚的特点。走滑断裂带发育于中晚奥陶世，志留纪—中泥盆世、晚海西期—燕山期局部有继承性活动。塔北轮台断裂、牙哈断裂、古木别兹断裂带等，也都经历晚加里东、早海西期、晚海西期等多期断裂活动，不同时期断裂活动强度差别大。

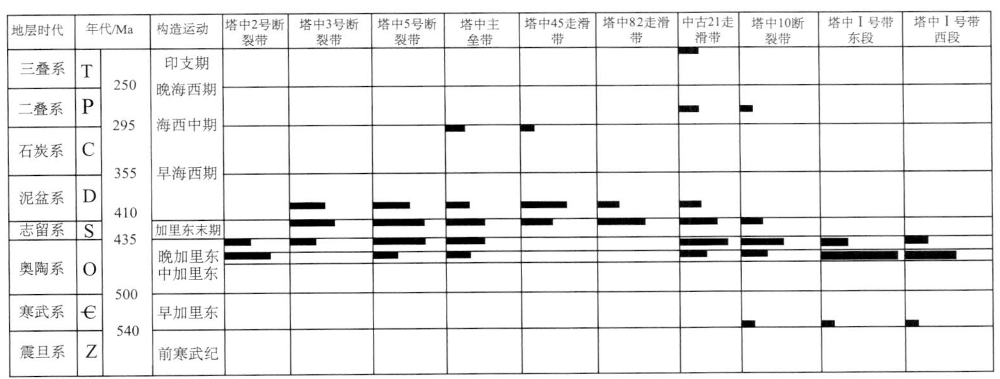

图 4.30 塔中隆起断裂带活动期次图

黑杆位置代表断裂活动的时间，长短代表断裂活动的相对强度

（二）断裂发育的迁移性与改造性

塔里木盆地多期构造变迁造成断裂在平面上发生迁移，在剖面样式与特征出现改造的特点。

从不同时期断裂的分布特征分析，加里东期—早海西期受控于板块南缘的构造聚敛作用，奥陶纪断裂系统主要分布在塔中-塘古-塔东南，志留纪—泥盆纪扩展到塔北地区。晚海西期南天山洋的闭合造成塔北断裂发育为主体，印支期—燕山期又向塔东、塔东南扩展，发育大型走滑构造。喜马拉雅期则以邻近周边造山带的盆地边缘断裂发育为主，前陆山前断裂活动强烈，盆地中部地区断裂欠发育。可见塔里木盆地台盆区断裂系统经历多阶段的演变，发生不同地区的大范围变迁。

同一地区也发生不同期次断裂分布的变迁。中晚奥陶世塔中隆起挤压断裂作用活跃，塔中Ⅰ号断裂带等北西向挤压断裂均有活动。奥陶纪末期，塔中南北两侧的塔中Ⅰ号、塔中Ⅱ号控隆断裂停止活动，断裂活动强烈区迁移至中部及东部地区。志留纪主要在塔中北斜坡发育北东向走滑断裂、在东南部发育北东向逆冲断裂带。断裂活动表现为西弱东强，以压扭作用为主，断裂的分段性更加明显。塔中隆起早期断裂活动南北强、中部弱，晚期断裂作用东强西弱，断裂活动强度逐步减弱，呈现向中部迁移、向东部迁移的发育趋势。

后期构造作用强烈，构造样式与构造特征发生改变，造成晚期断裂对早期断裂的改造作用也很普遍。断裂改造作用有三种表现形式：一是早期断裂分布区遭受后期强烈的构造作用，抬升剥蚀殆尽或断裂形迹完全破坏，如西昆仑山前、阿尔金山、库车山前等冲断或走滑作用强烈，早期断裂卷入造山变形；二是早期断裂经历后期的改造，断裂性质或特征发生巨大变化，如车尔臣断裂带经历晚加里东期冲断、印支期—燕山期走滑、喜马拉雅期冲断-走滑作用的多期作用，早期冲断变形已难以识别；三是断裂性质的转变或特征的变化，如牙哈断裂晚海西期逆冲，喜马拉雅期在中新生界出现正断层，形成反转构造。

车尔臣断裂带在加里东期即开始大规模活动，形成志留系物源区，当时其主断裂位于西段，为断面向西南倾的大型逆冲断裂，由一系列逆断裂构成前陆冲断带。在志留纪阿尔金岛弧强烈的碰撞挤压下，东南地区强烈隆升，并发生动力变质作用。晚海西期东部发生强烈隆升，具有大量的剥蚀，形成东高西低的古地貌。印支期—燕山期发生大规模的走滑作用，塔东地区发生过强烈的构造抬升，自西向东产生数千米的地层剥蚀（图 2.13）。侏罗纪晚期英吉苏凹陷形成的北西向、北北东向、北西西向的走滑断裂截切车尔臣断裂，这些雁列或侧列的断裂是与阿尔金主走滑断裂带高角度相交的雁列剪切破裂，走滑活动规模大（图 3.14）。古近系沉积前又有一期断裂活动，白垩系仅在局部残余，侏罗系也遭受大量剥蚀。喜马拉雅期车尔臣断裂有继承性活动，但主要集中在西部，东部断裂上下盘的地层变形不大，构造活动较弱。由于强烈的构造改造作用，车尔臣断裂带早期的构造形迹多遭受破坏，难以辨识。

（三）断裂演化模式

不同期次、不同性质的断裂形成多种演化模式，主要有继承发育型、继承发展型、叠加改造型、构造反转型、性质转换型、破坏发育型六种类型（图 4.31）。

继承发育型断裂在不同时期继承性生长［图 4.31(a)］，断裂的部位、性质与数量均未发生改变，断距与断裂规模持续增长。长期继承发育的逆冲断裂比较多，如玛东冲断带、塔中Ⅰ号断裂带东段等单冲型断裂多是沿早期的断面继承性发育（图 4.3），断距不断增大，断裂破碎带的规模也在扩大，伴生次级断裂不发育。

继承发展型断裂是在早期断裂的基础上继承性发育，同时可能产生次生调节断裂

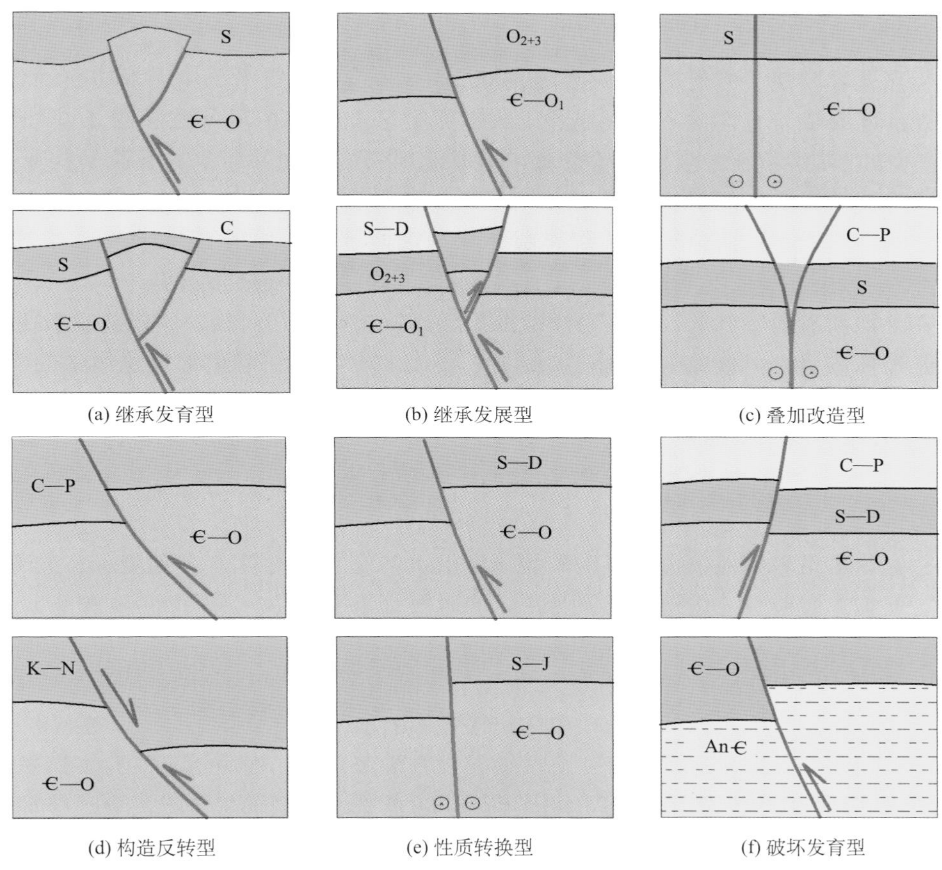

图 4.31 塔里木盆地台盆区断裂带演化模式

[图 4.31(b)]。塔中 10 号断裂带、塔中主垒带、轮南断垒带等逆冲断裂带经历多期断裂继承性活动（图 3.7 和图 4.4），发育次生调节断裂，形成断垒带。大多数走滑断裂带都有继承性发育的特征，随着走滑作用的加强，主断裂带继承性发育，同时会产生新生的次生断裂（图 4.9 和图 4.10）。

叠加改造型断裂在早期断裂的基础上发生新的变形作用，断裂的部位基本保持一致，出现新的断裂，断裂形态与特征发生变化 [图 4.31(c)]。单冲逆断层的发育过程中，可能从盖层滑脱型转向基底卷入型发展，平直的断面向铲式断面发展，次级断裂在新的构造应力作用下转化为主断裂，造成早期构造样式的改变。断裂高陡直立的单一走滑断裂在进一步的发育过程中，会造成断裂走向的分支、倾向的反转、派生断裂的改造等（图 4.9），形成花状构造、半花状构造，以及拉分地堑、马尾构造等多种类型的复杂构造。哈拉哈塘加里东晚期正花状构造经历晚海西期、燕山期张扭作用，在上覆地层形成负花状构造，继承活动的早期断裂特征也有改变（图 4.10）。

构造反转型断裂是在早期断裂的基础上，沿早期断面发生新的断裂活动，但断裂性质发生改变，形成反转型断裂 [图 4.31(d)]。牙哈断裂是典型的负反转构造（图

4.19)，在晚海西期形成大型的逆冲断裂，喜马拉雅晚期由于库车前陆强烈的挠曲沉降，在塔北隆起形成局部拉张背景，沿早期的逆冲断裂面形成下掉正断层，规模较小。

性质转换型断裂带是早期的逆冲断裂或走滑断裂在后期构造应力场转换的条件下，沿早期的断裂带发育性质不同的断裂，或是形成压扭、扭压型断裂［图 4.31(e)］。皮羌-色力布亚断裂带在中生代开始发育，形成北西西向的逆冲断裂，在喜马拉雅晚期南天山强烈碰撞隆升作用下，成为北东向柯坪冲断推覆体的构造变换带，具有明显的走滑特征。奥陶纪末—志留纪车尔臣断裂西段在塘古地区形成冲断断裂，在后期走滑作用下，沿早期断裂带形成大型的走滑带，改造了早期的断裂形态与特征。

在早期断裂的基础上，后期强烈的断裂活动改造与抬升剥蚀，可能造成断裂带早期的形迹破坏或消亡，形成破坏发育型断裂［图 4.31(f)］。在塔里木盆地周缘的南天山、西昆仑与阿尔金等造山带及其山前冲断带，发生大面积的强烈隆升与剥蚀，早期断裂残存很少。轮台断裂带在加里东期开始逆冲发育，晚海西期—燕山期发生强烈的斜向扭压作用（图 4.19)，造成古生代被剥蚀殆尽，早期的断裂带已遭受破坏，断裂面貌已消亡。

总之，塔里木盆地下古生界碳酸盐岩断裂具有分级、分类、分期特征，发育三类、四级、五组方向断裂，以挤压断裂为主，同时发育走滑断裂，伸展断裂欠发育。塔里木盆地下古生界断裂经历新元古代强伸展-弱挤压断裂发育阶段、寒武纪—奥陶纪局部弱伸展-强挤压断裂发育阶段、志留纪—中泥盆世走滑断裂发育阶段、石炭纪—二叠纪末北部压扭断裂发育阶段、三叠纪—白垩纪塔东-塔北断裂调整改造阶段、喜马拉雅晚期周边与巴楚地区断裂发育阶段等 6 阶段差异发育的演化史。断裂演化既有多期发育的继承性，也有断裂演化的改造作用，以及不同阶段断裂系统平面的分布具有迁移性。

第五章 塔里木盆地碳酸盐岩不整合与构造演化

叠合盆地多旋回构造运动形成多种形式的不整合，不整合的识别与分布是盆地构造研究的重要内容，以不整合为标志的多期构造演化与变迁对塔里木盆地海相碳酸盐岩具有强烈的构造改造作用。

第一节 不整合分类与剥蚀量恢复

一、碳酸盐岩不整合的分类与特征

（一）不整合分类

从不同的角度可以对不整合进行分类，不整合通常根据上下地层产状关系分为角度不整合和平行不整合两类，根据不整合平面分布可分为区域不整合和局部不整合，也可根据发育时期划分。随着研究的深入，不整合分类也在深化，陈发景等（2004）根据构造背景划分同构造渐进不整合、同生隆起超覆不整合、非同生隆起削截型不整合、旋转型同生隆起前缘削截型不整合和后缘超覆型不整合等；汤良杰和贾承造（2007）根据成因分为构造变形不整合和基准面升降不整合两大类，构造变形不整合进一步分为褶皱不整合、掀斜不整合、抬升不整合、火成岩侵入不整合、塑性岩侵入不整合等。这些不整合分类方案可以表现不整合的不同特征，实际研究中往往综合应用。

由于不整合面具有三元结构：上覆地层、下伏地层、上下地层间的间断面，以结构样式在纵向上划分不整合面的类型，不仅需要考虑上下地层的结构特征，同时需要考虑上下地层的接触关系。根据上覆地层的结构可以划分为整一、上超、下超、披覆等类型（尹微等，2006；郭维华等，2006），下伏地层结构可以分为整一、削蚀、褶皱、断缺、侵蚀等类型。因此考虑上下地层的结构及其组合形式，根据叠合盆地构造不整合的产状结构与地震反射特征，以下伏碳酸盐岩地层变形特征为主可以划分为整一、削蚀、褶皱、断缺四大类，根据上覆地层的接触关系进一步划分为10种类型（图5.1）。

单一考虑上覆地层或下伏地层的结构特征划分的超覆、削蚀等结构类型，不能全面反映不整合面的整体结构特征。以上、下地层结合的分类不仅整体考虑不整合面上、下地层接触关系，直观显现了不整合上下界面的接触关系，而且有利于不整合圈闭及油气藏的研究。

（二）碳酸盐岩构造不整合基本特征

塔里木盆地海相碳酸盐岩不同类型的不整合具有不同的结构，在剖面上形成多种构

大类	结构剖面	实例	结构剖面	实例	结构剖面	实例
整一	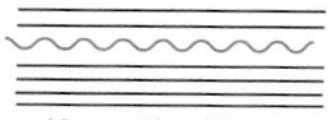 整一-整一型	巴楚隆起 O_3—$O_{1+2}y$	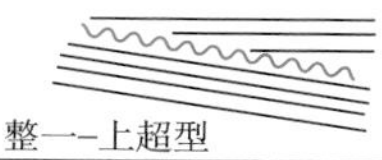 整一-上超型	塔中东部风化壳 C—O		
削蚀	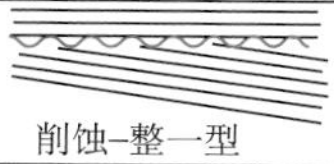 削蚀-整一型	麦盖提斜坡 C—O	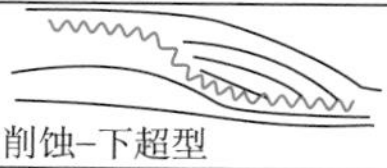 削蚀-下超型	塔中东部台缘带 O_3s—O_3l	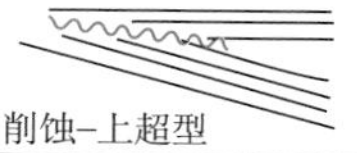 削蚀-上超型	轮南潜山 C—O
褶皱	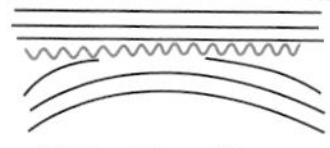 褶皱-整一型	塔中 O_3—$O_{1+2}y$	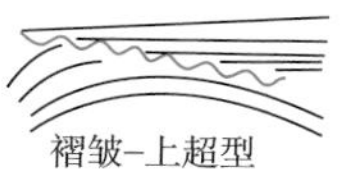 褶皱-上超型	麦盖提斜坡 S—O	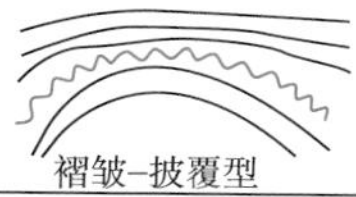 褶皱-披覆型	塔中16 S—O
断缺	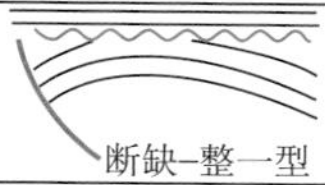 断缺-整一型	英买4构造 J—O	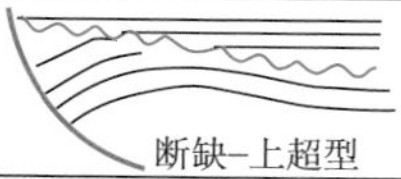 断缺-上超型	桑塔木断垒带 C—O		

图 5.1　塔里木盆地台盆区碳酸盐岩不整合分类

造样式（图 5.1）。

1. 整一类

整一类不整合是构造整体抬升或海平面下降造成下伏地层整体暴露剥蚀，随后海平面上升接受沉积而形成。这类不整合形成的构造作用较弱，地层剥蚀较少，下伏地层平行连续。上覆地层可能也呈整一关系披覆其上，形成整一-整一型（即平行不整合）；或是超覆沉积其上，形成整一-上超型。

整一-整一型不整合在地震剖面上识别困难，通常是钻井发现有地层的整体缺失，如塔中北斜坡钻遇上奥陶统良里塔格组覆盖组与中下奥陶统鹰山组之间的风化壳，其间整体缺失中奥陶统一间房组与上奥陶统吐木休克组，良里塔格组地层厚度稳定，鹰山组地震与地质层位也有很好的对比性，以整体升降为主。地震剖面上，两套地层波组平行叠置（图 4.3），呈整一-整一的接触关系，受后期影响整体褶皱变形。

碳酸盐岩整体抬升暴露后，随着构造沉降与海侵作用，地层逐步出现缓倾斜，新的沉积体系超覆其上形成整一-上超型不整合，地震剖面上地层超覆现象明显。例如，塔中东部发育宽缓上奥陶统风化壳，地层剥蚀少，形成整体抬升的平台区，志留系海侵自西向东超覆在奥陶系风化壳之上，下伏奥陶系地层连续（图 5.2），厚度稳定，志留系沉积时发生翘倾抬升，形成超覆。

2. 削蚀类

构造隆升造成的差异抬升是盆地中的普遍现象，削蚀不整合是由于构造掀斜造成地层斜向抬升，形成向上的差异剥蚀。这类不整合广泛分布，下伏地层多呈单斜形态，上覆地层多呈超覆，多具有明显的角度不整合。

奥陶系碳酸盐岩风化壳被剥蚀夷平后，发生整体构造沉降，上覆新的沉积平行覆盖其上，形成剥蚀-整一型不整合。麦盖提斜坡东段的玛南风化壳较为典型，奥陶系风化壳向南剥蚀减薄明显（图 3.9），在石炭系沉积前剥蚀夷平，形成非常平缓的古

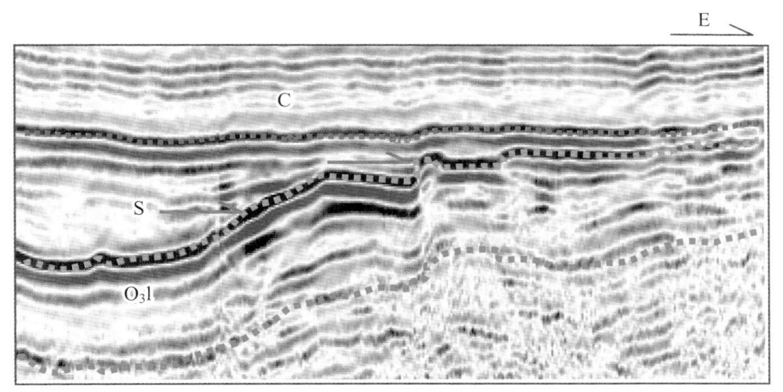

图 5.2 塔中东部地震剖面示整一-上超型不整合

地貌，没有轮南潜山那样明显的地形高差，石炭系下泥岩段超覆其上，厚度稳定，无明显的差异沉降。塔东地区寒武系与前寒武系之间也存在明显的不整合，前寒武纪地层剥蚀作用强烈，寒武系在夷平的地貌背景下平行状沉积其上［图 2.6(b)］，地震波组连续稳定。

随着构造隆升，海平面下降到最低位，碳酸盐岩地层遭受广泛的暴露剥蚀，向海可能出现明显坡折带，再次海侵过程中发育低位体系域的下超沉积体，或是斜交沉积体，形成削蚀-下超型不整合。塔中地区上奥陶统良里塔格组沉积后，出现短期的暴露，桑塔木组超覆其上，在北部台缘带以北满西凹陷区，发育斜坡扇，具有明显的斜坡前积特征，形成沿台缘斜坡区扇形分布的削蚀下超型沉积体（图 5.3）。

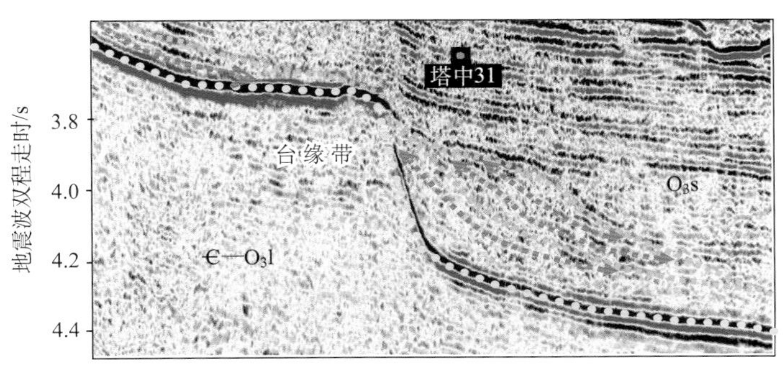

图 5.3 塔中东部地震剖面示削蚀-下超型不整合

碳酸盐岩古隆起抬升剥蚀时，多是向古隆起轴部逐层剥蚀，形成古潜山多是向斜坡区变宽缓，后期沉没水下后，新的沉积体多是向隆起高部位超覆沉积，形成削蚀-上超型不整合。这类不整合是盆地中常见的角度不整合，由于构造活动强烈，地震剖面上削蚀与超覆现象明显（图 3.8）。轮南是典型实例（杜金虎，2010），奥陶系碳酸盐岩自南向北抬升剥蚀，形成轮南潜山，北部地层剥蚀量大，出露鹰山组中下部，南部出现一间房组-良里塔格组风化壳，石炭系超覆也是围绕古潜山逐层向北减薄，形成明显的削蚀-上超型角度不整合接触（图 3.7）。

3. 褶皱类

褶皱不整合是构造抬升过程中发生褶皱变形，隆起遭受剥蚀形成的不整合。地震剖面上下伏地层褶皱特征明显，顶面削蚀作用有差异，不整合角度从褶皱轴部向翼部降低。褶皱类不整合多分布在背斜构造部位，以褶皱-整一型、褶皱-上超型、褶皱-披覆型三种类型为主。

中下奥陶统鹰山组沉积后，塔中地区开始隆升，形成褶皱隆升，在塔中主垒带、塔中10号构造带形成局部断褶带，并遭受剥蚀夷平，构造高部位剥蚀量大，鹰山组下部出露地表，形成宽缓的古地貌。在良里塔格组沉积时，随着海侵整体沉没，发育碳酸盐岩台地，普遍接受碳酸盐岩沉积，良里塔格组平行整一的沉积在鹰山组风化壳之上，形成褶皱-整一型接触关系（图3.16）。

褶皱-上超型不整合是广泛发育的一种类型，在塔西南古隆起、轮南隆起比较常见。塔西南古隆起是北缓南陡的褶皱古隆起，核部位于喀什-叶城凹陷带，奥陶系风化壳向核部逐层剥蚀，直至出露下奥陶统，北部麦盖提斜坡区逐渐加厚。志留系—石炭系自南北向古隆起核部超覆，地层减薄明显，形成褶皱-上超型不整合。塔中东部下古生界碳酸盐岩大型背斜形成后，后期沉积超覆其上，受褶皱隆升形成差异沉降，在翼部地层厚度大，褶皱轴部地层沉积较薄，形成披覆褶皱（图4.4）。

4. 断缺类

断缺不整合是受断裂作用形成的地层剥蚀缺失。断裂带及其附近地层变化大，地形起伏大，发生不同程度的剥蚀。远离断裂带地层倾角变平缓，剥蚀作用减弱。地震剖面上削截特征明显，接触角度变化大，断裂带反射杂乱，上覆地层可能出现突变。断缺类不整合主要有断缺-整一型与断缺-上超型不整合两种类型。

断裂发育过程中，地层抬升变形，遭受剥蚀夷平后，新的地层平行沉积在平整的风化壳之上（图4.19），与下伏地层具有明显的角度不整合，形成断缺-整一型不整合。这类不整合通常分布在经受长期暴露剥蚀的断裂带上，如塔中中央断垒带、轮台断裂带等。

断裂带的抬升剥蚀往往残余断块残丘，形成局部地貌高，后期沉积多超覆沉积其上（图4.3、图4.5），形成断缺-上超型不整合。在大型的碳酸盐岩断裂带，如塔中中央断垒带、轮南断垒带、玛东冲断带等多发育这种类型的不整合。

（三）碳酸盐岩淹没不整合

基准面不整合是近年来盆地层序与充填研究的重要进展（汤良杰和贾承造，2007）。海平面相对上升超过了碳酸盐岩的堆积作用而导致台地沉没并被随后的碎屑岩覆盖，形成的水下沉积不连续面以及地层间断面即是淹没不整合（Schlager，1981；蔡忠贤等，1998）。沉积水深快速增加超过碳酸盐岩生长速度，从而造成造礁生物生长或碳酸盐岩沉积停止；或是水深超过碳酸盐矿物补偿线，使碳酸盐岩矿物停止沉积，都可能形成淹没不整合。不同于海平面下降造成碳酸盐岩暴露形成的常规构造不整合，淹没不整合未出露地表，未遭受剥蚀，上覆碎屑岩。塔里木盆地轮南-古城台缘带、罗西台缘带在中奥陶世之后为碎屑岩覆盖形成淹没台地，塔中、塔北、塘南等良里塔格组台地为桑塔木组泥岩覆盖而停止了碳酸盐岩台地的发育，从而形成两期碳酸盐岩淹没台地。淹没不整合是碳酸盐岩消亡的重要方式，在塔里木盆地内部可能存在海平面上升型、构造翘倾型、碎屑物源注入型三种类型的淹没不整合（图 5.4）。

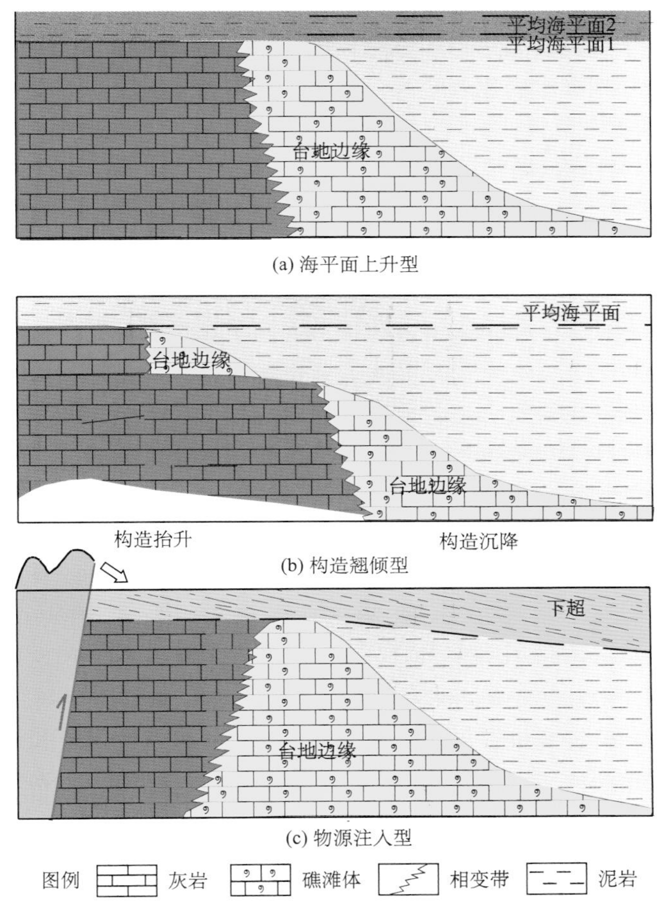

(a) 海平面上升型

(b) 构造翘倾型

(c) 物源注入型

图 5.4 淹没不整合类型

1. 海平面上升型

海平面上升型淹没不整合受控于海平面的快速上升（Schlager，1981），三级海平面变化旋回中，当海平面上升速度远远超过碳酸盐沉积物的堆积速率时，将造成碳酸盐台地的淹没，成为碳酸盐岩地层层序的三级层序界面［图 5.4(a)］。其特征是凝缩段直接覆盖于层序界面上，不必含有任何暴露证据，同时也是沉积间断面。柯坪地区大湾沟组灰岩与上覆萨尔干组泥岩构成典型的海平面上升型不整合，大湾沟组为海进体系域的泥晶灰岩、生屑泥晶灰岩；萨尔干组为深水相的黑色泥页岩，厚度仅 24m，相当于凝缩层段，是优质的烃源岩（梁狄刚等，2000）。其间为明显的沉积转换面，但缺乏暴露，出现水体突然加深，从台地浅水变为深水盆地，岩性从灰岩突变为泥岩，界面上下的地层或岩石相带不连续，相变突然，为海平面快速上升形成的饥饿间断面。

东部罗西台地奥陶系碳酸盐岩顶面层位与大湾沟组相当，上覆却尔却克组泥岩（图2.17），钻探表明其间没有明显的暴露，也是淹没台地。由于该区碳酸盐岩台地厚度超过2000m，却尔却克组自盆地向台地超覆沉积，台地上碳酸盐岩与碎屑岩之间存在明显沉积间断面，与上覆泥岩呈平行不整合接触关系。台地之上虽然不是水体突然加深，缺少凝缩层段，沉积间断时间比较短，但也是反映水体向上加深的变化过程，台地因此停止生长。

2. 构造翘倾型

在盆地中晚奥陶世的构造翘倾运动中，可能造成局部台地区的快速沉降，产生相对海平面上升的背景，台地发生迁移与退积，形成构造翘倾型淹没不整合［图5.4(b)］。

古城地区发育寒武系—中奥陶统台缘带，古城4井鹰山组为向上水体变深的低能沉积，一间房组以藻砂屑灰岩、生屑泥晶灰岩为主，其上为上奥陶统薄层泥灰岩与巨厚泥岩，形成水体突然加深的淹没台地。地震剖面上鹰山组-一间房组碳酸盐岩在台缘带厚度较薄，而台内厚度较大，形成远端变陡、水体变深的台地边缘，却尔却克组泥岩向下超覆在碳酸盐岩顶面，形成淹没不整合。

结合区域背景分析，在中奥陶世塔里木板块南部从被动大陆边缘转向活动大陆边缘，盆地内部从东西伸展转向南北挤压，塔中、塔北古隆起开始发育，受差异沉降作用，满西-古城地区挠曲下沉，形成相对海平面下降区域（图2.28）。这种局部台地淹没在沉积上表现明显，在塔中-巴楚地区、轮古东地区鹰山组中上部高能台内滩发育，呈现相对海平面下降的趋势，而古城地区是水体加深的低能台缘带，反映相对海平面上升的过程。隆起区抬升过程中，斜坡台缘带下沉形成差异升降，而海平面的变化影响较小，其中的差异受控于构造翘倾作用。由于塔中隆升，古城地区沉降，良里塔格组沉积时台地边缘退缩至塔中隆起边缘，古城地区成为较深水的盆地相区，为却尔却克组泥岩覆盖的淹没不整合（图5.5）。

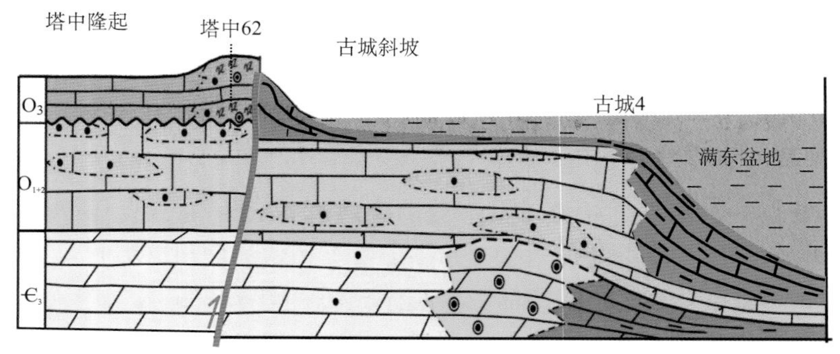

图5.5 塔中-古城地区上寒武统—上奥陶统沉积模式图

因此可见，古城地区碳酸盐岩台地的淹没受控于构造挤压背景下的差异沉降，古隆起形成部位出现海平面的下降，形成暴露不整合，而斜坡区沉降形成淹没不整合。构造的翘倾活动同时造成台缘带的迁移，台地收缩变小。

3. 碎屑物源注入型

随着轮南-古城、罗西台缘带在晚奥陶世早期淹没，为陆棚-盆地相泥岩覆盖后，上奥陶统良里塔格组沉积期发育塔北、塔中、塘南三个南北分布的孤立台地（图 2.23）。良里塔格组发育完整的三级层序，经历海侵—海退的演变，并很快为桑塔木组泥岩超覆淹没，下古生界台地消亡。分析表明，晚奥陶世阿尔金—库地一线形成活动陆缘隆起，火山岛弧发育（贾承造，1997；何碧竹等，2011）。盆地内部满东-塘古拗陷区发生快速沉降，形成近南北走向的类前陆盆地（图 3.22）。虽然塔东南隆起早期的构造特征不清楚，但满东快速沉降厚超过 4000m 的碎屑岩，超补偿的快速充填揭示中晚奥陶世塔里木盆地东部曾经产生强烈的挠曲，形成大型挠曲拗陷的近陆一侧发生强烈的冲断隆升。碎屑锆石测年发现大量该期年龄值（图 3.20），是盆地内重要的一期物源年代，表明中晚奥陶世盆地周边已有大面积的隆升陆地，形成大量的陆源碎屑物源，不同于早期的陆表海古地理格局。地震剖面上，上奥陶统呈现出明显的巨厚快速沉降，具有向碳酸盐岩顶面超覆特征，为快速堆积的楔状浊流沉积。

综合分析，塔里木盆地良里塔格组碳酸盐岩台地的消亡主要受控于周边隆升形成大量陆源碎屑的供给，超补偿充填作用下，碎屑岩很快超覆到台地之上，造成台地“呛死”而消亡，不同于常规的相对海平面上升造成的淹没不整合。

二、地层剥蚀量恢复

地层剥蚀是不整合形成的重要机制，叠合盆地中不整合多是由多期构造运动剥蚀叠加形成，很多有效信息缺失造成剥蚀量难以准确恢复，也是制约原型盆地分析的科学问题。目前地层对比法、声波时差法、沉积速率法、R_o曲线法、厚度趋势法等是常用的方法，磷灰石裂变径迹分析法、波动过程分析法、流体包裹体法等新方法也得到应用（李伟等，2005；王敏芳等，2005）。

（一）地层对比法

地层对比法是将研究区内被剥蚀层段与邻区未被剥蚀层段进行对比求取剥蚀量，一般以厚度递减的原则或采用其他外推法进行校正（王敏芳等，2005），是适用于多种地质背景的常用方法。由于参照作用的未被剥蚀地区是相对的，因此利用此方法求出的剥蚀量往往小于实际的剥蚀量。当剥蚀面积较大，地层厚度在横向上变化较大，特别是在全区存在剥蚀时，误差较大。针对多期构造剥蚀的叠加作用，改进的相邻厚度比值法（牟中海等，2002）、虚拟面法（汤良杰和贾承造，2007）在塔里木盆地也进行了应用。

常规构造演化剖面通过逐层回剥、顶面地层拉平进行构造恢复，这种作图法难以反映当时的构造剥蚀量与古地貌特征，汪道源提出“双层拉平”法编制构造演化剖面。前提条件是需要有钻井控制，构造恢复的上下层都要有细分层，在上覆层下部与下伏地层的上部找到等时对比的标志层（图 5.6）。

以上下地层最厚的地区选取基准线，同时拉平上下层位的标志层，其间厚度缺失代表相对运动量，根据上覆地层沉积前的古地貌趋势选取一条基准线 c，基准面至下伏地层顶面 a 为相对剥蚀量，基准面至上覆地层底界面 b 为相对缺失量，是上覆地层沉积超覆减薄或差异沉降造成。基准面一般平行于上下标志层，但差异沉降强烈的地区也可能为斜线，需要具体分析，其中可能存在多种模式（图 5.6）。

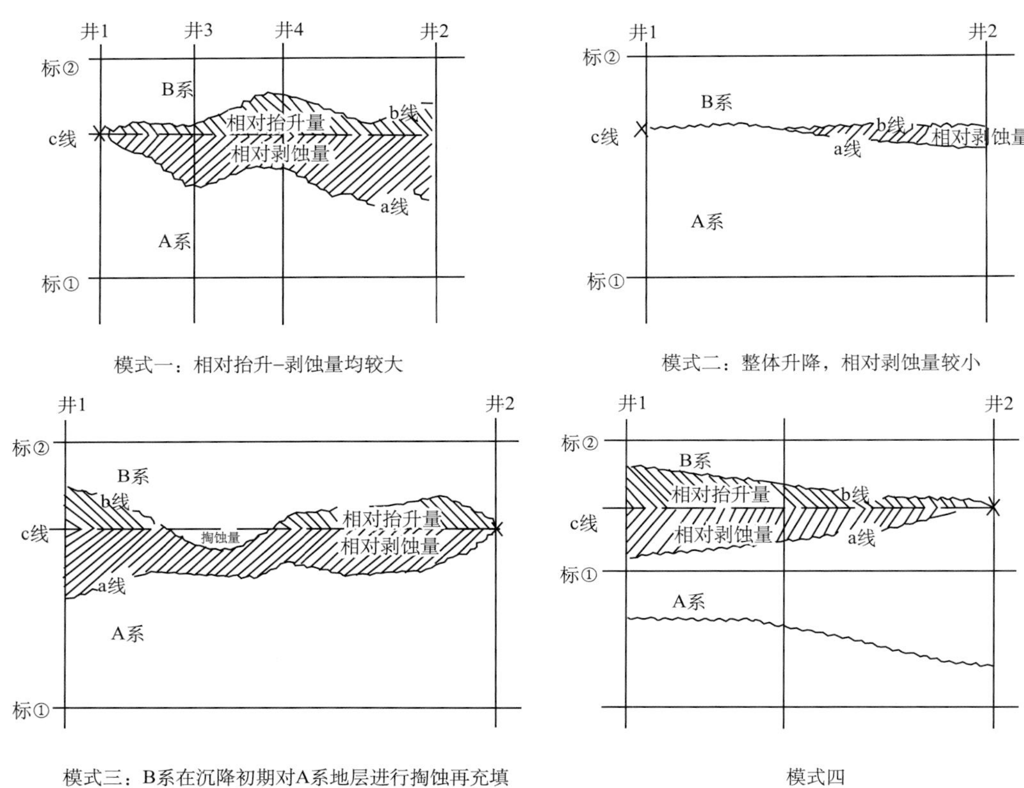

图 5.6 “双层拉平”法作图模式（转引自杨海军等，1998）

标① 标志层；A 系 地层层段；c 线 相对抬升与剥蚀的分界线；a 线 地层界面线

通过逐层向上编制双层拉平剖面，不仅可以研究各时期剖面不同位置的相对运动量与相对剥蚀量，而且可以更清晰地反映不同时期的构造发育史。结合地震剖面的追踪对比，这种方法可以比较准确的编制剥蚀量平面图，适合于钻井多、剥蚀量较小的地区。选取的无剥蚀量的基准点可能存在区域的整体剥蚀，需要结合其他方法获取区域整体剥蚀量。

塔里木盆地哈得地区自泥盆纪之后长期保持稳定沉降，没有大规模的构造运动，地震剖面上地层多呈连续分布。通过哈得地区的钻井小层对比与一系列标志层的厘定，采用“双层拉平”法可以求取相对剥蚀量与相对抬升量（表 5.1）。研究表明，该区发生多期的翘倾运动与多期不整合，有4～5次较大规模的翘倾运动，在多套不同层位间存在不同程度的局部或区域不整合。精细的构造恢复表明，新生界库车组沉积西厚东薄，造成了哈得地区现今西低东高的低幅度构造，构造高点向东迁移约5km。多期翘倾运动控制了哈得低幅度构造的形成，库车组强烈的巨厚差异沉降是石炭系圈闭形成的关键。

表5.1 满西-哈得地区部分层段相对运动量统计

地层	哈得5—哈得4—羊屋2连井线			跃南1—哈得4—羊屋3连井线			满西2—阿满1—跃南1连井线			阿满1—满西1—满参1连井线		
	(1)	(2)	(3)	(1)	(2)	(3)	(1)	(2)	(3)	(1)	(2)	(3)
C_8	37	33	北	92		东	40		阿满1	80		东
$P_{底}$	140		北	100		西	130		北	180		西
$T_{底}$		30	北	50		东	200		北	30		东西
$T_{Ⅰ}$	100	50	哈得1	60		西	200		南北	260	60	阿满1
$T_{Ⅲ}$	60	100	北	60		东西		100	阿满1		40	西
$K_{底}$	20		北	120		西	60		北	40		西
$K_{顶}$		20	南北		80	西		280	南	40	20	东
N_1j	60		哈得2	40		东	60	80	阿满1	50	150	东

注：(1) 相对缺失量/m；(2) 相对剥蚀量/m；(3) 相对高点部位。

(二) 声波时差测井法

由于正常压实下碎屑岩孔隙度随深度的变化是连续的，利用声波测井、密度测井资料或综合解释出的孔隙度曲线的变化趋势可研究剥蚀量（金之钧等，2003），目前最常用的是利用声波时差测井曲线。在正常压实情况下，页岩压实与上覆的负荷或埋深有关，而声波测井资料直接反映了页岩压实程度的大小。因此，根据正常的压实趋势，应用声波测井资料推算沉积层的压实程度，可以估算被剥蚀地层的厚度，一般用于剥蚀量较大而埋藏较浅的情况。当剥蚀面再度下沉至大于剥蚀厚度的深度以下时，因压实趋势改变，则难以计算准确的剥蚀量（王敏芳等，2005）。

受差异压实等多种作用的影响，不同声波时差方法求取的剥蚀量可能有差异［图5.7(a)］，需要结合实际情况选取方法与参数。分析表明，塔东1奥陶系与上覆侏罗系存在巨大的声波时差差异［图5.7(b)］，其间剥蚀量巨大并超过上覆地层厚度，利用声波时差方法恢复剥蚀量达4100m。该方法适合塔东、巴楚等地区主剥蚀期的剥蚀量恢复。由于台盆区塔中、塔北经历多旋回振荡抬升剥蚀与沉降作用，很多时期的剥蚀量小于上覆地层厚度，计算的结果可能出现很大误差。

(三) 镜质体反射率（R_o）法

镜质体反射率（R_o）法是根据剥蚀面上下相邻地层的R_o值差别来计算剥蚀量的大小（金之钧等，2003）。正常情况下，镜质体反射率（R_o）随深度的变化是连续的、渐

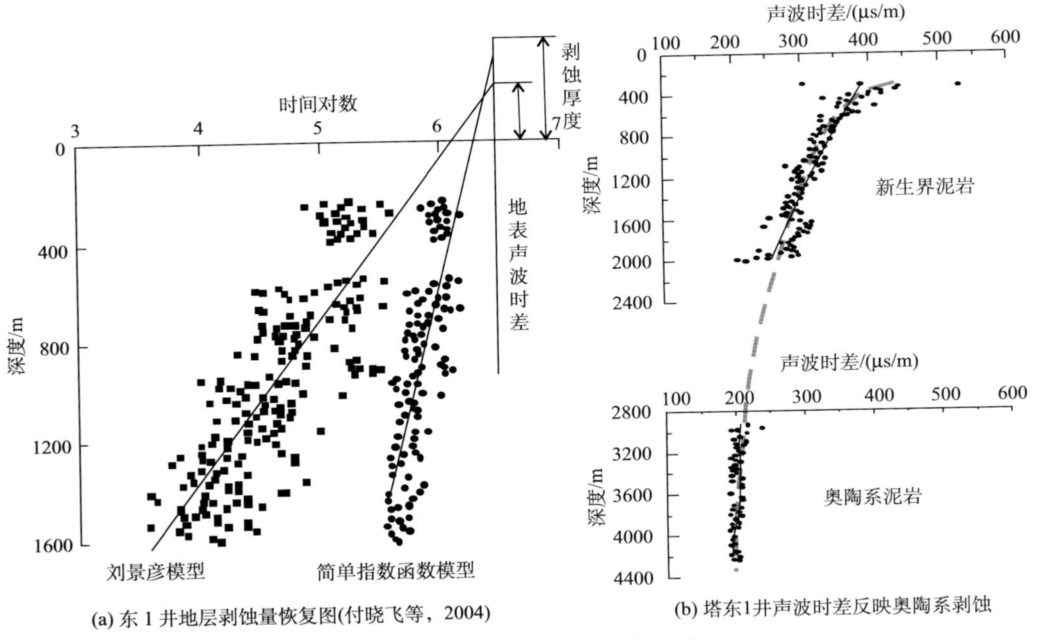

(a) 东 1 井地层剥蚀量恢复图(付晓飞等，2004)　(b) 塔东1井声波时差反映奥陶系剥蚀

图 5.7　声波时差剥蚀量恢复图示

变的，但有时却发生突变。出现这种异常情况的原因有多种，应用这种方法必须排除断层、岩浆作用等造成 R_o 突变、重复或缺失（王敏芳等，2005）。在确定了 R_o 突变是地层剥蚀造成以后，即可根据剥蚀面上下 R_o 的差值计算被剥蚀的厚度［图 5.8(a)］。

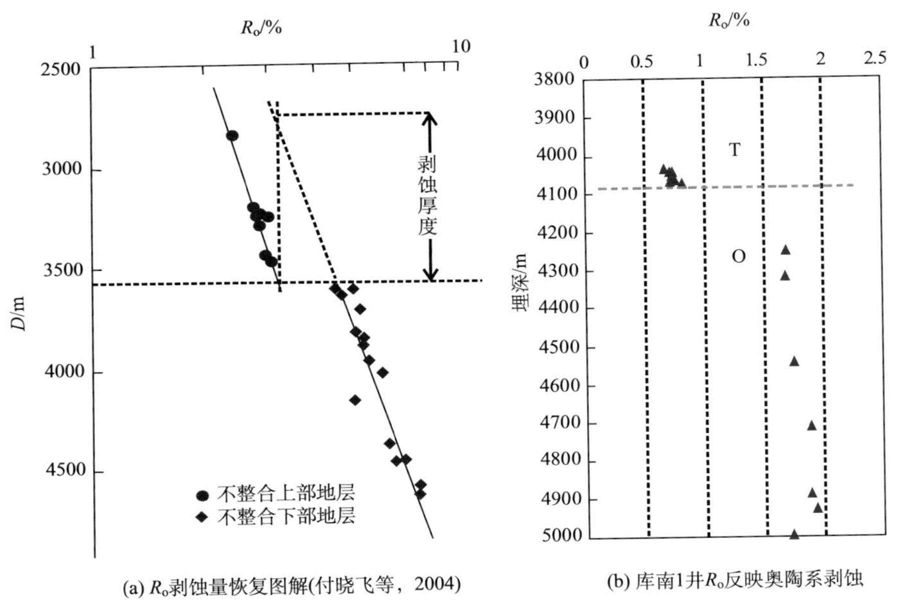

(a) R_o剥蚀量恢复图解(付晓飞等，2004)　(b) 库南1井R_o反映奥陶系剥蚀

图 5.8　镜质体反射率（R_o）法恢复剥蚀量图示

库南1井三叠系与下伏奥陶系 R_o 具有明显的断层，其间存在巨大的剥蚀量，计算剥蚀厚度达2840m［图5.8(b)］。该方法不能恢复期间再沉积后的少量剥蚀，反映的是最小剥蚀量。该方法通常比实际剥蚀量小，应用时还须有足够的 R_o 实测数据与精度，而且要考虑不同时期的古地温差异的影响。佟彦明和吴冲龙（2006）研究发现该方法的结果不能解释剖面下构造层实际的 R_o 值和所经历过的最高古地温，用该方法的结果和原理还可推导出其他一些不合理的结论。

（四）古地温法

地层出现间断与剥蚀时就会出现流体包裹体等反映地温的参数，可以反映不同地史时期地层的温度、压力等热力学条件的信息。因此，在连续沉积过程中，捕获的包裹体温度（或压力）与埋藏深度的对应数值一般呈良好的线性关系。但不整合面上下地层中，温度和压力系统往往不同，因此在侵蚀不整合面之处往往出现温度突变（王敏芳等，2005）。

塔里木盆地英东2井在侏罗系与奥陶系存在最高古地温的明显差异，其间也存在大量的剥蚀，计算剥蚀量约1400m。在使用此法对地层剥蚀量恢复时，需要准确地表温度参数，更应注意原始实测数据获得的可靠性。

（五）磷灰石裂变径迹法

磷灰石裂变径迹分析法是恢复沉积盆地热史的一种新方法，该方法主要建立在磷灰石所含的 U^{238} 自发裂变产生的径迹（即裂变径迹）在地质历史时间内受温度作用而发生退火行为的化学动力学原理基础之上（王敏芳等，2005）。该方法需要裂变径迹年龄、裂变径迹平均长度及裂变径迹长度分布特征参数，来确定样品所在层位经历的热史演化过程和温度变化规律，从而求出最大埋深与最小埋深的古地温，从而推算出剥蚀厚度。通过磷灰石裂变径迹的分析，除可得到有关沉积盆地的热史信息外，还可用来测定地层的抬升剥蚀时间、剥蚀速率和剥蚀量等详细信息。

在实际应用中，重点是对模型的选择，常用的模型是澳大利亚的扇形模型。金之钧等（2003）利用裂变径迹研究塔里木盆地单井剥蚀量发现不同时期剥蚀量发生迁移，海西运动塔北隆起剥蚀强烈，印支期在满加尔与塔中较强。该方法适用于不同的构造背景，但受沉积埋藏史、地温演化史认识的限制，也会与其他方法有较大的差异。

（六）沉积波动过程分析法

沉积波动过程分析法以地壳波状运动理论为基础（张一伟等，2000）。波动分析方法主要从反映沉积-剥蚀过程的直接地质记录——沉积层的厚度出发，借助于地层古生物、地层同位素年龄等资料确定沉积层的沉积速率，利用数理方法建立沉积速率变化的波动方程，进而求得地层剥蚀量和预测无沉积记录层段的沉积剥蚀过程。

张一伟等（2000）在塔里木盆地构造特征分析及地层研究的基础上，利用沉积盆地波动过程分析的原理和方法，建立了塔里木盆地典型井的剖面波动方程，计算了单井的剥蚀量。研究认为S/AnS、D_3/AnD_3、T/AnT及J/AnJ是塔里木盆地重要的不整合。

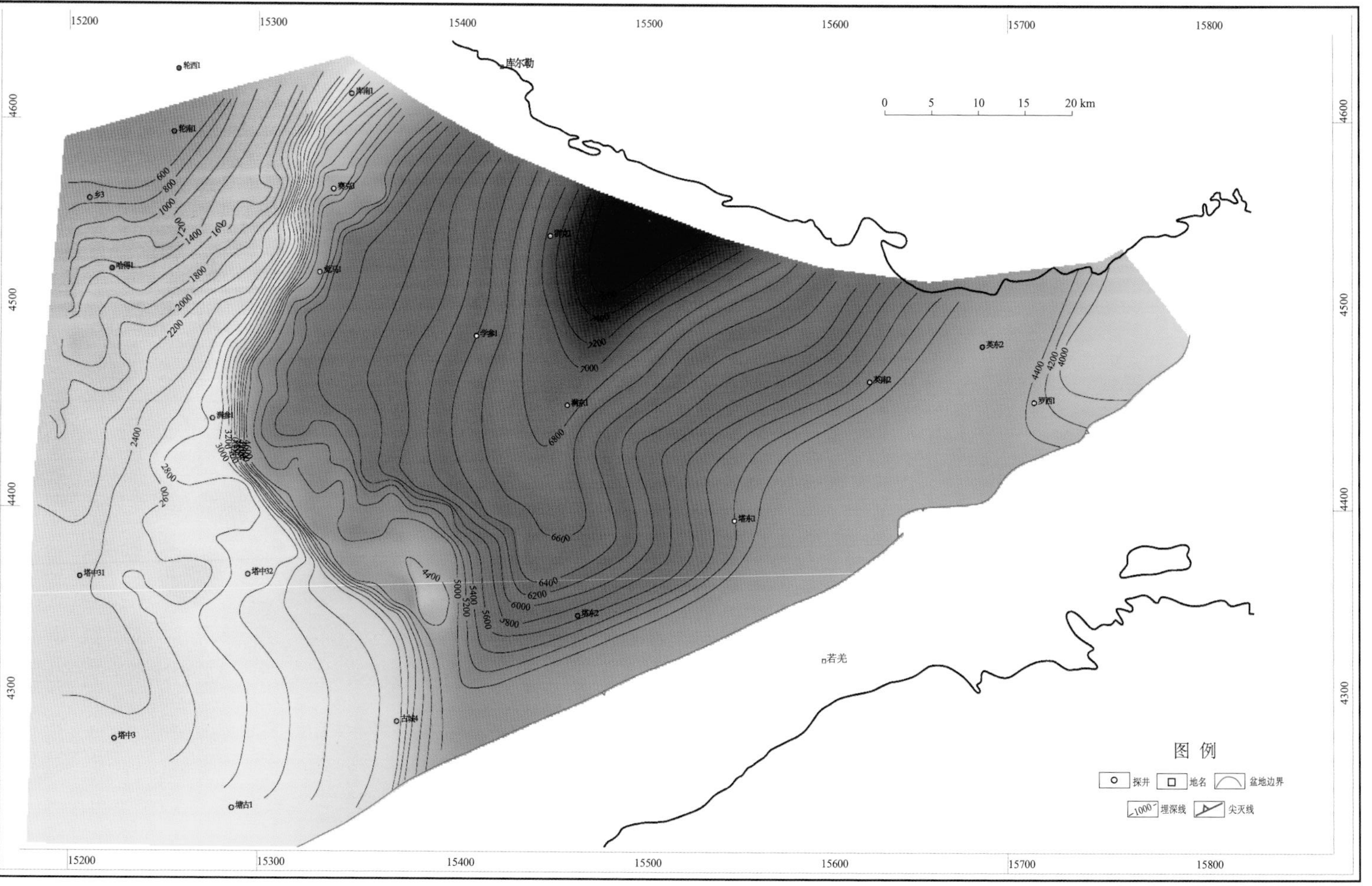

图 5.9 塔东地区志留系沉积前奥陶系碳酸盐岩顶面构造形态图

在这一过程中，原始资料的收集与整理是能否取得可靠结果的关键，而建立合理的波动方程是工作的重点。

（七）剥蚀量恢复的应用

在实际应用中，首先必须清楚每种方法的适用性，其次要考虑工作区资料的实际情况。地层对比法、声波时差法是常用的方法，在高研究程度地区增加镜质体反射率法或古地温法等，而低研究区可以尝试磷灰石裂变径迹法、沉积过程波动法等新方法。

进行地层剥蚀量恢复时，一般综合应用多种方法，在相互验证的基础上，求取较为准确的结果。针对塔东地区奥陶系剥蚀厚度恢复的需要，采用声波时差法、镜质体反射率法、古地温法计算剥蚀量，在此参照基础约束下，重点利用地震剖面上地层趋势法计算，综合不同方法优选单井的剥蚀量。在此基础上，通过单井剥蚀量的约束，利用地层趋势法进行全区对比追踪获得地层剥蚀量。剥蚀量的恢复不但为不整合研究提供定量的参数，而且恢复古构造面貌具有重要作用。结合剥蚀量对塔东地区古构造恢复表明（图5.9），在志留系沉积前北部孔雀河斜坡地区是与南天山洋连通的低部位，而东南部塔东构造带仅出现隆起雏形。而没有考虑剥蚀量的情况下，古构造恢复在满东周缘一直呈现古隆起面貌。

由于多期构造运动的叠加，绝对剥蚀量的精度往往很难求取准确，但在相同的方法计算中，不同层位、不同时期的相对剥蚀量可以进行对比，校对剥蚀量的剖面与平面分布。用不同时期的剥蚀量与累计剥蚀量的比值可以大致代表不同时期的相对剥蚀量，结合不同地区的剥蚀量分析可以估算不同时期的相对剥蚀比率（图5.10）。塔中、塔北、塔西南等古隆起区都有多期的隆升剥蚀，而塔东、巴楚地区以晚期的剥蚀为主。塔中隆起在前志留系剥蚀量最大，是古隆起隆升的关键时期。而塔北古隆起形成于前志留纪，但前三叠纪是形成定型与剥蚀的最强时期。塔西南古隆起东部的玛南隆起区在前石炭纪是主要隆升剥蚀期，而前侏罗纪可能发生造成三叠系整体缺失的剥蚀抬升，古近系沉积前也有广泛的抬升剥蚀，呈现多峰期。塔东地区的主要抬升剥蚀发生在前侏罗纪，一半以上的剥蚀量集中在该时期。巴楚地区中生代以来剥蚀作用逐渐加强，新生代的剥蚀量最大。

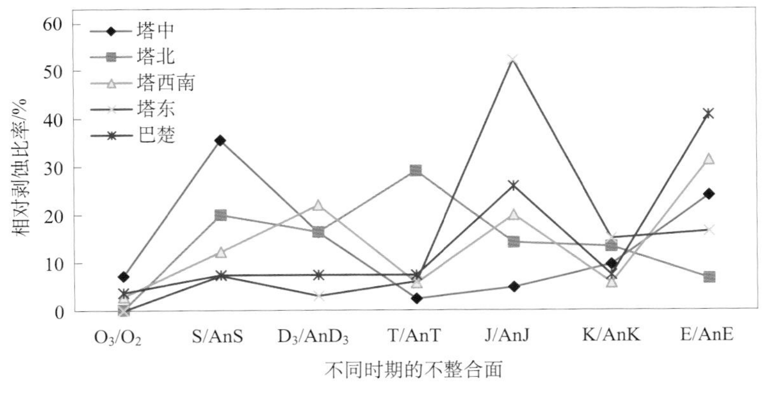

图5.10　塔里木盆地不同时期相对剥蚀比率

第二节 不整合的分布与发育特征

一、不整合接触关系及其分布

（一）不整合的识别与期次

结合地层年代学、沉积层序标志、构造标志等地质研究，含油气盆地主要根据地震反射特征进行不整合面的判识与追踪。在区域地震-地质层序格架下，地震的削蚀、超覆是不整合识别的主要标志，地震反射同相轴的结构特征不仅直接反映了各个层序界面的特点，能比较方便地识别层序界面，同时反射结构（平行、亚平行、发散、波状）也可以辅助对比。塔里木盆地经历多期构造运动，残余地层不过记录了地史时期的小部分，不整合面分析是古隆起演化史研究的重要依据（贾承造，1997；何登发等，2005）。

在区域地震解释的基础上，结合地层与钻井年代地层资料，根据塔里木盆地区域地震大剖面上下地层的接触关系的分析，塔里木盆地发育多种特征的不整合。台盆区与海相碳酸盐岩相关的大型不整合主要有前南华纪、前寒武纪、前晚奥陶世、前志留纪、前泥盆纪、前晚泥盆世、前三叠纪、前侏罗纪、前白垩纪、前古近纪、前新近纪 11 套区域不整合面（图 5.11）。

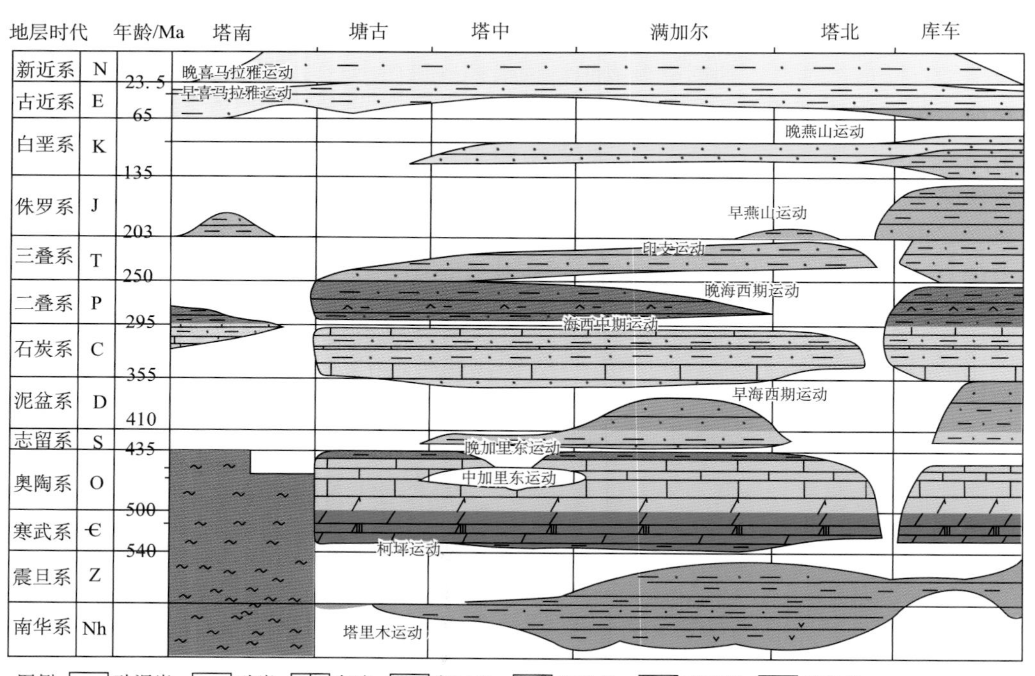

图 5.11 塔里木盆地塔南-塔中-轮南-库车地层年代格架图

（二）典型不整合的分布特征

1. 三叠系/下伏地层

台盆区残余三叠系分布在盆地中部（图5.12），北部拗陷至塔北地区削截下伏地层明显（图3.7）。塔北南部上二叠统地层基本剥蚀殆尽，呈现北高南低的古地貌，三叠系自南向北超覆（图4.6）。逐层削截下伏二叠系—奥陶系，以削蚀-上超接触为主。南部塔中地区呈整一-整一的接触关系（图4.3），其间缺失少量二叠系顶部地层。该不整合表明南天山洋闭合对盆地北部的重大影响，代表北部板块边缘从伸展转向挤压的构造体制形成，构造活动北强南弱。巴楚地区缺失三叠系，根据地层剥蚀恢复推测有巨厚的三叠系发育，其构造面貌与塔中地区相同。而塔东地区三叠系有向东减薄的趋势，二叠纪末可能有构造抬升与不整合发育，尤其是东北部地区。

2. 石炭系＋上泥盆统东河砂岩段/下伏地层

石炭系＋上泥盆统在盆地内部基本都有分布（图5.13），与下伏地层具有明显不整合接触关系（图3.9、图4.3、图4.6）。周边露头揭示有广泛的不整合存在（贾承造，1997；金之钧等，2003），库鲁克塔格下石炭统不整合于中奥陶统之上，柯坪四石厂中上石炭统角度不整合于志留系之上，铁克里克上泥盆统角度不整合于元古界之上。该反射层削蚀下伏地层主要分布在塔北南部、塔中中东部、巴楚南-麦盖提斜坡-塘古拗陷等石炭系分布范围的南北两侧地区，表明塔中、塔北、塔西南等古隆起均有明显的构造活动。

东河砂岩段＋石炭系自西南向北东方向超覆，超覆特征主要在塔北南部、麦盖提斜坡西部与塘古地区表现较为明显。塔中地区三维地震剖面上自西向东超覆的现象也非常清楚，隆起顶部石炭系直接覆盖在奥陶系碳酸盐岩之上。塔北隆起自周缘向核部呈现奥陶系—泥盆系的逐层剥蚀缺失，剥蚀量超过1000m。石炭纪自西南向东海侵的过程中，围绕塔北、塔中两大古隆起超覆沉积，呈现削蚀-超覆、褶皱-整一、断缺-超覆等接触关系。该不整合在盆地范围内分布广、持续时间长，长期的侵蚀夷平作用形成准平原化面貌。

3. 志留系＋上奥陶统铁热克阿瓦提组/下伏地层

塔里木盆地原柯坪塔格群下段铁热克阿瓦提组划归奥陶系，因其与志留系连续沉积，与下志留统整体分析。志留系也主要分布在台盆区中部，其范围较下泥盆统广泛，下伏地层主要为上奥陶统泥岩，塔中、塔北隆起区可与奥陶系碳酸盐岩接触。削截下伏地层主要分布在塔中隆起、麦盖提斜坡、塔北南缘，角度不整合明显，分布广泛（图5.14）。志留系的超覆现象主要分布在满加尔南部地区，向塔中隆起上超减薄反射特征清楚（图4.3），轮南南部也可见到明显超覆现象。阿瓦提凹陷表现为整一的平行不整合接触，而麦盖提斜坡地震剖面显示有向南超覆减薄，表明北西向的塔西南古隆起已形成。库车拗陷目前资料不清楚，但从哈拉哈塘地区志留系向北超覆在奥陶系碳酸盐岩之

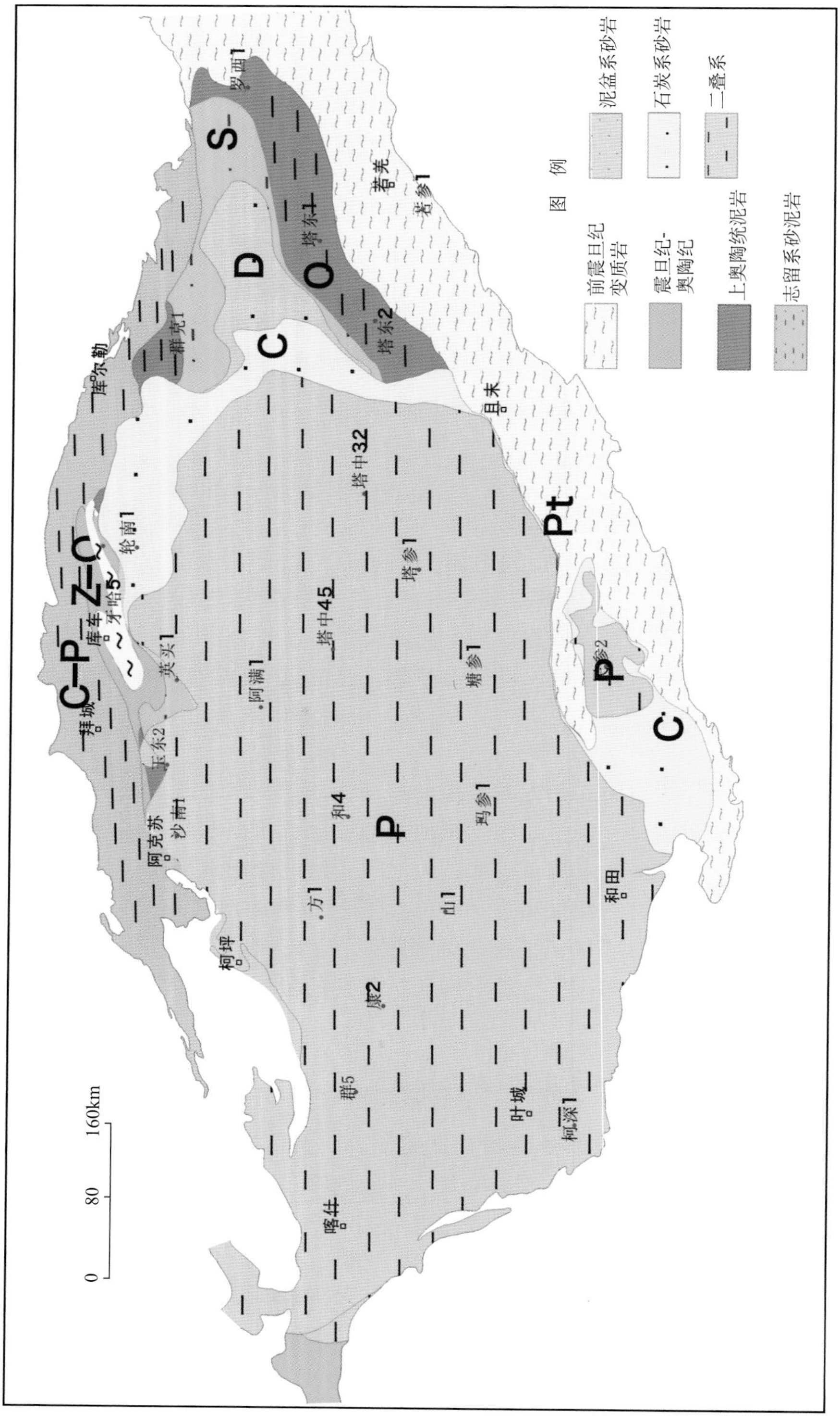

图 5.12 塔里木盆地三叠纪沉积前古地质图

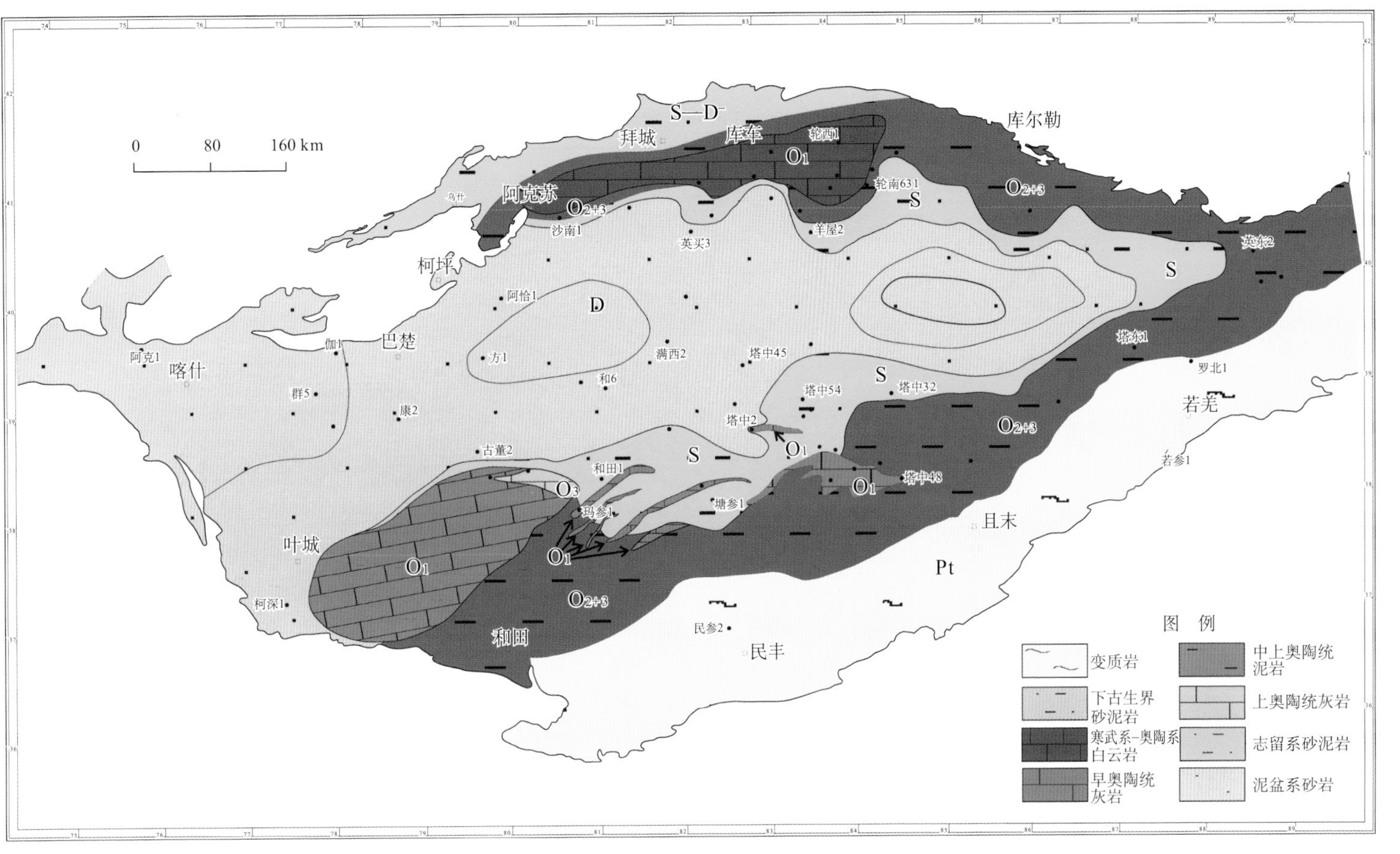

图5.13 塔里木盆地东河砂岩沉积前古地质图

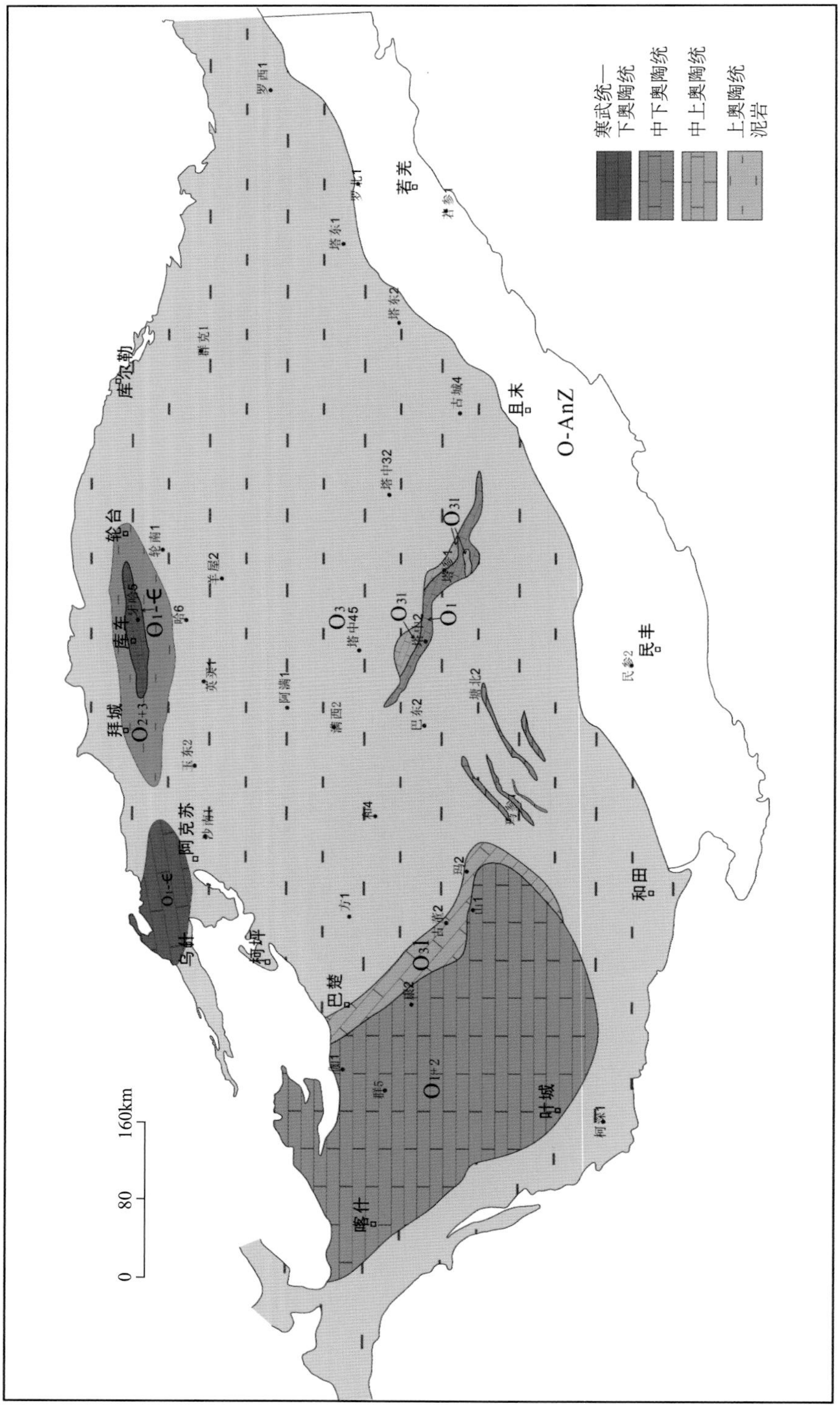

图 5.14 塔里木盆地前志留系古地质图

上的新资料分析表明（图 3.8），前志留纪塔北古隆起已有大面积的隆升，发育大规模的不整合，斜坡区作用强度比塔中还大，而且桑塔木组残余厚度更小，可能预示塔北隆起在该期已有强烈隆升。

4. 上奥陶统良里塔格组/中下奥陶统鹰山组

近年勘探研究表明，塔中隆起上整体缺失中奥陶统一间房组、上奥陶统吐木休克组地层。在南部塘古拗陷的塘北 2 井、北部古城鼻隆的塔中 29 井等中上奥陶统地层齐全，而塔中隆起之上存在广泛的此期不整合分布。塔中-巴楚地区该不整合缺失约 11Ma 的地层，包括约 10 个化石带（杜金虎，2010）。新的地震资料显示，塔中良里塔格组与下伏鹰山组在断裂带上角度不整合接触关系明显，鹰山组地层自塔中Ⅰ号构造带向塔中 10 号构造带急剧减薄，顶面遭受剥蚀，塔中 12 井区鹰山组地层残余厚度不足北部的 1/3。受地震资料品质的限制，仅在局部可见削蚀-整一接触关系，其他大多地区呈整一-整一接触。

通过钻井与地震剖面追踪，发现塔中-麦盖提斜坡地区广泛发育上奥陶统良里塔格组/中下奥陶统鹰山组之间的不整合（图 3.13），阿瓦提南部地震剖面上可见明显削截现象，在塔西南拗陷可见中下奥陶统明显减薄隆升特征，碳酸盐岩风化壳面积达 $11.8\times10^4 km^2$。

二、不整合发育特征

（一）不整合分级

塔里木盆地经历多期的构造活动，地层、沉积体系变迁频繁，不整合面发育，不整合的分布与规模通常有较大差异（图 5.11），由于不整合面多，不同级别的不整合面特征各异、对油气运聚成藏的作用也不一样，有必要进行级别区分。根据构造活动的影响程度、地层缺失的范围，可以划分为三级不整合面。

一级不整合面：受控于全球大陆的拼合或区域板块聚敛活动，造成盆地整体抬升剥蚀，出现长期沉积缺失，形成区域大型层序界面，产生盆地级别的不整合面，影响范围广、规模大，分布范围一般大于盆地面积的 75%。一级不整合面一般表现为下削上超的结构类型，常常出现褶皱-上超、削蚀-上超、断缺-上超等不整合类型，盆地内一级不整合面有 E/AnE、J/AnJ、$C—D_3/AnD_3$、S/AnS、€/An €、Nh/AnNh（图 5.11）。这些时期的不整合都与区域或全球板块构造活动有关，盆地内部构造活动强烈，不整合面范围几乎遍及全盆地，不整合类型多样、变化大，形成巨型的层序界面。新资料发现前寒武纪不整合广泛分布，属一级不整合；而前三叠纪不整合主要分布在塔北地区，划分为二级。侏罗系尽管分布局限，但与下伏地层角度不整合明显，剥蚀量恢复三叠系在盆地有广泛的分布，受印支运动整体抬升造成了广泛的缺失，形成一级不整合面。

二级不整合面：与区域构造活动或与全球海平面下降相关，出现区域构造抬升，具有大范围的地层沉积缺失，造成大面积地层暴露剥蚀，形成盆地级大型层序界面，产生大范围的角度不整合或平行不整合，分布范围较广、规模较大，分布范围通常占盆地面积的50%以上。二级不整合面产生的结构类型多样，出现褶皱-上超、削蚀-上超、断缺-上超、削蚀-整一、褶皱-整一等不整合类型，塔里木盆地二级不整合面有K/AnK、T/AnT、P/AnP、D/AnD等。这些不整合面对应的构造活动较强，但不整合的影响没有遍及全盆地，在主要的构造活动单元不整合面发育，但在拗陷区地层缺失很少，地层接触关系比较整一，沉积具有一定的继承性。

三级不整合面：受局部构造活动影响或区域相对海平面下降作用，形成二级构造单元、区域性层序内部的不整合，沉积间断时间较短，地层缺失少，主要分布在层系内部。不整合面分布范围较小、规模不大，分布范围通常低于盆地面积的50%。三级不整合面形成的不整合类型较少，以整一-整一、削蚀-整一、整一-超覆类型为主，塔里木盆地三级不整合面有Q/AnQ、N/AnN、P_2/AnP_1、C/D、O_3s/O_3l、O_{2+3}/O_1等。这些不整合面的规模较小，分布在不同的构造单元，剥蚀程度低，上下地层多以整一接触为主，构造面貌改造小。

（二）不整合的叠加继承性

叠合盆地通常发育多期不整合，在继承性构造活动中，不整合往往继承性发育。塔里木盆地构造运动频繁，在古隆起发育、古构造发育的稳定构造单元，不同层段多有不整合发育，在空间上形成多套不整合的叠加（图4.3、图4.6、图5.11）。不整合的叠加有两种形式：一是多期构造运动形成多期不整合，造成不同层位地层部分缺失，地层之间有间断。塔里木盆地显生宙地层齐全，不同层系之间都有不整合发育，振荡升降作用明显，为叠合盆地多构造运动的典型响应特征。二是多期不整合合并，造成其间地层连续缺失。塔中地区发育9套大型的不整合（图5.11），奥陶系及其以上各层系地层多不完整，存在不同程度的缺失，主要分布在各层系的顶面。也有如侏罗系整体或大部分缺失的状况，向拗陷区不整合减少，形成多层系不整合的间断性叠加。两套或多套不整合也可能合并，如轮南石炭系直接覆盖在奥陶系碳酸盐岩之上，在翼部出现志留系与奥陶系之间不整合，为加里东晚期—早海西期不整合叠加形成的多层系缺失。

构造运动的继承性发育可能造成不整合的叠加发育，早期不整合形成的相对高部位往往是后期不整合继承发育的有利部位，继承性发育的不整合一般比单期不整合造成的地层缺失多，构造改造强度更大。这种特征通常位于长期发育古隆起的高部位，由于地层的大量抬升剥蚀，造成后期缺乏沉积或是后期沉积又被剥蚀殆尽。塔北隆起高部位为白垩系直接覆盖在前寒武纪变质岩之上（图4.19、图5.11），斜坡部位的轮南地区石炭系之下为奥陶系碳酸盐岩，向南部拗陷区地层逐渐齐全。寒武系—侏罗系存在多期不整合的叠加，包括加里东晚期、加里东末期、早海西期、晚海西期、印支期、早燕山期等多期不整合，是加里东期—燕山期长期构造作用的结果，形成多期不整合的继承性发育。巴楚隆起整体缺失上二叠统—古近系，剥蚀期次的厘定与不同时期剥蚀量的恢复则极具挑战性。

（三）不整合的差异性与迁移性

由于塔里木板块小，受周边不同类型、不同强度的构造作用，不同时期的构造运动特征有差异，造成不整合类型、分布部位、发育强度等特征的差异性明显。

由于构造作用形成的古构造背景的差异，以及上覆地层构造沉降的变化，形成多种类型的不整合，塔里木盆地下古生界碳酸盐岩主要有 4 类 10 种不同类型的不整合（图 5.1），同一目的层不同地区、同一区块不同层位的不整合类型都可能有差异，不同层位不整合的分布也有变化（图 5.12～图 5.14），其中不同层段、不同地区不整合的规模都有较大的差异（图 5.11）。不整合的活动强度也有较大差异，大型的不整合往往在全盆地分布，导致巨厚的地层剥蚀缺失，如塔东前侏罗纪缺失中上奥陶统—三叠系超过 4000m 的地层剥蚀量（图 2.13），表明在印支期发生强烈的构造抬升，地震剖面上出现大型的削蚀不整合。小型的不整合通常分布局限，暴露时间短，地层缺失少。例如，石炭系与二叠系之间仅局部缺失下二叠统南闸组，地震剖面上呈现整一-整一的接触关系，构造作用强度小。相对剥蚀量可以大致反映不整合剥蚀的强活动度（图 5.10），不同地区不同时代的不整合活动强度呈现差异化演变。塔中地区加里东晚期活动最强烈，塔东地区最强的活动集中在印支期，而塔北地区呈现多期的叠加作用。受多期不整合发育的差异性作用，造成海相碳酸盐岩不整合的分布及其上覆盖层的差异（图 5.15），塔北围绕轮台断隆向翼部依次出现中生界、石炭系、志留系覆盖的碳酸盐岩风化壳，塔西南古隆起则主要为石炭系和志留系覆盖的宽缓风化壳。

由于多期构造活动的差异，不整合在平面上也有很大的变迁（图 5.12～图 5.15）。前寒武系不整合主要在塔北与盆地南部基底古隆起分布，近东西向展布，在柯坪地区震旦系奇格布拉克组、塔东地区震旦系水泉组白云岩顶面都有不整合发育。中奥陶世在塔中-巴楚地区形成大面积的碳酸盐岩沉积间断与暴露，形成鹰山组顶面宽缓的不整合（图 3.13）。在塔北隆起也存在短期的暴露，虽然没有明显的地层缺失，但在轮古东、哈拉哈塘见淡水岩溶的泥质充填洞穴、古河道等，也称层间岩溶（赵文智等，2012）。奥陶纪末盆地发生整体隆升，南部喀什—麦盖提斜坡—塘古—塔中—塔东南一线隆升，形成广泛的剥蚀，在麦盖提斜坡、塔中东部、玛东冲断带、塔南冲断带发育一系列碳酸盐岩潜山（图 5.14）。塔北隆起沿轮台断裂带周缘也有大面积的碳酸盐岩暴露，形成志留系覆盖的风化壳。由于构造活动强度不同、断裂发育程度有差异，以及上覆碎屑岩的厚度差别大，碳酸盐岩风化壳呈块状出现，沿古隆起活动轴部与大型断裂带分布。晚泥盆世沉积前又有一期大型的不整合发育，海水大部分退出塔里木盆地，石炭系与晚泥盆世东河砂岩段超覆在奥陶系—中泥盆世之上。塔西南古隆起北西西向风化壳向东迁移，形成东部北东向的奥陶系碳酸盐岩风化壳。玛东冲断带的碳酸盐岩潜山、塔中东部的碳酸盐岩风化壳持续发育，但碳酸盐岩出露面积逐步减小。而塔北出现碳酸盐岩大面积出露地表，轮南地区发育比较完整的碳酸盐岩潜山地貌，岩溶作用分区、分层明显。二叠纪末不整合主要分布在盆地的北部与东部（图 5.12），由于上覆巨厚盖层，碳酸盐岩出露区局限。中生代构造活动强烈，三叠纪与侏罗纪地层分布局限，不整合遍及全盆地，塔北隆起轴部与温宿凸起下古生界碳酸盐岩出露。

由此可见，塔里木盆地不整合经历复杂的变迁过程，加里东期—早海西期主要集中在古隆起及其周缘，下古生界碳酸盐岩出露范围广；晚海西期—燕山期不整合分布广泛，迁移跨度大，但碳酸盐岩暴露范围少。

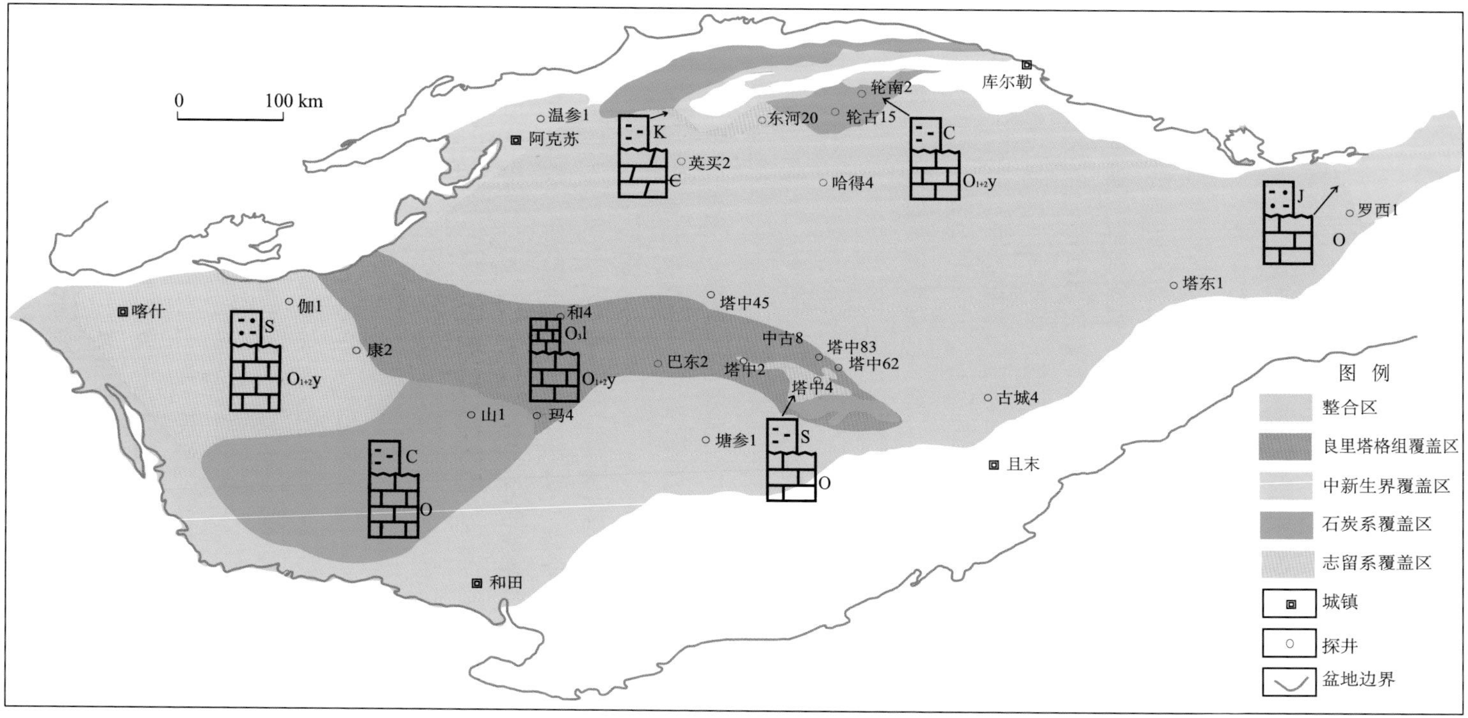

图5.15 塔里木盆地下古生界碳酸盐岩风化壳与上覆盖层分布图

第三节　构造演化与碳酸盐岩构造改造作用

塔里木盆地海相碳酸盐岩经历多旋回构造运动，具有强烈的改造作用，以及构造演化的多期性与稳定性。

一、构造-沉积演化

塔里木盆地沉积岩系经历三大构造-沉积旋回，形成南华纪—奥陶纪“大隆大坳”下构造层、志留纪—白垩纪振荡沉降中构造层、新生代复合前陆上构造层三大构造层（图 1.5），多旋回构造活动主要发育 13 期构造运动（图 5.16），形成多套构造层序。

（一）南华纪—奥陶纪：大隆大坳构造-沉积旋回

1. 南华纪—震旦纪强伸展-挤压阶段

南华纪早期大约 800Ma，塔里木盆地周缘发生广泛的同 Rodinia 超大陆相关的裂解事件，开始发育大面积的沉积岩，南华系碎屑岩不整合在不同时代变质基底之上。在强烈裂陷作用下，南华系发育巨厚的大陆裂谷沉积建造，局部发育冰碛岩。南华系受局部断陷控制，在库鲁克塔格、柯坪、西昆仑等地区分布与厚度都有较大变化，库鲁克塔格裂陷区厚度超过 3000m。盆地内部断陷规模较小（图 2.3），可能存在大范围断隆沉积缺失区，裂陷强度比周边低很多。南华系与震旦系在库鲁克塔格与柯坪地区均为平行不整合，也称“库鲁克塔格运动”（姜常义等，2001），其间可能有一期较弱的广泛存在的构造运动，或是有沉积间断的发育，构造-沉积体系也出现差异。

震旦系露头主要为一套裂陷作用形成的滨浅海相碎屑岩、夹火山岩与碳酸盐岩，为断陷-拗陷沉积系统，在盆地内部也广泛连片分布，形成统一的克拉通内拗陷。北部地区地震剖面可以连续追踪，一般厚 500～2000m。震旦纪末期受“泛非运动”影响，塔里木盆地北部发生广泛隆升（图 3.15），在柯坪、库鲁克塔格地区形成平行不整合，称为“柯坪运动”（贾承造，1997）。在盆地内部构造作用更为强烈，温宿凸起寒武系直接超覆在前南华纪变质基底之上，尤其是巴楚-塔中及其南部地区震旦系剥蚀强烈。虽然前寒武纪的构造作用性质及其动力来源有待深入，但一系列新的地质与地震资料表明，南华纪—震旦纪经历强伸展-挤压的完整构造旋回，南部板块边缘可能存在强烈的构造俯冲或碰撞，值得进一步研究。

2. 寒武纪—奥陶纪弱伸展-强挤压阶段

盆地内寒武系—下奥陶统广泛分布，东部罗西与西部塔西克拉通台地相碳酸盐岩发育（图 2.8），沉积厚度在 1600～4000m。满东台盆发育硅质泥页岩、泥灰岩，大多阶段为碎屑物源缺乏的欠补偿沉积，一般厚 200～600m。盆地原型整体处于克拉通内大型稳定的台地格局（图 2.16），板块内部为弱伸展构造背景，南北板块边缘部位的南天 173

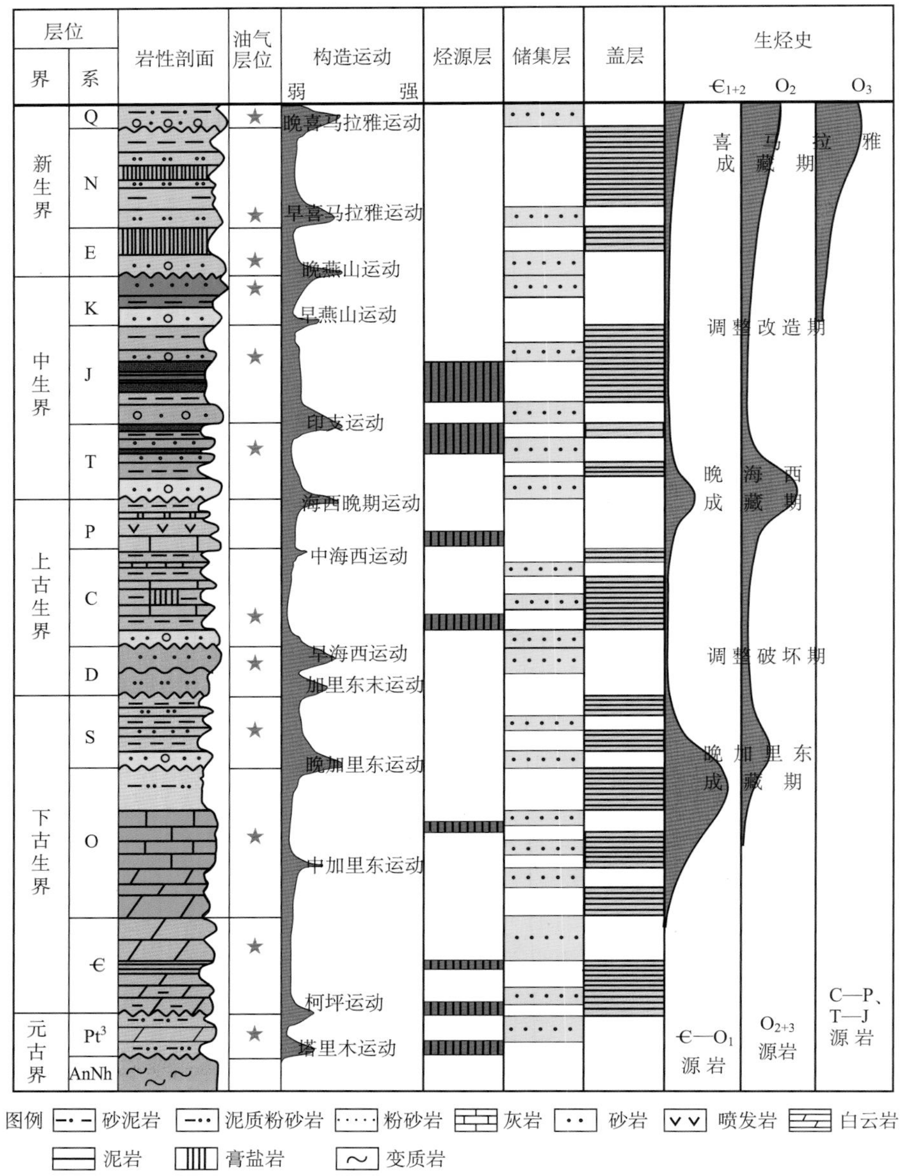

图例 砂泥岩 泥质粉砂岩 粉砂岩 灰岩 砂岩 喷发岩 白云岩 泥岩 膏盐岩 变质岩

图 5.16 塔里木盆地构造-成藏要素综合柱状图

山、西昆仑地区出现克拉通边缘-盆地相深水沉积。

受中昆仑岛弧碰撞的作用（贾承造，1997；何碧竹等，2011），早奥陶世晚期塔里木板块南缘从被动大陆边缘转向活动大陆边缘，盆地内部从东西伸展转向南北挤压，形成影响广泛的中加里东运动。塔北水下古隆起形成，一间房组-良里塔格组沿古隆起近东西向发育。塔西南地区以整体褶皱隆升为主，与塔中地区连为一体，形成塔中-塔西南弧后前缘隆起（图 3.19），呈近东西向展布，西宽东窄。

晚奥陶世良里塔格组沉积期盆地内部碳酸盐岩收缩发育，形成塔北、塔中-巴楚、塘南三个孤立台地（图 2.23），出现明显的南北分带的构造与沉积格局。随着板块南缘的强烈弧陆碰撞，发生剧烈的岛弧隆升，形成大量的含火山碎屑的陆源。除塔中-巴楚、塔北南部发育一间房组-良里塔格组台地相碳酸盐岩外，中上奥陶统为陆棚相巨厚碎屑岩沉积，满东拗陷厚达 4000～6000m。根据满东-塘古拗陷巨大构造沉降分析，具有近南北向展布的前陆盆地特征，向西地层厚度很快减小，可能是受阿尔金洋闭合消减所形成的弧后挠曲前陆（图 3.22），构造挤压作用向东扩张。

结合该区的区域构造背景，受控于塔里木板块南缘古昆仑洋的扩张-闭合，塔里木盆地下古生界碳酸盐岩经历了从伸展到挤压过程阶段的碳酸盐岩台地发展—扩张—收缩—消亡的过程（图 5.17）。早寒武世，随着古昆仑洋的伸展扩张，塔里木板块在几近夷平的前寒武纪背景上发生广泛海侵，形成广阔陆表浅海，有利于碳酸盐岩台地的发育[图 2.16 和图 5.17(a)]。寒武纪—早奥陶世，稳定发育东西展布的“两台一盆”构造古地理格局（图 2.16 和图 2.21），碳酸盐岩台地不断增生生长，逐渐从缓坡台地发育为镶边的陡坡台地，满东在弱伸展构造背景下形成板内拗陷欠补偿泥岩相［图 5.17(b)］。鹰山组沉积晚期，板块内部从伸展转向挤压，塘古-塔中-巴楚地区出现整体抬升，地貌出现微起伏，海水变浅，能量增高，形成塘古、玛南、塔中等大面积的台内滩发育［图 5.17(c)］。一间房组沉积前塔中-麦盖提地区前缘隆起形成，鹰山组遭受暴露淋滤，形成广泛的风化壳。一间房组沉积期［图 5.17(d)］，塔里木板块南部形成陆-坡-海的大型斜坡背景，有别于早期的台地，塘古与轮南南部地区形成大型的缓坡台地。吐木休克组形成陆棚缓坡，发育泥灰岩夹泥晶灰岩沉积。良里塔格组沉积期［图 5.17(e)］，随着挤压作用的加强，塔中与塘古地区发生分异，塘古拗陷开始形成，台地进一步收缩，形成近东西展布的孤立台地。随着岛弧陆缘碎屑的供给逐步增大，至桑塔木组沉积期［图 5.17(f)］，碳酸盐岩台地全被淹没，最后消亡。

奥陶纪末发生影响盆地构造格局的晚加里东运动，古昆仑洋开始闭合，南天山持续扩张，已形成完整的洋盆，中天山受北部大洋的俯冲作用（Xu et al.，2013），出现岛弧火山活动。阿尔金岛弧与塔里木板块碰撞，形成西昆仑-东昆仑的弧后前陆盆地。塔里木盆地南部出现塔西南—塘古—阿尔金一线的外凸弧形隆起，出现整体抬升，受构造与地层的差异，出露地层有差异（图 5.18）。塔西南奥陶系碳酸盐岩大面积出露，塔中则局限在中央断垒带部位。塘古、塔东地区也出现大面积抬升，桑塔木组剥蚀严重。塔东南隆起可能受强烈的构造挤压，连同阿尔金地区强烈抬升，下奥陶统甚至基底已暴露地表。塔北隆起也发生强烈的隆升，形成近东西向的隆升潜山区，奥陶纪地层普遍遭受剥蚀。满东-巴楚地区处于隆后的克拉通内拗陷，地层剥蚀量较小，为桑塔木组泥岩广泛覆盖区。由于奥陶纪末强烈的挤压构造作用，塔北、塔中、塔西南、塔东南及塔东等古隆起形成（图 3.23），北部拗陷、塘古拗陷、西南拗陷与库车拗陷已呈现雏形，塔里木盆地大隆大拗的构造体制基本成形。

由此可见，南华纪—奥陶纪经历两个阶段的伸展-挤压的构造旋回，形成盆地的下构造层，厚度大、沉积稳定、分布广泛，奠定盆地“大隆大拗”的基本构造格局。

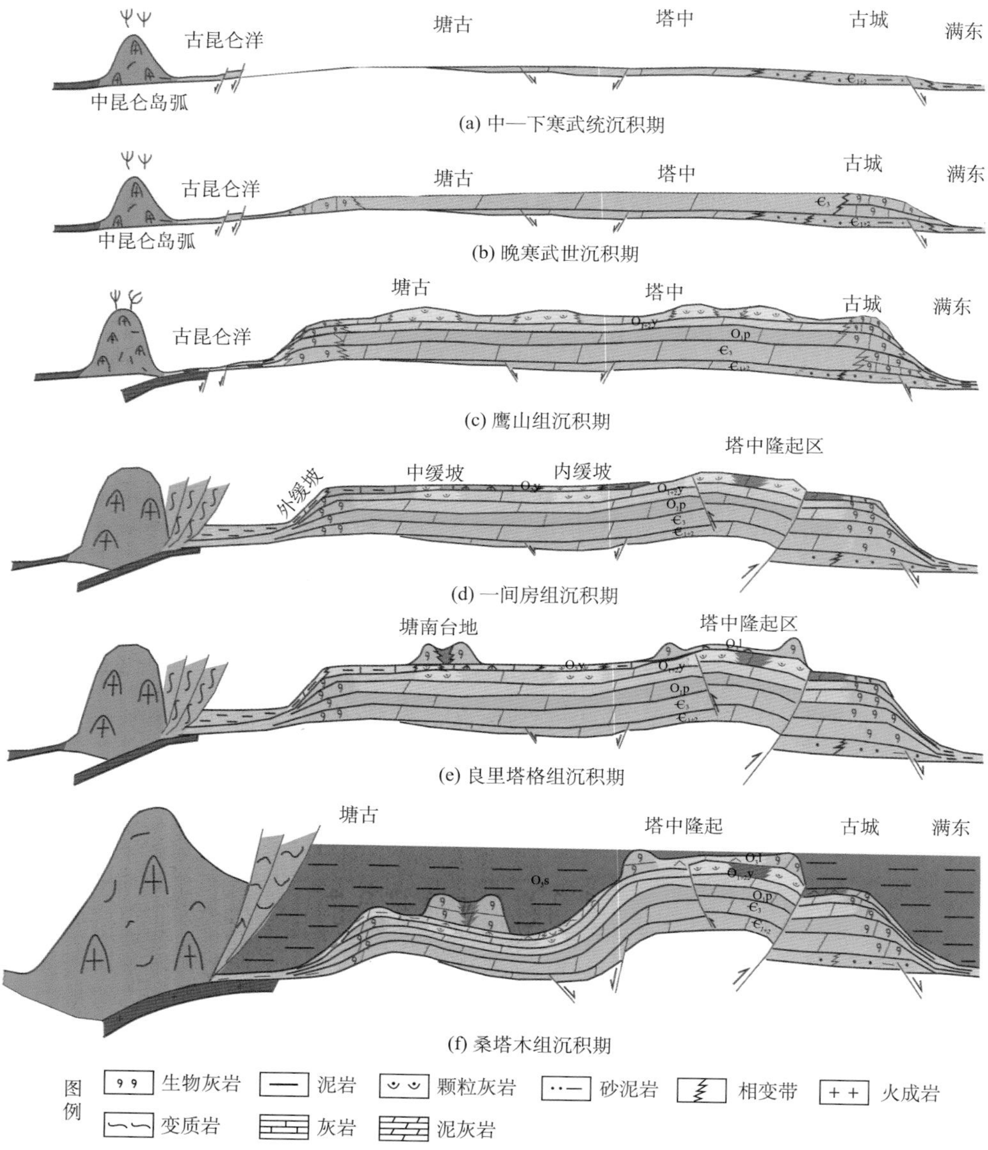
古昆仑洋
塘古
塔中
古城
满东
中昆仑岛弧
(a) 中—下寒武统沉积期
古昆仑洋
塘古
塔中
古城
满东
中昆仑岛弧
(b) 晚寒武世沉积期
塘古
塔中
古城
满东
古昆仑洋
(c) 鹰山组沉积期
塔中隆起区
中缓坡
内缓坡
外缓坡
(d) 一间房组沉积期
塘南台地
塔中隆起区
(e) 良里塔格组沉积期
塘古
塔中隆起
古城
满东
(f) 桑塔木组沉积期
图例
生物灰岩
泥岩
颗粒灰岩
砂泥岩
相变带
火成岩
变质岩
灰岩
泥灰岩

图 5.17　塔里木盆地南部下古生界碳酸盐岩台地演化模式图

（二）志留纪—白垩纪：振荡构造-沉积旋回

塔里木盆地自志留纪进入振荡沉降的克拉通内拗陷发育阶段，发育多期变迁的碎屑岩沉积体系，与早期的构造-沉积格局明显不同。

1. 志留纪—早中泥盆世：碰撞继后的克拉通内拗陷

志留纪—泥盆纪塔里木盆地南北缘都进入碰撞聚敛时期，形成活动大陆边缘（Xu

et al.，2013；Zhang et al.，2013)，盆地内部构造活动更为频繁。志留纪南部古昆仑洋已闭合，中昆仑岛弧与塔里木盆地板块发生碰撞拼贴，阿尔金洋闭合并发生强烈的弧陆碰撞，造成塔东南隆起的强烈隆升与区域动力变质作用。北部北天山洋闭合，准噶尔地块与中天山地块碰撞拼贴，南天山洋在中晚志留纪也开始进入俯冲削减阶段（Ge et al.，2012)。

除南北边缘弧后盆地外，志留系主要分布在盆地中部满加尔—阿瓦提—喀什一线（图5.18)，厚达2000m，主要为滨浅海相-陆相的克拉通内拗陷碎屑岩沉积，上下均为角度不整合接触。在盆地南缘与塔北隆升的背景上，志留纪沉积时总体表现为“中间低南北高、以宽缓斜坡过渡”的古地貌格局，志留系向南北方向逐渐超覆沉积在奥陶系不整合面上，隆起区的范围回缩到塔中以东，塔东隆起为蚀源区，塔中主垒带等构造高部位有孤岛残留。不同地区沉积体系有差异（张金亮和张鑫，2006)，塔东地区为辫状河三角洲-近物源滨岸沉积体系，以砂砾岩、中粗砂岩碎屑岩等沉积为主；满加尔凹陷南坡及塔中地区志留系主体是无障壁的潮坪相砂泥互层沉积体系；塔北发育滨浅海碎屑岩沉积。

随着志留纪晚期周边构造挤压不断加强，东南部形成北东向的范围更大的东南隆起区，塔北古隆起初具规模（图5.14)。陈北部拗陷中部处，志留系整体抬升并在顶部遭受剥蚀，砂泥岩段保存不完整，形成从西北向东南底超顶削的特征。

在周边与盆地内部持续隆升的背景下，早中泥盆世继承了志留纪围绕古隆起分布的克拉通内拗陷的构造特征，在盆地内部分布更局限，主要分布在北部拗陷、塔中-巴楚地区，为一套滨浅海厚层红色砂岩沉积，向塔北、塔中、塔西南、塔东等古隆起区超覆减薄。

晚泥盆世东河砂岩段沉积前的早海西期运动是盆地构造格局转换的重要时期，西昆仑强烈隆升与南天山洋的闭合削减造成盆地内部大面积的抬升与剥蚀（图5.13)。其构造格局和变形特征继承了加里东期隆拗格局，但在构造夷平的基础上呈现西低东高的古地貌背景。该期构造运动对不同的地区作用影响差异大，东南隆起强烈隆升并基本定型，塔东-塘古地区形成平行于东南隆起的北东向隆起斜坡区，塔中隆起东高西低，塔西南隆起在东部形成北东向的玛南风化壳与北东向的玛东冲断带连接形成隆升剥蚀区。受南天山洋自东向西闭合削减作用，塔北隆起东部构造活动强烈，轮南奥陶系潜山区大面积出露，孔雀河斜坡也发生强烈的反转隆升。早海西运动形成盆地的基本构造格局，发育最广泛的不整合，结束了克拉通内挤压挠曲盆地的演化阶段。

2. 晚泥盆世—二叠纪：弱伸展克拉通内拗陷

晚泥盆世晚期，塔里木板块南部的古特提斯洋扩张，盆地进入伸展构造背景（Mattern and Schneider，2000；Wang，2004)。从西南向东北方向出现广泛海侵，塔里木盆地自西南向东北方向逐步沉入水下，东河砂岩段向东北超覆沉积，形成晚泥盆世—早石炭世异时同相的多期砂体连片叠置，层位向东北变新。石炭纪沉积灰色灰岩、绿灰色、暗紫色砂泥岩夹含蒸发岩的浅水台地，为海陆交互-滨浅海环境沉积，形成遍及全区的克拉通内拗陷。石炭系分布广，横向比较稳定，一般厚400～1000m。仅在塔东、

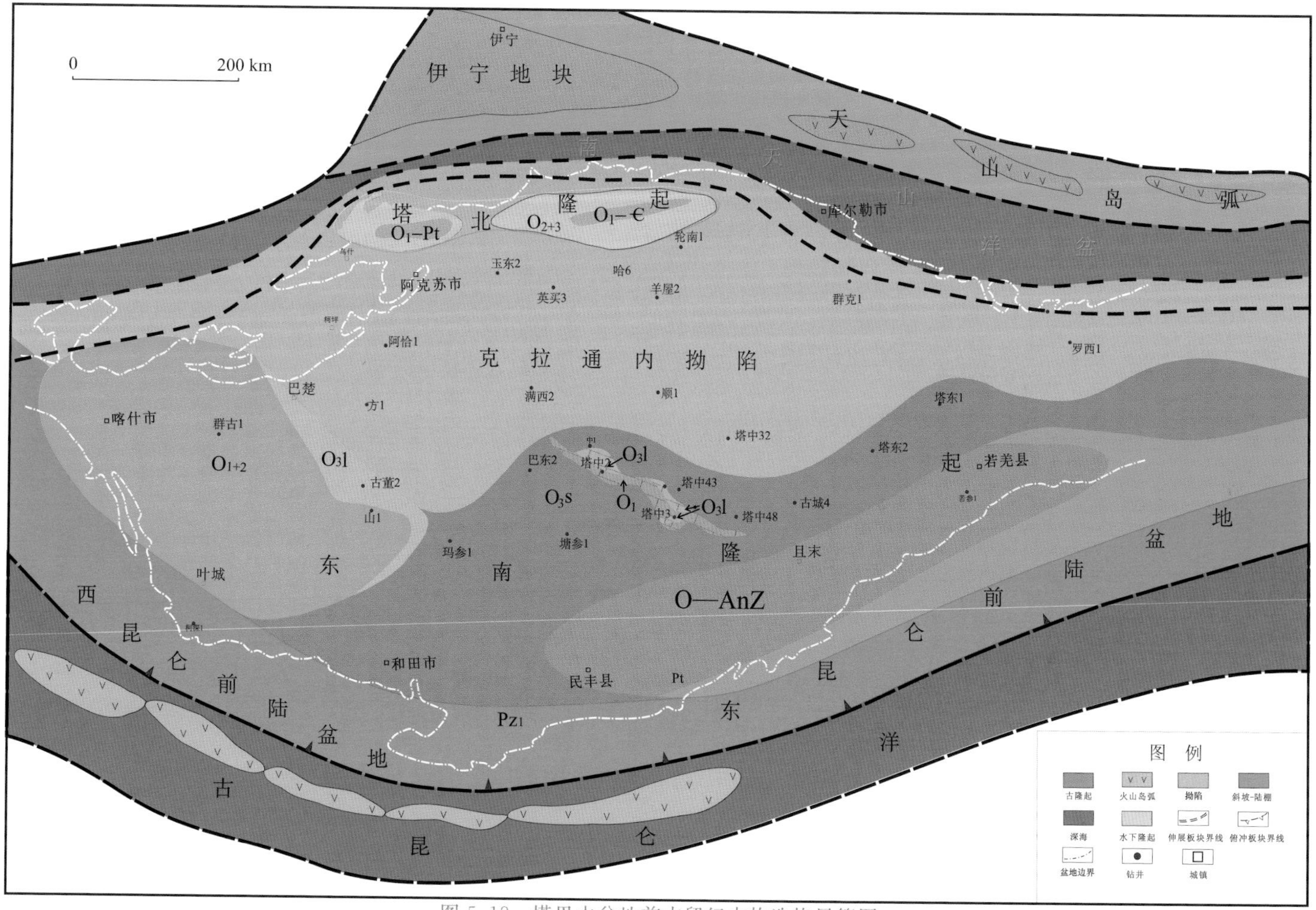

图 5.18 塔里木盆地前志留纪古构造格局简图

塔东南等地区局部剥蚀缺失，根据地层接触关系推断也曾普遍接受沉积，因后期隆起剥蚀而缺失。

石炭纪末海西中期运动受控于南天山洋闭合过程中产生的来自北部的挤压作用（贾承造，1997），塔北隆起又开始抬升，塔东、塔东南局部发生小规模的隆升。盆地内部除局部断裂活动发生剥蚀外，石炭系与二叠系仅局部出现沉积间断以平行不整合接触为主，构造影响微弱。

二叠纪继承了石炭纪大型陆内拗陷背景，塔里木盆地广泛发育早二叠世火成岩，塔北地区为中-酸性火山岩类，巴楚-塔中地区为基性火山岩类，以玄武岩居多（张传林等，2010）。二叠系火山岩的最主要部分年龄大多集中在264～282Ma，其覆盖面积约$30\times10^4km^2$，形成和二叠纪地幔柱密切相关（张传林等，2010）。二叠纪末古特提斯洋海水逐渐退出，为由灰白色灰岩、白云岩和海陆交互相的灰绿色砂泥岩再转化为棕红色、褐色砂泥岩的陆相沉积。二叠系在中西部分布广泛，自西南向东北方向削蚀尖灭，西部阿瓦提-喀什城地区厚达1200～2400m。

二叠纪末发生晚海西运动，南天山洋自东向西剪刀式闭合（贾承造，1997；Xia et al.，2014），塔里木盆地构造活动转向北部地区。库车前陆盆地形成，塔北前缘隆起的构造活动自东向西扩展，压扭性构造活动强烈，构造作用东强西弱（图5.19）。轮台断隆发生斜向冲断，剥蚀强烈。西部英买力与温宿凸起基本定型，英买力北西向压扭背斜带形成。东部英吉苏地区也发生强烈的隆升，自西向东出现石炭系—奥陶系不同层位的暴露剥蚀。盆地内部二叠系分布广泛，周缘隆起强烈，海水基本退出塔里木盆地，从海相转入陆相沉积。

3. 中生代：陆内分隔拗陷

中生代塔里木板块内部形成与周边大洋分隔的盆地，主要为陆相碎屑岩沉积。同时南部古特提斯洋的开合与北部古亚洲洋的闭合对盆地内部具有强烈的影响，构造活动频繁，不整合发育，地层沉积变迁明显，分布局限，纵向上分布不均、横向变化大。

三叠纪塔里木盆地内部广泛发育陆相河流-三角洲-滨浅湖沉积，尽管残余地层分布局限（图5.20），但通过地震剖面的追索，发现在巴楚、塘古、塔东等地区三叠系普遍有被削蚀现象，尤其是塔东地区。根据剥蚀厚度的恢复，盆地南部普遍有三叠系超覆的特征，表明曾有广泛的三叠系沉积，当时的隆起主要在塔北中东部、塔东南地区。三叠系在库车发育最全，向北增厚超过1000m；台盆区分布在中部，满西地区厚达800m。

三叠纪末羌塘地块与塔里木板块碰撞拼合，古特提斯洋闭合（刘亚雷等，2012），在喀喇昆仑山分布巨厚的上三叠统混杂堆积，西昆仑地区整体缺失三叠系。塔里木盆地周缘发生强烈的隆升，在塔里木盆地东南形成周缘隆起。塔西南-巴楚地区整体抬升导致三叠系地层被剥蚀，当时可能是由于羌塘地块的斜向碰撞造成南部地区整体抬升。塔东地区发生大规模的向东斜向抬升，奥陶系—三叠系与上覆侏罗系—白垩系呈较大的角度不整合接触（图2.13）。塔东地区构造形态变化大，地层剥蚀严重，而且侏罗系在基本夷平的背景上沉积，是三叠纪末构造活动最强烈的区域（图5.20）。塔东地区，尤其是阿尔金地区，可能当时已发生大规模的走滑活动，塔东南隆起强烈隆升，造成古生界

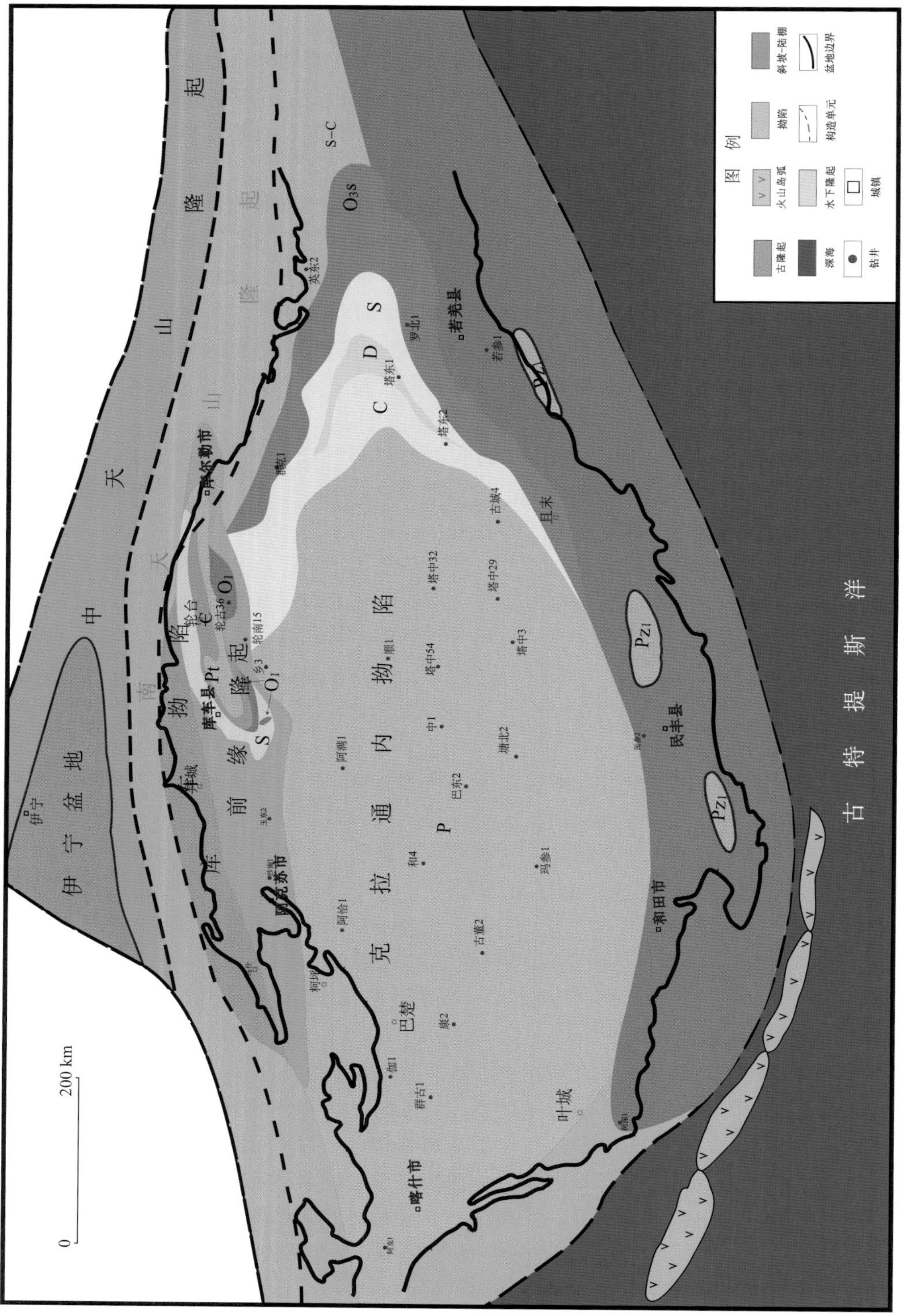

图5.19 塔里木盆地前二叠纪古构造格局

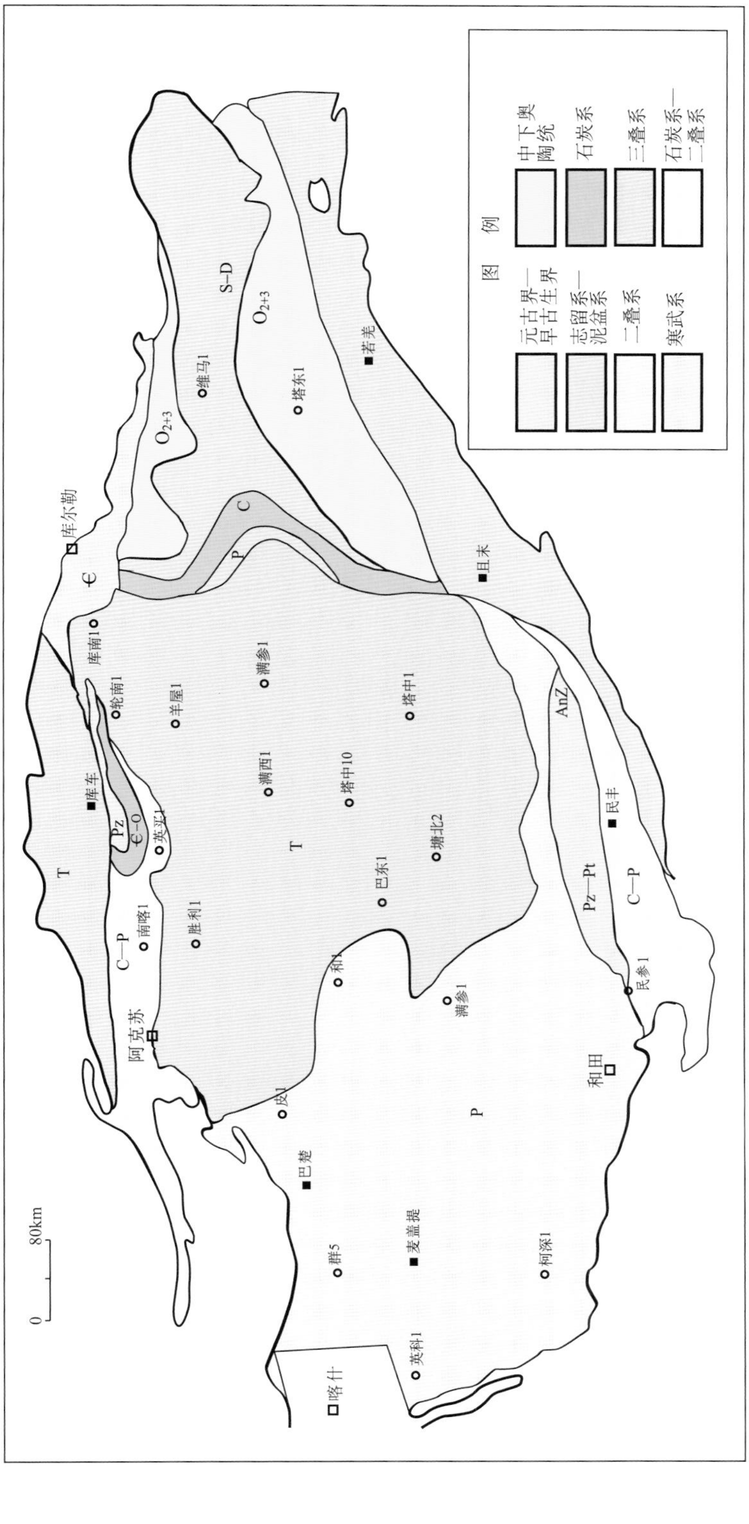

图 5.20 塔里木盆地前侏罗纪古地质图

的广泛剥蚀缺失，除东南部局部有石炭系—二叠系分布外，大部分地区出露变质岩，而且东部的活动强于西部地区。台盆区中部三叠系呈北西向分布，形成东北与西南高、中部低的陆内坳陷，可能存在北东—南西方向的构造挤压作用。从三叠系在塔东南隆起的断缺分析，三叠系在塔东南隆起上也曾有广泛分布，后期的断裂活动造成剥蚀缺失。

随着新特提斯洋的扩张，侏罗纪早期整个西北地区处于伸展背景，塔里木盆地内部也基本夷平，形成宽缓的陆内坳陷，下侏罗统在盆地中北部可能均有发育，仅塔西南低隆可能缺失。侏罗系主要分布在盆地周边，库车坳陷向北增厚达 2000m。中下侏罗统为砂泥岩夹煤层组成的煤系地层，上侏罗统为红色碎屑岩。

由于侏罗纪末期拉萨地体向北的碰撞拼贴（许志琴等，2011），塔里木盆地中西部整体抬升，塔中-巴楚地区整体缺失侏罗纪地层，轮南有较薄的下侏罗统保留。根据地震剖面的追踪对比，侏罗纪塔中与满加尔-轮南地区都是比较宽缓的低部位，可能普遍发育侏罗系，由于后期抬升造成塔里木盆地中西部大面积隆起，剥蚀区主要分布在盆地内部。而盆地周缘的库车坳陷、塔东南坳陷、英吉苏凹陷、塔西南坳陷保留侏罗系，形成周缘坳陷、盆地内部隆升。

白垩纪早期塔里木盆地西南方向受特提斯洋的广泛海侵，在西南坳陷出现海相沉积，盆地内部广泛发育陆相河流-三角洲，在麦盖提斜坡可能发育继承性古隆起。白垩系在库车、塔西南、台盆区中部都有分布，出现整体沉降，厚达 1200m。盆地内整体缺失晚白垩世沉积，仅在塔西南发育上白垩统湖相泥岩和碳酸盐岩。

白垩纪晚期受 Kohistan-Dras 岛弧与古拉萨地体的碰撞（贾承造，2004），塔里木盆地整体抬升，普遍缺失上白垩统地层（图 5.21）。东南隆起白垩系剥蚀殆尽，侏罗系残余分布不规则，表明在前古近纪也有强烈的活动，也是以挤压-走滑作用为主，对前新生界改造作用明显。盆地内部前新生界呈现东北与西南低、中部巴楚-塘古地区高，与前侏罗纪走向一致，但高低特征相反，隆坳格局变化可能与南部的块体拼贴作用的差异有关。

（三）新生代：陆内前陆盆地构造-沉积旋回

新生界上构造层全盆地均有发育，地质结构特征明显不同于下伏地层（图 1.5、图 5.22）。由于新构造运动强烈，西昆仑与南天山山前剧烈沉降，喀什凹陷、拜城凹陷沉积厚度超过 8000m，向台盆区中部巴楚—满东一线减薄至 2000m 以下，巴楚西部因剥蚀作用造成残余厚度小于 500m。

印度板块与亚洲板块碰撞后，产生多期幕式持续挤压。新近纪以来，受印度板块强烈碰撞的远程效应（贾承造，2004；李本亮等，2007），塔里木盆地周边天山、昆仑山相继快速隆升，由于塔西南前陆沉降剧烈，塔西南古隆起区发生强烈的南倾，向北迁移形成巴楚隆起。随着库车前陆盆地、塔西南前陆盆地的发育（图 5.22），塔里木盆地克拉通区整体进入快速深埋期，发育前陆坳陷陆相碎屑岩沉积。塔北沉降厚度达4000～6000m，古隆起北斜坡秋里塔格一带已成为库车前陆坳陷的一部分。塔中成为库车前陆盆地的前缘隆起，沉降厚度减薄至 2000m。由于喜马拉雅晚期构造活动剧烈，形成了现今“四隆五坳”的构造格局（图 1.3）。

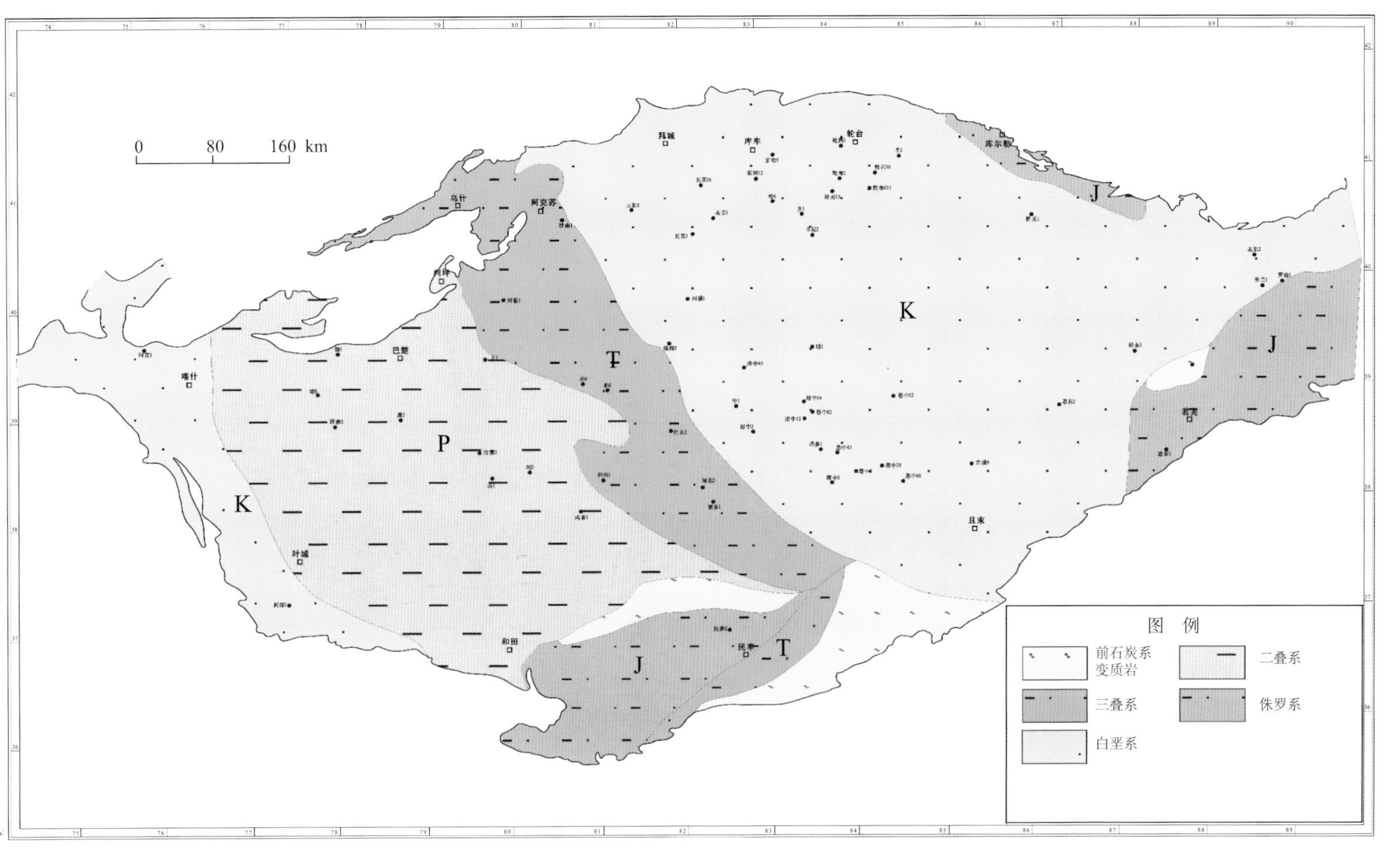

图 5.21 塔里木盆地前古近纪古地质图

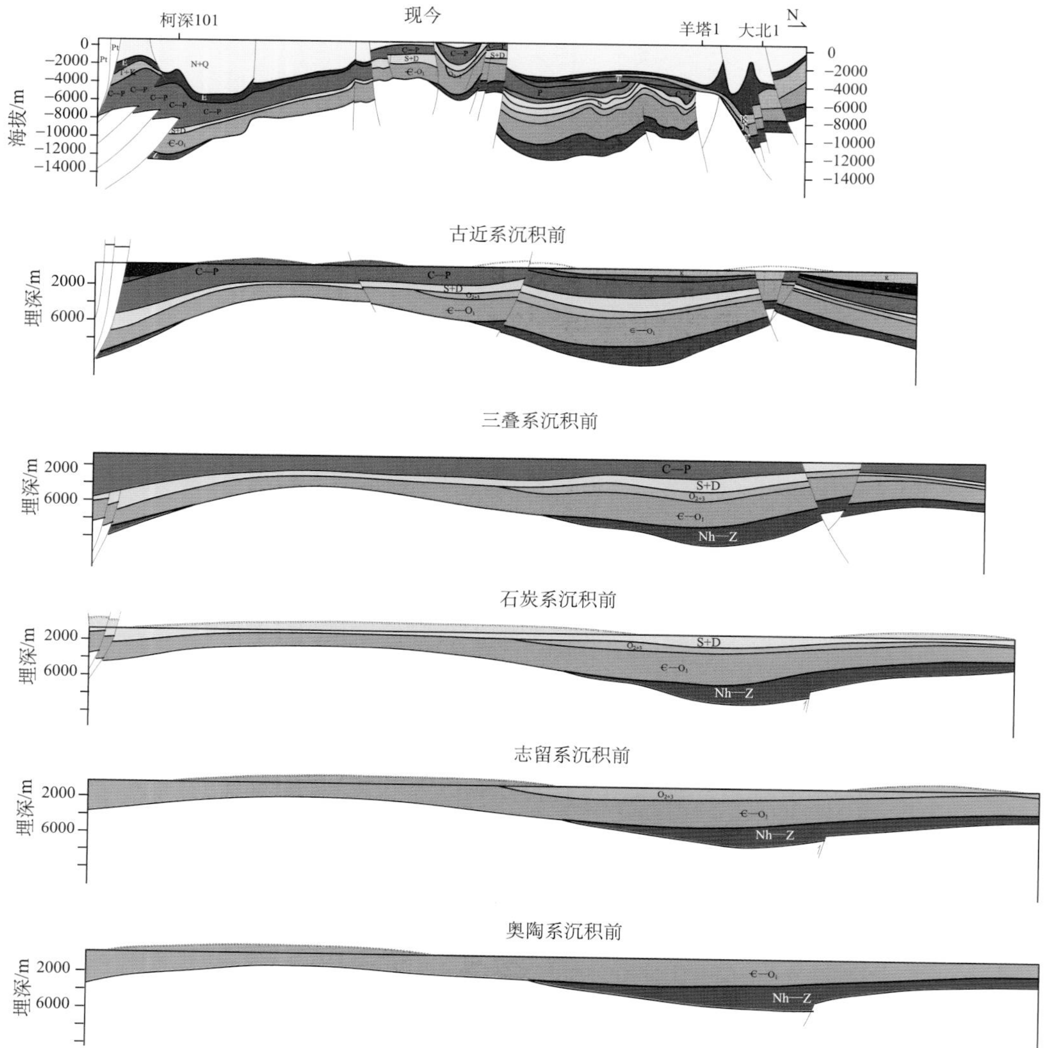

图 5.22　塔里木盆地西部南北向构造演化剖面图

二、碳酸盐岩构造的继承性与差异性

塔里木盆地下古生界碳酸盐岩长期稳定发育，具有发育的继承性与构造的差异性。

（一）下构造层海相碳酸盐岩发育的继承性

塔里木盆地下古生界海相碳酸盐岩位于巨厚沉积岩系的底层，在其后多期构造调整改造过程中，大隆大拗的构造格局继承性发育，构造、地层保存比较完整。

塔里木盆地前寒武纪存在塔北基底隆起与塔南基底隆起（图 3.15），具有南北分带的构造格局，是后期构造演化的基础。中奥陶世，在南北向构造挤压作用下，在塔中-喀什凹陷一带产生大面积的隆升，寒武系—奥陶系碳酸盐岩开始暴露水面，塔南-塔中东西向隆起出现雏形（图 3.17），形成上奥陶统良里塔格组/中下奥陶统鹰山组之间的区域不整合。北部塔北-库车呈现与基底隆起相似的东西走向水下低隆。此期碳酸盐岩已出现南北分异的构造-沉积格局，大隆大拗的构造面貌初显雏形。

晚奥陶世沉积时，来自南部的挤压作用加强，盆地由前期东西分异转变为南北分带，碳酸盐岩台地收缩形成三个东西展布的孤立台地（图 2.23）。奥陶纪末，塔里木盆地出现整体抬升，奥陶纪地层普遍遭受剥蚀，塔西南、塔中、塔北都有下古生界碳酸盐岩出露地表，遭受岩溶作用，台盆区三大碳酸盐岩古隆起基本定型，如图 5.23 所示。

加里东末期—早海西期，东部东南隆起发生大面积的隆升并发生变质作用，塔中、塔北古隆起稳定发育，塔西南隆起高点向东迁移，但古隆起基本保持原有的分布范围。塔东隆起此时已基本形成，并发育大型的局部构造圈闭。北部拗陷稳定沉降，与周边隆起的高差加大。塘古拗陷受北东向断裂带的影响，西南部形成一系列断块山，拗陷受分割，范围有所减少。

晚海西期，塔里木盆地碳酸盐岩构造格局基本定型，塔中、塔西南古隆起持续稳定发育，塔北古隆起构造格局成型。在古构造图上（图 3.24），塔中、塔西南古隆起稳定沉降，奥陶系碳酸盐岩风化壳完全深埋，没有再出露地表。而塔北古隆起轮台断隆—温宿凸起一线发生强烈的抬升剥蚀，具有大范围的下古生界出露区，古隆起碳酸盐岩埋深远浅于南部隆起。塔东地区也发生强烈的隆升，塔东隆起基本定型。

印支-燕山运动虽然对塔里木盆地广大地区都有影响，但对下古生界碳酸盐岩而言，以整体稳定升降为主（图 1.5）。塔中、塔西南古隆起碳酸盐岩构造影响微弱，塔北隆起的轴部有断裂与剥蚀，但基本构造格局没有变化。东南隆起—阿尔金断隆一带的挤压-走滑作用强烈，构造改造作用大。

喜马拉雅晚期，随着山前陆内前陆盆地的发育（图 4.28），西南拗陷、库车拗陷强烈沉降，塔西南古隆起向南倾没，隆起轴部向北迁移形成巴楚隆起。塔里木台盆区整体沉降，塔北隆起北倾深埋，隆起范围缩小。其他地区碳酸盐岩构造面貌保持不变，断裂也欠发育。

从以上分析可见，受周边板块构造演化的差异性，塔里木盆地下古生界海相碳酸盐岩虽然经历多期的构造演化与变迁，但受上覆巨厚碎屑岩地层保护，构造发育继承性强，碳酸盐岩大隆大拗的构造格局长期稳定发育。

（二）海相碳酸盐岩构造的差异性

塔里木盆地海相碳酸盐岩具有小克拉通、复杂基底结构、多构造变革的构造背景，构造的差异性是叠合盆地的典型特征，也是油气成藏与分布差异的地质基础。

1. 板块背景的差异

塔里木板块周缘的大地构造背景差异大，早古生代受控于南缘板块运动（图 5.17），晚古生代受北部板块运动影响明显（图 5.19），而中新生代板内构造活动与四

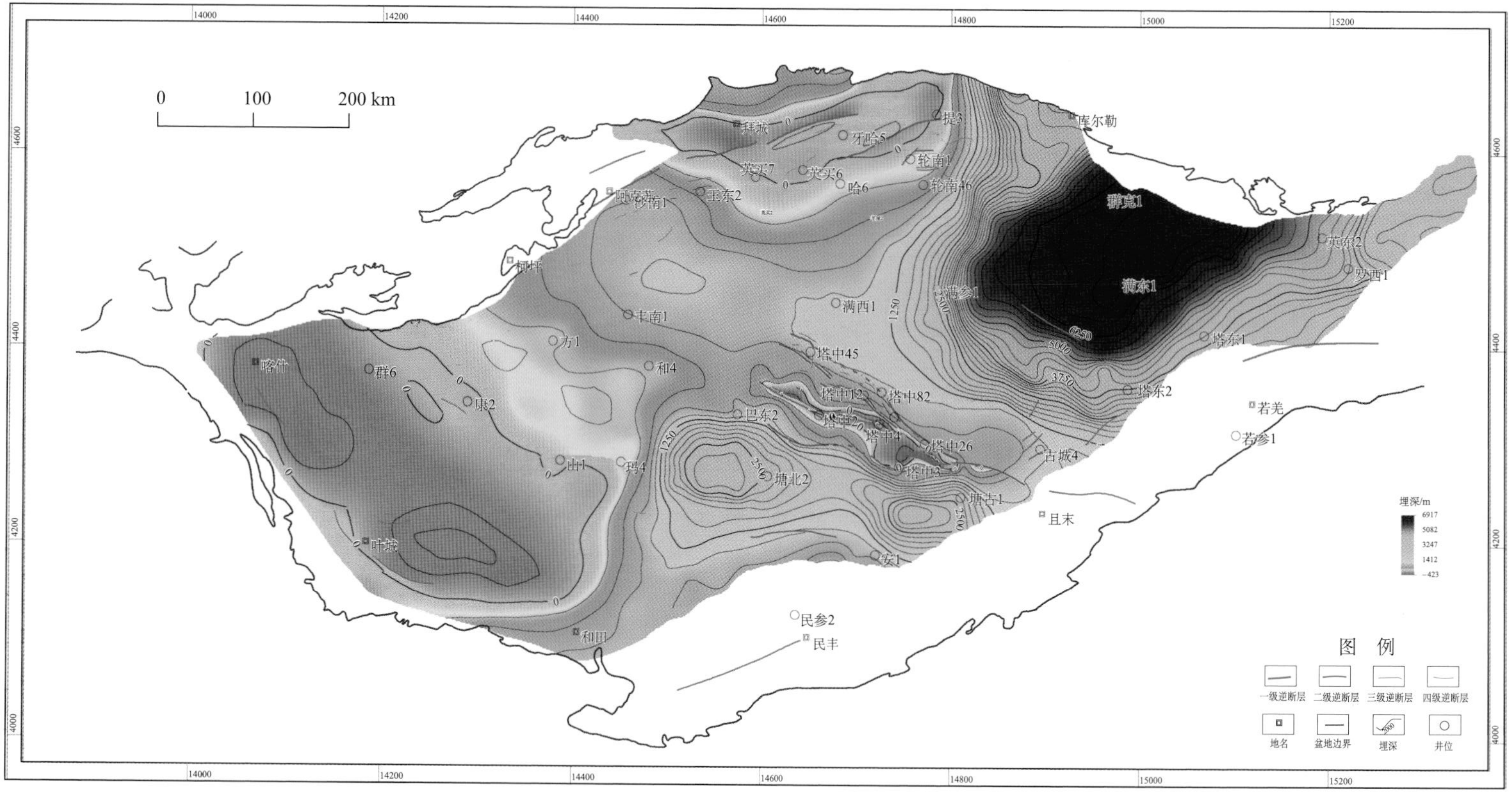

图 5.23 塔里木盆地志留系沉积前下古生界碳酸盐岩顶面构造图

周造山带隆升均有关联。西昆仑、南天山、阿尔金山等山系的形成与隆升、构造特征差异悬殊（贾承造，1997；袁学诚，2005），也是盆地板块构造背景差异的直接表现。塔里木盆地经历13期大型构造运动（图5.16），受控于板块的差异演变。南部受古昆仑洋、古特提斯洋、新特提斯洋的开合形成盆地三期差异的伸展-挤压构造旋回，北部受控于南天山洋的开合影响盆地北部地区为主。板块背景的差异是盆地构造形成与演化复杂多样的前提，控制了盆地分区分带的差异特征。

2. 地质结构分区的差异

由于受多期不同性质的构造作用，塔里木盆地被分割成很多不同特征的构造单元，不同地质单元具有分块展布的特点。根据盆地基底的起伏形态与碳酸盐岩顶面构造特征，塔里木盆地可划分为“四隆五拗”等9个一级构造单元（图1.3），形成隆拗交错分布的构造格局（图4.28）。塔北隆起东部与库鲁塔格断隆相接，西部温宿凸起也是其西延部分，南北呈斜坡与库车拗陷、北部拗陷过渡，面积约$4.5\times10^4km^2$。塔北隆起整体近东西走向，温宿凸起、英买力低凸起、轮南低凸起等次级构造单元呈北东向斜列展布，除轮台断隆遭受剥蚀外，寒武系—奥陶系碳酸盐岩发育齐全，顶面埋深变化大，一般在3000～7000m。巴楚隆起呈北西走向，为受南北大型边界断裂控制的断隆，东部以玛北台缘带为界与塘古拗陷相邻。巴楚隆起呈西高东低的格局，奥陶系碳酸盐岩顶面埋深一般在2000～4000m，面积约$5.4\times10^4km^2$。塔中隆起与巴楚隆起斜列展布，西宽东窄，奥陶系碳酸盐岩顶面向西北倾伏，埋深在4000～7000m，面积约$2.3\times10^4km^2$。塔东隆起寒武统—下奥陶统碳酸盐岩呈大型的背斜带近北东向展布，碳酸盐岩厚度薄，埋深在3000～7000m，面积约$4.1\times10^4km^2$。东南拗陷呈北东向，与阿尔金断隆走向一致，受长期复杂的构造作用，前石炭纪为变质岩系，上覆石炭系—新近系，为中新生界的山前拗陷。受控于车尔臣断裂带，构造抬升强烈，前石炭系埋深一般在2000～5000m，面积约$10.6\times10^4km^2$。库车拗陷、西南拗陷下古生界碳酸盐岩快速向山前倾没，埋深达10000m。北部拗陷从西向东可以分为阿瓦提凹陷、满西低梁、满东凹陷三个次级单元，满东与阿瓦提下古生界碳酸盐岩顶面埋深超过10000m；满西低梁埋深在8500m以内，与塔中、塔北隆起过渡相连。

3. 盆地演化的差异

塔里木盆地经历不同盆地类型与构造体制的变迁（图1.4），南华纪—震旦纪经历大陆裂谷盆地—陆内拗陷；寒武纪—中奥陶世形成海盆包围的广泛陆表海，发育板内碳酸盐岩台-盆结构；志留纪—二叠纪为周缘陆地环绕，为与板块周缘海盆连通的克拉通内拗陷发育阶段；中生代以来形成内陆拗陷，分隔为不同的小型盆地；新生代盆地边缘发育陆内前陆拗陷，形成相互连通的统一陆内盆地。不同时期、不同类型、不同区块纵向叠置、横向连接，形成统一的具有差异性的叠合盆地。

结合区域地质分析，塔里木盆地板块小，构造运动期次多（图5.16），早期区域挤压形成大隆大拗的下构造层，构造频繁变迁与差异运动形成了振荡沉降的中构造层，喜马拉雅晚期前陆盆地发育形成山前狭深前渊与盆地中部宽缓前缘斜坡组成的上构造层，三大构造旋回造成了三大构造层的差异性。盆地东、西部与中部构造稳定区有较大的差异，塔东地区下古生界巨厚，晚古生代—新生代厚度薄，经历早期深埋与强烈的构造运动；西部喜马拉雅期构造活动强烈，形成了巴楚迁移型活动隆起，不同于塔中、塔北古隆起。东南拗陷前中生代经历复杂的构造改造，沉积地层薄。

4. 上下构造层构造的差异

塔里木盆地在经历多期不同类型、不同强度的构造作用下，海相碳酸盐岩位于盆地的下构造层，具有明显的改造调整特征，但也明显不同于遭受强烈改造作用的上覆志留系—中生界，海相碳酸盐岩发育更为稳定，与上覆地层具有明显的差异性（图 1.5）。

碳酸盐岩地层保存完整。由于塔里木盆地海相碳酸盐岩位于下构造层，上覆沉积岩系厚度大，后期构造改造破坏对下部地层影响较小，碳酸盐岩除局部断裂带外，都有比较齐全的海相碳酸盐岩地层分布。而志留系—白垩系多层段在盆地内部都存在大面积的缺失（图 5.11），不同层位地层分布范围变迁大，而且多呈局部分布，在古隆起高部位有很多地层被剥蚀殆尽，同一地区不同层位地层残余程度也不尽相同（图 3.7 和图 5.11）。

碳酸盐岩构造相对简单。受多期构造作用，后期构造变动造成志留系—白垩系剥蚀严重，上覆碎屑岩分布差异大。盆地边缘或盆内拗陷区碎屑岩构造形态变化大，受后期断裂、不整合改造作用明显，分块性强。而碳酸盐岩以“大隆大拗”为特征，后期的改造调整多以继承性的断裂活动与不整合为主，构造单元规模大，结构简单，长期稳定发育。

碳酸盐岩演化继承性强。海相碳酸盐岩沉积期台盆结构长期继承性发育，加里东期“大隆大拗”结构形成，后期多旋回构造运动作用下，除塔西南古隆起在喜马拉雅晚期向北迁移形成巴楚隆起外，碳酸盐岩隆拗结构长期稳定发育，对后期的构造变迁具有明显的控制作用。而上覆碎屑岩古隆起区变迁大，志留系、石炭系等层系形成的古隆起区多发生大范围的变迁，或是剥蚀消亡，如塔东古隆起形成于海西期，在侏罗纪成为凹陷区。

碳酸盐岩构造破坏作用较弱。由于塔里木板块小、构造运动频繁，中上构造层碎屑岩是后期构造运动改造破坏的主体，大多有大面积的剥蚀，轮南潜山、塔中东部潜山、玛南风化壳都是石炭系直接覆盖在奥陶系碳酸盐岩之上（图 1.5）。塔东地区前侏罗纪剥蚀中上奥陶统—三叠系地层厚度超过 4000m（图 2.13），侏罗系地层在盆地中、南部均已被剥蚀。下构造层海相碳酸盐岩虽然也遭受不同程度的构造改造作用，但主要集中在局部古隆起的核部。古隆起广大斜坡区以较弱的断裂作用为主，构造破坏程度较弱。

5. 不同类型构造与构造改造作用的差异

塔里木盆地古隆起、断裂与不整合等类型构造都具有多种类型、多期演化的特征，不同区块、不同时期的构造特征的迥异，多期、不同性质、不同程度的构造改造差异，也是海相碳酸盐岩的重要特征。海相碳酸盐岩构造改造的形式有隆升改造、断裂改造两种基本形式（图 5.24）。

隆升改造又有继承隆升型、迁移改造型、翘倾改造型等类型。继承隆升型具有多期隆升的叠加发育，以继承性古隆起发育为典型，区域构造挤压通常造成地层抬升、暴露

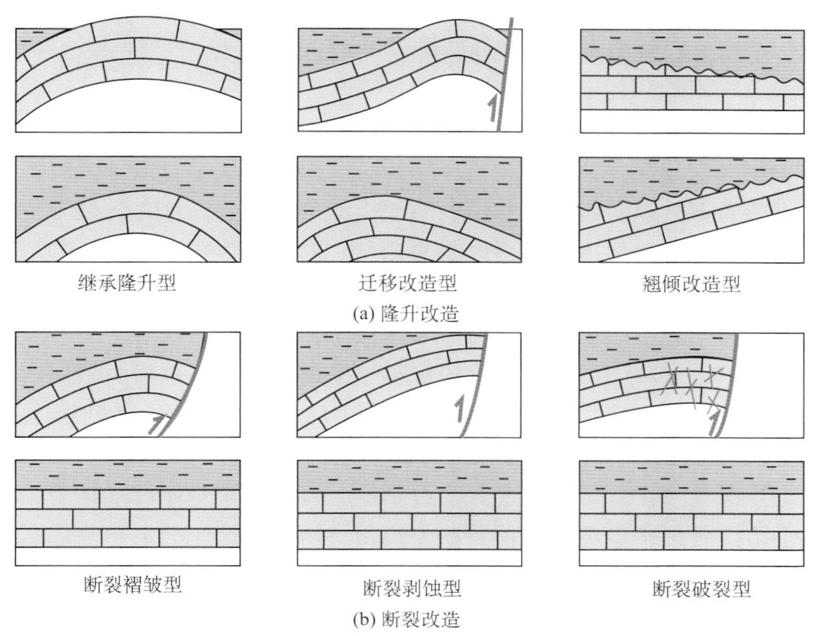

图 5.24 碳酸盐岩构造改造形式的分类

与剥蚀，产生古隆起，形成多种类型的褶皱变形。同时暴露形成广泛的不整合，出现多期风化壳的叠加发育（图 5.15），碳酸盐岩暴露在大气淡水作用下发生岩溶作用，形成多种特征的古地貌，如轮南潜山。不同方式的区域构造作用造成盆地内部发生大范围的构造迁移改造，如隆起区的迁移、沉降区的变迁、拗陷区的隆升等构造格局的转换；加里东晚期北西向塔西南古隆起在早海西期向东迁移，形成北东向玛南隆起区（图 3.13）。翘倾改造通常是构造反转造成隆拗的差异变化，如麦盖提斜坡早期北倾，喜马拉雅晚期古隆起沉没造成整体南倾（图 3.11）。在构造的走向上也会发生相对升降的差异，如塔北南缘东部轮南在早海西期隆升，燕山期则是西部英买力地区活动强烈。构造深埋对构造改变也很大，如库车南部地区在印支期—燕山期是塔北古隆起的北部斜坡区（图 3.7），现今深埋藏成为库车拗陷的一部分，构造特征也发生很大变化。

不同级别、不同类型、不同时期的断裂活动也是构造改造的重要方面，主要形成断裂褶皱型、断裂剥蚀型、断裂破裂型等 3 种类型的改造作用（图 5.24）。断裂作用产生的褶皱变形比较普遍，造成不同时期、不同构造单元的地质结构发生变化，控制构造的分期分带格局。在断裂活动强烈区，也会造成构造隆升与剥蚀，形成一系列碳酸盐岩断块山，或是剥蚀破坏出露基底。断层破碎带产生大量的裂缝系统，对早期的构造与储层也具有明显的改造作用。

受控于不同时期的构造作用，不同时期的盆地原型差异大，盆地内部不同的构造单元隆升特点不一致。古城鼻隆以整体抬升剥蚀为主，发生向东抬升的掀斜作用，以翘倾改造为主。塔中东部抬升大、剥蚀严重，以继承性抬升改造为主；西部抬升小、剥蚀少，断裂活动较大，以断裂改造作用为主。塔西南地区发育基底隆起，早期以整体抬升为主，早海西期、喜马拉雅晚期发生大范围的迁移改造。塔北也出现大面积的继承性隆升暴露剥蚀，东西方向发生多期翘倾与强烈断裂改造作用。

6. 构造作用程度的差异

海相碳酸盐岩不同区块、不同时期遭受的构造作用程度也有差异。在构造隆升强烈区域形成大面积的不整合，地层抬升剥蚀强烈，持续时间长。例如，早海西期、印支期的区域构造活动造成构造格局、沉积体制的显著改观。而构造活动弱的隆升仅形成局部不整合，地层缺失少，构造-沉积面貌改变不大，继承性强。断裂活动强度大的可以控制一级构造单元的分布，形成强烈的局部抬升与剥蚀，改变原始的构造特征。例如，车尔臣断裂的多期活动控制了东南古隆起的演化与变迁，由于后期强烈活动造成早期构造形迹消亡。

有的构造活动不连续，形成间断型构造的叠加，地层发育比较齐全，其间间断较多。同时也有多期叠加改造型的构造作用，在多旋回构造演化作用下，受构造作用的差异影响，在持续隆升的构造正向带，早期的不整合面可能遭受后期不整合面的叠加改造作用（图 5.19）；而在构造抬升剥蚀强烈区，可能将早期的不整合面及其构造作用形迹破坏殆尽；构造的变迁也会造成不整合面分布位置的迁移。塔北隆起奥陶系碳酸盐岩经历多期的叠加改造（图 3.6 和图 3.7），后期不整合的分布往往发生变迁，地层尖灭线出现大范围的迁移。在轮南地区石炭系直接覆盖在中上奥陶统碳酸盐岩之上，是在前志留纪不整合之上的继承性发育。奥陶系碳酸盐岩地层与邻近志留系覆盖区相同，古地貌平缓，碳酸盐岩地层整体抬升再次暴露为主，碳酸盐岩地层后期剥蚀量很小，构造形态变化较小，局部有断裂继承性活动区构造较复杂。而轮台断隆周缘零星的三叠系、侏罗系覆盖的风化壳也表明其间多期不整合的叠加改造，盖层的地层岩性发生变化，沿早期不整合的周边碳酸盐岩暴露的范围也有不同程度的变化。在不整合面多期发育过程中，可能形成更长时间的碳酸盐岩风化淋滤，地表径流与地下河道可能会因地形地貌的改变而发生变迁，产生新生的岩溶体与构造，改造早期的岩溶缝洞系统，从而促进了风化壳岩溶储层的发育。例如，英买 32 井区寒武系白云岩潜山上覆白垩系，多期不整合的叠加造成溶蚀孔洞型储层发育。同时也可能造成岩溶地貌与岩溶储层的破坏，如轮台断隆则是白垩系覆盖在基底之上，下古生界碳酸盐岩剥蚀殆尽，经历多期的构造叠加与破坏。可见构造改造程度差异变化可能形成不同的结构，在构造稳定区中等程度的构造作用有利于构造的继承性发育，构造活动过强可能形成破坏作用。

总之，叠合盆地下构造层海相碳酸盐岩经历多期演变，呈现继承发育的构造演化，也有明显地质结构的多样性、形成演化的多期性，具有构造发育的继承性与差异性两大基本特征。处于下构造层的海相碳酸盐岩长期稳定发育，上覆巨厚多套碎屑岩沉积盖层，改造作用相对较弱，是保存大量古老碳酸盐岩油气资源的地质基础。

第六章 塔里木盆地构造对碳酸盐岩储层的建设性作用

下古生界碳酸盐岩经历复杂的成岩演化，以次生溶蚀孔、洞、裂缝为主，构造作用对储层的发育与分布具有重要的建设性作用。

第一节 不整合对岩溶储层的控制作用

塔里木盆地碳酸盐岩90%以上的油气储量分布在不整合相关的岩溶储层，不整合控制了岩溶储层发育的差异性与复杂性。

一、不整合控制岩溶储层的发育与分布

（一）不整合控制岩溶储层的期次与分布

叠合盆地经历多期构造运动，形成多期不整合（图5.11），有利于形成广泛的碳酸盐岩岩溶风化壳。塔里木盆地下古生界海相碳酸盐岩主要经历加里东中期、加里东晚期、早海西期、晚海西期—燕山期四期大型的构造抬升暴露，形成多期次的风化壳在空间的叠合分布（图5.15），风化壳的发育受控于构造作用的范围、隆升强度等。

加里东中期，受板块南缘构造挤压，构造隆升主要发生在盆地南部，塔中-塔西南地区发生广泛的隆升，鹰山组碳酸盐岩出露地表遭受风化淋滤，风化壳分布面积达$12\times10^4km^2$（图3.13）。加里东晚期塔里木盆地发生广泛的隆升与褶皱作用，由于上覆巨厚中上奥陶统碎屑岩盖层，碳酸盐岩主要在塔西南、塔中、塔北三大古隆起的核部出露（图5.15），塔中古隆起碳酸盐岩风化壳仅出露于东部，塔北南缘岩溶作用延伸至哈拉哈塘地区，塔西南岩溶风化壳规模最大，面积超过$6\times10^4km^2$。早海西期碳酸盐岩风化壳具有沿古隆起继承性发育的特征，塔西南、塔中古隆起上风化壳的分布都向东部收缩（图5.15）。塔北古隆起构造活动加强，风化壳向东扩展，轮南地区奥陶系碳酸盐岩广泛暴露地表，分布范围有所增加。晚海西期以后，构造作用主要集中在塔北与盆地周边，南部塔西南、塔中碳酸盐岩没有出露。塔北核部与罗西台地广泛暴露剥蚀，碳酸盐岩出露的范围缩小。印支期—燕山期碳酸盐岩出露的范围继承晚海西期的分布，在塔北与罗西地区持续发育，风化壳的范围有所扩大。

由于多期构造的叠加作用，形成不同地层覆盖的岩溶风化壳，主要有四套岩溶风化壳发育区（图5.15）：塔中-巴楚良里塔格组/鹰山组不整合，麦盖提斜坡西部、塔中4井区、哈拉哈塘北部志留系/中下奥陶统不整合，麦盖提斜坡东部、塔中东部、轮南以

及玛东潜山区石炭系/奥陶系，塔北轮台断隆周缘、温宿凸起、罗西台地等地区中生界/奥陶系碳酸盐岩不整合等。由于不整合发育特征不同，不同地区、不同时期岩溶风化壳的分布、暴露时间与叠加作用具有差异性。

（二）不整合形成两类古地貌

受控于构造作用的差异，不整合主要形成两种特征的岩溶地貌：一是潜山地貌，具有明显的地貌起伏与地貌分区，岩溶地貌高差较大，潜山发育，轮南最为典型；二是缓坡地貌，地貌高差较小，地貌平缓，夷平作用明显，以麦盖提斜坡奥陶系风化壳为典型。

轮南奥陶系碳酸盐岩发育潜山地貌（图 6.1）。地表峰丛地貌发育，地貌高差超过200m，断裂发育。有利于大气淡水的淋滤溶蚀，形成大面积发育的地表与地下河流，产生广泛、充分的风化壳岩溶作用，岩溶平面分区分带、纵向分层特征明显（杜金虎，2010）。

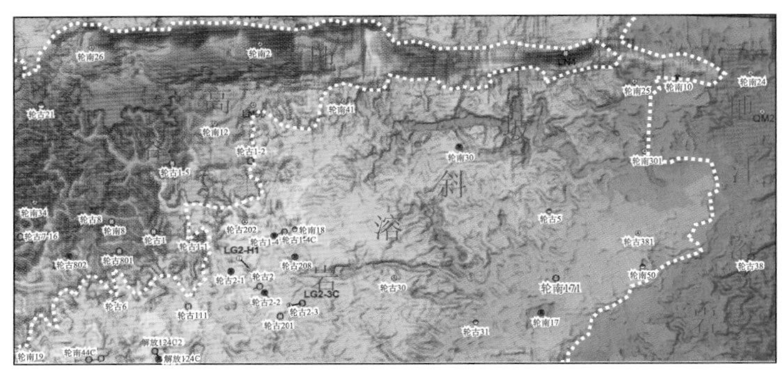

图 6.1　轮南奥陶系潜山古地貌图（杜金虎，2010）

塔西南古隆起奥陶系碳酸盐岩风化壳以整体抬升为主，断裂欠发育，缺少局部构造（图 3.10 和图 6.2）。东部奥陶系风化壳上覆石炭系巴楚组泥岩稳定分布，厚度差异多在 50m 范围内，表明地貌起伏小，不同于轮南、塔中地区。通过古地貌恢复（图 6.2），南部岩溶斜坡区与北部岩溶缓坡-洼地区都很平缓，微地貌起伏不平，但高差一般低于80m。在岩溶斜坡区出现“四沟五梁”的地貌分布特点，斜坡西南部地势较高，东北部地势较低，其间沟梁呈北北东条带状分布，发育一系列微型峰丛地貌，地貌起伏微弱。不同于潜山地貌岩溶，其水流宽缓、水动力较弱，岩溶作用较弱。岩溶作用影响深度小，一般在表层 100m 范围内（图 6.3）。垂直渗流带岩溶作用较发育，水平潜流带岩溶作用欠发育，岩溶作用断续出现，以小型洞穴、孔洞为主，发生岩溶作用的层段厚度较薄，一般在数米范围内。岩溶强度较小，岩溶层段内岩溶发育也是断续分布，强度较弱。在岩溶发育段上岩溶率较低，一般仅在 10%～20%范围内。由于水动力减弱，岩溶储层充填程度高，如玛南 1 井钻遇密集孔洞层，但均为泥质充填。渗流带也有洞穴发育，但充填严重，洞顶垮塌角砾、洞穴沉积角砾与泥、洞底堆积三层结构发育，洞穴沉积角砾具有明显的定向性，具有较强的淡水溶蚀特征，但充填严重。

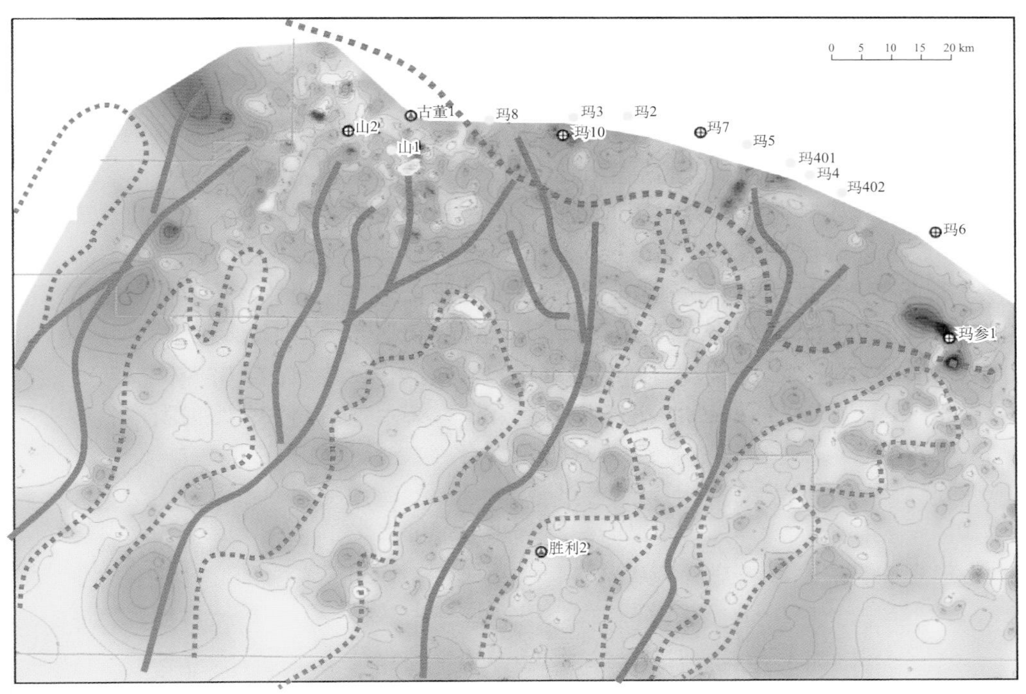

图 6.2 和田古隆起北部斜坡区奥陶系风化壳古地貌图
黄色表示地劣相对高的地区，绿色表示地劣相对低，红色虚线为地貌分界线，蓝色为水系

（三）不整合控制风化壳岩溶储层发育

1. 不整合控制的岩溶缝洞体储层发育

塔里木盆地岩溶储层以奥陶系灰岩为主，储层宏观储集空间以岩溶洞穴为主，基质孔隙不发育。洞穴广泛分布在岩溶地貌高部位与斜坡区，纵向上沿垂直渗流带和水平潜流带多层段发育，分布层段厚度达200m。垂直渗流带发育不同规模的角砾或泥质充填的落水洞，水平潜流带发育受地下暗河控制的水平状分布的不规则溶蚀洞穴。在一些地区也见到沿颗粒灰岩发育的溶蚀孔、洞。

碳酸盐岩风化壳构造缝、缝合线和溶蚀缝发育，多期构造演化过程中主要为泥质或钙质半充填。裂缝密度变化大，主要集中在古隆起斜坡的断裂带附近。沿裂缝溶蚀孔、洞较常见。裂缝孔隙度通常低于0.5%，裂缝张开度达0.2～20mm，但多被充填。在低渗储层中裂缝可能使渗透率提高1～3个数量级。

大型岩溶洞穴顶底通常发育裂缝带，或是裂缝带逐步溶蚀形成洞穴，由一系列裂缝连通的洞穴、孔洞形成了统一的缝洞系统（图6.4）。风化壳岩溶储层的发育主要受控于古地貌、古水文，不同地貌背景下洞穴的规模、特征有差异。岩溶洞穴的发育还与岩溶演化的阶段有关，储层主要发育在青壮年期，老年期则发生洞穴的垮塌、充填，以致剥蚀消亡。例如，轮台断隆、塔中主垒带早期的缝洞系统多被剥蚀消亡。

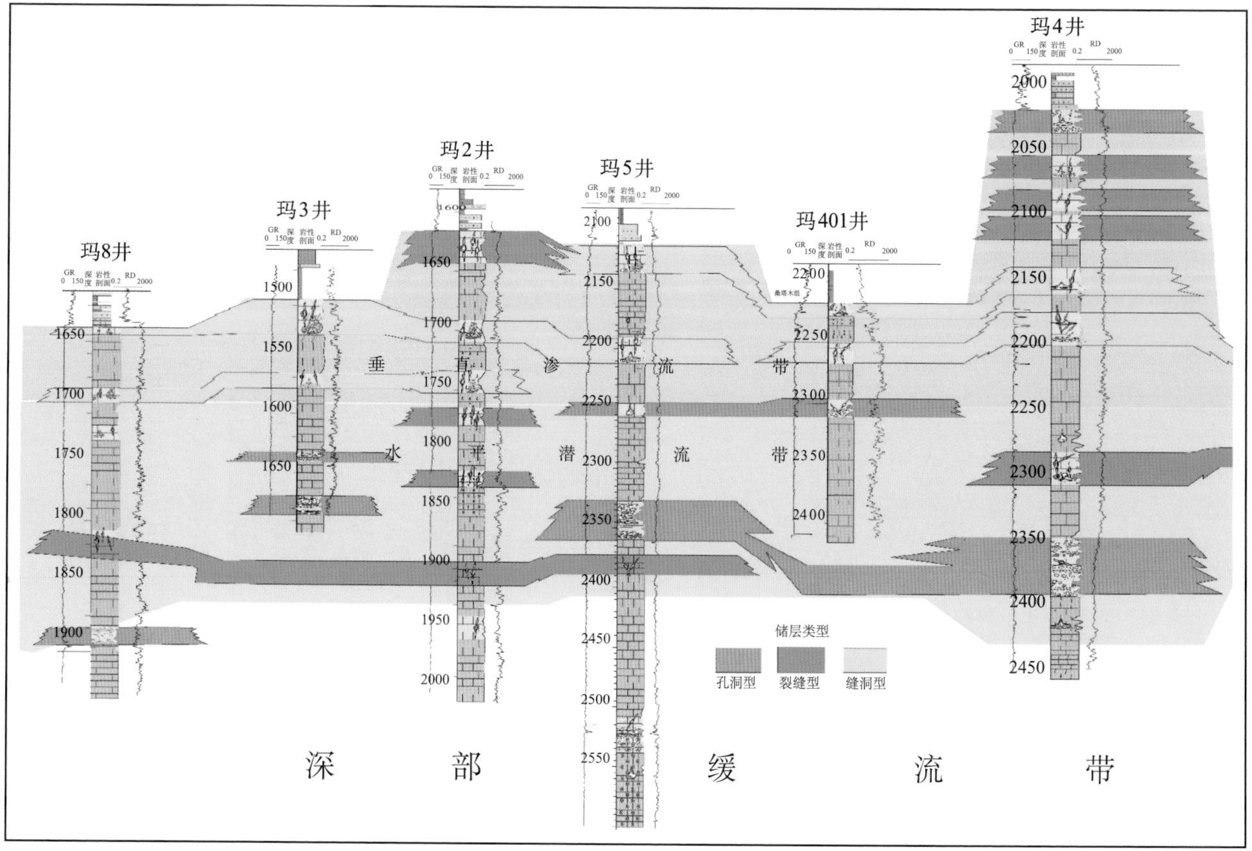

图 6.3 和田河气田井间岩溶储层对比图

目前风化壳油气勘探也是以大型的缝洞体储层为主，80%以上的高产油气流井钻遇大型缝洞体。地震剖面上大型洞穴通常出现“串珠状”强反射，在古岩溶残丘、斜坡、缓坡或溶蚀沟谷部位最常见，代表的多是孤立的大型洞穴型储层。而相互邻近的多“串珠状”强反射通常为大型的连通的多缝洞体储层（图 3.8）。近期地震正演研究与钻探表明，片状强反射、杂乱反射也可能为有利储层的地震响应，前者多与风化壳层状岩溶形成的片状连通的缝洞储集体有关，后者多为小型孔洞型储层形成的缝洞集合体。大型洞穴在钻井过程中通常出现泥浆漏失、放空、溢流、钻时加快等现象，如中古 8 井在 6130.30～6140.38m 范围内漏失泥浆 3776.3m^3，放空 4.3m。岩屑录井可见砂泥质、角砾、方解石与萤石等充填矿物等。取心中可见砂泥、角砾、方解石等洞内充填物，以及溶洞再沉积物，且取心收获率常常较低、破碎。测井资料上表现为井径显著扩大、自然伽马升高、电阻率降低、密度降低等，成像测井图像上溶洞响应清楚。

图 6.4 柯坪露头奥陶系碳酸盐岩洞穴

2. 不整合控制储层纵向分层、平面分带

受控于不整合发育的古地貌与基准面控制，岩溶储层具有纵向分层与平面分带的特征。垂向上，水平潜流带的溶孔、溶洞和溶缝最发育（图 6.3），而且保存也好。垂直渗流带以垂直溶缝的发育为主，往往被剥蚀而难以保存，深部缓流带溶孔、溶洞和溶缝偶尔发育。平面上可分为岩溶高地、岩溶斜坡和岩溶洼地，钻探实践和储层预测成果表明，岩溶斜坡岩溶储集体最为发育，其次是岩溶高地，岩溶洼地储层欠发育，规模小，缺少大型缝洞体。

（四）不整合控制岩溶发育模式

岩溶型储层主要受古地貌、古水文、构造、岩性等作用控制（杜金虎，2010），其中构造作用对古地貌、古水文都有直接的影响，根据构造对岩溶地貌与岩溶发育的影响特征，可以划分为三种类型的岩溶模式（图 6.5）。

1. 斜坡岩溶

斜坡岩溶主要分布在岩溶斜坡部位，以整体抬升、宽缓斜坡地貌为特征，地形地貌起伏不平（图 6.5）。其特点是：地层倾斜抬升，峰丛地貌发育；水文具有分带性，地下水系发育，造成储层在平面上的分带性；岩溶作用覆盖面广，潜流带发育、岩溶作用强；岩溶储层充填较少、保存好；纵向分层、平面分带特征明显。

轮南潜山斜坡最为典型。轮南古地貌分带、水文分带明显，岩溶高地、岩溶斜坡、岩溶洼地呈现不同的微地貌（杜金虎，2010）。岩溶斜坡宽广，地表径流与地下水流丰富，岩溶作用较为充分，有利于形成大型风化壳岩溶储层。纵向上垂直渗流带、水平潜流带分带明显，岩溶斜坡渗流带和潜流带均发育，垂直渗流带以垂向溶蚀孔洞发育为特征，甚至形成大型落水洞，跨度大，垂向多层段分布；水平潜流带大型洞穴、河道发育，以水平溶蚀扩大为特征，岩溶作用强，大型缝洞发育。斜坡区岩溶缝洞充填较少、保存好，通常以砂泥半充填为主。

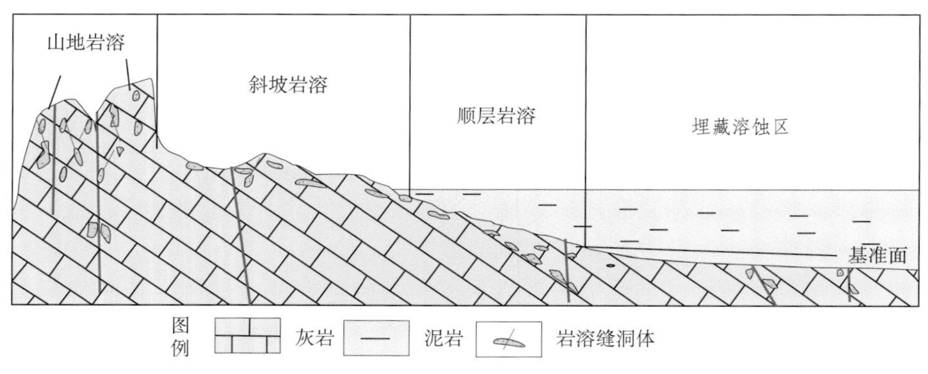

图 6.5 塔里木盆地奥陶系碳酸盐岩岩溶模式

2. 山地岩溶

山地岩溶主要发育在岩溶高地断裂带。由于断裂活动强烈、构造复杂，造成山地型岩溶的复杂性（图 6.5）。其主要特征是：构造复杂、山地地貌，地形变化大；水文差异大、水系不完整；岩溶作用复杂，渗流带发育，垂向岩溶为主；岩溶深度大、岩溶储层充填程度高；岩溶储层保存条件差，后期改造作用强烈，充填与剥蚀严重。

山地岩溶受控于断裂带局部抬升形成的狭长潜山带，岩溶作用复杂。例如，塔中中部垒带出露地层岩性变化大，出露寒武系—上奥陶统不同层位地层，地层产状变化明显，地形高陡，高差超过 500m，横向变化大。受控于长期剥蚀，也可能有夷平的丘陵发育，如塔中 1 至塔中 7 井区石炭系沉积前断块山大部分消亡，仅残留塔中 1 局部山头。断块山型岩溶分层分带不明显，水文特征复杂，以垂向淋滤为主，渗流带较发育，而缺少完整的潜流带。岩溶储层以垂向溶蚀的缝洞体为主，分布复杂，通常沿断裂发育，横向变化大，非均质强。缝洞体发育的深度大，可能达到 400m，但单个的缝洞体规模通常较小。由于裂缝发育，邻近的洞穴也可能连通。岩溶缝洞体邻近断裂破碎带，一般容易垮塌，同时也易于机械搬运充填，残余的有效缝洞储集空间一般较少。储层保存也与盖层有关联，由于后期沉积逐层向潜山顶部超覆，容易充填早期的岩溶洞穴。例如，塔中 4-7-38 井钻遇 10m 洞穴为砂泥岩全充填，塔中 4 井奥陶系洞穴为埋藏期方解石充填。

3. 顺层岩溶

顺层岩溶型储层是内幕岩溶的一种特殊类型，在风化壳邻近的内幕区，受表层岩溶地下水流作用，向内幕延伸发生大气淡水溶蚀作用，主要沿层间地层顶面发生，形成顺层岩溶作用（张宝民和刘静江，2009）（图 6.5）。塔北南缘上奥陶统桑塔木组泥岩尖灭线以南，鹰山组至一间房组发现岩溶渗流粉砂、古土壤，溶洞微量元素 B 含量检测表明，初始形成环境为淡水、半咸水，遭受顺层岩溶作用改造。

顺层岩溶受控于不整合形成的基准面分布与高差。由于内幕区构造抬升掀斜形成的地势，抬升区与潜水基准面的高差形成侧向水压潜流，大气淡水向下流动过程中发生溶蚀，形成不同规模的孔洞。碳酸盐岩层间岩溶面或早期层面孔洞层为后期地下水的侧向顺层溶蚀提供了条件。构造抬升高于地下水基准面的范围越大，顺层岩溶分布规模越大；构造抬升的幅度越大，大气淡水作用的强度越大。由于该类岩溶水属承压水而水动力强度较大（张宝民和刘静江，2009），溶蚀性较强。在远离暴露淋滤区，断裂是主要的输导系统，往往在断裂带附近形成岩溶强烈发育带。内幕区水文基准面通常变平缓，水动力与溶蚀作用逐渐降低，岩溶洞穴发育程度降低，孔洞增多，储层规模逐渐变小，逐渐零星分布。在断裂带附近，也可能形成承压水向上流动溶蚀，形成垂向岩溶缝洞体。顺层岩溶带充填物可能是风化壳岩溶水系携带下来的细粒砂泥，也可能是洞穴垮塌充填物，或是埋藏期碳酸盐岩沉淀胶结物。顺层岩溶带缝洞体远离风化壳，机械搬运充填程度相对较低，但埋藏期的胶结充填作用较强。

顺层岩溶分布在碳酸盐岩古隆起的围斜部位，空间上与风化壳岩溶相伴生。轮古东地区、哈拉哈塘地区都有顺层岩溶发育，其典型特征是：邻近潜山区呈条带状分布，受基准面与层序界面控制，沿层断续发育，延伸宽达40km，断裂带附近缝洞体发育（图4.10），以孤立洞穴储层为主。

二、不整合岩溶储层的差异性

（一）不同期次岩溶储层发育的差异

塔里木盆地不同时期构造背景、构造作用方式与形式、构造影响程度的差异大，造成不同时期风化壳岩溶储层的发育特征变化大（表6.1）。

表6.1 塔里木盆地下古生界碳酸盐岩不同时期风化壳对比

项目	加里东中期	加里东晚期	早海西期	晚海西期—燕山期
分布	塔中—塔西南	塔西南、塔中、塔北	塔北、塔中、塔西南	塔北、罗西
面积/km^2	约12×10^4	约8×10^4	约5×10^4	约2×10^4
间断期/Ma	约5	<3	>10	>100
隆升强度	较小	较大	大	很大
气候	湿润	较干旱	湿润	变化大
岩溶地貌	缓坡	潜山、缓坡	潜山	断块潜山
水系	较发育	欠发育	发育	不完整
岩溶洞穴	较大	较小	很大	较大
裂缝系统	较发育	发育	发育	很发育
储层规模	较大	较小	很大	较小
破坏作用	强	强	较强	很强

中加里东期碳酸盐岩暴露持续时间较短，地层缺失也仅约为 5×10^6 Ma。此期构造作用强度不大，断裂作用、褶皱作用较弱，地层剥蚀缺失较少，鹰山组顶面碳酸盐岩缺少大型的地形起伏，以宽缓的平台与斜坡为主。地下水动力相对较弱，洞穴规模较小。岩溶影响的深度可能较大，塔中、巴楚地区钻井揭示岩溶作用深度达 300m。塔北地区受远程构造作用的影响，也有短暂的暴露（也称层间岩溶），岩溶发育程度与规模小。由于碳酸盐岩没有深埋，较弱的构造抬升就能形成大面积的碳酸盐岩暴露，该期岩溶分布面积最大。

加里东晚期盆地发生强烈的构造挤压，碳酸盐岩隆升幅度较大，断裂较发育。由于该期岩溶主要发育在上奥陶统铁热克阿瓦提组与上奥陶统桑塔木组之间的短暂期间，同时有大量的桑塔木组碎屑岩剥蚀，奥陶系碳酸盐岩的暴露时间推算可能低于 3Ma，岩溶作用相对较弱。同时，岩心观察见岩心侵染成褐色、棕色，充填有红褐色的角砾、渗流粉砂等，表明此期气候较干旱，岩溶强度较弱，以充填为主。西克尔露头见岩溶洞穴主要分布在风化壳顶部 50m 范围内，洞穴高度多在 0.5～2m，多为孤立，规模小。塔中、塔北地区风化壳范围较小，断裂发育，缺少大型地下水系，储层发育的规模不大、连通性较差，储层整体较差。

早海西期是风化壳岩溶储层最发育时期，气候转向温暖湿润，岩溶缝洞发育，明显见大量灰色、绿色泥质充填缝洞。轮南地区岩溶峰丛地貌发育比较完整，水系发育，处于岩溶发育的青壮年期，形成平面分区、纵向分层的广泛岩溶储层发育区。和田河气田岩溶作用影响深度超过 400m，玛 4 井在 400m 深度仍有泥质充填的缝洞出现（图 6.3），单井岩溶孔洞层在 3～5 层，岩溶分层分带明显。

晚海西期—燕山期风化壳主要分布在塔北轮台断隆与温宿凸起，罗西台地也有该期风化壳。受多期构造作用，主要是断裂控制，风化壳范围缩小。由于不同地区地貌变化大，暴露的程度不一、间隔时间不同，造成储层差异大、分布复杂。受控于强烈的块断隆升，地层剥蚀量大，岩溶缝洞系统，以至碳酸盐岩地层都可能剥蚀掉，残余的缝洞系统较少。

（二）不同地区岩溶储层发育的差异

由于碳酸盐岩不整合作用的差异，不同地区岩溶地貌与岩溶作用不同，岩溶储层发育的特征存在很多区别。轮南、塔中东部、玛南地区都是石炭系覆盖的风化壳，但岩溶地貌、岩溶持续时间、岩溶作用强度都有差别，造成储层发育差异大（表 6.2）。

表 6.2　塔中北斜坡下奥陶统与垒带岩溶特征对比

项目	轮南	塔中东部	玛南
岩溶层位	鹰山组为主	良里塔格组为主	鹰山组、良里塔格组
岩溶岩性	台内颗粒灰岩-泥晶灰岩	台内泥晶灰岩	台内滩颗粒灰岩与泥晶灰岩
上覆盖层	石炭系	石炭系	石炭系
岩溶地貌	潜山峰丛地貌	宽缓平台	宽缓斜坡
岩溶时间	长	较短	较短

续表

项目	轮南	塔中东部	玛南
储层规模	大型缝洞体	大中型缝洞体	小型洞穴
储层形态	块状、片状分布	零星分布	块状分布
发育部位	岩溶斜坡、岩溶高地	沿断裂带分布	岩溶斜坡为主
充填	少	断裂带充填多	下斜坡-缓坡充填多
地震响应	串珠状、杂乱状	串珠状	小型串珠、弱振幅

风化壳发育时间存在差异。轮南古潜山的发育时间从加里东晚期—早海西期，长期发育的古岩溶期长达亿年之久，塔中、玛南主要发育早奥陶世末—晚奥陶世沉积前、奥陶纪末—志留系沉积前、东河砂岩沉积前三期岩溶，但每一期的持续的时间不过数百万年，其持续的时间较短。轮南岩溶发育作用进入青壮年期，岩溶作用强度大，而塔中东部、玛南地区岩溶作用的强度均较小。

古地貌存在差异。轮南古潜山长期保持宽缓的南倾古斜坡，岩溶高地范围很小，岩溶斜坡范围广。而塔中古潜山岩溶高地为突出的断垒带，山壑纵横，地貌高差变化大，岩溶高地范围较大，斜坡区相对范围较小，有利的岩溶斜坡区相对较少。玛南则缺少断裂，呈现非常平缓的台原岩溶，洞穴、孔洞规模小。

岩相与岩溶模式的差异。轮南、玛南碳酸盐岩发育台缘滩相、台内滩相的砂屑、生屑、鲕粒滩，有利于岩溶作用，而塔中主要为台内潮坪、灰泥丘相的泥晶灰岩，岩溶作用较差。轮南地区古潜山宽缓的斜坡背景、有利的沉积相带、长期的风化淋滤形成准层状的岩溶储层。塔中古潜山地貌复杂，岩溶高地分布广，岩溶作用较差，造成岩溶高地储集层呈星点状零星分布，垒带上缝洞充填严重。玛南地区地下径流不活跃，以小型的溶洞发育为主，岩溶储层规模较小，充填较严重。

（三）岩溶储层发育的继承性与差异性

受控风化壳发育的继承性，造成同一地区可能经历多期岩溶发育的叠加与改造，形成储层的继承性与岩溶系统的叠加。

鹰山组沉积末期塔中古隆起开始形成，与上奥陶统良里塔格组之间广泛发育不整合。随着中部断垒带的发育，在中央主垒带形成岩溶高地，其外围发育宽缓的岩溶斜坡，岩溶范围遍及整个塔中古隆起（图 5.15）。奥陶纪末期塔中古隆起东部整体抬升，断裂作用向主垒带迁移，沿中部高部位出露下奥陶统碳酸盐岩，形成高陡的古潜山与狭长的斜坡，东部古潜山广大围斜带为上奥陶统灰岩剥蚀区。由于高陡的断块山经受长期的剥蚀与夷平，在志留系沉积前形成比较宽缓的古潜山斜坡区，主要集中在中东部，前志留系古潜山面积约有 4200km^2。加里东末期至早海西期塔中构造活动较弱，以东西翘倾运动与局部断裂继承性活动为主。古潜山的分布继承了前志留纪的构造格局，但范围缩小（图 5.15）。西部志留系仍有大面积分布，潜山范围有限，主要分布在东部潜山高部位，潜山面积约 2000km^2。

由此可见，塔中风化壳岩溶发育在古隆起的形成期、改造期、定型期；随着不整合的变迁，岩溶储层发生的部位发生迁移；随着不整合活动强度的减弱，岩溶作用的范围逐渐减小。塔中地区三期不整合形成斜坡中下奥陶统风化壳与垒带奥陶系潜山两套岩溶系统，渐弱的构造作用造成岩溶作用范围逐步收缩。良里塔格组沉积前中下奥陶统以整体抬升斜坡型岩溶为主，发育更完整。而前志留纪、前石炭纪以断块山为主，储层规模小、分布复杂（表 6.3）。

表 6.3　塔中北斜坡下奥陶统与垒带岩溶特征对比

项目	北斜坡中下奥陶统风化壳	中部潜山区
潜山层位	$O_{1+2}y$	$O_{1+2}y$、O_3、€
地层岩性	灰岩、云灰岩	泥灰岩、云灰岩、灰云岩、白云岩
岩溶期次	一期岩溶	三期岩溶叠加
构造作用	褶皱隆升	断块抬升
古地貌	斜坡地貌	残山地貌
岩溶范围	约 $22000km^2$	约 $4000km^2$
岩溶发育程度	岩溶作用强、发育完整	岩溶作用变化大、规律不明显
岩溶分层、分带	纵向分层、平面分带	分层、分带不明显
储层分布	沿斜坡大面积块状分布	沿断裂带局部分布
保存	好	断垒带破坏强、后期改造大

三、不整合与礁滩体优质储层的发育

（一）礁滩体基质储层难以形成高产油气流

目前台缘带礁滩体储层研究较多，主要观点认为台缘带沉积相控制了储层的发育，也有强调准同生期溶蚀作用（沈安江等，2006），或是沉积相、准同生期及埋藏期溶蚀等多种作用叠加的结果（王招明等，2007）。

塔中Ⅰ号带上奥陶统良里塔格组是典型的台缘带礁滩体储层，储层以礁滩相颗粒灰岩为主，储集空间为溶蚀孔、洞、缝，其中次生溶蚀孔隙大于 90%，发育孔洞型和裂缝-孔洞型储层。岩心物性样品统计分析表明，储层段孔隙度一般为 1.2%～5%，除裂缝发育样品外，渗透率分布范围在 $0.01\times10^{-3}\sim1\times10^{-3}\mu m^2$，属特低孔-低孔、超低渗-低渗储层，孔渗相关性很差。由于大型缝洞发育段难以取心，而且岩心缝洞发育段易破碎，岩心样品物性整体偏低。测井解释基质孔隙发育储层段孔隙度一般在 2%～6%，大型缝洞发育段孔隙度大于 10%，两类储层物性差异明显。有部分钻井钻遇大型缝洞系统，发生大量的泥浆漏失，并有放空现象，缝洞体储层是高产油气层段。

塔中 62 井良里塔格组礁滩体储层发育，测井解释孔洞型储层 48.5m，孔隙度在 2%～6%，渗透率一般在 $0.1\times10^{-3}\sim0.5\times10^{-3}\mu m^2$。初始油气产出极少，酸化压裂后获工业油气流，但试采资料表明只能保持低产。礁滩体基质孔隙度虽然比较高，但基质储层的渗透率低，油气产出困难。钻探表明，基质孔隙储层以低产或油气显示为主，高产油气流多是钻遇大型缝洞体、裂缝发育带。

塔中 62、塔中 72 等很多井钻遇良好的礁滩体，基质孔隙发育，但溶洞与裂缝不发育。虽然有准同生期大气淡水作用的溶蚀作用的改造（王振宇等，2007），由于古老奥陶系碳酸盐岩成岩作用强，礁滩体原生孔隙多为多期方解石胶结，如果没有裂缝、溶洞的发育，低孔低渗礁滩体储层难以形成高产稳产油气流。

（二）不整合岩溶作用控制礁滩体优质储层发育

塔中Ⅰ号带上奥陶统良里塔格组台缘带礁滩体发育，但勘探开发表明东部高产油气流井多，稳产效果好；而中段礁滩体储层也较发育，但难以获得高产稳产油气流，表明其储层的发育有差异。结合不同区段钻井储层特征、地震储层预测，发现不整合岩溶作用控制了台缘礁滩体优质储层的发育。

前期研究已发现塔中Ⅰ号带东部上奥陶统良里塔格组台缘带有大气淡水溶蚀作用，多认为是准同生期溶蚀作用。通过大量的钻井、地震资料分析表明，上奥陶统良里塔格组沉积后，塔中Ⅰ号带东部由于断裂活动，在良里塔格组与上覆桑塔木组之间形成一期短暂的不整合，证据有三点：一是地层对比良里塔格组上部的灰岩段逐步剥蚀，东部缺失顶面良一段，桑塔木组泥岩直接覆盖在良二段纯灰岩之上；二是地震剖面解释发现东部桑塔木组泥岩从南北两侧向良里塔格组礁滩体超覆沉积，发育有小型断裂（图2.11（b）），地层具有不整一接触关系，普遍存在挤压抬升与暴露；三是东部储层发育的台缘带发现有风化壳岩溶形成的缝洞，多为泥质充填（图6.6），表明在良里塔格组礁滩体沉积之后在东部出现不整合岩溶，而非准同生期短暂的暴露下的大气淡水溶蚀作用。

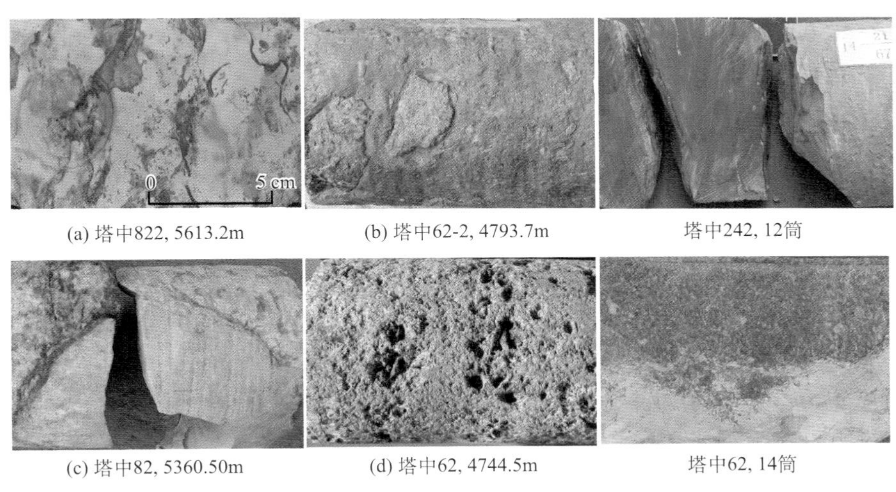

图6.6 塔中奥陶系礁滩体岩心示岩溶作用

通过对该区构造精细解释表明，在良里塔格组沉积末期东部台缘带存在断裂活动，礁滩体具有明显的错断抬升，出现短暂的抬升暴露。东部地区块断抬升时间虽然不长，但形成了较强的不整合岩溶。不同井区岩心都见到风化壳岩溶的标志（图6.6）。塔中242井在进入良里塔格组灰岩90m后钻遇170m巨厚层状深灰色泥岩、含灰泥岩充填的巨型缝洞，塔中44井在进入良里塔格组灰岩100m后取心获2.63m泥岩充填洞；塔中62-2井钻井取心发现16m岩溶井段。塔中62-1井在4959.1～4959.3m和4973.21～

4973.76m井段分别放空0.2m、0.55m，漏失泥浆799.2m^3。表明东部地区存在强烈的不整合岩溶作用。

此期岩溶作用影响深度超过200m，主要表现为大型溶洞岩溶角砾、泥质充填物发育，渗流岩溶漏管、不规则状溶沟的发育及泥质和渗流粉砂充填物等岩溶现象。井间岩溶作用变化大，缝洞发育的规模、深度均有较大差异，多以垂向溶蚀、泥质充填为主，大型溶洞多为砾石、泥质、碳酸盐岩碎屑和方解石充填，充填程度很高。其中垂向渗流作用强，岩溶落水洞发育，未发现完整的水平潜流带，可能与暴露范围和时间有关。该期岩溶作用虽然时间短、范围小，但对储层的发育具有强烈的改善作用，有利于发育大型缝洞。

由于局部不整合岩溶作用的发育，造成塔中Ⅰ号台缘带东部大型溶洞发育，高产稳产油气流井多、开发效果好，而中部地区缺少不整合岩溶形成的大型洞穴，以低孔低渗基质孔隙为主，虽然都有好的油气显示，但勘探开发的效果远不如东部地区。

第二节　碳酸盐岩断裂相及断裂控储作用

断裂带具有复杂的三维空间结构与强烈的非均质性，碳酸盐岩储层的改造与断裂带密切相关。

一、碳酸盐岩断裂相分类特征

（一）断裂内部结构与断裂相

断裂带大多具有断层核与断层破碎带组成的复杂的三维空间结构（Faulkner et al.，2010）（图6.7），造成地下流体的输导与封堵特征远比一维或二维的地质模型复杂。受断裂带内部构造及其作用影响，主要的构造要素有断层岩、透镜体、滑动面、裂缝带、变形带等（Braathen et al.，2009）。断层核可能发生在相对较窄的高应变带，包含断层泥、构造角砾、碎裂岩、超碎裂岩的局部滑动带。断层核为裂缝性岩石形成的宽阔破碎带包围，目前对碎屑岩破碎带裂缝带、变形带的结构特征与变形作用研究较多。

为了有效建立断裂带的储层地质模型，Tveranger等（2005）提出了断裂相的新概念，是指具有相同构造变形特征的构造或岩体。每个断裂相具有特定的组合序列，断裂带是变形岩体的集合，内部结构和岩石物性是随构造变形而变化的三维体，可划分为不连续构造、隔层、透镜体三类断裂相，断裂带是一系列断裂相的集合。断裂相可以不同级别和不同尺度的结构要素、岩相组合进行划分，为断裂带的内部结构研究提供了新的思路与定量建模方法，并在碎屑岩油藏中取得很好的应用效果（Fredman et al.，2007；Braathen et al.，2009）。

塔里木盆地柯坪地区奥陶系碳酸盐岩广泛出露，考察发现奥陶系碳酸盐岩发育多种类型、多种特征的断裂相，根据断裂带内部构造发育的程度可以划分为两类：Ⅰ类断层核发育，呈现复杂的变形带，宽达数十米，内部变形构造发育，与破碎带多呈渐变关系。破碎带的宽度变化较大，通常也较宽，这类断裂带是研究的重点。Ⅱ类断层核与破

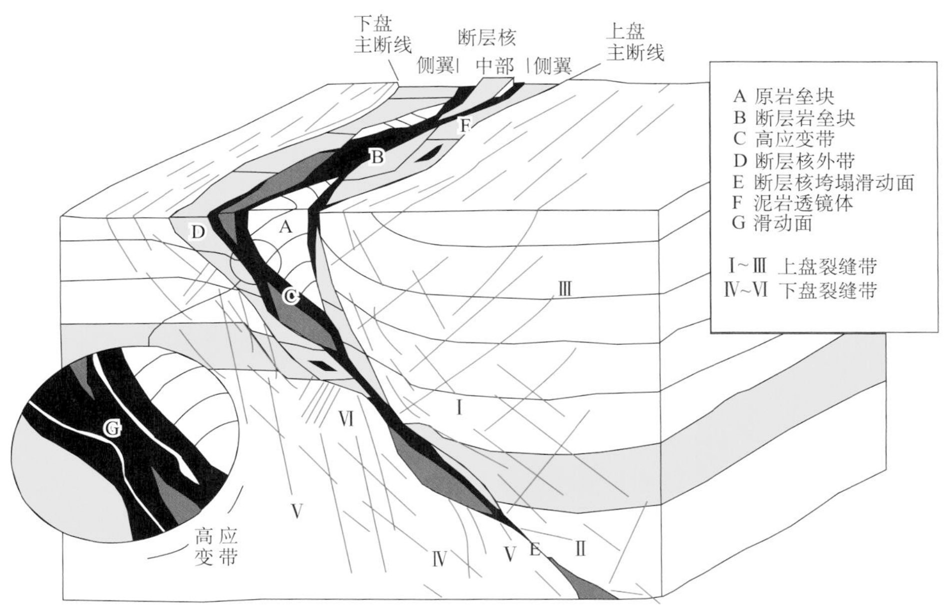

图 6.7 断裂带相关的构造变形模式（Tveranger et al.，2005）

碎带欠发育，发育连续的剪切破裂面，与围岩呈明显的突变接触，破碎带狭窄，内部构造欠发育，以碎裂岩与胶结物充填为主。

（二）典型断裂相特征

1. 不连续构造

碎屑岩中不连续构造具有滑动面、剪切裂缝与张性裂缝，以及具有挤压特征的劈理、缝合线等（Braathen et al.，2009）。柯坪地区断裂发育，寒武系—奥陶系碳酸盐岩沿断裂带大面积出露，不连续构造发育，主要形成滑动面、裂缝带、变形带 3 种断裂相。

碎屑岩断裂带中，滑动面呈现为剪切特征的滑动面通常为连续性变形围岩的分界，多为微米至毫米级薄层的破裂岩或断层泥（Braathen et al.，2009）。柯坪碳酸盐岩滑动面常见于断层核与破碎带的衔接部位，不同于碎屑岩的是断层泥充填少（图 6.8），而且滑动面胶结作用较弱，出现半充填、未充填的缝隙，局部区段具有一定渗流性能。根据滑动面的形态，柯坪地区碳酸盐岩滑动面可以分为平直截切型、弯曲起伏型、渐变条带型 3 种类型。

相对碎屑岩，柯坪地区碳酸盐岩断裂带中裂缝带更发育，而且裂缝的类型、方向、特征更为复杂，主要分布在断裂边缘的破碎带，断层核也有分布。断层核附近的破碎带通常发育 2～4 组网状裂缝（图 6.9），以高角度裂缝发育为特征。规模较大的裂缝延伸长度大，缝宽达 5～60mm，缝间距为 20～100cm。小型裂缝延伸长度一般在米级范围内，缝宽在 0.5～10mm 范围内，裂缝间距在 2～30cm，裂缝密度达 5～30 条/m。裂缝

(a) (b) (c)

图 6.8 柯坪露头碳酸盐岩滑动面与断层核

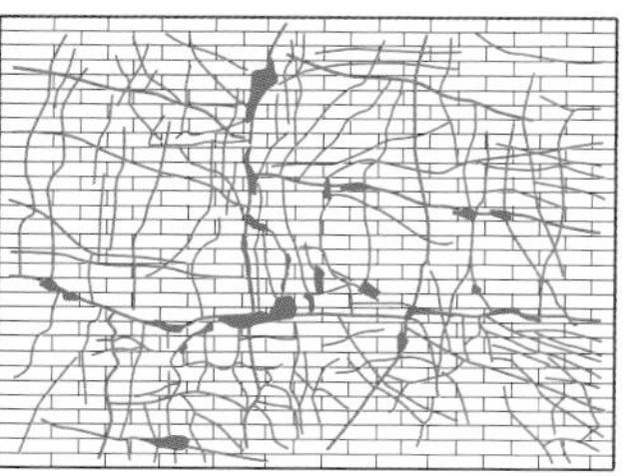

(a) 柯坪水泥厂露头剖面　(b) 神秘大峡谷剖面　(c) 剖面 (b) 素描图

图 6.9 柯坪露头碳酸盐岩裂缝带

多开启，充填少，胶结作用弱，网状交错，形成良好的连通性。

破碎带中裂缝带有裂缝型、裂缝-孔洞型两种储层发育（图 6.9）。由于柯坪地区奥陶系碳酸盐岩以喜马拉雅晚期抬升暴露为主，在气候干旱、岩溶淋滤作用差的条件下，大多裂缝带溶蚀孔洞欠发育，以裂缝发育为主，局部溶蚀孔洞较发育，面孔率可达0.5%～3%。以沿大型垂直缝溶蚀为主，同时也有顺层溶蚀孔洞的发育，以及沿水平裂缝的局部溶蚀作用［图 6.9(b)］。溶蚀扩大裂缝的缝宽通常是原始裂缝的几倍甚至几十倍，其分带性和方向性受原始裂缝发育特征控制，溶蚀孔洞的规模为 2～200mm。破碎带中的裂缝带不但具有良好的渗流性能，是油气运移的优势通道，而且可能形成局部缝-洞发育带，在封盖条件好的部位，可能形成有效的圈闭。

碎屑岩断层核部透镜体、碎裂岩、泥岩涂抹的隔层发育，而柯坪地区碳酸盐岩断层核碎裂岩、裂缝发育，在很多较宽的断层核都发育以高角度剪切缝为特征的裂缝带［图 6.8(c)］。通常发育 2～3 组网状裂缝，形成一系列的碎裂岩，裂缝带可以横穿整个断层核，也可能是局部发育。裂缝发育程度通常高于周缘破碎带，微小缝尤为发育，裂缝密度达 10～50 条/m，将断层核切割为大小不一的角砾，裂缝的延伸形迹保存较好。由于断层核碳酸盐岩构造挤压作用、成岩胶结作用发育，裂缝多为破碎的角砾、泥质、方解石充填，开启性较差，溶蚀作用也较弱，孔渗低，仅存在局部渗流性较好的裂缝带。

在多孔岩石和沉积物中，脆性变形常表现为局部应变的薄板状变形带（deformation band）（Fossen et al.，2007；Braathen et al.，2009），与断裂裂缝相比，缺少独立、连续的滑动面。柯坪地区碳酸盐岩发育多种成因变形带，多分布在断层核周围破碎带。变形带主要通过膨胀、剪切和/或压实过程中的颗粒滑动、转动和/或破裂发生颗粒重组而形成。碎屑岩储层中变形带的存在可导致渗透率降低1～6个数量级（Fossen et al.，2007），形成致密封隔层。柯坪露头碳酸盐岩破碎带中的变形带除少部分胶结充填外，大多变形带有裂缝发育，也有溶蚀作用形成的扩溶孔洞，增强了储层的渗透性，对储层有一定的建设性作用。

2. 隔层

碎屑岩中大多断层含有隔层，其中发育破裂岩、角砾岩、断层泥和涂抹层等（Braathen et al.，2009）。隔层在孔隙性砂岩中沿滑动面展布，或者是以围岩为边界的毫米级宽的破碎层。

柯坪露头碳酸盐岩断裂带抬升高，上覆碎屑岩层少，在干旱气候下雨水淋滤少，断裂带中砂泥岩充填的断层泥与泥岩涂抹层很少。碳酸盐岩隔层形态多样（图6.10），既有断续型、不规则型，也有连续型、碎裂型分布。隔层多为碎裂岩、角砾岩充填，也有砂泥质、硅质充填的，形成致密的封隔带。隔层主要在断层核部发育，对流体流动主要起阻碍作用，造成断层核部总体致密。

3. 透镜体

相对于碎屑岩而言，柯坪地区碳酸盐岩不仅断裂核部透镜体发育，而且在破碎带也有大量的透镜体发育（图6.8～图6.10）。碳酸盐岩透镜体形状多样，不规则的四边形、菱形较多，为滑动面、裂缝面所分隔，隔层周边通常有不同形态的透镜体发育。透镜体的大小差异较大，直径在数十厘米至数毫米级别，在断层核部表现的差别最为明显。根据透镜体变形特征分析主要发育未变形的透镜体、变形的透镜体、成岩作用影响的透镜体3种类型。

透镜体在碳酸盐岩断裂带普遍发育，多缺乏良好的储集空间。但相对碎屑岩而言，其间的网状裂缝以碎裂岩、方解石胶结为主，缺少泥岩涂抹，断层泥欠发育，裂缝网络没有完全充填，在未变形的透镜体中可能形成局部良好的运移通道。

（三）井下断裂相的识别与特征

含油气盆地内部虽然不能观察断裂带内部结构，但结合露头与岩心资料，可以利用地震资料分析其空间分布特征。

在地震剖面上，可以划分两种与露头相似的断裂带：一类断层破碎带发育，出现宽阔的杂乱反射断裂带（图3.8），地震波组不连续，出现强振幅或弱振幅异常，表明断裂带内部发生强烈的构造形变，具有较大范围的内部变形带。断裂带附近的上下盘地层多出现弱振幅、半连续波组，其宽度可达数千米，可能代表断层周缘的破碎带，已为钻井证实。另一类断层破碎带不发育，多为高陡走滑带，在碳酸盐岩顶面上，可能出现或

(a) 硫磺沟剖面

(b) 柯坪水泥厂剖面

(c) 西沟剖面

(d) 西克尔剖面

图 6.10 柯坪露头碳酸盐岩透镜体与隔层

大或小的断距，但断裂带狭窄（图 4.9），断裂两盘地震波组连续，周缘的破碎带一般也不宽。

在平面上，构造图、相干图、属性图等结合可以反映出断裂带的横向变化特征。构造图上，不但可以判识断裂的走向变化、断裂的性质，而且可以表现断裂带的宽度变化、分支断裂的发育特征、断裂带的破碎程度等特征。塔中 82 走滑断裂带沿走向上具有分段性（图 6.11），其间走向发生变化。南部断裂带宽度大、破碎带较宽，而北部出现雁列的次级断裂，横向变化大，不连续。地震相干体数据不但是断裂带识别与裂缝预测的有效方法，而且可以定性分析断裂带内部的破碎程度，以及断裂周缘的裂缝带宽度及其发育特征。走滑断裂带相干数据体结合钻井资料显示，相干性越差代表断裂带的破碎程度也越强；其宽度越大，断层破碎带范围也越大。断裂带周缘相干性差的区域，多为破碎带裂缝发育区域。

（四）碳酸盐岩断裂相模式

塔里木盆地柯坪露头下古生界碳酸盐岩不连续构造、隔层、透镜体等断裂相发育，其次级类型和特征与碎屑岩有较多差异。不连续构造发育三种类型滑动面、两种类型裂缝带与三种类型变形带，识别出四种类型隔层与三种类型透镜体。断裂核部发育透镜体、隔层、滑动面、裂缝带等断裂相，破碎带发育裂缝带、变形带与透镜体等（图 6.12）。

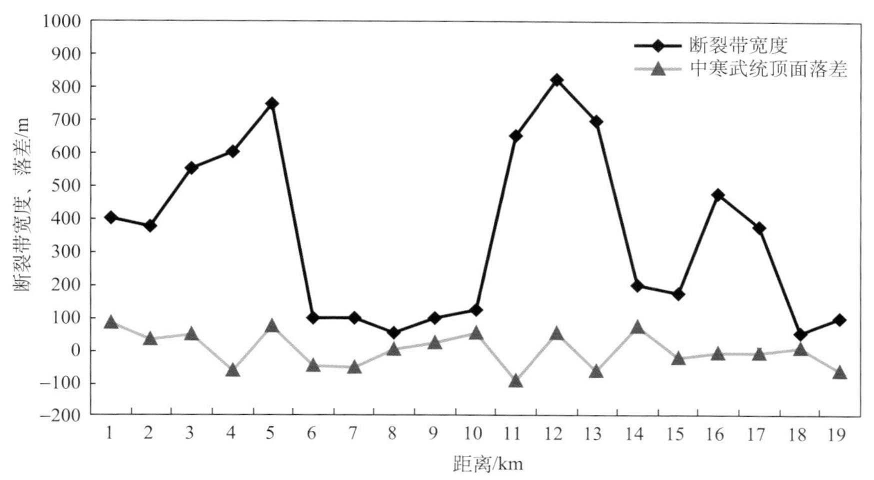

图 6.11 中古 21 西走滑断裂带断裂要素横向变化

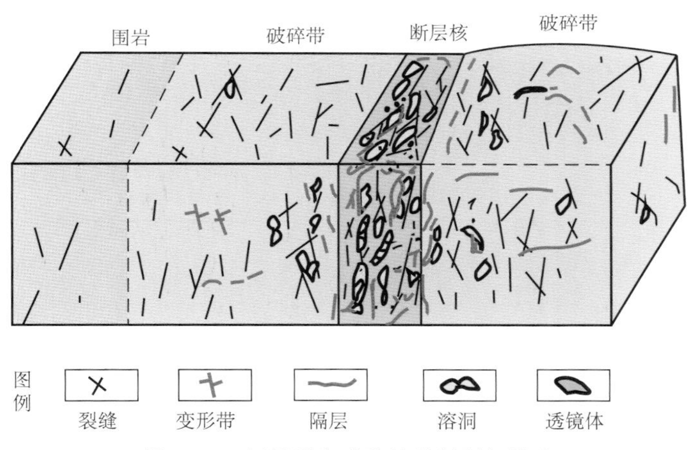

图 6.12 柯坪露头碳酸盐岩断裂相模式

塔里木盆地奥陶系碳酸盐岩断裂相特征与碎屑岩有较大差异，沿断裂带走向上断裂相也有明显变化。露头区断裂相的溶蚀作用、胶结作用明显弱于盆地内部，断裂相的发育特征与规模也有差异，可能因为盆地内部的塔中、塔北地区断裂形成于古生代，经历多期构造作用、漫长的成岩演化，孔洞更发育、碳酸盐岩胶结作用更强，而与露头喜马拉雅晚期的构造活动特征、断裂的力学机制及成岩作用差异显著。

二、断裂与碳酸盐岩大型缝洞体的发育

（一）断裂相对碳酸盐岩储层的建设性作用

断裂不仅是流体输导的优势通道，而且伴随裂缝的发生，受断裂性质、岩石组构、

构造应力场等作用，有利于流体的溶蚀作用。断层具有复杂的三维结构，对流体作用是多方面的（Faulkner et al.，2010）。断裂不仅造成储集体的分区分块，而且影响流体的运移方向与强度。断裂带中，由于岩石的破裂与泥岩涂抹，可能造成孔隙度与渗透率的降低。即使微小的变形带都可能造成孔隙与渗透性的巨大差异［图 6.13(a)］，照片左边由于破碎和溶解有关的压实使孔隙度急剧减小，渗透率与围岩相比减少了几个数量级；右边变形带变薄，孔隙度变高，渗透率几乎未变［图 6.13(b)］。

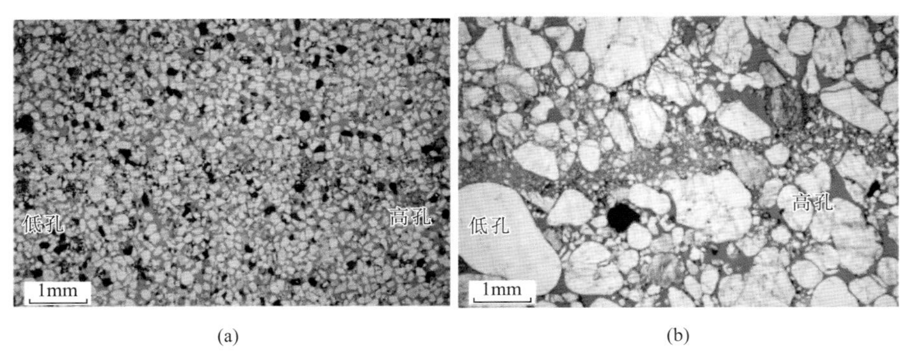

图 6.13　变形带的显微照片示从左往右孔隙度的迅速增加（Fossen et al.，2007）

不同类型的断裂相特征各异，对储层与流体的影响作用不同（表 6.4），储层建模需要区别对待。露头分析表明，断层核部的透镜体、碎裂岩多缺少孔隙，溶蚀孔洞多被

表 6.4　柯坪露头奥陶系碳酸盐岩断裂相特征

大类	次级分类		特征	渗流作用
不连续构造	滑动面	平直截切型	滑动面狭窄平直，呈明显的破裂面	局部的渗流通道
		弯曲起伏型	锯齿状、波状起伏变化	具有一定的孔渗性能
		渐变条带型	裂缝带、破碎带的形式逐渐过渡	短、窄，渗流差
	裂缝带	断层核	网状缝发育，充填严重，溶蚀弱	局部渗流性较好
		破碎带	高角度裂缝发育，充填少，溶蚀作用发育	连通性好，缝洞发育
	变形带	剪切变形带	局部层间滑动薄层，碎裂岩充填，有裂缝溶蚀	有一定渗流作用
		膨胀变形带	剪切变形与溶蚀，局部有溶蚀孔洞	渗流性较好
		压实变形带	颗粒紧密接触，磨蚀碎裂，基质充填	致密，起封隔作用
隔层	断续型	碎裂岩	大小不一，断续型或破碎型展布，砂泥胶结	渗流阻碍屏蔽作用
		角砾岩	不规则、横向变化大，断续展布，局部存在缝隙	局部有利于流体运移
	连续型	硅质条带	连续的条带状展布	较致密
		砂泥	连续型分布在断层核与破碎带的缝隙中	封隔作用
透镜体	变形	未变形	以脆性破裂的透镜体，保持原有棱角，发育缝隙	渗流性较好
		变形	内部微弱变形，边部也有磨圆剪切作用与变形	局部有一定孔渗性
	成岩	成岩	成岩作用改造与重组，成分复杂，具内部变形	致密，缺乏孔隙

充填，部分充填的裂缝带与滑动面可能形成局部较好的渗流通道。破碎带是裂缝主要发育区，缝隙开启程度较高，裂缝率可达 0.5%～2%，裂缝发育的岩心样品分析渗透率比基质高 2～3 个数量级。断裂带附近的围岩裂缝通常快速减少，以致密碳酸盐岩为主。

碎裂带是溶蚀孔洞发育的主体部位，溶蚀孔洞的分布多与裂缝带相关（图 6.9），而围岩部位裂缝与溶蚀孔洞都较少。通过薄片分析发现，大多溶蚀孔发育的薄片都有裂缝发育，晚期的溶蚀可能与裂缝通道有关。统计分析表明，轮南、塔中、哈拉哈塘等含油气地区 90%以上的大型缝洞都分布在断层破碎带附近，与露头观察结果类似。

不同于露头剖面，井下溶蚀孔洞更为发育，洞穴规模也很大，而裂缝发育程度较低，而且多分布在距断层核部 2km 范围内，其断层破碎带更宽。对比分析可见，柯坪露头断裂带主要形成于喜马拉雅晚期，构造作用强烈，裂缝发育；但气候干旱，暴露淋滤时间短，岩溶作用欠发育。而塔中、塔北地区断裂形成时间早，有利于断裂带附近的岩溶作用发育，形成一系列的缝洞体。研究表明，断距越大，断层破碎带的宽度也越大（Childs et al.，2009a，2009b）。塔里木盆地内部的主要断裂带规模比露头大，形成的破碎带更为宽大，有利溶蚀作用的范围也更大。

总之，碳酸盐岩断层核部多致密，破碎带发育程度及其充填状况是断裂带渗流性能的主导因素。变形带、滑动面对流体渗流性具有建设性作用，隔层的发育特征对断裂带储层与渗流作用评价具有重要意义，值得高度关注。塔里木盆地下古生界碳酸盐岩不同断裂部位储层与油气分布有差异性，可能与断裂相的横向变化、输导作用和封盖条件有关，有待精细的地质模型研究。

（二）风化壳岩溶作用主要沿断裂发育

勘探实践表明，不整合岩溶仅在局部发育（杜金虎，2010）。塔中北斜坡区下奥陶统风化壳中古 21 井区、轮南潜山轮古 7 井区、轮古 15 井区等高产工业油气流井多，其明显特征是邻近断裂带，大型缝洞发育。在三维地震剖面上，通常出现明显长串珠状强反射（图 3.8），影响深度大，横向变化快，井间串珠的形态、分布的深度变化大，其中绝大部分串珠状强反射都与断裂相伴生，表明风化壳岩溶大型缝洞体与断裂带密切相关。钻井发现缝洞体纵向上发育层段多，横向变化大，裂缝发育，垮塌充填多，容易发生大量漏失。这些井的大型缝洞体出现的深度范围达 300m、横向变化大，没有明显的层段对比性，而且主要沿串珠地震反射异常出现，过井点不远缝洞体就消失。断裂带缝洞体测试与生产过程中产量高，但底水活跃，尤其是易于发生深部的底水水串，造成油气藏的快速水淹。通过统计分析，塔里木盆地奥陶系风化壳 70%以上的大型缝洞体储层沿断裂带分布。

奥陶系风化壳岩溶古地貌受断裂发育程度、分布、作用方式等条件控制，由于暴露时间长、水文系统发育，岩溶作用具有一定的选择性，大量的地表水、地下水具有沿断裂带汇聚的趋势，有利于断裂带附近的岩溶作用发育，形成一系列的串珠状缝洞体发育。风化壳岩溶发育过程中，断裂对储层的发育主要体现在三方面：一是断裂活动控制或改变古地貌，从而控制岩溶地貌的特征。在隆起背景上，由于断裂发育，造成地形起伏变化与分区分带，形成局部峰丛地貌，有利于岩溶作用沿断裂带发育。轮古 7 井区、中古21井区等岩溶储层发育区多有断裂发育，造成缝洞体深度大、横向变化大。二是断裂控制古水系的分布，沿地形坡度方向发育的断裂带有利于流体的输导，可能控制水文走向；斜交区段有利于水流的注入与溶蚀，形成有利岩溶储层发育区段。不同级别断裂形成的网络系统是地下暗河发育的有利先决条件，通常对地表与地下水系有明显的控制作用，从而影响缝洞系统的分布。轮南是古水系发育完善的地区，古水系与断裂的分布密切相关。三是断裂带是应力释放区，有利于裂缝带的发育，是大气淡水溶蚀的有利部位。由于下古生界碳酸盐岩基质渗透率低，岩石内部溶蚀作用不发育，流体多沿裂缝带溶蚀，并向岩层内部扩展，影响流体输导与溶蚀作用进行的方向。

在岩溶高地断裂发育区，受块断作用控制，地貌高陡，分布范围有限，而且多期构造活动造成构造的分段性明显。由于块体分隔强，岩溶作用时间短，没有形成完整的纵向分层、平面分带的岩溶发育系统。在不同级别断裂的交错叠置下，断裂带是大气淡水运移的主要通道，岩溶作用主要垂向发育。通过地震精细解释也发现大量串珠状强反射沿断裂带垂向分布，明显受控于断裂。塔中4井区的钻探表明潜山区地层、岩性变化大，岩溶作用差异大，井间岩溶特征差别大。可见断块潜山区岩溶储层具有沿断裂垂向发育、变化大、充填复杂的特征。

岩溶斜坡区断裂作用也明显。轮南、塔中北斜坡、麦盖提斜坡奥陶系风化壳发育大面积的岩溶斜坡，古水流平缓，岩溶作用整体较弱。而断裂发育区，可能形成局部的峰丛地貌，通过对地貌的改变与古水系的影响，以及裂缝带的发育，形成大气淡水的有利通道，沿断裂带岩溶作用较强，是岩溶洞穴发育的有利部位（图6.5）。当然，广大风化壳岩溶斜坡区断裂没有断块潜山区发育，岩溶缝洞体也不完全集中在断裂上，受地下水系影响更明显，缝洞体储层可能距断裂距离更大。麦盖提斜坡及其周缘目前钻遇的洞穴多位于断裂附近，而宽缓斜坡区洞穴欠发育，向南部寻找古岩溶的斜坡区断裂与裂缝发育区的峰丛地貌高，岩溶储层可能更发育，岩溶充填也会少很多。

（三）埋藏期溶蚀缝洞主要沿断裂发育

塔里木盆地下古生界海相碳酸盐岩经历漫长的埋藏成岩作用，多期的胶结作用与压实造成原生孔隙大多被充填，期间发生多期埋藏岩溶作用，对储层具有重要的改造作用。埋藏期主要受来自于盆地压实流、烃类充注携带的有机酸、热化学还原（thermo chemical sulfate reduction，TSR）作用与热液作用形成的酸性溶蚀流体控制（王振宇等，2007）。埋藏期溶蚀作用有很多表现形式（王振宇等，2007）（图6.14），如多期方解石的充填与溶蚀，塔中鹰山组风化壳也有埋藏溶蚀作用的叠加改造，中古203井亮晶生屑-砂屑灰岩粒间孔埋藏期形成的港湾状基质孔隙，颗粒边缘被溶蚀。热液白云石是埋藏期热液作用的典型标志[图6.14(b)]，塔中45井钻遇巨厚缝洞充填萤石也是埋藏溶蚀作用的响应[图6.14(c)]。

研究发现，埋藏期溶蚀孔隙的发育往往与烃类运移相伴随，埋藏期次生孔隙发育的期次与相应的油气运移事件是相对应的（表6.5）。由于存在多套源岩和多次烃类的运聚事件，其埋藏岩溶作用也呈多期发育，其中晚海西期是埋藏岩溶最发育时期。

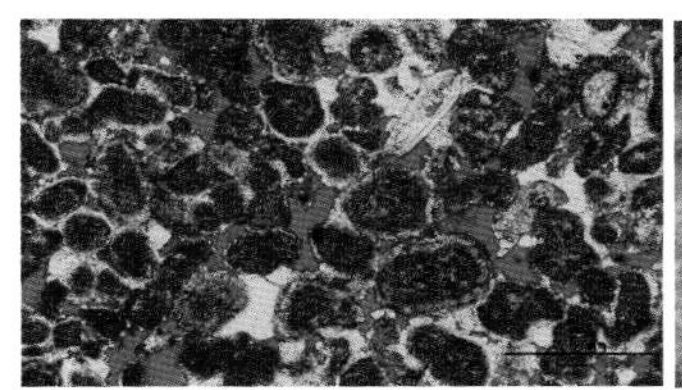
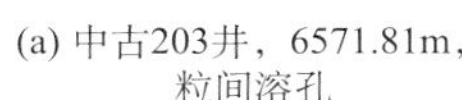
(a) 中古203井，6571.81m，粒间溶孔

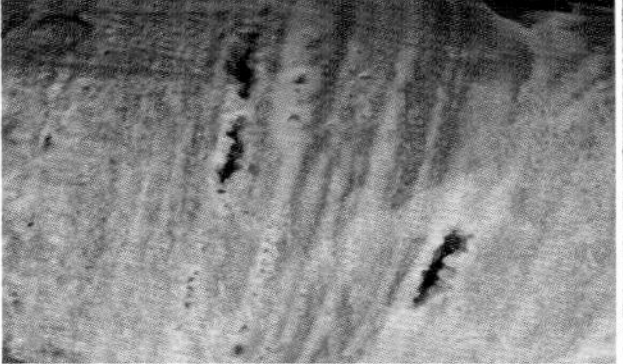
(b) 米兰1井，热液白云石，5251.06m

(c) 塔中45井，萤石，6100.3m

图 6.14 塔里木盆地奥陶系埋藏溶蚀储层图片

表 6.5 塔中地区流体包裹体分期统计表

地区	层位	晚加里东期	晚海西期	喜马拉雅期
塔中 1 井区	O_1	60～75℃	65～90℃	110～130℃
塔中 16 井区	O_3	80～100℃	100～110℃	—
塔中 45 井区	O_3	80～100℃	90～125℃	120～152℃
塔中 82 井区	O_3	70～90℃	110～130℃	140～150℃
塔中 62 井区 塔中 24 井区	O_3	70～90℃	90～120℃	115～140℃
与盐水包裹体共生的烃类包裹体特征		主要为液相包裹体，发黄色荧光，数量少	气液两相包裹体，发黄色荧光和黄绿色荧光，数量较多	主要为气态烃包裹体

断裂带及其伴生裂缝带既是流体输导的有利通道，也是有机酸性水溶蚀发生的有利部位，在早期孔隙层与裂隙的基础上，埋藏期溶蚀作用多具结构选择性溶蚀，沿断裂带附近的缝洞体、孔洞层、裂缝带是发生溶蚀作用的集中部位，可以有效改善早期的储集空间。埋藏溶蚀作用不但期次多，而且分布较普遍，规模也较大，所形成的各种串珠状溶蚀孔洞、扩溶缝，是油气有效的储集空间，控制储层的发育，并使储层的非均质性加强。虽然绝大多数埋藏期的流体作用发生在密闭的非开放空间，不能形成整体的增孔作用，甚至以破坏性为主。但在断裂带或是储层发育带多是流体溶蚀作用的主体部位，容易形成增孔作用，而在孔隙较低、流体动能弱化区则以沉淀减孔为主，造成局部储层区的发育以及储层非均质性。在塔中Ⅰ号带断裂发育的东段塔中 82—塔中 24 井区、西部塔中 45 井区缝洞体储层发育，而且多见埋藏期的方解石充填，而中段缝洞体储层不发育，表明断裂带也是埋藏期大型缝洞体发育的主要部位。断裂带与流体的配置形成多种类型的埋藏期溶蚀作用。

盆地压实流不但是烃类运移的重要动力，而且可以改变断裂带周边的流体势与流体性质，改变流体的溶蚀性能，在有利部位发生溶蚀。塔里木盆地中上奥陶统发育巨厚的桑塔木组泥岩，随着压实作用的进行，形成巨大规模的盆地压实流，通过断裂的通道作用，可以在邻近碳酸盐岩储集体中形成规模不等的溶蚀孔洞。由于埋藏期以封闭系统为主，多有埋藏亮晶方解石充填。塔中Ⅰ号带、轮古东奥陶系礁滩体均发育早期溶蚀孔洞储层，见早期马牙状低温方解石胶结，可能与早期的压实流作用有关。塔里木盆地压实流可能改变盆地的水文格局，对碳酸盐岩储层的作用值得深入研究。

烃类生成过程中伴随大量的有机酸，虽然其溶蚀作用较弱，但随着烃类沿断裂带源源不断的输导，也能形成局部的强烈溶蚀作用。塔中地区奥陶系碳酸盐岩检测到烃类的溶蚀作用（王振宇等，2007），表现出多种形式的作用方式。塔中地区发育三期埋藏溶蚀作用，与晚加里东期、晚海西期、喜马拉雅期三期油气充注密切相关（表 6.5）。钻探结果与研究表明，油气充注较高的地区溶蚀强度明显高于油气成藏较差的地区，塔中台缘相带的孔洞发育程度远高于油气充注较弱的内带。早期充注油气伴生的酸性流体不仅有利于溶蚀孔洞的发生，而且阻碍了胶结充填作用，对储层的保存也有重要作用。在油气充注的地区，成岩胶结作用普遍较低，保存下来的储集空间比率远大于没有油气充注的区域。在缺少油气的地区尽管也有大型的孔洞发育，但方解石充填程度非常高，其充填率普遍达 90%以上。而塔中、塔北碳酸盐岩油气藏中，由于有油气的注入，有效的抑制了方解石的胶结作用，而且孔隙流体形成超压的存在阻碍了储层的压实作用，对古老碳酸盐岩储层具有良好的保存作用，孔洞的充填程度远低于没有油气的地区。

TSR 是一种硫酸盐热化学还原作用（蔡春芳和李宏涛，2005），是发生在油气藏中复杂的有机-无机相互作用，它不仅会引起含 H_2S 天然气的富集，其产生的酸性气体对碳酸盐岩储层还具有明显的溶蚀改造作用。四川盆地海相碳酸盐岩气藏优质储层与硫化氢分布具有密切的关系（朱光有等，2012），研究发现 TSR 产生的 H_2S 溶于水形成的氢硫酸具有强烈腐蚀性，加速了储层中白云岩的溶蚀。塔里木盆地下古生界海相碳酸盐岩也具有 TRS 形成的地质背景，奥陶系碳酸盐岩地层中常见大量自生黄铁矿存在于碳酸盐岩、裂缝和溶蚀孔洞以及岩溶角砾和岩溶孔洞充填砂泥碎屑物质中，研究认为主要是热化学硫酸盐还原作用（TSR）下形成的（李开开等，2008），奥陶系天然气中较高含量的 H_2S 可能是 TSR 作用的产物（朱东亚等，2008）。在塔中北斜坡奥陶系碳酸盐岩凝析气藏普遍含 H_2S，塔中 823 井 H_2S 含量高达 22800ppm，井间变化大，一般在 200～8000ppm。岩心与薄片分析，发现高含 H_2S 的井中碳酸盐岩溶蚀孔洞发育，在塔中 621 井区溶洞中见析出的硫磺晶体，而且高含 H_2S 的探井一般油气产量较高，表明 TSR 作用可能对碳酸盐岩储层具有建设性作用。随着越来越多的高含 H_2S 天然气的发现，TSR 作用值得深入研究。

热液作用在塔里木盆地也广泛存在（潘文庆等，2009），热液一般通过断裂从基底的深部运移到上覆沉积岩中而发生作用。塔里木盆地碳酸盐岩热液作用主要存在四种方式：一是灰岩受高含镁的热液通过交代作用形成热液白云岩，细粒灰岩转化为细-中晶白云石时，出现增孔。中古 5 井奥陶系灰岩受热液白云岩化作用，白云岩储层孔隙度达 5%以上，具有明显的增孔作用。二是热液携带的高温流体通常有较强的溶蚀性，在流体进入地层横向流动的通道部位，受热液溶蚀作用，沿运移通道的断裂带、裂缝带形成较大规模的溶洞。很多邻近断裂的钻井发现有热液溶蚀作用相伴生的萤石、天青石、白云石等矿物，同时发育大型缝洞。塔中 45 井钻遇热液岩溶形成的大型缝洞系统，岩溶层段厚度达 15.7m，缝洞中出现大量萤石充填。储层主要集中在热液溶蚀段，测井解释孔隙度范围为 2%～17.6%，加权平均值达 4.2%。三是热液在白云岩中容易形成白云岩热液重结晶，白云岩经受热液作用形成重结晶的作用与热液白云岩化不同，由于没有矿物的交代，重结晶往往造成孔隙的降低。随着白云岩颗粒的增大，粒间也可能发育晶间孔，形成较好的局部储层。古董2井在1875～1900m发育辉绿岩，在其下伏的白云岩晶间孔比较发育，面孔率达2%～5%，表明岩浆热液活动可以显著改善附近白云岩的储层物性。四是热液矿物的沉淀充填作用，在热液上升过程中，随着热液温度的快速降低，大量的热液矿物会析出，析出热液矿物的充填，如西克尔剖面萤石矿脉进入风化壳洞穴后，充填了大多数的储集空间。热液作用以叠加改造先期已经发育的储层为主，储集空间除与热液作用相关的晶间孔、晶间溶孔及热液溶蚀孔洞外，还与先期储层的孔隙类型有关（沈安江等，2009）。

由此可见，热液作用通常具有双刃剑的作用，在热液进入断裂向上运移的过程中，随着温度的快速下降，通常会有很多热液矿物沉淀析出，造成邻近缝洞体的堵塞减孔。随热液动能逐渐消失，溶蚀作用减弱的流动尾端，流体趋向饱和，可能发生热液矿物的大量沉淀析出，形成孔隙的充填减孔。除局部热液溶蚀与灰岩热液白云岩化，随着流体快速降温与矿物的沉淀，在很多情况下以充填作用为主，对储层起破坏作用。如古城6井寒武系台缘上斜坡的角砾岩具有较高的孔隙度，岩心面孔率达10%，并有早期的原油充注，受后期高温热液作用，形成大量的石英充填，以及破坏形成的干沥青充填，孔隙几乎全消亡。

（四）断裂相关岩溶模式

综上所述，断裂带与表生岩溶、埋藏期溶蚀作用形成的大型缝洞体的发育密切相关，断裂带附近、断裂交汇处是大型缝洞体储层分布的有利部位。沿断裂带可能发生多种类型流-岩作用，形成不同的溶蚀作用方式与特征，主要存在五种类型的相关岩溶作用（图6.15）。

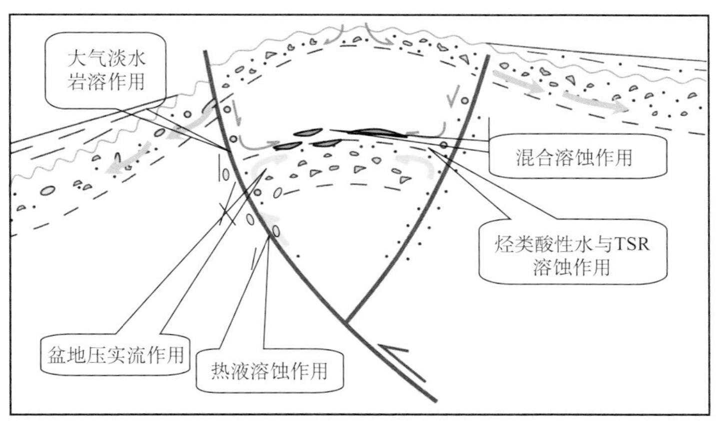

图6.15 碳酸盐岩沿断裂带溶蚀作用模式图

一是大气淡水岩溶作用。在断裂活动连通地表的条件下，大量大气淡水沿断裂带下渗，可能发生大规模的岩溶作用。轮南、塔中北斜坡等风化壳储层发育区，岩溶缝洞体多沿断裂带分布。二是沿断裂带附近的裂缝带是盆地压实流运移的优势通道区，有利于相关的埋藏溶蚀作用发育。断层破碎带的裂缝系统是输导的主要通道，沿断裂带的裂缝溶蚀作用通常比远离断裂的地区更强，可能是裂缝与断裂相伴生有关。三是深部热液流体向上沿断裂带运移过程中发生热液溶蚀作用、热液交代作用、热液重结晶作用等，形成多种类型的溶蚀孔洞、白云岩孔隙等。中古 5、英东 2 等井热液白云岩的形成都与断裂相关。四是埋藏期烃类运移过程中酸性流体以 TSR 作用的活动与调整，沿断裂带形成溶蚀孔洞。塔中Ⅰ号断裂带等大型油源断裂在烃类运移聚集过程中，油气的充注携带的大量酸性流体是埋藏期溶蚀的主体。五是大气淡水、热液流体、沉积岩系的酸性水混合，沿断裂带发生共同作用，形成溶蚀孔洞。即便是已经饱和的不同类型流体混合后，通常也能形成较强的溶蚀作用。

由于多期、多种类型流体的作用，沿断裂带的流体作用通常出现叠加作用。可能同时出现不同类型的流体，形成混合水作用或是作用于不同的区域。例如，塔中 45 井区在晚海西期既有热液流体的作用，也有烃类携带酸性流体的影响。也可能出现不同时期流体作用的叠加，形成多期的方解石胶结物，在塔中北斜坡、塔北南缘都比较常见。后期的流体通常沿早期流体作用形成的孔隙发育，产生多期流体共同改造的孔洞层。塔中Ⅰ号带上奥陶统碳酸盐岩中沿断裂带发生多期埋藏溶蚀作用，分布较普遍，规模也较大。在早期孔隙层与裂隙的基础上，埋藏期溶蚀作用大大改善了早期的储集空间，所形成的各种串珠状溶蚀孔洞、扩溶缝使礁滩体储层的连通性增加，成为该区油气有效的储集空间。

由于断裂带具有复杂的三维空间结构，断裂带储层形成与分布复杂。其主要特征是沿断裂垂向发育，沿断裂带可能钻遇数百米的溶洞系统；水文作用复杂、变化大，可以是大气淡水岩溶，也可能是来自深部的热液溶蚀，或者是混合水的岩溶作用；沿断裂带岩溶作用强，但延伸面较小、变化大，缝洞充填复杂、差异大。

第三节　碳酸盐岩裂缝特征及其作用

塔里木盆地经历多期构造运动，碳酸盐岩发育多期、多种类型的裂缝系统。非均质、低渗透碳酸盐岩储层中，裂缝的发育程度与开启性对储层孔渗性能的改善、烃类运聚等有重要作用，本书以克拉通内塔中古隆起奥陶系碳酸盐岩裂缝为例进行分析。

一、碳酸盐岩裂缝特征

（一）裂缝概述

含油气盆地储层中裂缝通常是指由变形作用或物理成岩作用形成的，在岩石中天然存在的宏观面状不连续面（van Golf-Racht，1985），世界上约有 30%的油气分布在裂缝性储集层中，裂缝研究贯穿于油气勘探、评价至开发全过程（苏培东等，2005）。

裂缝的识别与预测是油气勘探开发中面临的重要难题，需要了解原地主应力的大小与方向，裂缝的方位、倾角、间距和裂隙大小，以及对裂缝孔隙度与渗透率的预测，通常结合野外露头、岩心、测井和物探资料，从不同的角度与尺度进行裂缝研究。

由于碳酸盐岩裂缝分布复杂，目前还难以用单一方法有效地进行裂缝预测。根据实际情况和生产经验总结进行预测很重要，四川油气田提出寻找裂缝的“三钻三沿（钻高点、沿长轴，钻鞍部、沿扭曲，钻鼻突、沿断裂）”，“三打三不打（打凸不打凹，打拱不打弯，对断层打上盘不打下盘）”等经验方法（苏培东等，2005）。通过构造应力研究和数值模拟可以定性与半定量预测裂缝，随着方法与技术的进步，三维地震数据相干体、地震属性、AVO与AVA分析技术，以及分形边缘检测、测井约束地震反演等技术已工业化应用。由于地质条件变化大、裂缝发育影响因素复杂多样，裂缝预测的理论与方法都存在简单化的特点，具有多解性，目前只能定性-半定量预测裂缝，裂缝孔隙度、渗透性及裂缝有效性方面的预测研究仍是储层裂缝预测的主要发展方向。

（二）裂缝类型和特征

根据裂缝的成因、力学性质、产状、开启程度等可以有不同的多种分类方案，塔中地区碳酸盐岩裂缝特征复杂多样（图6.16），以裂缝的成因可以划分为非构造缝与构造缝两大类，依据裂缝的产状、大小和充填情况可以进一步划分为11种类型（表6.6）。

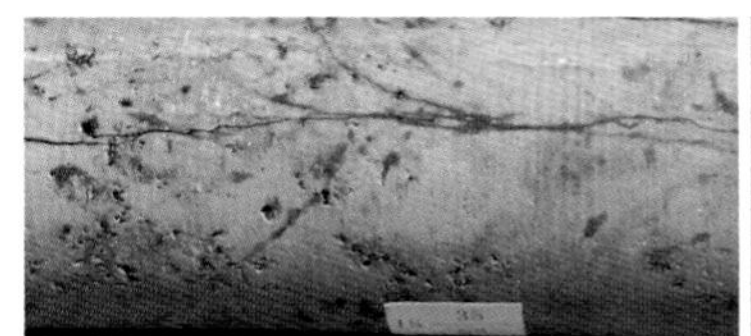
(a) 塔中242, 15 35/53 高角度未充填裂缝

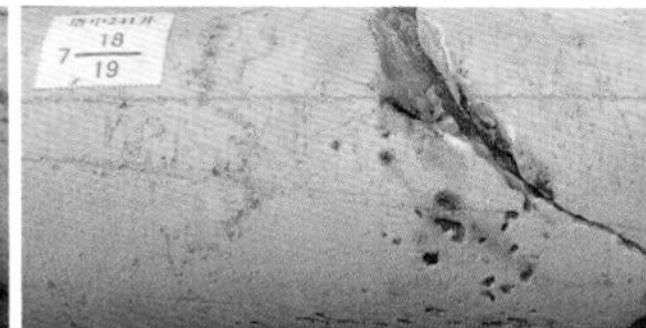

(b) 塔中241, 7 18/19 斜交缝

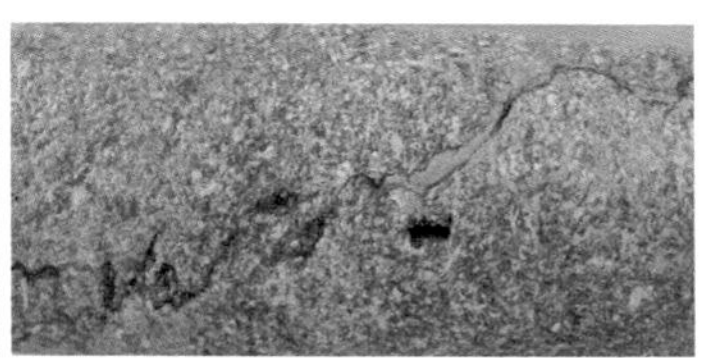
(c) 塔中62, 高角度缝合线与扩溶充填

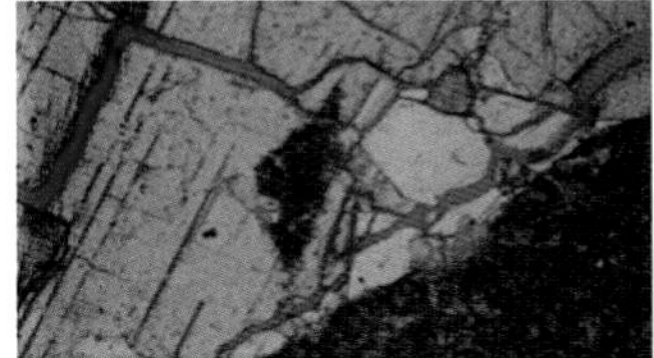
(d) 塔中24, 网状构造缝, 4687.75m

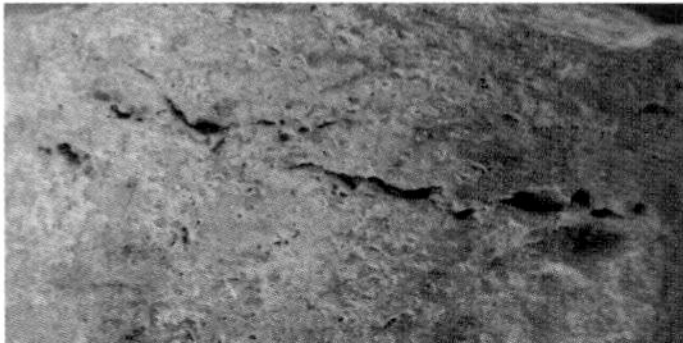
(e) 塔中62-1, 水平溶蚀缝, 4894.5m

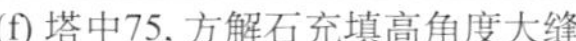
(f) 塔中75, 方解石充填高角度大缝

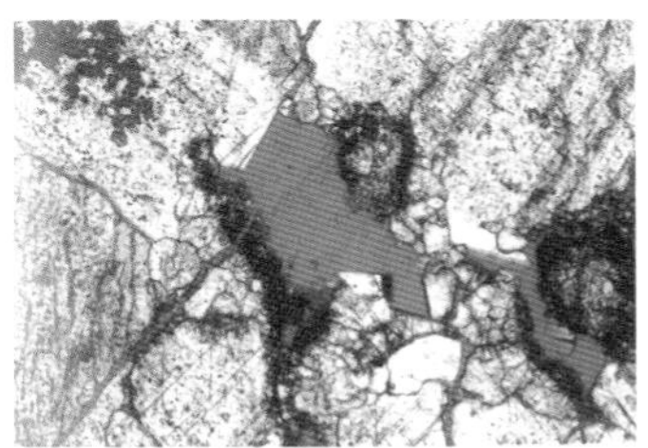
(g) 塔中82, 沿裂缝溶蚀, 5364.74m, 铸体

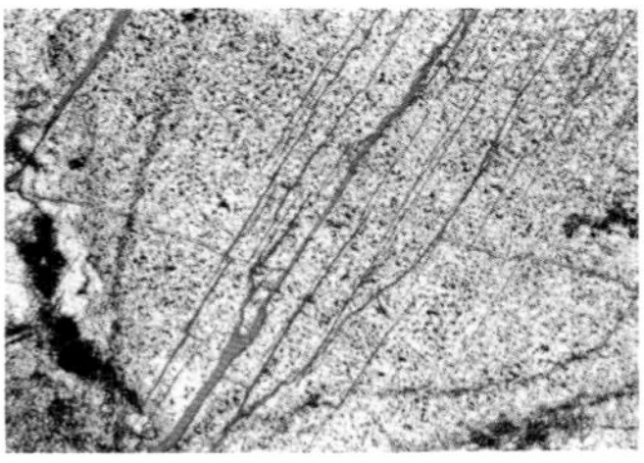
(h) 塔中82, 构造缝5375.5m, 铸体

(i) 塔中242, 方解石半充填构造缝, 4501.15m, 铸体

图6.16 塔中奥陶系典型岩心、薄片裂缝

表 6.6　塔中奥陶系裂缝类型与特征

裂缝类型		裂缝特征
非构造缝	成岩缝	细小杂乱、不规则呈网状交错，延伸短，多分布在泥质灰岩中
	溶蚀缝	缝面不规则，缝宽变化大，多发育溶蚀孔洞
	水平缝合线	普遍发育，早期多呈齿状、微波状，晚期多呈峰状、锯齿状，切割早期缝合线，可见溶蚀与追踪裂缝
构造缝	高角-垂直张开微小缝	普遍发育，切割早期方解石充填缝洞，局部见溶蚀，缝面较平直
	方解石充填高角-垂直缝	普遍发育，见两期充填，局部见溶蚀，切割早期缝合线与泥质充填缝，区域性大-中缝平直延伸远，剪张中-小缝规模小、变化大
	方解石充填斜交缝	不规则、缝面不平，缝宽变化大，见溶蚀孔洞
	高角共轭剪切缝	缝面平直，切割早期缝，共轭剪切呈网状或仅一组方向较发育
	泥质充填斜交-水平缝	不规则，可呈网状交错，切割早期缝合线，见后期方解石扩大充填作用
	泥质充填高角缝	缝面不平，缝宽变化大，切割早期缝合线，见后期方解石扩大充填作用
	构造缝合线	斜交不规则，呈波状、箱状，切割早期缝，局部见溶蚀
	水平-低角微小缝	不规则，延伸短变化大，为泥质、钙质充填或未充填，可呈网状

1. 非构造缝

非构造缝由沉积压实失水造成体积收缩，或风化、干裂、冷凝以及矿物相变、热应力、流体超压等因素造成（吴元燕等，1996），主要包括成岩缝、溶蚀缝和水平缝合线等，这类裂缝形式复杂，规模较小。

成岩裂缝形成于干裂、脱水收缩等成岩作用中的内力作用，不同于外力产生的构造裂缝（吴元燕等，1996）。塔里木盆地奥陶系少量岩心见成岩收缩缝，细小杂乱，延伸短，一般不超过 5cm。成岩缝多为泥质或钙质充填的微-小缝，局部密集发育形成多边网格状，不规则交错，短距离内尖灭。

压溶作用形成的水平缝合线在奥陶系碳酸盐岩较常见，形成于埋藏早中期，缝宽 0.2～0.5mm，被泥质等压溶残余物充填。水平缝合线至少发育两期，早期缝合线锯齿小，微波状；晚期缝合线切割早期，锯齿大，呈峰状。缝合线多为泥质充填，缺失孔隙，但可能存在局部伴生的短小张性缝或卸载缝，局部后期可能发育溶蚀孔洞。

风化壳垂向溶蚀或是孔隙层的顺层溶蚀容易形成溶蚀缝，或是沿缝合线、裂缝溶蚀扩大改造形成局部线状溶蚀带。溶蚀缝多不规则，缝宽变化大，多与溶蚀孔洞相通，为方解石半充填，残留一定量的孔隙空间。在塔中 45 井等见热液作用形成的方解石、萤石等充填的不规则脉状裂缝，可能与热液流体超压有关。

2. 构造缝

构造缝是由区域构造运动、断裂作用和褶皱作用产生的构造应力所致。塔中地区高角-垂直张开微小缝、方解石充填高角-垂直缝在各井中普遍发育，为区域性裂缝。

方解石充填的高角度大-中缝几何形态简单、走向稳定，裂缝间距大、延伸范围广，多出现在各井的中下部。高角度共轭剪切缝在塔中24、塔中45、塔中4等井区发育，多为半-张开缝。进一步可能发育为网状缝，或只有一组方向优先生长。

泥质充填斜交-水平缝主要分布在中央主垒带、塔中16井区等风化壳上，其延伸长度、张开宽度变化较大，可见多期裂缝作用的叠加改造与切割现象，有的经过溶蚀扩大增生。

构造缝合线也常见，多呈高角度不规则展布，其规模比水平缝合线大，多出现峰状、箱状，并切割早期成岩缝合线与方解石充填缝，为垂直主压应力方向上产生的压溶作用所致。

垂直微小缝普遍发育于各井，为对储层渗流作用影响最大的一类裂缝，其形成较晚，切割早期缝洞。水平-低角度微小缝特征各异、分布不均。

不仅岩心上裂缝类型多样，微观薄片资料也显示线状、树枝状、网状、Y字形、X形等多种特征裂缝发育（图6.17）。沿裂缝、缝合线见溶蚀孔发育，可形成相互连通的孔缝，即使早期的方解石充填裂缝与泥质充填的缝合线也见局部溶蚀作用。

（三）裂缝参数分析

裂缝通常以密度、长度、产状、张开度、充填度等参数进行描述，根据构造带分区统计了三十多口井岩心裂缝参数（图6.17和表6.7）。

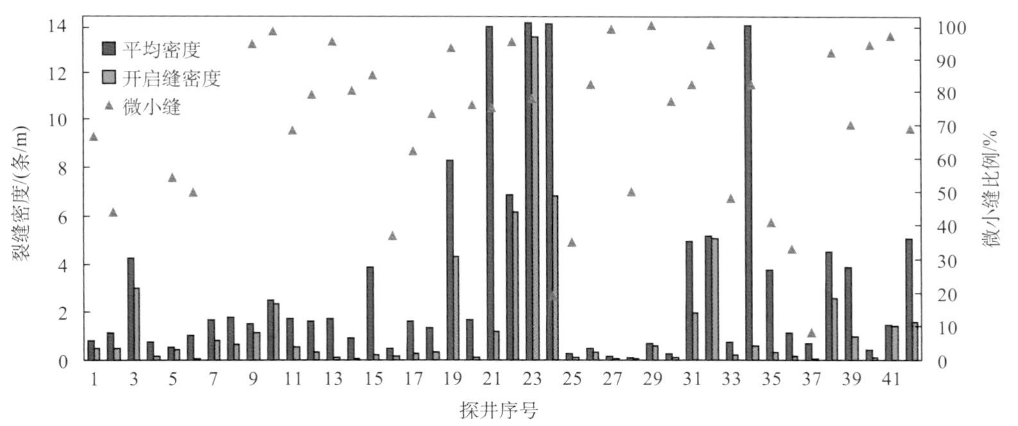

图6.17 塔中隆起奥陶系碳酸盐岩岩心裂缝参数统计

表6.7 塔中奥陶系不同地区碳酸盐岩裂缝参数

构造带	产状比率/%			大小比率/%		开启缝比率/%		平均密度/(条/m)	
	垂直缝	斜交缝	水平缝	大中缝	微小缝	充填缝	开启缝	总密度	开启密度
Ⅰ号带	62.9	29.1	8.0	22.8	77.2	57.2	42.8	1.44	0.62
10井区	56	31	13	34	66	54	46	0.3	0.14
5井区	45	34	21	24	76	83	14	6.5	0.91

续表

构造带	产状比率/%			大小比率/%		开启缝比率/%		平均密度/(条/m)	
	垂直缝	斜交缝	水平缝	大中缝	微小缝	充填缝	开启缝	总密度	开启密度
中央断垒带	35	50	15	40	60	71	29	4.5	0.13
南坡	59	24	17	18	82	61	39	3.4	1.33

1. 裂缝密度

生产应用中常以单位岩心长度上裂缝条数进行裂缝密度统计分析。塔中地区奥陶系碳酸盐岩岩心裂缝密度在不同的井及不同的井段都有较大的差别（图 6.18），裂缝密度一般在 0.2～10 条/m。相对而言塔中 5 井区、中央断垒带裂缝密度较大，这些地区受构造作用强烈，裂缝发育程度较高，而在构造活动较弱的塔中 10 井区裂缝密度较小。塔中Ⅰ号断裂带东部裂缝发育，塔中 24 井裂缝密度达 4.27 条/m，而中部裂缝密度一般低于 1 条/m。由于裂缝发育井段通常未取心或是岩心破碎，岩心裂缝密度统计数据总体偏低。

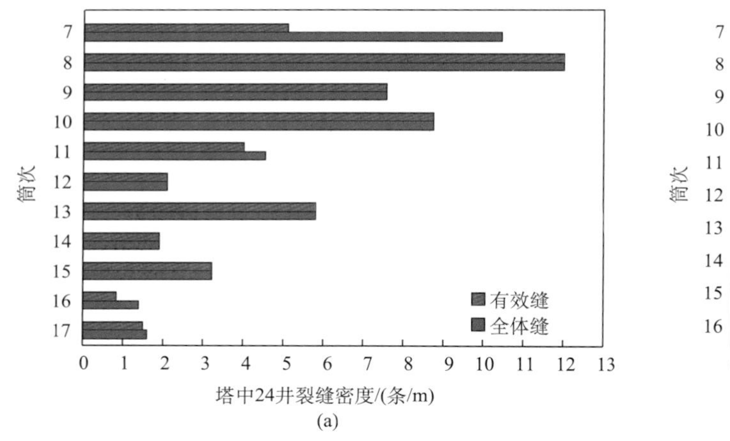

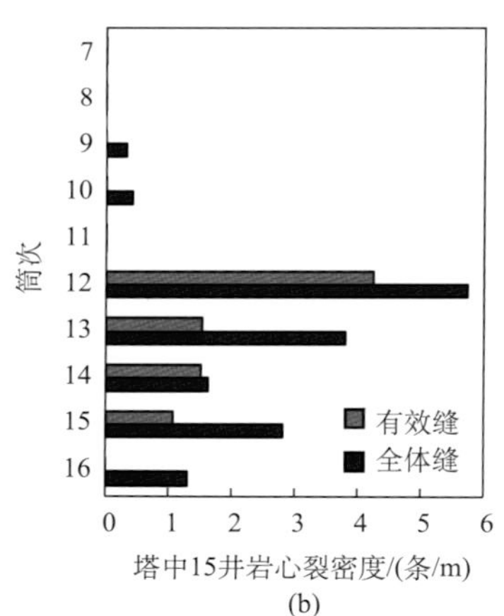

图 6.18 塔中奥陶系岩心裂缝密度统计直方图

塔里木盆地碳酸盐岩裂缝密度在纵向上变化大，有的井段裂缝不发育，而局部井段密度密集（图 6.18），相差可达 10 倍以上，揭示裂缝分布的强烈非均一性。

2. 裂缝充填

根据裂缝的填充物可以划分四类：①灰泥质充填，主要在水平缝合线和部分构造缝中出现；②砂泥质充填，多位于风化壳顶部的高角度裂缝，有渗流痕迹，与表生岩溶有关；③方解石充填，至少有三期方解石充填，可见溶蚀边缘或伴生矿物；④有机质充填，塔中碳酸盐岩裂缝沥青质充填较多。另外，充填物还有黄铁矿、硅质和萤石等，但多与其他充填物伴生。塔中地区奥陶系碳酸盐岩裂缝主要以方解石充填为主，中下奥陶统风化壳泥质充填较多。

根据裂缝充填程度可以划分三类裂缝：一是未充填裂缝，断面干净，充填物极少，以微小缝居多；二是半充填裂缝，填充物多样、充填程度不一，多为钙质、泥质等成分不同程度的充填，沿裂缝有局部孔隙残余或是发育溶蚀孔隙，这类裂缝比较多见；三是全充填裂缝，早期方解石充填的较多。

从岩心观察分析，塔中地区的裂缝多为方解石或泥质充填，充填率达 50%～80%，且未充填的裂缝多为微小缝。尽管大部分裂缝被充填，但仍存在油质、沥青浸染与溶蚀孔洞，因此其中相当一部分对储层仍有贡献。

3. 裂缝开启程度

根据裂缝的开启性也可以将裂缝分为开启缝与无效闭合缝两类。未充填与半充填裂缝多有缝隙供流体流动，为开启缝。而全充填的裂缝除构造活动期外，不利于流体输导的无效闭合缝较多。裂缝开启程度具有相对性，在不同的条件下是变化的。由于裂缝的部分充填作用使次生矿物成为天然的支撑物，阻碍了裂缝的关闭，裂缝在地下深处仍可能成为有效缝。即使全充填裂缝，在一定温压条件下，有的部位也能形成局部拉张应力造成裂缝开启，成为有利输导通道。塔中 5 井区、中央断垒带长期暴露，裂缝充填程度较高，开启缝的比率较低，而塔中Ⅰ号带、塔中 10 井区、南坡裂缝充填程度较低，开启缝的比率较高（表 6.7）。

一般而言，早期形成的裂缝充填多、开启程度较低，晚期形成的裂缝相对充填较少，开启程度较高。研究发现，埋深越大，裂缝的充填程度越高，碳酸盐岩胶结物充填物明显增多，可能与较大的温压作用有关。裂缝开启程度变化大，开启缝密度一般在 0.3～3 条/m，所占比例变化范围在 20%～90%。不同井间、不同层段裂缝的开启程度也有较大的差异，塔中Ⅰ号带东部开启缝比率达 60%～90%，而台内的塔中 162、塔中 49 井等开启系数低于 20%。

4. 裂缝张开度

根据裂缝的张开宽度可以划分微裂缝、小裂缝、中裂缝、大裂缝四类。除主垒带大中缝高达 40%外，塔中地区以微小缝居多，所占比例多在 60%～95%。塔中Ⅰ号带微、小缝最为发育，单井微、小缝比率一般都在 70%以上。大-中缝主要分布在断裂带附近，且多被方解石、泥质充填，其间也以微小的缝隙为通道。

5. 裂缝产状

从产状上看，塔中地区以高角-垂直缝为主，低角度缝与水平缝较少。塔中Ⅰ号带高角-垂直缝比率较高，单井岩心上的比率一般在 80%以上。在塔中 5 井区等断垒带上，由于地层掀斜与多期构造作用，低角度裂缝比较发育。其中部分水平缝可能是应力释放形成的诱导缝。裂缝的长度在岩心上一般为 10～30cm，很少垂直缝延伸长达 1m 以上。受岩心局限，裂缝实际长度远大于岩心观察统计数据。

总体而言（图 6.17 和表 6.7），塔中地区碳酸盐岩以高角-垂直缝为主，大、中缝较少，微、小缝居多。裂缝充填程度较高，充填率达 50%～80%，且多被方解石与泥质充填（深埋藏为热液方解石充填，风化壳或近地表缝充填泥质）。裂缝的产状、密度、性质、充填情况、开启程度在不同的井与不同的层段均有差异，裂缝的分布在垂向上和纵向上都存在较大的变化，在相互连通的裂缝系统中最重要的是开启的垂直微小缝。构造活动较弱的及斜坡区裂缝发育程度较低，裂缝密度一般小于 0.8 条/m。构造活动强烈的断层破碎带裂缝发育，平均密度大于 5 条/m。

（四）裂缝发育方向

受控于构造应力，大多数断层相伴生的裂缝为与断层平行的剪切缝、与断层共轭的剪切缝或等分这两个剪切方向的锐夹角的扩张缝（吴元燕等，1996），这三组方向裂缝与实验中三个潜在的破裂方向相对应。塔中地区奥陶系碳酸盐岩岩心裂缝的切割方向与特征可见至少存在 3～5 组方向裂缝。由于多期构造的影响、岩性与组构等因素的变化，即使是区域性构造裂缝的方位也会发生改变。

由于岩心是无定向的，裂缝的走向与倾角主要通过测井资料确定，微电阻率成像测井是识别裂缝方位与倾角的有效技术，根据高导缝、高阻缝、诱导缝可以得到全井眼的裂缝方位图（图 6.19）。其中高导缝为张开或泥质充填缝，高阻缝为方解石充填缝，诱导缝多形成于钻井过程中的应力释放，另外井眼长轴方向与区域应力场相关。

塔中Ⅰ号带裂缝的走向在各井中分布比较一致（图 6.19），井间也相近，其中，高导缝的走向多呈近北东—南西向，与塔中Ⅰ号带高角度相交。个别井，如塔中 825 井由于受局部断裂影响造成应力场发生变化，其高导裂缝呈北西向展布；处于Ⅰ号带转折部位的塔中 16 井中的裂缝出现近东西走向。大多数高导缝为有效缝，倾角较陡，多在 60°～80°。高阻缝多与Ⅰ号带呈低角度斜交，呈南北走向或北北西走向，裂缝倾角多在 50°～70°。钻井诱导缝多代表现今最大水平主应力方向，在塔中Ⅰ号带多与高导缝近平行，呈北东向或北东东向，与古构造应力场方向基本一致。

由于构造的差异，不乏其他方向的裂缝系存在。测井资料分析表明，在局部走滑断裂带、逆冲分支断裂带，以及强烈褶皱部位，可能出现与区域构造应力场不一致的裂缝走向，多与加里东期的走滑作用、冲断作用相关，形成受局部构造控制的裂缝系统。

（五）裂缝发育的期次

塔里木叠合盆地裂缝具有多期成因、多期改造、多期充填的特点。根据岩心观察裂缝的切割关系、充填成分以及充填次序，塔中地区的裂缝形成先后顺序有 7 期：①成岩缝与早期水平缝合线；②晚期水平缝合线；③泥质充填构造缝；④早期方解石充填构造缝；⑤晚期方解石充填构造缝；⑥构造缝合线；⑦张开微小构造缝。镜下可见五期裂缝：①早期缝合线；②方解石充填构造缝；③切割早期方解石充填缝的微小缝；④构造缝合线；⑤晚期张开微小缝，结合流体包裹体与区域构造应力场的分析，可将塔中奥陶系碳酸盐岩裂缝划分为具有不同特征的四个期次（表 6.8）。

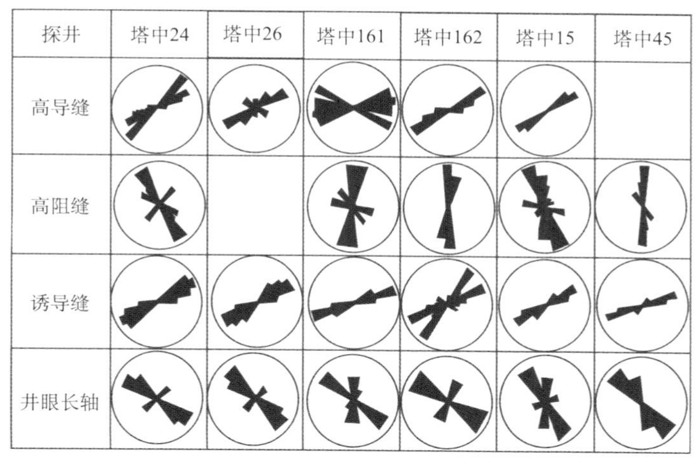

图 6.19 塔中Ⅰ号带奥陶系碳酸盐岩裂缝与椭圆井眼走向玫瑰花图

表 6.8 塔中奥陶系碳酸盐岩不同期次裂缝特征

构造期次	Ⅰ期	Ⅱ期	Ⅲ期	Ⅳ期
主要类型	成岩缝、水平缝合线	泥质充填构造缝、早期方解石充填构造缝	晚期方解石充填构造缝、构造缝合线	张开微小构造缝
充填物	泥质	泥质、方解石	方解石	无、方解石
宽度/mm	0.1～1	1～50	1～20	0.1～10
长度/mm	<10	5～100	5～50	5～20
裂缝形态	不规则、延伸短	平直、规模较大	规模较大	细小、规模小
产状	水平-垂直	垂直-高角度	高角度、垂直	高角度、网状
有效性	多无效	多无效	多有效	多有效
性质	张性	张剪性	剪性	剪性
形成时期	成岩早期	晚加里东期—早海西期	晚海西期—燕山期	喜马拉雅期

塔中奥陶系碳酸盐岩第Ⅰ期裂缝多为泥质充填的水平缝合线，以及不规则的、短小的成岩缝，普见后期裂缝切割穿插现象，形成于成岩早期。第Ⅱ期裂缝多为高角度-垂直缝，缝宽变化大，小缝-大缝均有发育；缝面平直，延伸长，以方解石和泥质充填为主；裂缝中方解石有后期切割改造的裂隙，有沿裂缝溶蚀与再充填现象。包裹体测温均一温度在70℃～90℃的数值比较多，推断形成于晚加里东期—早海西期。第Ⅲ期形成于晚海西期—燕山期，裂缝充填方解石包裹体检测到此期的充填，以高角度剪切缝居多，小缝为主、延伸长、成组出现，以方解石半充填为主，沿裂缝溶蚀作用较发育，残余孔隙多于早期裂缝。第Ⅳ期发生在喜马拉雅期，出现不规则的低角度缝，以及沿早期裂缝的再改造，以微-小缝为主，高角度未充填缝较多。

由于裂缝的复杂性与多期多类型裂缝的交错，裂缝的定年难度大（Laubach et al.，2010），需要综合分析。

二、裂缝对碳酸盐岩储层的建设性作用

裂缝不但影响碳酸盐岩渗透率，而且对孔隙度也有不同程度的贡献。

（一）裂缝孔隙度

致密碳酸盐岩储层中裂缝型储层普遍发育，该类储层以裂缝为主要储集空间和连通通道，通常岩石基质物性较差，原生孔隙和次生孔洞均不发育。裂缝型储层一般规模较小，但当裂缝厚度与裂缝孔隙度达到一定数值也可形成大量的油气产出。从奥陶系碳酸盐岩岩心孔渗交会图可以看出孔渗正相关关系不明显（图 1.6），部分低孔岩样的渗透率明显增大，反映了裂缝、微裂缝的存在。

塔中奥陶系碳酸盐岩岩心观察分析裂缝发育井段裂缝率在 0.05%～0.3%，在塔中 243、塔中 45 等高产油气井相对较高，可达 0.1%～0.5%。薄片分析裂缝率一般为 0.05%～0.2%，少数可达 1%～3%。测井解释裂缝孔隙度变化范围大，一般在 0.001%～0.8%，其数量级约为 0.1%，在Ⅰ～Ⅱ类储层段均值在 0.03%～0.5%。总体而言，塔中地区以微小缝为主，裂缝孔隙度较小，裂缝率的数量级在 0.01%～0.1%。但在裂缝连通性较好的层段裂缝孔隙度较高，对储层孔隙度的贡献可达 1%～5%。由于连通性较好的裂缝间流体的流动性远高于基质孔隙，采出程度高，对油气藏产量的贡献估计可达 5%～20%。值得注意的是，由于很多大型缝洞发育段很难取心，也缺少测井资料，裂缝孔隙度没有计算在内，而且大型缝洞计算的孔隙度归入洞穴型储层一类，其中裂缝孔隙度估算远高于裂缝型储层。

（二）裂缝溶蚀作用

通过岩心、薄片分析发现，塔里木盆地奥陶系碳酸盐岩储集空间以次生溶蚀孔洞为主，多经历早期的溶蚀充填，然后再溶蚀的过程，大多溶蚀孔发育部位都有裂缝发育，表明晚期的溶蚀可能与裂缝作为通道有关。尽管裂缝孔隙度较低，但沿裂缝普遍有溶蚀孔洞、粒间溶孔、粒内溶孔发育（图 6.16）。在取心中常见溶蚀缝或与溶蚀有关的缝，宽度较大，可达 0.2～5mm。在风化壳潜流带溶蚀缝以低角度为主，溶蚀常沿构造缝或缝合线发生。薄片观察裂缝及相关溶孔面孔率可达 0.5%～3%，对储层总孔隙度的贡献可达10%～30%。

塔中Ⅰ号带、轮古东礁滩体储层油气产出受裂缝影响明显，裂缝欠发育的礁滩体储层多为低产油气流，裂缝的发育程度对碳酸盐岩渗透性能与油气的高产具有重要作用。根据测井储层计算统计的结果，礁滩体储层发育的塔中 62 井区奥陶系孔洞型储层占 37.3%，裂缝-孔洞型储层占 36.2%，裂缝型储层占 26.5%，可见裂缝对碳酸盐岩储层具有重要意义。

裂缝对风化壳储层也有明显作用。和田河气田钻井岩心裂缝类型多、产状多、期次多的特点，以高角度微小缝为主，同时发育多期扩张的大裂缝。岩心与薄片分析表明，鹰山组风化壳裂缝开启程度高，沿裂缝溶蚀作用具有普遍性。玛 4 井以裂缝溶蚀孔隙为

主。其储层段孔隙度加权值为2.5%，超出裂缝欠发育储层段20%以上。该井高产的原因主要是裂缝发育，沿裂缝溶蚀作用较强、充填较弱。邻近山1井白云岩风化壳储层中也有高角度网状缝发育，沿裂缝溶蚀作用强，是白云岩孔洞发育的主要部位，同时裂缝对储层的改造作用明显，渗透性增高显著。裂缝与溶洞统计分析表明，山1井溶蚀孔洞发育段主要集中在裂缝发育部位。

（三）裂缝的渗透性

岩心观察裂缝的宽度变化在0.01～10cm的很大范围，但较宽的裂缝全为方解石或泥质充填，有效缝的张开度在0.1mm数量级。薄片观察有效缝的宽度多在0.005～0.05mm的范围内，个别缝宽可达0.3～1.2mm，微裂缝的宽度在0.01mm数量级。微裂缝的宽度通常很小，可能小于孔隙的直径，但在平行裂缝走向的方向也能明显地提高基质的渗透率。在地下4000～7000m深处裂缝的张开度会更小，但不会完全闭合，也不会妨碍油气的运移。

未完全充填的裂缝可以大大提高储层的渗透率，不同于裂缝孔隙度，碳酸盐岩裂缝渗透率远大于基质渗透率，沿单条裂缝方向通常具有非常高的渗透率。高裂缝渗透率仅仅存在于平行裂缝走向的方向上，而垂直裂缝走向的渗透率与岩石基质的渗透率基本相当。对于一组平行裂缝，还与裂缝间距相关。同时，由于碳酸盐岩孔洞之间连通性差，通过网状裂缝的沟通可以有效增加孔洞间的连通性，使孤立的孔洞成为有效储集体。尽管裂缝孔隙度一般很低，张开度很小，但它是高连通的，其宽度远高于基质孔隙的孔喉半径，对渗透率的影响远比孔隙度高得多，裂缝孔隙度的较小增加会引起平行裂缝方向渗透率的巨大变化。

岩心样品的物性分析表明在不同方向上的渗透率值变化极大（表6.9），可能相差数千倍，显示出渗透率在不同方向上强烈的非均质性，这与残余次生孔隙的孔喉半径变化大及裂缝的宽度、发育程度有关。岩心样品的垂直渗透率（可代表基质渗透率）一般很低，多小于$0.5\times10^{-3}\mu m^2$，而侧向1（沿裂缝方向）渗透率一般为$10\times10^{-3}\sim100\times10^{-3}\mu m^2$。裂缝性储层的渗透性大大高于孔隙型储层，含裂缝是未含裂缝样品渗透率的10～100倍（图1.6）。在有裂缝的样品中其渗透率差值仍很大，原因是由于裂缝渗透性

表6.9 塔中奥陶系碳酸盐岩渗透率对比

井号	试油 $/10^{-3}\mu m^2$	常规物性 $/10^{-3}\mu m^2$	未含裂缝全直径				含裂缝全直径			
			垂直	侧向1	侧向2	径向	垂直	侧向1	侧向2	径向
塔中44	0.03	0.16	2.709	3.095	1.69	8.304	2.6	45.11	2.9	107.1
塔中54	0.036	0.069	0.58	4.77	1.85	4.55	0.44	6.01	3.37	408.5
塔中45	0.43	0.82	0.23	7.77	1.14	9.46	0.207	1013	452.2	
塔中52	0.07	0.027	0.017	0.27	0.33	0.036	5.95	10.4	3.61	47.6
塔中26	0.012	0.09	0.023	0.311	0.093	0.076	0.062	3.16	0.059	14.9
塔中16	0.15	0.04	0.058	0.50	0.006	0.217	0.032	0.944	0.48	0.332

与其张开度的三次方呈正比，而与其数量的一次方呈正比，因此在油层中少数大宽度的裂缝就可主导渗透率的大小，微小裂缝即使数量很大也只是起从属作用。由于开度较大的裂缝性储集层很少取到岩心，容易导致低估裂缝的作用。

测井解释裂缝层段渗透率可大于 $5.0\times10^{-3}\mu m^2$，但多在 $0.1\times10^{-3}\sim3\times10^{-3}\mu m^2$，远低于含裂缝的岩心样品，可见储层间裂缝没有完全贯通，以低渗透为主。碳酸盐岩试油取得的渗透率数值代表大范围储层的整体响应，其数值普遍偏低（表 6.9），多与基质渗透率相当，表明其间裂缝间连通程度较低，没有完全沟通储层，油气储层间的连通介质主要为基质孔隙。

（四）裂缝的连通性

裂缝的连通程度不但控制裂缝中流体的渗流性，而且涉及基质孔隙欠发育的碳酸盐岩油气储层保护以及储层改造。由于裂缝复杂多样，岩心上裂缝的连通性可由裂缝的交点与端点的比值来表示（Gillespie et al.，1993），该比值越大，则裂缝的连通性越高，以此可定量判别岩心裂缝的连通性能。

结合岩心观察，对塔中地区 21 口具有代表性钻井的裂缝进行了连通性分析（图 6.20）。统计结果表明，塔中地区碳酸盐岩连通率比值较小，一般为 0.2～0.8，位于 0.4～0.6 的比率较大，达 34.4%，表明岩心裂缝两两相交的状态较多。在风化壳型储层中网状裂缝较发育，连通性较好，裂缝连通率可大于 1，但仅占岩心样品的 5%。统计分析表明，塔中奥陶系碳酸盐岩岩心裂缝的连通性总体较差。由于裂缝发育井段通常难以获得完整岩心，可能造成缺乏高连通裂缝段。而且岩心尺度小，不能完全反映地下裂缝的连通状态，尤其是相距较远的、长度较大的裂缝系统。

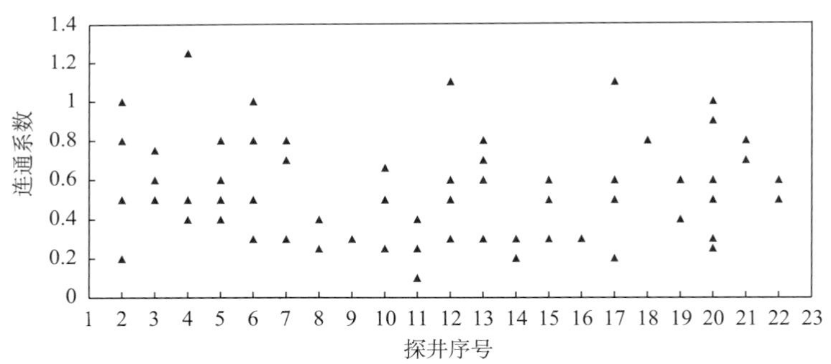

图 6.20　塔中地区碳酸盐岩岩心裂缝连通性对比图

单井岩心裂缝连通率均值一般为 0.3～0.7，个别井可达 0.8，表明塔中单井裂缝连通性整体较差。井间裂缝连通率差距可达 3 倍以上，但大多差别在 1 倍以下，可见井间裂缝连通性差距较小，大多数井都存在裂缝连通性较好的发育层段。不同层段与不同类型裂缝连通率变化较大。由于不同层段间裂缝发育程度、相交关系变化大，裂缝连通率的差别可达 10 倍以上。即使是裂缝发育密度接近的层段，由于裂缝组合方式的差别，裂缝连通率的差距可达 3～5 倍。

岩心样品中大-中缝的连通性较差，其比值一般在 0.5 以下，这与大中缝的密度小有关；而在塔中1等井局部微小网状缝发育的井段裂缝连通率很高，微-小缝的连通性高出大-中缝的数倍。由于裂缝连通系数远低于其他裂缝发育地区（Gillespie et al.，1993；单业华和葛维平，1997），表明在岩心尺度上塔中地区奥陶系碳酸盐岩裂缝之间的连通性较差，空间上裂缝不能完全连通，很少形成区域连通的网状裂缝系统。

奥陶系碳酸盐岩的勘探实践中，很多井的油气层段测井解释的孔渗性能差别不大，但出现油气的产量、稳产的时效差异甚远的情况，其中油气层段缝洞连通性的差异是主导因素。岩心观察发现在很多溶蚀孔洞发育的岩心段上网状裂缝欠发育，裂缝连通率低，储层的连通程度较差。而大多储层较发育、裂缝连通性较好的储层段初始产量高、稳产效果好，表明井眼周围缝洞的连通性好。因此，生产中应加强裂缝系统的研究，寻找裂缝连通性较好的储层段。

（五）裂缝对油气产出的影响

塔里木盆地奥陶系致密碳酸盐岩基质渗透率通常低于$0.5\times10^{-3}\mu m^2$，即便是礁滩体发育的塔中62井区渗透率一般低于$1\times10^{-3}\mu m^2$。虽然礁滩体大面积含油，但以低产为主，塔中62井试采初期达到30～40t/d，但半年后仅有3～5t/d。裂缝发育的井段通常油气产量较高，如塔中243井岩心裂缝密度最大可达71条/m，未经任何措施获高产工业油气流。而邻近的塔中241井裂缝不发育，仅获低产油气流。另外，通过大型的酸化压裂形成人工缝，可能沟通大面积的油气层，提高流体的渗透率。目前礁滩体储层一般都要经过大型的酸化压裂，能大大提高缝洞系统的连通性，产能可能提高5倍以上，从而获得高产工业油气流。

塔里木盆地下古生界碳酸盐岩总体上属于低渗透裂缝性油气藏，裂缝对孔隙度与渗透率都有较大的影响作用，但没有完全连通形成整体高渗透的油气藏，造成了储层的强烈非均质性。局部存在纯裂缝型油气藏，其基质物性很差，以裂缝为主，规模很小，初始产量高，但递减快。

总之，裂缝不仅提高塔里木盆地碳酸盐岩有效储集空间与有效渗透率，裂缝的分布、规模及连通性对碳酸盐岩油气的产出至关重要。

第四节　构造改造型碳酸盐岩储层特征与分布

塔里木盆地下古生界古老碳酸盐岩受构造改造作用明显，储层具有强烈的非均质性，沿不整合大面积断续分布，沿断裂带缝洞体储层局部发育。

一、构造改造型储层特征

（一）次生三重孔隙、储层成因类型多样

1. 储层孔隙特征

塔里木盆地寒武系—奥陶系碳酸盐岩主要发育灰岩与白云岩两类储层，储层岩石类

型多样（图 6.21）。灰岩储层岩石类型主要包括礁滩相的颗粒灰岩、礁灰岩，以及台地相颗粒灰岩、泥晶灰岩；白云岩储层岩石类型有粉-细晶白云岩、中-粗晶白云岩及泥晶白云岩等。由于经历漫长的成岩演化过程，原始孔隙基本消失殆尽，储集空间以次生溶蚀的孔、洞、缝为主，同时也发育大型洞穴（图 6.6）。可见原始岩性、岩相与早期的孔洞层是储层发育的基础，同时经历后期强烈的改造作用。

(a) 塔中62井，棘屑灰岩，溶蚀孔洞发育

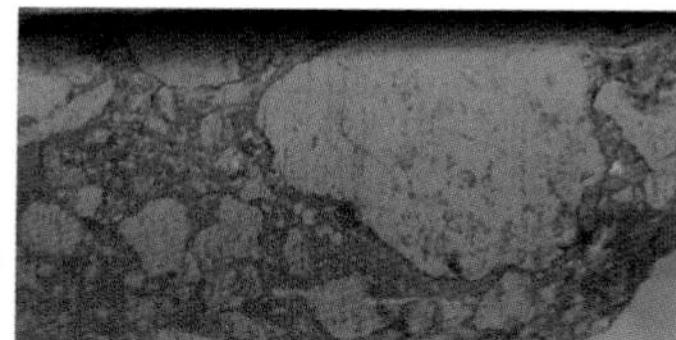

(b) 中古171井，3筒 21块，溶洞垮塌角砾

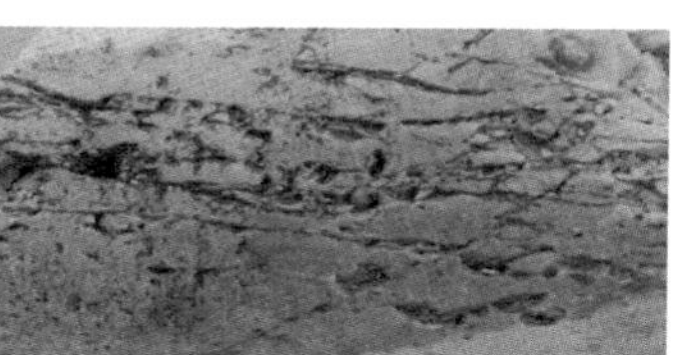

(c) 山1井，5筒30块，沿裂缝发育溶蚀孔

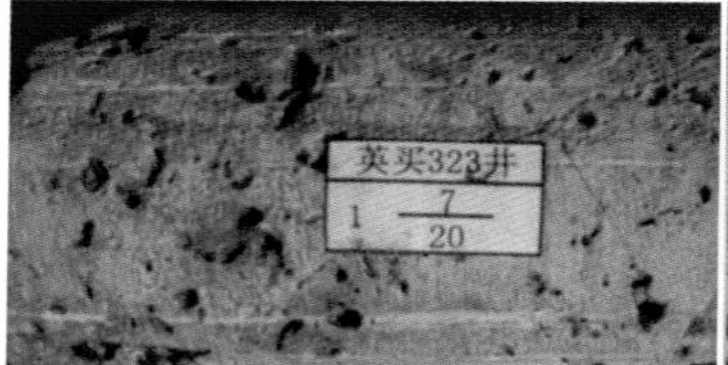

(d) 英买323井，白云岩岩溶孔洞

(e) 塔中44井，粒间溶孔，铸体

(f) 柯坪寒武系，细晶云岩晶间溶孔，铸体

图 6.21　塔里木盆地下古生界碳酸盐岩储层储集空间图片

奥陶系灰岩风化壳储层以岩溶洞穴和裂缝为主，而礁滩体储层具有大量的溶蚀孔、洞，基质孔隙优于风化壳型储层。塔中隆起北斜坡上奥陶统良里塔格组台缘带中，溶蚀孔、洞在颗粒灰岩中蜂窝状普遍发育，溶洞多呈圆形、椭圆形或不规则状，半径多在1～3mm，部分充填或未充填，面孔率达 2%～8%。溶蚀孔洞通常沿层面或裂缝分布，厚度差异大，单层厚一般为 0.2～1m，孔隙层段通常分布在礁滩体顶面30～50m。裂缝类型多，以高角度微小缝为主，分布极不均匀。有的地区受多期溶蚀作用，发育叠加在礁滩体储层基础之上的大型缝洞，如塔中 62-2 井钻遇缝洞体漏失 636.5 m^3。

白云岩微观储集空间主要有晶间溶孔、晶间孔、铸模孔、膏溶孔、裂缝等类型（马锋等，2009；沈安江等，2009）。宏观储集空间最常见的是溶蚀孔洞，多为圆形、椭圆形，以及不规则状，多顺层分布或沿裂缝分布。孔洞发育程度变化大，有蜂窝状大面积分布，也有零星出现的。孔洞大小不一，直径一般在 1～5mm，面孔率可达 3%～10%。白云岩风化壳中孔洞密度较大，但孔洞尺寸较小，缺失灰岩风化壳发育的大型洞穴。风化壳孔洞充填多为砂泥质、垮塌角砾，以及埋藏期形成的方解石，多为半充填；而内幕白云岩孔洞多充填方解石、白云石。

塔里木盆地奥陶系碳酸盐岩经历多期不整合岩溶、破裂作用、埋藏溶蚀的改造，为次生溶蚀孔、洞、缝三重孔隙介质组成的不规则的改造型储层。大型洞穴虽然遭受垮塌充填，大多保留较高的孔隙空间，而且具有大裂缝与孔洞组成超大连通喉道，孔隙度一般大于 5%，渗透率一般大于 $10\times10^{-3}\mu m^2$，形成高孔高渗储层。而基质孔洞型储层具有复杂的孔隙结构，孔隙喉道细小，平均孔喉半径为 0.05～1μm，孔隙度一般为 2%～

6%，渗透率一般低于 $1\times10^{-3}\mu m^2$，为低孔低渗储层。裂缝发育层段通常具有较高的渗透性，缺少孔、洞的裂缝性储层孔隙度一般低于2%，渗透率多大于 $5\times10^{-3}\mu m^2$。

因此，孔、洞、缝三重孔隙介质形成高孔高渗的洞穴型、低孔低渗的孔洞型以及低孔高渗的裂缝型三种类型储层，次生孔隙复杂的空间分布造成了碳酸盐岩储层强烈的差异性与复杂性。

2. 储层成因分类

由于碳酸盐岩类型多样、成因复杂，可以从不同角度对碳酸盐岩储层进行分类。根据储集空间组合特征通常将碳酸盐岩储层划分为孔洞型、裂缝型、裂缝-孔洞型、洞穴型四种储层，这是油气勘探开发生产过程中常用的简便方法。塔里木盆地碳酸盐岩储层的发育主要受沉积相、埋藏成岩作用、暴露岩溶作用、构造破裂作用四种因素控制（王招明等，2007；焦方正和翟晓先，2008；杜金虎，2010）。因此，可以划分为沉积相控型、不整合岩溶型、埋藏改造型和裂缝型四类储层，根据不同主控因素的差异，又可以进一步细分为七种类型（表6.10）。

表6.10 塔里木盆地碳酸盐岩储层成因类型

类别	类型	改造作用	典型特征	实例
沉积相控型	台缘礁滩型	准同生期大气淡水岩溶、抬升暴露岩溶、裂缝作用、埋藏溶蚀作用	储层沿台地边缘礁滩体发育，原生孔隙发育并有少量保存，后期建设性成岩作用沿礁滩体选择性溶蚀，基质孔隙发育	塔中62
	台内礁滩型	裂缝作用、埋藏溶蚀作用	台内礁滩体遭受准同生期大气淡水淋溶形成溶蚀孔洞，后期各种建设性成岩作用叠加改造，基质孔隙较发育，沿滩体分布	塔中161
不整合岩溶型	风化壳岩溶型	岩溶作用、断裂与裂缝作用、剥蚀与垮塌作用	碳酸盐岩沉积间断，发生抬升暴露与剥蚀，沿不整合面发生表生岩溶作用，形成大型缝洞体储层，基质孔隙不发育，受古地貌与古水文影响明显	轮古15
	顺层岩溶型	大气淡水岩溶作用、断裂带破裂作用、埋藏溶蚀作用	受基准面控制，碳酸盐岩风化壳边界受地下水流作用，淡水岩溶作用向整一区内幕发展，沿碳酸盐岩层面顺层发生溶蚀形成孔洞储层，缝洞规模较小，影响范围较大	轮东1
埋藏改造型	埋藏溶蚀型	酸性流体溶蚀作用、热液溶蚀作用、裂缝作用	埋藏期受深部高温热液流体、烃类酸性流体、盆地压实流、TSR等作用，沿流体通道溶蚀形成的孔洞储层，基质孔隙不发育，分布不规则，多沿断裂发育	塔中45
	热液白云岩型	白云石化、白云石重结晶、热液溶蚀、裂缝作用	高温富镁热液侵入主岩中，使其发生热液白云化，形成晶间孔和晶间溶孔，进而扩溶产生孔洞，储层非均质性强，横向变化大	英东2
裂缝型	裂缝型	裂缝作用、沿裂缝溶蚀作用	以构造破裂作用形成的裂缝为主要储集空间，局部沿裂缝发育溶蚀孔洞	塔中24

受沉积相控制的储层主要有台缘礁滩型与台内礁滩型储层。台缘礁滩型储层发育多旋回大型礁滩体，储层主要沿礁滩体叠置连片展布。例如，塔中Ⅰ号带良里塔格组沿台缘高能相带条带状广泛分布的礁滩体储层（杨海军等，2007）。台内礁滩型储层主要分布在台地内部滩体上，通常呈块状、片状分布，以溶蚀孔洞储层为主，也可能有沿颗粒灰岩溶蚀形成的大型洞穴，基质孔隙较台缘带略低，厚度较薄。例如，塔中161井发育台内滩砂屑灰岩，基质孔隙较发育。沉积相控型礁滩体储层也受构造改造作用，沿断裂带发育大型的缝洞体储层、裂缝及沿裂缝溶蚀孔洞，对低孔低渗基质孔隙为主的礁滩体具有重要建设性作用。

不整合岩溶型储层包括风化壳岩溶型与顺层岩溶型两种类型，以风化壳岩溶型储层为主。碳酸盐岩地层遭受抬升暴露地表，受大气淡水淋滤发生表生岩溶作用，形成各种类型的岩溶缝洞体。基质孔隙度低，以岩溶作用形成的洞穴储层为主，受古岩溶地貌与古水文作用明显，在塔北、塔中、麦盖提斜坡等地区均有分布。受地下水基准面控制，顺层岩溶也可能影响很大范围，塔北南缘向南宽度可达40km。

在漫长的埋藏过程中，海相碳酸盐岩受成岩胶结作用，大多原生孔隙消失，同时可以形成多种埋藏改造型的溶蚀孔洞，对储层改造与发育具有重要作用。埋藏期溶蚀作用可以形成基质孔或较小的孔洞，也可形成大的洞穴，多沿断层、不整合面及先期渗透性储层分布。由于流体来源不同、作用方式不同，也可以将热液成因与其他埋藏作用形成的储层细分（沈安江等，2009；潘文庆等，2009）。热液白云岩化可以是灰岩经热液白云岩化作用形成白云岩，其间可能形成良好的晶间孔隙；也可以是先期白云岩经热液改造形成的重结晶作用，晶粒的加大也可以形成晶间孔隙。同时热液作用也能形成较大规模的溶蚀孔洞，通常沿断裂带分布，也可能沿不整合面分布，多不规则。

裂缝型储层在灰岩与白云岩中均较常见，储集空间以裂缝为主，主要分布在断裂带及其周缘。裂缝型储层通常具有很低的孔隙度，但渗透率极高，容易高产但难以稳产。

（二）非均质性强、物性变化大

由于地层老、成岩作用强，塔里木盆地下古生界碳酸盐岩缺乏原生孔隙，以后期不整合岩溶作用、埋藏溶蚀作用及构造作用改造形成的次生孔隙为主。储层类型复杂多样，经历多期多种类型改造作用，造成碳酸盐岩储层强烈的非均质性。

岩溶缝洞是不整合岩溶型储层的主要储集空间，不同纵向层段、不同岩溶地貌储层发育具有不同的特点，且有强烈的非均质性。纵向上地表岩溶带、垂直渗流带及水平潜流带的缝洞发育特征不同，充填程度差异大，储层规模变化大，洞穴分布的深度也不稳定（图6.22）。平面上不同岩溶地貌，不同岩溶区段储层也有明显差异。岩溶高地渗流岩溶带较发育，深达400m；潜流岩溶带特征不明显，溶洞不发育、充填强烈。岩溶斜坡储层最发育，渗流岩溶带、潜流岩溶带都比较发育，溶洞发育，充填少。由于岩溶作用、裂缝作用的影响，部分地区缝洞系统发育，形成局部的优质储层发育区，但大型缝洞空间分布复杂、横向变化大，钻井与地震储层预测表明其分布的范围仅在2%～10%，高产井旁多有低产井、干井分布，储层纵、横向非均质性表现明显。

即使受沉积相带控制的礁滩体储层也有强烈的非均质性。塔中Ⅰ号带良里塔格组台

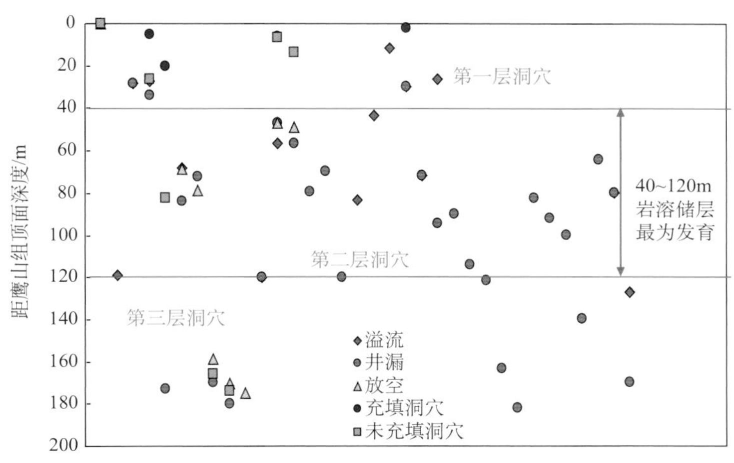

图 6.22 中古 8 区钻井放空、井漏和充填洞穴顶界距风化壳顶面距离（杜金虎，2010）

缘礁滩体储层基质孔隙较发育，同时也发育大型洞穴型储层，很多探井钻进中发生大量钻井液漏失现象，高产井多是钻遇大型缝洞获得高产。例如，塔中 62-1 井在 4959.1～4959.3m 和 4973.21～4973.76m 井段分别放空 0.2m、0.55m，漏失泥浆 799.2m^3，提前完钻。塔中Ⅰ号带准同生期溶蚀及埋藏期溶蚀作用发育，在良里塔格组沉积后也有短暂的暴露岩溶（图 6.6），不同类型的改造作用控制了大型缝洞发育，洞穴发育段孔隙度高达 8%，造成礁滩体储层横向孔隙度突变达数倍，渗透性横向差异达 10～100 倍。即使在礁滩体发育的同一井区，由于礁滩体储层受控于多种溶蚀、破裂作用，储层纵向、横向都有变化，同样呈现明显的非均质性。

岩心物性统计分析表明，塔里木盆地碳酸盐岩基质孔渗很低（图 1.6），储层物性变化大，孔渗相关性差。风化壳岩心孔隙度一般低于 1.5%，渗透率一般低于 $0.5\times10^{-3}\mu m^2$。轮古 1 潜山区 34 口井 1448 个常规物性分析资料统计，孔隙度平均为 1.29%，低于 1.5%的样品占 78.7%；渗透率平均为 $0.3\times10^{-3}\mu m^2$。礁滩体基质物性较好，但岩心孔隙度一般低于 3%，渗透率一般低于 $1\times10^{-3}\mu m^2$。塔中Ⅰ号带奥陶系礁滩体岩心样品物性统计分析表明，孔隙度在 1%～1.8%的占 49.9%，孔隙度大于 4.5 的仅占 7.7%。岩心渗透率分布范围在 0.002×10^{-3}～$840\times10^{-3}\mu m^2$，渗透率在 0.01×10^{-3}～$0.1\times10^{-3}\mu m^2$ 的占 48.31%，大于 $5\times10^{-3}\mu m^2$ 的仅占 8.35%。白云岩岩心物性相对较高，塔中地区白云岩、灰云岩 884 个样品分析孔隙分布范围在 0.09%～24.24%，孔隙度大于 2%的比例达 25.8%。渗透率变化在 0.01×10^{-3}～$9538.09\times10^{-3}\mu m^2$，平均值为 $24.6\times10^{-3}\mu m^2$。相对而言，白云岩孔隙度略高于灰岩，但渗透率可比灰岩高 1 个数量级。测井解释储层段孔隙度变化范围一般在 1.2%～6%，一般高于岩心物性数据值，钻遇大型缝洞体层段孔隙度高达 10%～50%；渗透率变化范围一般在 0.05×10^{-3}～$5\times10^{-3}\mu m^2$。

由于缝洞发育的多期性、非组构选择性，造成碳酸盐岩储层强烈的非均质性，主要表现在三个方面：一是平面上储层横向变化大，储层发育区与不发育区齿状交错，在储层发育区内也有非储层分布；二是纵向上储层段缝洞发育的深度、厚度都有很大的差异；三是储层的物性变化大，孔渗相关性很差。碳酸盐岩储层的强烈非均质性，造成纵向上不同深度、平面上不同井间油气储量、产量的巨大差异。

总体而言，塔里木盆地下古生界碳酸盐岩储层经历多种构造改造作用，储层纵横向分布非均质性强，储层物性变化大。

（三）经历多期多种类型的改造作用

塔里木盆地下古生界海相碳酸盐岩在多期构造活动中，经历加里东晚期、海西期、印支期—燕山期、喜马拉雅晚期等多期构造活动，形成多期多类型的改造作用（图6.23）。

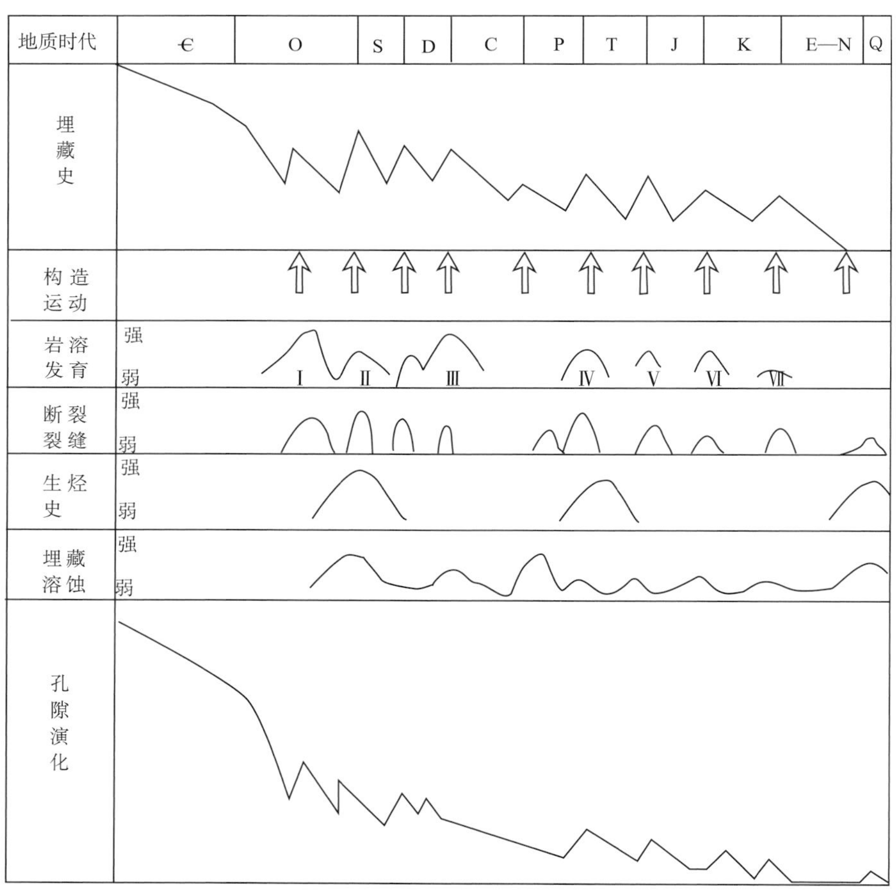

图6.23 塔里木盆地下古生界碳酸盐岩改造作用演化图示

在加里东晚期盆地大隆大拗构造格局形成过程中，碳酸盐岩古隆起的隆升与拗陷的沉降造成碳酸盐岩的分区，隆起区遭受剥蚀、破裂、淋滤溶蚀作用，由于暴露时间短，风化壳储层规模较小。断裂的发育形成一系列围绕断裂分布的裂缝带，并影响表生期岩溶与埋藏期溶蚀的缝洞体发育。拗陷区沉降，成岩胶结更严重，孔隙大多消亡。此期构造运动不仅形成了古隆起区不整合岩溶作用，同时也控制了埋藏期盆地压实流与烃类流体的运移方向。由于碳酸盐岩台地规模小，紧邻巨厚泥岩充填的凹陷区，中上奥陶统泥岩形成相当规模的盆地压实流，尽管酸性溶蚀作用弱，但可以造成盆地水动力分布的重新调整与大量活动。同时也是大量生排烃期，烃类携带大量酸性流体，发生强烈的溶蚀作用。邻近凹陷的台缘带是该期溶蚀作用的主体部位，塔中Ⅰ号带上奥陶统良里塔格组台缘礁滩体发育大量该期溶蚀充填的方解石（王振宇等，2007），存在此期较低温度的流体包裹体。在强烈胶结减孔情况下，同时新生相当多的次生溶蚀孔洞。而向台缘内带，溶蚀孔洞明显减少，强度减弱，甚至形成胶结沉淀带。

早海西期的构造隆升形成轮南、玛南与塔中东部三块风化壳岩溶区域，岩溶改造作用强烈，岩溶地貌与地下水系发育完整，发育大规模的岩溶缝洞系统，对储层具有强烈的改造作用。此期走滑断裂、逆冲断裂发育，断裂裂缝控制的破裂作用对储层也有重要的建设性作用，沿断裂、裂缝发育不同类型的孔洞与洞穴，岩溶作用沿断裂深入到500m以下地层。由于此期构造改造作用强烈，地下流体也发生不同程度的改变，埋藏溶蚀作用较发育，流体包裹体普遍检测到此期的均一温度。

晚海西期是台盆区油气大量充注期，同时也是受二叠纪火成岩影响形成大量热液流体作用期，研究发现存在大量该期的流体包裹体（表6.6），表明该期发生大规模的流体活动，而且与油气充注密切相关。该期方解石充填孔洞与裂缝比较常见，在大量该期粗晶方解石充填的孔洞中，仍可以保存部分未完全充填的残余孔隙，在油气藏中残余次生孔洞比较多，而其他地区方解石充填程度极高，油气充注是该期孔隙保存的重要条件。由于广泛的热事件，造成盆地地温梯度整体升高，地下热液流体活跃，塔中、巴楚、塔北与塔东地区都发现有热液的改造作用。该期在塔北地区断裂活动强烈，也有局部的构造抬升，具有风化壳岩溶作用，并有沿断裂带发生的强烈剥蚀作用。

在印支期—燕山期碳酸盐岩稳定沉降，仅局部出露地表，但期间发生多期的构造抬升与沉降，三叠系、侏罗系及白垩系沉积变迁大，构造隆升剥蚀作用强，造成强烈的区域翘倾运动，地下水文条件也会发生调整变化，可能发生碳酸盐岩的溶蚀改造。轮南地区发现印支期—燕山期的包裹体证据，塔中地区也有少量发现，表明在构造活动期，地下水文的变化与溶蚀作用具有普遍性。虽然该期以胶结充填为主，局部流体活跃区也会形成增孔作用。

喜马拉雅晚期盆地的构造格局发生巨大的变革，随着周边前陆盆地的发育，台盆区也发生巴楚强烈隆升、塔西南古隆起的翘倾沉没、塔北强烈北倾沉降等大型的区域构造改观，地下水文特征与流体势也随之发生巨大变化。该期也是晚期大量油气生成运聚与调整期，同时伴随强烈的TRS作用，在塔中奥陶系出现一系列高含 H_2S 的凝析气藏。该期溶蚀孔洞、裂缝充填程度较低，多见早期充填的方解石被后期溶蚀的现象，并检测到很多该期流体包裹体。

二、构造改造型储层分布

（一）储层沿各级层序顶面断续分布

塔里木盆地下古生界碳酸盐岩储层纵向上主要分布在下寒武统上部、上寒武统顶部、下奥陶统蓬莱坝组下部与顶面，以及中下奥陶统鹰山组顶面、中奥陶统一间房组上部、上奥陶统良里塔格组顶部等七个层段中，多位于不同级别层序的顶面（图 6.24）。

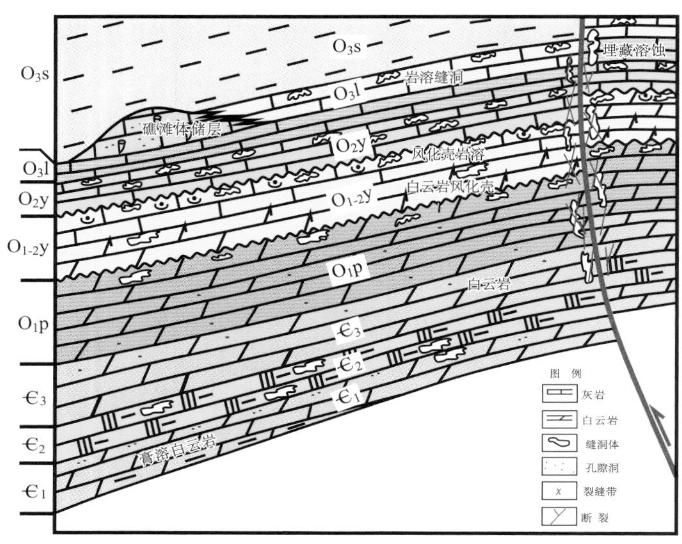

图 6.24　塔里木盆地下古生界碳酸盐岩储层纵向分布模式

一、二级层序界面以大型的不整合发育为特征，轮南潜山、塔中鹰山组风化壳都发育大型的区域不整合岩溶。轮南地区在加里东晚期—早海西期形成宽缓的潜山，缺失上奥陶统桑塔木组—泥盆系，奥陶系碳酸盐岩长期的暴露有利于大气淡水的淋滤溶蚀，广泛分布地表与地下河流，形成大面积的岩溶作用，发育大型的岩溶缝洞体系。受控于潜山地貌与地下水位基准面，潜山储层纵向上主要发育在潜山顶面 100～150m 范围内（杜金虎，2010）。塔中鹰山组储层也主要分布在风化壳上部，大型不整合面上不同古地貌单元控制了岩溶的发育特征。岩溶高地以发育垂直渗流带为特征，其中大型溶洞主要为落水洞，岩溶孔洞多有充填，岩溶分层分带不明显。岩溶斜坡分层明显，渗流带和潜流带均发育，大型孔洞发育，岩溶孔洞充填较少，有效储集体在风化壳顶部 200m 范围内分布（图 6.22）。

层序地层研究表明，轮南奥陶系鹰山组上部、一间房组、良里塔格组分别形成完整的三级层序（杜金虎，2010）。在三级层序顶部的高位体系域由于水深较浅、沉积较稳定，有利于礁滩相生屑灰岩、砂屑灰岩发育，具有良好的原生孔隙，是后期储层发育的基础，其基质孔隙明显优于下部海进体系域的碳酸盐岩。在鹰山组、一间房组、良里塔格组顶部都存在大气淡水溶蚀，对储层发育具有良好的改造作用，发育孔洞储层，主要出现在三级层序顶部礁滩体。

高频层序地层划分与优质储层发育井段对比分析表明（图 6.25），奥陶系碳酸盐岩礁滩体储层呈现明显的米级旋回变化，孔隙度大于 4.5％的优质储层多呈薄层出现在礁滩体内部。结合岩心与测井资料进行高频层序对比，发现长周期旋回与储层米级变化对应非常好，优质储层主要发育在海平面向上变浅的米级旋回中。与长周期高频旋回对应，3 个海平面变浅的长周期附近均是优质储层发育段，3 期暴露面形成 3 套优质储层发育段。井间对比分析也呈现相同的特点，从台缘带的塔中 62 井区至南部台内的塔中

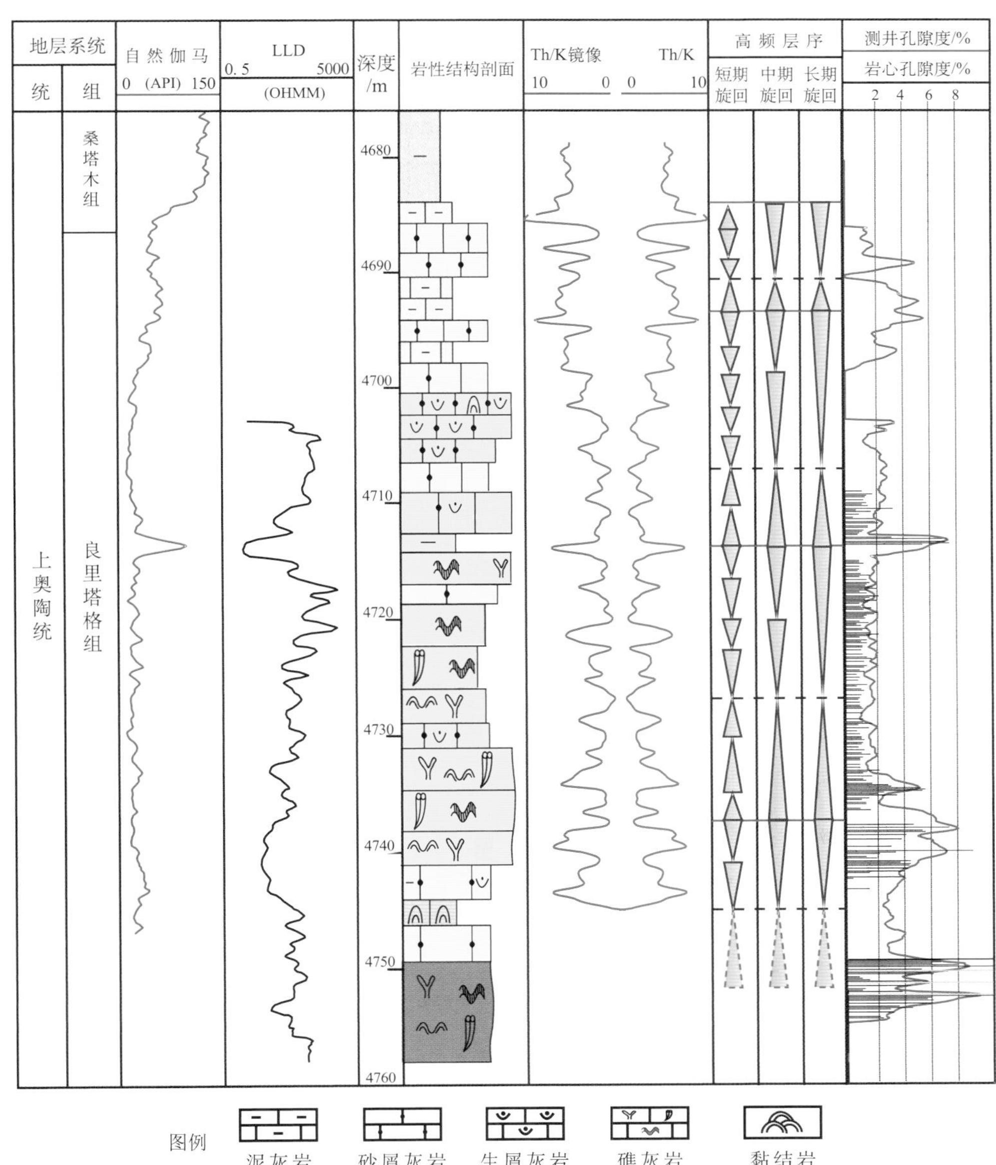

图 6.25 塔中 62 井区单井高频层序地层划分图

16 井区，虽然储层呈现出厚度减薄、层数减少、物性降低的趋势，但优质储层多发育在水体变浅的长周期高频层序界面附近，表明优质储层发育与长周期旋回的海平面下降期关系密切。

塔里木盆地碳酸盐岩储层的发育受控于不同级别的层序控制，风化壳储层、礁滩体储层都主要分布在层序顶部 150m 范围内，近层状断续大面积分布。

（二）沿断裂带缝洞体储层发育

断裂带不仅是大气淡水渗滤岩溶作用的有利部位，同时也是埋藏期深部热液、油气运移携带的酸性流体输导的优势通道，有利于埋藏期溶蚀作用的发生，缝洞体储层发育。

塔里木盆地奥陶系碳酸盐岩钻遇大型缝洞系统的井多位于断裂附近，由哈拉哈塘哈 6 井区统计分析可见（图 6.26），79％的溶洞发育在距断裂 800m 的范围内，而且距断裂越远溶洞发育越少，溶洞的规模也快速减小，表明溶洞与断裂之间具有良好的相关性，沿断裂碎裂带岩溶洞穴最发育。储层发育与断裂的规模、性质、走向、断裂带的破碎及充填程度相关，哈 6 井区奥陶系 10％的主断裂周围 800m 内发育溶洞的数量占总数的 31％，表明断裂规模越大，溶洞越发育。平面上，系列缝洞体储层可能平行断裂带分布，或是与断裂低角度斜列。

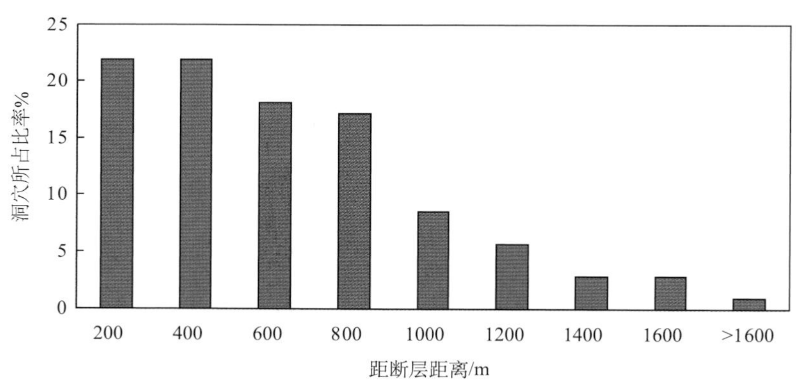

图 6.26　哈拉哈塘哈 6 井区缝洞体距断裂的距离

在塔北、塔中地区断垒带上与断裂带附近裂缝有效沟通型储层较发育。由于裂缝发育，这类储层不但能获得高产，而且裂缝沟通范围大，连通储集体多，有利于油气的稳产（图 6.27）。统计分析邻近断裂 2km 范围内的裂缝最发育，而且能形成相互连通的储层，有利于油气的产出。而远离断裂的裂缝系统相对较孤立，裂缝的发育程度也很快降低，连通的储集体规模相对较小，虽然有油气产出，但产量低，难以稳产。

纵向上，沿断裂带可能形成巨厚的储层发育段，能影响到碳酸盐岩的深度超过 2000m。沿断裂带可能形成纵向上贯穿的连通的缝洞系统，在地震剖面上可见很长的串珠状强反射（图 4.10），厚度超过 500m。虽然不是单一的洞穴，但多套的缝洞纵向上叠置连通，钻井发生大量的泥浆漏失，并有多层段放空现象，生产过程中容易“出大

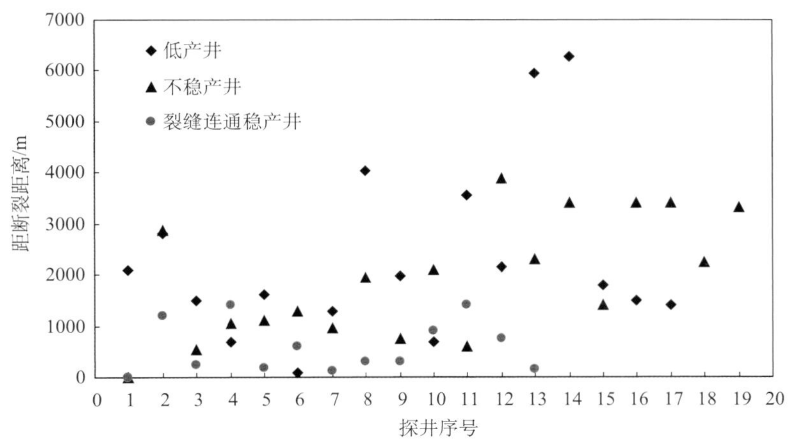

图 6.27 奥陶系碳酸盐岩探井与距断裂距离分类统计

水”，沟通深层水引起暴性水淹。另外，沿断裂带也可能出现多套缝洞系统在垂向上间断分布，受控于地层岩性，在塔中良里塔格组顶部与鹰山组顶部可能同时有缝洞体储层发育，深层蓬莱坝组与寒武系白云岩也有缝洞体储层的地震响应，其间有隔层分布，形成多套油气产层。沿断裂带也有局部孤立的缝洞体发育，地震剖面上呈现单串珠特征，储层规模相对较小。

勘探实践表明，沿断裂带大型缝洞发育，获得高产稳产油气流井多（图 6.27），而远离断裂的低产油气流井与不稳产井多。缝洞系统分布与断裂的位置、性质、产状、规模等有关，不同部位缝洞体的特征变化大，需要具体分析。

（三）构造作用造成储层分布的区段性

由于构造特征的差异，碳酸盐岩储层平面上分布的分区分带特征明显。储层发育过程与构造作用密切相关，构造作用的差异是造成储层分段性的主要因素。构造作用是储层准同生期岩溶地貌发育的重要因素，控制了地貌的横向差异。断裂发育的分段性是裂缝在横向变化的基础上，裂缝的分布、发育程度也呈现明显的区段性。碳酸盐岩抬升暴露主要受控于构造活动，构造作用的差异与强度控制了岩溶作用的范围与发育程度。埋藏期的溶蚀作用沿断裂带、裂缝带最为发育，是埋藏期储层发育的主要部位。塔中北斜坡、塔北南缘碳酸盐岩储层都有明显的区段性。

塔中Ⅰ号带上奥陶统台缘礁滩体较为典型。由于东西方向地质结构的差异、构造演化不同、断裂裂缝发育程度有别，塔中Ⅰ号带不仅控制了良里塔格组礁滩体的分布，而且造成礁滩体储层具有东西分段的特征（表 6.11）。东部塔中 24～26 井区构造作用强烈，裂缝发育，以裂缝-孔隙型储层为主，油气产出好；塔中 62 井区受构造抬升作用，暴露淋滤强烈，风化壳岩溶发育。而且小型断裂的发育有利埋藏溶蚀作用改造并产生新的孔洞，以缝洞-孔洞型储层为主，储层最为发育。塔中 82 井区构造平缓，受岩溶与断裂作用影响大，以基质孔隙-大型缝洞发育为特征。塔中 85 井区断裂欠发育，台缘带宽缓、滩体发育、缺少暴露岩溶，以孔洞-孔隙型储层为主，油气产出难。塔中45井区断裂发育，台缘带缺少暴露，以裂缝-孔洞型储层为主，油气高产容易稳产难。

表6.11 塔中Ⅰ号带储层分段性特征

区段	塔中45西	塔中45井区	塔中85井区	塔中82井区	塔中62井区	塔中24～26井区
构造特征	基底掀斜抬升、断裂欠发育	基底冲断抬升、断裂较发育	基底掀斜抬升、断裂欠发育	基底挠曲、断裂较发育	基底冲断抬升、断裂发育	冲断作用强烈、断裂发育
沉积特征	宽缓中低能台缘滩相发育	宽缓滩相发育、厚度较薄	宽缓中低能台缘滩相发育	宽缓滩相发育	镶边高陡台缘、礁滩体发育	台缘带狭长、礁滩体为断裂复杂化
储集类型	粒间溶孔	粒间溶孔、溶洞、裂缝	粒间溶孔	溶洞、粒间溶孔、裂缝	粒间溶孔、溶洞、裂缝	裂缝、粒间溶孔、溶洞
储层类型	孔洞型、孔隙型	裂缝-孔洞型、裂缝型	孔洞型、孔隙型	裂缝-洞穴型、孔隙型	裂缝-洞穴型、裂缝-孔洞型	裂缝-孔隙型、裂缝型、缝-洞穴型
物性	孔隙较低、渗透性较差	孔隙较低、渗透性好	孔隙较低、渗透性较差	孔隙高、渗透性较好	孔隙高、渗透性好	孔隙较低、渗透性好
油气产出	凝析气、油产量较低、稳产差	凝析气、油产量高、稳产差	以油为主、产量低、稳产差	凝析气、油产量很高、稳产差	凝析气、油产量高、稳产好	凝析气、产量高

（四）储层叠置连片大面积、差异分布

由于构造沉积的变迁，寒武系—奥陶系碳酸盐岩形成轮南-古城、塔北南缘、塔中-巴楚北缘、塔中南缘、塘南、罗西六条台缘带礁滩体（图2.21和图2.23），叠合面积达$4\times10^4km^2$，储层的发育受沉积相带与后期改造作用控制。陡坡型台缘带礁滩体厚度大、相带窄，多呈条带状展布。塔中上奥陶统良里塔格组台缘带礁滩体长达220km，宽度在2～5km，厚度达500m。储层层段多达5～8层，单层厚度薄，一般在3～6m，单井储层有效厚度在30～90m。缓坡型台缘滩厚度薄，但宽度大。塔北南缘中奥陶统一间房组台缘浅滩宽达40～60km、厚40～80m。塔中Ⅰ号台缘带储层对比分析表明，有利储层段主要分布在良里塔格组上部礁滩体发育的150m范围内，储层纵向上叠置、横向连片（图6.28），形成叠置连片、沿台缘高能相带广泛分布的具有非均质性变化的礁滩体储层。

塔里木盆地经历多期大型构造运动，分别形成了与之对应的风化壳储层，主要分布在塔北、塔中、塔西南三大古隆起（图5.15），叠合面积达$16\times10^4km^2$。风化壳储层纵向上分层明显，主要发育在潜山面以下200m内，以大型洞穴型和裂缝-孔洞型储层为主，有多层段岩溶缝洞发育。在平面上，岩溶缝洞具有分带、分块的特征，一系列缝洞发育区在空间上叠置连片分布。

塔里木盆地白云岩优质储层受沉积相、不整合与断裂作用控制，轮南-古城台缘带是沉积相控储层发育有利区，塔北、塔西南等古隆起高部位局部有潜山白云岩储层分布，轮

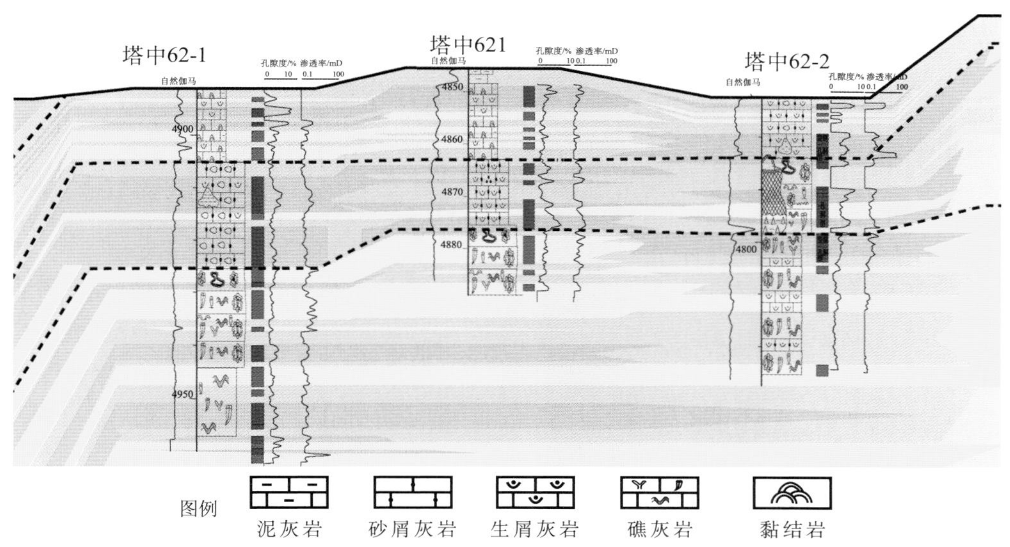

图 6.28　塔中 62 井区上奥陶统良里塔格组顶面储层对比图

台断垒围斜带、塔中-巴楚等地区的大型断裂带改造型白云岩储层较发育，另外震旦系风化壳可能形成大面积白云岩储层，预测深层白云岩有利勘探的总面积达5.8×10^4 km^2。

总之，塔里木盆地碳酸盐岩储层受不同级别层序界面与断裂带控制，围绕塔北、塔中、塔西南碳酸盐岩不整合，以及轮南-古城、塔中与塔北等台缘带分布，在白云岩、礁滩体与断裂带、不整合叠合的部位储层最发育，不同层段多类储层在空间纵向叠置、横向毗邻连接，形成广泛分布、大面积断续分布的储集体。

第七章 塔里木盆地碳酸盐岩油气成藏的构造控制与改造作用

叠合盆地多旋回构造演变造成生烃与成藏的多样性，构造作用控制了油气藏调整改造的差异性。

第一节 烃源岩分布与演化差异的构造背景

塔里木小克拉通内构造的差异性形成多种构造背景下的烃源岩发育模式，造成烃源灶层段多、分布局限、差别大。

一、不同构造背景下烃源岩发育与分布

塔里木盆地主要发育寒武统—下奥陶统、中上奥陶统海相烃源岩与石炭系—二叠系海陆过渡相、三叠系—侏罗系陆相烃源岩（梁狄刚等，2000；张水昌等，2004）。由于钻井少，岩相岩性变化大，烃源岩的品质与分布存在分歧。结合构造背景差异性分析与区域地震剖面追踪，目前可以明确的台盆区有效烃源岩主要为满东地区中下寒武统与下奥陶统黑土凹组泥岩、中西部下寒武统泥岩与泥灰岩、满西中上奥陶统泥岩与泥灰岩（图 7.1）。构造作用造成烃源岩分布与变迁的差异，不同构造背景下烃源岩的发育存在明显差异（图 7.1）。

（一）弱伸展台间盆地相烃源岩

结合新的钻探与地震资料分析，满东地区在寒武纪板内弱伸展的背景上，形成处于罗西台地与满西台地之间的台间盆地（图 2.16），属于克拉通内拗陷，并非拗拉槽，也不是克拉通边缘拗陷，满东下寒武统—下奥陶统并非都是有效烃源岩。

中下寒武统在满东盆地相区塔东 1、塔东 2 井钻遇优质泥岩及泥灰岩烃源岩，TOC 分布在 2.5%～5.52%，有机质类型属Ⅰ～Ⅱ型，有机质成熟度（VRE）为 1.7%～2.84%。但泥页岩品质明显优于碳酸盐岩，有些比较纯的碳酸盐岩甚至是差—非烃源岩，需要区分开（图 7.2）。烃源岩中泥质含量越高，烃源岩有机质丰度越高，而纯净碳酸盐岩有机碳含量一般都很低，很少为有效烃源岩。

地化分析表明（图 7.2），塔东地区从下寒武统向上寒武统，碳酸盐岩含量逐渐增高、岩性逐渐变纯，测井 GR 值则是逐渐降低，烃源岩主要分布在中下寒武统泥岩段。下寒武统为盆地相灰色、黑灰色含硅泥岩夹泥质灰岩、灰质泥岩，中寒武统碳酸盐岩含量明显增高、烃源岩品质降低。上寒武统—下奥陶统突尔沙克群是灰色灰岩及泥灰岩不

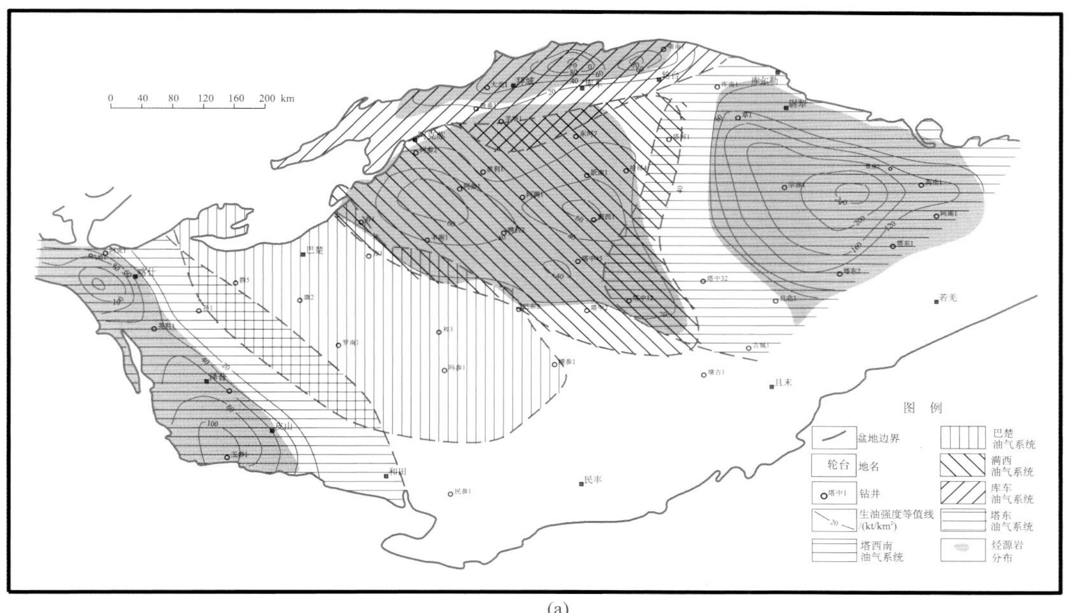

(a)

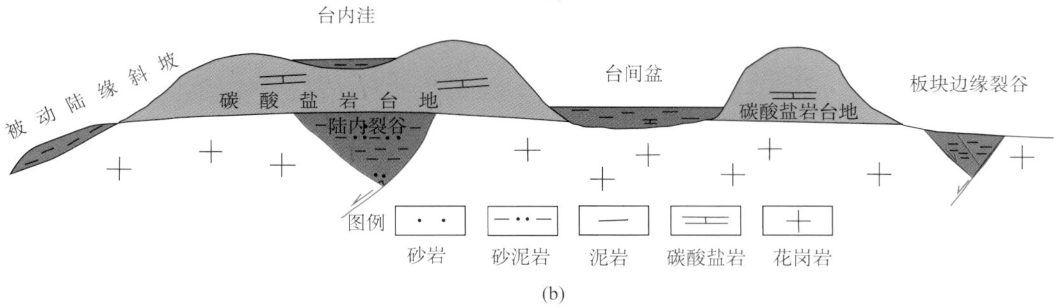

(b)

图 7.1 塔里木盆地含油气系统划分图 (a) 与烃源岩发育模式图 (b)

等厚互层，上部夹少量灰质泥岩，向东北部米兰 1 井区白云岩含量增高。整体以斜坡相碳酸盐岩为主，表明盆地泥岩相出现更大范围的收缩，向上呈水体变浅、暗色有机相减少的趋势。结合测井资料，塔东地区以中下寒武与下奥陶统黑土凹组暗色泥岩为主要烃源岩，巨厚上寒武统—下奥陶统突尔沙克群碳酸盐岩为非-差烃源岩，有效厚度在 80～150m，并非此前预测的超过 300m。

（二）挤压背景下台间盆地相烃源岩

1. 满西台间盆地相烃源岩

早奥陶世末，东西分异的台盆沉积格局转变为南北分带的构造格局，塔南-塔中广大地区抬升，塔中隆起形成，塔北隆起也初见雏形。中上奥陶统沉积时沿古隆起形成近东西向的台地，在台间的满西-阿瓦提凹陷形成闭塞的海湾静水沉积，有利于烃源岩的发育，尤其是中奥陶统一间房组缓慢沉积期间有利于有机质的发育与保存。

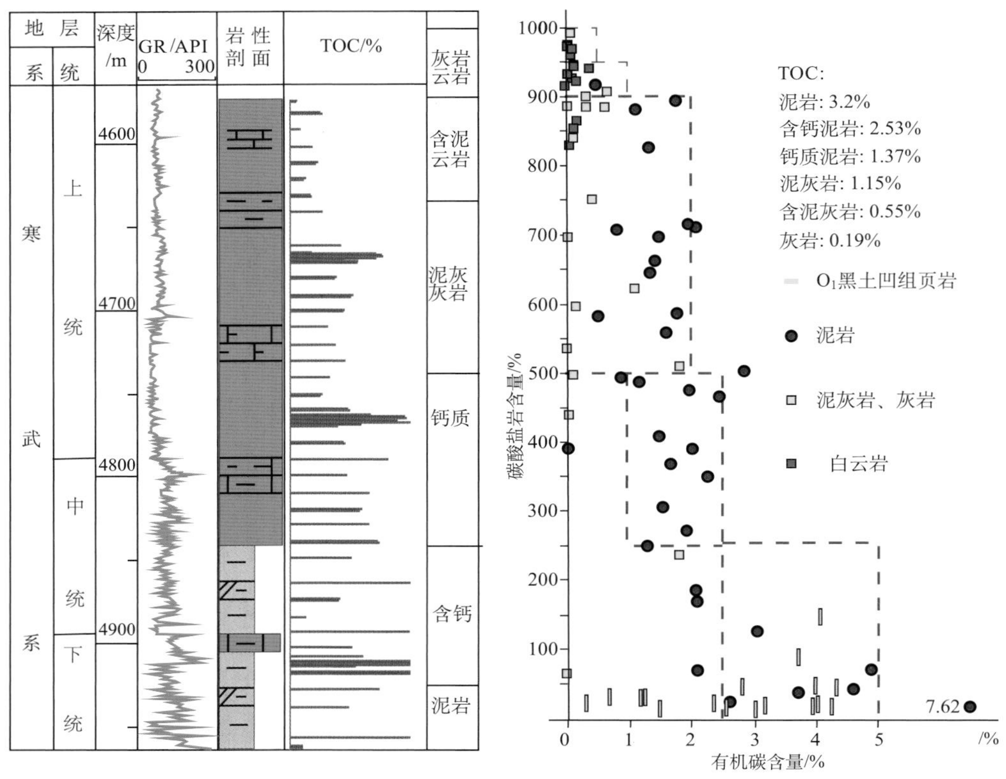

图 7.2　塔东 2 井寒武系柱状图及 TOC 与泥质含量关系（肖中尧等，2003，有修改）

目前已在柯坪地区中奥陶统萨尔干组发现优质烃源岩，满西塔中 29 井已揭示有一间房组烃源岩的发育。萨尔干组烃源岩为半闭塞-闭塞欠补偿陆缘海湾相的页岩夹泥质泥晶灰岩，TOC 一般为 0.56%～2.78%，平均为 1.56%。表明在中奥陶统期间塔里木盆地具有优质烃源岩发育的古生态环境，在闭塞的满西—阿瓦提静水内陆海湾中很可能广泛发育厚度不大、丰度很高的优质烃源岩（图 7.1）。预测这套烃源岩的分布面积达 $3\times10^4 km^2$，其生烃潜力巨大。

晚奥陶世良里塔格组沉积时发生广泛海侵，塔中开始发育陡坡型台地边缘，满西则相变为深水泥岩。塔中良里塔格组台内洼地已发现烃源岩（梁狄刚等，2000），满西凹陷水体更为安静，可能形成比塔中地区更好的有效烃源岩。

2. 却尔却克组盆地相烃源岩

塔里木盆地塔东地区发育巨厚的中上奥陶统却尔却克组泥岩，前期认为烃源岩不发育。通过近期钻井系统取样分析，在罗西 1、英东 2 和米兰 1 等井却尔却克组泥岩中 TOC 高于 0.5%的厚度可能达 100m（王成林等，2011）。塔东 1 等井浊流发育区为非烃源岩，而缺少浊流影响的盆地相泥岩可能发育烃源岩。通过井震标定，区域追踪却尔却克组烃源岩有利分布面积达 $5\times10^4 km^2$。油源对比表明，龙口 1 井志留系原油与中上奥陶统源岩生标特征很相似，塔东地区可能存在来自却尔却克组烃源岩的油气。

塘参1、和田1、玛402等井系统取样分析表明，塘古拗陷也可能存在中上奥陶统烃源岩。塘参1奥陶系134个岩心样品有约20%的样品TOC在0.2%～0.5%，最高为1.24%。但奥陶系泥岩热解生烃潜量低，大多生烃潜力S_1+S_2低于0.5mg/g。分析其原始母质类型以Ⅱ型为主，现今仍然处于成熟-高成熟阶段。

中上奥陶统却尔却克组泥岩在盆地内广泛分布，可能形成局部烃源岩发育区，这套中等成熟度烃源岩的油气资源潜力值得重视与深入评价。

（三）台地相烃源岩

塔里木盆地台盆区大多研究认为发育寒武统—下奥陶统、中上奥陶统两套烃源岩，几乎全区分布、厚度巨大，但实际勘探表明不同区块烃源岩及其生烃潜力相差甚远，台内洼地的中上奥陶统烃源岩与蒸发潟湖相寒武系烃源岩大规模、广泛供烃值得商榷。

1. 西部台地区寒武系烃源岩

普遍的观点认为中下寒武统烃源岩广泛发育，前期研究方1井TOC≥0.5%烃源岩厚度达195m。通过重新复查，不同年度、不同实验室、不同样品类型（岩心和岩屑）的井下样品TOC数据相差较大（表7.1），可见岩屑样地化分析的局限性，同时也表明烃源岩层段岩性不纯，有机相与烃源岩丰度有较大的变化。

表7.1　和4、方1井寒武系烃源岩分析结果对比

岩性	江汉石油管理局勘探开发研究院实验室			塔指实验室（江汉石油学院）			相差倍数
	最小值	最大值	平均值	最小值	最大值	平均值	
泥岩	0.18	0.54	0.35	0.17	1.55	0.72	2.1
灰岩	0.03	0.81	0.25	0.01	2.14	0.87	3.5

柯坪露头下寒武统玉尔吐斯组有机质丰度高达7%～14%，但源岩的厚度仅8～35m，而且为斜坡相暗色泥岩。钻井对比与地震追踪表明，向盆地内部，玉尔吐斯组斜坡相暗色泥岩向南部塔西南古隆起逐渐减薄尖灭。下寒武统肖尔布拉克组为巨厚的碳酸盐岩，在露头是大套纯净的块状白云岩，新取样与复查表明井下也为台地相厚层白云岩，是下寒武统的主要储层段，为非-差烃源岩。和4井底部相当玉尔吐斯组层位的仅20m的高GR（自然伽马）值泥岩段（图7.3），上部都是极低GR值碳酸盐岩，岩心取样TOC都很低，缺少烃源岩。上部吾松格尔组碳酸盐岩泥质含量增加，局部可能有烃源岩，主要分布在台内凹陷区。从区域背景分析，下寒武统是向塔中、塔西南基底古隆起超覆沉积，在古隆起高部位的塔参1井、温参1井、同1井等烃源岩均不发育。因此可见，露头寒武系有效烃源岩厚度很小，井下下寒武统台地相巨厚白云岩成为有效烃源岩值得怀疑。

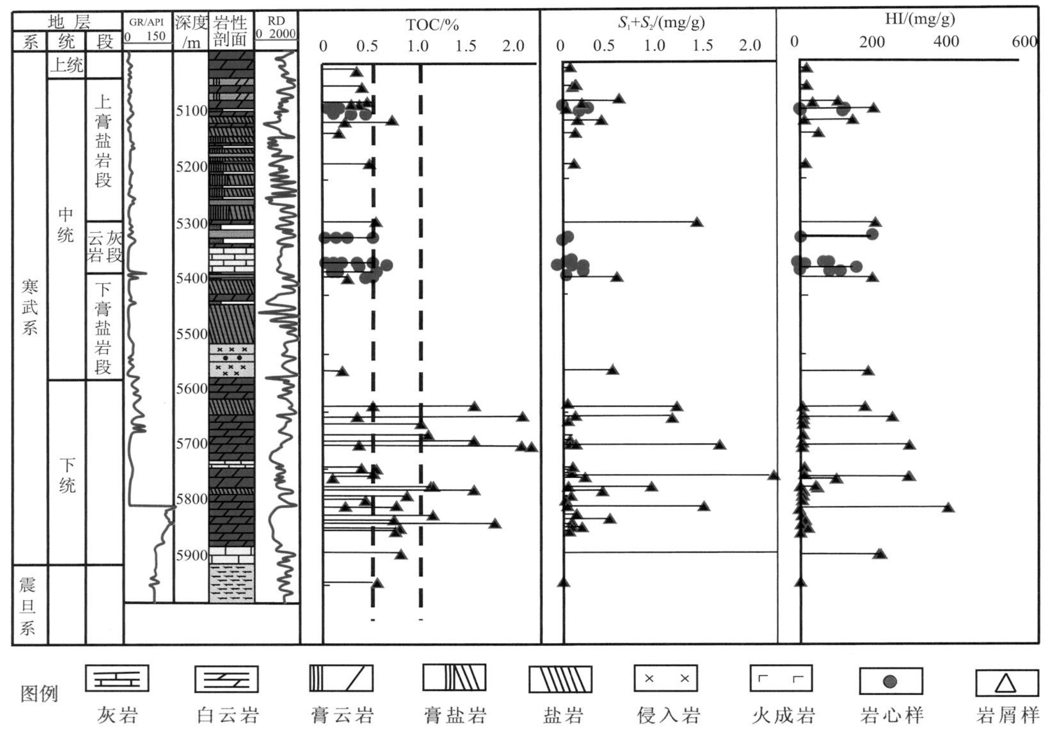

图 7.3　和 4 井地化综合剖面

中寒武统盐间是一套纯灰岩，测井与录井解释暗色泥岩极少，局部高 GR 段也很少。分析中寒武世缺乏陆源，而且台地稳定发育，内部缺少内源泥质沉积，以薄层灰岩、白云岩、膏盐岩等与盐膏层互层为主，有机质含量低，TOC 一般低于 0.2%（图 7.3）。处于潟湖中部的和 4 井与边缘的塔参 1 井中寒武统膏盐岩段都没有好的烃源岩发育。露头也是一套红色台地相灰岩，缺少层状发育的优质烃源岩。

上寒武统—下奥陶统在盆地中西部为巨厚的台地相碳酸盐岩，尽管有很多探井钻遇，但未发现有高丰度的烃源岩分布，已得到广泛共识。

综合分析，在塔里木盆地西部寒武—下奥陶统碳酸盐岩台地相区难以广泛发育大面积巨厚烃源岩。下寒武统玉尔吐斯组为分布面积较广泛、厚度较小的优质烃源岩，肖尔布拉克组厚层状白云岩缺少烃源岩，上部吾松格尔组可能存在局部烃源岩；而中寒武统蒸发潟湖相缺少有机质，可能仅在泥质含量较高的局部地区烃源岩发育。

2. 良里塔格组台内洼地烃源岩

“九五”期间在塔中北坡上奥陶统良里塔格组发现优质烃源岩，烃源岩主要是台内斜坡灰泥丘相的泥质泥晶灰岩与宏观藻灰质泥岩，目前正处于生油高峰期。而近年来良里塔格组钻井很多，未发现大面积烃源岩分布。由于塔中北斜坡良里塔格组沉积时台缘礁滩体规模不大，并未形成良好阻隔，台内潟湖与广海连通较好，海平面相对升降频繁，造成上奥陶统礁滩体沉积旋回变化大、单层厚度薄，台内洼地岩性的纵、横向变化也很频繁，烃源岩发育横向变迁大、纵向不连续，井间烃源岩小层难以对比，没有全区稳定发育的烃源岩层段。

在巴楚和塔北地区，钻井所揭示的该套烃源岩厚度减薄，有机质含量也明显低于塔中地区。塔北南缘中上奥陶统一间房组、良里塔格组也有大量钻井，也是一套台地边缘—台内的灰岩为主，地化资料分析有机质含量低，缺乏有效烃源岩。

晚奥陶世塔里木盆地处于活动大陆边缘，构造活动加强，上奥陶统振荡沉降造成良里塔格组沉积变化大，可能仅有局部台内洼地零星分布的烃源岩。台内洼地泥质烃源岩厚度薄，分布局限，生烃潜力有限。

（四）被动大陆边缘与陆内裂谷烃源岩

1. 被动大陆边缘烃源岩

被动大陆边缘的斜坡相带往往是优质烃源岩发育区（梁狄刚等，2000），塔里木板块边缘构造活动强烈，早期的被动大陆边缘已被破坏，或是卷入造山带，目前烃源岩的研究主要集中在板块内部。

区域构造背景研究表明，塔里木板块南缘早寒武世—早奥陶世受古昆仑洋的扩张，长期处于伸展构造背景（图 2.16、图 2.18 和图 2.21），形成宽缓的斜坡-海盆结构。在早中寒武世区域有机相发育的背景下，南部被动大陆边缘斜坡是烃源岩发育的有利部位。通过区域构造解释与成图，在塔西南古隆起南部地震剖面上，发现中下寒武统向南快速加厚（图 2.6(c)和图 3.9），一直延伸至西昆仑山前，表明板块南缘存在大面积的中下寒武统分布。板块南缘被动大陆边缘斜坡中下寒武统稳定而广泛的沉积，有利于形成优质烃源岩发育区，可能是塔西南古隆起油气的重要来源，油源对比也表明和田河气田的原油来自寒武系烃源岩（邬光辉等，2012b）。

通过井震标定进行区域追踪，塔里木盆地西部中下寒武统烃源岩主要分布在塔西南-塔中隆起的北部台内洼地区的阿瓦提-满西地区，在塔西南古隆起南部可能残存部分被动大陆边缘斜坡相的烃源岩，面积达 $3.2\times10^4 km^2$。

2. 晚元古代裂谷

裂谷盆地一般发育良好的烃源岩，塔里木盆地新元古代裂谷体系的发育可能形成完整的生储盖组合，具有成盆、成烃条件。塔东南华系特瑞爱肯组下部发育一套厚逾 100m 的黑灰色—深灰色泥质烃源岩，暗色泥页岩 TOC 为 0.32%～1.63%，平均值为 0.99%。盆地内部也发现南华纪深断陷（图 2.3），可能发育优质的烃源岩。震旦系白云岩储层广泛分布，其顶面具有广泛的不整合发育，可能形成优质的白云岩岩溶储层。寒武系底部的泥岩、泥灰岩既是优质烃源岩，也是良好的盖层，在区域上形成一套潜在的生储盖组合。

综上所述，构造格局的形成演化对烃源岩的发育具有重要的控制作用，形成不同类型与特征的烃源岩。受构造差异影响，塔里木盆地烃源岩分布分区、分层性明显。塔里木盆地并非满盆都有寒武系烃源岩，沿基底古隆起周缘凹陷分布下寒武统烃源岩。中寒武统、下奥陶统主要分布在满东台盆区，厚度都不大。中晚奥陶世古隆起之间的静水海湾控制了满西中上奥陶统烃源岩的分布，可能是高丰度、成熟度适中、成藏匹配的有效烃源岩。台地相区塔中斜坡、轮南-哈拉哈塘地区中上奥陶统烃源岩仅在台内丘间洼地局限存在，资源潜力有限。中晚奥陶世却尔却克组中下部可能发育盆地相烃源岩，有待进一步研究。塔里木盆地台盆区烃源岩主要发育在板内伸展背景下的中下寒武统与早奥陶世台间盆地相泥岩、挤压背景下的中上奥陶统台间盆地相泥岩、泥灰岩中。

二、构造作用与生烃演化的差异性

（一）构造沉降差异性控制生烃模式

烃源岩的生烃史与盆地的构造沉降史密切相关，塔里木盆地不同区带、不同时期的构造沉降史差异明显，形成多种类型的生烃模式。

1. 早期深埋衰竭型

满东凹陷经历寒武纪—早奥陶世缓慢沉降，沉积厚度一般在800m内，发育优质的盆地相泥页岩烃源岩。中晚奥陶世受阿尔金地区的强烈挤压，形成板内挠曲沉降，中上奥陶统快速沉降充填后，寒武系烃源岩底面迅速埋深至6000m以下，寒武系与下奥陶统烃源岩层快速升温，在较短的地质时期内达到过成熟演化阶段（图7.4，满东1井）。随后进入振荡沉降阶段，凹陷中部仍然缓慢沉降与深埋，生烃已衰竭。

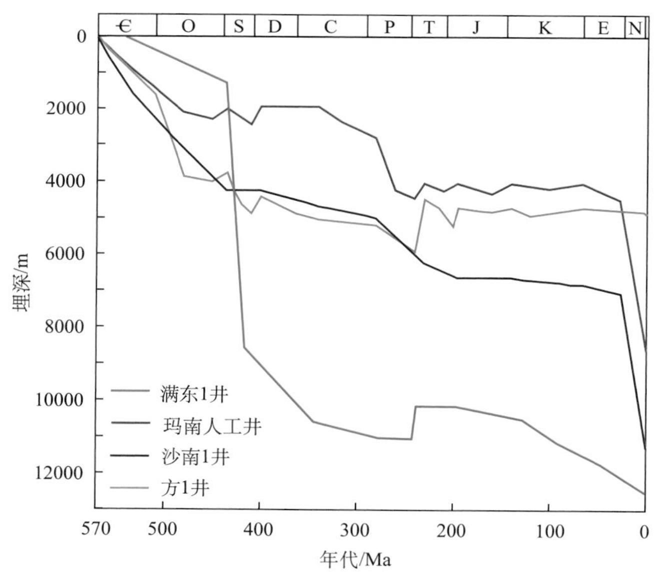

图7.4 塔里木盆地典型井埋藏史

因此可见，该类型沉降作用下，烃源岩快速进入生气高峰期，并步入生烃衰竭期，虽然后期可能仍有少量的天然气生成，但作用甚微。

2. 间断生烃型

当烃源岩深埋到一定深度，进入生烃门限生成一定数量油气后，随即出现地层的抬升剥蚀，生烃停滞。随着后期的沉积充填，深埋过程中超过原有的地温，烃源岩成熟度超过早期，出现再次生烃。

塔西南古隆起周缘在奥陶纪末期进入生烃门限（图 7.4，玛南人工井），其后由于抬升剥蚀与古地温降低，生烃基本停滞，一直持续到二叠纪。二叠纪异常热事件与深埋造成寒武系烃源岩进入生烃高峰期，其后发生大量的抬升剥蚀。直至喜马拉雅晚期，新生代更厚的构造沉降，地温超过早期阶段，经历长期的间断后，烃源岩可能再次生气。

3. 早期生烃-晚期抬升停滞型

烃源岩经历早期生烃阶段后，发生抬升形成隆起区，经历了剧烈的构造抬升，并遭受强烈的地层剥蚀，晚期再埋藏也未达到原有的热演化程度，出现生烃的停滞。在晚期抬升强烈的塔东隆起区、巴楚隆起、柯坪断隆等地区都是早期生烃、晚期抬升停滞的区域（图 7.4，方 1 井）。

塔东隆起区寒武系与下奥陶统烃源岩层温度从中上奥陶统开始沉积时的 60℃ 升至奥陶纪末期的 200℃左右，在较短的地质时期内达到高演化程度。奥陶纪末的强烈抬升造成边缘隆起区烃源岩演化终止，随后一直延续到白垩纪，隆升状态始终保持，新生代隆起区再次沉降，目前寒武系烃源岩埋深尚未达到当时最大热演化程度。塔东 2 井寒武系流体包裹体均一温度分布集中区间为 170～180℃，中新生代都未达到该区间值。

4. 持续生烃型

塔里木盆地除二叠纪异常热事件外，早古生代以来地温梯度是持续降低的过程，在缓慢埋藏的过程中，烃源岩热演化是缓慢增长过程，可能长期保留在生烃门限内，形成长期持续生烃。

满西-阿瓦提地区（图 7.4，沙南 1 井），在加里东晚期开始进入生烃门限，由于缓慢埋藏，早海西期后整个塔里木盆地台盆区进入低地温梯度阶段，直至二叠纪进入快速生烃高峰期。虽然中生代为持续埋藏，但地温相对古生代是逐渐降低的，有利于烃源岩维持在相对高的演化阶段而不至于持续增温。同时，地温梯度降低可能对于凹陷区烃源岩早期生成的油起到保护作用，不至于使早期生成的油全部裂解成气及干沥青。喜马拉雅晚进入期快速深埋期，寒武系烃源岩进入高-过熟期，仍有一定的生烃潜力。

（二）二次生烃与裂解气

1. 构造振荡升降与地温退火配置有利二次生烃

二次生烃对叠合盆地油气资源与油气分布都有重要影响。研究表明塔里木盆地奥陶系海相烃源岩二次生烃的主控因素是起始成熟度（辛艳朋等，2011），起始成熟度在低成熟到成熟阶段时，二次不连续生烃过程会增加烃源岩的生烃量，使生烃潜力增加。而高成熟阶段以后，二次不连续生烃过程就会减少烃源岩的生烃量。塔里木盆地台盆区烃源岩受多旋回构造演化，经历多期复杂的构造沉降与抬升剥蚀，一般认为古老烃源岩具有二次生烃的可能（梁狄刚和贾承造，1999；赵孟军等，2003；赵文智等，2007）。

通过生烃史分析，塔里木盆地中上奥陶统烃源岩在晚海西期受异常热事件升温进入生烃门限后，随着地温梯度的快速降低，进入缓慢升温与生烃停滞期，直至喜马拉雅期才快速深埋，这套中等成熟度烃源岩的二次生烃很可观。而满东寒武系—奥陶系烃源岩加里东期就进入高-过成熟阶段，烃源岩二次生烃潜力有限。塔里木盆地西部广大地区是二次生烃的主要区域，虽然加里东晚期寒武系烃源岩已进入生烃窗，大量包裹体均一温度的峰值显示主要在晚海西期成藏。分析奥陶纪末快速深埋后，盆地进入缓慢沉降期，而且古地温是逐渐退火的过程（赵文智等，2011），在盆地西部大部分隆起与斜坡区烃源岩成熟度增长缓慢，长期位于生油窗内，生排烃量都很少。直至二叠纪火成岩活动相关的热事件与持续深埋，导致烃源岩成熟度快速升高，进入快速生排烃门限，形成大量的二次生烃。

塔里木盆地模拟获得的成藏期往往早于地化资料检测的成藏期，而且生排烃量集中在早期，但考虑到实际地下生烃迟滞与排烃动力作用，可能低估了古老烃源岩的二次生烃的资源潜力。

2. 晚期深埋原油裂解气造成碳酸盐岩“富油更富气”

近年来，塔里木盆地塔中、轮南东部奥陶系发现大量的凝析气，成为中国最大的凝析气区。天然气主要以干气为主，甲烷含量一般大于 90%，重烃含量低，天然气干燥系数多在 0.9 以上。根据塔中Ⅰ号带、轮古东天然气 $\delta^{13}C^{1}$ 和 R_o 值关系式换算出的天然气 R_o 值主体在 1.5%～2.2%，说明天然气主体进入了高-过成熟阶段，与塔中和巴楚寒武系源岩的实测等效 R_o（1.3%～2.4%）相当。塔中天然气中 H_2S 和原油中硫同位素组成在 15‰～25‰，与寒武系膏岩层石膏中的硫同位素组成接近，与奥陶系烃源岩硫同位素组成相差较大。结合生烃演化推断台盆区碳酸盐岩天然气主要来自寒武系源岩。

天然气的碳同位素组成主要反映母质类型和演化程度，不受油气运移过程的影响，是判识天然气来源的有效指标。塔里木盆地奥陶系天然气乙烷碳同位素较轻，为 −38‰～−31.5‰，主体分布在 −34‰～−32‰，属于海相腐泥型母质来源的天然气。天然气甲烷碳同位素的分析表明，塔中甲烷碳同位素一般在 −42‰～−37‰，与已知原油裂解气分布一致。轮东地区天然气甲烷碳同位素普遍较重，分布在 −34‰～36‰，介于原油裂解气与干酪根裂解气范围之间，有来自原油裂解气的贡献。

原油裂解气主要包括古油藏裂解气与分散液态烃裂解气，除巴楚隆起外，台盆区碳酸盐岩底部在喜马拉雅晚期进入深埋增温过程中，大多地区进入裂解范围，深层中下寒武统古油藏与分散液态烃大量裂解生气。越来越多的勘探实例显示深层碳酸盐岩可能保存大量的古油藏，而且多套烃源岩、广大范围碳酸盐岩致密输导层中残余的液态烃规模巨大，一旦裂解成气可能形成具有工业价值的天然气资源。

塔里木盆地下古生界海相碳酸盐岩生烃母质为Ⅰ+Ⅱ型干酪根，早期研究认为以生油为主，主要形成石油资源，油气勘探也以石油为主。由于喜马拉雅晚期塔里木盆地快速深埋，不仅台盆区寒武系—奥陶系有大量的烃源岩进入生气阶段，而且深层碳酸盐岩古油藏与分散液态烃进入原油裂解的高温深度，可以生成大量的原油裂解气，造成寒武系—奥陶系碳酸盐岩既富油、更富气的资源格局。

1989～2002年塔里木油田天然气探明地质储量不足200×10^8 m^3，2003～2010年新增天然气地质储量达4000×10^8，揭示了海相碳酸盐岩天然气勘探的巨大潜力。随着勘探的深入，天然气的发现会越来越多。早期资源评价忽视了这部分原油裂解气资源，通过初步评价，台盆区碳酸盐岩天然气资源巨大（图7.5），资源量超过石油，可能找到的储量规模也可能超过石油，值得高度重视。

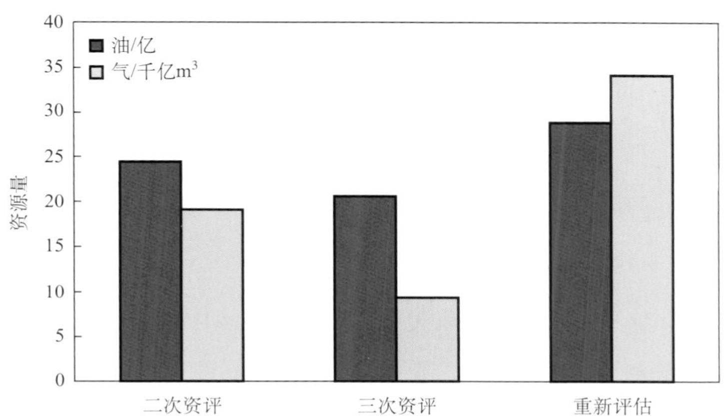

图7.5 塔里木盆地下古生界海相碳酸盐岩资源量对比

二、碳酸盐岩输导系统与油气运聚模式

受控于输导系统与储层空间分布的复杂性，碳酸盐岩油气运聚与成藏具有更明显的差异性，形成多种类型的运聚模式与油藏类型。

（一）油气输导系统

1. 油气运移动力

油气自烃源岩向储集层中的初次运移或排烃过程相当复杂，目前认为初次运移的动力主要有压实作用、水热增压作用、黏土矿物脱水作用、毛细管力作用等，微裂缝排烃作用也受到关注（查明等，2003）。构造作用对压实排烃与微裂缝排烃两个阶段都有明显的影响，压实排烃阶段，需要有一定的构造沉降使烃源岩进入生烃窗，而烃类的排出仍需要持续的构造沉降形成足够的压实作用，随着孔隙度的降低排出孔隙水与烃类（李明诚，2004）。烃源岩深埋时，压实减孔作用峰期已过，孔隙度与渗透率都很小，尤其是类似塔里木低地温梯度的克拉通盆地，压实作用对流体排出作用可能很小，排烃动力与模式可能与常规有很大不同。随着上覆地层沉降的重力作用增大、温度升高、烃类生成等因素影响，烃源岩层容易形成异常高的孔隙流体压力，可能主导初次运移。

烃类从烃源岩析出后可能有四种运移机制（Matthews，1996）：一是烃类毛细管吸力作用从低渗透源岩进入高孔渗输导层，并形成液滴或气泡；二是在输导层中主要由于浮力驱动向上运移；三是圈闭内烃类聚集形成不断增加的浮力，可能克服毛管阻力渗透进入上覆低渗透盖层；四是烃类在毛细管力的驱动下进入新的储层。李明诚（2004）根据油气在地层中流动的状态和通道将油气二次运移归纳为浮力流、渗流、扩散流和势平衡流（涌流）。浮力是常规油气藏运聚的主要动力，塔里木盆地碳酸盐岩油气藏复杂多样，可能也存在扩散流、势平衡流等多种类型的运移方式。塔里木盆地碳酸盐岩通常具有正常的压力系统，但由于强烈的非均质性，发育受缝洞体控制的封隔体，在埋藏过程中受油气充注、水热及成岩作用影响，也有出现局部高压的封隔体，当流体压力大于封隔层的破裂压力时，油气就可能以势平衡流方式涌出，如此间歇出现形成与外界有限连通。由烃浓度差产生的分子扩散流的速率比渗流要小几个数量级，但在漫长的地质时期中，可能形成积聚效应。在缺少断裂与裂缝的低渗透碳酸盐岩，地史时期扩散作用可能是油气运移的重要动力。

2. 油气输导系统

油气输导通道类型及其空间组合分布是控制油气运移与油气分布的重要因素，一般由渗透岩层、断裂裂缝系统、不整合面三要素构成，通过孔隙与裂缝双重介质组合而成。碳酸盐岩连通的渗透层为孔、洞、缝组成的储集层，输导性能主要受储层上倾方向的渗透性与连通性，以及倾斜角度的影响，具有比碎屑岩更为复杂的孔隙空间与连通性。

在非均质碳酸盐岩中储层连通性差，断裂输导作用更明显。断裂带具有复杂的结构，通常发育次级的小型断层、不同规模的裂缝带、变形带、隔层等，造成沿断裂带垂向运移及穿过断裂带的横向运移复杂多变，与断裂带的内部结构、力学性质及活动强度密切相关。断裂垂向输导作用可以通过地球化学指标判识，地化指标苯并咔唑［a］/［c］对油气的运移具有指向意义，轮南断裂带原油自下而上该指标逐渐减小，而1,8-DMCA/1、7-DMCA、1,8-DMCA/2、7-DMCA则向上逐渐增大（图7.6），表明三叠系的油是从下向上运移成藏的结果。油气组分、气油比与干燥系数等也有利于油气运移判识，轮南断裂带、桑塔木断裂带东部深层奥陶系为天然气藏，而上覆三叠系为油藏。表明晚期高成熟度天然气尚未运移到三叠系，同时也表明上部地层中断裂在喜马拉雅期封闭性较强。

致密碳酸盐岩中，裂缝可能形成油气输导的优势通道，同时裂缝的发育也造成盖层质量的下降，出现油气散失或破坏。塔里木盆地奥陶系碳酸盐岩储层成岩胶结作用强，储层连通性差，基质渗透率低，裂缝是油气运聚与调整改造的重要因素。断裂裂缝系统能成为有效的优势通道，主要原因是渗透性能远大于储层基质渗透率，岩心分析含裂缝的样品的渗透率是未含裂缝样品的2～3个数量级（图1.6）。虽然断裂-裂缝形成的输导系统分布有限，但在非均质、低渗透基质孔隙的碳酸盐岩中是油气运移的主体通道。

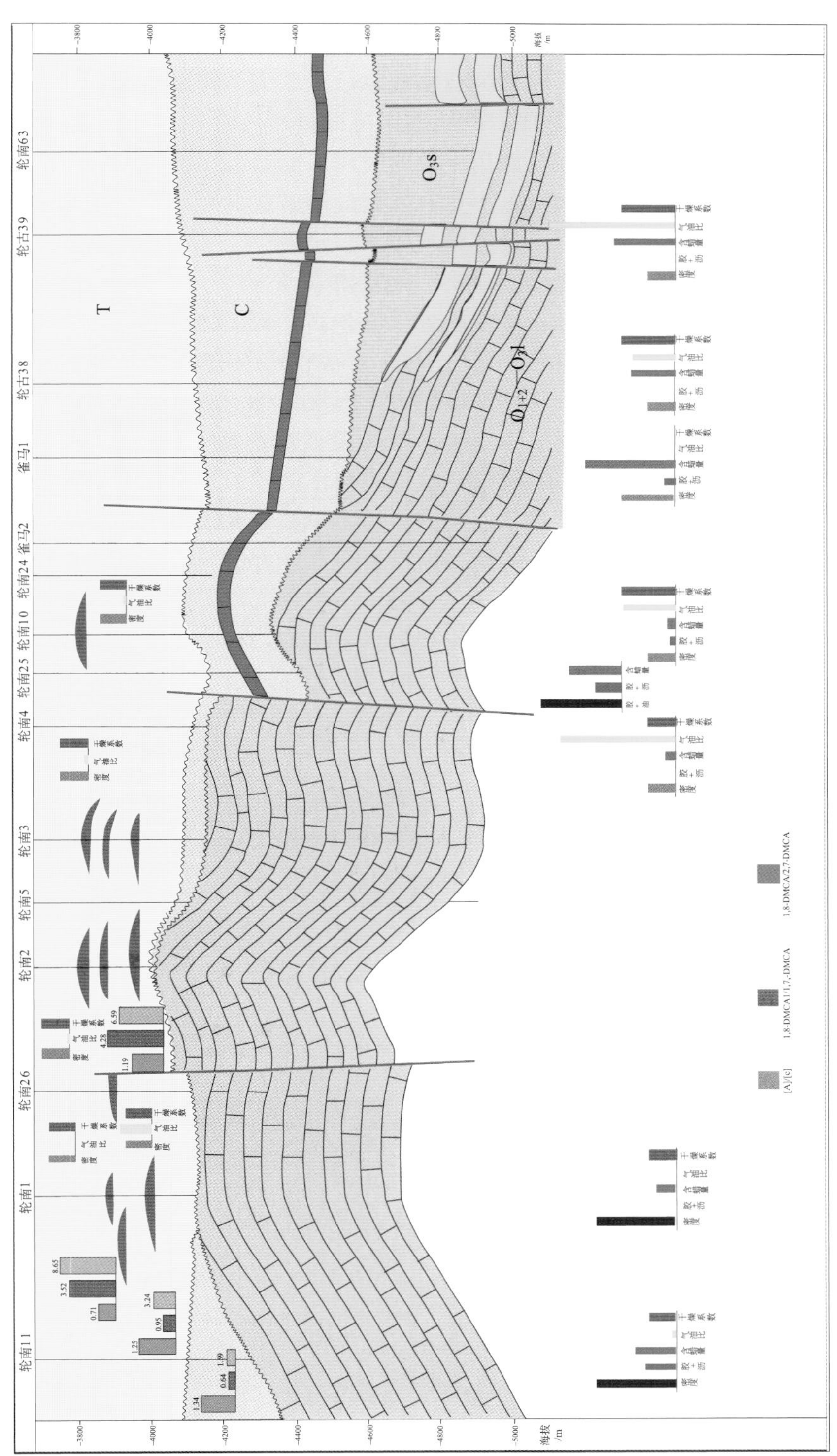

图 7.6 轮南油气垂向运移示踪剖面图

利用达西公式计算浮力作用下的均质断裂带石油运移速度在 1km/(10^5～10^6a)，天然气运移速度在 1km/(10^3～10^4a)，主要受控于断层的渗透率（李明诚，2004）。尽管地下实际油气运移影响因素很多，但能反映油气运移成藏过程的大体时限，油气的运移成藏大约在 1～10Ma 完成。古老碳酸盐岩成岩胶结作用更为强烈，输导系统非均质性极强，渗流作用更差，运移速度更低，可能要经历更长的时间才能达到平衡。

不整合是油气侧向运移的主要通道，不整合发育的同时造成隆起区与拗陷区构造高差的增大，油气沿不整合向古隆起方向运移效应增大（查明等，2003）。不整合面的倾角及交汇叠置程度控制油气的运移速度、距离、规模和富集程度，不整合的倾角越大，油气运移的速度与距离越大。不整合面交汇叠置程度越高，聚油强度越高。不整合三元结构特征造成油气运移与遮挡的多样性（图 7.7），岩溶作用发育与非均质性强烈的碳酸盐岩不整合更为复杂，需要具体分析不同区段上下地层结构、岩溶发育程度、胶结充填程度等对流体的输导作用。碳酸盐岩不整合面上覆盖层中的砂砾岩是良好的渗透层，区域分布则形成良好的油气输导通道。例如，盆地中超覆沉积的东河砂岩广泛分布，油气自下部的不整合进入砂体后，沿砂岩顶面侧向运移。不整合面上不仅风化残积层、垮塌坡积体可能是良好的渗流通道，而且沉积间断面本身存在岩性与地层的转换面，不会完全封闭，也可能是良好的运移通道。即便在拗陷区不整合沉积间断时间短，上下层储层不发育，淹没不整合等类型也可能是油气输导的有利通道。在哈拉哈塘地区，油气沿一间房组顶面短暂的沉积间断面运移，形成沿一间房组上部近层状的油气分布。

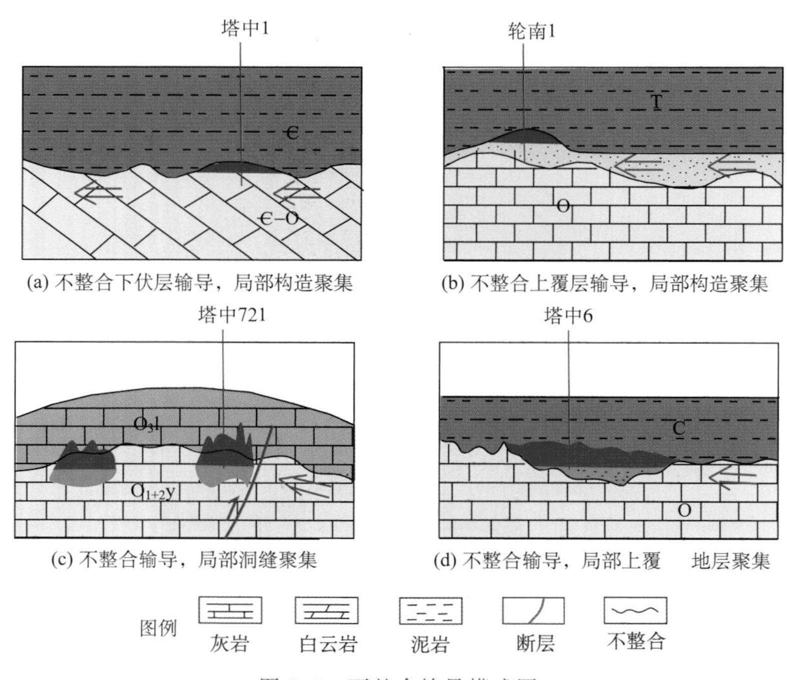

图 7.7 不整合输导模式图

3. 油气运移的路径与距离

油气运移优势通道是油气二次运移的主要方向与路线，是油气运移研究与油气区带评价的重要内容。优势通道宏观上受沉积相、构造形态控制，主要体现在沿垂直油气的等势线方向运移（李明诚，2004）。优势通道一般用油气运移关键时期目的层的古构造图描述，在缺少异常高压下，构造等高线往往与流体的等势线近似平行，垂直等高线方向就是油气运移的宏观方向。根据流体势研究，也可以通过编制流线流量图分析油气的运聚方向。

碳酸盐岩裂缝与储层空间分布的强烈非均质性造成油气运移更为复杂，构造特征的些许变化，就可能造成流线流量很大改变。一条裂缝的变化就可能影响油气运移路径的根本改变，油气的输导网络更难以准确模拟与预测。盖层的分布和几何形状对油气运移也有重要影响，在区域性泥页岩、膏盐岩之下，油气在浮力作用下沿输导层顶面向上倾方向运移。由于碳酸盐岩输导层具有强烈的非均质性，地层平缓，在碳酸盐岩内幕盖层条件差的区段，油气在浮力作用下容易沿断裂、裂缝垂向运移，而且盖层横向上的变化也会造成油气运移的分散。

油气运移的距离不仅与烃源岩生烃规模有关，而且与运移通道密切相关。由于油气运移也是油气大量散失的过程，一般商业性油气田的垂向运移距离小于5km，横向运移距离大多小于30km（李明诚，2004）。塔里木盆地下古生界海相碳酸盐岩发育多组方向的断裂裂缝，为油气远距离运移提供了便利。在纵向上断裂与多期不整合面形成向上多层段的油气聚集，目前塔深1井在8000m以下见油气显示。大量的地化证据表明碳酸盐岩天然气主要来源于原油裂解气，在现今的低地温场中，原油裂解至少应在8000m以下，原油的保存可达9000m。已证实是原油裂解气的和田河气田高部位埋深在1500m左右，以原油裂解气转化率达20%进入大量排烃期的8500m推算，垂向上油气运移高差超过7000m。侧向上，由于寒武系烃源岩的边界范围目前难以准确确定，不能根据油气田的位置直接判断。但塔参1井钻探表明塔中东部缺失下寒武统烃源岩，塔中1井高成熟的天然气气源来自西部或塔中Ⅰ号带以北，推算侧向运移距离大于30km；轮古东地区晚期天然气自东向西运移，影响的侧向范围大约40km。塔东古城地区发现过成熟的天然气，古城6井钻探分析是原油裂解气，推算来自北部8000m以下的台缘斜坡区，运移距离达50km。轮南—塔河探明超过10×10^{8}t级的大油田，依据生油量与聚集量之间关系的均衡算法估计，则生烃中心距离油田距离可达100km。虽然实际应用中需要考虑更多的因素，但也反映轮南—塔河大油田需要大面积的烃源岩供烃，存在长距离运移。

由此可见，塔里木盆地碳酸盐岩油气平面运移距离远、纵向运移距离大，可能与复杂的油气输导系统有关。

（二）断裂封闭性

1. 断裂封闭性控制因素

对断层相关的油气运聚成藏而言，断裂的封闭性是核心问题。断层一般认为是油气垂向运移的优势通道，但是断裂的力学性质、断层要素、空间几何形态等都会对油气运移产生影响。油气垂向运移不仅需要断裂带内部不连续构造的纵向渗透输导，同时断层两侧储层也要有封堵，断裂的封闭性是形成断裂遮挡油气圈闭的主控因素。泥岩涂抹因子（shale smear factor，SSF）与断层泥岩比（shale gouge ratio，SGR）是比较流行的断层封闭性评价的定量参数（Yielding et al.，1997；吕延防和付广，2002）。SSF 用倾斜断距与被断泥页岩厚度之比表示，该比值过大可能表明断层泥岩涂抹失效。SGR 用各层泥岩总厚与断距的比值表示，对多层砂泥岩互层剖面比较适用。碳酸盐岩地层中可用致密层段总厚度/断距来表示，虽然受非均质性与裂缝影响，但也有一定的参考作用。

断面承受应力状态是判断流体运移或遮挡的重要因素。如果断面所受为张应力，断面容易张开，有利于流体流动与溶蚀。如果断面所受应力为压应力并大于岩石的抗压强度，断面紧闭，可能形成糜棱化的断层泥，产生致密遮挡带。断层面承受的压应力主要包括上覆岩层的压应力、构造压应力、流体压应力（查明等，2003）：

$$\sigma_p = 10^{-3}(\rho_{岩} - \rho_{水})hg\cos\phi + \sigma_1 \sin\phi \sin\alpha \tag{7.1}$$

式中，σ_p 为断面压应力；σ_1 为区域水平主应力；$\rho_{岩}$、$\rho_{水}$ 为岩石与水密度；ϕ 为断面倾角；α 为主应力与断层走向夹角；h 为断面上覆地层厚度；g 为重力加速度。

一般而言，断层埋深越大，断面压应力越大，封闭性增强。但同时也改变流体压力：$P_f = f\rho_{水} gh$（f 为异常应力系数）。不考虑构造应力的情况下，σ_p 与 P_f 都随深度线性增加。在拉张背景下，断层随深度增加封闭性增强；而在挤压背景下，断层随深度增加封闭性反而降低。因此，断层的封闭性不完全随深度增大而增大，需要具体分析。塔里木克拉通挤压背景下，断裂深部以白云岩为主，开启裂缝发育，封闭性低于上覆灰岩，可能具有较好的渗流性，有利于流体的运移。

根据油气的运移方向，沿断层的封闭性包括侧向封闭与垂向封闭。断层一侧目的层的排替压力小于穿过断裂至另一盘岩层的排替压力时，断层具有封闭性，否则断裂侧向开启。当目的层排替压力小于上覆岩层断裂带的排替压力时，断裂具有垂向封闭性，否则断层开启。断层侧向与垂向封闭性能可以用所能封闭的气柱高度来表示（陈章明等，2003）。

因此，沿断裂带油气遮挡成藏或是泄漏需要考虑多方面的因素：一是断层核内部及其周缘破碎带的开启性，以及断裂带内部构造的渗透性及其阻碍烃类穿透的能力；二是断裂对接盘是否具有更高的排替压力，若两侧都是渗透层，主要取决于断裂带内部结构及其侧向渗透性，从而判断油气的侧向封堵性能。可见断裂带的垂向与侧向封闭性能都与断裂带内部构造及其渗透性能有关。

2. 塔里木盆地碳酸盐岩断裂封闭性模式

结合实际资料，塔里木盆地海相碳酸盐岩断裂的封闭性主要有碳酸盐岩-泥岩对接、碳酸盐岩-致密碳酸盐岩对接、断裂带泥岩涂抹、断裂带破碎作用、成岩胶结作用封闭五种模式。

碳酸盐岩-泥岩对接封闭：碳酸盐岩断裂上升盘与下降盘的泥岩或致密碳酸盐岩对接，形成低渗透层的遮挡封闭。在塔里木盆地宽缓的斜坡区，由于碳酸盐岩非均质性，这种类型的断层封闭是普遍现象。例如，牙哈 7X-1 寒武系白云岩油藏为断块圈闭，白云岩储层侧向与中生界泥岩对接，形成良好的断层封闭。

碳酸盐岩-致密碳酸盐岩对接封闭：即使在碳酸盐岩对接条件下，在深层未活动的碳酸盐岩断裂带，受区域构造挤压或垂向压应力作用，也可能形成致密碳酸盐岩遮挡封闭。例如，塔中 82 井位于断裂带的下降盘，尽管奥陶系碳酸盐岩局部构造圈闭不发育，断层下盘碳酸盐岩与上盘致密碳酸盐岩储层形成侧向封堵，其上倾方向的断裂起到封堵作用，钻遇良里塔格组缝洞体储层获得高产油气流。

断裂带泥岩涂抹封闭：在同生断裂带通过泥岩涂抹造成断裂封闭是常见现象，在碳酸盐岩断裂带也可能形成泥质下渗，在断层破碎带与断面形成泥质封堵。由于碳酸盐岩断面往往受溶蚀与裂缝作用不平整，泥质充填不完全，泥岩涂抹没有砂泥岩中普遍。在露头区偶见上覆地层垮塌进入碳酸盐岩断裂带的泥质，受揉皱挤压作用形成局部区段泥岩涂抹，可能形成较好的侧向封堵。

断裂带破碎作用封闭：受断裂带碎裂作用，在具有较宽断层核的断裂带，碎裂岩、角砾岩与细粒的砂、泥质混合形成断层泥，经历深埋胶结作用，可能造成致密的低渗透带，从而使断裂带具有较高毛细管突破压力，形成断层岩封堵。断层岩的封闭性与其中裂缝的发育与充填状况、断层岩的破碎程度及排列组合有关。在柯坪露头见压扭性断层核充填致密的断层角砾、碎裂岩，形成的致密断层岩缺乏孔渗性能，具有封堵作用。

成岩胶结作用封闭：碳酸盐岩断裂带在后期埋藏过程中，更容易为碳酸盐岩胶结充填。塔里木盆地古老碳酸盐岩经历漫长的成岩演化，沿断裂带的裂缝、孔洞具有多期胶结作用，在缺少油气保存的区段大部分孔隙消失。缺失后期构造活动时，可能形成致密封堵带。哈拉哈塘奥陶系碳酸盐岩油气井多分布在断裂周围，早期断裂、裂缝停止活动，岩心见裂缝存在多期的方解石胶结，可能影响断裂的封闭性。

含油气盆地地下断裂带具有复杂的三维结构与形成演化过程，断层的封闭性评价难以用单一的方法进行准确描述。除断层的性质、产状、埋深，以及断面承受应力分析、断裂带内部构造研究进行定性判断分析外，断层活动期与油气运移期的配置关系也有重要指示作用，一般在断裂活动期断裂具有较高的开启性，尤其是纵向上的渗流性能加强，对油气起输导或破坏作用。例如，志留纪塔中断裂的活动与油气运移成藏同期，沿断裂带形成广泛分布的沥青砂岩，断裂起开启破坏作用。而在断裂停止活动期，断裂带具有较强的封闭性，对油气运聚起遮挡作用。在喜马拉雅晚期天然气大量注入期，塔中北斜坡走滑断裂处于长期活动停滞期，断裂带奥陶系碳酸盐岩发生广泛的天然气充注，但未向上突破上奥陶统桑塔木组泥岩进入志留系与石炭系，断裂上部具有封闭性。总之，由于断裂带的复杂性，断层的封闭性研究需要结合多种资料进行综合分析。

（三）油气运聚模式

在塔里木盆地巨厚碳酸盐岩中，由于断裂、不整合与渗透岩层的空间组合差异，大多油气运聚成藏是由三者组成的复杂输导系统，形成多种类型的油气运聚模式（图 7.8）。

类型	成藏模式	特征	实例
断裂输导垂向运聚 A	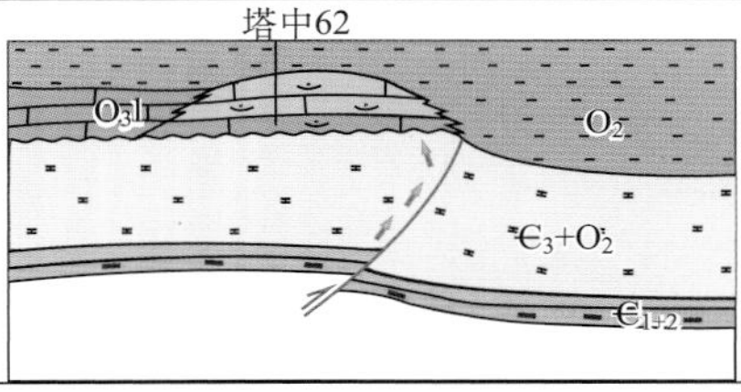 塔中62 O_3l O_2 $Є_3+O_2$ $Є_{1+2}$	基底卷入断裂沟通油源，既是油源断裂也是输导断裂，垂向输导运聚，断裂上方邻近有利圈闭聚集成藏	塔中24井区
不整合输导侧向运聚 B	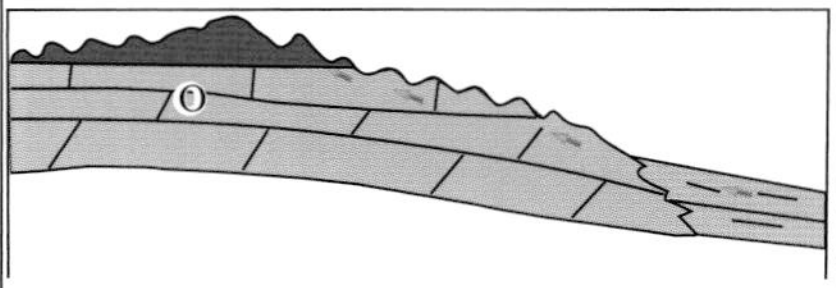 O	不整合紧邻烃源岩，油气侧向输导沿不整合面运移至邻近的缝洞体储层聚集成藏	轮南东
储层输导侧向运聚 C	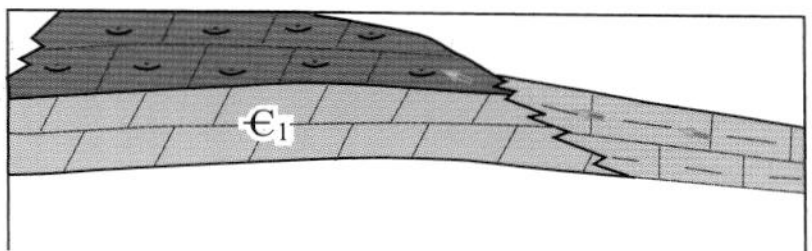 $Є_1$	储层紧邻烃源岩，生成油气侧向或垂向沟通输导，油气沿输导渗透层运移至邻近的有效圈闭，侧向聚集成藏	古城4
断裂-不整合输导侧向运聚 D	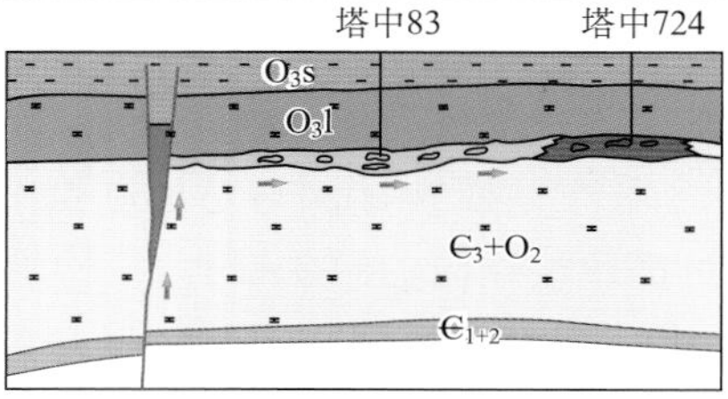 塔中83 塔中724 O_3s O_3l $Є_3+O_2$ $Є_{1+2}$	沟通油源断裂垂向输导，连接不整合面侧向运移，在上倾方向有利圈闭中形成油气藏，沿不整合面近层状分布	塔中鹰山组 轮南潜山
不整合-断裂输导垂向运聚 E	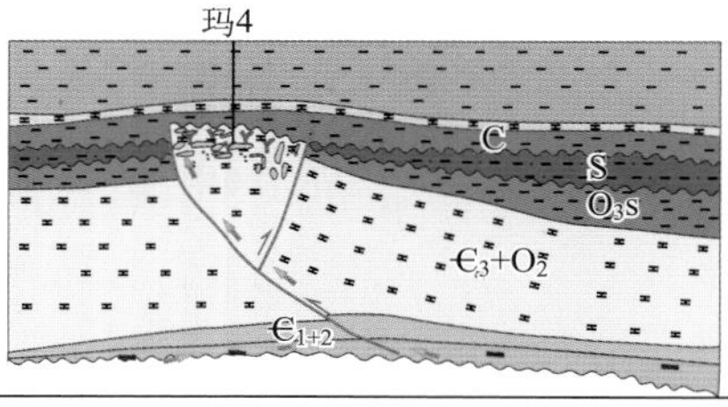 玛4 C S O_3s $Є_3+O_2$ $Є_{1+2}$	油气沿不整合向上倾方向侧向运移，断裂发育区垂向沟通与输导，在断裂顶面油气充注成藏	和田河气田
断裂-不整合-储层联合输导运聚 F	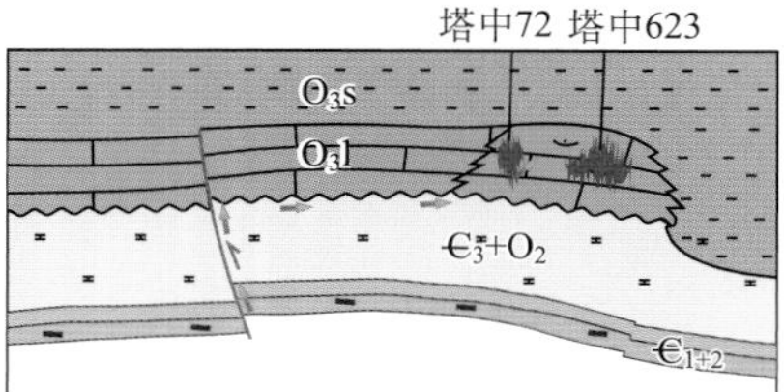 塔中72 塔中623 O_3s O_3l $Є_3+O_2$ $Є_{1+2}$	油源断裂垂向沟通与输导，不整合面横向运移，储层输导向上倾方向圈闭聚集成藏	塔中台缘带中部

图 7.8　塔里木盆地下古生界碳酸盐岩运聚模式

断裂是盆地中重要的输导系统，致密海相碳酸盐岩中更为重要，塔里木盆地碳酸盐岩广泛发育不同级别、不同规模的断裂，对油气的输导具有重要作用。断裂输导垂向运聚成藏模式在盆地中比较常见，断裂直接沟通烃源岩，油气通过断裂垂向输导向上运移，在邻近断裂的不同层段的有效圈闭中都可能形成油气的聚集。

碳酸盐岩顶面广泛发育风化壳之外，内部也发育不同级别的不整合，不整合输导也是普遍存在，由于不整合通常位于不同层位碳酸盐岩顶部，单一的不整合侧向输导成藏模式很少，仅分布在邻近烃源岩的局部不整合部位。不整合面可能形成良好的区域输导通道，发生较大距离的侧向运移，进入运移通道附近的圈闭中聚集成藏。

塔里木盆地海相烃源岩以台间盆地相为主，上覆多为泥岩，其间夹碳酸盐岩储层也极少，储层输导多发生在邻近烃源岩的侧向的碳酸盐岩台地边缘礁滩体中，或是下伏的碳酸盐岩储层。烃源岩进入大量生排烃后，如果断裂较少，上覆巨厚泥岩时，侧向的台缘带礁滩体是有利的二次运移通道，油气进入台缘带后多通过储层侧向运移，在紧邻礁滩体中聚集成藏，如古城寒武系台缘带礁滩体油气藏。或是再通过断裂输导向上运移，形成储层侧向输导-断裂垂向输导的组合模式。

不整合的输导通常以断裂垂向沟通油气源，向上通过不整合面侧向运移，形成断裂-不整合输导侧向运聚成藏模式。轮南潜山、塔中鹰山组油气藏主要是这种类型，风化壳发育一系列的缝洞体储层，上覆致密盖层，油气从断裂带深部垂向运移上来后，沿不整合面向上倾方向侧向运移，在一系列缝洞体储层中聚集成藏，形成大面积的风化壳油气藏。不整合面既是重要的输导通道，同时局部区段也能形成圈闭，沿不整合面上下可能形成多种类型的油气藏（图 7.7）。不整合面上覆超覆沉积的砂砾岩容易沿古隆起或古构造周缘形成超覆型圈闭，在局部构造带也可能形成背斜、断背斜型圈闭，或是古地貌高上发育披覆背斜。例如，塔中 6 凝析气藏［图 7.7(d)］，以不整合面为输导层，在不整合上倾方向地层圈闭成藏，形成不整合面之上成藏。上覆碳酸盐岩局部储层发育时，油气也会沿不整合面向上运移形成缝洞型油气藏或岩性油气藏。碳酸盐岩不整合之下成藏是主要的类型，油气沿不整合面区域运移过程中，在局部缝洞体上倾方向有致密层封堵时，可能沿缝洞体聚集成藏。

油气沿不整合运移，在断裂发育区可能形成向上的输导，在上覆地层中运聚成藏，形成不整合-断裂输导垂向聚集成藏的模式。例如和田河气田油气沿奥陶系风化壳侧向运移，进入玛扎塔格断裂带后，向上运移至断块之上的潜山背斜。如果不整合输导通道上覆有储层发育，可能形成不整合面上下联合成藏，如塔中 72 井区鹰山组风化壳之上的良里塔格组底部也有储层，形成统一的油气藏。虽然碳酸盐岩基质物性低，在大面积碳酸盐岩缝洞体储层油气充注中输导作用也是不可忽视的，碳酸盐岩通常是断裂、不整合与储层三者联合组成的输导体系，形成空间复杂的运移成藏系统。通常是构造活动强烈的高部位地层超覆、削截、局部构造圈闭形成上覆碎屑岩油气藏，斜坡区沿不整合形成碳酸盐岩风化壳、礁滩体油气藏。

第二节 碳酸盐岩油气藏的构造改造作用

多旋回叠合盆地通常具有多期成藏演化的过程，油气藏形成后往往经历各种作用的调整改造，以致破坏的多重效应，油气藏的保存与调整破坏作用是石油地质研究的重要环节，也是薄弱环节。

一、油气藏构造改造作用分类特征

（一）构造改造作用分类

油气藏形成之后的地史过程中因构造运动而导致圈闭条件、地下水文地质条件、温压条件等的改变，使流体特征、储层物性参数、盖层封闭条件、圈闭条件等油气藏构成因素发生变化，造成原油气藏烃类的再运移与调整、保存与散失以及烃类性质的演变（陈章明等，2003），可以统称为油气藏的改造作用。油气藏的原始状态在地史时期是很短暂的，油气藏一旦形成就开始进入油气的散失、调整、改造直至破坏的过程，成藏期后时间越长遭受的破坏程度越大，统计表明油田的中值年龄低于35Ma，世界75%以上油藏是在最近75Ma内形成的（Miller，1992；Macgregor，1996），天然气散失更快。因此可见，如果缺乏晚期的油气充注，前新生代古油气藏很少能保留至今。塔里木盆地已发现较多的古油藏，具有其自身的特殊性，与其后期的调整与改造作用密切相关。

油气藏形成后发生的变化，既可能是油气藏的调整、改造、甚至破坏或消失，也可能是油气藏物理性质的变化，油气藏演变呈现出流体的再运移或油气物理性质的变化两种现象（陈章明，2003）。构造作用是油气藏调整破坏的主要因素，构造作用引起的断裂作用、抬升剥蚀作用、水力冲刷作用、热事件等都可能导致油气藏的重大变化。Macgregor（1996）将油藏破坏作用分为三类：垂向泄漏、侧向渗漏和成分变化，并细分为断层泄漏、剥蚀、超压导致盖层封闭无效、圈闭倾斜、水动力冲洗、气洗、生物降解与水洗、裂解八小类。窦立荣和王一刚（2003）将构造的改造作用划分为断裂作用、挤压作用和翘倾作用三大类。除裂缝或毛管渗漏外，沉积压实作用、储层两相流体流动性、应力和岩石破裂的关系等都可能造成烃类的泄漏，油气扩散进入盖层孔隙，也可能形成盖层油润湿通道并促进泄漏。根据塔里木盆地碳酸盐岩油气藏形成演化与构造作用关系，可以分为构造隆升作用、断裂作用、热力作用三大类，进一步分为八种类型（表7.2）。

表7.2 构造改造油气藏分类

	类型	改造方式	改造作用	实例
构造隆升作用类	盖层改造破坏型	盖层减薄、压力变化、水力作用	剥蚀、降解、水洗	塔中25、塔东2、塔中724
	构造倾斜改造型	圈闭倾斜、盖层失效、水力作用	溢出、水洗、渗漏、降解	轮古15、轮南23
	褶皱变动改造型	圈闭减小、盖层变化、压力变化	溢出、渗漏、扩散	英买1、英买2

续表

	类型	改造方式	改造作用	实例
断裂作用类	断裂切割破坏型	圈闭破坏、盖层失效、水力作用	溢出、渗漏、水洗与降解	牙哈7、塔中17
	断裂再活动改造型	圈闭变化、水力作用、压力变化	溢出、水洗	塔中4、轮南1
	断裂封闭性调整型	成岩作用、应力改变、裂缝作用	渗漏、溢出、扩散	塔中4-7-38
热作用类	高温热活动破坏型	火成岩侵入、热烘烤、热液作用	破坏、高温蚀变、渗漏	塔中45、古城4、古董2
	油藏沉降裂解型	升温裂解	气化、散失	塔中62

（二）构造隆升作用

与构造隆升相关的地质作用和事件较多，这些事件对油气运聚调整与改造破坏密切相关（李明诚，2004）（表7.3），对油气藏具有不同程度的改造作用。根据构造抬升作用的特征进一步可以分为盖层改造破坏型、构造倾斜改造型、褶皱变动改造型三种类型。

表7.3 盆地隆升阶段发生的石油地质作用和事件（李明诚，2004，略改）

作用与事件	发生的原因	对油气运聚的影响
沉积负荷减少	沉积作用停滞或地层遭受剥蚀	岩石中的应力和流体压力都相应减少
表生成岩作用	剥蚀和淋滤，发生溶蚀和垮塌充填	局部次生缝洞有利于油气的运聚
封盖作用减弱	部分盖层可能因隆升遭受剥蚀，应力松弛造成封盖能力减弱	盖层遭受破坏导致油气的大量散失
水热作用消失	由于地温降低，流体发生相应的收缩	流体转变是异常低压的重要原因
流体异常低压	由于岩石回弹，孔隙流体收缩，天然气扩散、外部流体不能及时补充	水溶气析出、吸附气解析、微裂隙闭合，形成低压油气藏
岩石的应变	应力释放松弛，差异应力变大产生剪切破裂，剥蚀厚度大时产生张性破裂	在致密地层中的裂隙是油气运移的主要通道，并形成裂缝型储层
重力水流	地表水下渗，形成由上往下的向心流	改造与破坏油气藏，也可形成水动力圈闭
后期构造作用	隆升过程中可产生褶皱和断裂	提供油气运移的通道和聚集场所
水洗和降解	圈闭遭受破坏，盖层封闭性差，地表水侵入	油气的轻组分消耗，形成重油或遭受破坏

1. 盖层改造破坏型

构造隆升主要影响盖层，盖层条件是影响油气藏改造的直接因素。区域盖层与局部盖层、直接盖层与间接盖层都在不同程度上影响油气的分布与保存，宏观上受控于盖层的岩性与岩相、厚度与埋深、成岩作用等（陈章明，2003）。海相碳酸盐岩以蒸发岩、泥页岩为主要盖层。一般而言，20m 以上的蒸发岩或泥页岩作直接盖层足以盖住很高油柱的油气藏，塔里木盆地台盆区海相碳酸盐岩具有石炭系泥岩、中上奥陶统泥岩、中寒武统蒸发岩三套广泛分布区域盖层，厚度均超过 100m。中生界与志留系泥岩在局部风化壳也形成良好的盖层。致密碳酸盐岩盖层也可以形成大油气田，如塔中中下奥陶统鹰山组油气田以上奥陶统良里塔格组致密灰岩为盖层。盖层封闭机理研究一般认为主要有毛细管封闭、压力封闭、烃浓度封闭三种主要机理（陈章明等，2003；赵孟军等，2003）。目前塔里木盆地油气勘探目的层远离油气源，盖层评价主要涉及前两种机理，碳酸盐岩构造抬升过程中对盖层的改造破坏主要表现为盖层厚度的减薄、压力的变化、氧化水洗造成油气的调整改造（图 7.9）。

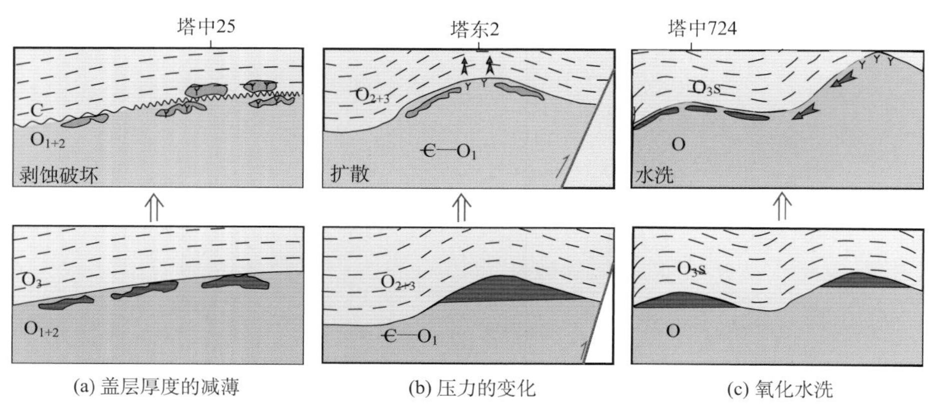

图 7.9　盖层改造破坏性碳酸盐岩油气藏模式

油气藏形成后，强烈的构造抬升可能造成盖层的剥蚀，油气藏暴露地表遭受破坏。塔中东部潜山在加里东期都有大量的油气运聚成藏过程，在早海西期由于强烈的抬升剥蚀，巨厚中上奥陶统桑塔木组泥岩-志留系都被剥掉，奥陶系碳酸盐岩风化壳直接出露地表，缝洞体中的油气藏遭受破坏，仅局部残留干沥青［图 7.9(a)］。

上覆地层遭受剥蚀后地层压力下降，盖层封盖性能也会下降，从而造成上覆盖层压力封闭能力不足，出现油气藏的散失。塔东地区塔东 2 井是典型的古油藏（张水昌，2004），寒武系碳酸盐岩储层之上覆盖巨厚的中上奥陶统泥岩，在晚加里东期—印支期剥蚀量巨大，估算在 3000m 以上，尽管残存厚度超过 1000m，但油气藏上覆盖层的地层压力急剧降低，压力封闭性能大大减弱，油气轻组分严重散失，仅残余少量稠油［图 7.9(b)］。

即使在盖层未剥蚀，压力封闭尚未降低的状况下，由于构造抬升造成油气藏被抬升接近地表时，大气淡水相关的破坏作用也可以直接影响油气藏（付广等，2000）。油气藏可能遭到地表水冲洗、氧化和菌解作用，造成油气藏的稠化与散失［图 7.9(c)］。而且随着油气藏至地表的距离减小，所受到的改造作用越强烈，破坏程度越高。

2. 构造倾斜改造型

油气藏形成之后，区域构造翘倾作用不仅可能造成盖层一侧遭受剥蚀，油气藏内部流体与应力也会失衡，造成油气的运移与调整，对油气也有明显的改造作用。

油气圈闭的倾斜会造成上倾方向溢出点向上抬升，圈闭变小，油水界面上移，导致油气向上溢出，可使油气藏受到破坏，或是油气藏向上倾方向调整与散失。轮南奥陶系潜山与上覆石炭系泥岩形成优质的区域储盖组合，在晚海西期—燕山期随着轮台断隆的不断抬升而向北翘倾，油气也随之向北调整运移，地化指标指示有明显的侧向运移迹象。同时，上倾方向盖层与侧向遮挡条件发生变化，也容易造成油气散失，从而形成翘倾调整型油气藏。

其次由于区域构造抬升，大气水直接沿不整合面向下运移，沿隆起高部位大量大气淡水注入，水动力条件作用下可能发生油气水的界面倾斜，甚至大量溢出。如果翘斜严重，导致上覆层遭受剥蚀，油藏与地表水连通，则会发生水洗和严重的生物降解作用，油气藏可能遭受破坏，形成重油和沥青砂。例如，轮南北部在晚海西期发生向北的翘倾抬升，由于临近地表水泄流作用区，油气遭受水洗基本破坏殆尽。

3. 褶皱变动改造型

含油气盆地内部构造隆升阶段常伴随褶皱作用，不但可以产生新生的背斜圈闭，而且多扩大早期的圈闭规模，同时也能造成已有油气藏的调整改造。

由于褶皱作用迁移或是掀斜，早期的油气圈闭可能变小，造成油气的溢出与调整，使油气规模变小。在有局部构造圈闭的油气藏中，即便构造倾斜未造成油气的溢出，随着上覆盖层的减薄，地表水在渗滤或循环过程中将地表的大量游离氧和细菌带入油气藏中，也可能对油气进行差异溶解作用、氧化作用和生物降解作用，使烃类的性质发生改变，造成油气藏的改变甚至破坏。例如，英买1背斜核部在晚海西期是大量油气运聚区，在印支期—燕山期由于构造翘倾抬升，造成构造东翼向东北抬升，部分油气向上溢出散失。

褶皱作用容易在油气藏轴部顶面盖层中产生裂缝系统，降低油气藏盖层的封闭性能，也能造成油气的散失或是油气向邻近的储集体中运移。褶皱作用造成顶面上覆地层减少，盖层抬升，打破早期的压力封闭系统，也容易造成油气的扩散或渗漏。

（三）断裂作用

断裂作用是改造油气藏的最主要地质因素。由于断裂带是一个开放的空间，油气在其中的流动应满足紊流规律（罗群和孙宏智，2000），断裂带引起油气的逸散与断裂带的规模、渗透性有关。断裂带规模越大，活动越强烈，断裂带内部渗流性越好，对油气藏的破坏越严重。在断裂停止活动期，可能由于断裂带的成岩作用导致渗透性变好，断裂带的排替压力降低，形成流体的通道；或是埋藏期油气藏流体压力增大，与断裂带排替压力平衡关系发生改变，也可能造成油气沿断裂带的散失。

1. 断裂切割破坏型

油气藏形成以后，由于后期新生的断裂在油气藏部位的切割，打破了原生油气藏的应力平衡（付广等，2000），油气将沿断裂带向相对低势区迅速逸散，油气藏遭破坏，严重的以致破坏整个油气藏。塔里木盆地海相碳酸盐岩在加里东晚期与晚海西期油气成藏后，发生过多期断裂活动（图 4.25），新生断裂的活动是造成油气向上运移散失的重要因素，即使派生小断层也可能比早期断裂活动破坏作用强烈。例如，塔中 10 号断裂带在奥陶纪晚期产生北西向断裂带，成为油气运聚的有利部位，奥陶系碳酸盐岩古油藏形成［图 7.10(a)］。志留纪晚期北西向走滑断裂开始发育，断裂横向切割油气藏，由于地下深处高压条件下的油气藏与上覆常压环境相连通，使油气沿纵向开启的断层通道迅速向上逸散，断裂断开位置越高、规模越大，油气藏破坏越强。

断裂抬升对油气藏的破坏作用是比较常见的一种类型。由于断裂的强烈活动，特别是断垒带，造成局部构造抬升与剥蚀，上覆地层压力下降，盖层封盖性能下降，出现油气的散失［图 7.10(b)］，甚至油气藏遭受剥蚀破坏。位于塔北隆起轴部的轮台断垒带一直是油气运聚的有利指向区，在加里东期、晚海西期有大规模的油气运聚过程，但由于晚海西期—燕山期强烈的断裂活动，沿轮台断垒带发生巨大的抬升剥蚀，寒武系以及基底地层出露地表，古油气藏剥蚀殆尽。

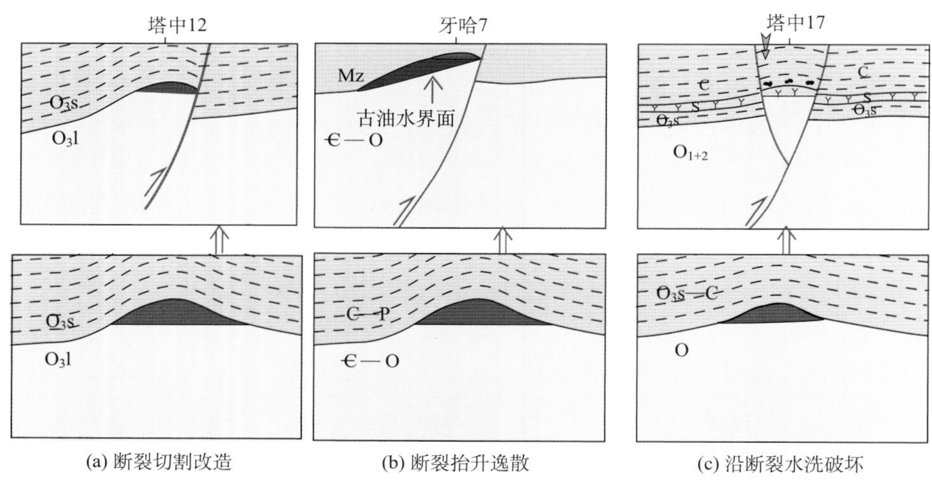

图 7.10　断裂切割破坏型油气藏模式

当断裂沟通地表时，不但油气直接溢出地表，而且沿断裂带下渗的大气淡水可能加速破坏油气藏。塔里木盆地志留系油气藏几乎完全破坏，留下大量的沥青砂岩，与断裂带大气淡水作用相关。在断裂带轴部，奥陶系碳酸盐岩顶部的古油藏残存很少，只有离开断裂带的斜坡区有较多的古油藏存在。塔中隆起中部高部位的中央断垒带经历加里东期—早海西期多期活动，在塔中 17、塔中 2 等断裂带上的钻井钻遇良好孔洞、洞穴储层，其中发育大量干沥青，为古油藏的证据。但在早海西期强烈的断裂活动过程中，古油藏顶面的盖层被剥蚀，地表水沿断裂进入古油藏，或是古油藏暴露地表遭受水洗破坏形成干沥青［图 7.10(c)］。

2. 断裂再活动改造型

断裂相关的油气藏形成后，构造薄弱带的断裂是后期构造应力集中和释放的地带，断裂可能再次活动，先期封闭的断裂极易受后期构造作用重新开启（付广等，2000）。尽管应力场变化影响断裂扩张作为油气泄漏的机制还有争议，但不可否认断裂复活造成油气的泄漏（屈泰来等，2012）。断层复活期在一定的压力差下，断层封闭性降低，油气经断裂带向上运移，部分散失，以达到新的压力平衡，形成残余油气藏［图 7.11(a)］。尤其是早期的断背斜、断鼻型等靠断裂封堵的油气藏，容易造成部分油气溢出向上方运移，出现圈闭含油气面积减小，部分油气散失。当断裂活动至地表时，也可能造成大气淡水沿断裂下渗，从而破坏原来的油气藏［图 7.11(b)］。一般早期的油藏中轻组分散失较多，油质变重，上覆层段形成的次生油气藏较轻。如果断裂发生在油气藏的边部，也可能造成下部的较重油气溢出，残余较轻的组分，但古油藏在改造过程中多经历稠化的过程。

断裂控制的油气藏形成后，由于后期断裂重新活动，油气可能沿断裂向上方储层中运移，在新的圈闭内聚集形成次生油气藏，古油气藏残余很少或遭受破坏［图 7.11(c)］。轮南、桑塔木断垒带奥陶系碳酸盐岩潜山断裂形成于晚海西期，并形成古油气藏。印支期—燕山期轮南斜坡区古油藏发生调整改造，断裂重新活动，向上断至三叠系，古油藏原有的压力平衡被打破，油气向上运移形成正常原油密度的次生油藏。奥陶系潜山仅残余少量重质油藏，整体含油性差，古油藏破坏严重。

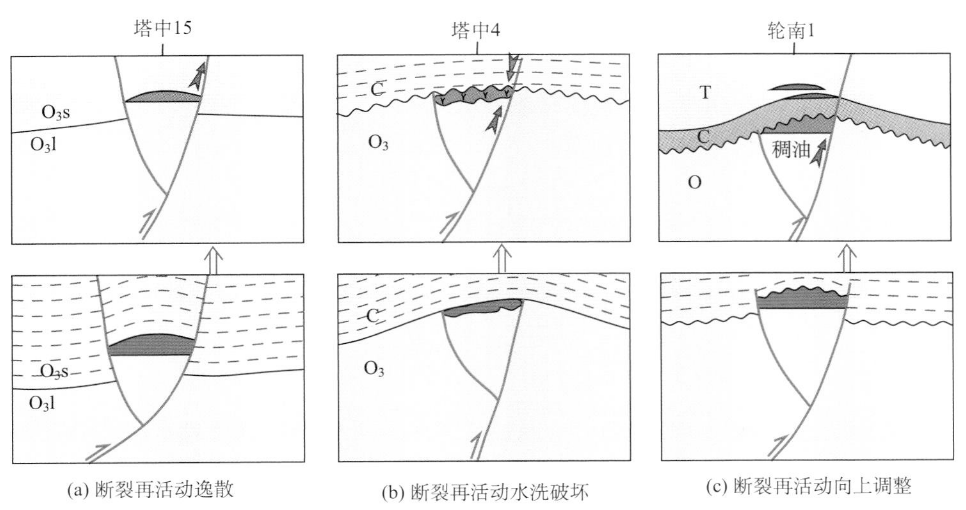

(a) 断裂再活动逸散　(b) 断裂再活动水洗破坏　(c) 断裂再活动向上调整

图 7.11　断裂再活动改造型油气藏模式

受断裂活动的作用，深部油气向上运移逸散，也可能增加上部碳酸盐岩油气的补给，从而规模增大。例如，塔中 16 断裂构造下部鹰山组风化壳古油藏受破坏残余沥青，油气向上运移至奥陶系良里塔格组顶面聚集，形成上覆碳酸盐岩油气的来源。轮深 2 井钻探揭示深部蓬莱坝组、上寒武统白云岩含有大量的沥青，深部曾经有古油藏的聚集，由于断裂的发育，造成古油气藏的调整破坏，部分向上运移至潜山顶面，增加了潜山油藏的规模。

3. 断裂封闭性调整型

断裂封闭形成油气藏后，虽然后期不再重新活动，但断层的封闭能力也会随着区域构造应力场的改变、温压条件的变化、成岩作用的差异性而发生变化。随着地质条件的变化，断裂的封闭性可能变好，也可能变差，并造成油气的散失与渗漏。研究表明（付广等，2000），造成断层封闭性变差的因素有：①地下水沿断裂带的溶解、淋滤作用造成断裂逐渐变得开启；②地应力的作用使断裂带产生裂缝，或由于地应力转向使断裂处于拉张应力状态（但并未造成断层的活动）；③由于温度、压力的变化造成断裂带的孔、渗性变化，如压溶作用使断裂带物质溶解等；④断层上下盘地层由于压实、成岩、胶结等作用使物性改变而使断层横向封闭性变差等。断层岩的研究表明断裂不能仅看作是无黏性的间断面，断层的膨胀和滑动趋势不结合岩石强度分析时，断裂封堵性评价风险很大（Faulkner et al.，2010）。通过成岩作用断层应力场也会受影响，并可能造成裂缝和伴生油气漏失。

（四）热作用类

塔里木盆地碳酸盐岩油气藏在漫长的油气运聚成藏、改造破坏过程中，经历多期的构造-热事件，以及油气藏深埋增温作用，对油气藏的改造也有很大的影响。

1. 高温热活动破坏型

盆地异常高温热事件多与岩浆活动有关，岩浆的侵入与喷发同时携带大量的高温热液流体，主要包括地幔流体、壳内重熔岩浆和深变质岩系中的变质流体等。岩浆活动时对油气藏起到明显的破坏作用，火山口、热液上升通道及其附近等可能发生热裂解、热破坏等直接破坏油气藏。热活动影响的范围越大，温度越高，对油气藏的破坏作用越强（图 7.12）。

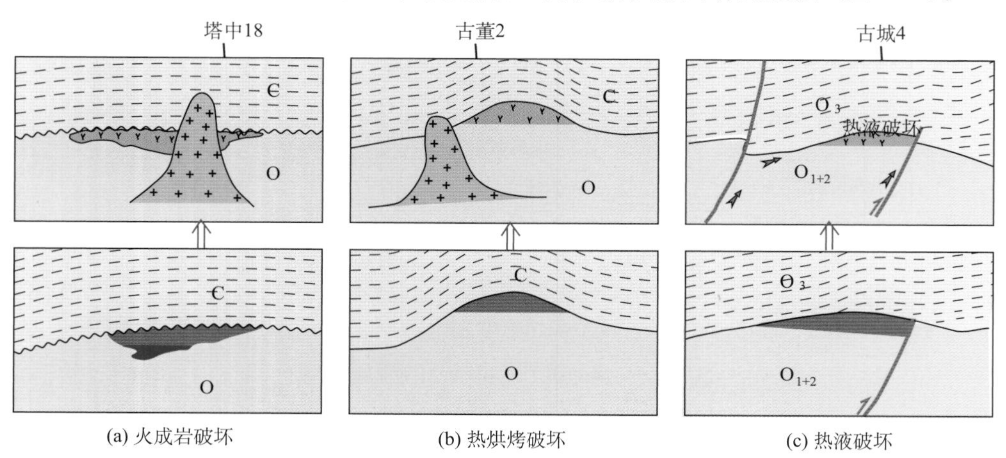

(a) 火成岩破坏　(b) 热烘烤破坏　(c) 热液破坏

图 7.12　高温热液活动破坏型油气藏模式

一是火山岩的喷发与岩墙的侵入，可能直接烧烤油气藏，破坏油气圈闭、盖层等，造成油气藏的破坏［图 7.12(a)］。在英买力地区有大片的火成岩喷发区域，古生代地层遭到强烈的破坏，早期的构造形迹已完全改变，古油气藏均被破坏。塔中 18、塔中 35 火成岩发育区，钻井不仅钻遇巨厚的火成岩，同时在夹层中见沥青发育，存在古油藏破坏的佐证。

二是大规模的地热增温活动，早二叠世塔里木盆地古地温出现异常高，达 3.5℃/100m（张水昌等，2004），可能造成油藏的裂解与调整，塔中、塔北等地区检测到大量该期的流体包裹体，表明有大规模的流体活动，具有油气藏的调整与再运移的过程，而且也有该期大量的沥青证据表明有油气的破坏作用［图 7.12(b)］。这种破坏作用一般是邻近火山口或侵入岩墙，影响范围一般不大，但破坏程度很强，破坏作用与火成岩的规模有关。在巴楚地区侵入岩墙很多，邻近火成岩的灰岩发生高温烘烤变质形成大理岩，近 500m 范围内都有热液作用影响，邻近油气藏鲜有不遭受破坏。古董 2 井在辉绿岩下部碳酸盐岩见沥青，可能是古油藏破坏的结果。

三是随岩浆活动形成高温热液，沿断裂进入可能直接破坏早期的油气藏［图 7.12(c)］。在塔里木盆地碳酸盐岩中发现大量二叠纪火成岩相关的热液活动（潘文庆等，2009），塔里木盆地塔中 45 井钻遇巨厚萤石脉充填的热液岩溶缝洞系统，萤石形成期的高温作用直接破坏油气藏，形成大量伴生的沥青，同时在萤石热液交待作用过程中也会破坏油气藏物理-化学平衡，造成油气的散失。

区域动力变质作用也会形成大面积的区域升温，而且伴随有深部热作用的影响，可能造成油气藏的破坏与调整改造。塔里木盆地沿塔东构造带发现早古生代地层存在异常高温作用，古城 4 井寒武系储层分布有大段的黑色碳质沥青充填孔洞，薄片中见大量硅质，其中沥青基本不发荧光，为古油藏破坏的产物。古城 4 井天然气中二氧化碳碳同位素为−2.7‰，属无机成因，可能为碳酸盐岩矿物高温分解的产物。流体包裹体测温均一化温度较高，其中上寒武统古油气藏储层流体包裹体均一温度可大于 200℃。研究表明，异常热事件与车尔臣活动密切相关，在加里东晚期沿车尔臣断裂带以东发生强烈区域变质作用，断裂带以西发生构造增温，形成热动力异常高温，伴随深部的热液流体注入，造成古油气藏破坏。

2. 油藏沉降裂解型

油藏形成后，构造沉降造成油藏的不断深埋，当原油达到裂解的温压后，逐渐裂解为天然气，重质碳元素形成沥青。由于形成天然气的体积急剧膨胀，油气藏地层压力增大，形成超压气藏。压力的增大与天然气分子变小，容易突破早期的缝洞体圈闭，向上运移调整，形成次生裂解气藏。塔里木盆地喜马拉雅期碳酸盐岩普遍深埋，在达到一定的临界温度时，油藏会裂解成为气藏。

塔中Ⅰ号构造带奥陶系所聚集的天然气主要为原油裂解气，为寒武系古油藏、分散液态烃在喜马拉雅晚期快速深埋过程中发生裂解，形成大量天然气向上运移到奥陶系古油藏，油气混合形成凝析气藏（图 7.13）。塔中地区深层发现越来越多的原油裂解气，表明深部古油藏与分散液态烃在晚期沉降中可能形成巨大的天然气资源。

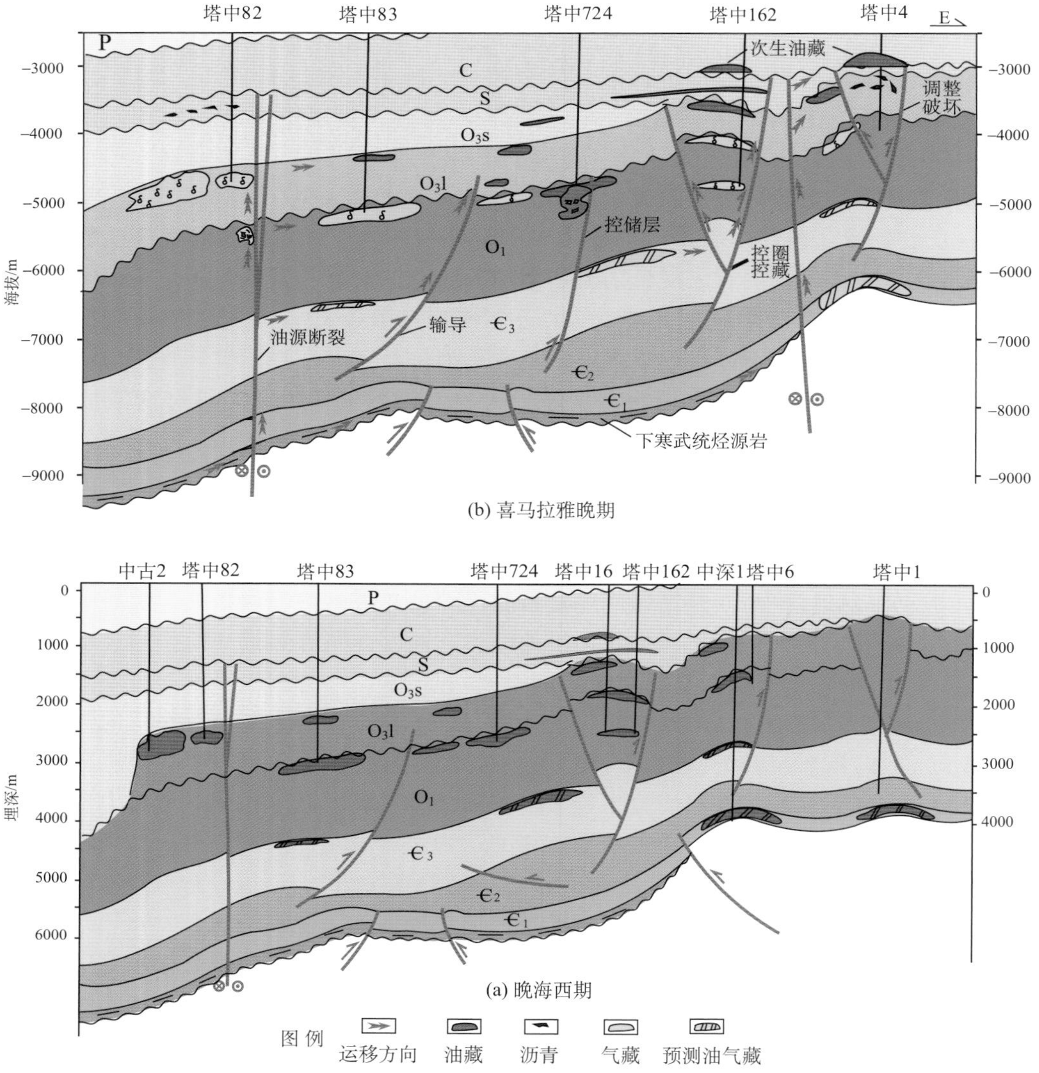

图 7.13　塔中地区海相碳酸盐岩沉降裂解模式

二、油气成藏系统的改造作用

（一）油气系统划分

含油气系统是指由有效烃源岩及其所形成的全部油气构成的油气生-运-聚系统，包括烃源岩及其相关油气成藏的地质要素和作用（Magoon and Dow，1994；赵文智等，1999；赵靖舟和李启明，2003）。含油气系统划分的关键是有效烃源岩区及其形成油气分布的范围，类似塔里木盆地多套烃源岩叠置、多期油气成藏混合的叠合盆地，同一区带往往具有多套油源的贡献，而且不同烃源岩分布与作用一直有分歧，以同一油气系统具有共同的烃源岩来划分难以实际操作（赵靖舟和李启明，2003）。

近年来，塔里木盆地油气源的分布逐渐明晰，油气混源的普遍性得到共识，对混源定量分析取得很大进展（庞雄奇等，2012）。尽管油气特征比较复杂，但塔里木盆地油气同样具有源控特征，本书以多套烃源岩叠置的生烃区及其影响的相似构造特征单元进行油气系统的划分，可以避免烃源岩认识的分歧，将相似油气来源、相近成藏作用过程的含油气区带划分到同一油气系统。多套烃源岩的差异分布与演化形成了库车、塔西南、满西、塔东、巴楚五大已证实的含油气系统（图 7.1），前两个属于前陆盆地中新生代油气系统，后三个属于克拉通古生代油气系统。

除库车、满西油气系统基本成藏地质要素比较清楚外，其他三大油气系统都有不同程度的油气发现，但勘探程度、探明率都很低，成藏条件复杂，有待深入研究。多轮油气资源评价与研究表明，五大含油气系统成藏条件具有较大的差异（表 7.4），但都有巨大的资源潜力。满西油气系统成藏条件优越，塔中、塔北古隆起长期稳定发育，经历多期的油气充注与调整，具有广泛的油气充注，受古隆起控油作用，形成多目的层含油气、既富油也富气的复式油气聚集。由于油气源来自深层，而且碳酸盐岩储层不受深度控制，除目前隆起区勘探的奥陶系外，深层白云岩、斜坡低部位—满西凹陷区都有类似的受储层控制的大面积含油气成藏条件。塔东、巴楚地区构造活动强烈，与满西油气系统有较大差异。塔东地区以寒武统—下奥陶统烃源岩为主，受控于早期深埋与强烈构造活动，在加里东晚期已进入高-过成熟阶段，以残余的古油藏与次生天然气藏为主。巴楚-麦盖提斜坡发育古生代古隆起，经历喜马拉雅期构造反转，在晚海西期具有形成类似塔中、塔北的大面积古油藏分布，喜马拉雅晚期油气藏再调整作用强烈，晚期裂解气主要沿断裂发育，储层发育与油气分布不同于塔中、塔北地区。

表 7.4　塔里木盆地含油气系统对比

油气系统	库车	满西	塔东	巴楚	塔西南
烃源岩	T、J 泥岩、碳质泥岩	ϵ_1、O_{2+3}泥岩、泥灰岩	ϵ_{1+2}、O_1 泥页岩、泥灰岩	ϵ_1、O_{2+3}、C 泥岩、泥灰岩	C—P、J 泥岩
储层	K、E、N、J 及前缘ϵ—O	ϵ—O、C—D、S、T	ϵ—O、S、J	ϵ—O、C—D	K、E、N、ϵ—O
盖层	E、N、J	ϵ_2、O_{2+3}、C、S、T	O_{2+3}、S、J	ϵ_2、O_{2+3}、C、S	E、N
圈闭	构造圈闭、非常规、地层岩性圈闭	碳酸盐岩缝洞型圈闭、地层岩性圈闭、构造圈闭	碳酸盐岩缝洞型圈闭、地层岩性圈闭	碳酸盐岩缝洞型圈闭、地层岩性圈闭、构造圈闭	构造圈闭
成藏关键期	喜马拉雅期	晚加里东期、晚海西期、喜马拉雅期	晚加里东期、喜马拉雅期	晚海西期、喜马拉雅期	喜马拉雅期
保存	山前局部破坏	早期调整破坏强	破坏严重	调整改造强	部分调整破坏

（二）油气成藏系统的改造作用

在油气系统的基础上，可以进一步划分次级的油气成藏系统，一般认为成藏系统是含油气系统内一个相对独立的油气运移-聚集系统，它与相邻成藏系统之间存在不同的油气成藏条件、成藏动力以及不同的成藏特征（赵靖舟和李启明，2003）。成藏系统相当于含油气系统下运移与聚集子系统的结合，与油气系统内由一组汇聚流线确定的，并由油气运移分隔槽与油气运移最大空间外边界圈定的可供油气聚集的三维地质单元所构成的“运聚单元”相当（赵文智等，1999）。油气成藏系统可以通过运聚方式、成藏性质、成藏动力、相态类型、充注强度等可能对成藏系统区分起主要作用的因素进行划分（郝芳等，2000；赵靖舟和李启明，2003）。由于塔里木盆地海相碳酸盐岩油气成藏与分布主要受控于多旋回构造作用的差异性，造成多期充注与油气调整改造的过程，因此根据油气运聚单元与运聚模式可以划分为不同的成藏系统。塔里木盆地海相碳酸盐岩油气成藏系统经历多种类型的构造改造作用，主要形成轮南潜山改造残余型、塔中改造-补给型、麦盖提斜坡调整迁移型三种改造成藏模式。

1. 轮南潜山改造残余型

轮南潜山地区经历多期油气成藏与改造，是古生代大规模古油藏改造残余的结果（图 7.14）。

早海西期，轮南地区遭受广泛的抬升剥蚀，上奥陶统—中泥盆统缺失，奥陶系碳酸盐岩暴露地表，发育风化壳岩溶缝洞体储层，形成奥陶系碳酸盐岩古潜山与石炭系泥岩组成的优质储盖组合。晚海西期轮南地区发生广泛的油气充注，大量检测到流体包裹体的均一温度范围在 90～110 ℃。轮南潜山奥陶系形成了大面积分布的缝洞体古油藏［图 7.14(a)］，仅在局部有断裂活动的微弱改造。

晚海西期末，塔北地区强烈隆升，轮南地区古生界地层整体北倾，二叠系和部分石炭系地层广泛剥蚀，由于构造掀斜与盖层剥蚀，北部地区发生油气的向上逸散，并遭受水洗与生物降解。轮南断垒带发生断裂活动改造作用，盖层剥蚀，局部缺失石炭系形成油气破坏的天窗，古油气藏遭受强烈破坏。沿天窗周边遭受水洗，轮南 12～34 井区为含水区。周边斜坡区发生生物降解，形成目前西部潜山区广泛分布的稠油。轮东地区为相对的构造低部分，同时有上奥陶统巨厚泥岩盖层的存在使得该区的油气遭受生物降解的程度远没潜山区块强烈，相对西部潜山区可能保存更多的早期油气［图 7.14(b)］，该区也发现大量此期的固体沥青，是该期油气藏遭受破坏的产物，表明该期也有大规模的油气调整与破坏。

印支期—燕山期，塔北轴部隆升，轮南地区古生界向北翘倾，北部邻近轮台断垒带油气进一步遭受破坏。轮南地区受断裂再活动改造，油气向上运移到中生界形成次生油气藏［图 7.14(c)］。该期以断裂调整改造为主，包裹体检测有此期的活动。

喜马拉雅晚期轮南地区快速向北倾斜，下古生界碳酸盐岩背斜隆起逐步形成。受构造倾斜改造作用，北部奥陶系碳酸盐岩缝洞体中局部发生油气的翘倾调整，以及断裂封闭性调整，轮古西油藏进一步稠化。上覆石炭系、三叠系碎屑岩整体向北倾，油气发生向南运移。由于深埋裂解作用，轮南东部发生强烈的裂解气气侵，形成凝析气区，但尚未影响至潜山主体部位。在多期多种作用下，轮南地区奥陶系碳酸盐岩形成古油藏遭受多期改造的残余重质油区［图 7.14(d)］。

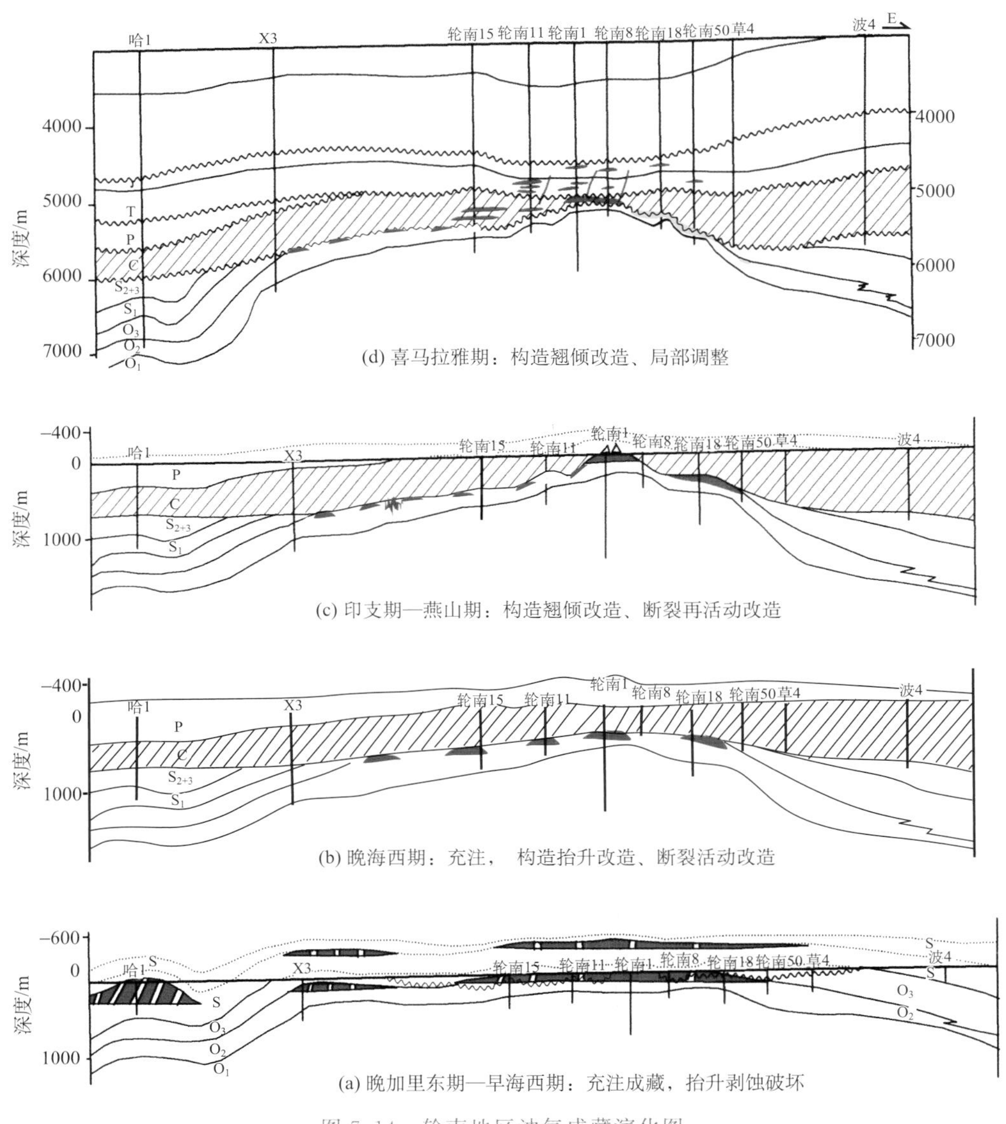

图 7.14　轮南地区油气成藏演化图

2. 塔中改造-补给型

塔中地区经历多期油气充注与调整改造，形成多期改造-补给型成藏系统（图 7.15）。

加里东晚期，随着塔中的隆升，大量的油气运移至古隆起下古生界碳酸盐岩中聚集成藏。对应流体包裹体的均一温度为 60～80℃，主要分布在 70 ℃附近。此期奥陶系碳酸盐岩储层成岩作用较弱，储层物性较好，形成大型古油藏［图 7.15(a)］。受构造隆

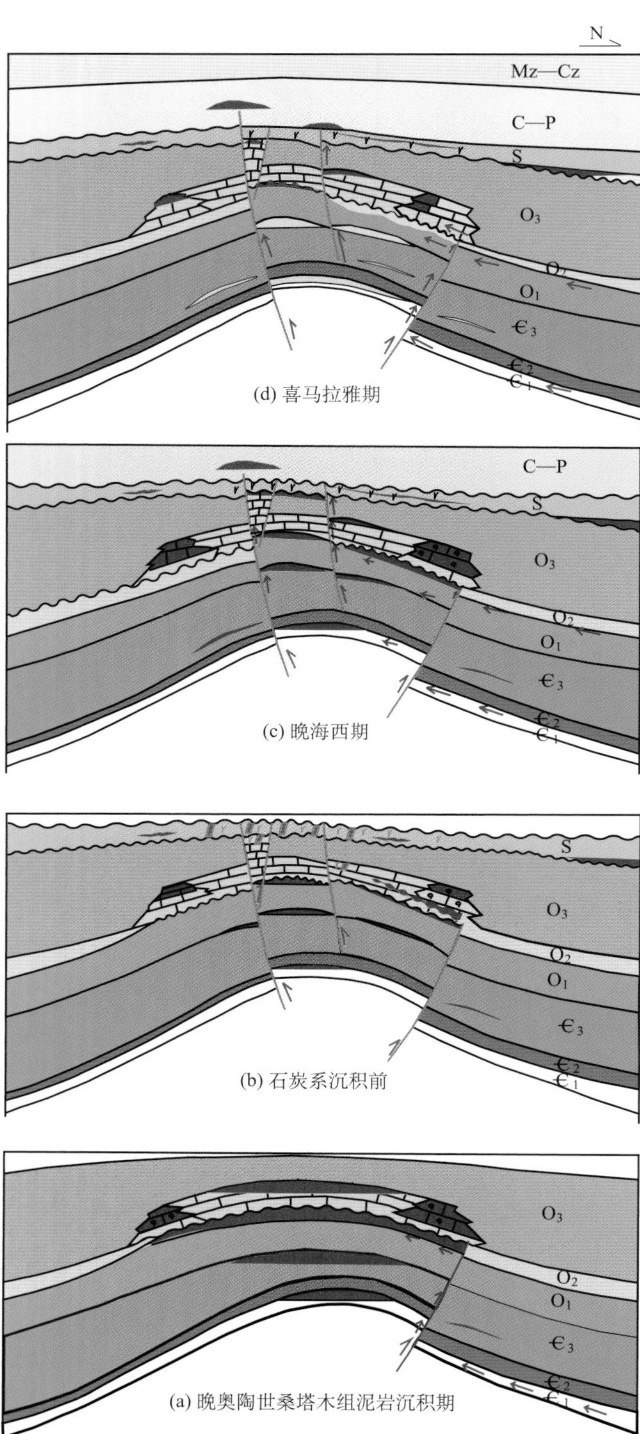

图 7.15 塔中古隆起油气成藏模式图

升造成的盖层减薄与流体压力变化，存在一定量油气的散失。在中部断裂活动区，油气藏受断裂切割改造，具有一定的破坏。

加里东末期—早海西期，塔中隆起发生大面积隆升，并向东抬升，东部石炭系直接覆盖在奥陶系之上，形成盖层改造破坏与构造倾斜改造作用。同时逆冲断裂与走滑断裂活动强烈，断裂的切割破坏，尤其是走滑断裂的改造破坏作用强烈。塔中地区碳酸盐岩古油气藏发生溢散、水洗与生物降解，主要表现为志留系沥青砂岩和奥陶系沥青灰岩，表明早期的油气藏遭受严重的破坏［图 7.15(b)］。东部以盖层剥蚀破坏型为主，早期的古油藏几乎破坏殆尽，钻井岩心见此期形成的干沥青充填缝洞。西部中上奥陶统泥岩较厚，以断裂切割改造作用为主，古油藏受构造倾斜与局部断裂切割作用，遭受生物降解与油气的溢散，局部有古油藏的残存。

海西晚期是塔中已发现海相油藏的主要形成时期，塔中地区普遍有该期的油气充注［图 7.15(c)］，大多油气藏有该期的流体包裹体存在（表 6.5），形成了塔中地区的主要油气资源基础。晚海西期—燕山期塔中地区虽然以整体沉降为主，断裂活动微弱，也有不同程度的油气调整改造作用。二叠纪火成岩活动对塔中地区也有一定影响，在火山口与热液作用区，可能形成热活动破坏油气藏，如塔中 18 井区、塔中 47 井区都有该期的沥青存在。在多期翘倾作用与隆升作用下，早期的古油藏大多发生一定量的散失，圈闭中油气充满程度明显降低。局部断裂的重新开启与再活动，可能造成油藏发生调整再成藏，油气向上运移形成次生油气藏。

喜马拉雅晚期是塔中地区大量裂解气的充注期，也是油藏的重要调整时期［图 7.15(d)］。在晚期强烈的沉降作用下，深层大量的古油藏与分散液态烃形成油型裂解气，产生大量的天然气充注，同时也有晚期烃源岩二次生烃的油气贡献，出现又一期油气充注与补给。该期最大的特点是出现气侵改造，由于输导体系的差异性、储层物性的非均质性，在气侵强烈的层段形成凝析气藏，气侵程度弱的层段仍然保持为油藏，以透镜状的形式分布于凝析气藏中。另外，部分 H_2S 含量极高的天然气沿切割中下寒武统的断裂，从富含膏盐的中下寒武统向上运移，造成油气相态与产出的复杂性。

由此可见，塔中寒武系—奥陶系碳酸盐岩经历加里东晚期、晚海西期与喜马拉雅晚期三期的油气补给，以及加里东晚期—早海西期、晚海西期—燕山期、喜马拉雅晚期等多期油气改造与调整，具有多种油气成藏模式与改造作用，形成多期改造-补给型油气成藏系统。

3. 麦盖提斜坡调整迁移型

塔西南古隆起虽然断裂活动弱，但经历多期的构造迁移作用，古隆起的演化与变迁是控制油气运聚与调整的关键因素。结合区域构造演化与生烃史分析，该区经历晚海西期成藏、喜马拉雅晚期调整与原油裂解气运聚的成藏过程，形成大规模的迁移型油气成藏系统（图 7.16）。

二叠纪晚期，塔西南-巴楚地区寒武系烃源岩 R_o 达到 1.2%～2.0%，进入生烃高峰的成熟-过成熟期，塔西南古隆起东西两端的玛南与麦西两大古构造高部位是油气运聚的最有利方向（图 3.12），高成熟烃类沿不整合面从南北方向向玛南、麦西隆起区运

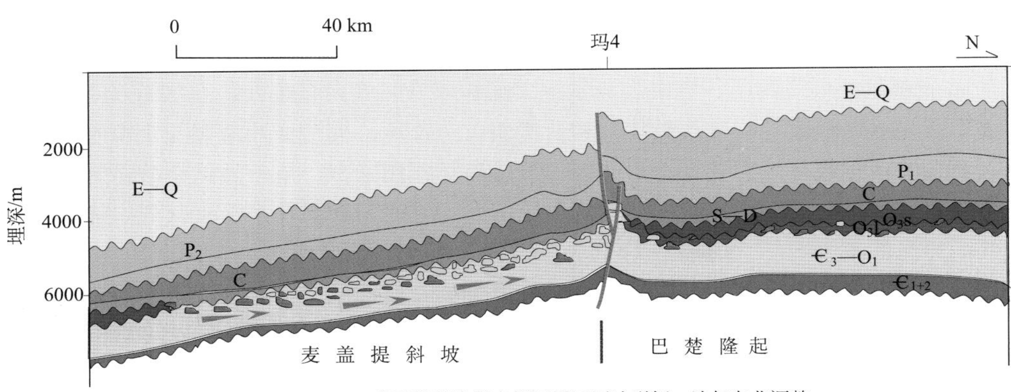

(c) 喜马拉雅晚期南部深埋区原油裂解，油气向北调整

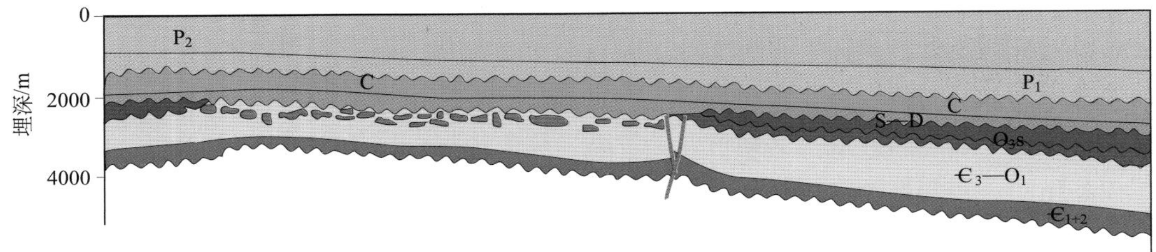

(b) 印支期—燕山期调整，北斜坡岩性圈闭富油

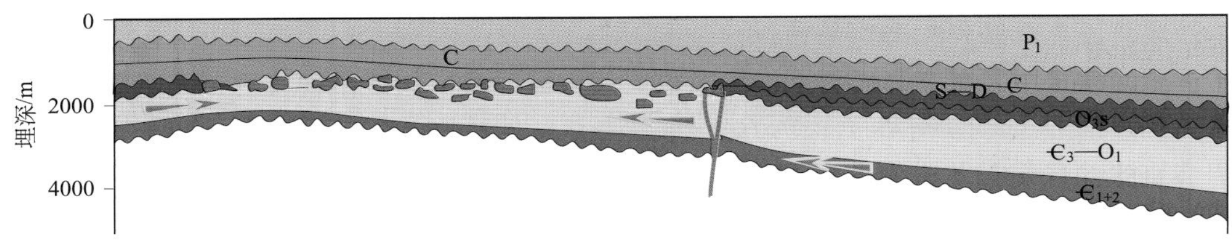

(a) 晚海西期充注形成古隆起富集

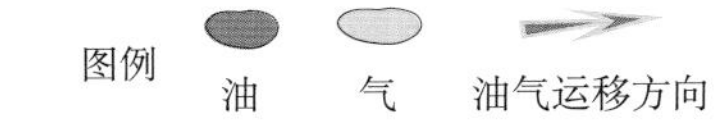

图 7.16　麦盖提斜坡油气成藏演化模式

移，形成两大古油藏富集区。该期形成的流体包裹体具有褐色或深褐色荧光，包裹体均一温度主要分布在 100～120℃，大量的烃类包裹体反映有此期运聚成藏，晚海西期大规模的油气充注奠定了该区油气资源基础。

中生代塔西南古隆起以整体升降为主，奥陶系碳酸盐岩风化壳的古构造格局并未改变，期间断裂不发育，上覆有石炭系—二叠系超过 2000m 的盖层，古油藏的保存条件优于轮南地区。由于多期构造升降与翘倾作用，存在盖层改造与构造倾斜改造作用，发生油气调整与油气散失，但可能仍有大量的古油藏保存。

新近纪早期西部古隆起区就开始向北迁移至麦盖提斜坡部位，从而造成古油藏随之迁移。巴什托普油藏检测到两期流体包裹体，是古油藏调整再聚集成藏的结果。而东部的玛南地区，由于古隆起幅度大，古近系差异沉降较小。直至新近系阿图什组沉积前古隆起仍然持续发育，古油藏向北迁移很小，阿图什组沉积之后的快速沉降造成玛南大部分地区奥陶系碳酸盐岩顶面埋深达 8000m 以上，进入原油裂解气与干酪根裂解气生成阶段，产生高-过成熟裂解气，并开始向北运移，在玛南斜坡区、玛扎塔格构造带储层发育区聚集成藏。和田河气田圈闭形成于喜马拉雅晚期，包裹体均一温度主要分布在 80～100℃，是典型的原油裂解气晚期成藏。

因此可见，麦盖提斜坡晚海西期为油气成藏关键时期，油气聚集与分布受控于古隆起的演化与变迁，晚海西期油气向南充注形成古油藏，而晚期南部深埋区裂解气与古油藏向北大规模调整迁移，形成早期成油-晚期调整与裂解聚气的运聚模式（图 7.16）。

第三节 构造改造型碳酸盐岩油气藏特性

受不同时期、不同类型构造作用的调整改造，塔里木盆地碳酸盐岩油气藏出现类型多样、流体复杂多变、多期调整改造与多种渗流机理的特性。

一、碳酸盐岩油气藏类型多样性

（一）碳酸盐岩油气藏分类

塔里木盆地海相碳酸盐岩不同油气藏特征具有明显的差异性（周新源等，2006；康玉柱，2007；杜金虎等，2010），油气水分布复杂、产量变化大，不同于孔隙型常规碎屑岩与碳酸盐岩油气藏（表 1.1）。目前从不同角度对于碳酸盐岩油气藏类型认识观点多，根据储层特征进行划分主要有两种观点：一是大型准层状油气藏（周新源等，2006）；二是众多小型的缝洞型油气藏（杜金虎，2010）。

塔里木盆地寒武系—奥陶系碳酸盐岩经历多期构造运动作用，圈闭类型丰富，发育多种类型构造圈闭，同时受控于储层非均质性，以非构造类圈闭为主。研究表明，碳酸盐岩非构造类圈闭中油气主要受储层控制，与受局部构造圈闭控制的油气藏特征完全不同，油气水分布特征及油气产出具有明显差异，可见油气藏和圈闭类型关系密切。因此，首先根据油气藏是否受局部构造圈闭控制，可分为构造类、地层岩性类，以及受双重作用控制的复合类三大类油气藏。由于各类油气藏内部还存在储层、圈闭特征等的差异，形成有差别的多种类型油气藏，在大量油气藏特征分析的基础上，根据各类油气圈闭形成的控制因素可以进一步细分为 12 种类型（图 7.17）。

（二）典型油气藏特征

1. 构造类油气藏特征

构造类油气藏受局部构造圈闭控制，储层物性好、均质性较强，与常规碎屑岩构造类油气藏相似。根据圈闭形态类型划分，塔里木盆地构造类油气藏主要存在背斜型、断背斜型和断块型三种类型。

大类		类型	剖面图	平面图	特征	实例
构造类		背斜型	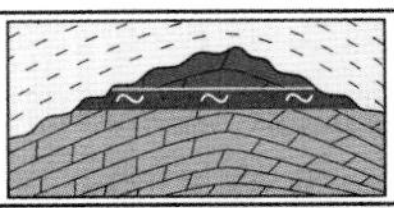	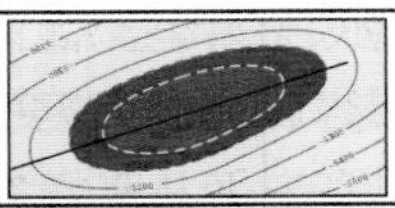	背斜圈闭，储层发育，块状底水，局部背斜控油	英买7 塔中1
		断背斜型	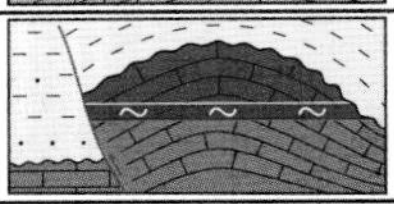	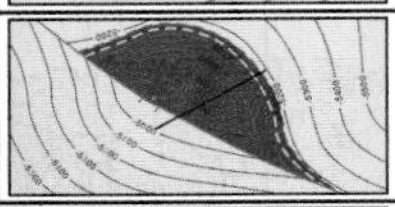	断背斜圈闭，储层发育，块状底水，局部断背斜控油	英买32
		断块型	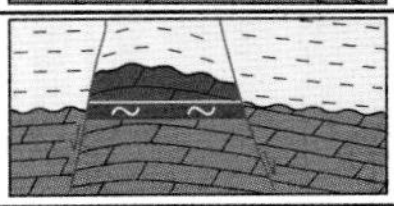	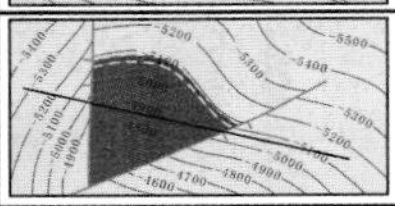	断块圈闭，断层遮挡，储层发育，块状底水，局部断块控油	牙哈7 寒武系
地层岩性类	风化壳亚类	洞穴型	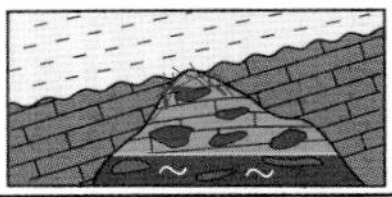	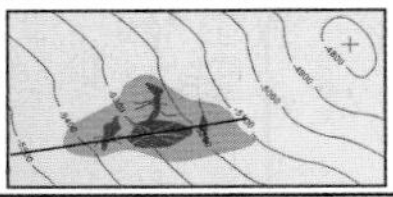	孤立的洞穴储层，储层发育，底水活跃，定容特征明显，洞穴控油	轮古7 中古8
		缝洞型	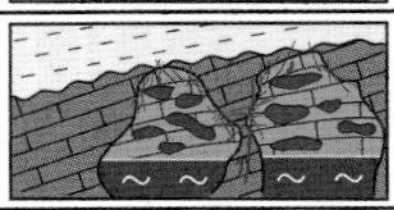	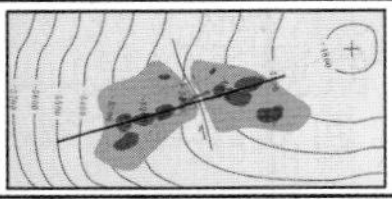	多套连通的缝洞体储层，横向变化大，流体分布不均一，油气产出不稳定	轮古101 轮古15
	礁滩亚类	台缘礁滩型	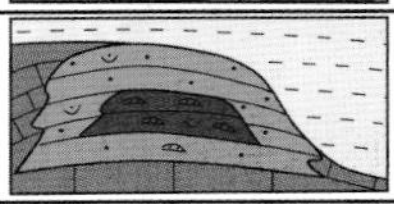	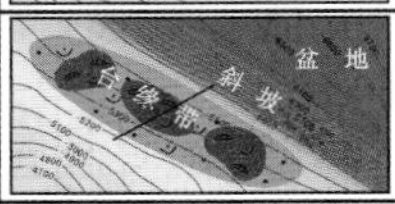	台缘礁体储层控油，孔隙发育，流体分布不均，边/底水不活跃，低产稳	塔中62
		台内滩型	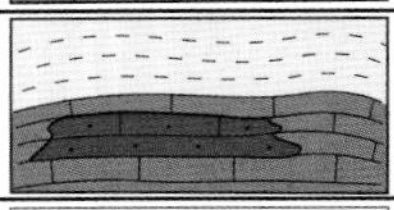	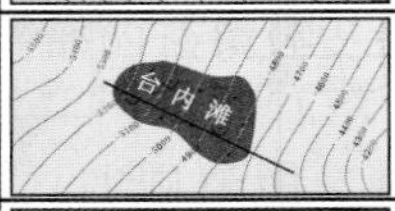	台内滩体孔隙型储层为主，低孔低渗，流体分布不均，低产	塔中12
		缝洞-礁滩型	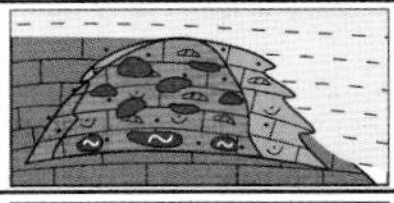	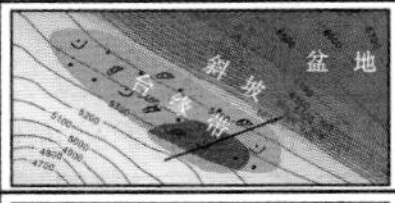	礁滩体储层叠加溶蚀洞穴，储层发育，横向变化大，流体分布不均，油气高产	塔中82
	白云岩亚类	缝洞型	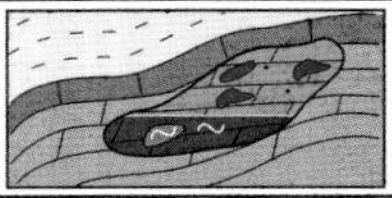	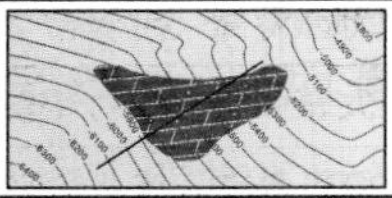	孔洞型与裂缝储层为主，非均质性强，统一的油气水界面，油气产出较稳定	塔中162
		孔隙型	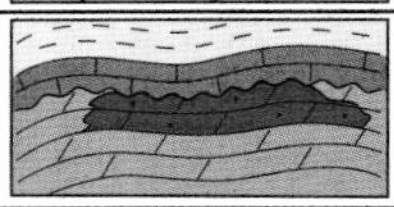	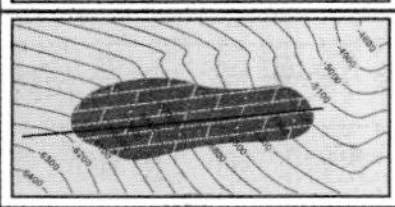	孔隙型储层为主，低孔低渗，流体分布不均，受岩性展布控制	英东2
复合类		构造缝洞型	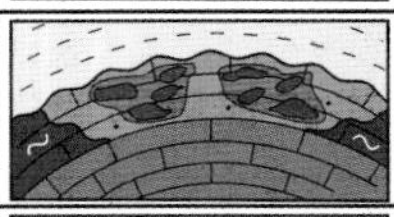	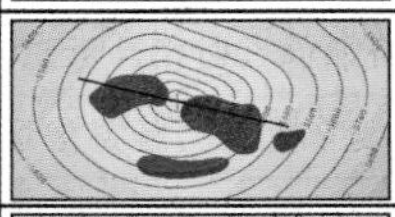	油气分布在局部构造内，缝洞体储层控制了油气的富集，流体分布不均	英买2
		岩性-构造型	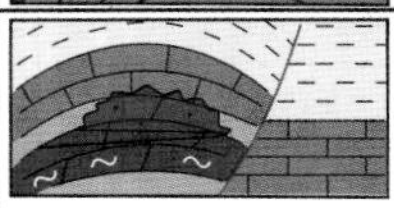	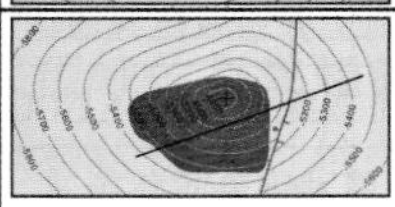	储层之间连通性好，油气在构造圈闭内富集，边/底水活跃	玛401

图例：断层　等高线　礁滩体　油气层　含水层　灰岩　白云岩

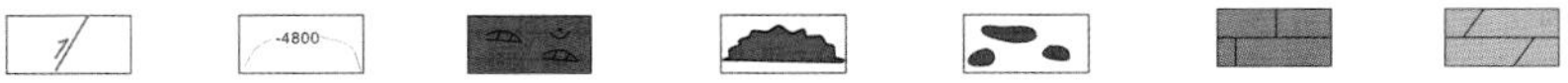

图 7.17　塔里木盆地寒武系—奥陶系碳酸盐岩油气藏类型（杜金虎，2010，修改）

目前发现的构造类油气藏主要分布在风化壳局部构造高部位，包括英买 32、英买 7、牙哈 7、塔中 1 等油气藏（田）。构造类油气藏规模较小，主要分布在储层物性较好的白云岩中，储层发育、连通性好，圈闭多未全充满，具有统一的温压系统与流体性质，油气产量高、稳产效果好，产出与构造部位有关。

背斜型圈闭有两种成因：一是在区域构造挤压作用下形成的褶皱背斜，如英买力地区、塔中—巴楚等地区发育一系列褶皱背斜，可形成挤压背斜型油气藏，如英买 7 奥陶系油藏；二是碳酸盐岩古潜山残丘形成地貌背斜圈闭，这种圈闭虽然有非构造成因，但圈闭形态特征、油气水分布特征与构造成因圈闭相同，受控于局部背斜，以塔中 1 凝析气藏为代表。塔里木盆地下古生界碳酸盐岩发育一系列背冲断裂夹持的断垒带，在塔中、塔北、巴楚隆起区都有分布，可能产生一系列断背斜圈闭，其中油气聚集受局部构造控制则形成断背斜型油气藏，如英买 32 油藏。在古风化壳的高部位，由于多期不同方向的断裂发育，形成一系列受断裂侧向封堵的断块圈闭，可以形成油气富集的断块型油气藏，如牙哈 7 寒武系油藏。

英买 7 奥陶系是典型的背斜型油藏，发育穹隆背斜，含油层位为奥陶系蓬莱坝组，白云岩风化壳储层上覆盖层为白垩系卡普沙良群优质的区域厚层泥岩。英买 7 井蓬莱坝组白云岩溶蚀孔洞发育，测井解释储层段孔隙度范围在 2%～8%，加权平均值为 4.3%，基质孔隙发育。英买 7 油藏为正常原油，具明显块状底水。原油产量高，稳产时间长。综合分析英买 7 油藏具有正常的统一温压系统，为底水块状背斜型油藏。

对比分析表明，塔里木盆地存在背斜型、断背斜型、断块型等构造类油气藏，油气均受控于局部构造圈闭，都具有较高的孔渗性能，底水活跃，具有统一的油-水或气-水界面，油气高产稳产效果好。这类油气藏通常规模小，以白云岩储层为主，分布局限，但多具有高丰度、优质高产的特点。

2. 地层岩性类油气藏

以储层分类为基础，可以将地层岩性类油气藏分为礁滩型、风化壳型、白云岩型三个亚类（杜金虎，2010）。由于不整合、断裂等构造的多期改造，储层复杂多样，进一步划分为 7 种类型油气藏（图 7.17）。

风化壳亚类油气藏主要受岩溶缝洞体储层控制，根据缝洞体的连通性可以划分为孤立洞穴型、连通缝洞型两种类型的油气藏，它们具有不同的储层分布、不同的渗流特征与油气产出。礁滩亚类油气藏受沉积相带控制（周新源等，2006；杜金虎，2010），主要发育台缘礁滩体、台内滩两种高能储集相带，礁滩型储层往往叠加有多种溶蚀改造作用，产生大型缝洞体，形成缝洞-礁滩型储层，因此根据礁滩体储层类型进一步可以分为台缘礁滩型、台内滩型、缝洞-礁滩型三种类型油气藏。白云岩亚类油气藏孔隙与台地相灰岩相当，不同于构造类油气藏中的高孔高渗储层。白云岩储层同样具有强烈的非均质性，储集空间以次生孔洞与裂缝为主，缺少大型洞穴，根据储层类型可划分为缝洞型、孔隙型两种类型，形成受储层控制的非构造油气藏（图 7.17）。塔里木盆地下古生界碳酸盐岩以地层岩性类油气藏为主，占有碳酸盐岩 90%以上油气储量，主要分布在风化壳与台缘礁滩体中。

轮古 101 是典型的连通缝洞型油藏。该区石炭系泥岩与奥陶系潜山组成区域性储盖组合，奥陶系顶面整体为东南倾的单斜。常规岩心物性分析平均孔隙度为 1.2%，渗透率小于 $0.5\times10^{-3}\mu m^2$，基质孔隙不发育。井区位于岩溶斜坡部位，岩溶缝洞体发育，多口井在钻井过程中显示有大型溶洞的存在，出现钻头放空、泥浆漏失和溢流。该区原油性质变化较大，总体上有“中密度、低黏度、低含硫、高含蜡、高凝”的特征，天然气特征也有差异。过轮古 101 井地震剖面上，储层“串珠”状反射特征明显，同时在该井旁边有较小“串珠”状反射，缝洞雕刻图上缝洞体通过裂缝沟通连为一体。轮古 101 井试采初期油气产量稳定，中间出现天然气产量的突然上升，后期也有产量的振荡上升，为多套缝洞体连通后油气补给的结果。因此可见，轮古 101 井区是多缝洞体控制的油藏，区内邻近缝洞体在一定条件下可能形成相互连通的储集单元，不同缝洞体流体性质可能有一定的差异，但具有统一的温压系统，形成连通的缝洞型油藏（图 7.18）。

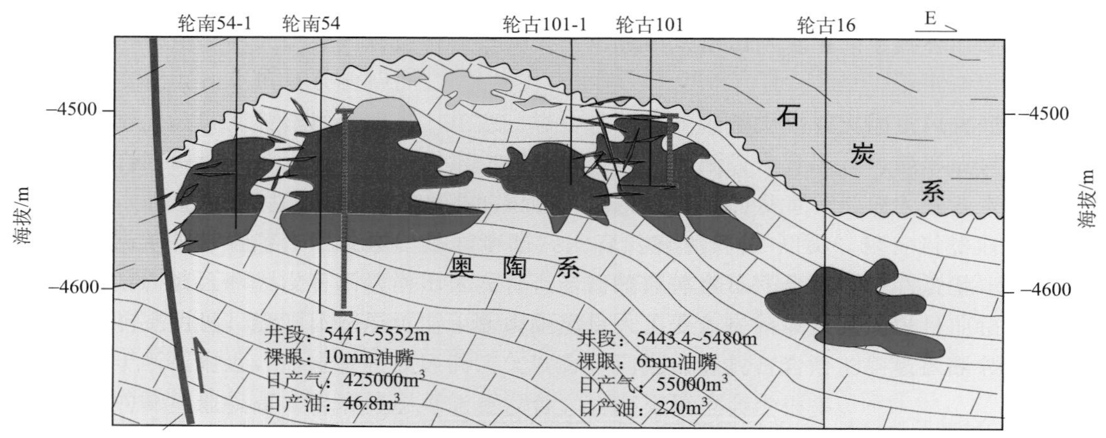

图 7.18　轮古 101 井区缝洞型油藏剖面图

塔里木盆地碳酸盐岩目前发现的油气藏主要为风化壳型油气藏，轮南-塔河油田是典型的潜山风化壳油藏分布区，塔中北斜坡鹰山组层间风化壳是大型的凝析气藏分布区，以定容洞穴型油气藏为主，局部有连通缝洞型油气藏分布。构造作用主要体现在以下五个方面。

（1）油气藏主要沿古隆起宽缓斜坡区分布，在古隆起高部位油气保存条件差，油气藏很少；低部位风化壳储层变差，油气藏数量减少很快，规模也小。

（2）不整合控制岩溶风化壳储层的发育与分布，并造成油气纵横向分布的巨大差异。

（3）很多岩溶缝洞体的发育与构造作用相关，局部高的岩溶残丘、断裂带、裂缝密集区都是储层发育区与油气藏分布的有利部位。

（4）缝洞体内部小断裂、裂缝发育，对储层改造作用明显，油气水分异明显，底水活跃，靠近断裂底水上升快。在孤立的缝洞体内油气水遵循重力分异，油气产出定容性明显。

(5) 缝洞体储层之间连通主要通过裂缝、小型断裂。断裂裂缝既可以有效连通，形成统一的多缝洞体油气藏，也造成其中油气水分异明显，油气产出稳定。也有裂缝半充填形成弱连通的多缝洞体，其间油气水性质可能有差异，油气产出出现周期性波动与补给，以及“忽油忽水”的复杂性。

二、碳酸盐岩油气藏流体特性

多期油气充注与改造是塔里木盆地碳酸盐岩油气藏的基本特征，不同地区构造演化有差异，油气成藏与保存条件也不同，造成不同地区油气成藏与赋存的差异性，不同于单期成藏的简单油气藏。

（一）油藏稠化

碳酸盐岩油气藏经受改造时，首先是轻组分容易散失，残余以重质油与稠油为主。构造隆升作用、断裂作用与热作用都能造成油气藏的改造而形成稠油藏，轮南-塔河奥陶系油田、塔东2寒武系、塔中62志留系、塔中4-7-38奥陶系等都是经过改造残余的重质油藏。

轮南潜山是典型的经历改造形成的稠油区。由于轮南古潜山在海西期呈北东向南西倾伏的斜坡，沿轴部高部位地表水流向两边斜坡区的泄水区，在轮西斜坡区古油藏遭受破坏形成稠油区，而在中部平台区古地貌平缓，地下水流不畅，而且石炭系中泥岩段逐渐加厚，能够保存正常油气。油藏稠化后原油性质变化大（图1.11和图7.19），从东南向西北变重。轮古西奥陶系潜山原油具有超重、超黏、高凝、高硫、高胶质+沥青质的突出特点，原油密度在0.97～1.04g/cm³；原油胶质+沥青质含量较高，含量大于30%；含硫量较高（2.08%～2.64%），属于重质油。轮南中部平台区奥陶系原油密度为0.85～0.89g/cm³，胶质+沥青质含量为0～11.96%，含硫量基本小于0.5%，属于

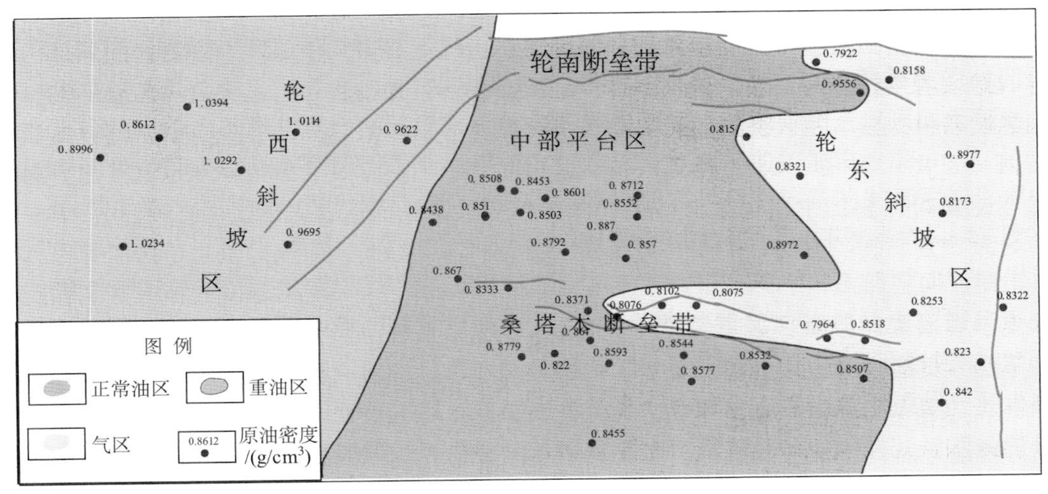

图7.19 轮南奥陶系碳酸盐岩原油密度分布图

正常油。由于遭受不同程度的水洗和生物降解，同一井区不同井间原油物性也有差异，如轮古7井区井间原油密度为0.9321～0.9799g/cm^3（20℃），含硫0～2.14%。

一般而言，改造作用越强烈，油藏稠化越严重。靠近古隆起高部位、靠近断裂带是油藏稠化的主体部位，向低部位斜坡区逐渐趋向正常。

（二）气侵相变

油气藏解剖发现晚期气侵改造是一种普遍现象，后期裂解气向上运移对早期油藏的气侵，可以改造古油藏，形成凝析气藏，或是形成油藏气顶，不但增加了油气资源，而且造成原油变轻或转化为凝析气，改变油气相态，造成流体性质的差异性。

塔中Ⅰ号气田在加里东期—晚海西期形成古油藏，喜马拉雅晚期遭受大量天然气气侵作用，形成的凝析气田（图7.13、图7.15）。由于古油藏的规模、晚期气侵的强度差异，造成原油性质、天然气性质有较大的差异，同时局部气侵较弱的地区保留油藏。塔中Ⅰ号带天然气组分变化大（图7.20），甲烷含量为80.57%～92.5%，CO_2含量为0.1381%～3.4782%，N_2含量为3.29%～9.12%，天然气相对密度为0.61～0.68。该地区天然气普遍含H_2S，井间变化很大。塔中24井区及其以东天然气普遍高含N_2、低H_2S含量；塔中62至塔中82井区具有较高的干燥系数（>0.95）、中低含N_2、低含CO_2、中高H_2S含量；塔中82至塔中54井区具有低含H_2S、中高含N_2；塔中45井区具有低干燥系数、低CO_2含量、中低含N_2和中等含量的H_2S。天然气性质的差异表明天然气在成因和次生变化上存在差异。

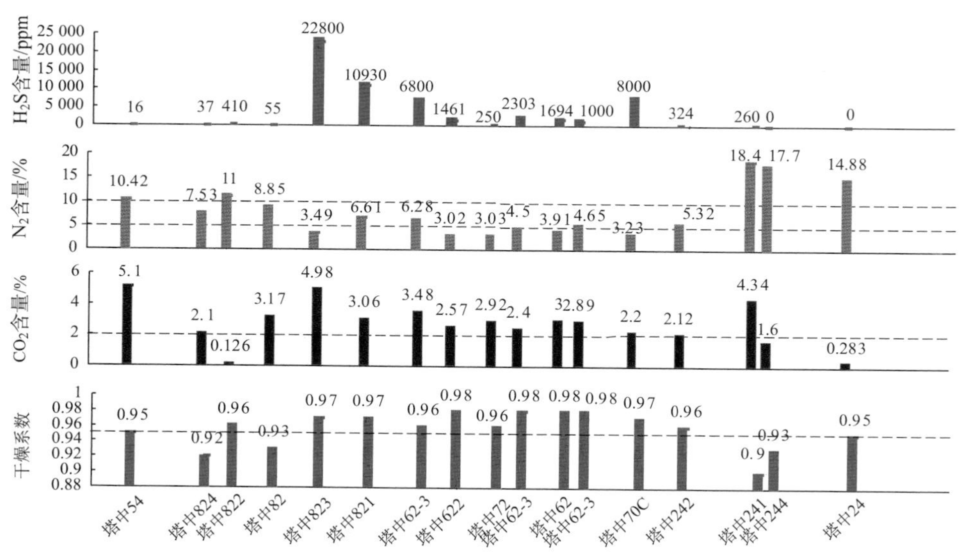

图7.20 塔中Ⅰ号构造带天然气组分特征平面图

轮南天然气“东干西湿”，潜山油气藏以湿气为主。天然气中甲烷含量分布在65%～98%，其中以75%～98%为主。由西北往东南，天然气甲烷含量增高，C_2^+含量降低。非烃气体主要由N_2和CO_2组成，N_2以中低含量为主，一般小于10%。轮南奥陶系天然气干燥系数从东向西降低（图 7.21），桑塔木断垒带中东段和轮东地区天然气干燥系数最高，大于 0.98；中部平台区、轮南断垒带和桑南斜坡带天然气干燥系数为 0.90～0.98，上述地区天然气均为干气。向西到轮南断垒带西段、轮南西部潜山斜坡带和塔河油田天然气为湿气，干燥系数小于 0.90。

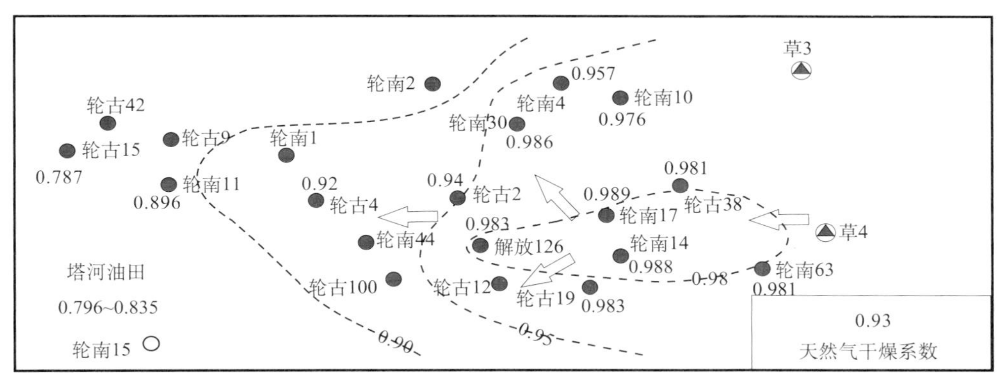

图 7.21 轮南奥陶系天然气干燥系数分布图

塔里木盆地气侵发生在喜马拉雅晚期，塔中、轮南等油气田均有大量晚期成藏的包裹体均一温度证据，并主要来自气态烃类包裹体。气侵一般发生在古隆起的斜坡-拗陷部位，在早期以油藏为主的状况下，晚期天然气的充注来自深层，并从深层向浅层运移、从低部位向高部位运移。从而形成"下气上油、油重气干"的油气分布格局。

（三）流体性质差异大

受控于多期油气调整改造，塔里木盆地碳酸盐岩油气性质多样，分布复杂。油气赋存状态上，既有重质油、正常油、凝析油，也有湿气、干气。

塔中Ⅰ号带上奥陶统礁滩体油气相态丰富，流体性质变化大（图 7.20、图 7.22、图 7.23）。平面上除塔中 621 井区的气油比较低外，塔中 26 至塔中 82 井区其他工业油气流井的气油比都在 $1000m^3/m^3$ 以上，具有凝析气藏的特点；南部内带的塔中 58、塔中 16 等气侵较弱的井区气油比很低，为正常油藏；西部塔中 45 井区为弱挥发油藏。塔中Ⅰ号带奥陶系原油总体上具有低密度、低黏度、低胶质＋沥青质含量、中低含蜡、中低含硫的特征。但不同井点的油气性质、气油比都有差异，出现高密度、中高含蜡量、中等含硫量的异常，在凝析气藏中部的塔中 621 井区局部呈现正常原油特征。同一口井在不同测试层段或试采的不同时期，原油性质也可能出现较大差异，如塔中 82 井下部油层段的原油密度低于上部层段，气油比高于上部层段。

轮南地区奥陶系既有重质油藏、正常油藏，也有挥发油藏和凝析气藏（图 7.19）。PVT 分析井流物轻组分较高，一般具有气轻油重的特点。饱和压力较高，一般接近或等于地层压力。油藏的气相逃逸快，液相收缩快，气藏的露点压力高，反凝析液量低，表现出油气不同源的特征。轮南地区奥陶系油、气特征在不同井间也同样出现较大的差异（图 7.19 和图 7.21），从东部凝析气藏的油气性质来看，虽然气油比很高，天然气

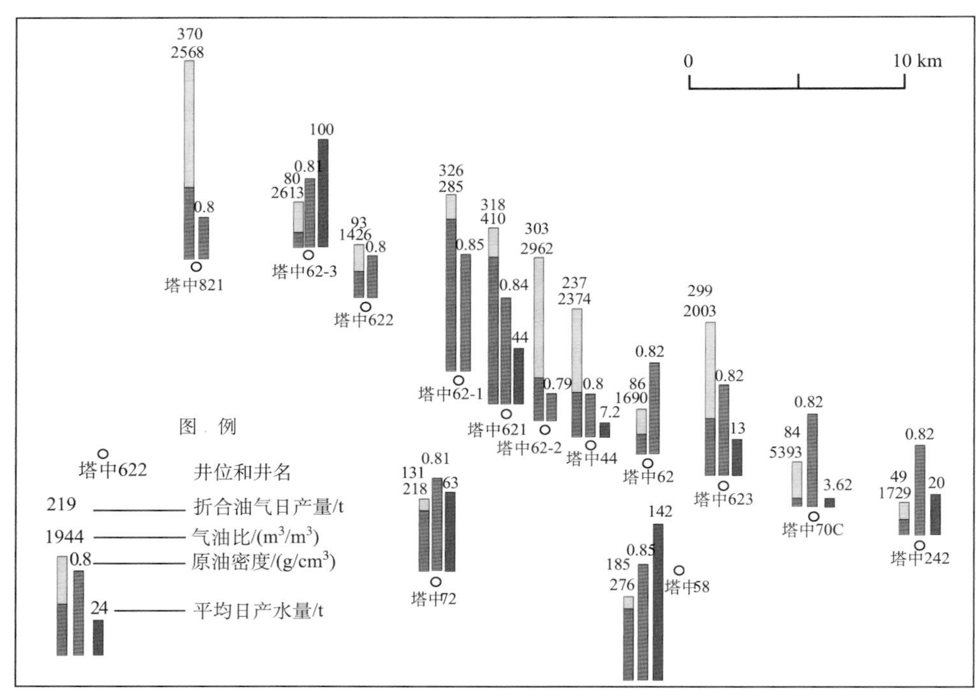

图 7.22　塔中Ⅰ号带东部气油比、原油密度和产水情况分布

干燥系数在 0.97～0.99，呈现干气的特征，而凝析油却具有较高的密度，在 0.81～0.89g/cm³，出现“油重气干”的特殊现象。

塔里木盆地海相碳酸盐岩由于多期油气的来源与相态有差别，油气改造的方式不同，造成流体物性、分布的差异，多经历早期古油藏的形成与破坏调整，在潜山高部位破坏严重，以重质油为主，而在斜坡区以调整改造为主，有正常油的保存与后期的充注，在非均质储层漫长的演化过程中，造成井间流体性质变化大（图 7.19～图 7.22）。

（四）油气水产出变化大

塔里木盆地改造型油气藏经历多期油气充注、散失与调整作用，碳酸盐岩储层中残余油气饱和度差异大，油气水产出变化大（图 1.13 和图 1.14）。奥陶系碳酸盐岩既有高产稳产井，也有中低产井、出水井；单井油气初始产量高，但多数井产量递减快、含水上升快、稳产难。

由于缺乏构造圈闭或地层岩性的遮挡，缝洞体系的独立与连通是相对的。在不同的地史时期，不同的边界条件下，连通的油气藏可能分隔为多个孤立的油气藏，相对独立的缝洞系统也可能实现连通与油气的混合。因此在油气产出过程中，由于不同缝洞系统的沟通，造成油气水性质的差异与产量变化大。在相对孤立的缝洞系统形成定容体，油气初始产量高，但下降快，产量有限；而连通多缝洞系统规模大，油气产量比较稳定或缓慢下降，含水率逐步上升；对于连通性较差的多套缝洞系统，在一定的压差下可能实现连通，从而出现油气产出的周期性变化（图 7.23），一套缝洞体系产出后又出现另一套系统的油气供给，造成产量“忽高忽低”。受储层规模的影响，既有大型缝洞体控制的高产稳产井，也有缝洞体欠发育的中低产井，高产稳产井仅占少数（图 1.15）。

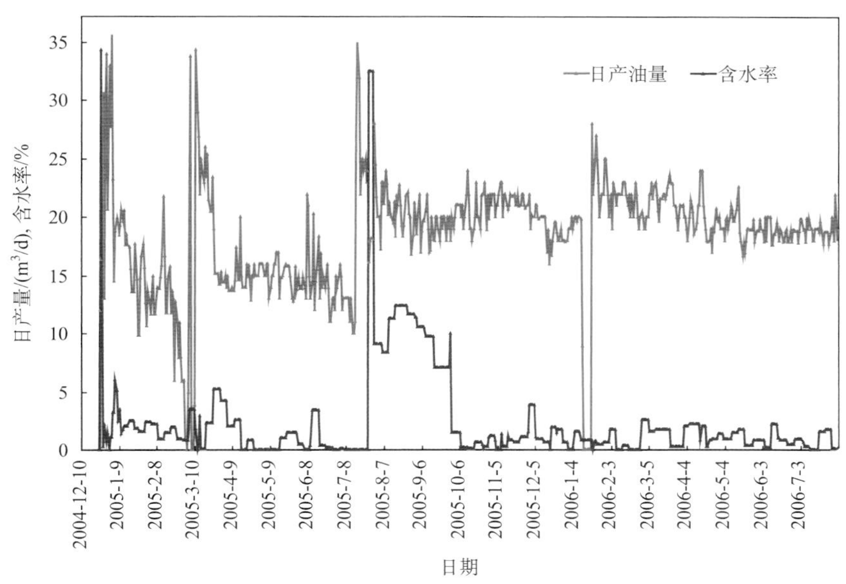

图 7.23 塔中典型井奥陶系碳酸盐岩试采曲线

不同类型油气藏出水特征差异大（图 1.14），既有缓慢见水，含水率逐渐上升的；也有快速水淹，出现稳定高含水的产出井；也有含水率不稳的，周期性变化的；还有少量出水后，缺少后继补给而无产出的。受控于油气藏遭受的不同改造作用，不同碳酸盐岩油气圈闭的充满程度差异大，在同一油气藏中也有不同储集体含油气饱和度的差异，造成出水方式、出水量的变化。

三、碳酸盐岩油气藏渗流方式差异性

（一）碳酸盐岩油气藏渗流方式分类

常规油气藏渗流方式通常遵循达西定律，越来越多的研究表明在水利、石油中非达西流是普遍存在的现象（张楠等，2012），非达西流的流速与水力梯度呈非线性关系，可能造成油气藏中流体流动的巨大差异，包括低速非达西流和高速非达西流。油气在低渗储层中的渗流规律极其复杂，表现出明显的非线性及流态的多变性，以非达西流作用的扩散、渗透作用为主，是非常规油气藏的典型特征。由于尺寸相对比较大，大型缝洞中的流动可视为管流（郑超等，2007），形成高速非达西流。塔里木盆地奥陶系碳酸盐岩发育大型的缝洞系统，其中油气渗流具备管流特征。因此，塔里木盆地碳酸盐岩油气藏根据渗流方式可以分为达西流作用的常规油气藏、管流作用的缝洞油气藏与低速非达西流作用的非常规油气藏（图 7.24）。

(a) 达西流作用的常规油气藏

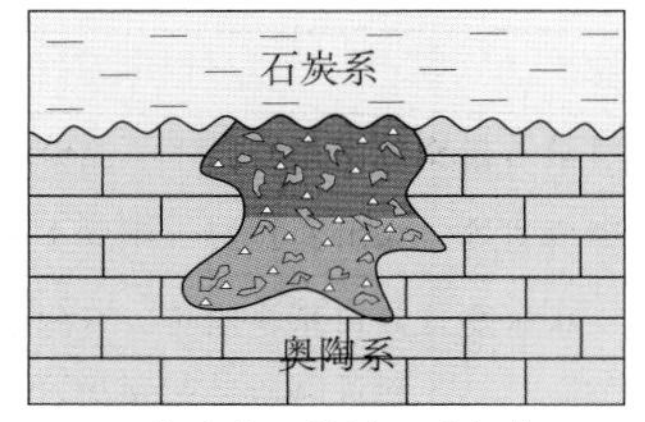

(b) 管流作用的缝洞油气藏

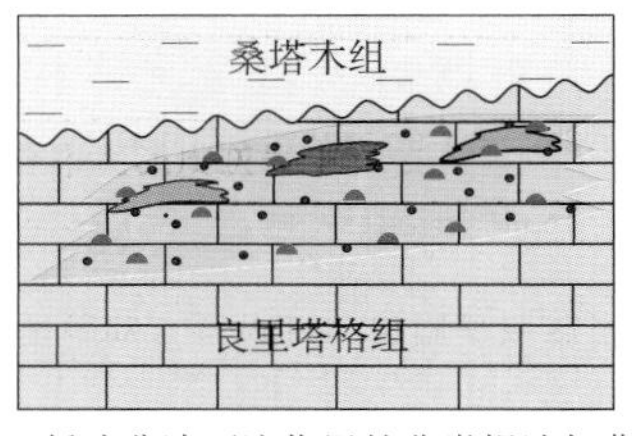

(c) 低速非达西流作用的非常规油气藏

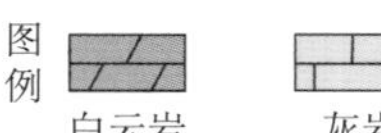

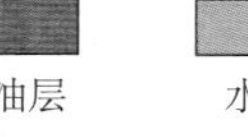

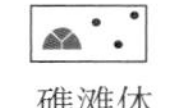

图 7.24　根据渗流方式的碳酸盐岩油气藏分类

（二）油气藏动力机制分析

缺乏异常高压的常规油气渗流动力主要为浮力，主要阻力来自毛细管阻力，需要一定油柱高度形成的浮力克服毛细管压力，才能实现油水分异（李明诚，2004）。通过浮力与毛管压力计算公式，可推算储层中油/水完全分异的临界油柱高度：

$$H=\frac{2\delta(1/\gamma_{\mathrm{t}}-1/\gamma_{\mathrm{p}})}{g(\rho_{\mathrm{w}}-\rho_{\mathrm{o}})} \tag{7.3}$$

式中，δ 为流体界面张力（N/m）；γ_{t} 为孔喉半径（m）；γ_{p} 为孔隙半径（m）；ρ_{o}、ρ_{w} 为油、水密度（kg/m^3）；g 为重力加速度（$9.8m/s^2$）。

可见，临界油气柱高度取决于孔喉半径、流体界面张力，以及浮力形成的压力差。综合分析，低渗透碳酸盐岩储层中，孔喉半径是影响流体流动与分异的最主要参数。

塔里木盆地塔中、塔北地区 169 个无裂缝发育岩心样品的平均孔喉半径统计分析表明，奥陶系碳酸盐岩孔喉平均半径一般小于 1μm，其中 87%低于 0.1μm。除少数高值外，不同井区的平均孔喉半径主体分布在 0.02～0.8μm，相差在两个数量级以内。不同井区碳酸盐岩平均孔喉半径均值一般集中在 0.03～0.07μm，整体偏低，一般而言，属于微喉。常规储层孔喉直径通常大于 2μm，致密砂岩气位于 0.03～2μm，页岩则在 0.005～0.1μm（Shanley et al.，2004），而塔里木盆地奥陶系灰岩基质储层更接近致密砂岩-页岩非常规储层。

以上数据不包括缺乏岩心的大型缝洞系统，裂缝连通大型缝洞体储层中喉道大多是直径大于 10μm 的裂缝，是基质孔隙孔喉半径的 2～3 个数量级。塔里木盆地奥陶系碳酸盐岩的油气勘探开发实践表明，大型缝洞体油气储层产量高，不同于基质孔隙储层（杜金虎，2010）。但是绝大多数储层的储集空间为基质孔隙连接，即使在大型洞穴内部或其间也是主要通过细小的孔喉连接。

利用实测孔喉半径，在以细喉为主的碳酸盐岩储层中，计算油气克服毛管阻力需要相当大的油或气柱高度（图 7.25）。计算表明，尽管受地下其他因素影响，可能在某种程度上改变临界喉道半径的数值范围，但明显存在大约 0.1μm 的临界喉道半径，低于该临界喉道半径后，油柱临界值一般在400～1600m，中值在800～1000m；气柱临界值一般200～800m，中值在400～600m。由于碳酸盐岩基质孔隙的细喉特征，在正常压力系统、宽缓斜坡中，碳酸盐岩油气水分异需要克服基质孔隙间的毛细管阻力，同一油或气藏中油或气柱可能需要达到数百甚至上千米才能达到油或气与水的完全分异。可见浮力已不能克服毛细管阻力形成流体的有效驱动力，从而出现非达西流作用的非常规油气藏驱动机制。

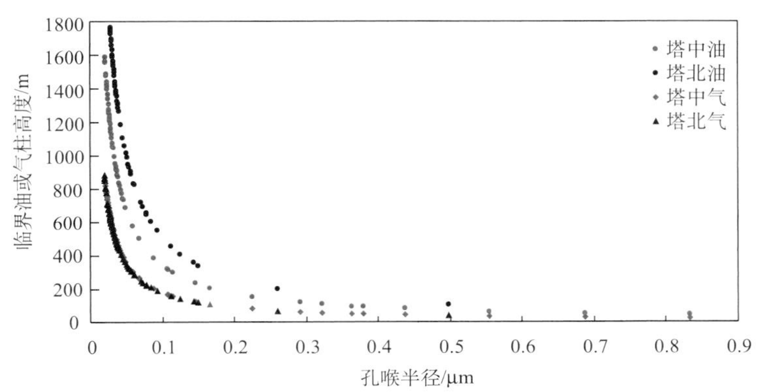

图7.25 碳酸盐岩孔喉半径与临界油/气柱高度关系

当喉道半径大于0.1μm时，临界油或气柱高度随喉道半径增加呈线性降低，临界油柱高度在40～150m，气柱高度在20～80m，油气流动符合达西流的特点，浮力起主导作用，呈现常规油气藏特征。油气储层以基质孔隙连通时，孔喉结构的差异性可造成临界油或气柱高度相差2个数量级（图7.25）。而在大型洞穴内，或是裂缝发育的连通缝洞系统间，起连通作用的裂缝多具有平直的大吼喉，喉道直径一般大于10μm，毛细管阻力极小，难以形成有效阻力（沈平平，2000），计算也表明可以忽略不计，油气以管流的形式流动。

总体而言，单个洞穴内部或裂缝、超大溶蚀孔洞连通的洞穴中油气渗流一般是大于10μm的超大孔径，以管流方式为主；在低于0.1μm的喉道半径时，油气流动进入低速非达西流；介于以上两者之间的孔洞型储层中以达西流作用为主。虽然不同区块、不同类型油气藏差异较大，但通过孔喉与临界油气柱的关系分析，可以区分不同渗流类型油气藏。

（三）不同类型油气藏特征

不同于均质的高渗透性碎屑岩与碳酸盐岩，塔里木盆地非均质碳酸盐岩储层差异大，根据流体渗流方式可以分为达西流作用的孔洞型油气藏、管流作用的缝洞型油气藏与低速非达西流作用的非常规油气藏三种类型，不同类型油气藏特征具有较大差异（表7.5），油气产出与开发方式不同。

表 7.5 碳酸盐岩油气藏连通性分类特征对比

项目	缝洞型油气藏	孔洞型油气藏	非常规孔隙型油气藏
储集空间	单一洞穴、裂缝连通洞穴	基质孔隙发育的孔、洞	基质孔隙为主
储层物性	孔隙度大于5%、渗透率大于10mD	孔隙度为3%～10%、渗透率为0.5～50mD	孔隙度小于5%、渗透率小于1mD
连通性	裂缝有效连通	孔隙连通	弱连通
流体性质	相同，分异完全	相近，分异明显	有差异，分异差
油水界面	统一边-底水	统一边-底水	无统一边-底水
油气分布	孤立、局部洞穴内	面积较小、高部位构造圈闭	大面积连续分布、区带内
圈闭规模	小	较小	巨大
渗流方式	管流	达西流	低速非达西流
压力系统	统一压力系统，井间压力变化趋势一致	压力系统接近，井间压力变化趋势相似	不同压力系统，井间压力变化不同步
油气产出	初产高、下降快	产量较高、稳定	产量低、波动大
出水特征	快速或逐渐上升	台阶状上升	不稳定、变化大

1. 管流作用的缝洞型油气藏

由于裂缝与断裂系统的沟通，多套缝洞体相互连通，形成统一的缝洞型油气藏（图7.24）。由于大型裂缝发育，毛细管压力可以忽略不计，流体具有管流特征。这类油气藏不同缝洞体间可能存在储层发育特征的差异，但连通性好，多具有相同的流体性质，油气水分异明显，具有统一的温压系统与边-底水。

这类油气产出受控于缝洞体规模，大型缝洞体高部位生产初期多高产稳产，井间产量接近，中后期含水上升快，油压下降快，产量递减快；小型洞穴产量不稳定，容易发生快速水淹。由于多套储集体空间分布复杂，油气顶面变化大，油气柱高度差异大。油气产出变化大，在生产过程中可能出现产量的突然增长，含水率逐渐上升中也有波动。这类油气藏主要分布在裂缝发育的风化壳与礁滩体储层中，塔中Ⅰ号构造带东部、桑塔木断裂带、中古8断裂带等井区较发育。由于邻近通道附近的主缝洞体有利于油气的供给，是评价钻探的有利部位，但不宜钻探太深，要避免沟通底水，一旦出水容易出现暴性水淹，需要用合理的小油嘴生产保持稳产。

2. 达西流作用的孔洞型油气藏

在孔洞发育的礁滩体、白云岩风化壳储层中，孔喉细小，毛细管阻力作用凸显，需要一定的油气柱高度形成的浮力克服毛细管阻力。计算表明（图7.25），当孔喉半径大于0.5μm时，临界高度一般在30m以内；当孔喉半径接近0.1μm时，临界油柱高度达到100m以上，油水才能完全分异。这类油气藏符合达西流定律，在浮力作用下，油气柱达到一定高度就能形成油气水完全分异，储集空间之间不一定具有统一的边-底水界面。

目前发现的白云岩风化壳油气藏储层发育，孔洞、孔隙的孔喉半径大多大于0.1μm。例如，塔中白云岩潜山顶部溶洞发育段厚达479m，溶蚀孔洞呈蜂窝状发育，孔隙度达 2%～8%，渗透率达 $10\times10^{-3}\mu m^2$。这类油气均受控于局部构造（图 7.17），储层发育、连通性好，油气稳产时间长，与碎屑岩构造油气藏类似，与非构造类碳酸盐岩油气藏差异明显。

3. 非达西流作用的非常规孔隙型油气藏

而在低渗透油气藏中，当孔喉半径低于 0.1μm 时，临界油气柱高度急剧上升，浮力已不足以构成油气水分异的动力，油气已脱离达西流运动，进入非常规油气藏范畴。塔里木盆地奥陶系礁滩体储层基质孔隙的细喉、高排驱压力、低渗透的特征类似非常规油气藏储层，微观孔隙结构对储层与油气藏具有重要的影响作用。

以基质孔隙为主的弱连通礁滩体孔洞之间及其内部，由于孔隙喉道细小，需要克服油气运移的界面能高，从而造成油气水没有出现明显分异。塔中Ⅰ号带礁滩体储层孔隙间是以低渗透微孔隙或充填严重的微裂缝为连接通道，而油气柱高度通常在 100m 内，其浮力不足以克服毛管阻力，造成油气水重力分异不明显，井间流体性质多存在差异，出现井间气油比、原油密度等流体物性与地球化学的差异（图 7.22）。而且不同储集体间可能具有不同的油气水界面，没有统一的边-底水。

非常规油气藏油气产出复杂，通常产量低，产出时间较长，产量递减慢，含水率出现波动，上升缓慢。塔中 622 井在试采一年后原油密度从 $0.79g/cm^3$ 上升到了 $0.85g/cm^3$，气油比从早期的 $2000m^3/m^3$ 降至 $500m^3/m^3$ 左右（图 7.26），从凝析气变为石油产出，试采期间油气产量出现 4 期补给，而且后期产量较高且稳产时间较长，可见出现不同储集体中不同类型流体的补给（图 7.23）。结合储层特征分析，该井区发育多套弱连通的礁滩体储层，岩心样品分析平均孔喉仅 0.036μm，基质孔隙渗透率低，油气重力分异不明显，含凝析气与含油的储集体在空间上叠置相连，含凝析气的储集体产出衰竭后，出现规模更大的含油为主的多套储集体供油。正是由于多套储层渗透率低、连通性差，造成流体性质有差异，形成不同储层的接力供油气，出现油气产量的周期性变化。

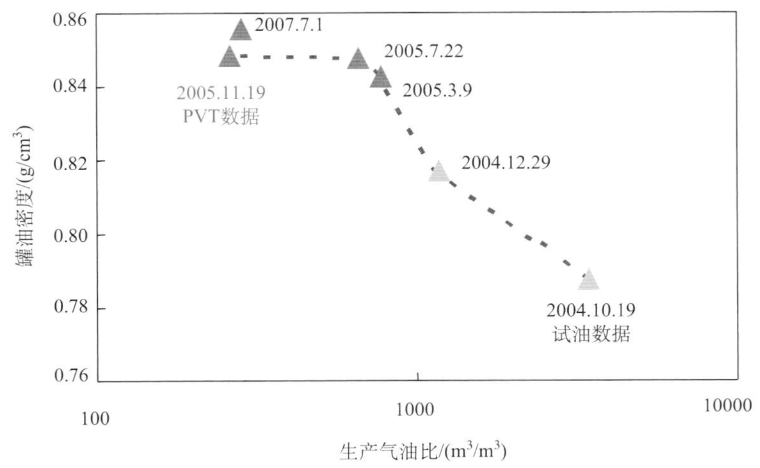

图 7.26 塔中单井原油密度、生产气油比变化

塔中礁滩体具有平缓的斜坡背景与低孔低渗储层，丰富而且广泛的油气充注，大面积连片的非常规圈闭，大面积连续含油气（图 7.22），油气藏具有非常规的油气运移与聚集、非常规的油气性质、非常规的油气藏类型与表征等，以及常规技术工艺难以开采，这种沿台缘带大面积含油气、没有明显油气水边界的油气分布类似于“连续油气藏”（邹才能等，2009），属于非常规油气藏序列。

总体而言，塔里木盆地非均质碳酸盐岩孔隙结构的差异性是影响油气运移与分异的重要因素，可以分为管流作用的缝洞型油气藏、达西流作用的孔洞型油气藏，以及非达西流作用的非常规油气藏。大型洞穴内以管流为主，不受毛细管力影响，油气水分界明显，采出程度高。大孔喉连通的储层中流体重力分异受控于浮力与毛细管力，以达西流形式流动，油气水分异不完全。低于 0.1μm 临界孔喉半径的基质孔隙中，流体进入非达西流运动状态，不受浮力控制，进入扩散与渗透作用阶段，没有明显的流体重力分异，为非常规油气藏。

四、油气藏调整改造的多期性

多期油气成藏与改造是叠合盆地的典型特征，塔里木盆地海相碳酸盐岩多期构造作用与生烃史配置形成成藏演化的多期性与差异性。

（一）成藏关键期与构造作用

成藏关键期是含油气系统研究的重要内容，也是多旋回叠合盆地油气成藏研究的难点。目前成藏年代学研究已形成包括油藏地球化学、包裹体测温法、同位素年代法、有机岩石学法、饱和压力/露点压力法、油气水界面追溯法等多种研究方法与技术（赵靖舟和李启明，2003）。在塔里木复杂叠合盆地，不同方法都有一定的局限性，得到的结果也不尽相同（贾承造，1997；吕修祥，1998；赵孟军等，2002；赵靖舟和李启明，2003；庞雄奇等，2012）。

塔里木盆地台盆区由于烃源岩层位差异、不同地区埋深变化大，生烃史揭示加里东期—喜马拉雅期具有多期成烃与成藏（梁狄刚等，2000；Li et al.，2010），油气成藏期次有多种不同的认识。油气大规模运聚主成藏期的厘定基于三点：一是成藏期是指有规模油气的生成与充注的高峰期，局部油气藏的调整改造与次生油气藏的形成不列为主成藏期。二是成藏期是烃源岩大量生排烃期，油气的生排运聚是相对集中的短暂时期，也符合幕式成藏的理论。持续生烃或少量生烃的次级生烃期可能是存在的，但不足以形成广泛的油气成藏。三是有大量油气运聚的证据。埋藏史与生烃史研究表明，塔里木盆地台盆区大规模生烃主要有三期：加里东晚期、晚海西期与喜马拉雅期（图 1.10）。塔里木盆地台盆区中下寒武统具有三期生烃史，中上奥陶统烃源岩主要是后两期生烃史，生烃史与大规模的深埋期是一致的，而排烃期与成藏期也基本在相应的跨度时期内。塔中奥陶系碳酸盐岩油气包裹体详细观察发现存在三期明显不同特征的包裹体，对应三期成藏的特征（表 6.5）。

晚海西期、喜马拉雅晚期成藏已得到广泛共识。大量的烃类包裹体表明晚海西期是关键的成藏期，由于石炭系—二叠系巨厚的沉降与火成岩活动，盆地烃源岩进入快速升温成烃阶段。需要说明的是，晚海西期出现异常热事件以及南天山洋闭合引起的强烈构造事件，伴随油气的生成与成藏的同时，不排除古油藏调整改造的可能，也会留下很多成藏的证据，大量流体包体的形成是否也有油气调整或再成藏的作用值得深入研究。喜马拉雅期是奥陶系烃源岩大量生排烃期（梁狄刚等，2000），塔北北部英买力、牙哈地区碳酸盐岩接受库车拗陷的中生代烃源岩生成的油气，形成新生古储。近期塔中、轮古东等地区发现大量原油裂解气，是再次深埋的古油藏与分散液态烃裂解所致。但哈得、轮南地区晚期的油藏为古油藏调整，并非新生油气。

加里东期寒武系烃源岩产生巨大的生烃量是研究的共识，但很少有确定是该期形成的古油藏，仅有塔东 2 寒武系油藏与塔中 62 志留系油藏两个实例，是否有大量的古油藏保存一直有分歧。但这两个古油藏都是处于构造活动较强烈、盖层相对较薄的地区，在盖层更好、构造活动更弱的深层与斜坡区可能有更多加里东期古油藏的保存。而且一些油气藏中检测到早期成藏的证据，古油藏经历后期的改造与油气的再充注是普遍现象。

印支期—燕山期虽然也有油气成藏的地化证据，分析该期盆地沉积充填少，而且每一阶段沉积后出现大面积的抬升剥蚀，古地温也呈降低趋势，并非大量生排烃期。油气藏解剖也表明，轮南地区大量中生代成藏是古油藏的调整改造形成的次生油气藏，该期属于油气藏改造期（图 7.14）。

（二）油气成藏与改造演化

综合生烃史、构造演化史、油气成藏期次的分析，塔里木盆地下古生界碳酸盐岩主要有晚加里东晚期、晚海西期和喜马拉雅期三期油气充注，以及这三期与加里东末期—早海西期、印支期—燕山期等岩五期油气改造的复杂成藏史（图 1.10 和图 7.27）。

加里东晚期，中上奥陶统巨厚泥岩的快速沉降，满加尔凹陷东部寒武系烃源岩进入生烃高峰期。塔中-塔西南古隆起形成于早奥陶纪末，塔北隆起在奥陶纪晚期已初具雏形，大量的油气向古隆起区的寒武系白云岩、下奥陶统风化壳、上奥陶系礁滩体中运移聚集成藏，此时这三类储层埋藏浅、储层物性好，形成广泛分布的大型古油藏。塔东地区构造活动强烈，同时烃源岩进入高-过熟期，而凹陷区内缺少大型构造圈闭，大量的油气通过边缘隆起区或断裂散失，油气破坏作用最强。邻近凹陷的斜坡区仍有巨厚的中上奥陶统泥岩覆盖区，可能保存一定数量的油气资源。在塔中、塔北古隆起的轴部断裂发育，也发生断裂切割与盖层剥蚀减薄形成的改造作用［图 7.27(a)］。塔中中央断垒带、轮台断裂带都因断裂抬升形成盖层大量剥蚀，造成油气藏的破坏，断裂附近的斜坡区也遭受水洗作用。

加里东末期—早海西期，塔里木盆地下古生界碳酸盐岩发生构造改造，轮南、玛南、塔中东部北东向隆起形成，遭受广泛的抬升剥蚀，形成奥陶系碳酸盐岩古潜山，盖层全被破坏，早期的古油藏几乎破坏殆尽，钻井岩心普遍见此期形成的干沥青充填缝洞。低部位上覆有巨厚的上奥陶统—志留系泥岩盖层区，可能保存部分古油藏。塔中、塔北古隆起高部位的断裂带上，由于断裂的再活动遭受强烈的构造改造作用。此期油气

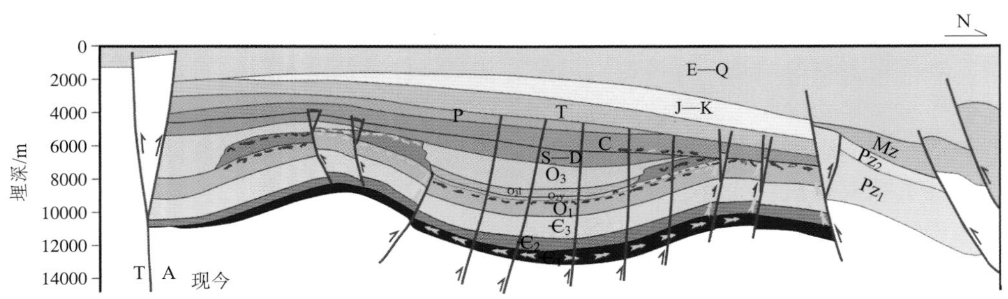

(e) 喜马拉雅晚期：油气再次充注与调整期

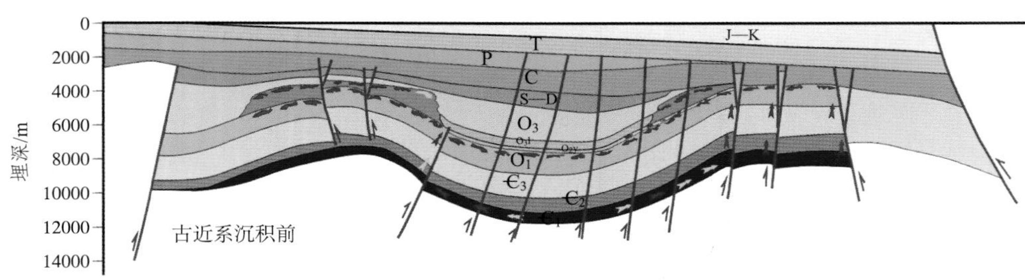

(d) 印支期—燕山期：油气调整与改造期

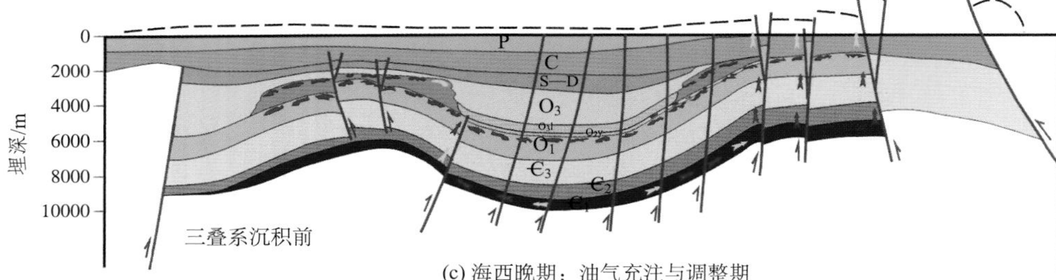

(c) 海西晚期：油气充注与调整期

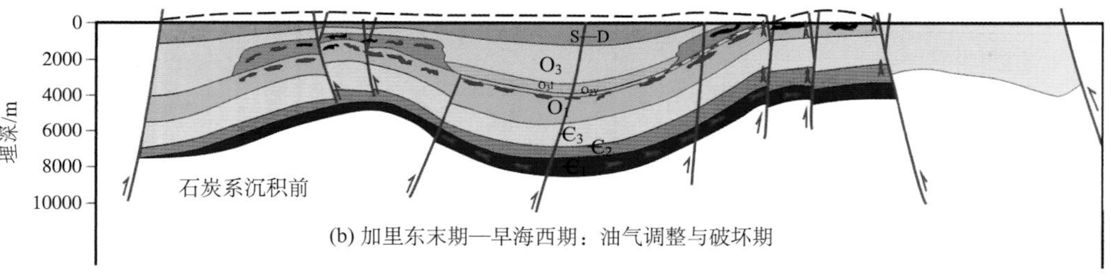

(b) 加里东末期—早海西期：油气调整与破坏期

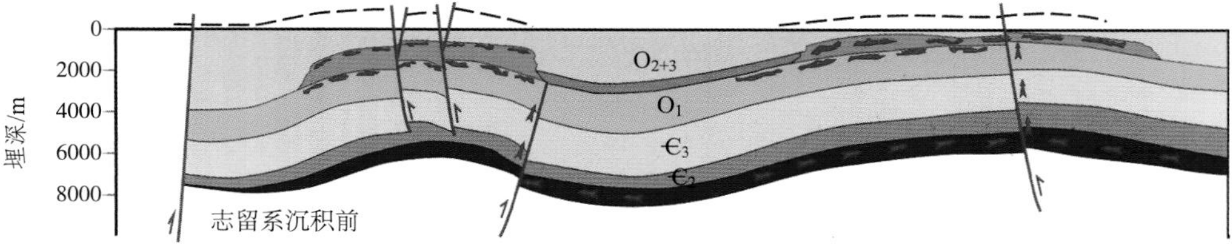

(a) 加里东晚期：油气成藏与改造期

图 7.27 满西油气系统成藏演化剖面

经历强烈的破坏调整，大量的油气发生散失，形成志留系普遍赋存的沥青与稠油［图 7.27(b)］。在塔中 62 井等斜坡区志留系还存在寒武系烃源岩在加里东期形成的古油藏，深层寒武系—奥陶系可能保存大量古油藏。此期随着塔东南古隆起的强烈隆升与区域变质作用，该区可能存在的古油气藏完全破坏与消失。同时塔东地区出现异常热事件，主要发生在邻近车尔臣断裂带的下盘，造成大部分油气遭受热作用的破坏与散失。

晚海西期是台盆区原油资源形成的关键时期，塔北、塔中地区碳酸盐岩油藏大多以晚海西期烃类包裹体为主（均一温度多在 90～130℃），反映出晚海西期存在油气的补充聚集。晚海西期满西以及巴楚地区寒武系烃源岩进入高成熟期，同时满西地区中上奥陶统优质烃源岩进入生烃期，为紧邻满西凹陷的塔中—塔西南古隆起北部斜坡、塔北南部斜坡区提供了大量的油气资源［图 7.27(c)］。早二叠世的火成岩活动在盆地内部出现热异常事件，不仅促进了大面积的生烃过程，同时对早期油气藏的烘烤、热流体改造作用明显，普遍见该期油气藏改造形成的沥青。例如，塔中 45 井萤石中夹带有干沥青，显示古油藏的破坏作用。同时深层也会发生热裂解，造成部分油藏的气化与散失。该期油气的改造作用主要发生在北部构造活动区，塔北由于强烈的隆升与断裂活动，形成断裂切割破坏型、盖层剥蚀破坏型与构造倾斜抬升型等多种类型的油气改造作用，轮台断裂带高部位及其周缘的油气藏遭受剥蚀破坏，斜坡区发生广泛的水洗与生物降解，以及油气的调整，在轮南地区形成大面积的重质油分布。

印支期—燕山期，塔北-英吉苏地区构造活动强烈，主要发生断裂改造作用［图 7.27(d)］。塔北地区由于构造的调整与改造，造成邻近轮台断垒带油气的进一步破坏。而斜坡区轮南地区断裂的再活动也造成奥陶系碳酸盐岩油气向上运移散失，部分至中生界形成次生油气藏，包裹体检测有此期的活动。巴楚地区有广泛抬升剥蚀，对该区碳酸盐岩的油气可能也有一定的调整改造作用。塔中地区在有一定翘倾升降过程中，也发生局部的油气调整与散失。

天然气的充注主要发生在喜马拉雅期，包裹体温度（140～150℃）反映出存在该期油气的聚集。喜马拉雅晚期塔里木盆地受新构造运动作用，台盆区快速深埋，位于深层的古油藏、烃源岩与输导系统中分散油质，在深埋下可能发生裂解（R_o 大于 2%），形成油裂解气，在塔中Ⅰ号构造带、轮东等地区产生强烈气侵［图 7.27(e)］。气侵改造是该期典型特征，出现油气共存，低部位富气、高部位多油的“下气上油”特征（图 1.9）。喜马拉雅晚期的差异沉降造成塔西南、塔北等地区发生大规模的翘倾运动，油气可能发生大范围的横向调整改造与再成藏，塔西南古隆起沉没后发生向北的大规模油气调整，古隆起高部位油气也发生裂解与散失。

总之，多期充注与改造是塔里木叠合盆地的典型特征，造成海相碳酸盐岩发生至少 5 期的大型油气改造作用，不同时期、不同地区具有不同的特征。

第八章 塔里木盆地碳酸盐岩油气分布与定量评价

叠合盆地海相碳酸盐岩油气分布与富集与构造密切相关，区带评价与目标预测的定量方法研究是经历复杂构造改造盆地的发展方向。

第一节 构造对碳酸盐岩油气分布的控制作用

叠合盆地海相碳酸盐岩构造与源储配置，造成纵向多层段叠置、平面满盆含油气以及差异聚集的分布格局，古隆起控制了海相碳酸盐岩油气的分布，断裂对油气富集具有重要作用，运聚体系内油气分布具有序性。

一、构造与源、储配置形成纵向多层段叠置、平面广泛含油气

塔里木盆地海相碳酸盐岩纵向上油气出现多层段复式叠置（图 7.27），已在下奥陶统蓬莱坝组、中下奥陶统鹰山组、中奥陶统一间房组、上奥陶统良里塔格组和吐木休克组获得发现（图 1.8），近期中深 1 井在中、下寒武统两套白云岩层段获油气流，使海相碳酸盐岩含油气层段从奥陶系碳酸盐岩顶部拓展至寒武系底层，勘探纵向层厚从 500m 扩展至 3000m，表明多套深层白云岩具有展开勘探的基本条件。

碳酸盐岩油气在台盆区广泛分布（图 1.3）。塔北南缘哈拉哈塘地区向南扩展已进入满西凹陷区，目前发现含油气深度已超过 7000m，油气分布已超出古潜山与古隆起范围，形成塔北—满西—塔中整体连片广泛含油气的趋势。另外巴楚隆起南部发现和田河气田与鸟山气藏之后，在麦盖提斜坡也有新发现。塔东地区除塔东 2、英东 2 井发现油气显示与少量产出，古城 6 井在奥陶系碳酸盐岩未酸压获高产工业油气流，表明塔东地区存在巨大的晚期成藏潜力，深层碳酸盐岩也可能大面积含油气。

塔里木盆地寒武系—奥陶系海相碳酸盐岩呈现纵向多层段、平面广泛含油气，同时不同地区与层段油气差异大，不同于国内外常规碳酸盐岩油气藏的分布。

（一）多期差异构造演化与烃源岩配置是普遍含油气的基础

由于构造的差异与变迁，盆地内部不同地区发育了寒武统—上奥陶统多套海相烃源岩（图 7.1），烃源岩的分布差异大，而且不同构造背景下烃源岩特征不同。但多套烃源岩在台盆区叠置连片分布广泛，面积超过 $25\times10^4 km^2$，烃源岩广泛分布奠定了丰富的油气资源基础。在多期生排烃过程中，形成了丰富的油气资源，油气资源评价生烃量达

10×10^{12} t，估算下古生界碳酸盐岩最终可探明油气资源量超过 50×10^{8} t 油当量。

由于构造演化差异大，多期油气成藏的来源、运聚路径、充注方式、成藏组合变化大，造成不同地区都有油气来源，形成广泛的油气充注（图 7.27）。受控于构造差异性，烃源岩层位与埋深变化大，碳酸盐岩呈现多期成烃与成藏，经历多种类型的构造改造作用，油气成藏的多期性与差异性造成不同地区的成藏与保存的差异，海相碳酸盐岩油气分布与聚集复杂，不同区块具有不同的成藏与油气分布特征。

（二）断裂、不整合形成广泛的运聚与成藏

塔里木盆地发育多期构造运动，形成了多期、多类型的断裂系统（图 4.19），同时发育多期不整合面（图 5.11），与古生界碳酸盐岩广泛分布的多组系断裂系统在盆地内部形成网状的输导网络。

断裂、不整合面是最优的输导系统，同时也是油气聚集的主要部位（图 7.14、图 7.15）。断裂具有运移距离短、运移渗透性高、运移损失量小等优势，是最快捷、最有效的油气垂向运移通道。不整合侧向运移也是广泛存在的输导方式，侧向运移的层位往往是油气最富集的层位。油气分布受运移通道控制，垂向运移与侧向运移的结合是大中型油气田形成的必要条件。例如，轮南奥陶系油田、塔中北斜坡鹰山组凝析气田等，均是油气垂向与侧向运移充注联合作用的结果。

不整合、断裂也是油气调整与改造的主要方式。多期油气调整与改造是塔里木盆地下古生界碳酸盐岩油气成藏的典型特征，由于后期构造运动频繁，而且碳酸盐岩圈闭幅度普遍较低，强烈的区域构造变动会引起油气发生调整甚至溢出。构造变动既可以表现为断裂活动，造成古油藏沿断裂垂向运移而调整或破坏；也可以表现为圈闭幅度、高点改变，造成古油藏沿不整合面重新调整而再次成藏。塔里木台盆区古隆起高部位因后期构造变动最为强烈，因而往往以古油气藏的调整和破坏为主，该部位一般形成的主要是中浅层次生油气藏。而隆起低部位以及古隆起的斜坡部位因后期构造活动相对较弱，因而下构造层碳酸盐岩古油气藏形成和保存有利，或是内部调整改造的有利部位。

不同的运聚体系，有不同的油气运移聚集方式，造成油气在平面上沿碳酸盐岩不整合面广泛的充注，垂向上沿断裂带储层发育区形成油气富集。

（三）构造改造型大面积储层与多期成藏形成大面积复式含油气

构造活动不仅控制了风化壳优质储层的发育与分布，同时还是礁滩体储层改造的重要因素。断裂活动不仅在碳酸盐岩地层中容易发育裂缝，而且为碳酸盐岩地层的溶蚀造就了输导条件，因而在一些远离不整合面的深部碳酸盐岩地层中同样可形成优质储层，如哈拉哈塘地区奥陶系碳酸盐岩储层与断裂密切相关。塔里木盆地奥陶系碳酸盐岩礁滩型储层、风化壳型与白云岩型储层都是以次生溶蚀孔、洞、缝为主，是受控于不整合、断裂裂缝等多种构造因素的构造改造型储层，都有纵向多层段叠置、横向大面积断续分布的特点（图 6.24），由于多期次、多成因、多类型次生储层的发育，碳酸盐岩储层具有强烈非均质性，不同于孔隙型碳酸盐岩储层，非均质储层叠置连片是油气大范围分布的基础。

塔里木盆地台盆区烃源岩分布广泛，碳酸盐岩具有大范围油气充注的输导系统，在大面积、多层段非均质碳酸盐岩储层中经历多期油气充注，形成了大面积的不连续油气分布，多期构造变迁与油气成藏的时空配置形成整体含油的复杂大油气田群。形成纵向上多含油气层复式聚集、平面大面积分布的格局（图 1.3、图 7.14 和图 7.15）。

二、油气分布受控前石炭纪古隆起斜坡

（一）大型稳定的古隆起斜坡背景

塔里木盆地经历多旋回构造运动与变迁，发育多种类型与特征的古隆起（表 3.3），造成古隆起高部位构造复杂，但古隆起斜坡区下构造层海相碳酸盐岩构造相对简单，很多成藏条件具有共性。

塔里木盆地前石炭纪形成了塔中、塔北、塔西南三大碳酸盐岩古隆起（表 3.6），受多期构造变迁作用，古隆起高部位及斜坡区上覆碎屑岩分布不稳定，变化大，而斜坡区下构造层寒武系—奥陶系海相碳酸盐岩大面积稳定分布（图 1.5），厚度超过 2500m。

前石炭纪古隆起斜坡构造稳定，在加里东期已经形成，海西期继承性发展，其后进入稳定沉降期，具有长期继承性发育的特征（表 3.6）。古隆起斜坡形成后，都经历不同程度的构造改造，形成不同类型的不整合与断裂系统。虽然古隆起高部位与碎屑岩构造改造作用强烈，但古隆起斜坡区下古生界碳酸盐岩都稳定发育。即使经历晚海西期—燕山期强烈构造作用的塔北古隆起，其隆起核部轮台断隆碳酸盐岩剥蚀殆尽，但其南斜坡下古生界碳酸盐岩长期稳定发育，演化与变迁具有继承性。

（二）古隆起斜坡区储层发育

古隆起斜坡区发育台缘高能储集相带。中奥陶世，塔中、塔北、塔西南等古隆起开始发育，沿古隆起斜坡边缘发育中上奥陶统台缘高能相带，已发现塔中-巴楚北缘、塔中南缘、罗西、轮南周缘、塘南五条台缘礁滩体（图 2.18 和图 2.23），面积达 $4\times10^4km^2$。古隆起斜坡台缘礁滩体，储层基质孔隙发育，储层段孔隙度一般在 2%～5%。同时，台缘礁滩体有利于后期各种建设性成岩作用叠加改造，形成多期缝洞体。台缘礁滩体储层纵向叠置，横向连片，沿古隆起斜坡广泛分布，目前发现的礁滩型油气藏主要分布在塔北、塔中古隆起斜坡的台缘礁滩体中。

古隆起斜坡风化壳储层发育。塔里木盆地风化壳岩溶作用主要发育在前石炭纪，古生代古隆起形成大规模的碳酸盐岩出露（图 5.15），而中生代以后只有局部的暴露。古生代古隆起一般都发育宽缓古隆起斜坡，有利于形成沟壑纵横的峰丛地貌，地表、地下水系发育，形成汇水溶蚀区。由于长期的暴露岩溶作用，发育完整、规模巨大的古岩溶缝洞储层系统，塔里木盆地古隆起斜坡岩溶储层最发育。而古隆起轴部岩溶高地缝洞体储层保存条件差，岩溶孔洞多被充填，而且后期构造抬升容易造成缝洞的剥蚀夷平。因此可见，古隆起高部位岩溶作用差、储层保存不利（图 6.5），而斜坡区岩溶储层更发育，而且岩溶缝洞充填少，有利于储层的发育与保存。

（三）古隆起斜坡区成藏条件优越

塔里木盆地中下寒武统、中上奥陶统烃源岩围绕古隆起广泛分布（图 7.1）。古隆起斜坡区紧邻生烃凹陷，是多套烃源岩油气供给的有利部位。目前所发现的油气藏都分布于寒武系—奥陶系烃源区的边缘地带（图 1.3），围绕满加尔凹陷生烃中心的塔北隆起南缘、塔中隆起北斜坡形成碳酸盐岩油气富集区（图 7.20）。

晚期油气充注主要集中在古隆起斜坡区。油气藏解剖发现晚期成藏是一种普遍现象（Li et al.，2010；张鼐等，2010），塔中、轮南、和田河等碳酸盐岩油气田都有大量晚期成藏的包裹体均一温度证据，主要来自气态烃类包裹体，表明存在大量的晚期天然气充注，喜马拉雅期以来的晚期成藏对塔里木盆地具有关键作用。塔中、轮南奥陶系的勘探实践表明，奥陶系碳酸盐岩油气藏都是“下气上油”的油气分布（图 1.9 和图 7.15）。喜马拉雅期塔里木盆地受新构造运动作用，位于斜坡区深层的古油藏、烃源岩与输导系统中分散油质，在深埋下可能发生裂解形成的油裂解气，古隆起深埋斜坡区是晚期油气运聚成藏的最有利部位。

塔中Ⅰ号带台缘礁滩体、塔中鹰山组风化壳、轮南-塔河奥陶系等大型油气田都分布在古隆起斜坡区，古隆起斜坡是油气的富集区。

（四）古隆起斜坡区保存条件优越

由于塔里木板块小、经历多期的构造演化，古隆起高部位碳酸盐岩油气藏保存条件差，主要表现在两方面：一是剥蚀地层多，造成古油藏的破坏，如塔中主垒带是石炭系覆盖在奥陶系风化壳上，加里东期—早海西期，潜山区出露天窗，古油气藏遭受强烈破坏（图 7.15），塔中 2、塔中 17 等井见到大量的沥青；二是断裂发育，盖层条件差，油气向上进入上覆碎屑岩中形成次生油气藏。例如，轮南 1 断裂带高部位盖层条件差，缺失石炭系中泥岩段，形成油气破坏的天窗，在高部位奥陶系碳酸盐岩为水区，在上覆三叠系形成次生油藏（图 7.6、图 7.14）。

而斜坡区盖层厚、构造改造作用弱，有利于古油藏的保存。塔里木盆地下古生界碳酸盐岩存在中上奥陶统泥岩与石炭系泥岩两套区域优质盖层，在斜坡区广泛分布，而在古隆起高部位多遭受破坏与改造。轮南古潜山在海西期呈向南西倾伏的鼻状构造，沿轴部高部位古油藏遭受生物降解，在轮古西-塔河油田形成稠油区。而在中部平台区古地貌平缓，地下水流不畅，而且石炭系中泥岩段逐渐加厚，能够保存正常油气（图 7.14）。轮南奥陶系油气主要分布在斜坡区，其油气储量丰度高、油气储量大。塔中隆起在大量油气充注的加里东期，受构造抬升与断裂作用，上部志留系古油藏遭受破坏，形成大面积沥青砂岩，而北斜坡区发育奥陶系桑塔木组巨厚泥岩盖层，有利于古油藏的运聚与后期保存，塔中Ⅰ号带上奥陶统礁滩体与北斜坡中下奥陶统鹰山组都已发现古油藏。

总之，塔里木盆地下古生界海相碳酸盐岩油气分布不同于上覆碎屑岩，油气沿前石炭纪古隆起斜坡分布（图 7.28）。塔北、塔中、塔西南三大前石炭纪古隆起的宽缓斜坡长期稳定发育。古隆起斜坡不但是台缘高能储集相带发育的有利部位，而且有利于风化壳岩溶储层的发育与保存。古隆起斜坡紧邻烃源区，是多期油气运聚成藏的指向区，油气保存条件优越，而高部位受多期构造作用破坏严重。海相碳酸盐岩广泛存在喜马拉雅晚期成藏事件，古隆起斜坡是大量晚期天然气充注的集中区。由于油藏保存条件的差异性，造成塔里木盆地古隆起高部位油气主要分布在上构造层碎屑岩中，而下古生界海相碳酸盐岩油气集中分布在前石炭纪古隆起斜坡区，向斜坡低部位、深层碳酸盐岩仍具有巨大的油气勘探潜力。

三、油气沿断裂带富集

塔里木盆地断裂不但控制古老海相碳酸盐岩油气运聚，而且对油气分布与富集具有重要作用，断裂的多期多样性造成了油气分布的差异性，以及油气的分段性。

（一）断裂带富油气

统计分析表明，塔里木油田下古生界海相碳酸盐岩目前发现的70%以上油气分布在断裂带及其附近。断裂控制油气的富集主要体现在以下三方面。

（1）断裂带是油气运聚的最有利方向。不同类型、不同级别的断裂系统在空间形成复杂的三维输导网络，同时断裂带裂缝发育，是油气运移的优势通道。大多油气藏具有垂向运移的特点，油气藏地球化学显现明显的垂向运移证据（图 7.6）。同时断裂形成局部构造高，是油气侧向运移的指向区。在塔中断裂带上，95%以上的探井有油气或沥青显示，而没有任何显示的失利井几乎都远离断裂带，表明断裂带普遍发生过油气充注。

（2）断裂控制了油气的纵向分布。统计分析表明，油气的产出主要集中在断裂断至的不整合面附近。油气纵向分布与断裂断开层位密切相关，塔中石炭系以上断裂很少发育，油气显示与发现都集中在石炭系及其以下层系。塔中Ⅰ号带断裂主要断至奥陶系，奥陶系以上层位油气产出很少。塔中 10 井断裂带断至石炭系底部，形成石炭系、志留系、上奥陶统、下奥陶统等多层系复式含油气。塔北地区中新生代仍然有强烈断裂活动，油气沿断裂在中新生界运聚形成大量油气藏。

（3）断裂带油气富集。断裂带是圈闭发育的主要部位，塔中志留系—石炭系碎屑岩的圈闭主要分布在断裂带上，并聚集了 93%的油气储量。同时断裂带也是多种成因碳酸盐岩缝洞体发育的有利部位，地震储层预测沿断裂带储层最发育，70%以上碳酸盐岩缝洞发育的探井直接与断裂相关。统计分析表明（图 8.1），塔中地区碎屑岩油气流井主要分布在距断裂 2km 范围内，大于此距离的探井几乎全部失利；碳酸盐岩油气流井可能距离油气源断裂达 6km，但大多也分布在距断裂 4km 范围内。碳酸盐岩油气主要受缝洞系统控制，而断裂带及其周缘破碎带是缝洞体储层最发育的地区，目前奥陶系发现的哈拉哈塘、塔中鹰山组风化壳、塔中Ⅰ号台缘带等油气富集区块都分布在断裂带上，约占 80%的碳酸盐岩油气储量。

邻近断裂带不但缝洞型储层发育，而且裂缝发育，有利于储层之间的连通，形成高产稳产井多，在塔北、塔中地区断垒带上与断裂带附近裂缝有效沟通型储层较发育。由于裂

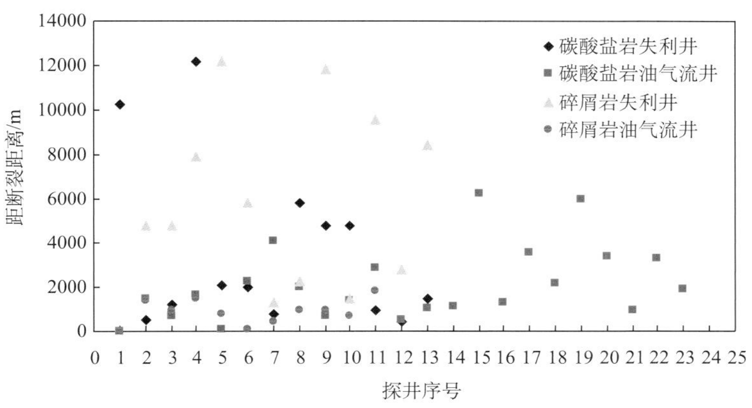

图 8.1 塔中隆起探井与油气源断裂距离分类统计散点图

缝发育，这类储层不但能获得高产，而且裂缝沟通范围大，连通储集体多，有利于油气的稳产。统计分析绝大多数高产稳产井在邻近断裂 2km 范围内（图 6.27），稳产效果好。虽然近断裂带也有低产井、不稳产井，但大多数远离断裂带的井难以形成高产稳产。

（二）不同类型断裂控油的差异性

尽管断裂带是碳酸盐岩油气富集的有利部位，但不同的断裂所起的作用不同，有的甚至是破坏作用。根据断裂在油气成藏中的作用可以划分为油源断裂、输导断裂、控圈断裂、控储断裂、改造与破坏断裂等类型（罗群等，2007），不同作用的断裂特征有差异，分布也不同（图 7.13）。

裂谷盆地中控制烃源岩的形成、分布与演化的控源断裂比较多（罗群等，2007），在塔里木克拉通盆地少见，塔东局部地区可见寒武系同沉积正断层，形成局部加厚的断陷，规模较小，对烃源岩的发育有一定的控制作用。大型油源断裂对油气的控制作用明显，往往是大规模的油气聚集带，如塔中Ⅰ号断裂东、西段断裂活动强烈，深切基底，形成大量的油气富集；中段断裂欠发育，油气充注明显不足，含油气丰度很低。油源断裂通常是基底卷入式的大型逆冲断裂、走滑断裂等。运移作用的输导断裂在塔中、塔北古隆起碳酸盐岩中比较发育，通常规模较小，在空间上形成输导网络。很多断裂对储层改造作用明显，大气淡水岩溶与埋藏期溶蚀作用发育，形成大规模的缝洞体储层，这类控储断裂在逆冲与走滑断裂中都可能发育。在一系列断裂带发育区，可能形成碳酸盐岩断垒、断鼻、断块、潜山等圈闭，并控制上覆碎屑岩披覆背斜、断背斜的发育，形成控圈断裂。这类断裂以断垒带最为典型，塔中 4、塔中 16 断裂带与轮南断垒带、玛扎塔格断裂带等都是圈闭发育、油气富集的控圈断裂带，下部碳酸盐岩与上覆碎屑岩都有油气分布。由于海相碳酸盐岩成藏期次多，在后期断裂活动过程中，很多有改造作用。断裂在成藏中的作用往往不是单一的，有的断裂同时具有多种作用，需要具体分析。

分析发现，油气与断裂断开层位有关，塔中大多逆冲断裂多在中寒武统盐膏层中滑脱，并没有成为油源断裂，对油气主要起输导作用（图 7.13），而断至基底的走滑断裂是沟通中下寒武统烃源岩的有效油气源断裂，为晚期天然气富集的部位。断裂带向上断开的最新层位也是油气向上运聚的最高层位，塔中断裂活动主要在石炭系及其下部，油气分布也在二叠系之下（图 7.27）。而塔北碳酸盐岩断裂向上活动至中新生界，油气分布也从古生界—新生界呈复式聚集。断裂的规模与油气也有关系，控制盆地一级构造单元的一级断裂带通常控制古隆起的分布与油气的运聚方向。例如，塔中Ⅰ号断裂带控制了塔中隆起的基本构造格局，并控制了油气的运聚与富集。断裂活动的强度越大，油气的破坏作用也会增强，如轮台断裂带活动强烈，造成多期油气的破坏，车尔臣断裂的活动甚至破坏了该区的生储盖条件。而小型的断裂通常形成控储、控圈断裂，有利于油气的聚集，断裂活动较弱的桑塔木断裂带、塔中 10 井断裂带古油藏保存条件较好。

综合典型钻井分析，断裂相的控藏作用主要形成高渗透相输导模式、致密相遮挡模式两种类型的成藏模式。高渗透断裂相输导模式多发育在张扭性断裂带及其包络面区域[图 8.2(a)]，由于断裂带内部及其周缘裂缝带发育，或是滑动面、隔层未完全充填，成为高渗透断裂相，形成油气输导的优势通道。这类断裂及其下盘难以形成有效的封堵，油气主要分布在上倾方向的缝洞体中。中古 3 井区较为典型，断裂带及其附近储层连通性好，下倾方向储层段多为水层，断裂上盘上倾部位是油气富集主要部位。另一种是断裂相遮挡成藏模式[图 8.2(b)]，多位于压扭应力区段，断层核狭窄、内部构造欠发育，或是断裂内部断裂相发育，但内部隔层发育，方解石胶结、砂泥质充填严重，多为不连续构造。在断裂带下盘、上盘及断裂带内部都可能形成油气藏。塔中 82 井是典型实例，该井位于断裂下盘，由于断层核部狭窄，破碎带裂缝欠发育，在塔中 82 井区形成相对孤立的缝洞体，形成上倾方向遮挡成藏。

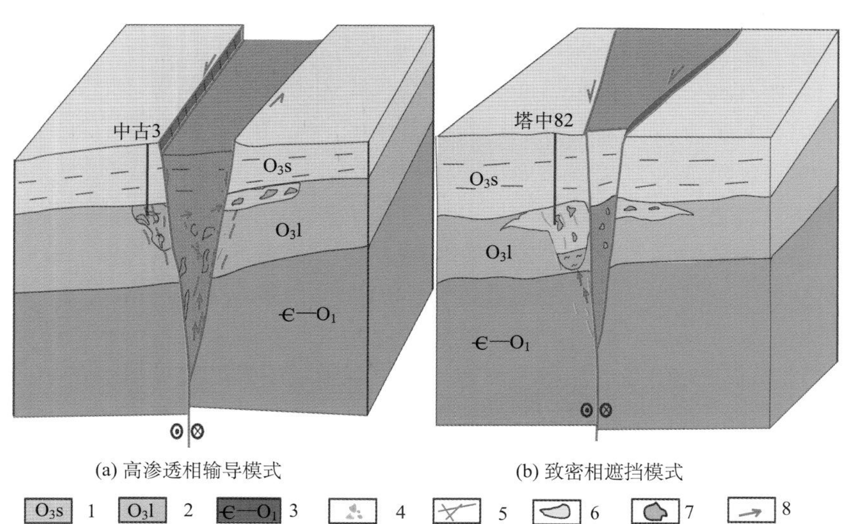

图 8.2 走滑断裂带碳酸盐岩成藏模式图

1. 上奥陶统桑塔木组；2. 上奥陶统良里塔格组；3. 寒武统—下奥陶统；4. 孔洞；5. 裂缝；6. 气藏；7. 水层；8. 油气运移方向

（三）断裂控油的区段性

由于碳酸盐岩断裂带是复杂的三维地质体，造成流体流动横向变化的非均质性与复杂性（Christopher et al.，2009；Agosta et al.，2010），塔里木盆地奥陶系碳酸盐岩断裂横向变化造成油气分布的区段性。

塔中Ⅰ号断裂带是最为典型的代表，沿走向上可以分为五段不同特征的区段，其上奥陶统台缘带的分布与储层有差异（表 6.11）。塔中走滑断裂作为油气源断裂已为勘探实践所证实，但是沿走滑断裂带同样有失利井。通过塔中 82 井区走滑断裂带盐膏层顶面断裂要素分析（图 6.11），北部塔中 82 井区断裂带的宽度都比较大，两盘地层倾向变化大，也有一定落差。向北虽然断裂带仍有一定的宽度，但断距减小很快，盐膏层基本未错开，因此油气运聚有一定难度。中部塔中 80 井区断裂带的宽度突然变小，两盘的落差也很小，因此在此段范围内断裂的油源作用很差，在此段附近的油气勘探需要慎重。而至南部塔中 12 井区断裂带的宽度突然增大，落差也有增长，对油气的运移作用较好。

塔中地区中古 21 井区中下奥陶统鹰山组风化壳取得重大发现，重要的是该区油气充注程度高，探井基本不含水，其勘探成效明显优于其他井区。该区除有局部构造背景外，天然气充注强烈是其中最重要的因素。塔中 45 井区东部走滑断裂发育，该断裂带具有张扭性，断裂输导作用好，邻近的中古 21 井区是天然气充注强烈部位。但至中古 21 构造南部，断距很快减少直至消失，断层破碎带狭窄，储层预测裂缝欠发育，属于低渗透致密碳酸盐岩分布区，输导条件差，形成侧向遮挡断裂带，该带的油气运聚与成藏条件可能不同于中古 21 井区，钻探也表明南部的勘探成效明显较差。

总之，断裂横向的变化造成油气充注的差异性，油气源断裂具有分段性，逆冲油气源断裂呈段状出现，走滑带优势运移通道成小段状或点状交错出现，造成沿断裂带横向上油气富集的差异性与分段性。

四、运聚体系内油气分布的有序性

塔里木盆地碳酸盐岩同一区块也呈现油气性质多样、油气水关系复杂，但受构造控制的油气运聚体系内具有油气分布的有序性。

（一）运聚体系划分

塔里木盆地奥陶系碳酸盐岩油气输导在垂向上主要通过断裂及其伴生裂缝系统，横向上通过不整合面、裂缝与周边缝洞体储层连通。相同的油气源、相同的运移路径上一系列油气藏构成了统一的运聚体系，以主要油气源断裂控制的油气运聚范围可以划分为一系列相对独立的运聚体系。

（二）运聚体系中油气分布

1. 宏观油气分布的有序性

轮南地区发育多种类型、不同方向的断裂系统（图 4.20）。分析表明，由于现今处于强南北挤压的构造应力场，东西向的轮南断裂、桑塔木断裂开启程度低，不利于油气的运移。轮南断裂带、桑塔木断裂带东部三叠系以油藏为主，而奥陶系有天然气，表明晚期高成熟度天然气尚未运移到三叠系，同时也表明上部地层中断裂在喜马拉雅期是封闭的。因此在纵向上，同一运聚体系呈现“下气上油”的分布特征（图 7.6）。

平面上，轮南地区奥陶系碳酸盐岩经历晚海西期原油充注与调整，印支期—燕山期油气调整与改造，以及喜马拉雅期天然气充注与改造的过程，油气水分布复杂。但油气受侧向运移与调整改造作用，奥陶系具有高部位油重、低部位油轻气多的分布特征，中西部古潜山高部位为重质油、中部平台区属于正常油、东部低部位的轮古东地区为凝析气，干燥系数高，原油密度较轻（图 7.19 和图 7.21）。通过油气的分布可见，油气分布是呈东西分带，天然气分布在东部，在轮南断裂带、桑塔木断裂带的天然气有也都分布在其东部，天然气主要由东向西通过储层与不整合面侧向运移聚集成藏（图 1.9、图 7.14）。

塔中奥陶系碳酸盐岩油气也具有“下气上油、油重气干”的特征（图 7.15）。塔中地区下奥陶统碳酸盐岩以高气油比的凝析气藏为主，而上部上奥陶统良里塔格组有大量的油藏，以及气油比较低的凝析气藏，上覆志留系、石炭系以油藏为主，在同一油气源断裂控制的塔中 10 号断裂带最为明显。塔中奥陶系高部位的塔中 4 井区为稠油分布、中部塔中 16 井区为正常原油，塔中Ⅰ号带上奥陶统礁滩体低部位的台缘带以凝析气藏为主。

2. 运聚体系内油气分布的有序性

塔中、轮南地区奥陶系同一井区都出现油气水性质与分布的复杂性（图 7.19～图 7.22），但同一运聚体系内油气分布规律明显。

分析表明，由于塔中地区天然气主要来源于寒武系烃源岩，充注时期在喜马拉雅期，断裂是气侵的主要通道。塔中Ⅰ号带基底断裂主要分布在塔中 44 井以东，断层活动西边较东边弱，通过气源基底断裂，埋藏深度较大的上寒武统和下奥陶统中残留的油裂解形成天然气，并沿断裂向上转移再分配，东部断裂活动性强，天然气运移数量较大，东部古油藏受气侵形成气侵型凝析气藏，有沥青质的沉淀和高蜡油的出现，气油比高（图 8.3）。在塔中 62-2 井以西塔中Ⅰ号断裂未断穿基底，天然气运移通道受到抑制，晚期的气侵减弱，因此在塔中 621、塔中 62-1 井区保持了油藏的特征，气油比低。

在塔中 82 井区，虽然塔中Ⅰ号断裂也未断穿基底，但该区走滑断裂发育，断穿基底，而且一直向南延伸到塔中 10 号构造带，是气源运移的优势通道，大量油裂解气沿走滑断裂上来后向南东方向运移。由于气侵是从下向上，从西北向东南，因此沿走滑断裂带气油比高（图 8.3），向东南塔中 621 井区气油比逐渐降低。在南部塔中 72～16 井区由于气侵波及作用弱，仍然呈现油藏特征。因此根据气源断裂与储层的配置可以将礁滩体油气藏划分为不同运聚体系（图 8.4），在同一运聚体系中表现为靠近气源断裂的运移路径上气油比逐渐降低，向上倾方向可能保存早期的原油，下倾低部位天然气充注少的部位为水，同一运聚单元中油气水具有分异。

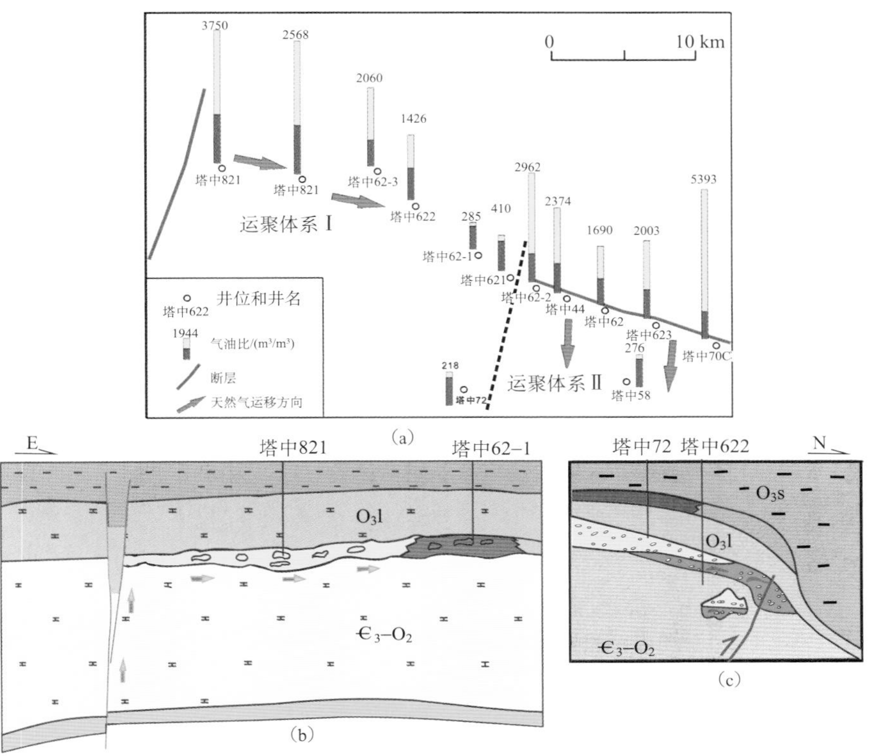

图 8.3 塔中 62～82 井区上奥陶统礁滩体油气运聚体系内流体分布

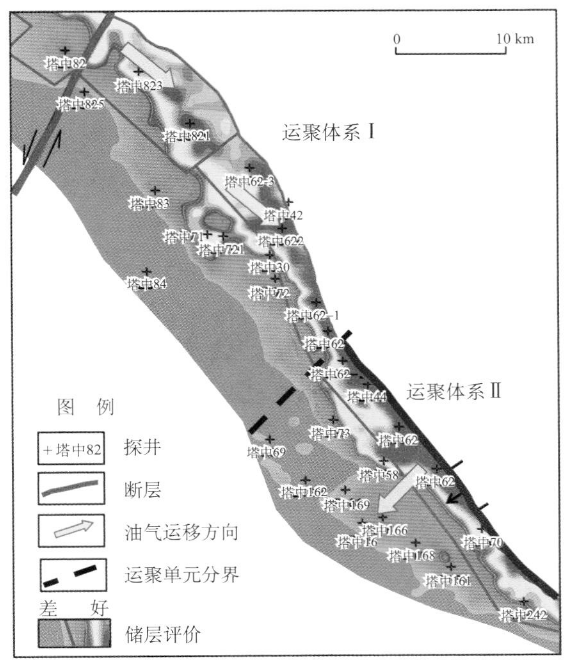

图 8.4 塔中Ⅰ号带中段良里塔格组台缘带运聚单元划分

在轮南地区，奥陶系碳酸盐岩油气运聚体系内同样具有油气分布的有序性。在轮古东走滑断裂西部奥陶系碳酸盐岩油气运聚体系中，天然气具有从东部低部位向垒带高部位运移的特点，油气分布是有规律渐变的，原油含蜡量逐渐降低、气油比也是逐渐降低，原油密度逐渐升高（图 7.19 和图 7.21），表明晚期是以东部断裂垂向运移后通过碳酸盐岩不整合面侧向输导向西部运移。

由此可见，相同的油气源、相同的运移路径上一系列油气藏构成了统一的运聚体系，形成以断裂垂向运移与不整合面/储层侧向运聚体组成的油气有效运移-聚集单元，以主要油气源断裂控制的油气运聚范围可以划分为一系列相对独立的运聚体系。塔里木盆地奥陶系碳酸盐岩油气水分布复杂，但在油气源断裂与储层组成的相对独立油气运聚体系中，从油气源断裂向上倾方向的运移路径上油气水性质及其地化特征出现有规律的变化，具有油气水分布的有序性。在早期以石油充注为主的情况下，晚期天然气的充注来自深层，受运聚体系控制，油气从低部位向高部位、从深层向浅层运移，造成塔中北斜坡、轮南东部地区深层富气、斜坡低部位富气，浅层与碳酸盐岩高部位富油的特征，形成“下气上油”的特殊现象。

第二节 功能要素预测有利勘探领域

一、功能要素组合预测方法

（一）功能要素及其作用

含油气盆地油气成藏均要受到生、储、盖、运、圈、保六大地质因素控制，而每个大的地质要素又包括更多更具体的地质条件。叠合盆地具有更复杂的地质条件，油气成藏的控制因素也更多、更复杂。研究表明，烃源灶、古隆起、有利相和区域盖层四个功能要素及其组合的控油气作用涵盖了生、储、盖、运、圈、保六个地质要素的全部作用（庞雄奇，2010），既是可以识别的地质体，又能客观描述与定量表征，能够用于研究油气藏的形成和分布（图 8.5）。

四个功能要素是相互独立的，都对油气成藏的边界、范围、概率有控制作用。依据对中国西部叠合盆地油气勘探成果的统计发现，95%的油气藏分布在两倍于烃源灶排烃半径的范围内，离烃源灶中心越远，油气成藏概率越低；95%的油气藏分布在古隆起坡脚以上的构造高部位，离隆起顶点越远成藏概率越低；95%的油气藏分布在沉积相带相对较好的储层内；95%的油气藏都分布在有效盖层厚度为 25～650m 的下覆地层内，大于和小于这一盖层厚度之下的目的层内找到的油气藏个数和储量极少。单一功能要素不能形成油气藏，实际地质条件下油气藏形成和分布由这些功能要素的组合所决定。

（二）功能要素组合模式决定着油气藏的形成和分布

烃源灶(S)、古隆起(M)、沉积相(D) 和区域盖层(C) 四大要素在时间上和空间上的匹配控制着沉积盆地的油气成藏及其时空分布。研究表明，四大要素在纵向上的有序

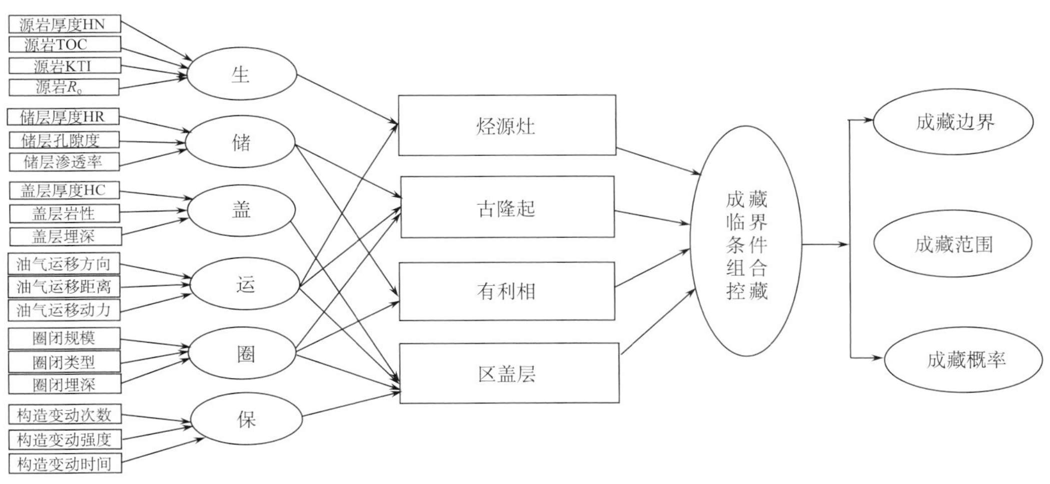

图 8.5 功能要素组合控油气成藏基本原理

组合控制油气富集的层位，在平面上的叠加复合控制油气富集的范围，在时间上的有效联合控制油气富集的时期或大量成藏期(T)（图 8.6)。

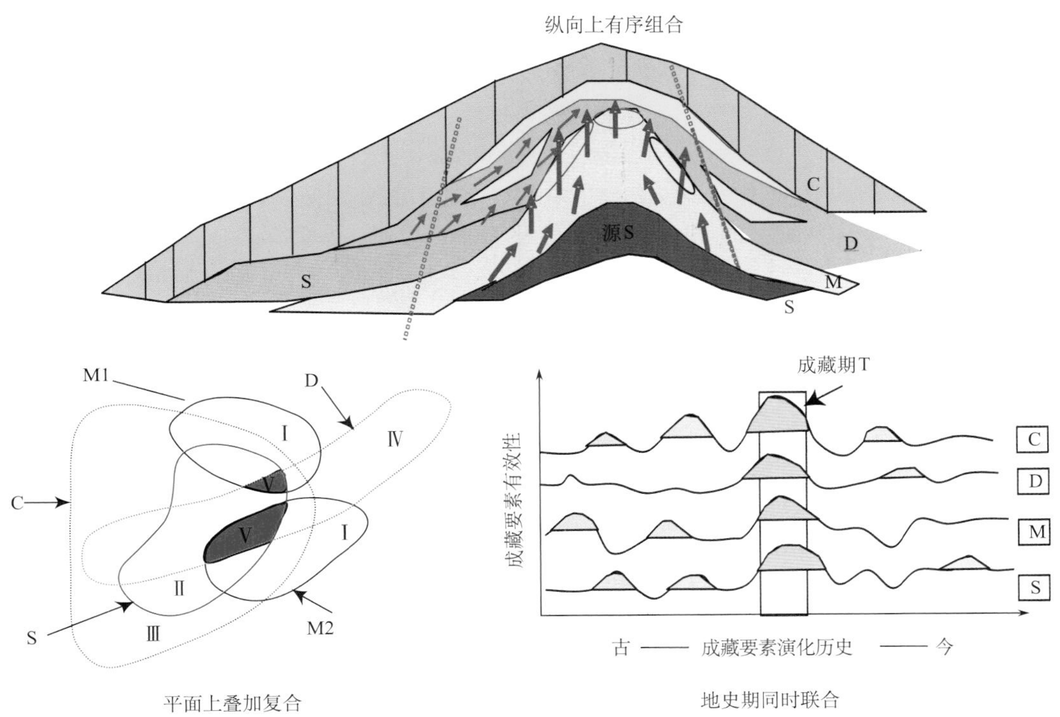

图 8.6 功能要素组合控油气成藏基本模式

T. 成藏时间；C. 盖层范围；D. 储层范围；M. 古隆起范围；S. 源岩范围

1. 功能要素有序组合控制纵向油气富集的层位

四个地质要素自上而下依照C、D、M、S序次出现时最有利油气生排运聚成藏。最下面的烃源灶（S）生成油气排出源岩层后，在浮力作用下由下向上运移。古隆起（M）的背景为油气自下而上运移和向高点聚集提供了条件，古隆起顶部既是位能最低的部位，也是油气向上运移汇聚的中心部位。古隆起周边发育各种高孔渗的沉积相（D）和圈闭，有利油气的聚集成藏。聚集后的油气由于受到了上覆区域盖层（C）的封盖作用而能够保存下来。事实上，上述四大地质要素在纵向上也有其他的组合形式，但都不如CDMS组合有利于油气成藏。例如，在DSCM组合中，区域盖层C发育在烃源灶S之下，不能对烃源岩生排出来的油气资源起保护作用。根据塔里木盆地台盆区已发现的600多个油气藏统计发现，86%以上的油气藏内的油气都分布在CDMS组合内。

2. 功能要素叠加复合控制平面油气富集的范围

通过对塔里木盆地台盆区各目的层现今发现的油气藏统计发现，烃源灶（S）、古隆起（M）、有利沉积相（D）和区域性盖层（C）四个要素叠合的地区发现的油气藏个数最多，占总数的80%～94%，平均87%；三个要素控藏范围叠合的地区发现的油气藏个数次之，占总数的1%～17%，平均11%；两个要素叠合的地区发现的油气藏个数占总数的0～5%，平均2%；一个要素发育的地区没有发现油气藏；没有成藏要素的地区不可能形成油气藏（图8.7）。结果表明，成藏要素越多的地区，形成油气藏的概率越高；成藏要素越少的地区，形成油气藏的概率越低。由于单一要素确定油气的成藏范围是在一定概率条件下得出的相对结论，而且CDMS匹配成藏只适合于浮力作用下的油气成藏的形成和分布预测。因此，特殊条件下三个或两个成藏要素的地区也能发现油气藏。

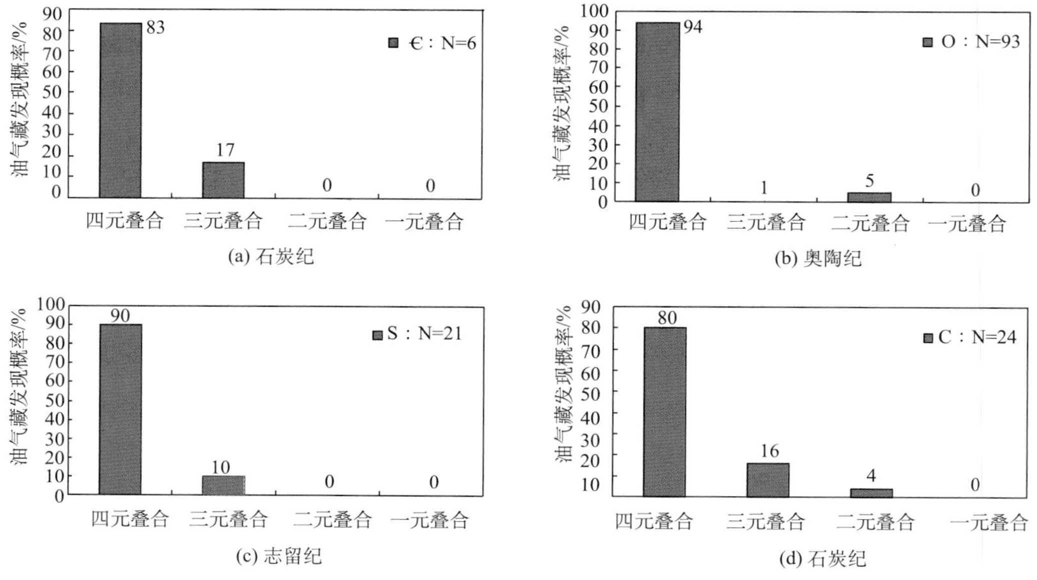

图8.7　多要素在平面上的叠加复合控制油气成藏的范围图示

3. 功能要素史期联合控制油气藏大量形成的时期

在四大要素纵向有序组合和平面叠加复合的情况下，它们在地史期同时联合作用决定着油气藏的形成时间（图 8.8），有效的成藏要素在时间上的统一作用是油气藏形成的前提和关键。对于叠合盆地而言，并不缺少油气成藏的地质条件，在有些地方始终找不到油气的根本原因是油气成藏条件往往在时空上不能相互关联发生作用，主要有四种表现：一是存在四种成藏条件，但这四种条件并不在同一时期有效；二是四种成藏条件在同一时期有效，但不在同一个空间发育；三是它们在纵向上不是有序组合，在平面上也不能叠加或复合；四是缺少一个或几个必要的成藏要素。上述四种情况，无论哪一种都不能形成油气藏，要素关联作用是叠合盆地油气成藏的前提之一。

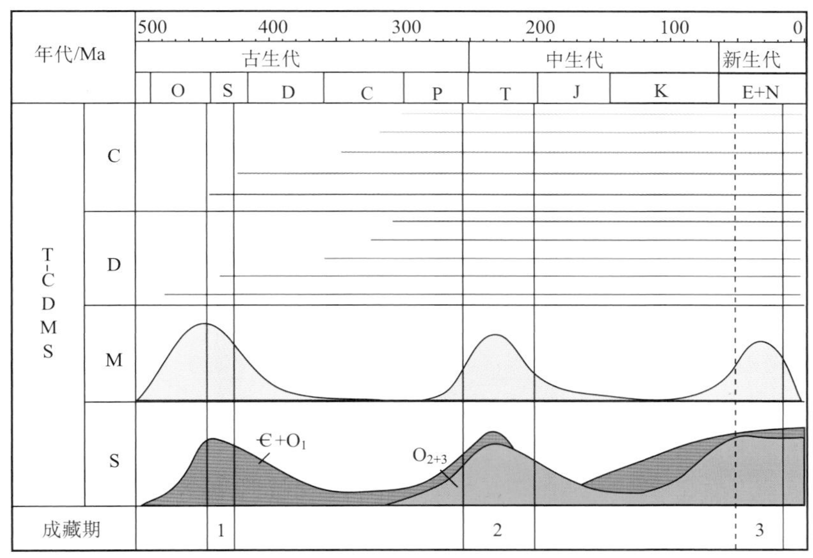

图 8.8 四大要素在时间上同时有效并联合作用与成藏期划分概念模型

（三）叠合盆地多期复合成藏作用与表征

1. 叠合盆地多期复合成藏作用与定性表征

叠合盆地油气聚集成藏受烃源灶、古隆起、有利沉积相和区域盖层四个因素制约，在主成藏期内，四个要素分布发育的复合区为最有利油气成藏区。为了便于分析，将四个要素分布发育的复合区称为最有利油气成藏区，将三个要素分布发育的复合区称为有利油气成藏区，将两个要素分布发育的复合区称为较有利油气成藏区，将一个要素分布发育区称为不利油气成藏区。

2. 叠合盆地多期复合成藏作用与定量表征

为了进一步研究烃源灶与油气藏分布的定量关系，确定源控作用下油气分布的最大范围以及不同地区的成藏概率，本书采用油气分布门限的概念模型（图 8.9）。油气分布门限是指含油气盆地内受烃源灶条件的控制下，油气能够运移的最大范围（姜福杰，2008）。研究表明，烃源灶的三个地质条件控制着油气藏的分布范围，它们分别是烃源灶供油气中心的排烃强度、排烃强度中心离成藏区的距离、排烃门限离成藏区的距离。为了消除不同盆地地质条件差别的影响，对原始数据进行了标准化处理，在此基础上可以建立烃源灶周边某一点的成藏概率与上述三个主要控制因素的定量关系模型。

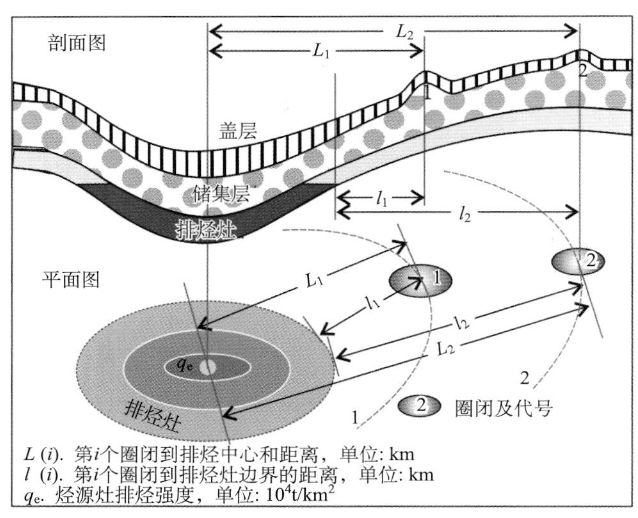

图 8.9 油气分布门限地质概念模型及控油气作用数学模型（姜福杰，2008）

油气分布门限概率数学公式如下：

$$F_e = 0.046 \cdot e^{0.12q_e} - 0.16 \cdot \ln L + 0.65 \cdot e^{-8.2357 \cdot (l+0.1)^2} + 0.1345 \tag{8.1}$$

式中，F_e 为某一范围内烃源灶单因素影响下成藏概率；L 为标准化的油气成藏区至排烃中心的距离（$L = L_1/L_0$，其中，L_1 为油气成藏区到烃源岩排烃中心的距离；L_0 为排烃边界到烃源岩排烃中心的距离）；l 为标准化的油气成藏区至排烃边界的距离（$l = l_1/L_0$，其中，l_1 为油气藏到排烃边界的距离，油气藏在排烃边界外 l 为正值，当油气藏在排烃边界内 l 为负值）；q_e 为烃源灶最大排烃强度（10^6 t/km^2）。

相控油气定量表征拟采用不同沉积相赋不同数值的方法来表征相控油气作用，通过统计不同沉积相中已发现油气藏个数，建立相与成藏概率之间的定量化标准。对于特定的目的层中发现油气藏个数最多沉积相赋值为 1，未发现油气藏沉积相赋值为 0。其他沉积相则根据已发现油气藏与发现油气藏个数最多沉积相做一个比值，这个比值就代表该沉积相的相对控藏概率。

对区域盖层封油气性的定量化处理，主要采用地质统计的分析方法。通过统计塔里木盆地区域盖层厚度与该区域盖层下工业油气井累积个数的关系，建立二者之间的定量关系模式。研究表明，随着区域盖层厚度变大，工业油气井累积个数也增加，当区域盖层厚度大于 150m 时，工业油气井累积个数的增长速度变缓。

根据以上区域盖层厚度与工业油气井累积个数之间的关系，将工业油气井出现次数累积频率转化为成藏概率，就可以拟合出区域盖层单因素作用下的控藏概率：

$$Y_c = 0.166\ln X_c - 0.162 \tag{8.2}$$

式中，Y_c 为盖层单因素影响下的控藏概率；X_c 为区域盖层的厚度。

根据古构造图可以定量表征地质历史时期中的古隆起。研究表明，古隆起往往邻近生油凹陷，是油气运移的主要指向区。为了方便对不同规模的古隆起的控油气作用进行统计分析和处理，本书按照下面方法对古隆起进行了归一化处理，即把古隆起的顶点定为原点，取值为 0；把古隆起延伸到拗陷内的底界定为 1；古隆起控制下的油气藏就分布在 0～1 的区域。对古隆起单因素作用控藏概率进行统计分析时坚持两个原则：一要选择比较稳定的继承性古隆起；二是选择在古隆起背景下晚期形成的大中型油气藏进行统计。这类油气藏经历构造变动次数少，油气藏调整、改造和破坏作用比较弱。通过世界上受到古隆起控制而形成的 81 个大中型油气藏分析（图 8.10），古隆起上形成大中型油气藏个数最多的部位是坡顶和坡上，油气藏个数从坡顶到坡脚减少的幅度比较缓慢；但从储量上看，主要富集在古隆起的坡顶，从坡顶到坡脚油气储量减少的速度相对于油气藏个数来说快得多。

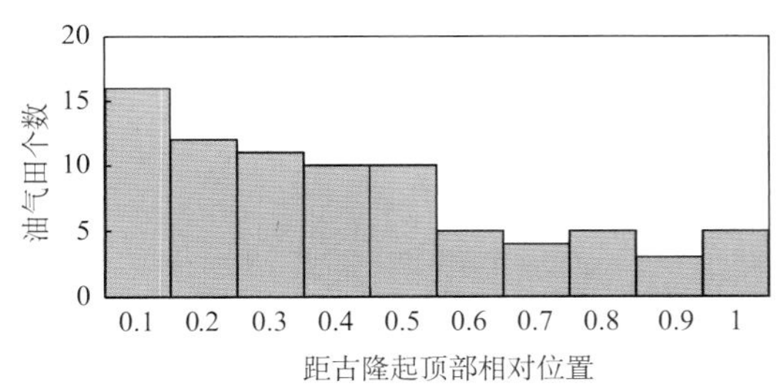

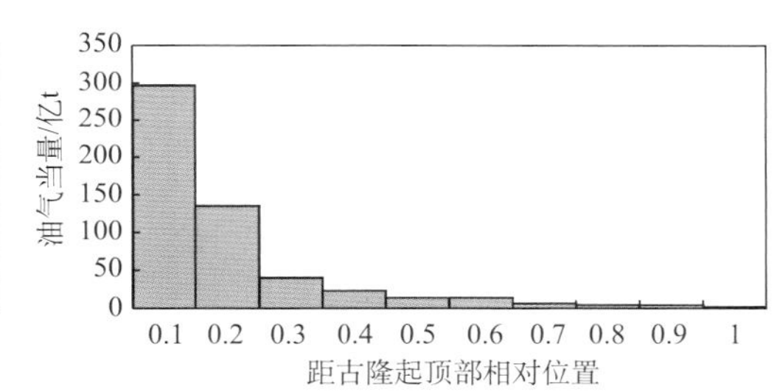

图 8.10 世界含油气盆地古隆起控油气作用统计直方图

根据上述统计关系，将油气藏个数分布频率转化为成藏概率，便可以拟合出古隆起不同部位的成藏概率分布公式：

$$Y_M = e^{-1.5225X_M} \tag{8.3}$$

式中，Y_M 为古隆起单因素控制下的成藏概率；X_M 为距古隆起顶相对距离。

为了表征功能要素组合成藏的概率大小，本书用一个定量化的指数（T-CDMS）表征要素匹配成藏的综合评价结果。该指数在 0～1，指数越大表明越有利于油气成藏，越小越不利于油气成藏。依据指数的相对大小，将成藏区分为四类：最有利成藏区（1.00～0.75）、有利成藏区（0.75～0.50）、较有利成藏区（0.50～0.25）和不利成藏区（0.25～0）。通过功能要素多期复合成藏作用评价的叠加，可以预测与半定量评价勘探有利区带。

二、功能要素组合预测方法的应用

（一）方法流程

功能要素组合控油气成藏模式的建立为有利成藏区带预测与评价奠定了理论和方法基础。基本步骤是（图 8.11）：第一步，开展油气地质条件研究，做出 C、D、M、S 条件分布图与发育史；第二步，研究四个功能要素的控油气作用，确定它们的控藏边界范围和概率并建立定量模式；第三步，研究四大功能要素的组合控藏作用，预测有利成藏的时期、层位和区带；第四步，研究同一目的层多期复合成藏作用，指出最有利成藏区带；第五步，综合研究多层段多期次的复合成藏有利区，综合评价优选有利勘探方向。

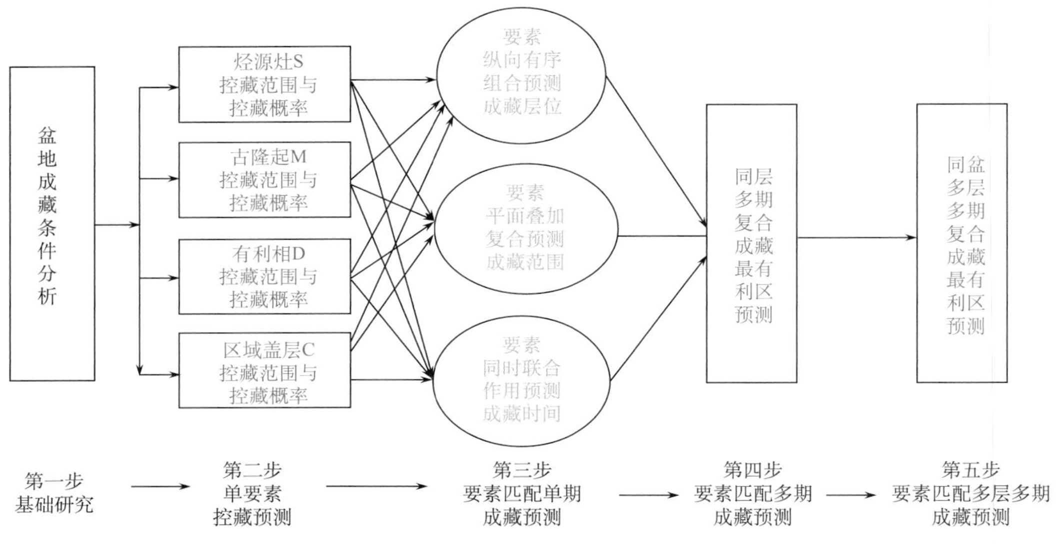

图 8.11　功能要素组合成藏模式预测有利成藏领域方法流程

（二）应用效果

基于功能要素组合控油气成藏理论模式研发了有利成藏区带和时期的预测方法和技术，应用于塔里木盆地台盆区两套目的层（Є、O），四个有利成藏期（Є—O，S—D，C—T，J—Q）有利成藏区带预测。寒武系目的层现今最有利成藏领域主要分布在塔中隆起、塔北英买力构造带、哈拉哈塘凹陷和轮南低凸起附近（图 8.12），以及满加尔凹陷北部部分地区。此外，麦盖提斜坡、塘古拗陷和巴楚隆起部分地区也有一定的勘探潜力。奥陶系最有利的成藏领域为塔北英买力地区、轮南-哈拉哈塘地区和塔中地区，次有利的成藏领域为麦盖提斜坡及其周缘地区。

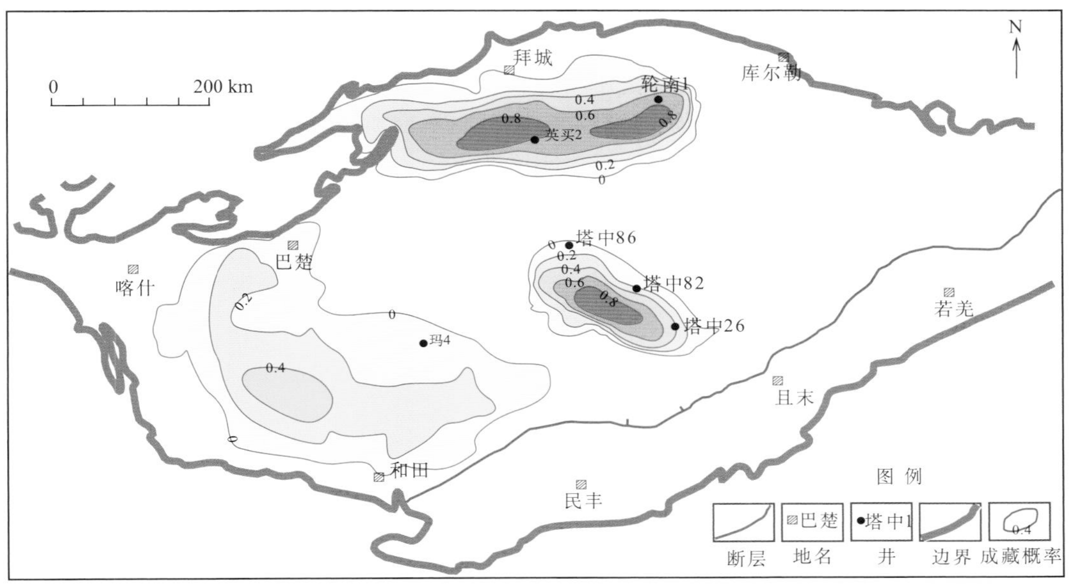

图 8.12 塔里木盆地寒武系功能要素组合多期成藏复合领域预测

第三节 构造过程叠加法区带定量评价有利区带

叠合盆地经历多期构造改造，通过构造过程叠加改造研究构造变动破坏烃量，以及多因素作用下油气成藏概率的大小是油气评价发展的方向。

一、构造过程叠加改造油气藏的主控因素与模式

（一）构造变动破坏烃量的主控因素

1. 构造变动强度

塔里木盆地是由多期不同性质原型盆地组成的典型叠合盆地，发生过 10 余期大规模的构造运动（图 5.16）。每一次构造变动都对油气分布产生不同程度的影响，造成油气的调整、改造与散失，定量表征油气的破坏量，是进行油气资源评价与区带评价的有效途径。

研究表明，构造变动衍生的方式主要有地层的剥蚀作用、褶皱作用和断裂作用，在这三种地质作用下导致油气藏形成后发生调整改造和破坏。构造变动强度是指构造变动对周边介质所产生的破坏程度，是断裂作用、褶皱作用和剥蚀作用的综合反映，可以分别用地层的断距、地层的倾角和上覆地层的剥蚀厚度来表征。

一般而言，地层剥蚀厚度越大，反映构造变动强度越大。反之，如果某一区块的剥蚀厚度很小，并不能断定该地区遭受的构造变动很弱，因为强烈的构造变动也可能以走

滑或构造沉降等形式表现出来。塔里木台盆区褶皱隆起和断裂隆升的最终结果都是构造高部位的地层受到剥蚀，构造低拗区的地层接受新的沉积。在此基础上，统计表明台盆区剥蚀厚度较大的地区，也是地层倾角和断层断距较大的地区，三者之间存在明显的线性关系（图 8.13）。可见塔里木盆地各主要不整合面的剥蚀厚度和断裂作用强度、褶皱作用强度之间存在着密切的正相关关系。地层剥蚀厚度在平面上是连续的，可以依据变化趋势加以预测。但地层倾角和断距变化大，分布趋势研究工作复杂。此外，地层的剥蚀厚度也能间接地反映地层的倾角和断距，剥蚀厚度越大，说明地下深部的隆升作用或周边的侧向挤压作用大，地层断距越大。因此可以用不整合面下的剥蚀厚度代替断裂和褶皱作用强度表征构造变动强度。

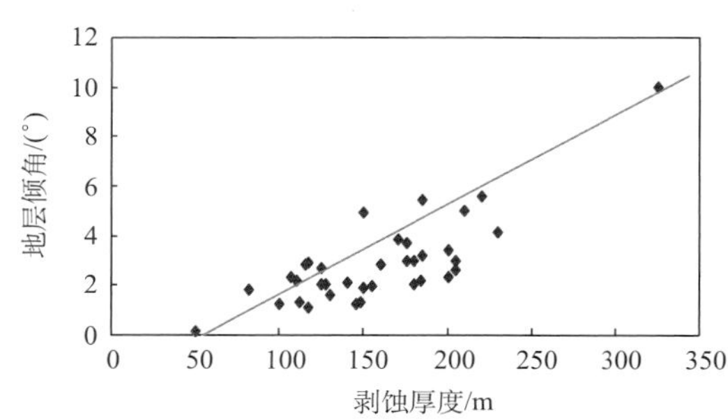

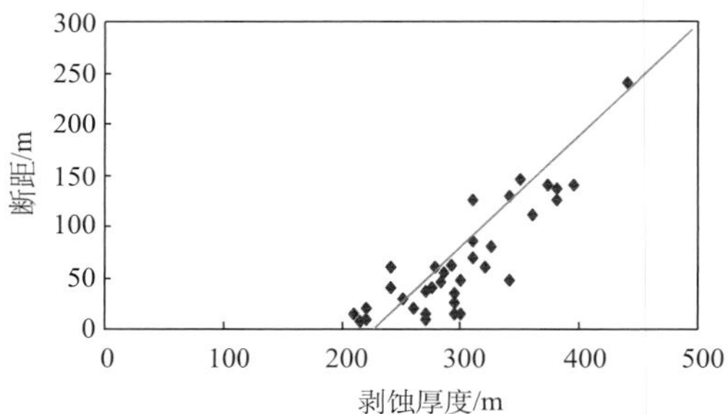

图 8.13 塔里木盆地地层被剥蚀厚度、褶皱强度和断距之间的关系

通过统计探井油气产量与成藏后上覆地层的剥蚀厚度表明（图 8.14），塔里木盆地台盆区探井日产量与油气成藏后各次构造变动的强度（上覆地层剥蚀厚度）之间具有正态分布关系，油气产量初始随着构造变动强度的增大而增长，在剥蚀厚度约 150m 时达到最高，随后快速下降。日产量较高的井的剥蚀厚度在 80～230m，当地层剥蚀厚度超过约 310m 临界值时，出现构造变动强度的临界条件，其下伏地层内形成的油气藏可能已破坏，几乎没有油气产出。

2. 构造变动次数与序次

塔里木盆地每一次构造变动都导致了早成油气藏的调整、改造与破坏，通过剖析发现的复杂油气藏已得到证实（杜金虎，2010；Pang et al.，2010）。塔里木盆地早成油气藏在构造变动过程中被调整和破坏的实例非常多，也非常普遍。例如，志留系大油气田形成后已变成了沥青砂（张俊等，2004；Xiang et al.，2010），哈得油田形成后位置发生了迁移等（赵靖舟，2001），塔中 4 经过后期多次构造变动后油气储量逐步从一个 3.5×10^8t 的大油气田变成了一个仅有 1.2×10^8t 储量的中型油气田（韩晓东和李国会，2000）。在这一过程中，古油气藏被破坏的油气一部分散失了，另一部分调整到上部地层中形成了更小规模的油气藏。分析表明（图 8.15），塔里木盆地在油气藏之前发生的构造变动产生圈闭，不会破坏油气；在其他条件相同的状况下，大量油气藏形成后发生的构造变动对油气藏的破坏作用最大，而最晚期构造变动的改造后油气藏才定型，对油气勘探的意义最大。

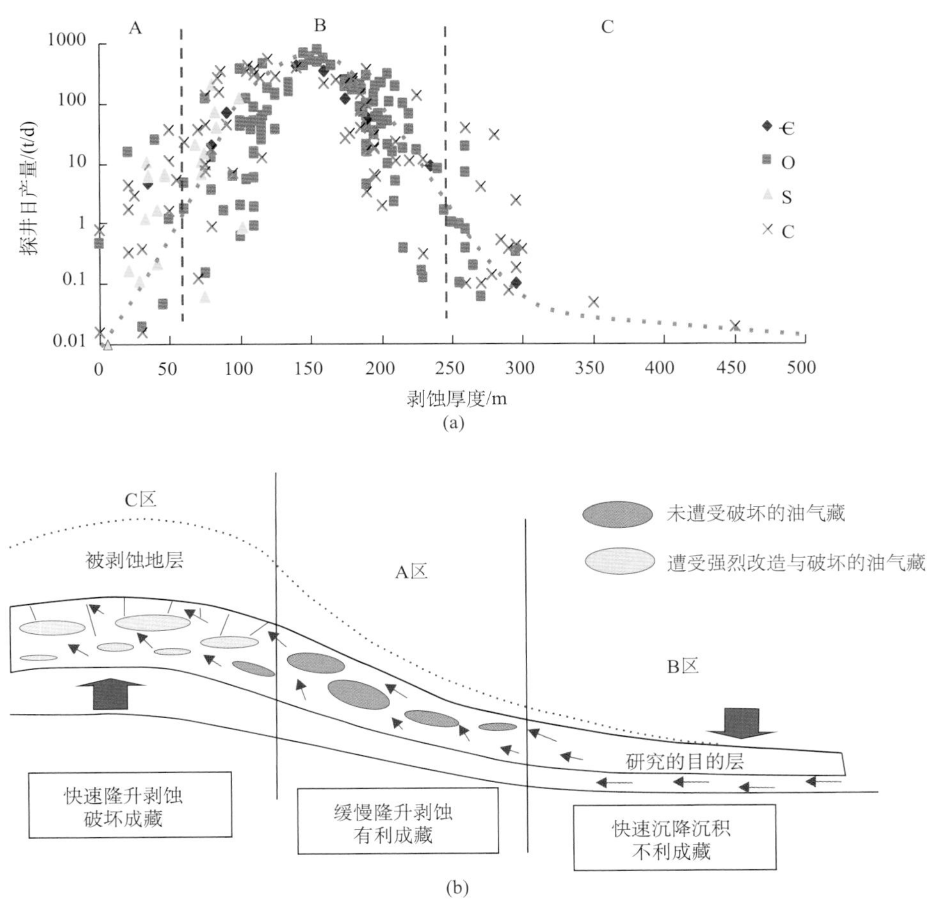

图 8.14 塔里木盆地地层受剥蚀厚度与早成油气藏产能的关系

3. 构造变动时盖层条件

在同样的构造变动条件下，油气藏被破坏的程度还取决于区域性盖层或直接盖层的厚度和可塑性。在同样的构造变动条件下，厚度大的盖层，封盖性能好；盖层的塑性越强，油气保存率越大。塔里木盆地轮南-塔河大油田能保存大量的古油藏，与石炭系超过 100m 厚的区域泥岩盖层密切相关，北部盖层条件差的地区，则破坏严重，油稠量少；塔中台缘带能富集大型凝析气田与上覆巨厚桑塔木组泥岩密切相关；而库车克拉苏冲断带构造活动强烈，大气田能够保存下来的主要原因是目的层之上发育有一套厚度大、塑性强的膏盐岩区域性盖层。

（二）构造过程叠加改造油气藏地质模式

塔里木盆地已发现的碳酸盐岩大油气田主要分布在塔北隆起、塔中隆起之上，但都不在构造最高部位，而是在古隆起的斜坡地带，如塔河油气田、塔中I号气田等。分析表明

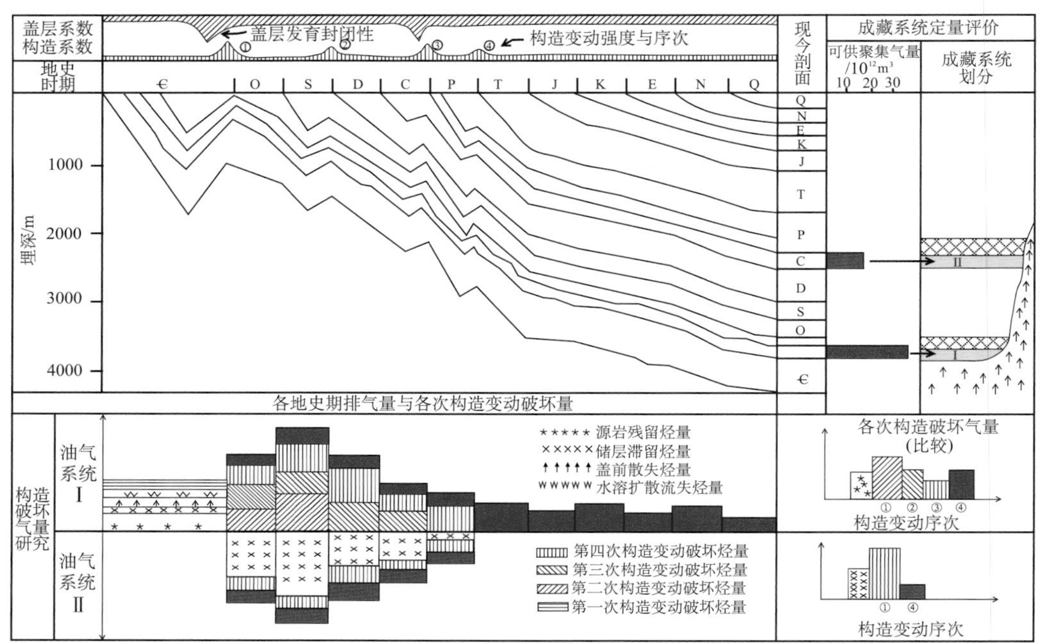

图 8.15 塔里木盆地构造变动序次与油气藏破坏程度的关系

①②③④代表构造活动期的序次

(图 8.14)，古隆起形成过程中剥蚀厚度较大的地区，下伏地层受到的隆升与断裂作用最强，已形成的油气藏受到破坏的可能性也最高。当被剥蚀地层的厚度超过 200m 后，下伏地层内已形成的油气藏几乎都受到破坏，形成快速隆升剥蚀破坏区（C 区）。在剥蚀量低于 50m 的拗陷区，构造活动微弱，圈闭欠发育，油气藏破坏作用小，但聚集规模也小，探井油气日产量也不高，形成快速沉降的成藏不利区（B 区）。在古隆起的斜坡区，不整合面上剥蚀地层厚度较大，构造活动适中，大型地层岩性圈闭与构造圈闭发育，形成的油气聚集规模最大，虽然下伏地层内已形成的油气藏受到一定程度破坏，保存下来的资源量仍很大，形成缓慢隆起有利成藏区，是油气富集与高产区（A 区）。因此，根据构造变动强度（剥蚀量）可以建立不同区块构造改造油气藏的地质模式。

通过统计不同构造旋回期间的地层剥蚀厚度与地层总厚度，可以评价每一构造旋回期间的构造变动强度。本书将地层剥蚀厚度大于地层厚度 2/3 的地区称为强活动区，小于地层厚度 1/3 的为弱活动区，其他为构造平衡区。对于单次构造变动而言，地层剥蚀厚度大于 2/3 的强活动区早成油气藏不易得到保存，剥蚀厚度小于 1/3 的弱活动区早成油气藏易于得到保存；其他地区介于二者之间。通过盆地各次构造变动造成的地层剥蚀厚度的平面分布研究（图 8.16），多期构造变动对早成油气藏的改造可以通过叠加复合每一次构造变动的强度予以讨论。研究表明，目前塔里木盆地已发现的油气藏都分布在每一次构造变动相对较弱部位的复合叠加区（图 8.16）。因此，多期构造变动叠加改造油气藏可以划分为三种基本模式：强强叠加破坏型、弱弱叠加保护型、强弱叠加调整型。

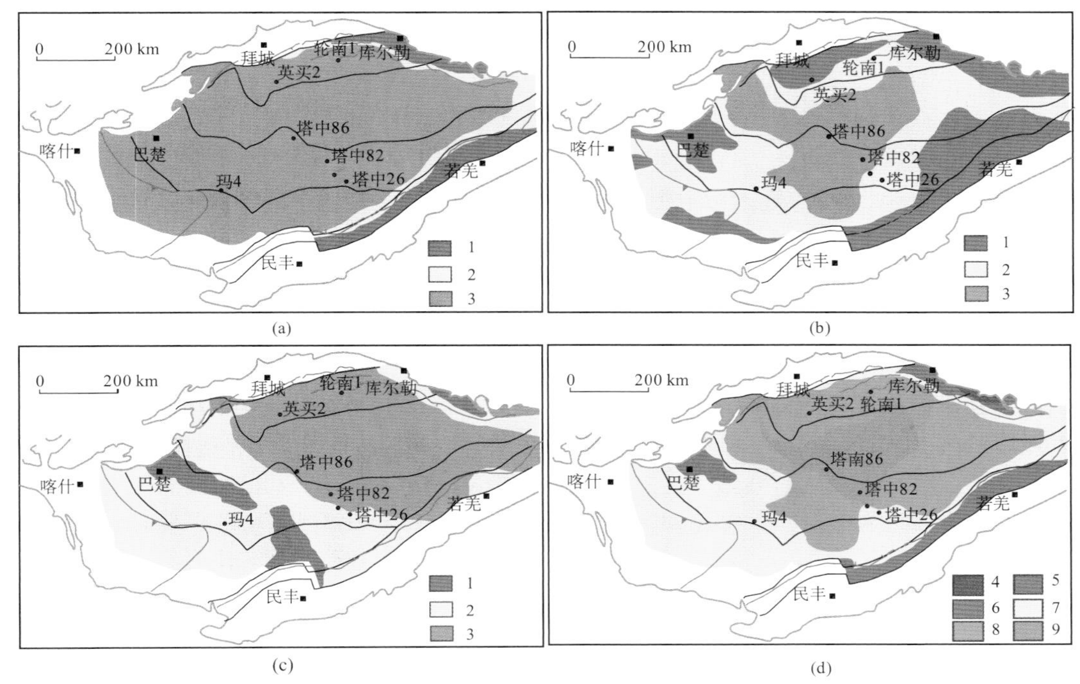

图 8.16 多期构造过程叠加与有利区预测

1. 构造作用强；2. 构造作用中等；3. 构造作用弱；4. 最强；5. 较强；6. 强；7. 微强；8. 微弱；9. 弱

地史过程中多期构造变动条件下都处于相对稳定地区的弱弱叠加复合带是有利的构造变动平衡带（庞雄奇等，2008），在构造平衡带内每一个不整合面所代表的构造变动强度都相对较小，而在剥蚀面的上倾顶部则代表剥蚀量增大。在构造平衡带内，虽然构造变动可以导致下伏地层内已形成的油气藏的调整与改造，但破坏作用较小。构造平衡带在塔里木盆地内往往表现为不同倾向的构造层在同一地区的叠加复合，目前发现的油气藏大多分布在构造平衡带内。

二、构造过程叠加改造油气藏的定量评价

（一）多期构造过程叠加改造油气藏定量评价模型

1. 多期构造过程叠加改造油气藏地质概念模型

油气藏形成后，每一次调整改造都可能使原始形成的油气藏储量（Q_0）减少 ΔQ_i，多次调整改造后最终剩余储量可能变为了 Q_n。对于某一确定的油气藏而言，每一次构造变动的影响是不同的，多次构造变动的叠加结果也就千差万别（图 8.17）。例如，塔中寒武系第一期形成的油气藏经受了后来三期、甚至更多的构造变动的调整改造，形成现今构造变动调整改造和破坏油气藏过程的叠加结果。结合实

际情况，多期构造叠加可以强强叠加破坏型、弱弱叠加保护型、强弱叠加调整型三种基本模式具体分析。

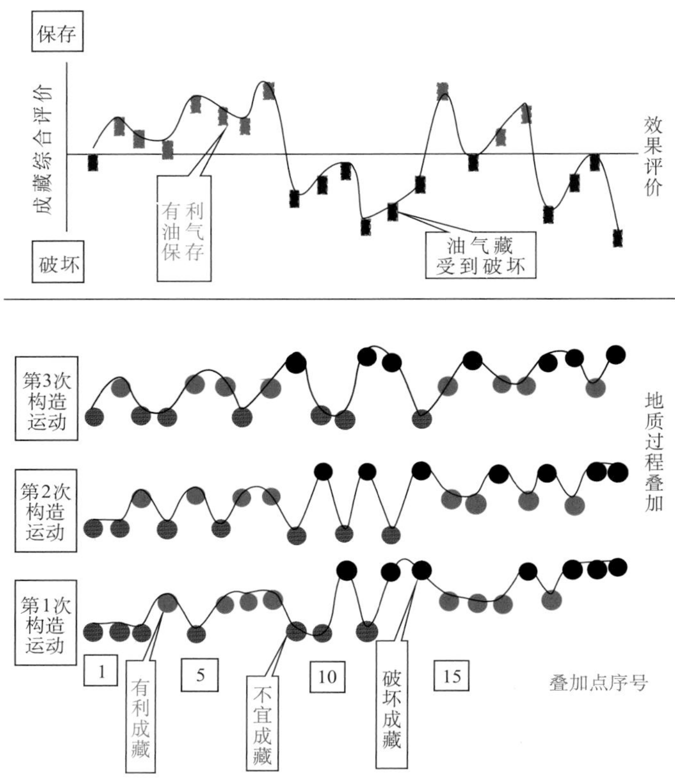

图 8.17 叠合盆地多期构造变动改造早成油气藏定量模式

如果油气藏形成后在每一次后续的构造变动中都处于强烈的活动区，则每一次构造变动都对油气藏带来破坏性结果，多次破坏性结果的叠加终将使早成油气藏彻底破坏，形成强强叠加破坏型叠加区。这类地区油气潜力最小、勘探风险最大，如塔东南地区遭受多期强烈的构造作用，早期的油气藏都被破坏，甚至目的层也被剥蚀掉或变质。如果油气藏在后续的每一次构造变动中都处于完全的稳定区域（剥蚀厚度趋于0），则每一次构造变动都没有影响改造早成油气藏，并接受新的沉积充填起到保护作用。多次保护性结果的叠加终将使原成油气藏保存下来的概率最大，形成弱弱叠加保护型的稳定区，保存条件最好，是原生油气藏有利的勘探区。如果油气藏在后续的每一次构造变动中都处于完全不确定区域（剥蚀厚度变化很大），则每一次构造变动都对原成油气藏带来不同的变化，有些是破坏性的，有些是保护性的，还有的属于调整和改造性的，形成强弱叠加改造型的变化区。多种变化的最终结果决定了早成油气藏在现今条件下含油气的差异性，油气藏破坏程度介于上述两种极端的情况之间，取决于多次构造变动的强弱以及它们发生的先后顺序，开展油气勘探需要区别对待。

2. 多期构造过程叠加改造油气藏数学地质模型

构造过程叠加改造油气藏的最终结果是导致油气量损失，油气成藏后的多期构造变动控制着剩余资源潜力及其最终的分布。如果能够恢复油气藏形成后各期构造变动的地层剥蚀厚度，则能够确定每一次构造变动的强度，从而研究平面上油气破坏程度。第 i 次构造变动叠加后的剩余潜力（Q_i）可以表示为

$$Q_i = Q_0(1-k_1)(1-k_2)\cdots(1-k_i)f_i(c) \tag{8.4}$$

式中，Q_0为原始油气资源；k_i 为原始油气藏形成后经受的第 i 次构造变动强度；$f_i(c)$ 为第 i 次构造变动叠加时区域性盖层的封油气能力叠加。

油气藏被破坏的程度取决于构造变动的次数(i)，多期构造变动的综合强度(K)，以及早成油气藏上覆第一套区域性盖层的综合封油气能力 $f_n(c)$。

构造变动次数(n)越多，油气损失量越大。构造变动强度(k)越大，油气损失量越大。盖层封油气性[$f_i(c)$]越好，油气损失量越小。原成油气藏规模越大(Q_0)，被破坏的烃量越大。如果在构造变动发生前，研究区没有发生过油气聚集作用($Q_0=0$)，则被构造变动破坏的烃量为 0，不论构造变动的强度、次数和区域盖层的条件如何。

由于早期形成的油气藏要受到后来每一次构造变动的破坏，在研究区总资源量不变的情况下，早期聚集的油气量越大，油气资源保存越少。而晚期形成的油气藏不会受到早期构造变动的影响，在研究区总的聚集烃量不变的情况下，晚成聚集的油气量越多，越利于保存，对当前的油气勘探越有利。晚期的成藏作用还可能改造早期油气藏，使之发生调整再聚集，显示出晚期成藏特征。形成最晚的油气藏后期没有受到过大的构造变动的破坏，因而保存条件好；形成最早的油气藏受到了后期所有构造变动的作用，因而受破坏程度高，不利于油气保存。多期构造改造形成“早期成藏改造，晚期成藏有效”的成藏过程。

3. 相对定量表征

在条件不完全具备的情况下，构造过程叠加改造油气藏可以采用构造变动强度和构造变动破坏烃率来进行相对定量表征。

构造变动破坏烃率是指被构造变动破坏烃量与构造变动前有效聚集烃量的比率，可以用来定量研究构造变动与油气聚散关系，同时该参数也间接反映了油气藏形成后的保存条件。通过恢复已有油气藏古油（气）水界面的方法，结合现今油（气）水界面确定已发现油气破坏烃率，然后根据主要不整合面下剥蚀厚度来表征构造强度，建立区域构造破坏烃率与构造变动强度的关系，并通过构造变动强度来表征构造破坏烃率。在构造破坏烃率确定的情况下，结合研究区构造变动前有效聚集烃量，可以对原始油气藏经后期 n 次构造变动后的破坏烃率进行模拟计算：

$$P = 1 - f_i(c)\cdot(1-k_1)(1-k_2)\cdots(1-k_i) \tag{8.5}$$

这里需要强调说明，第一次构造变动破坏后剩余的有效运移烃量还要继续受到后期第二次、第三次构造变动的破坏。第二次构造变动破坏后还要继续受到第三次构造变动的继

续破坏……。如果在第一套生储盖之上还存在第二套储盖组合和第三套甚至更多的储盖组合，则它们的可供聚集烃量的计算原理与第一套储盖组合间的计算相同，但需将第一套储盖组合的破坏烃量并入第二套储盖组合的油气来源，将第二套储盖组合的破坏烃量作为第三套储盖组合间的油气来源，其他以此类推。

4. 定量表征

在条件具备的情况下，可以采用构造变动破坏烃量反演法来定量表征。

油气自形成后就处于连续的散失和聚集的动平衡过程，其“生→排→运→聚→散”过程有一系列地质门限：生烃门限表征生烃母质随埋深增大开始大量向油气转化的临界条件；排烃门限是生烃量满足了烃源岩各种形式的残留烃需要时，开始大量排出的临界点；成藏门限是成藏体系内油气排出烃源岩后进入圈闭成藏前的最低损耗量，满足这一临界地质条件，油气藏才可能形成。在门限控烃理论指导下，可以建立成藏体系资源量计算的物质平衡方程：

$$Q = Q_g - Q_{rm} - Q_{rs} - Q_{bc} - Q_{lb} - Q_{lw} - Q_{ld} - Q_{ls} - Q_{ds} \qquad (8.6)$$

式中，Q 为资源量；Q_g 为总生烃量；Q_{rm} 为烃源岩残留烃量；Q_{rs} 为储集层滞留烃量；Q_{bc} 为盖层形成前排失烃量；Q_{lb} 为运移途中吸附烃量；Q_{lw} 为运移途中水溶流失烃量；Q_{ld} 为运移途中扩散烃量；Q_{ls} 为小规模聚集烃量；Q_{ds} 为构造变动破坏烃量。

（二）塔里木盆地中的应用

1. 多期构造过程叠加改造定量评价流程

通过后期构造变动对早成油气的调整、改造和破坏作用的研究，依据“过程叠加改造”模式可以预测有利勘探区带和油气资源剩余资源潜力。

第一步，通过实例剖析和统计分析并阐明油气成藏的主控因素，研究油气成藏主控因素并预测目的层某一期有利成藏区域。第二步，预测构造变动破坏区与有利勘探区带。首先，结合油气藏形成的最早时间和不整合面个数确定出早成油气藏形成后所经历的构造变动的次数，尤其是区域性的构造变动。研究各次构造变动的地质特征并确定出构造变动的强度。其次，研究构造变动强度与破坏烃率之间的定量关系模型。统计探井产能与构造变动强度的关系，建立定量模式，并建立关联性的数学模型，进行定量评价与对比分析。最后，根据评价结果确定叠加多期次构造变动对早成油气藏的破坏区，预测早期成藏后能够保留下来的有利勘探区带。第三步，定量预测多期构造变动叠加改造后的破坏烃量与剩余资源潜力。用构造变动综合破坏烃率可以表征构造变动叠加后对油气藏的相对破坏程度，构造变动叠加后的综合破坏烃率为 0～1。最后定量预测多期成藏与多期构造改造后的相对剩余潜力。

在塔里木盆地台盆区，同一目的层发生多期成藏与多期调整改造，现今残余资源可能是经历不同期次改造的结果，需要具体分析。对于奥陶系目的层而言，第一期形成的油气藏经过多期构造变动后的剩余潜力，应当是它在地史过程中四期成藏及其多期调整改造后的剩余潜力的叠加（图 8.18）。需要分别计算奥陶系目的层第一期、第二期、第三期和第四期要素匹配成藏概率（原始相对成藏量）经过后期构造变动的调整和改造后的最终剩余的相对资源潜力，最后结果是四期成藏最终相对剩余潜力的叠加。

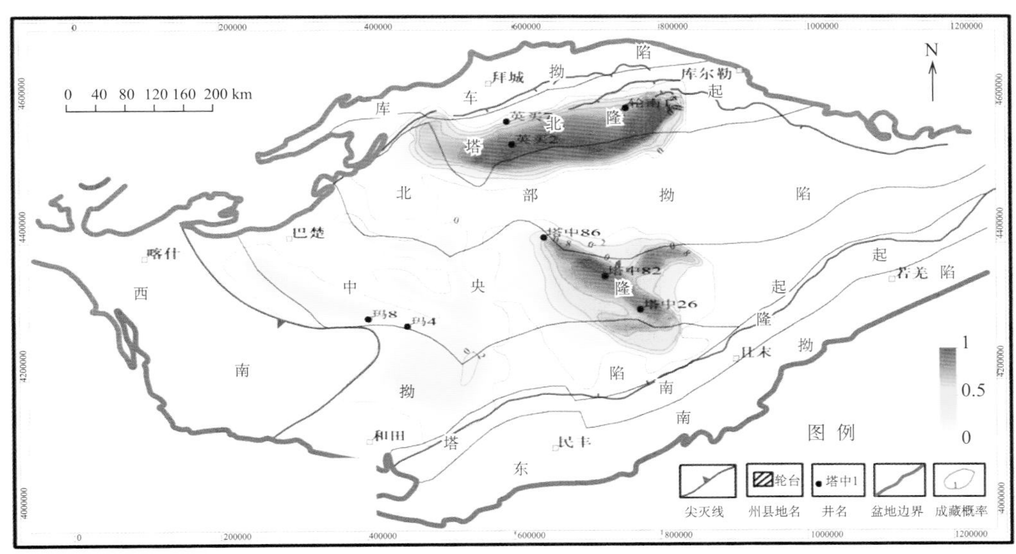

图 8.18 塔里木盆地奥陶系多期成藏与多期改造后的剩余潜力与勘探方向

2. 多期构造过程叠加改造油气藏定量评价参数

应用构造过程叠加改造油气藏研究有四个关键地质要素，即成藏后的构造变动次数、每一次构造变动的强度、构造变动前已聚集成藏的烃量以及每一次构造变动时区域性盖层的封油气性。实际工作过程中难以获得准确参数，可以简化或均一化处理。

主要考虑与油气成藏期相对应的构造变动对油气成藏后的调整、改造和破坏。对于某一成藏期内发生过多次构造变动，综合起来予以考虑，而不专门针对某一次构造变动加以研究。用地层剥蚀厚度与原始地层厚度的比值（剥地比）大小反映某一期构造变动的相对强度，依据这方面资料建立构造变动破坏烃率与地层剥蚀厚度之间的定量关系模式，可以评价构造变动对早成油气藏的相对破坏程度［图 8.19(a)］。统计结果还表明［图 8.19(b)］，相对构造变动强烈或剥地比大的地区，目前发现的油气藏个数少，油气储量低；相对构造变动小的地区，发现的油气藏个数多。通过剥地比与构造变动破坏烃率之间的定量关系模式，也可以评价构造变动对早成油气藏的破坏程度［图 8.19(c)］。

用多要素匹配成藏概率可以表征初始油气聚集量。成藏概率越大，聚集的油气量越多；成藏概率越小，聚集的油气量越小。在做了这样的设定之后，计算出来的是一个相对的剩余资源量，剩余潜力小于 1。更确切地说是油气成藏量被保存下来的相对量，或称为保存概率。

构造变动过程中盖层封油气性的确定。首先是将各目的层的区域性盖层设定为 1 或

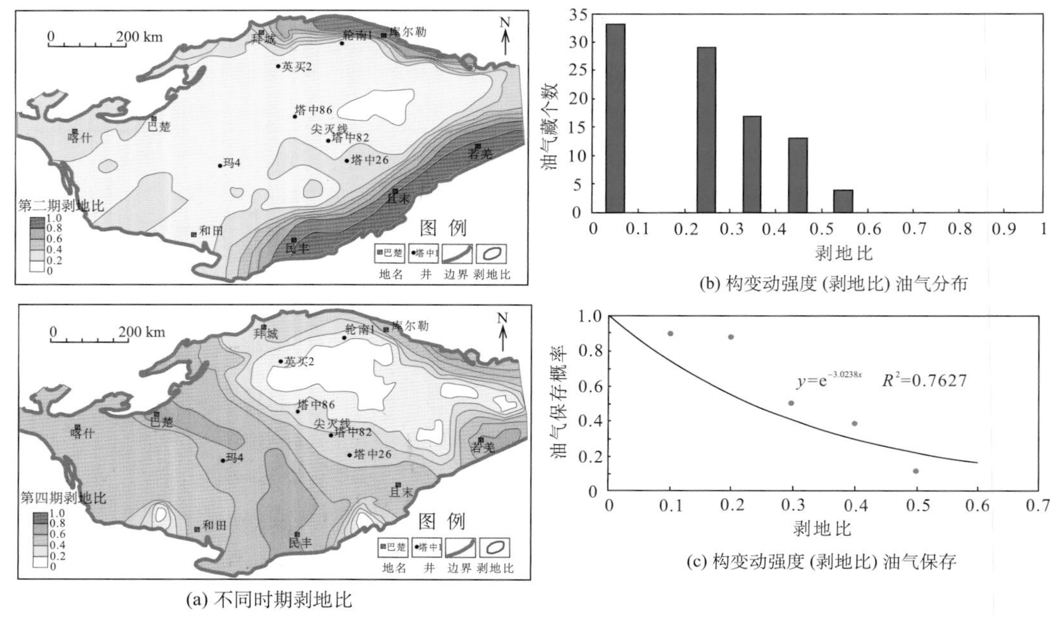

(a) 不同时期剥地比
(b) 构变动强度 (剥地比) 油气分布
(c) 构变动强度 (剥地比) 油气保存

图 8.19 塔里木盆地地层构造变动（剥地比）与油气分布之间的关系

不考虑盖层的影响，在将原始的聚集烃量设定为1的情况下，剩余烃量代表了平面上各点油气的被保护概率。有效盖层厚度（盖层厚度减去断层断距）最大的地区，油气被保存下来的相对量最大，用1表示；有效盖层厚度为0或小于0的地区，油气被保存下来的相对量为0或最小。盖层有效厚度间于最大和0之间时赋以1～0不等的数值，以表征它们封盖油气性的大小。对于不同类型的盖层，分别乘以介于1～0的可塑性系数，用以表征它们在构造变动过程中封盖油气性的差异。

3. 碳酸盐岩有利勘探区带

寒武系目的层经历四个主要成藏期，分别为早加里东期、晚加里东期、晚海西期和喜马拉雅期，运用构造过程叠合的方法预测了寒武系油气调整改造后的有利聚集区带（图8.20）。结果表明，寒武系第一期油气成藏调整改造后，大部分早期的油气藏均被破坏，较有利的勘探区带分布在轮南-哈拉哈塘地区、塔中地区和麦盖提斜坡地区；第二期油气成藏调整改造后，大部分早期的油气藏也被破坏，较有利的勘探区带分布在轮南-哈拉哈塘地区和塔中地区；第三期油气成藏调整改造后的最有利勘探区带分布在轮南-英买力地区，较有利勘探区带分布在塔中地区和麦盖提斜坡地区；第四期油气成藏后未经历调整改造，主要分布在塔中、塔北地区。通过对寒武系目的层在四个主要成藏期内油气调整改造后的有利油气成藏范围和成藏概率的复合叠加，预测了寒武系综合有利勘探区带（图8.12）。

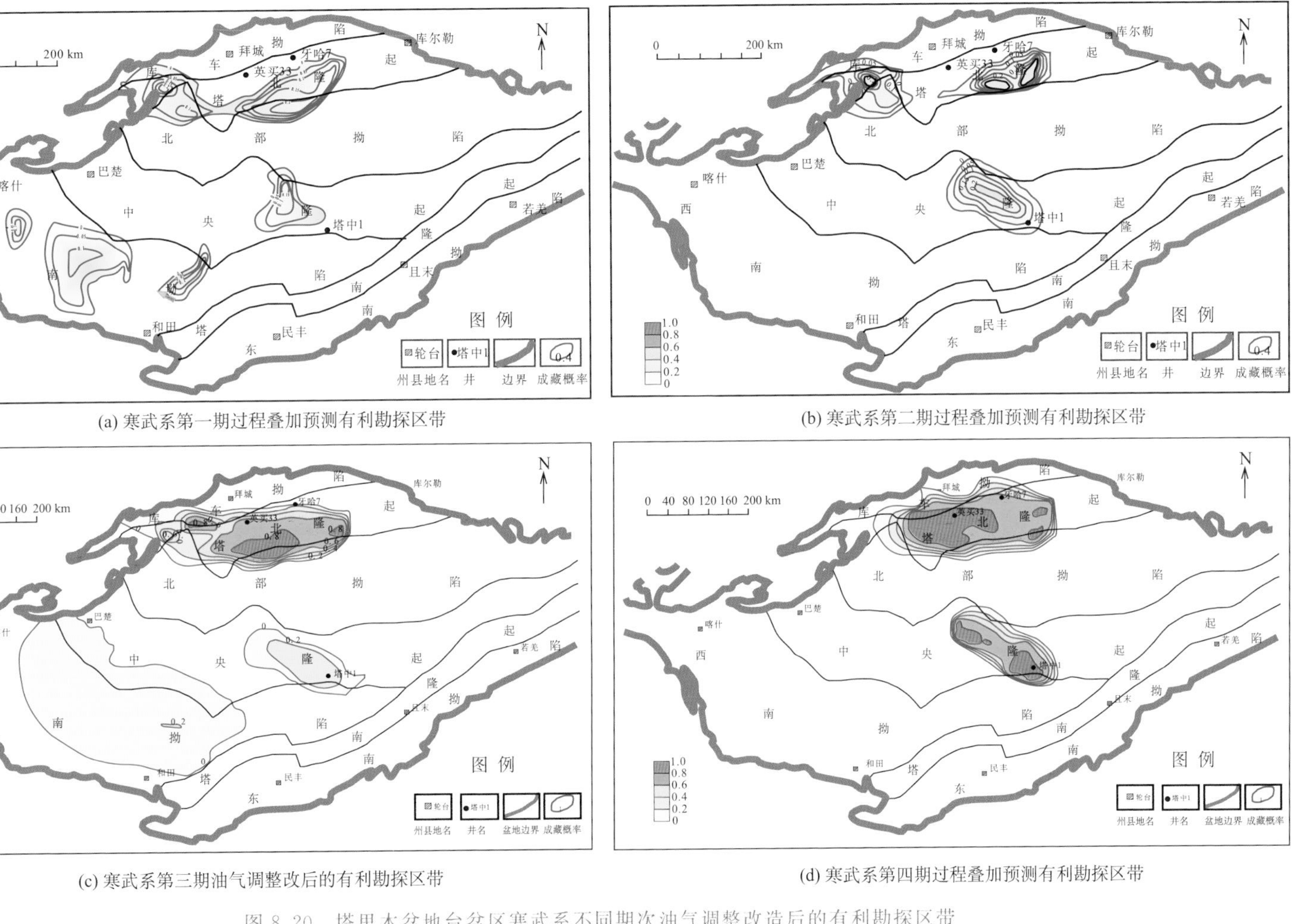

(a) 寒武系第一期过程叠加预测有利勘探区带

(b) 寒武系第二期过程叠加预测有利勘探区带

(c) 寒武系第三期油气调整改后的有利勘探区带

(d) 寒武系第四期过程叠加预测有利勘探区带

图 8.20 塔里木盆地台盆区寒武系不同期次油气调整改造后的有利勘探区带

奥陶系目的层经历晚加里东期、晚海西期和喜马拉雅期三个主要成藏期，其中晚加里东期成藏后要受到晚海西期和喜马拉雅期的调整改造；在晚海西期成藏后要受到喜马拉雅期的调整改造。运用构造过程叠合的方法预测奥陶系油气调整改造后的有利勘探区带表明，奥陶系第一期油气成藏调整改造后，大部分早期的油气藏被破坏，较有利的勘探区带分布在轮南-哈得逊地区、塔中北斜坡；第二期油气成藏调整改造后的最有利勘探区带分布在轮南-英买力地区和塔中地区，较有利勘探区带分布在麦盖提斜坡及其周缘；第三期油气成藏后未经历调整改造，有利勘探区分布在环满西周缘的塔中北斜坡、塔北南缘。通过对奥陶系目的层在四个主要成藏期内油气调整改造后的有利油气成藏范围和成藏概率的复合叠加，可以预测奥陶系综合有利勘探区带（图 8.18），其最有利勘探区带主要分布在轮南-英买力地区、塔中北斜坡及其东北古城地区，次有利地区主要分布在麦盖提斜坡及其周缘。

4. 预测结果评价

通过已发现的油气藏（个数及储量）对比预测，统计落入有利勘探带内的油气藏个数和储量并分别计算所占比例，比例越高说明吻合率越好，预测的有利区越可信。对塔里木盆地有利勘探区带预测结果进行检验，成藏概率越大的地区发现的油气藏个数和储量越多。已发现的 86 个油气藏中，有 45 个分布在成藏概率超过 0.75 的地区，占 52%；14 个油气藏分布在成藏概率为 0.5～0.25 的地区，占 16%。研究结果还表明，成藏概率越大的地区，油气的富集程度越高，油气探井的产量越高。分析表明，塔里木盆地台盆区的高产井 93%都分布在成藏概率超过 0.6 的有利区内（图 8.21）。同时，还通过塔里木盆地台盆区碳酸盐岩成功井和失利井分析对预测结果进行了检验，除功能要素不匹配导致油气不能聚集成藏之外，早期聚集的油气由于受到后期的构造变动也会导致破坏。

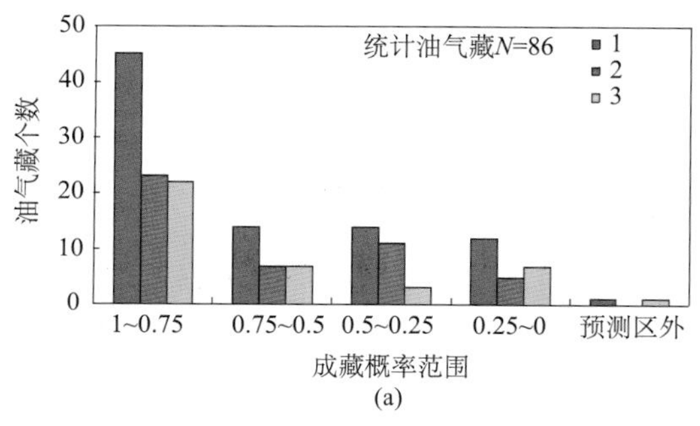

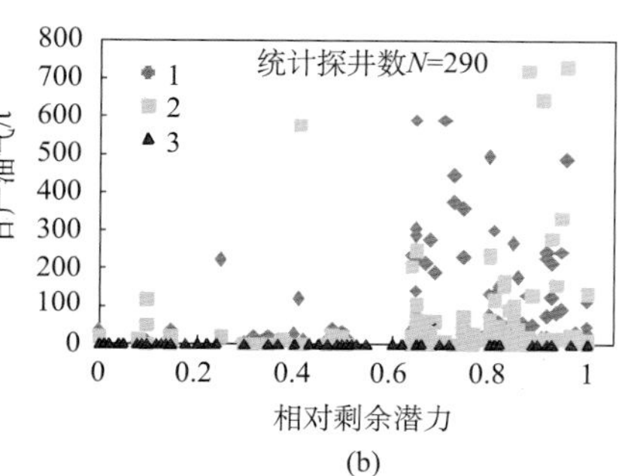

图 8.21　塔里木盆地台盆区有利勘探区带成果可靠性分析

1，2，3 代表不同地区

第四节 相-势-源复合预测有利勘探靶区

一、相控油气作用及定量表征

（一）相的层次表征

相的概念在地质学中应用广泛，目前研究的四种相，即构造相、沉积相、岩石相和岩石物理相，具有从宏观到微观逐级深入的过程。相是分层次的，在不同的构造单元中形成不同的沉积相带，而不同的沉积相带又控制了不同岩相及岩石物理相的发育，由于储层相特征参数的不同使储层的含油性也存在差异。

构造相、沉积相、岩石相和岩石物理相之间还存在关联性。储层岩石的粒度、分选、粒间基质、胶结物含量及成岩作用等控制着储层的岩石物理相，而岩石的粒度、分选、胶结物含量等又受到当时的沉积环境和后期成岩作用的改造。在一定程度上，岩石沉积时的环境和后期成岩作用又受控于岩石所处的构造环境和构造位置。因此，自构造—沉积—成岩—储集是有先后顺序的逐级控制的过程，自构造相—沉积相—岩石相—岩石物理相是宏观到微观分级表征控制油气富集的流程。构造相和沉积相是宏观尺度的概念，控制着宏观上油气藏的分布范围和规模，岩相和岩石物理相是微观尺度的概念，控制着微观上油气藏内部储层的非均质性和油气藏的含油气性。构造相和沉积相主要表现在宏观上对油气分布起着控制作用，对于高勘探程度地区，表现在微观地质特征上的岩石相和岩石物理相更能准确地反映相控油气地质特征。将岩石相与岩石物理相结合，从而建立起相控油气作用地质模式（图 8.22）。

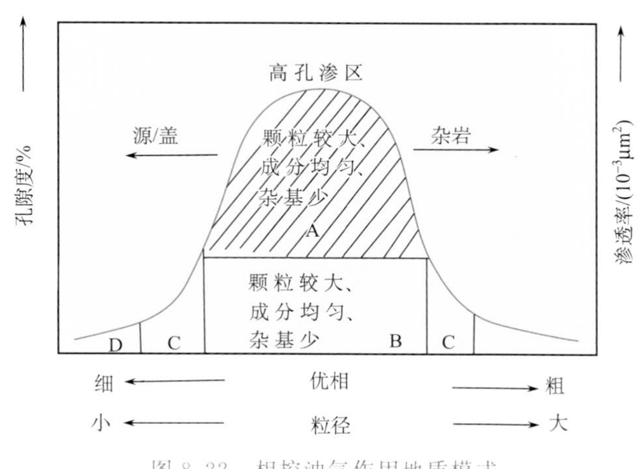

图 8.22 相控油气作用地质模式

该模式可分为 4 个区。A 区油藏岩石的颗粒较大、成分均匀、杂基少，因而其储层的孔隙度和渗透率均较高，有利于油气的聚集。B 区分布在 A 区的下端，表示岩石的颗粒虽然较大、成分和结构可能不均匀，岩石杂基的含量较 A 区高，因而其物性较差。

C 区位于 A 区和 B 区的两侧，左侧由于粒度变细，岩石的储集物性变差，右侧粒度虽然逐渐变粗，但由于颗粒中杂基含量高，岩石的物性也变差。在左侧，由 C 区向 D 区，岩石的颗粒进一步变细，逐渐成为泥岩和页岩，储集物性更差，适当地质条件下演变为盖层或源岩。在右侧，由 C 区向 D 区，岩石的颗粒进一步加粗，但储集物性却进一步变差，主要原因是因为其内部的杂基含量高，分选进一步变差而导致。

（二）相控油气作用定量表征

对相控油气作用进行定量表征，本书引入了相指数（FI）这一参数来反映相对油气的控制作用。其定量表征方法依据勘探程度不同可以在某个层次上进行求取。在勘探程度不高或资料不足的地区，可以对不同层次的相控油气地质特征进行综合分析求取，从多个层次对油气控制作用进行分析阐述，从而获得不同层次上的相指数，然后综合分析，获得最终的相指数。在勘探程度较高的地区，能够较准确的获得地层的岩相和岩石物理相方面的信息，针对岩石物理相求取相指数可以更深入、更精确的定量评价相对油气的控制作用。

不同层次相指数的影响因素不同，但基本原理是一致的。如图 8.23 所示首先通过地质分析确定影响相指数的主要地质因素［式(8.7)］，在此基础之上确定出某一地质因素相指数的影响因子及其定量表征模式［式(8.8)和式(8.9)］。在获取最大地质因素的相指数基础上，通过已发现的油气藏分布特征求某一地质因素的相对相指数［式(8.10)］，最后对各地质因素加权求取评价目标的综合相指数［式(8.11)］。对于不同评价目标区其相指数的影响地质因素不同，其地质因素求取表达式也存在一定差异，需要根据具体情况作适当调整。

$$F=f(X_1,\ X_2,\ X_3,\ \cdots,\ X_n) \tag{8.7}$$

$$X=f(Y_1,\ Y_2,\ Y_3,\ \cdots,\ X_n) \tag{8.8}$$

$$X_{\max}=f(Y_1,\ Y_2,\ Y_3,\ \cdots,\ Y_n) \tag{8.9}$$

$$X_i=X/X_{\max} \tag{8.10}$$

$$\mathrm{FI}=\frac{1}{n}\sum_{i=1}^{n}X_i \tag{8.11}$$

式中，F 为相指数，无量纲（0～1）；X 为相指数组成因素，无量纲；Y 为单一因素的影响因子，无量纲；$X_{\max}$ 为单一因素的最大相指数，无量纲（0～1）；X_i 为单一因素的相对相指数，无量纲（0～1）；FI 为评价目标相指数，无量纲（0～1）。

对于碳酸盐岩储层而言，其储集物性具有极强的非均质性，孔隙结构复杂，孔隙度与渗透率并不像碎屑岩那样存在明显的相关关系（图 8.22），且不同孔隙空间的储集层，其孔隙度和渗透率之间的关系存在较大的差异。碳酸盐岩基质孔隙度、渗透率都很低，有效储集空间主要为岩溶和构造作用形成的溶蚀孔、缝、洞。因此，在对其优相定量表征时，将储层划分为裂缝型、裂缝孔洞型和孔洞型三种类型，建立不同的 FI 定量表征模型，FI 值越大，表明储层越具备优相特征。

孔洞型储层具有的特征是随着孔隙度增大，渗透率也增大，且孔隙度变化趋势比渗

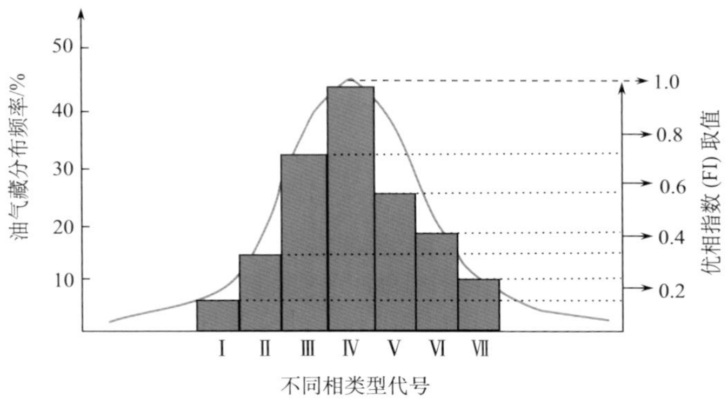

图 8.23 相指数计算的理论模式图

透率变化趋势快。经统计拟合塔里木台盆区 1302 个储层孔渗数据，孔洞型储层的 FI 可以根据孔隙度与油气产量的关系进行均一化定量求取（图 8.24）。由孔洞型储层孔隙度与工业油气井累计日产油气关系图可以看出，类似于碎屑岩储层，孔隙度越大，储层油气产量越高。高产油气流井的孔隙度多大于 9%，储层 FI 定义为 1，随着日产油气量减少，FI 相对变小。

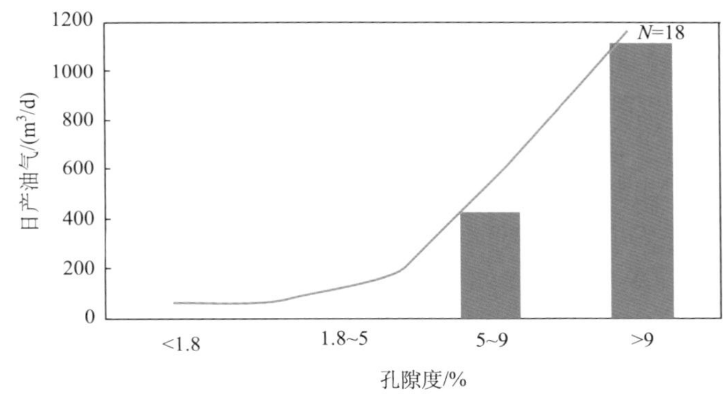

图 8.24 塔里木盆地碳酸盐岩孔洞型储层孔隙度与产量关系图

裂缝-孔洞储层具有的特征是随着孔隙度增大，渗透率也增大，且渗透率变化趋势远比孔隙度变化趋势快。由裂缝孔洞型储层渗透率与工业油气井累计日产油气关系分析可以看出，油气储层渗透率主要分布在 $1\times10^{-3}\sim1000\times10^{-3}\mu m^2$。裂缝-孔洞储层的 FI 的均一化定量表征需要同时考虑孔隙度和渗透率对含油气性的控制作用。通过裂缝孔洞型储层孔隙度与工业油气井累计日产油气关系分析，小于 1.8%储层未发现油气，油气主要分布在孔隙度为 1.8%～9%。

（三）势控油气作用及定量表征

1. 流体势的概念、分类与控藏作用模式

利用流体势的概念来描述油气的运移聚集非常方便，流体势反映水动力、流体压

力、浮力和毛细管力对地下流体运动状态的共同作用，现已成为普遍接受的定量描述方法之一（庞雄奇等，2007）。若流体势计算的基准面取在地下某一深度时，则流体势的表达式为

$$\Phi = gz + \int_0^P \frac{dP}{\rho(P)} + \frac{q^2}{2} \tag{8.12}$$

式中，Φ 为流体势(J)；P 为地层流体压力(MPa)；q 为地层流体速度(m/s)；$\rho(P)$ 为流体密度随压力变化的函数(kg/m^3)；g 为重力加速度(m/s^2)；z 为研究点到基准面间距离(m)。

一般说来，作用在地下流体上的力主要有：重力、弹性力、表面张力、惯性力、黏滞力等（田世澄等，2001；庞雄奇等，2007）。惯性力和黏滞力都与流体的运动速度有关，而地下流体自然流动过程是十分缓慢的，在这种特定地质条件下，影响地层孔隙流体总势能因素主要是重力、弹性力、表面张力三种作用力。如果取某一地质时期沉积表面为基准面，取标准压力为一个大气压，则地下孔隙流体势可以表达为

$$\Phi = (P - P_0)V - \rho g(Z - Z_0) + 2\rho\left(\frac{\cos\theta}{r}\right)V \tag{8.13}$$

式中，Φ 为流体势(J)；Z 为地层埋藏深度(m)；Z_0 为基准面的埋深(m)；ρ 为流体在深度 Z 处的密度(kg/m^3)；g 为重力加速度(m/s^2)；P 为深度 Z 处流体的压力(Pa)；P_0 为基准面处流体压力(MPa)；V 为流体体积(m^3)；σ 为界面张力(N/m)；θ 为润湿角(°)；r 为深度 Z 处岩石孔隙喉道半径(μm)。

式（8.13）中右边第一项代表单位体积流体具有的弹性势能；第二项代表单位体积流体相对基准面（$Z=0$）具有的重力势能，因 Z 在基准面之下，故取负值（此时埋藏深度 Z 取正值）；第三项代表单位体积流体所具有的界面势能。

值得注意的是在物理学中一般是指位能即重力势能，而本书势能包括了三种或四种能量，即由重力势能、弹性势能、界面势能和流体的动能组成。但实际应用中，应该考虑到这几种势能，不能简单的利用数学方法将这几种势能进行相加或相减。

2. 势控油气作用特征与表征

塔里木盆地台盆区碳酸盐岩油气藏的形成主要受界面能控制，毛细管压力差被认为是控制油气场形成与分布的主要动力。塔中地区奥陶系礁滩体碳酸盐岩储集体非均质性强，礁滩体物性条件差异大，尽管局部在浮力作用下受局部构造高点的控制，但总的来说，礁滩体碳酸岩的成藏受界面能控制。礁滩体碳酸岩性油气藏的孔隙度均较周边的灰泥丘高，前者一般为1.2%～5%，而后者一般小于1.5%。剖析储层的物性与含油气饱和度的关系结果表明：孔隙度和渗透率高的储集体含油气性好，孔隙度低、渗透率低的储集体含油气性差。且塔中奥陶系碳酸盐岩性油气藏中，相对高孔隙度和渗透率的生屑灰岩和粒屑灰岩储层占95%左右。

界面能是指地下岩石中多相流体存在而具有的潜能。它主要与多相流体润湿角（θ）大小、岩石介质的孔喉半径（r）、流体界面张力（σ）等因素有关。表达式为

$$\Phi_r = \frac{2\sigma\cos\theta}{r} \tag{8.14}$$

在研究界面势能时，主要根据实际地质条件下目的层系的岩石物性分布图，对毛管压力低界面能区的分布进行预测。根据岩石物性的大小计算孔喉半径，再结合实际测试的岩石孔喉半径大小，计算相对势能的大小，即通过统计值计算出目的层系储层可能的最大界面能所对应的孔喉半径大小，并计算出目的层系最小界面能对应的最大孔喉半径，通过归一化计算，由式（8.15）就可以得到相对界面势能指数（PSI）。该指数也具有相对性的概念，数值位于0～1范围内，数值越低越接近0，表明储层的物性越好，越有利于形成岩性油气藏；数值越大越接近1，表明储层物性越差，很难形成岩性油气藏。

$$\mathrm{PSI} = (P - P_{\min})/(P_{\max} - P_{\min}) \tag{8.15}$$

式中，PSI为相对界面势能；P为储层自身的界面势能(J)；$P_{\max}$为埋深条件下的围岩界面势能(J)；$P_{\min}$为埋深条件下的孔喉半径最大的储层界面势能(J)。

二、相势源复合控油气预测方法的应用

（一）相势源复合控油气预测方法

在构造过程叠合改造预测有利勘探区带的基础上，利用相势源复合方法可以预测该有利勘探区带内的有利靶区和靶点。相势源复合控油气富集模式阐明了圈闭聚油气机制与含油性变化规律（图8.25）。通过对相势源复合控油气富集模式定量表征，提出近源优相低势复合控油气富集模式和定量表征方法，建立相势源复合指数（FPSI）与圈闭含油气性之间的定量关系模式及判别标准。其中包括用FI定量表征相控油气的成藏概率，用PI定量表征势控油气作用的成藏概率，用SI定量表征源控油气的成藏概率。FI、PI和SI的数值都在0～1，它们的定量模式都通过对已发现的油气藏的地质剖析和统计分析建立。

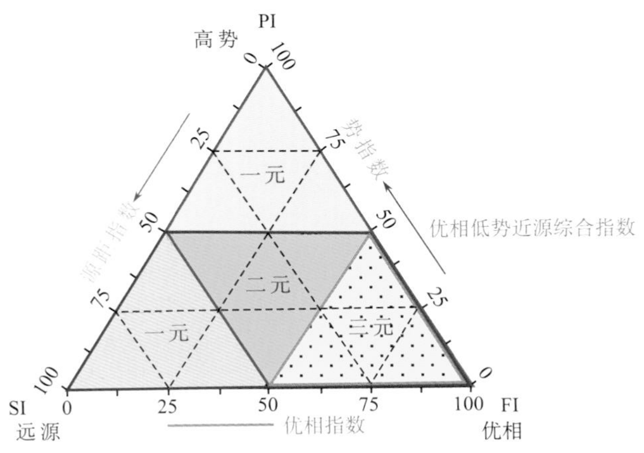

图8.25 相势源复合控油气富集模式

应用晚期相势源复合控油气富集定量模式的关键是要获得相指数（FI）、势指数（PI）和源指数（SI）。FI 指数获得是通过统计不同类型含油气盆地内已发现的油气藏和落空圈闭储层相的分布规律和分布频率。在低勘探程度的阶段，可以利用不同构造相带和沉积相带内油气的分布特点和分布规律。随勘探程度的提高，可以利用不同岩石相内油气的分布特点。在高勘探程度阶段，直接利用岩石物理相的孔隙度、渗透率与油气的分布特点，把不同分布概率的相分别赋予不同的 FI。FI 在 0～1，代表最不利至最有利相分布。PI 获得根据不同油气藏类型选择不同参数，对于碳酸盐岩岩性或地层油气藏来说，主要选择孔喉半径参数来计算界面能，建立相对界面能参数。PI 在 0～1，值越小越有利于成藏。SI 是通过统计已发现的油气藏距离烃源岩的距离来获得，SI 在 0～1，越大越有利于成藏。

（二）相势源复合控油气方法预测有利勘探靶区

在构造过程叠合预测有利勘探区带的基础之上，在有利勘探区带内采用相势源复合的方法可以评价优选钻探靶区。根据对塔里木盆地台盆区失利井分析的结果，计算不同层系的综合评价指数。通过对奥陶系 63 口失利井的分析表明，由于功能要素不匹配，落在有利成藏领域的失利井有 15 口，占 24%；由于构造过程叠加改造，落在有利勘探区带的失利井有 5 口，占 8%；由于相势源不复合，落在有利钻探目标外的失利井有 43 口，占 68%（图 8.26）。因此分析，奥陶系综合评价指数＝功能要素不匹配（要素匹配成藏概率）×24%＋构造过程叠加改造（过程叠加成藏概率）×8%＋相势源不复合（相势源复合成藏概率）×68%，由此可以进行勘探目标的评价与优选。

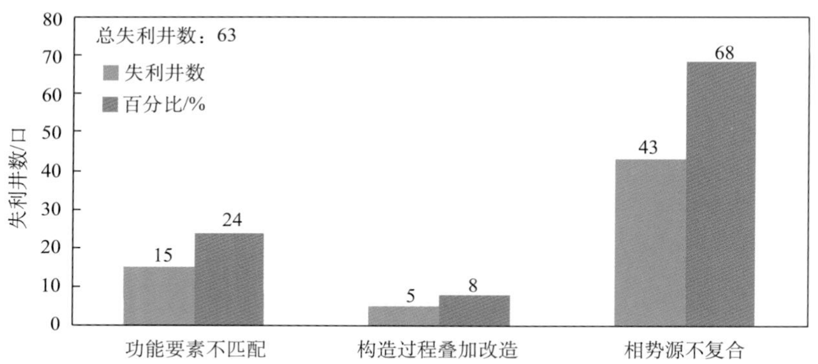

图 8.26　塔里木盆地台盆区奥陶系失利井原因分析

通过目标评价与优选，在草湖凹陷西南部、哈拉哈塘南侧、塔中东北侧和巴楚东南部奥陶系，以及哈拉哈塘东南部和塔中东南部寒武系存在有利战略勘探目标，这些目标位于功能要素匹配、构造过程叠加和相势源复合有利区，综合评价指数中等以上，一旦突破，可能开辟新的勘探领域。

第五节 塔里木盆地碳酸盐岩勘探方向

塔里木盆地海相碳酸盐岩尚处于油气勘探初期，由于地质条件复杂造成油气资源潜力被低估，目前油气勘探主要集中在塔中北斜坡和塔北隆起南缘很小范围内，仍具有很大的勘探潜力。

一、碳酸盐岩勘探潜力

（一）深层巨厚碳酸盐岩尚待探索

塔里木盆地多旋回沉积-构造运动形成了大隆大拗的构造格局，主要发育六套主要目的层，形成六套区域储盖组合（图 1.8）。其中寒武系—下奥陶统蓬莱坝组以白云岩储层为主，中下奥陶统鹰山组—上奥陶统良里塔格组主要为灰岩储层。内幕盖层以致密碳酸盐岩为主，碳酸盐岩顶面及潜山风化壳区域盖层是石炭系膏泥岩与上奥陶统桑塔木组泥岩，广泛分布于塔北隆起、塔中隆起之上。这六套储层是碳酸盐岩勘探的主要目的层，塔北隆起已在良里塔格组、一间房组、鹰山组、上寒武统获得突破；塔中地区缺失一间房组，在良里塔格组、鹰山组、蓬莱坝组中下寒武统获得突破。

目前的勘探主要集中在奥陶系顶部 500m 范围内鹰山组顶面—良里塔格组，下部深层至 3000m 以下巨厚碳酸盐岩还有多套储盖组合，发育下寒武统、中寒武统、上寒武统、蓬莱坝组等白云岩储层，与寒武系烃源岩生排烃期配套，具有形成大规模原生油气藏的条件，虽经历多期次构造运动，但在长期继承性古隆起背景下，白云岩基本没有出露地表，有利于原生油气藏的形成和保存。同时，深层白云岩也是寻找晚期天然气充注成藏的有利方向。深层白云岩紧邻油气源，可能存在不低于上部奥陶系的油气资源，是值得加强探索的后备领域。

（二）碳酸盐岩勘探范围广阔

塔里木盆地下古生界碳酸盐岩分布面积超过 $20\times10^4km^2$，目前油气勘探集中在塔北南缘与塔中北斜坡不足 $2\times10^4km^2$ 范围内，新区新领域还有广大的区域有待勘探。围绕储层与油气成藏两大主控因素，开展下古生界碳酸盐岩以台缘礁滩体、风化壳，以及寒武系白云岩为主的三大领域区带综合评价，评价结果表明轮南-牙哈古潜山、塔北南缘奥陶系礁滩体、塔中Ⅰ号带台缘带、塔中北斜坡鹰山组风化壳、玛南与麦西风化壳、轮南与古城寒武系台缘带六大重点领域为Ⅰ类区，面积达 $3\times10^4km^2$；塔中中部潜山区、玛北与塘南礁滩体、古城鼻隆带、罗南潜山区、塔东构造带五大后备领域为Ⅱ类有利区。综合评价下古生界碳酸盐岩有利区带面积达 $8\times10^4km^2$。

目前的勘探主要集中在塔北南缘、塔中北斜坡小范围内礁滩体、风化壳的勘探，白云岩型、层间风化壳型、台内滩，以及区域台缘礁滩体等多种类型的油气藏还有待探索，内幕背斜油气成藏条件需要深入研究。除轮南-塔河奥陶系顶部风化壳、塔中北斜坡鹰山组风化壳外，麦盖提斜坡奥陶系顶部风化壳、牙哈-英买力潜山与塔东震旦系风化壳等还有更大规模的勘探领域需要深入探索。塔里木盆地下古生界碳酸盐岩台缘礁滩体发育，除塔中北部台缘带与塔北南缘台缘带中上奥陶统台缘带勘探程度较高外，其他地区有待进一步评价与勘探。另外，满西-古城地区位于生烃凹陷部位，具有基本的成藏条件，近期的勘探也揭示离开古隆起，进入凹陷区也有的大规模的储层发育，值得关注与探索。

（三）碳酸盐岩油气资源丰富

塔里木盆地下古生界碳酸盐岩位于盆地下构造层，紧邻油气源，油气运聚与保存有利，油气成藏条件优越。根据塔里木盆地第三轮油气资源评价资料分析，塔里木盆地台盆区下古生界碳酸盐岩油气资源丰富，资源量总量达 41×10^8t，占台盆区资源量的63%，是台盆区油气勘探潜力最大的主攻方向。由于第三轮资源评价估算的是在7000m 深度范围内可供勘探的最终可发现资源量，7000m 以下碳酸盐岩还有更多的资源潜力未被评估。而且近期发现大量的油型裂解气，此前未被评估，其资源潜力巨大，而且可以提高古油藏的品位，提升油气资源的经济性（图 7.5）。台盆区主要勘探的三大古隆起的油气资源大部分集中在奥陶系及寒武系碳酸盐岩中，加之碳酸盐岩油气大面积分布、勘探目标分布十分广泛，因此碳酸盐岩勘探的战略地位更为重要。

近几年来塔里木台盆区油气重大发现及储量也大多集中于碳酸盐岩中，碳酸盐岩油气勘探每年都有新发现，是储量增长的主要来源。轮南-塔河已发现超过 20×10^8t 的大油田，是我国目前最大的海相碳酸盐岩油田，塔中奥陶系已发现储量达 10×10^8t 的油气田，哈拉哈塘发现达 5×10^8t 储量的资源潜力，但勘探与认识程度仍很低，具备更大发现的潜力。目前中石油区块探明率仅为 8%，剩余资源潜力巨大，随着复杂碳酸盐岩油气藏的认识与技术进步，将会发现更多的油气资源。

（四）碳酸盐岩勘探研究与部署思路

结合塔里木叠合盆地的实际地质条件，海相碳酸盐岩油气勘探可以分四个层次展开：首先，基于地质门限联合控油气作用弄清每一运聚单元内的油气生成量和损耗量，根据物质平衡原理预测有利的资源领域；其次，在有利资源领域展开油气成藏功能要素的识别、演化历史恢复和控油气作用研究，基于功能要素组合控油气分布模式预测出多期复合成藏的边界、范围和概率；再次，开展盆地演化历史与油气藏调整、改造和破坏作用的研究，基于构造过程叠合改造油气藏模式在有利成藏区带内预测出剩余资源较大的有利勘探区；最后，在有利勘探区带内展开油气富集作用的研究，基于近源-优相-低势复合控油气富集模式预测出最有利的钻探目标。

针对塔里木盆地下古生界碳酸盐岩油气勘探领域多、勘探潜力大、成藏条件差异性大、技术要求高的特点，需要不断深化评价，整体部署、分层次展开。

第一层次是加快塔中北斜坡、塔北南缘奥陶系现实领域的整体评价，形成碳酸盐岩勘探开发一体化的增储上产配套方法技术。这两个地区已是大面积连片含油气的现实领域，具备探明 20×10^8t 油气储量的资源基础，通过勘探开发一体化的工作模式，适度加大投入，在开发试验区成熟经验的基础上，加强整体评价，加快规模上产的节奏，探明更多的油气储量，建成稳定的规模产能，形成碳酸盐岩油气勘探开发的适用配套技术。

第二层次是积极探索麦盖提斜坡鹰山组风化壳、古隆起深层白云岩、轮南-古城下古生界台缘带等有利接替领域，形成2～3个10×10^8t级潜力的碳酸盐岩接替区。由于新区新领域油气成藏条件更为复杂，缺少三维地震，有利的领域难以落实目标，需要优选3～5个有利的领域进行重点评价，在有利的区带开展三维地震勘探，加快接替领域发现的进程。

第三层次是研究准备奥陶系台内滩、塔东寒武系—震旦系白云岩、塘古拗陷、巴楚隆起及周缘等勘探领域，适度进行风险勘探，不断将新的潜在的有利领域转变为油气勘探接替领域，在远景区探索新的领域，实现更大的发现与突破。

通过综合评价与分析，近期重点探索的领域主要是麦盖提斜坡及其周缘多目的层环满西奥陶与碳酸烃源岩，以及古隆起深层白云岩三大领域。

二、麦盖提斜坡及其周缘

麦盖提斜坡是塔西南前陆盆地的北部前缘斜坡，呈北西西走向，面积约$5.5\times10^4km^2$。目前麦盖提斜坡勘探程度极低，已发现巴什托普石炭系油田，邻近的巴楚隆起南缘发现和田河气田、鸟山气藏，西部发现亚松迪凝析气田，目的层包括石炭系、泥盆系、奥陶系，表明该地区具备基本的油气成藏条件。

（一）大型奥陶系风化壳储层

麦盖提斜坡位于塔西南古隆起的北斜坡部位，发育大型的奥陶系风化壳（图3.9），在岩心观察的基础上，结合测井资料，发现该区岩溶发育具有以下特征：一是岩溶作用深度大（图6.2），岩溶强度较小。该区岩溶作用影响深度超过400m，玛4井在400m深度仍有泥质充填的缝洞出现，山1井水平潜流带厚达300m，发育水平展布的溶蚀孔洞。二是发育多期岩溶。该区发育加里东中期、加里东晚期、早海西期三期岩溶（图3.13），存在大规模的岩溶作用。三是洞穴规模较小、充填较重。

古地貌恢复表明（图6.3），麦盖提斜坡位于塔西南古隆起北部宽缓的岩溶斜坡区，具有南高北低的岩溶古地貌，南北分带明显，自南向北可分为岩溶高地、岩溶斜坡、岩溶缓坡—洼地三个地貌区。综合该区岩溶储层发育特征分析，麦盖提斜坡南部岩溶斜坡区储层发育优于缓坡—洼地的和田河气田区。和田河气田奥陶系岩溶作用强烈，但缝洞充填严重，缺少有效储集空间。南部斜坡区岩溶斜坡古地貌有利、下奥陶统风化壳岩溶作用期次多、岩溶发育时间长，预测南部斜坡区有更好的储层发育。

（二）古隆起斜坡区大面积受储层控制的非构造油气藏是主要勘探对象

由于麦盖提斜坡构造位置低，缺少局部构造圈闭，底水活跃、局部构造控气的构造型气藏模式是制约斜坡区勘探的关键问题。

通过重新复查地层水，虽然和田河气田钻井普遍见水，但综合分析发现大多为非地层水、少量局部封存水，仅在玛 4 井可能存在局部大型缝洞底水。该区地层水不活跃、产出量不多，井间水性差异大、连通性差，出水深度不一致，表明气藏没有明显的统一底水，不是构造背景下的底水块状气藏。

和田河气田天然气的组分、成因与演化上都存在井间的差异，揭示具有不同来源、不同特征的多个气藏。天然气在纵向上具有随深度减小，CO_2 含量减少、N_2 含量增加、C_2H_6 以上组分含量减少的特征，干燥系数具有从上往下变干的趋势，表明不同储层段天然气性质存在一定的差异。

和田河气田奥陶系风化壳发育与轮南、塔中鹰山组相似的缝洞体储层，奥陶系储层以岩溶作用形成的溶蚀孔洞为主（图 6.2），玛 5、玛 4 等井都有多层溶洞发育。由于岩溶作用主要发生在加里东期—早海西期，而一系列相对独立的局部构造是喜马拉雅晚期强烈的构造运动形成的，岩溶缝洞体不受现今构造高程控制。而且早期的缝洞系统多孤立，充填严重，横向变化大，难以形成连通的块状底水。在局部发育的大型缝洞，其中可能有气水的局部分异，但不会形成延伸很远的块状底水。

综上所述，受储层控制的非构造型油气藏是该区奥陶系勘探的主要对象，缝洞型油气藏模式预示不仅在已知的构造高部位能获得油气，而且在构造低部位的斜坡区可能还有大量的缝洞型油气藏尚待发现，下斜坡寻找非构造油气藏勘探前景广阔。

（三）前石炭系大型古隆起成藏配置优越

油源对比表明该区的原油来自寒武系，天然气成熟度高，以原油裂解气为主（邬光辉等，2012b）。塔里木盆地西部下寒武统烃源岩发育，自北向南古隆起核部超覆减薄（图 7.1），南部可能形成被动大陆边缘斜坡相的优质烃源岩发育区，地震追踪在塔西南古隆起南北烃源岩供烃面积达 $14\times10^4km^2$，为该区大规模油气成藏提供了丰富的油源基础。

志留系柯坪塔格组泥岩/鹰山组风化壳储盖组合在麦盖提斜坡中西部分布稳定，东部形成石炭系巴楚组泥岩/鹰山组为主体的储盖组合（图 3.10）。麦盖提斜坡奥陶系风化壳经历长期的暴露淋滤，岩溶储层发育，这两套区域储盖组合分布稳定，配置优越。

该区经历晚海西期成藏、喜马拉雅晚期调整与原油裂解气运聚的成藏过程（图 7.17）。塔西南古隆起前石炭纪已定型，是晚海西期大规模油气运聚的有利方向。近期钻探证实了晚海西期塔西南古隆起斜坡区风化壳储层有大规模的油气运聚与成藏，晚海西期成藏奠定了该区油气资源基础。麦盖提斜坡长期处于古隆起的北部宽缓斜坡区，直至新近纪以来才快速南倾沉没，上覆巨厚石炭系—二叠系盖层，断裂欠发育，有利于古油藏保存。

麦盖提斜坡及其周缘大型的前新生代古隆起具备形成大油气田的基本地质条件，油气成藏受古隆起控制，晚海西期为关键成藏期，麦盖提斜坡及其周缘是油气运聚调整的有利方向。

（四）油气勘探方向

麦盖提斜坡及其周缘存在盆地最大的奥陶系碳酸盐岩风化壳，具有古生代—中生代长期稳定发育的古隆起背景，与塔中、塔北古隆起成藏条件相似。通过综合评价，古隆起演化与生烃史的配置形成了玛南、麦西、玛北、玛东四大油气运聚成藏有利区，可能形成类似轮南、塔中地区奥陶系储层控油、斜坡富集的油气分布格局，受风化壳储层控制的缝洞型油气藏是该区油气勘探的主要对象。

玛南风化壳具有晚海西期成油、喜马拉雅晚期聚气的成藏史（图 7.17），为三期古隆起发育的叠置区，是海西期大规模油气成藏的有利部位，也有利于喜马拉雅晚期裂解气侧向运聚成藏。该区有利勘探面积达 3300km^2。玛南东南部岩溶下斜坡、邻近断层破碎带裂的岩溶储层发育区是油气勘探的主攻方向，储层是制约勘探部署的关键。

麦西风化壳具有晚海西期成油、喜马拉雅期迁移调整的成藏演化过程。该区奥陶系风化壳经历二期岩溶作用，西南部处于有利岩溶斜坡地貌区。而且可能找到台内滩与岩溶叠加的有利岩溶地貌区，预测有利储层发育区面积达 2900km^2。巴什托普构造带—阔什塔格构造带是石油调整聚集有利区带，是下步勘探的有利区块。

玛北地区发育大型的良里塔格组陡坡型镶边台地边缘，礁滩体长约 80km、宽 5～15km，厚度为 450～700m，礁滩体面积达 800km^2。礁后和 3 井具有含油显示，失利原因是储层物性差。该区具有大型局部构造圈闭与古构造背景，埋深浅、长期位于油气运聚有利部位，是石油勘探的有利领域。同时可以兼探寒武系-下奥陶统多套目的层，是区域甩开勘探的有利方向。

玛东发育多排北东向的奥陶系潜山构造带（图 4.5），潜山构造圈闭面积达 1500km^2。该区位于塔西南古隆起的东部倾没端，南部为石炭系泥岩覆盖的潜山区，北部有东河砂岩或志留系盖层，而且南部更接近古隆起，成藏条件较好，已发现玉北油藏，南部邻近古隆起的潜山圈闭值得勘探探索。

总之，麦盖提斜坡及其周缘勘探面积大、勘探领域多，一旦获得突破，将成为具有塔北、塔中油气规模的接替领域。面临的最大问题是储层分布规律复杂、储层预测难，同时也暴露油气充注复杂的问题。下步重点以和田河气田周边为重点，加强目标区的优选与评价，加强三维地震部署，稳步推进该区的勘探。

三、环满西奥陶系碳酸盐岩

塔北、塔中奥陶系勘探已发现大量的油气，其间满西地区是探索的有利方向，一旦突破，可能形成塔北-满西-塔中面积超过 5×10^4km^2 整体含油气的大油气区（图 1.3）。

（一）满西是隆拗结合部位的宽缓平台区

满西地区奥陶系碳酸盐岩顶面呈南北高且宽、中间低且狭窄的哑铃形（图 4.28），地层发育齐全，长期位于阿瓦提与满东凹陷之间低梁区。北部鼻状斜坡区呈近东西走向、南倾的斜坡；满西构造形态宽缓，其中发育一系列受断裂控制的背斜与断背斜；南部鼻状斜坡区奥陶系碳酸盐岩顶面北倾较明显，出现东西两个鼻状构造。新资料显示，区内发育一系列北东向的高角度走滑断裂，也有少量的北西向断裂，延伸长度一般在10～30km，向下断至基底，向上断至奥陶系—志留系、二叠系以及中生界，存在多期活动。

寒武纪—中奥陶世早期弱伸展背景下，塔北-满西-塔中形成连为一体的碳酸盐岩大型台地。满西地区沉积3000～4000m的台地相碳酸盐岩，厚度介于塔中与塔北之间。一间房组沉积期受控塔中Ⅰ号断裂带活动，塔中抬升出露遭受剥蚀。塔北形成宽缓的南部斜坡区，向南相变为盆地相泥岩。晚奥陶世良里塔格组沉积期，塔中、塔北近东西走向的台地形成，满西地区挠曲沉降，形成台盆凹地，为斜坡—盆地相泥岩沉积。加里东晚期—早海西期形成中间低、南北高的古隆起鞍部，晚海西期—现今继承性稳定沉降。通过区域构造成图，塔北隆起与塔中隆起之间的满西地区奥陶系碳酸盐岩顶面小于-7000m面积达2.1×10^4km^2，与塔中古隆起相当。

（二）统一的大型油气成藏系统

满西油气系统包括满西-阿瓦提凹陷及其南北周缘的塔北隆起、塔中隆起，以及巴楚隆起北部地区（图1.3、图7.27），台盆区已发现的油气主要集中在这套油气系统。该区已证实发育下寒武统、中上奥陶统两套烃源岩，目前已进入高-过成熟阶段。环满西地区的塔北南缘、塔中北斜坡已发现大量的油气，其原油和天然气的特征与成因有很多相同之处，一般认为具有相同的来源（庞雄奇，2010）。塔北、塔中寒武系—奥陶系具有相同的成藏演化过程，都经历加里东晚期、晚海西期和喜马拉雅晚期三期的油气充注，以及加里东末期—早海西期、印支期—燕山期的油气调整改造（图1.10和图7.27）。

满西油气系统多旋回运动形成多套储盖组合与多种圈闭类型，非构造圈闭是主体，已在寒武系、奥陶系、志留系、泥盆系—石炭系、三叠系、侏罗系等层位获得工业油气流。满西是典型的多期成藏与调整改造的油气系统，该区油气相态复杂多样，但都围绕满西烃源岩中心分布，属于统一的油气系统。从拗陷到隆起高部位，油气分布相似，都具有低部位富气、高部位富油的特点，原油从低到高由轻变重。塔北-塔中地区海相碳酸盐岩平面上普遍含油气、纵向多层位复式聚集，具有相似的成藏运聚模式（图7.27）。

（三）存在大规模受断裂带控制的缝洞体储层发育

通过工区构造古地理研究，中下奥陶统鹰山组沉积期满西与塔中—塔北是连为一体的台地，在台缘带欠发育的背景下台内滩发育（图2.21）（王成林等，2011），在塔北南缘地震追踪台内滩发育区总面积达6000km^2。一间房组缓坡台地边缘滩体向南延伸到跃南地区，为储层的发育奠定了基础。统计分析表明，轮古东、哈拉哈塘地区奥陶系灰岩基质物性较好的储层主要分布在滩相颗粒灰岩中。哈拉哈塘地区勘探实践表明，碳酸盐岩基质孔隙低，油气产出主要为沿断裂分布的缝洞体储层，表明断裂带对内幕区缝洞体储层的发育具有明显控制作用。通过区域地震解释与追踪，满西地区广泛发育北东向走滑断裂，其特征与哈拉哈塘地区类似。地震剖面分析，满西地区断裂带附近有串珠状、杂乱状地震响应，可能存在缝洞体储层发育，地震储层预测奥陶系有利储层发育面积超过 10000km²。哈拉哈塘南部钻探证实低部位 7000m 以下深层也有储层，主要沿断裂带发育，储层的发育已延伸至更深的满西凹陷区。

（四）油气勘探方向

满西地区具备成藏基本条件，勘探面积广。钻探表明塔北-满西-塔中地区奥陶系碳酸盐岩为受缝洞体储层控制的油气藏，初步评价奥陶系碳酸盐岩顶面埋深 8000m 以内有利勘探面积达 15000km²，一旦突破将形成塔北-满西-塔中一体的超过 100×10^8t 规模的大型含油气区（图 7.27）。

北部鼻状斜坡区紧邻哈拉哈塘油田，是连为一体的统一成藏区带，有利勘探面积超过 5000km²，可能与哈拉哈塘形成大面积连片含油，是近期整体勘探的主攻方向，中部跃南鼻状构造带是重点突破区带。满西中部平台区构造形态宽缓，与周边构造单元渐变，其中发育一系列受断裂控制的背斜与断背斜，通过重点构造带三维部署可能带动该区的整体勘探。南部围绕古城-塔中Ⅰ号带下盘断裂发育区可能有规模储层的发育，通过重点评价和择优钻探，可能与塔中北斜坡叠置连片含油气。

满西地区成藏功能要素组合配置优越，关键问题是储层规模不清、储层预测难，重点是在储层地震-地质建模的基础上，开展三维整体部署，针对重点区带优先实施，持续开展区域重点目标钻探，以点带面，逐步明确整体油气规模。

四、古隆起深层白云岩

从全球碳酸盐岩油气藏分布分析，下古生界寒武系—奥陶系碳酸盐岩油气藏绝大多数是白云岩，主要原因是古老碳酸盐岩中白云岩能有更好的孔隙发育。塔里木盆地寒武系—下奥陶统蓬莱坝组发育巨厚的白云岩，具有多套勘探目的层（图 1.8）：下寒武统与中寒武统、上寒武统顶部、蓬莱坝组中下部、鹰山组下部，在塔里木盆地西部都有分布。目前深层白云岩勘探程度很低，是继上部灰岩大发现后值得探索的新领域。

（一）深层白云岩具有良好的储层条件

白云岩储层以粉细-粗晶白云岩为主，由于其晶体较大，而且晚期胶结作用弱于灰岩，残余晶间孔普遍发育，晶间溶孔、粒间溶孔也较灰岩发育，而灰岩粒间多为方解石胶结充填，很少保留原生孔隙。在中下寒武统盐膏层发育区，膏模孔比较常见，通常以斑点状分布在白云岩中，还有层状溶蚀的条带状分布。白云岩潜山溶蚀孔洞发育，通常规模较小，洞径一般小于 5mm。但多密集分布，山 1 井白云岩潜山溶蚀孔洞密度达 10～50 个/m。风化壳白云岩溶蚀孔洞易于保存，充填也较少。埋藏期也有多期的晶间溶孔、溶洞也发育，塔参 1 井在白云岩上部溶蚀孔洞发育，塔中 162 井下奥陶统下部泥粉晶白云岩的晶间孔、晶间溶孔较发育。热液白云岩化与热液溶蚀作用通常也会改变白云岩的储层，有些区域能形成规模白云岩储层，如中古 5 井鹰山组灰岩热液白云岩化之后孔隙度增加 1 倍以上。白云岩裂缝发育且充填程度低，塔参 1 井寒武系顶面裂缝密度达6.8条/m，张开缝占78%；而奥陶系灰岩全充填裂缝一般达50%以上，表明寒武系白云岩的裂缝发育可能优于奥陶系灰岩。

白云岩的基质物性明显优于灰岩（图8.27），麦盖提斜坡及其周缘中下奥陶统白云岩孔隙度范围为0.15%～5.95%，白云岩基质孔隙普遍高于灰岩，平均孔隙度达1.95%，灰岩平均孔隙度仅0.96%。塔中408井上寒武统4531～4750m测井解释孔隙度为4.6%～23.2%，平均值为10.88%。中深1下寒武统钻遇Ⅰ类储层1m/1层，孔隙度12.6%；Ⅱ类储层19m/3层，孔隙度8.36%，最大单层厚度9m，表明深层白云岩发育优质储层。

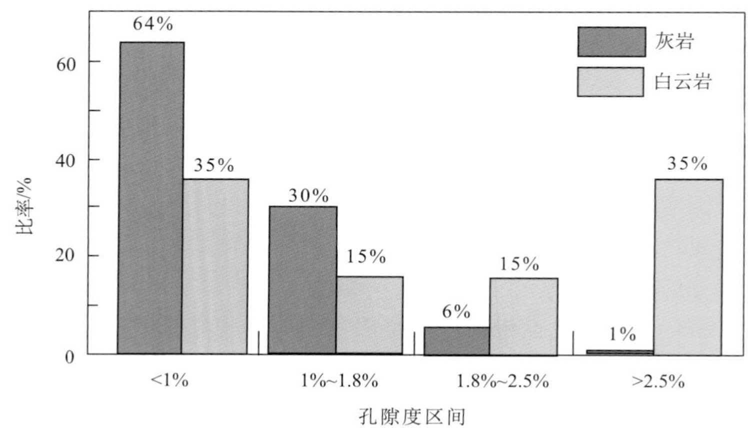

图8.27 麦盖提斜坡及其周缘白云岩与灰岩孔隙度统计直方图

由于塔里木盆地下古生界碳酸盐岩是喜马拉雅晚期发生的快速深埋，地温梯度低，而且白云岩具有比灰岩更好的抗压实能力，碳酸盐岩储层的发育程度与埋深缺乏相关性，白云岩在8000m以下还有优质储层发育。

（二）盖层是白云岩区带评价的关键

寒武系顶面及盐下白云岩与其上覆层组成两套区域储盖组合，可能形成广泛的成藏组合。目前塔参1、塔中75、塔深1、塔中408等井在上寒武统顶面见良好的显示，也有储层发育，但由于寒武系与上覆蓬莱坝组地层岩性是渐变过渡关系，断裂发育，保存条件相对较差，是钻探失利的主因。

塔里木盆地中西部普遍发育中寒武统潟湖相盐膏层，在塔中-巴楚-英买力广大范围内有地震剖面与钻井证实，形成优越的区域储盖组合。通过露头与井下地层重新对比分析，西部地区存在下寒武统肖尔布拉克组、吾松格尔组与上覆膏盐岩组成的储盖组合，地震追踪分布面积达$16\times10^4km^2$。不仅盖层优越，同时有广泛的烃源岩分布，是勘探突破的首选方向。

塔中、轮东钻探证实致密碳酸盐岩能成为直接盖层，塔中鹰山组风化壳上覆上奥陶统良里塔格组底部致密灰岩为有效盖层，轮南东部奥陶系已有四段出油气层段，其中鹰山组、一间房组都是以上覆的致密灰岩做盖层。而且上奥陶统底部泥灰岩并不是铁板一块，塔中721井上奥陶统下部储层发育，油气照样进入，表明碳酸盐岩盖层并非稳定成层分布。分析其重要原因是盖层是相对的，现今正处于天然气大量充注期，即使盖层条件相对较差，在油气充注的方向上保存的油气比散失的多，也一样能成藏。

（三）深层白云岩具有良好的充注与保存条件

寒武系烃源岩在盆地广泛分布，是台盆区主力油气源。深层白云岩储层发育，紧邻寒武系烃源岩，在加里东期、海西期是油气运聚的有利方向，有利于形成自生自储的原生古油藏（图7.13）。塔里木盆地台盆区发现大量的天然气，主要来自于深部原油裂解气，表明深层白云岩存在大量的古油藏资源，是形成晚期巨大天然气资源的基础。

由于上覆有巨厚的碳酸盐岩，深层白云岩具有比奥陶系碳酸盐岩顶面更好的油气盖层条件，可能保存相当数量的古油藏。塔参1井、塔深1井、轮深2井、方1井等都在寒武系—下奥陶统深层白云岩见到良好的油气显示，表明深层白云岩曾经有大规模的油气充注史。奥陶系、石炭系—三叠系的次生油气藏分析，表明有深部早期古油藏的垂向调整再成藏的贡献，在内幕白云岩可能保存有原生古油藏。

深层白云岩不仅是寒武系烃源岩大量油气充注的有利层位，容易形成自生自储原生油气藏，而且位于盆地底层，有利于油气的保存，是灰岩大油气田之后的有利接替领域。

（四）深层白云岩的勘探方向

1. 前石炭纪古隆起是白云岩油气勘探的主攻方向

深层白云岩油源基本来自中下寒武统烃源岩，由于这套烃源岩在加里东期已进入高-过成熟阶段，前石炭纪古隆起是油气运聚的最有利方向（图7.27）。前石炭纪古隆起不仅形成早，而且后期多持续稳定发育。隆拗结合的斜坡区是油气长期运聚指向区，尤其是与晚海西期大规模石油运聚成藏配置优越，造成古隆起广大地区都有油气的充注，有利于多期的油气聚集。

统计分析表明，目前油气寒武白云岩普遍见油气显示，但主要分布在塔中古隆起、塔北古隆起，而塔东、巴楚地区显示级别低、厚度小。可见，长期稳定发育的前石炭纪古隆起是深层油气运聚的最有利方向。

2. 寒武系盐下古构造发育区是勘探突破首选

新三维地震资料表明，塔中古隆起经历多次构造运动，盐上构造变形复杂，而盐下大背斜形态依然完整（图4.4），是古构造发育与保存最有利的地区，对保存原生油气藏有利。中寒武统阿瓦塔格组发育泥质云岩、膏质云岩、膏岩，是良好的区域性盖层，盐下白云岩油气保存条件优于盐上。塔中是长期继承性发育的古隆起（图3.4），是油气运移的长期指向，寒武系盐下白云岩是最有利的突破方向。

通过区域构造成图与地质条件分析，和田河气田及其周缘是既塔中之后的有利勘探方向。该区长期位于油气运聚有利的和田古隆起北部斜坡鼻状隆起带（图 3.12），是中下寒武统烃源岩跨加里东晚期—晚海西期长期生烃，以及喜马拉雅晚期分散液态烃及古油藏裂解气充注的有利部位；同时中寒武统盐膏层发育，具有与塔中东部相同的沉积微相与储盖组合，保存条件优越，是中下寒武统白云岩勘探的有利方向。该区下寒武统顶面埋深小于 7000m 的勘探面积超过 $2\times10^4km^2$，有利面积达 $6000km^2$，预测资源量 18×10^8t 油当量。一旦突破，可能成为石油资源的重要战略接替区。

3. 轮南-古城台缘带白云岩是勘探的有利探索领域

轮南-古城发育大型白云岩台缘带（图 2.19）。钻井与地震相综合分析表明，奥陶系（包括一间房组和鹰山组）发育台缘浅滩相灰岩；上寒武统—蓬莱坝组台缘滩相白云岩广泛发育，白云岩普遍存在晶间孔及晶间溶孔，以粉-细晶白云岩物性为最好，是白云岩储层发育的优势相带。

轮南-古城台缘带紧临满加尔生烃中心，既可以接受早期液态原油的聚集，也存在晚期裂解气的供给条件，是油气长期运聚的有利方向。由于构造抬升较小，上覆巨厚的盖层，目前在古城上部的鹰山组已有油气发现，油气保存条件好，成藏条件优越。

轮南-古城台缘带中段埋深较大，南北两端的古城和轮南地区台缘礁滩体更发育、埋深浅，是现实的勘探有利区。其中，古城地区有利勘探面积达 $3000km^2$，轮南地区有利勘探面积约 $2000km^2$，勘探潜力巨大。因此，寒武系台缘带具备形成自生自储型油气藏的有利条件。

4. 台地内部上寒武统—鹰山组白云岩勘探前景广阔

塔西台地内部上寒武统—鹰山组白云岩广泛分布，发育多套白云岩储层，塔中 75、塔中 408、轮深 2 等井已钻遇白云岩优质储层，而且上覆巨厚的灰云岩、灰岩段可形成区域盖层。上寒武统—鹰山组白云岩有利于捕获下部寒武系烃源岩生成的油气，白云岩基本没有出露地表，有利于原生油气藏的形成和保存。

上寒武统—鹰山组白云岩分布广，尽管目前内幕白云岩顶面信噪比和分辨率低，加之灰岩和白云岩间反射系数小，波阻抗差较低，常规处理难以识别，解释成图很难，但白云岩具有一定的成层性，只要加强地震攻关、适度钻井探索，有可能开辟白云岩油气勘探新领域。

总之，深层白云岩具有广阔的勘探领域，是海相碳酸盐岩接替领域的重要方向。深层白云岩储层、油气藏模型与分布规律有待深入，油气勘探技术需要进一步攻关。

参考文献

白国平. 2006. 世界碳酸盐岩大油气田分布特征. 古地理学报，8(2)：241-250.

蔡春芳，李宏涛. 2005. 沉积盆地热化学硫酸盐还原作用评述. 地球科学进展，20(10)：1100-1105.

蔡忠贤，贾振远，肖立新. 1998. 塔里木盆地北部早古生代早—中奥陶世一次典型的碳酸盐岩台地沉没事件. 现代地质，12(1)：32-39.

曹玉亭，刘良，王超，等. 2010. 阿尔金南缘塔特勒克布拉克花岗岩的地球化学特征、锆石 U-Pb 定年及 Hf 同位素组成. 岩石学报，26(11)：3259-3271.

陈发景，张光亚，陈昭年. 2004. 不整合分析及其在陆相盆地构造研究中的意义. 现代地质，18(3)：269-275.

陈景山，王振宇，代宗仰，等. 1999. 塔中地区中上奥陶统台地镶边体系分析. 古地理学报，1(2)：8-17.

陈章明. 2003. 油气藏保存与破坏研究. 北京：石油工业出版社.

陈章明，吴元燕，吕延防. 2003. 油气藏保存与破坏研究. 北京：石油工业出版社.

池秋鄂，龚福华. 2001. 层序地层学基础与应用. 北京：石油工业出版社.

单业华，葛维萍. 1997. 辽宁中部静北潜山中元古界储层裂缝型式. 勘探家，2(2)：37-42.

邓涛. 1996. 四川盆地加里东古隆起的构造机制和成藏模式. 石油实验地质，18(4)：356-360.

窦立荣，王一刚. 2003. 中国古生界海相碳酸盐岩油气藏的形成与分布. 石油实验地质，25(5)：419-425.

杜春国，郝芳，邹华耀，等. 2007. 断裂输导体系研究现状及存在的问题. 地质科技情报，26(1)：51-56.

杜金虎. 2010. 塔里木盆地寒武—奥陶系碳酸盐岩油气勘探. 北京：石油工业出版社.

付广，吕延防，薛永超，等. 2000. 泥岩盖层压力封闭的演化特征及其研究意义. 石油学报，21(3)：41-44.

付晓飞，李兆影，卢双舫，等. 2004. 利用声波时差资料恢复剥蚀量方法研究与应用. 大庆石油地质与开发，23(1)：9-11.

谷志东，汪泽成，胡素云，等. 2012. 全球海相碳酸盐岩巨型油气田发育的构造环境及勘探启示. 天然气地球科学，23(1)：106-118.

顾家裕，马锋，季丽丹，等. 2009. 碳酸盐岩台地类型、特征及主控因素. 古地理学报，11(1)：21-27.

郭维华，牟中海，赵卫军，等. 2006. 准噶尔盆地不整合类型与油气运聚关系研究. 西南石油学院学报，28(2)：1-3.

韩晓东，李国会. 2000. 塔中 4 油田 CⅢ 古油藏及地质意义. 勘探家，5(2)：21-24 .

郝芳，邹华耀，姜建群. 2000. 油气成藏动力学及其研究进展. 地学前缘，7(3)：11-21.

何碧竹，焦存礼，许志琴，等. 2011. 阿尔金-西昆仑加里东中晚期构造作用在塔里木盆地塘古兹巴斯凹陷中的响应. 岩石学报，27(11)：3435-3448.

何登发，李德生. 1996. 塔里木盆地构造演化与油气聚集. 北京：地质出版社.

何登发，罗金海，雷振宇. 2001. 走滑盆地的形成和基本特征//李丕龙主编. 压扭性盆地勘探理论及方法文集. 北京：石油工业出版社，47-70.

何登发，翟光明，况军，等. 2005. 准噶尔盆地古隆起的分布与基本特征. 地质科学，40(2)：248-261.
何登发，周新源，杨海军，等. 2008. 塔里木盆地克拉通内古隆起的成因机制与构造类型. 地学前缘，15(2)：207-218.
何金有，徐备，孟祥英，等. 2007. 新疆库鲁克塔格地区新元古代层序地层学研究及对比. 岩石学报，23(7)：1645-1654.
何世平，李荣社，王超，等. 2011. 南祁连东段化隆岩群形成时代的进一步限定. 岩石矿物学杂志，30(1)：34-44.
何文渊，李江海，钱祥麟，等. 2002. 塔里木盆地柯坪断隆断裂构造分析. 中国地质，29(1)：47-43.
胡霭琴，张国新，陈义兵，等. 2001. 新疆大陆基底分区模式和主要地质事件的划分. 新疆地质，19(1)：12-19.
黄锋，李志荣，廖玲，等. 2003. 利用地震资料进行沉积相分析. 物探化探计算技术，25(3)：197-200.
贾承造. 1997. 中国塔里木盆地构造特征与油气. 北京：石油工业出版社.
贾承造. 2004. 塔里木盆地板块构造与大陆动力学. 北京：石油工业出版社.
贾承造，魏国齐，姚慧君，等. 1995. 塔里木盆地构造演化与区域构造地质. 北京：石油工业出版社.
贾小乐，何登发，童晓光，等. 2011. 全球大油气田分布特征. 中国石油勘探，16(3)：1-7.
姜常义，吴文奎，李良辰，等. 2001. 南天山东段显生宙构造演化. 北京：地质出版社.
姜春发等. 1992. 昆仑开合构造. 北京：地质出版社.
姜福杰. 2008. 源控油气作用及其定量模式. 北京：中国石油大学博士学位论文.
江怀友，宋新民，王元基，等. 2008. 世界海相碳酸盐岩油气勘探开发现状与展望. 海洋石油，28(4)：6-13.

蒋韧，樊太亮，徐守礼. 2008. 地震地貌学概念与分析技术. 岩性油气藏，20(1)：33-38.
焦存礼，邢秀娟，何碧竹，等. 2011. 塔里木盆地下古生界白云岩储层特征与成因类型. 中国地质，38(4)：1008-1015.
焦方正，翟晓先. 2008. 海相碳酸盐岩非常规大油气田——塔河油田勘探研究与实践. 北京：石油工业出版社.
焦伟伟，李建交，田磊. 2009. 中国海相碳酸盐岩优质储层形成的地质条件. 地质科技情报，28(6)：64-70.
金之钧. 2005. 中国海相碳酸盐岩层系油气勘探特殊性问题. 地学前缘，12(3)：15-22.
金之钧，张一伟，王捷. 2003. 油气成藏机理与分布规律. 北京：石油工业出版社.
康玉柱. 2007. 中国古生代海相油气田发现的回顾与启示. 石油与天然气地质，28(5)：570-576.
孔凡军，崔海清. 2010. 海塔盆地实施欠平衡钻井可行性分析. 科学技术与工程，10(26)：6425-6430.
李本亮，贾承造，庞雄奇，等. 2007. 环青藏高原盆山体系内前陆冲断构造变形的空间变化规律. 地质学报，81(9)：1200-1207.
李才，吴彦旺，王明，等. 2010. 青藏高原泛非-早古生代造山事件研究重大进展——冈底斯地区寒武系和泛非造山不整合的发现. 地质通报，29(12)：1733-1736.
李凤杰，郑荣才，蒋斌，等. 2008. 中国大陆主要盆山耦合系统及其特征. 岩性油气藏，20(4)：26-32.
李国玉. 2005. 海相沉积岩是中国石油工业未来的希望. 海相油气地质，10(1)：5-12.
李继亮，肖文交，闫臻. 2003. 盆山耦合与沉积作用. 沉积学报，21(1)：52-60.
李开开，蔡春芳，蔡璐，等. 2008. 塔中地区上奥陶统热液流体与热化学硫酸盐还原作用. 石油与天然气地质，29(2)：217-222.
李明诚. 2004. 石油与天然气运移. 第三版. 北京：石油工业出版社.
李伟，吴智平，周瑶琪. 2005. 济阳坳陷中生代地层剥蚀厚度、原始厚度恢复及原型盆地研究. 地质论评，51(5)：507-516.
李曰俊，贾承造，胡世玲，等.1999.塔里木盆地瓦基里塔格辉长岩^{39}Ar/^{40}Ar年龄及其意义.岩石学报，15(4)：594-599.
李曰俊，孙龙德，胡世玲，等.2003.塔参1井花岗闪长岩和闪长岩的40Ar-39Ar年龄.岩石学报，19(3)：530-536.
李忠，黄思静，刘嘉庆，等.2010.塔里木盆地塔河奥陶系碳酸盐岩储层埋藏成岩和构造—热流体作用及其有效性.沉积学报，28(5)：969-979.
梁狄刚，贾承造.1999.塔里木盆地天然气勘探成果与前景预测.天然气工业，19(2)：3-12.
梁狄刚，张水昌，张宝民，等.2000.从塔里木盆地看中国海相生油问题.地学前缘，7(4)：534-547.
梁生正，孔丽萍，梁永梅，等.2005.塔里木盆地东部大型碳酸岩盐油气藏勘探方向.石油实验地质，27(2)：151-157.
刘池洋.2005.盆地构造动力学研究的弱点、难点及重点.地学前缘发，12(2)：113-124.
刘池洋，孙海山.1999.改造型盆地类型划分.新疆石油地质，20(2)：79-82.
刘春成，杨克绳.2006.地层溶蚀垮塌构造——苏桥潜山.断块油气田，13(5)：1-3.
刘光鼎.1997.试论残留盆地.勘探家，2(3)：110-117.
刘和甫.2001.盆地-山岭耦合体系与地球动力学机制.地球科学-中国地质大学学报，26(6)：581-595.
刘和甫，李晓清，刘立群，等.2004.走滑构造体系盆山耦合与区带分析.现代地质，18(2)：143-148.
刘和甫，李景明，李晓清，等.2006.中国克拉通盆地演化与碳酸盐岩-蒸发岩层序油气系统.现代地质，20(1)：1-18.
刘景彦，林畅松，喻岳钰，等.2000.用声波测井资料计算剥蚀量的方法改进.石油实验地质，22(4)：302-306.
刘树根，罗志立.2001.走滑盆地的形成和基本特征.//李丕龙主编.压扭性盆地勘探理论及方法文集.北京：石油工业出版社，71-95.
刘亚雷，胡秀芳，王道轩，等.2012.塔里木盆地三叠纪岩相古地理特征.断块油气田，19(6)：696-700.
刘忠宝，于炳松，李廷艳，等.2004.塔里木盆地塔中地区中上奥陶统碳酸盐岩层序发育对同生期岩溶作用的控制.沉积学报，(1)：103-109.
陆克政，朱筱敏，漆家福.2001.含油气盆地分析.青岛：中国石油大学出版社.
陆松年，李怀坤，陈志宏.2003.塔里木与扬子新元古代热构造事件特征、序列和时代-扬子与塔里木连接(YZ-TAR)假设.地学前缘，10(4)：321-326.
陆松年，李怀坤，陈志宏，等.2004.新元古时期中国古大陆与罗迪尼亚超大陆的关系.地学前缘，11(2)：515-523.
吕修祥.1998.塔里木盆地油气藏形成与分布.北京：石油工业出版社.
吕延防，付广.2002.断层封闭性研究.北京：石油工业出版社.
罗金海，周鼎武，柳益群，等.2007.塔里木盆地西南缘浅变质岩的时代确定及其地质意义.地层学杂志，31(4)：391-394.
罗平，张静，刘伟，等.2008.中国海相碳酸盐岩油气储层基本特征.地学前缘，15(1)：36-50.
罗群，孙宏智.2000.断裂活动与油气藏保存关系研究.石油实验地质，23(3)：225-231.
罗群，姜振学，庞雄奇.2007.断裂控藏机理与模式.北京：石油工业出版社.
马锋，顾家裕，许怀先，等.2009.塔里木盆地东部上寒武统白云岩沉积特征.新疆石油地质，30(1)：33-37.
马润则，刘援朝，刘家铎.2003.塔里木南缘浅变质岩形成时代及构造背景.新疆地质，21(1)：51-56.
马杏垣.1989.重力作用与构造运动.北京：地震出版社.

马永生，蔡勋育. 2006. 四川盆地川东北区二叠系-三叠系天然气勘探成果与前景展望. 石油与天然气地质，27(6)：741-750.

梅冥相. 1993. 碳酸盐岩旋回与层序. 贵阳：贵州科技出版社.

牟书令. 2008. 中国海相油气勘探理论、技术与实践. 石油与天然气地质，29(5)：543-547.

牟中海，唐勇，崔炳富，等. 2002. 塔西南地区地层剥蚀厚度恢复研究. 石油学报，23(1)：40-44.

倪春华. 2009. 碳酸盐岩二次生烃研究综述. 海相油气地质，14(3)：68-72.

倪新锋，杨海军，沈安江，等. 2010. 塔北地区奥陶系灰岩段裂缝特征及其对岩溶储层的控制. 石油学报，31(6)：933-940.

潘文庆，刘永福，Dickson J A D，等. 2009. 塔里木盆地下古生界碳酸盐岩热液岩溶的特征及地质模型. 沉积学报，27(5)：983-994.

庞雄奇. 2010. 中国西部叠合盆地深部油气勘探面临的重大挑战及其研究方法与意义. 石油与天然气地质，31(5)：517-534.

庞雄奇，李丕龙，张善文，等. 2007. 陆相断陷盆地相-势耦合控藏作用及其基本模式. 石油与天然气地质，28(5)：641-652.

庞雄奇，高剑波，吕修祥，等. 2008. 塔里木盆地"多元复合-过程叠加"成藏模式及其应用. 石油学报，29(2)：159-166.

庞雄奇，周新源，姜振学，等. 2012. 叠合盆地油气藏形成、演化与预测评价. 地质学报，86(1)：1-13.

钱凯，李本亮，许惠中. 2002. 中国古生界海相地层油气勘探. 海相油气地质，7(3)：1-9.

钱一雄，何治亮，邹远荣，等. 2008. 塔里木盆地塔中Ⅰ号带西北部上奥陶统碳酸盐岩同生期岩溶—以顺2井为例. 地学前缘，15(2)：59-66.

曲国胜，李亦纲，陈杰，等. 2003. 柯坪塔格推覆构造几何学、运动学及其构造演化. 地学前缘，10(z1)：142-152.

屈泰来，吴宝海，李小地，等. 2012. 油气藏破坏控制因素与模式划分. 新疆石油地质，33(3)：297-301.

冉启贵，陈发景，张光亚. 1997. 中国克拉通古隆起的形成、演化及与油气的关系. 现代地质，11(4)：478-487.

冉启贵，程宏岗，肖中尧，等. 2008. 塔东地区构造热事件及其对原油裂解的影响. 现代地质，22(4)：541-548.

任文军，张庆龙，张进，等. 1999. 鄂尔多斯盆地中央古隆起板块构造成因初步研究. 大地构造与成矿学，23(2)：191-196.

邵学钟，徐树宝，周东延. 1997. 塔里木盆地地壳结构特征. 石油勘探与开发，24(2)：1-5.

沈安江，王招明，杨海军，等. 2006. 塔里木盆地塔中地区奥陶系碳酸盐岩储层成因类型、特征及油气勘探潜力. 海相油气地质，11(4)：1-12.

沈安江，郑剑锋，顾乔元，等. 2008. 塔里木盆地巴楚地区中奥陶统一间房组露头礁滩复合体储层地质建模及其对塔中地区油气勘探的启示. 地质通报，27(1)：137-148.

沈安江，郑剑锋，潘文庆，等. 2009. 塔里木盆地下古生界白云岩储层类型及特征. 海相油气地质，14(4)：1-9.

沈平平. 2000. 油水在多孔介质中的运动理论和实践. 北京：石油工业出版社：1-195.

宋文杰，李曰俊，王国林，等. 2003. 塔里木盆地中部志留—泥盆系沉积构造背景. 地质科学，38(4)：519-528.

苏培东，秦启荣，黄润秋，等. 2005. 储层裂缝预测研究现状与展望. 西南石油学院学报，27(5)：14-17.

孙晓猛，郝福江，程日辉，等. 2007. 塔里木盆地东北缘盖层不整合序列及其构造演化. 吉林大学学报（地球科学版），37(3)：450-457.

汤良杰. 1997. 略论塔里木盆地主要构造运动. 石油实验地质，19(2)：108-1147.

汤良杰，贾承造. 2007. 塔里木叠合盆地构造解析和应力场分析. 北京：科学出版社.

田世澄，陈永进，张兴国. 2001. 论成藏动力系统中的流体动力学机制. 地学前缘，8(4)：329-334.

佟彦明，吴冲龙. 2006. R_o差值法恢复地层剥蚀量的不合理性. 天然气工业，26(5)：21-23.

汪泽成，赵文智. 2006. 海相古隆起在油气成藏中的作用. 中国石油勘探，11(4)：26-32.

王超，罗金海，车自成，等. 2009. 新疆欧西达坂花岗岩体地球化学特征和锆石 LA-ICP-MS 定年：西南天山古生代洋盆俯冲作用过程的启示. 地质学报，83(2)：272-283.

王成林，邬光辉，崔文娟，等. 2011. 塔里木盆地奥陶系鹰山组台内滩的特征与分布. 沉积学报，29(6)：1048-1057.

王敏芳，焦养泉，黄传炎，等. 2005. 地层剥蚀量恢复方法浅述. 承德石油高等专科学校学报，7(4)：6-11.

王毅，金之钧. 1999. 沉积盆地中恢复地层剥蚀量的新方法. 地球科学进展，14(5)：482-486.

王招明，赵宽志，邬光辉，等. 2007. 塔中Ⅰ号坡折带上奥陶统礁滩型储层发育特征及其主控因素. 石油与天然气地质，28(6)：797-801 .

王振宇，严威，张云峰，等. 2007. 塔中上奥陶统台缘礁滩体储层成岩作用及孔隙演化. 新疆地质，25(3)：287-290.

邬光辉，张宝收，张承译，等. 2007. 英吉苏凹陷碎屑锆石测年及其对沉积物源的指示、新疆地质，25(4)：351-355

邬光辉，李启明，肖中尧，等. 2009. 塔里木盆地古隆起演化特征及油气勘探. 大地构造与成矿学，33(1)：124-130.

邬光辉，琚岩，杨仓，等. 2010. 构造对塔中奥陶系礁滩型储集层的控制作用. 新疆石油地质，31(5)：467-470.

邬光辉，李浩武，徐彦龙，等. 2012a. 塔里木克拉通基底古隆起构造-热事件及其结构与演化. 岩石学报，28(8)：2435-2452.

邬光辉，李洪辉，张立平，等. 2012b. 塔里木盆地麦盖提斜坡奥陶系风化壳成藏条件. 石油勘探与开发，39(2)：144-153.

吴根耀，马力. 2004. “盆”“山”耦合和脱耦：进展，现状和努力方向. 大地构造与成矿学，28(1)：81-97.

吴元燕，徐龙，张昌民，等. 1996. 油气储层地质学. 北京：石油工业出版社.

肖中尧，黄光辉，王培荣，等. 2003. 塔里木盆地哈得逊及相邻地区原油含氮化合物分布特征及油藏充注方向探讨. 地球化学，32(3)：263-270.

辛艳朋，邱楠生，李慧莉. 2011. 塔里木盆地下古生界烃源岩二次生烃范围研究. 地球物理学报，54(7)：1863-1873.

胥颐. 1996. 重力均衡与天山的构造运动. 内陆地震，10(3)：209-215.

徐嘉炜. 1995. 论走滑断层作用的几个主要问题. 地学前缘，2(1-2)：125-136.

许怀智，张岳桥，刘兴晓，等. 2009. 塔东南隆起沉积-构造特征及其演化历史. 中国地质，36(5)：1030-1045.

许效松，汪正江. 2003. 对中国海相盆地油气资源战略选区的思路. 海相油气地质，8(1-2)：1-9.

许志琴，曾令森，杨经绥，等. 2004. 走滑断裂、“挤压性盆-山构造”与油气资源关系的探讨. 地球科学-中国地质大学学报，29(6)：631-643.

许志琴，杨经绥，梁凤华，等. 2005. 喜马拉雅地体的泛非-早古生代造山事件年龄记录. 岩石学报，21

(1)：1-12.
许志琴，李思田，张建新，等. 2011. 塔里木地块与古亚洲/特提斯构造体系的对接. 岩石学报，27(1)：1-22.
严俊君，王燮培. 1996. 关于扭动构造的鉴别问题. 石油与天然气地质，17(1)：8-14.
杨海军，刘胜，李勇，等. 1998. 塔中地区堪探目标选择与评价. 塔里木油田公司内部报告.
杨海军，邬光辉，韩剑发，等. 2007. 塔里木盆地中央隆起带奥陶系碳酸盐岩台缘带油气富集特征. 石油学报，28(4)：26-30.
杨华，张文正. 2005. 论鄂尔多斯盆地长 7 段优质油源岩在低渗透油气成藏富集中的主导作用：地质地球化学特征. 地球化学，34(2)：147-154.
杨经绥，张建新，孟繁聪，等. 2003. 中国西部柴北缘-阿尔金的超高压变质榴辉岩及其原岩性质探讨. 地学前缘，10(3)：291-314.
杨树锋，余星，陈汉林，等. 2007. 塔里木盆地巴楚小海子二叠纪超基性脉岩的地球化学特征及其成因探讨. 岩石学报，23(5)：1087-1096 .
杨兴科，刘池洋，杨永恒，等. 2005. 热力构造的概念分类特征及其研究进展. 地学前缘，12(4)：385-396.
尹福光. 2003. 羌塘盆地中央隆起性质与成因. 大地构造与成矿学，27(2)：143-146.
尹微，陈昭年，许浩，等. 2006. 不整合类型及其油气地质意义. 新疆石油地质，27(2)：239-241.
雍自权，钟韬，刘庆松，等. 2009. 松辽盆地油气勘探对准噶尔盆地的启示. 新疆石油地质，30(1)：129-132.
于炳松，陈建强，林畅松，等. 2005. 塔里木盆地奥陶系层序地层格架及其对碳酸盐岩储集体发育的控制. 石油与天然气地质，26(3)：305-309.
袁学诚. 2005. 论中国西部岩石圈三维结构及其对寻找油气资源的启示. 中国地质，32(1)：H2.
查明，张一伟，邱楠生，等. 2003. 塔里木盆地油气成藏条件及主要控制因素. 北京：石油工业出版社.
张宝民，刘静江. 2009. 中国岩溶储集层分类与特征及相关的理论问题. 石油勘探与开发，36(1)：12-29.
张传林，叶海敏，王爱国，等. 2004. 塔里木西南缘新元古代辉绿岩及玄武岩的地球化学特征：新元古代超大陆(Rodinia)裂解的证据. 岩石学报，20(3)：473-482.
张传林，周刚，王洪燕，等. 2010. 塔里木和中亚造山带西段二叠纪大火成岩省的两类地幔源区. 地质通报，29(6)：779-794.
张建新，李怀坤，孟繁聪，等. 2011. 塔里木盆地东南缘(阿尔金山)“变质基底”记录的多期构造热事件：锆石 U-Pb 年代学的制约. 岩石学报，27(1)：23-46.
张金亮，张鑫. 2006. 塔里木盆地志留系古海洋沉积环境的元素地球化学特征. 中国海洋大学学报，36(2)：200-208.
张俊，庞雄奇，陈冬霞，等. 2004. 牛庄洼陷砂岩透镜体成藏条件与主控因素剖析. 石油与天然气地质，24(3)：233-237.
张抗. 2000. 盆地的改造及其油气地质意义. 石油与天然气地质，21(1)：38-41.
张抗. 2004. 中国克拉通盆地油气成藏特点和勘探思路. 石油勘探与开发，31(6)：8-13.
张林科，覃丽君，张国泰，等. 2010. 基于地震属性的地震相分析思路. 工程地球物理学报，7(6)：694-698.
张鼐，赵瑞华，张蒂嘉，等. 2010. 塔中Ⅰ号带奥陶系烃包裹体荧光特征与成藏期. 石油与天然气地质，31(1)：63-68.
张楠，鲜波，陈亮，等. 2012. 非达西渗流效应对低渗透气藏直井产能的影响. 成都理工大学学报：自然科学版，39(4)：438-442.

张水昌，梁狄刚，张宝民. 2004. 塔里木盆地海相油气的生成. 北京：石油工业出版社.

张水昌，朱光有，梁英波. 2012. 四川盆地普光大型气田 H2S 及优质储层形成机理探讨--读马永生教授的"四川盆地普光大型气田的发现与勘探启示"有感. 地质论评，52(2)：230-235.

张小兵，吕海涛，何建军，等. 2011. 叠合盆地同层多期剥蚀量恢复研究及应用. 石油天然气学报，33(5)：7-12.

张一伟，金之钧，刘国臣，等. 2000. 塔里木盆地环满加尔地区主要不整合形成过程及剥蚀量研究. 地学前缘，7(4)：449-457.

张英利，王宗起，闫臻，等. 2011. 库鲁克塔格地区新元古代贝义西组的构造环境：来自碎屑岩地球化学的证据. 岩石学报，27(6)：1785-1796.

张原庆，钱祥麟，李江海. 2001. 板块碰撞远程效应的传播与地球层圈间的运动. 地学前缘，8(4)：341-342.

张致民. 2000. 新疆奥陶纪古地理. 新疆地质，18(4)：309-314.

赵靖舟. 2001. 油气水界面追溯法与塔里木盆地海相油气成藏期分析. 石油勘探与开发，28(4)：53-56.

赵靖舟，李启明. 2003. 塔里木盆地油气藏形成与分布规律. 北京：石油工业出版社.

赵孟军，周兴熙，卢双舫. 2002. 塔里木盆地天然气分布规律及勘探方向. 北京：石油工业出版社.

赵孟军，卢双航，王庭栋，等. 2003. 塔里木盆地天然气成藏与勘探. 北京：石油工业出版社.

赵文智，何登发，李小地，等. 1999. 石油地质综合研究导论. 北京：石油工业出版社.

赵文智，汪泽成，张水昌，等. 2007. 中国叠合盆地深层海相油气成藏条件与富集区带. 科学通报，52(增Ⅰ)：9-18.

赵文智，王兆云，王红军，等. 2011. 再论有机质"接力成气"的内涵与意义. 石油勘探与开发，38(2)：129-135.

赵文智，沈安江，胡素云，等. 2012. 中国碳酸盐岩储集层大型化发育的地质条件与分布特征. 石油勘探与开发，39(1)：1-12.

赵宗举，周新源，王招明，等. 2007. 塔里木盆地奥陶系边缘相分布及储层主控因素. 石油天然气地质，28(6)：738-744.

赵宗举，潘文庆，张丽娟，等. 2009. 塔里木盆地奥陶系层序地层格架. 大地构造与成矿学，33(1)：175-188.

郑超，刘建军，薛强. 2007. 储层渗流与大孔道管流耦合分析. 科学技术与工程，7(24)：6411-6412.

周新源，王招明，杨海军，等. 2006. 塔中奥陶系大型凝析气田的勘探和发现. 海相油气地质，11(1)：45-51.

朱东亚，金之钧，胡文瑄，等. 2008. 塔里木盆地深部流体对碳酸盐岩储层影响. 地质论评，54(3)：348-354.

朱光有，张水昌，张斌，等. 2010. 中国中西部地区海相碳酸盐岩油气藏类型与成藏模式. 石油学报，31(6)：871-878.

朱如凯，郭宏莉，高志勇，等. 2007. 中国海相储层分布特征与形成主控因素. 科学通报，52(增刊)：40-45.

邹才能，张光亚，陶士振，等. 2010. 全球油气勘探领域地质特征、重大发现及非常规石油地质. 石油勘探与开发，37(2)：129-145.

邹才能，陶士振，袁选俊，等. 2009. "连续型"油气藏及其在全球的重要性：成藏、分布与评价. 石油勘探与开发，36(6)：669-682.

van Golf-Racht T D. 1989. 裂缝性油藏工程基础. 陈钟祥等译. 北京：石油工业出版社.

Agosta F, Alessandroni M, Antonellini M, et al. 2010. From fractures to flow: a field-based field-based analysis of an outcropping carbonate reservoir. Tectonophysics, 490: 197-213.

Braathen A, Tveranger J, Fossen H, et al. 2009. Fault facies and its application to sandstone reservoirs. AAPG Bulletin, 93(7): 891-917.

Chen Q, Sidney S. 1997. Seismic attribute technology for reservoir forecasting and monitoring. The Leading Edge, 16(5): 445-456.

Chen Y, Xu B, Li Y. 2004. First mid-Neoproterozoic paleomagnetic results from the Tarim Basin (NW China)and their geodynamic implications. Precambrian Research, 133: 271-281.

Childs C, Manzocchi T, Walsh J J, et al. 2009a. A geometric model of fault zone and fault rock thickness variations. Journal of Structural Geology, 31: 117-127.

Childs C, Syltaø, Moriya S, et al. 2009b. Calibrating fault seal using a hydrocarbon migration model of the Oseberg Syd area, Viking graben. Marine and Petroleum Geology, 26(6): 764-774.

Christopher K Z, Laura C Z, Jerome A B. 2009. Integrated fracture prediction using sequence stratigraphy within a carbonate fault damage zone, Texas, USA. Journal of Structural Geology, 1-12.

Faulkner D R, Jackson C A L, Lunn R J, et al. 2010. A review of recent developments concerning the structure, mechanics and fluid flow properties of fault zones. Journal of Structural Geology, 32: 1557-1575.

Fossen H. 2010. Structural Geology. Cambridge: Cambridge University Press.

Fossen H, Schultz R A, Mair K, et al. 2007. Deformation bands in sandstones—A review. Journal of Geological Society (London), 164: 755-769

Fredman N, Tveranger J, Semshaug S L, et al. 2007. Sensitivity of fluid flow to fault core architecture and petrophysical properties of fault rocks in siliciclastic reservoirs: A synthetic fault model study. Petroleum Geoscience, 13: 305-320.

Ge R F, Zhu W B, Wu H L, et al. 2012. The Paleozoic northern margin of the Tarim Craton: Passive or active? Lithos, 142-143: 1-15.

Gillespie P A, Howard C B, Waish J J, et al. 1993. Measurement and characterization of spatial distribution of fractures. Tectonophysics, 226(1-4): 113-141.

Graham W B, Girbacea R, Mesonjesi A, et al. 2006. Evolution of fracture and fault-controlled fluid pathways in carbonates of the Albanides fold-thrust belt. AAPG Bulletin, 90: 1227-1249.

Guo Z J, Yin A, Bobinson A, et al. 2005. Geochronology and geochemistry of deep drill core samples from the basement of the central Tarim basin. J. Asian Earth Sciences, 25(1): 45-56.

Halbouty M T. 2003. Giant oil and gas fields of the 1990s: An intro-duction//Halbouty M T (ed). Giant Oil and Gas Fields of theDecade 1990-1999. AAPG Memoir 78: 1-13.

Harding T P. 1990. Identification of wrench fault using subsurface structural data: criteria and pitfalls. AAPG Bulletin, 74(10): 1090-1609.

Jiang Y H, Liao S Y, Yang W Z, et al. 2008. An island arc origin of plagiogranites at Oytag, western Kunlun orogen, northwest China: Shrimp zircon U-Pb chronology, elemental and Sr-Nd-Hf isotopic geochemistry and Paleozoic tectonic implications. Lithos, 106: 323-335.

Kennedy W Q. 1964. The structural deformation of Africa in the Pan-African (±500 m. y.)tectonic episode. Leeds University Research Institute African Geology, Annual Report, 8: 48-49.

Laubach S E, Eichhubl P, Hilgers C, et al. 2010. Structural diagenesis. Journal of Structural Geology, 32: 1866-1872.

Li Q M, Wu G H, Pang X Q, et al. 2010. Hydrocarbon accumulation conditions of Ordovician carbonate in Tarim basin. Acta Geologica Sinica, 84(5): 1180-1194.

Macgregor D S. 1996. Factors controlling the destruction or preservation of giant light oilfields. Petroleum Geocience, 2(3): 197-217 .

Magoon L B, Dow W G. 1994. The petroleum system-from source to trap. AAPG Memoir 60, 261-283.

Mattern F, Schneider W. 2000. Suturing of the Proto-and Paleo-Tethys oceans in the western Kunlun (Xinjiang, China). Journal of Asian Earth Sciences, 18: 637-650.

Matthews M D. 1996. Migration-a view from the top. //Schiumacher D, Abrams MA(eds.). Hydrocarbon migration and its near-surface expression. AAPG Memoirs 66: 139-155.

Miller R G. 1992. The global oil system: The relationship between oil generation, loss, half—life, and the world crude oil resource. AAPG Bulletin, 76(4): 489-500.

Nance R D, Worsley T, Moody J B. 1988. The supercontinent cycle. Scientific American, 259(1): 72-79.

Pang X Q, Zhou X Y, Lin C S, et al. 2010. Classification of complex reservoirs in superimposed basins of western China. Acta Geologica Sinica. 84(5): 1011-1034.

Peter E, Nicholas C D, Stephen P B. 2009. Structural and diagenetic control of fluid migration and cementation along the Moab fault, Utah. AAPG Bulletin, 93(5): 653-681.

Read J F. 1985. Carbonate platform facies models. AAPG Bulletin, 69(1): 1-21.

Schlager W. 1981. The paradox of drowned reefs and carbonate platforms. Geological Society of America Bulletin, 92: 197-211.

Shanley K W, Cluff R M, Robinson J W. 2004. Factors controlling prolific gas production from low-permeability sandstone reservoirs. AAPG Bulletin, 88(8): 1083-1121.

Sylvester A G. 1988. Strike-slip faults. Geological Society America Bulletin, 100: 1666-1703.

Tucker M E, Wright V P. 1990. Carbonate Sedimentology. Oxford : Blackwell Science Ltd .

Tveranger J, Braathen A, Skar T, et al. 2005. Center for integrated petroleum research-research activities with emphasis on fluid flow in fault zones. Norwegian Journal of Geology, 85: 63-72.

Vail P R, Mitchum R M J, Todd R G, et al. 1977. Seismic stratigraphy and global changes of sea-level. AAPG Memior, 26: 49-212.

Wang Z H. 2004. Tectonic evolution of the western Kunlun orogenic belt, western China. Journal of Asian Earth Sciences, 24: 153-161.

Williams G D, Dobb A. 1993. Tectonics and Seismic Sequence Stratigraphy. London: Geological Society Special Publication.

Wilson J L. 1975. Carbonate Facies in Geological History . New York: Springer Verlag.

Woodcock N H, Fischer M. 1986. Strike-slip duplexes. Journary Structure Gology, 8(7): 725-735.

Xia B, Zhang L F, Xia Y, et al. 2014. The tectonic evolution of the Tianshan Orogenic Belt: Evidence from U-Pb dating of detrital zircons from the Chinese southwestern Tianshan accretionary mélange. Gondwana Research, 25: 1627-1643.

Xiang C F, Pang X Q, Yang H J, et al . 2010. Hydrocarbon charging along the fault intersection zone-case study on the organic reef and grain bank systems of the No. I slope break zone in Tazhong District. Petroleum Science, 7(2): 211-225.

Xiao W J, Windley B F, Yong Y, et al. 2009. Early Paleozoic to Devonian multiple-accretionary model for the Qilian Shan, NW China. Journal of Asian Earth Sciences, 35: 323-333.

Xu X Y, Wang H L, Li P, et al. 2013. Geochemistry and geochronology of Paleozoic intrusions in the Nalati (Narati) area in western Tianshan, Xinjiang, China: Implications for Paleozoic tectonic evolution. Journal of Asian Earth Sciences, 72: 33-62.

Ye H M, Li X H, Li Z X, et al. 2008. Age and origin of high Ba-Sr appinite-granites at the northwestern of the Tibet Plateau: Implications for early Paleozoic tectonic evolution of the western Kunlun orogenic belt. Gondwana Research, 13: 126-138.

Yielding G, Freeman B, Needham D T. 1997. Quantitative fault sealing prediction. AAPG Bulletin, 81 (11): 897-911.

Zhang C L, Zou H B, Li H K, et al. 2013. Tectonic framework and evolution of the Tarim Block in NW China. Gondwana Research, 23: 1306-1315.

Zhang Z Y, Zhu W B, Shu L S, et al. 2009. Neoproterozoic ages of the Kuluketage diabase dyke swarm in Tarim of northwest China and its relationship to the breakup of Rodinia. Geological Magazine, 146(1): 150-154.

Zhou X Y, Pang X Q, Li Q M, et al. 2010. Advances and problems in hydrocarbon exploration in the Tazhong area, Tarim Basin. Petroleum Science, 7: 164-178.

索　引